特种设备管理与事故应急预案

第2版

杨申仲　李秀中　岳云飞　等编著

机械工业出版社

随着我国经济的持续发展，锅炉、压力容器（含气瓶）、压力管道、电梯、起重机械、场（厂）内专用机动车辆等特种设备的数量急剧增加，其安全管理问题日益突出。为确保特种设备安全可靠、经济合理地运行，加强特种设备管理和做好事故应急预案具有重要意义。

本书共分 8 章，包括特种设备管理、锅炉运行与维护、压力容器运行与维护、气瓶的安全使用与管理、压力管道定期检验与维护、起重机械的运行与维护、电梯的运行与维护、场（厂）内专用机动车辆的运行与检验等内容。

本书汇集了大量可借鉴的实用管理资料、案例分析和图表，针对性强、实用性强，可采纳和参考性强。

本书可供工矿企业特种设备管理工作者参考借鉴，同时也可作为相关管理部门和大中专院校、研究机构的培训教材。

图书在版编目（CIP）数据

特种设备管理与事故应急预案/杨申仲等编著. —2 版 . —北京：机械工业出版社，2021. 12（2024.2 重印）

ISBN 978-7-111-69831-9

Ⅰ. ①特…　Ⅱ. ①杨…　Ⅲ. ①设备管理 – 安全管理②设备事故 – 应急对策　Ⅳ. ①X931

中国版本图书馆 CIP 数据核字（2021）第 253754 号

机械工业出版社（北京市百万庄大街 22 号　邮政编码 100037）
策划编辑：沈　红　　　　责任编辑：沈　红
责任校对：张　征　王　延　封面设计：马若濛
责任印制：邓　博
北京盛通数码印刷有限公司印刷
2024 年 2 月第 2 版第 2 次印刷
169mm × 239mm · 28. 25 印张 · 644 千字
标准书号：ISBN 978-7-111-69831-9
定价：99. 00 元

电话服务　　　　　　　　　网络服务
客服电话：010 – 88361066　机　工　官　网：www. cmpbook. com
010 – 88379833　机　工　官　博：weibo. com/cmp1952
010 – 68326294　金　　书　　网：www. golden – book. com
封底无防伪标均为盗版　机工教育服务网：www. cmpedu. com

第2版前言

《中华人民共和国特种设备安全法》已由中华人民共和国第十二届全国人民代表大会常务委员会第三次会议于2013年6月29日通过，并自2014年1月1日起施行。这标志着我国特种设备安全工作向科学化、法制化方向又迈进了一大步，这也是我国在设备领域中的第一部法律文件。

近年来，随着我国经济的快速发展，特种设备数量也在迅速增加。特种设备本身所具有的危险性，与迅猛增长的数量因素双重叠加，使得特种设备安全运行形势更加复杂。《中华人民共和国特种设备安全法》的出台，必将为特种设备安全运行提供更加坚实的法制保障。

本书共分8章，包括特种设备管理、锅炉运行与维护、压力容器运行与维护、气瓶的安全使用与管理、压力管道定期检验与维护、起重机械的运行与维护、电梯的运行与维护、场（厂）内专用机动车辆的运行与检验。

本书编写中得到了中国机械工程学会宋天虎、张彦敏、陆大明、徐小力、马汉元等专家的指导，在此表示衷心感谢！

本书第2版参加修订的有杨申仲、李秀中、岳云飞、杨炜、李月华、柯昌洪、吴循真、袁俊瑞、支春超、谷玉海，由杨申仲统稿。

本书汇集了大量可借鉴的实用管理资料、图表和案例，可供企事业单位、特种设备管理工作者参考使用，对大中专院校相关专业的师生也是颇有价值的参考书籍。

编　者

第1版前言

随着我国经济的持续发展，锅炉、压力容器（含气瓶）、压力管道、电梯、起重机械、场（厂）内专用机动车辆/特种设备的数量急剧增加，重大事故时有发生，安全形势依然严峻，部分使用单位安全意识淡薄，违章操作等情况仍然存在。为了减少和预防特种设备事故发生，为了确保特种设备安全可靠、经济合理地运行，切实加强特种设备使用环节安全监察工作、全面落实安全生产主体责任、加强特种设备管理、做好事故应急预案显得更有意义和十分必要。

改革开放以来，在特种设备管理中出现了许多新情况、新动向、新问题，广大特种设备管理工作者十分需要一部系统讲述特种设备管理、检验检测、故障原因分析和事故预防的专业书籍，以便更好地指导当前的工作，为此我们编写了《特种设备管理与事故应急预案》。

本书包括八章及三个附录，对特种设备管理、锅炉运行与维修、压力容器运行与维修、气瓶的安全使用与管理、压力管道定期检验及维修、起重机械运行与维修、电梯的运行与维护、场（厂）内专用机动车辆运行与检验、《特种设备安全监察条例》《生产安全事故报告和调查处理条例》、桥式起重机修理技术标准等内容，进行了全面地、具体地实操性介绍。

本书汇集了大量可借鉴的特种设备实际应用管理资料、图表和事故案例，针对性强，实用性强，可采纳和参考性强。

本书可供广大企事业单位、特种设备管理工作者参考、借鉴，对大中专院校特种设备相关专业的师生也是颇有价值的参考书籍。

本书编写中得到徐小力、马汉元、赵耀明、岳云飞等专家的指导，在此表示衷心感谢！

由于编者水平有限，书中不足之处在所难免，请读者指正。

编　者

目　　录

第一章　特种设备管理

2013年6月29日颁布中华人民共和国主席令第四号《中华人民共和国特种设备安全法》已由中华人民共和国第十二届全国人民代表大会常务委员会第三次会议于2013年6月29日通过，并自2014年1月1日起施行。这标志着我国特种设备安全工作向科学化、法制化方向又迈进了一大步，这也是我国在设备领域中的第一部法律文件。

近年来，随着我国经济的快速发展，特种设备数量也在迅速增加。特种设备本身所具有的危险性，与迅猛增长的数量因素双重叠加，使得特种设备安全运行形势更加复杂。《中华人民共和国特种设备安全法》的出台，以及2021年6月10日重新公布《中华人民共和国安全生产法》，必将为特种设备安全运行提供更加坚实的法制保障。

确保特种设备的安全，不能只靠事后监管，而要将安全意识贯彻到特种设备从生产到使用、从经营到检测、从维护到报废的全过程。特种设备安全法明确规定，国家对特种设备的生产、经营、使用，实施分类的、全过程的安全监督。围绕特种设备从“生”到“死”的每一个过程、每一个环节，该法都提出了具体的要求、做出了明确的规定。这些要求、规定都是从以往特种设备安全事故中得出的重要教训。前事不忘、后事之师，只有把法律条文认真贯彻到特种设备安全工作之中，把血的教训落实到特种设备生产、经营、使用的每一个环节，才能有效避免事故的再次发生。

第一节　特种设备工作成效

一、特种设备管理范围

特种设备是指涉及生命安全且危险性较大的设备，根据国家《特种设备安全法》规定：特种设备包括锅炉、压力容器（含气瓶）、压力管道、电梯、起重机械、客运索道、大型游乐设施和场（厂）内专用机动车辆。

（1）锅炉　是指利用各种燃料、电或者其他能源，将所盛装的液体加热到一定的参数，并对外输出热能的设备。其范围规定为容积大于或者等于30L的承压蒸汽锅炉；出口水压大于或者等于0.1MPa（表压），且额定功率大于或者等于0.1MW的承压热水锅炉；有机热载体锅炉。

（2）压力容器　是指盛装气体或者液体，承载一定压力的密闭设备。其范围规定为最高工作压力大于或者等于0.1MPa（表压），且压力与容积的乘积大于或者等于2.5MPa·L的气体、液化气体和最高工作温度高于或者等于标准沸点的液体的固定式容器和移动式容器；盛装公称工作压力大于或者等于0.2MPa（表压），且压力与容积的乘积大于或者等于1.0MPa·L的气体、液化气体和标准沸点等于或者低于60℃液体的气瓶、氧舱等。

（3）压力管道　是指利用一定的压力，用于输送气体或者液体的管状设备。其范围规定为最高工作压力大于或者等于0.1MPa（表压）的气体、液化气体、蒸汽介质或者可燃、易爆、有毒、有腐蚀性、最高工作温度高于或者等于标准沸点的液体介质，且公称直径大于25mm的管道。

（4）电梯 是指动力驱动，利用沿刚性导轨运行的箱体或者沿固定线路运行的梯级（踏步），进行升降或者平行运送人、货物的机电设备，包括载人（货）电梯、自动扶梯、自动人行道等。

（5）起重机械 是指用于垂直升降或者垂直升降并水平移动重物的机电设备。其范围规定为额定起重量大于或者等于0.5t的升降机；额定起重量大于或者等于1t，且提升高度大于或者等于2m的起重机和承重形式固定的电动葫芦等。

（6）客运索道 是指动力驱动，利用柔性绳索牵引箱体等运载工具运送人员的机电设备，包括客运架空索道、客运缆车、客运拖牵索道等。

（7）大型游乐设施 是指用于经营目的，承载乘客游乐的设施。其范围规定为设计最大运行线速度大于或者等于2m/s，或者运行高度距地面高于或者等于2m的载人大型游乐设施。

（8）场（厂）内专用机动车辆 是指除道路交通、农用车辆以外仅在工厂厂区、旅游景区、游乐场所等特定区域使用的专用机动车辆。

特种设备包括其所用的材料、附属的安全附件、安全保护装置和与安全保护装置相关的设施，图1-1为特种设备管理范围。

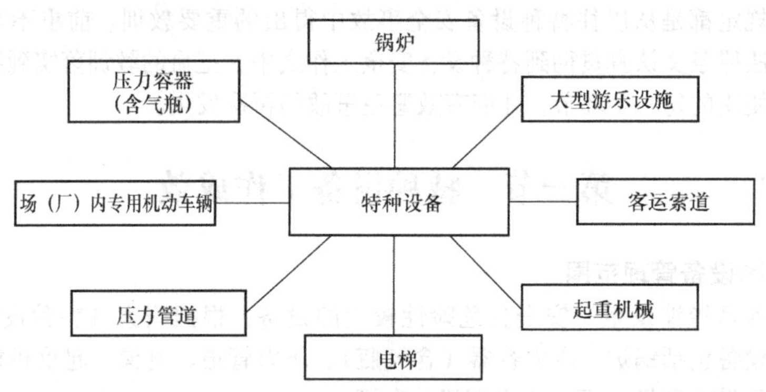

图1-1 特种设备管理范围

二、特种设备基本情况

1. 特种设备登记数量情况

截至2019年年底，全国特种设备总量达1525.47万台，其中：锅炉38.30万台、压力容器419.12万台、电梯709.75万台、起重机械244.01万台、客运索道1089条、大型游乐设施2.49万台（套）、场（厂）内机动车辆111.69万台。另有：气瓶1.64亿只、压力管道56.13万km，如图1-2所示。

2. 特种设备生产和作业人员情况

截至2019年年底，全国共有特种设备生产（含设计、制造、安装、改造、修理、气体充装）单位78111家，持有许可证80227张，其中：设计单位3634家、持有许可

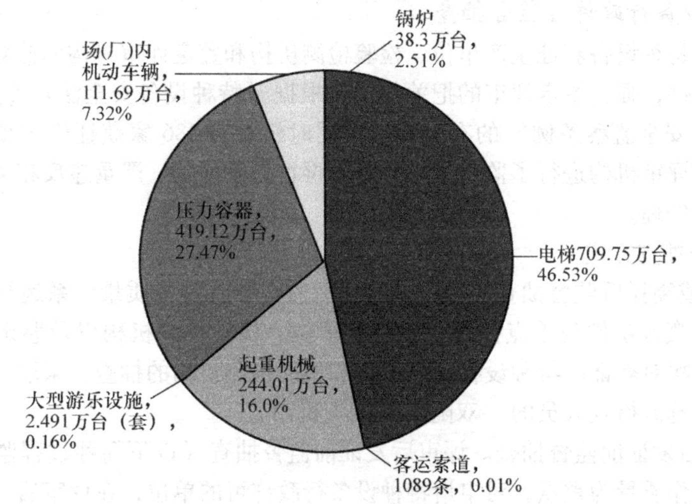

图 1-2 2019 年特种设备数量分类比例图

证 3663 张，制造单位 17282 家、持有许可证 17905 张，安装改造修理单位 30470 家、持有许可证 30539 张，移动式压力容器及气瓶充装单位 27328 家、持有许可证 28120 张，如图 1-3 所示。

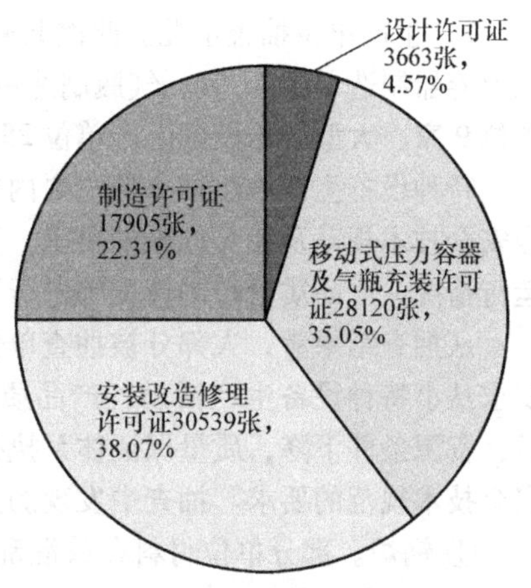

图 1-3 截至 2019 年年底特种设备生产许可证分类比例分布图

截至 2019 年年底，全国特种设备作业人员持证 1215.55 万张。

3. 特种设备安全监察和检验检测情况

截至 2019 年年底，全国共设置特种设备安全监察机构 4161 个，其中国家级 1 个、省级 33 个、市级 481 个、县级 2552 个、区县派出机构 1094 个。全国特种设备安全监察人员共计 90164 人。

截至 2019 年年底，全国共有特种设备综合性检验机构 454 个，其中系统内检验机构 270 个，行业检验机构和企业自检机构 184 个。另有：型式试验机构 43 个，无损检测机构 563 个，气瓶检验机构 2065 个，安全阀校验机构 665 个，房屋建筑工地和市政工程工地起重机械检验机构 310 个。

2019 年，全国各级特种设备安全监管部门开展特种设备执法监督检查 203.01 万人次，发出安全监察指令书 13.39 万份。特种设备检验机构对 104.39 万台特种设备及部件的制造过程进行了监督检验，发现并督促企业处理质量安全问题 2.10 万个；对 157.66 万台特种设备安装、改造、修理过程进行了监督检验，发现并督促企业处理质量安全问题 47.30 万个；对 861.37 万台在用特种设备进行了定期检验，发现并督促使用单位处理质量安全问题 191.32 万个，其中承压类设备问题 16.30 万个，机电类设备问题 175.02 万个。

4. 特种设备行政许可监督抽查

为加强对特种设备获证生产单位、检验检测机构和鉴定评审机构的监督，督促其持续满足许可条件，强化鉴定评审的把关作用，根据《特种设备安全法》《行政许可法》和《特种设备安全监察条例》的有关规定，同时组织对486家获证生产单位、检验检测机构和鉴定评审机构进行了监督抽查，对不再符合条件的、严重违反相关法规的单位和机构进行了处理。

（1）监督抽查方式

1）获证或委托后监督抽查。获证或委托后监督抽查是以质量体系运行、工作（产品）质量以及资源条件为重点，对获证生产单位、检验检测机构以及鉴定评审机构的监督抽查。此次对获证的特种设备生产单位和检验检测机构的抽查，采取了随机抽取检查对象、随机选派检查人员的“双随机”抽查机制。

2）评审后发证前监督抽查。评审后发证前监督抽查（以下简称过程监督抽查）是以鉴定评审工作质量为重点，对申请特种设备行政许可的单位，在评审后、发证前进行的监督抽查。

（2）监督抽查情况

1）生产单位抽查情况。此次共监督抽查生产单位76家，其中锅炉制造单位10家、压力容器制造单位11家、气瓶制造单位5家、压力管道元件制造单位15家、电梯制造单位9家、大型游乐设施生产单位25家。

特种设备生产单位抽查的主要内容为单位是否持续符合许可条件、产品质量是否符合安全技术规范及相关标准的要求，重点对单位资源条件的变化情况、质量保证体系的运行情况、产品质量控制情况等进行了检查。

从抽查结果看，大部分被抽查单位能够按照法律法规、安全技术规范及相关标准的要求从事特种设备生产活动，产品质量能够得到保证；但也有少部分单位在取得许可后，资源条件下降，质量保证体系执行不到位，产品质量安全性能下降，不能继续满足安全技术规范的要求。抽查中发现的主要问题如下：

① 锅炉。部分单位材料存放混乱且标识不清，未进行标记移植，材质证明书缺少经手人签字等；使用的部分安全技术规范和标准已经过期或废止等；压力试验场地缺少安全防护设施；部分单位缺少工艺文件或工艺文件未经审批。

部分单位质量管理体系文件内容不齐全，缺少必要的过程、要素或管理制度，未及时更新或修订质量保证体系文件；质量负责人不能正常履行职责，质量责任人员不能覆盖所有的制造过程或要素；质量管理体系文件缺少唯一性标识；内部审核未覆盖所有部门，内审中发现的不符合项未采取纠正措施；未进行管理评审和质量目标考核；仪器设备未按要求检定或校准；未编制产品制造质量计划或质量计划未覆盖所有环节。

② 压力容器。部分单位使用的材料缺少质量证明书，未按规定进行复验，材料代用未履行审批手续；焊接及焊接检查记录信息不全等。

部分单位材料存放场地不满足使用要求。

部分单位质量管理体系文件内容不齐全，缺少必要的过程、要素或管理制度，未及时更新或修订质量保证体系文件；未进行内部审核；未进行管理评审和质量目标考核；

焊接工艺评定未覆盖或引用错误；仪器设备未检定或校准等。

③ 气瓶。部分单位无损检测人员数量不满足要求；技术人员的比例不满足要求；配备的生产设备不能满足生产的需要；缺少焊接试验室；气密性试验场地缺少安全防护设施等；部分单位水压爆破试验数据涂改；无热处理曲线等。

部分单位内部审核未覆盖所有要素；质控系统责任人未按规定履行职责；无损检测缺少委托单；未按规定进行材料标记移植，材料出库无领料单；仪器设备未检定或校准等。

④ 压力管道元件。部分单位材料无质量证明，未按规定进行复验，材料存放、保管、烘干、发放无记录，材料标识不符合规定；持证焊工数量不满足要求；技术人员的比例不满足要求；部分单位未按要求进行无损检测；缺少检验记录，或未记录检验数据等；试样制备、冲击试验机等生产设备不能满足实际生产的需要等。

部分单位未及时任命技术负责人、质量负责人及质控系统责任人员；部分单位质量保证体系文件缺少必要的管理制度、岗位职责及记录表格；未及时更新或修订质量保证体系文件，质量保证体系文件未经规定的审批；未进行管理评审和内部审核；未进行质量目标考核；仪器设备未检定或校准等。

⑤ 电梯和大型游乐设备。部分单位专业技术人员数量不满足要求；焊工未持有特种设备作业人员证或证书不在有效期内；测试仪器超过法定计量周期；无损检测人员无证操作。

质量体系文件缺少焊接控制、热处理控制等必要的程序文件；未按规定进行管理评审、内部审核等；部分单位合格供应商名录不全，未对部分合格品供应商进行评价；记录、档案保存不完整、不齐全，生产过程中的记录无法与相应程序文件的要求对应；技术资料管理较为混乱，图样和计算资料上的签名不全，计算过程与对应标准不一致。

部分单位无完整的计算书、图样、工艺文件等技术文件；出厂检验不符合要求；未按规定提供使用维护说明书等出厂随机资料；未对重要零部件进行全部检验。个别大型游乐设施单位存在制造地址变化未履行变更手续等问题。

2）检验检测机构抽查情况。此次共抽查特种设备检验检测机构363家，发现的主要问题如下。

① 资源条件方面：部分机构检验人员不足。

② 质量管理体系建立和实施方面：部分机构检验检测细则未及时更新或修订；未进行管理评审或评审输入的内容不齐全；未按规定实施对检验检测过程和结果的监督控制；未到制造单位进行现场抽取样品，抽样基数不满足要求；仪器设备未检定或校准。

③ 检验工作质量方面：检验结果无相应的检测记录或分项报告支撑；检验检测记录不完整；未按照安全技术规范的要求进行检验试验。

三、特种设备管理工作成效

1. 隐患排查治理成效显著

巩固电梯会战、攻坚成果，深入开展电梯隐患整治“回头看”，共新发现问题电梯3.9万台，完成整改3.7万台，整改完成率94.9%，其他隐患正有序推进整改。全面推进大型游乐设施、客运索道隐患整治，由总局统一部署，检验机构和行业协会共同成立隐患排查治理协调小组，明确排查整治重点，督促企业落实安全主体责任。持续推动油气管道法定检验，法定检验覆盖率超过90%。

近年来，全国各级特种设备安全监管部门开展特种设备执法监督检查188.88万人次，发出安全监察指令书14.38万份。特种设备检验机构对110.22万台特种设备及部件的制造过程进行了监督检验，发现并督促企业处理质量安全问题2.38万个；对164.58万台特种设备安装、改造、修理过程进行了监督检验，发现并督促企业处理质量安全问题41.94万个。对791.33万台在用特种设备进行了定期检验，发现并督促使用单位处理质量安全问题171.08万个，其中承压类设备问题15.83万个，机电类设备问题155.25万个。

2. 推进改革创新持续深化

将鉴定评审和检验检测人员考试转为技术性服务，协调将相关经费纳入部门预算，降低企业制度性交易成本。启动制订《特种设备生产许可规则》，进一步整合精简特种设备生产许可项目和作业人员资格项目，简化许可程序，不断优化特种设备准入模式。配合完成对中国特检院组建特检集团方案的论证。推动宁波、南京电梯监管综合改革试点，进一步发挥市场激励约束作用，为各地总结提炼可复制、可推广的成功经验。报请国务院办公厅印发了《关于加强电梯质量安全工作的意见》，在强化安全监管的同时，重点提出促进产业发展、提升质量水平、创新管理模式等内容，进一步强化电梯质量安全工作，保障人民群众乘用安全和出行便利。

3. 服务保障民生作用凸显

圆满完成“一带一路”高峰论坛、第十三届全国运动会等重大活动特种设备服务安全保障。举全系统之力，以最高标准、最严要求、下最大气力保障党的十九大胜利召开，北京市“核心区”特种设备零故障、“外围区”零事故，天津、河北、山西、内蒙古等周边省市未发生特种设备较大事故，全国其他各地未发生特种设备重特大事故及重大影响事件。继续推进燃煤锅炉节能减排攻坚战，与相关部门研究强化锅炉节能环保监管措施，京津冀及周边地区锅炉节能环保水平显著提高。联合河南省质量技术监督局、长垣县人民政府开展产业聚集区起重机械质量提升活动，促进区域质量提升。继续推动“96333”等电梯应急处置平台建设，覆盖城市已经达到176个，应急处置能力持续提高。组织开展既有住宅加装电梯前期论证和调研工作，解决多层住宅居民出行难题，着力保障民生。

4. 基层基础建设有力夯实

完善法规标准，条例、规章和安全技术规范等制修订工作稳步推进。加强风险防控和应急能力建设，举办大型游乐设施、客运索道应急处置综合演练。完成特种设备信息化总体建设方案，在全国推广应用移动式压力容器公共服务信息追溯平台。指导中国特种设备安全与节能促进会出版并免费提供《特种设备安全监察ABC》培训视频，进一步加大人员培训力度。开展援青援疆援藏特种设备检验大会战，有效解决特种设备安全工作不平衡不充分的问题。开展“非常游学团——了不起的‘特种兵’”等一系列卓有成效的宣传活动，形成社会共治的安全氛围。

5. 强化特种设备风险防控

（1）特种设备安全形势总体平稳　2019 年，全国发生特种设备事故和相关事故 130 起，死亡 119 人，受伤 19 人，与 2018 年相比，事故起数减少 37 起、降幅 22.2%，死亡人数减少 34 人、降幅 22.2%，受伤人数减少 11 人、降幅 18.3%；2019 年特种设备万台死亡率 0.11；全年未发生重特大事故，特种设备安全形势总体平稳，如图 1-4 所示。

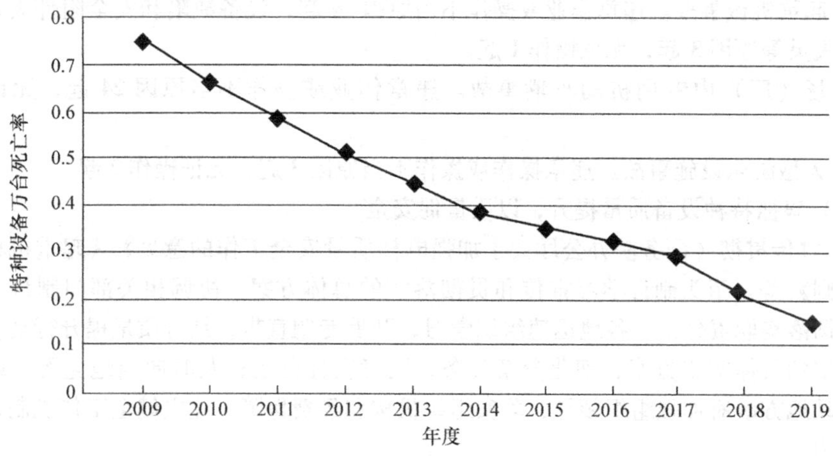

图 1-4　2009～2019 年特种设备万台死亡率曲线图

1）事故特点。按设备类别划分，锅炉事故 11 起，压力容器事故 4 起，气瓶事故 4 起，压力管道事故 1 起，电梯事故 33 起，起重机械事故 26 起，场（厂）内机动车辆事故 45 起，大型游乐设施事故 6 起。其中，电梯、起重机械和场（厂）内机动车辆事故起数和死亡人数所占比重较大，事故起数分别占 25.38%、20.00%、34.62%，死亡人数分别为 29 人、26 人、42 人。

按发生环节划分，发生在使用环节 109 起，占 83.85%；维修检修环节 16 起，占 12.3%；安装拆卸环节 3 起，占 2.31%；充装运输环节 1 起，占 0.77%；制造环节 1 起，占 0.77%。

按涉事行业划分，发生在制造业 51 起，占 39.23%；发生在社会及公共服务业 26 起，占 20.00%；发生在冶金石化业 17 起，占 13.08%；发生在交通运输与物流业 11 起，占 8.46%；其他行业和领域 25 起，占 19.23%。

按损坏形式划分，承压类设备（锅炉、压力容器、气瓶、压力管道）事故的主要特征是爆炸、泄漏着火等；机电类设备［起重机械、电梯、大型游乐设施、场（厂）内专用机动车辆］事故的主要特征是碰撞、坠落、撞击和剪切等。

2）事故原因剖析。根据已经调查结案并上报的事故调查报告，事故原因主要包括：

① 锅炉事故。违章作业或操作不当原因 1 起，无证操作 3 起，设备缺陷和安全附件失效原因 1 起，其他次生原因 3 起。

② 压力容器事故。违章作业或操作不当原因1起。

③ 气瓶事故。安全管理、维护保养不到位1起，其他次生原因1起。

④ 压力管道事故。安全管理、维护保养不到位1起。

⑤ 电梯事故。违章作业或操作不当原因9起，设备缺陷和安全附件失效或保护装置失灵等原因4起，应急救援（自救）不当原因2起，安全管理、维护保养不到位原因8起，无证操作1起。

⑥ 起重机械事故。违章作业或操作不当原因14起，设备缺陷和安全附件失效或保护装置失灵等原因3起，无证操作1起。

⑦ 场（厂）内专用机动车辆事故。违章作业或操作不当原因24起，无证操作10起。

⑧ 大型游乐设施事故。违章操作或操作不当原因3起，无证操作2起。

（2）狠抓特种设备质量提升，以质量促安全

1）宣传贯彻《国务院办公厅关于加强电梯质量安全工作的意见》《起重机械型式试验规则》等。牵头制订学习宣传和贯彻落实的总体方案，协调相关部门制订工作计划，贯彻落实职责分工。各地迅速组织学习，开展专题宣贯，结合质量提升行动，制订贯彻落实的具体实施方案，细化分解任务，明确责任分工；及时向当地党委、政府汇报，推动地方政府加强组织领导，落实组织机构和经费保障，建立健全工作机制，形成工作合力。

2）提升设备本质安全水平。以起重机械、电梯等设备为重点，狠抓规范标准引领，综合运用行政许可、检验检测、监督检查、科技攻关等手段，充分发挥企业、技术机构等相关方作用，推动设备制造质量、维保质量等全面提升。

3）促进检验检测服务质量提升。部署开展型式试验、无损检测等工作质量专项抽查。各地要督促当地检验机构优化报检流程，改善检验服务，提升检验服务质量。

4）促进区域特种设备质量提升。鼓励各省在锅炉、电梯、起重机械和大型游乐设施等典型产业聚集区加大相关政策支持力度，构建质量提升长效机制。

5）促进节能环保质量提升。继续开展燃煤锅炉节能减排攻坚战，联合有关部门发布《高效节能锅炉推广目录》。加快完善相关法规标准，按照部门职责分工，依法落实国家相关重要政策，促进锅炉节能环保质量水平提升。

（3）强化特种设备风险防控，落实企业主体责任

1）构建双预防长效工作机制。研究梳理影响特种设备安全的关键因素，提出预防和减少事故的方法措施，推动编制特种设备安全风险分级和隐患排查治理指导性文件。各地要以落实企业安全主体责任为目标，督促企业开展特种设备安全风险辨识、评估、防控和隐患排查治理。

2）开展针对性隐患排查和专项整治。巩固近年来电梯会战攻坚和特种设备隐患排查治理工作成果，根据近年来特种设备排查整治案例和事故原因分析，对电梯层门、制动器和自动扶梯附加制动器等电梯部件风险，锅炉范围内管道等承压部件风险及“煤改气”等锅炉改造风险，储运危险化学品的相关特种设备风险，客运索道和大型游乐设施风险等，督促企业加大风险排查和隐患整治力度。

3）加强应急体系建设。组织开展电梯与压力容器典型事故案例分析，通过事故从源头防控设备风险。继续多种模式全面推进“96333”电梯应急处置平台建设，进一步提升平台建设覆盖范围，加强数据汇集分析。

4）开展重大活动安全保障。进一步完善重大活动安全保障长效机制，认真做好上合组织峰会等重大活动、重要会议特种设备安全保障。筹备部署2022年北京冬奥会有关客运索道等特种设备建设推进和安全保障工作。

（4）落实顶层设计方案，推进安全监管改革创新

1）深化行政许可改革。编制《特种设备行政许可目录》，进一步精简行政许可子项目，优化行政许可程序。推动落实鉴定评审和人员考试财政经费保障，加强对鉴定评审工作的监督和抽查。强化持证单位监督抽查。

2）推进检验工作改革。修订特种设备检验机构和无损检测机构核准规则，启动特种设备检验检测机构管理规范制定，引领推动检验检测机构整合。合理划分电梯检验和检测工作的内容，优化电梯定期检验工作项目、周期。在电站锅炉、大型起重机械、石化成套装置特种设备等领域推行由使用单位自主选择检验机构开展定期检验工作。

3）推进电梯监管综合改革。推广电梯“保险＋服务”试点。推动维保模式转变，试点推进按需维保、“物联网＋维保”等新模式。探索建立电梯维保、检验和事故等信息公示机制，倒逼制造和维保单位落实安全主体责任。

（5）理清责任边界，强化监管基础建设

1）健全特种设备责任体系。推动落实地方党委政府的领导责任、属地管理责任和相关部门的行业监管责任。制定特种设备局权力和责任清单，各地要结合本地工作实际，制定完善地方权力和责任清单。进一步厘清监管职责，制定“失职追责，尽职免责”的指导意见。

2）优化法规标准。全面贯彻落实《特种设备安全法》，推动修订各类特种设备安全监察管理规则，完成颁发《特种设备事故报告和调查处理规定》《特种设备作业人员考核规则》等工作。积极推进气瓶、移动式压力容器和电梯等综合性大规范建设，开展安全技术规范后评估试点。全面开展政策性文件清理，发布有效政策性文件目录。以压力容器、电梯为试点，研究建立法规标准协调机制。

3）加强信息化建设。统一信息化建设数据标准要求，充实完善全国特种设备信息公示服务平台。继续推进电梯、气瓶、移动式压力容器质量安全追溯系统建设。在完成全国特种设备从业人员数据库与公示平台建设的基础上，各省要积极整合省内特种设备单位数据库和设备数据库，适时与全国特种设备信息数据库实现互联互通。

4）完善科技支撑体系。引导技术机构和科研院所、企业等加强特种设备领域研发、技改，加大科研资金和人员投入。鼓励全国特种设备科技协作平台成员单位在科研方面实现资源共享与协同攻关，利用各自优势广泛开展合作，提升综合科研能力。

5）提升基层监管能力。加快组织编写特种设备安全监察培训系列教材、题库及视频教学培训材料。积极开展对地市局长、基层安全监察骨干的培训工作。各地要有针对

性地开展市、县安全监察人员培训，注重培训实效，提升专业水平，推动安全监察工作进一步规范化、标准化。

6. 特种设备规范管理文件

为了加强特种设备管理，近年来国家颁布了有关特种设备规范管理文件见表 1-1。

表 1-1　近年来主要的特种设备规范管理文件一览表

序号	文件名称及颁布情况	实施日期
1	中华人民共和国主席令第 4 号《中华人民共和国特种设备安全法》	2014 年 1 月 1 日
2	总局公告 2011 年第 95 号《关于公布 <特种设备作业人员作业种类与项目> 目录的公告》	2011 年 7 月 1 日
3	总局令　第 115 号《特种设备事故报告和调查处理规定》	2009 年 7 月 3 日
4	国质检特〔2014〕679 号《质检总局关于实施新修订的 <特种设备目录> 若干问题的意见》	2014 年 12 月 29 日
5	国务院令第 549 号《特种设备安全监察条例》	2014 年 12 月 30 日
6	国质总局令第 140 号《特种设备作业人员监督管理办法》	2011 年 7 月 1 日
7	质检办特〔2016〕272 号《质检总局办公厅关于进一步规范特种设备检验工作的通知》	2016 年 3 月 22 日
8	TSG Z6001—2019《特种设备作业人员考核规则》	2019 年 6 月 1 日
9	TSG Z8001—2019《特种设备无损检测人员考核规则》	2019 年 6 月 1 日
10	TSG Z6001—2019《特种设备作业人员考核规则》	2019 年 6 月 1 日
11	TSG 07—2019《特种设备生产和充装单位许可规则》	2019 年 6 月 1 日
12	TSG 03—2015《特种设备事故报告和调查处理导则》	2016 年 6 月 1 日
13	GB/T 29639—2020《生产经营单位生产安全事故应急预案、编制导则》	2021 年 4 月 1 日
14	TSG 08—2017《特种设备使用管理规则》	2017 年 8 月 1 日

第二节　特种设备状态管理

开展特种设备安全监察的目的是为了防止和减少事故、保障人民群众生命和财产安全，因此，企事业单位特别是工矿企业，要加强特种设备的状态管理。

一、安全监察总体要求

1）特种设备安全监督管理部门负责全国特种设备的安全监察工作，县以上地方负责特种设备安全监督管理的部门对本行政区域内的特种设备实施安全监察（以下统称特种设备安全监督管理部门）。

2）特种设备生产、使用单位应当建立健全特种设备安全管理制度和岗位安全责任制度。特种设备生产、使用单位的主要负责人应当对本单位特种设备的安全全面负责。

3）特种设备生产、使用单位和特种设备检验检测机构，应当接受特种设备安全监督管理部门依法进行的特种设备安全监察。

特种设备检验检测机构应当依照规定进行检验检测工作，并对其检验检测结果、鉴定结论承担法律责任。

4）国家鼓励推行科学的管理方法，采用先进技术，提高特种设备安全性能和管理水平，增强特种设备生产、使用单位防范事故的能力，对取得显著成绩的单位和个人给予奖励。

国家鼓励特种设备节能技术的研究、开发、示范和推广，以促进特种设备节能技术的创新和应用。特种设备生产、使用单位和特种设备检验检测机构，应当保证必要的安全和节能投入。

5）国家鼓励实行特种设备责任保险制度，提高事故赔付能力。任何单位和个人对于违反特种设备规定的行为，都有权向特种设备安全监督管理部门和行政监察等有关部门举报。

特种设备安全监督管理部门应当建立特种设备安全监察举报制度，公布举报电话、信箱或者电子邮件地址，受理对特种设备生产、使用和检验检测违法行为的举报，并及时予以处理。

特种设备安全监督管理部门和行政监察等有关部门应当为举报人保密，并按照国家有关规定给予奖励。

二、特种设备使用

1）特种设备使用单位应当使用符合安全技术规范要求的特种设备。特种设备投入使用前，使用单位应当核对特种设备出厂时附带的相关文件；特种设备出厂时，应当附有安全技术规范要求的设计文件、产品质量合格证明、安装及使用维修说明、监督检验证明等文件。

2）特种设备在投入使用前或者投入使用后30日内，特种设备使用单位应当向直辖市或者设区的市的特种设备安全监督管理部门登记，如图1-5所示。登记标志应当置于或者附着于该特种设备的显著位置。

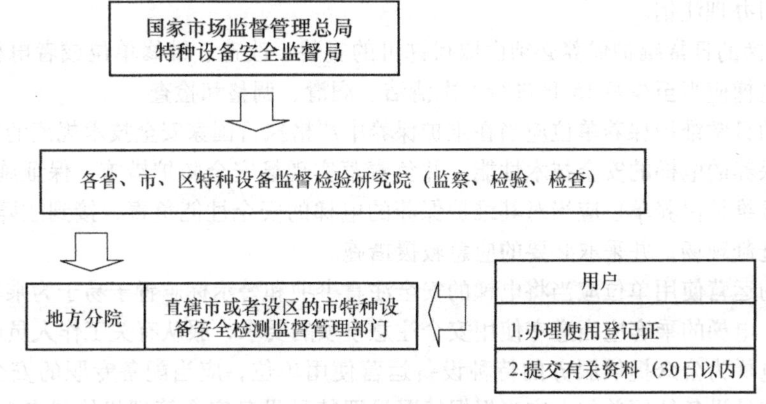

图1-5　特种设备使用登记示意图

3）特种设备使用单位应当建立特种设备安全技术档案。安全技术档案应当包括以下内容：a. 特种设备的设计文件、制造单位、产品质量合格证明、使用维护说明等文件及安装技术文件和资料；b. 特种设备的定期检验和定期自行检查的记录；c. 特种设备的日常使用状况记录；d. 特种设备及其安全附件、安全保护装置、测量调控装置及有关附属仪器仪表的日常维护保养记录；e. 特种设备运行故障和事故记录；f. 高耗能特种设备的能效测试报告、能耗状况记录及节能改造技术资料。

4）特种设备使用单位应当对在用特种设备进行经常性日常维护保养，并定期自行检查。

特种设备使用单位对在用特种设备应当至少每月进行 1 次自行检查，并进行记录。特种设备使用单位在对在用特种设备进行自行检查和日常维护保养时发现异常情况的，应当及时处理。特种设备使用单位应当对在用特种设备的安全附件、安全保护装置、测量调控装置及有关附属仪器仪表进行定期校验、检修，并做出记录。

5）锅炉使用单位应当按照安全技术规范的要求进行锅炉水（介）质处理，并接受特种设备检验检测机构实施的水（介）质处理定期检验。从事锅炉清洗的单位，应当按照安全技术规范的要求进行锅炉清洗，并接受特种设备检验检测机构实施的锅炉清洗过程监督检验。

6）特种设备使用单位应当按照安全技术规范的定期检验要求，在安全检验合格有效期届满前 1 个月向特种设备检验检测机构提出定期检验要求。检验检测机构接到定期检验要求后，应当按照安全技术规范的要求及时进行安全性能检验和能效测试。未经定期检验或者检验不合格的特种设备，不得继续使用。

7）特种设备出现故障或者发生异常情况，使用单位应当对其进行全面检查，消除事故隐患后，方可重新投入使用。特种设备不符合能效指标的，特种设备使用单位应当采取相应措施进行整改。

8）特种设备存在严重事故隐患，无改造及维修价值，或者超过安全技术规范规定的使用年限，特种设备使用单位应当及时予以报废，并应当向原登记的特种设备安全监督管理部门办理注销。

9）电梯的日常维护保养必须由取得许可的安装、改造、维修单位或者电梯制造单位进行。电梯应当至少每 15 日进行 1 次清洁、润滑、调整和检查。

电梯的日常维护保养单位应当在维护保养中严格执行国家安全技术规范的要求，保证其维护保养的电梯的安全技术性能，并负责落实现场安全防护措施，保证施工安全；电梯的日常维护保养单位应当对其维护保养的电梯的安全性能负责，接到故障通知后，应当立即赶赴现场，并采取必要的应急救援措施。

电梯的运营使用单位应当将电梯的安全注意事项和警示标志置于易于为乘客注意的显著位置。电梯的乘客应当遵守使用安全注意事项的要求，服从有关工作人员的指挥。

使用电梯为公众提供服务的特种设备运营使用单位，应当配备专职的安全管理人员。其他特种设备使用单位，应当根据情况设置特种设备安全管理机构或者配备专职、兼职的安全管理人员。

10）电梯投入使用后，电梯制造单位应当对其制造的电梯的安全运行情况进行跟踪调查和了解，对电梯的日常维护保养单位或者电梯的使用单位在安全运行方面存在的问题，提出改进建议，并提供必要的技术帮助。发现电梯存在严重事故隐患的，应当及时向特种设备安全监督管理部门报告。电梯制造单位对调查和了解的情况应当做出记录。

11）锅炉、压力容器、电梯、起重机械、场（厂）内专用机动车辆的作业人员及其相关管理人员（以下统称特种设备作业人员），应当按照国家有关规定经特种设备安全监督管理部门考核合格，取得国家统一格式的特种作业人员证书，方可从事相应的作业或者管理工作。

12）特种设备的安全管理人员应当对特种设备使用状况进行经常性检查，发现问题的应当立即处理。情况紧急时，可以决定停止使用特种设备并及时报告本单位有关负责人。

13）特种设备使用单位应当对特种设备作业人员进行特种设备安全、节能教育和培训，保证特种设备作业人员具备必要的特种设备安全、节能知识。

特种设备作业人员在作业中应当严格执行特种设备的操作规程和有关的安全规章制度。

14）特种设备作业人员在作业过程中发现事故隐患或者其他不安全因素，应当立即向现场安全管理人员和单位有关负责人报告。

三、特种设备办理登记实施

对特种设备必须根据《特种设备安全法》的规定进行使用登记管理。

【案例1-1】 锅炉压力容器使用登记

1）锅炉压力容器应当办理使用登记：包含蒸汽锅炉、热水锅炉和有机热载体锅炉适用范围内的各种锅炉。压力容器适用范围内的固定式压力容器、移动式压力容器（铁路罐车、汽车罐车、罐式集装箱）和氧舱。

2）使用锅炉压力容器的单位和个人（以下统称使用单位）应当按照本办法的规定办理锅炉压力容器使用登记，领取《特种设备使用登记证》，未办理使用登记证的锅炉压力容器不得擅自使用。

锅炉压力容器使用登记证在锅炉压力容器定期检验合格期间内有效。

3）国家市场监督管理总局负责全国锅炉压力容器使用登记的监督管理工作，县以上地方特种设备管理监督部门负责本行政区域内锅炉压力容器使用登记的监督管理工作。

4）每台锅炉压力容器在投入使用前或者投入使用后30日内，使用单位应当向所在地的登记机关申请办理使用登记，领取使用登记证。

使用单位使用租赁的锅炉压力容器，均由产权单位向使用地登记机关办理使用登记证，交使用单位随设备使用。

5）使用单位申请办理使用登记应当按照下列规定，逐台向登记机关提交锅炉压力容器及其安全阀、爆破片和紧急切断阀等安全附件的有关文件：a. 安全技术规范要求的设计文件，产品质量合格证明，安装及使用维修说明，制造、安装过程监督检验证明；b. 进口锅炉压力容器安全性能监督检验报告；c. 锅炉压力容器安装质量证明书；d. 锅炉水处理方法及水质指标；e. 移动式压力容器车辆走行部分和承压附件的质量证明书或者产品质量合格证及强制性产品认证证书；f. 锅炉压力容器使用安全管理的有关规章制度；g. 锅炉房内的分气（水）缸随锅炉一同办理使用登记，不单独领取使用登记证。

6）使用单位申请办理使用登记，应当逐台填写《锅炉登记卡》或者《压力容器登记卡》，一式两份，交予登记机关。

登记机关接到使用单位提交的文件和填写的登记卡（以下统称登记文件）后，应当按照下列规定及时审核、办理使用登记：a. 能够当场审核的，应当当场审核。登记文件符合本办法规定的，当场办理使用登记证；不符合规定的，应当出具不予受理通知书，书面说明理由；b. 当场不能审核的，登记机关应当向使用单位出具登记文件受理凭证。使用单位按照通知时间凭登记文件受理凭证领取使用登记证或者不予受理通知书；c. 对于1次申请登记数量在10台以下的，应当自受理文件之日起5个工作日内完成审核发证工作，或者书面说明不予登记理由；对于1次申请登记数量在10台以上50台以下的，应当自受理文件之日起15个工作日内完成审核发证工作，或者书面说明不予登记理由；对于1次申请登记数量超过50台的，应当自受理文件之日起30个工作日内完成审核发证工作，或者书面说明不予登记理由。

7）登记机关办理使用登记证，应当按照《锅炉压力容器注册代码和使用登记证号码编制规定》编写注册代码和使用登记证号码。办理移动式压力容器使用登记证，同时核发记录出厂信息和使用登记信息的“移动式压力容器IC”。

8）使用单位应当建立安全技术档案，妥善保存使用登记证、登记文件。

9）使用单位应当将使用登记证悬挂在锅炉房内或者固定在压力容器本体上（无法悬挂或者固定的除外），并在锅炉压力容器的明显部位喷涂使用登记证号码。

10）使用单位使用无制造许可证单位制造的锅炉压力容器的，登记机关不得给予登记。

四、特种设备预防性检查

特种设备预防性检查主要指特种设备必须贯彻执行按照完好标准进行的定期检查和日常的点检工作，特种设备预防性检查如图1-6所示。

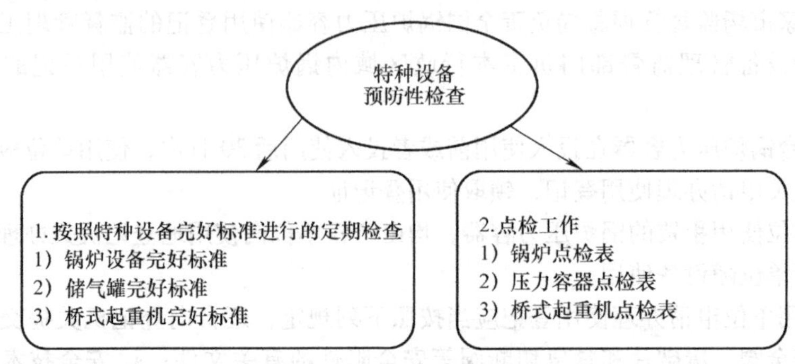

图1-6 特种设备预防性检查

1. 特种设备完好标准

为了确保特种设备安全可靠、经济合理地运行，现介绍有关特种设备完好标准，供企业检查与评比使用，各单位均可根据企业实际情况制定相应的特种设备完好标准。

特种设备完好程度的检查评分方法如下：

1）对特种设备的完好程度采用检查评分进行评定，总分达到85分及以上即为完好设备。

2）企业压力容器完好台数必须是按标准逐台检查的结果，根据检查总台数与完好台数相除，可以得到压力容器完好率。

3）进行检查时，对某些项目达不到完好标准要求的，必须在现场立即整改，达到标准要求后仍可作为完好标准。

4）对已正式办理降级、降压手续的压力容器，按批准降级、降压的标准进行检查评分。

2. 特种设备完好标准实例

（1）锅炉设备完好标准（见表1-2）

表1-2　锅炉设备完好标准

项目	内　　容	定分
1	锅炉蒸发量、压力、温度均达到设计要求或主管部门批准的规定	5
	汽包（锅筒）、人孔、联箱、手孔及管路、阀门等保温良好，无锈蚀，无泄漏现象	5
2	各受热面（包括水冷壁、对流管束、烟管、过热器、省煤器、空气预热器等）无严重积烟垢	5
	受压部件符合技术要求，无泄漏现象	5
3	安全阀、压力表、水位表、水位报警器符合技术要求，使用可靠	10
4	炉墙完整，构件无烧损、保温良好、无冒烟现象	5
	炉墙外表面温度符合有关要求	3
5	燃烧设备完整，燃烧器无烧损，炉排无缺损，传动装置运转可靠，润滑良好	5
	炉膛内燃烧情况良好，锅炉运行热效率达到规定要求	3
6	水、蒸汽管道敷设整齐合理，阀门选用合理、无泄漏现象，保温良好	6
7	给煤（上煤）装置、出渣装置运转正常	8
8	水处理设备使用正常（包括分析仪器）	6
	给水设备配备合理，运转正常	4
9	鼓、引二次风机配备合理，运转正常，润滑良好，各调风门或调风装置调节灵活、可靠	6

（续）

项目	内　　容	定分
10	烟道系统无冒烟现象，吹灰装置良好，烟囱有避雷、拉紧装置，并定期进行检查	3
	除尘设备符合要求（排入大气中有害物质浓度和烟尘浓度符合现行《工业三废排放试行标准》）	5
11	电气设备、电气线路使用良好，安全可靠	5
	各种仪表装置符合技术要求	5
12	锅炉外表清洁，无积灰，管路、设备漆色符合规定要求	6

注：1. 本表适用于一般工业锅炉，其他类型的锅炉（如热水锅炉）可参照执行。

2. 涉及安全附件、安全装置不完好的状况，必须立即现场整改。

（2）桥式起重机完好标准（见表 1-3）。

表 1-3　桥式起重机完好标准

项目	分类	检 查 内 容	定分
设备（90 分）	起重能力（6 分）	起重能力应在设计范围内或企业主管部门批准起重载荷内使用，在起重机明显部位应标志出起重吨位、设备编号等	3
		根据使用情况，每两年做一次载荷试验并有档案资料	3
	主梁（5 分）	主梁下挠不超过规定值，并有记录可查（空载情况下主梁下挠≤L/1500mm 或额定起重量作用下主梁下挠≤L/700mm，L 为跨度）	5
	操作系统（6 分）	各运行部位操作符合技术要求，灵敏可靠，各档变速齐全	4
		按要求调整大、小车的滑行距离，使之达到工艺要求，符合安全操作规程	2
	行走系统及轨道（14 分）	轨道平直，接缝处两轨道位差不超过 2mm，接头平整，压接牢固	4
		减速器、传动轴、联轴器零部件完好、齐全，运转平稳，无异常窜动、冲击、振动、噪声、松动现象	2
		制动装置安全可靠，性能良好，不应有异常响声与松动现象（除工艺特殊要求外）	2
		闸瓦摩擦衬垫厚度磨损≤2mm，且铆钉头不得外露，制动轮磨损≤2mm	2
		车轮运行无严重啃道现象，与路轨有良好接触	4
	起吊装置（21 分）	传动时无异常窜动、冲击、振动、噪声、松动现象	5
		起吊制动器在额定载荷时，应制动灵敏可靠，闸瓦摩擦衬垫厚度磨损≤2mm，且铆钉头不得外露，小轴及心轴磨损不超过原直径的 5%，制动轮与摩擦衬垫之间要均匀，闸瓦开度≤1mm	4
		钢丝绳符合使用技术要求	5
		吊钩、吊环符合使用技术要求	5
		滑轮、卷筒符合使用技术要求	2
	润滑（10 分）	润滑装置齐全，效果良好，基本无漏油现象	10

（续）

项目	分类	检查内容	定分
设备（90分）	电气与安全装置（28分）	电气装置齐全、可靠（各部分元器件、部件运行达到要求）	5
		供电滑触线应平直，有鲜明的颜色和信号灯，起重机上、下平台不设在大车的供电滑线同侧，靠近滑线的一边应设置防护架，有警铃等信号装置	2
		电气主回路与操纵回路的对地绝缘电阻值≥0.5MΩ，轨道和起重机任何一点的对地电阻≤4Ω，有保护接地或接零措施，每年进行一次测试，并有记录	6
		安全装置、限位齐全可靠①	10
		驾驶室或操纵开关处应装切断电源的紧急开关，电扇、照明、音响装置等电源回路不允许直接接地，检修用手提灯电源电压应≤36V，操纵控制系统要有零位保护	5
使用与管理（10分）		设备内外整洁，油漆良好，无锈蚀	5
		技术档案齐全（档案应包括产品合格证，使用说明书，检修和大修记录等）	5

①　为主要项目，如该项不合格，则为不完好设备。

对下列内容要进行检查，如未达到，应立即整改或不准使用。

1）定人定机，严格执行安全操作规程，对有驾驶室的起重机，必须设有专人驾驶（凭证操作）。严禁非驾驶人员操作。

2）有安全操作规程和交接班制度（指二班或三班工作制）。

（3）压力容器完好标准　制氧设备纯化器完好标准见表1-4，制氧设备充氧台完好标准见表1-5，储气罐完好标准见表1-6，分馏塔完好标准见表1-7。

表1-4　制氧设备纯化器完好标准

项目	内　　容	考核定分
1	吸附周期达到设计要求，压力、温度正常	25
2	设备、管路、阀门不漏水、不漏气，阀门开闭灵活	25
3	外壳接地良好，温度自动控制装置和压力表齐全，灵敏可靠	25
4	外表整洁，无严重积灰、锈蚀和黄袍	25

表1-5　制氧设备充氧台完好标准

项目	内　　容	考核定分
1	外表整洁，色标明显，无严重积灰	20
2	管道和阀门严密不漏，阀门开闭灵活，充氧夹具灵活好用，充氧管子无扭损现象	20
3	压力表、安全阀齐全准确，灵敏可靠	20
4	防火、防爆、报警联络信号齐全可靠	20
5	试压装置齐全可靠，符合使用要求	20

表 1-6 储气罐完好标准

项目	内　容	考核定分
1	储气罐、管道和阀门严密不漏，阀门开闭灵活好用	25
2	压力表、安全阀、减压阀齐全，灵敏可靠	30
3	上下滑轮灵活，报警信号灵敏可靠，容积标记醒目	25
4	外表整洁，色标明显，无严重积灰及锈蚀	20

表 1-7 分馏塔完好标准

项目	内　容	考核定分
1	质量、产量、运转周期基本达到设计要求	20
2	设备运转正常，各项工艺参数能满足工艺要求	20
3	压力表、温度计、流量计、液位计、安全阀齐全准确、灵敏可靠	20
4	管路、阀门选用及安装合理，使用可靠，绝热材料良好，外壳无结霜，阀门转动灵活，接地装置完好	20
5	外表整洁，零件齐全，无锈蚀，无积灰，无油脂	10
6	设备及管道颜色标志明显	10

3. 开展特种设备点检工作

1）点检表（锅炉点检见表 1-8）使用说明：点检记录一般用符号，如正常用“✓”号，异常或故障用“×”号，异常或故障由作业人员排除用“⊗”号，异常或故障由维修工排除用“☒”号。点检表用完后，必须在下月 5 号前上交设备动力部门归档。

表 1-8 锅炉点检

设备编号		所在车间		型号规格					
部位	巡检要求		日期	1			2		
	序号	内容	方法	班次			班次		
				甲	乙	丙	甲	乙	丙
水位表	1	水位指示清晰、各开关畅通严密	看、试①						
压力表	2	指示数值符合要求	看（数值）①						
安全阀	3	无漏气现象	看						
排污阀	4	关闭严密	摸						
水处理装置	5	运行正常，使用符合要求	看、试（硬度）						
给水泵	6	运转正常，无异常噪声	听①						
引、鼓风机	7	运转正常，无杂音	听						
上煤机构	8	运转正常	试、听①						
出渣机构	9	运转正常	试、听①						

（续）

设备编号		所在车间		型号规格					
部位	巡检要求		日期	1			2		
	序号	内　容	方法	班次			班次		
				甲	乙	丙	甲	乙	丙
除尘器	10	无漏气现象	看						
电气系统	11	动作正确，信号装置指示正确	试、看①						
热工仪表	12	指示数值符合要求	看①						
操作工（甲）		维修钳工		运转班长					
操作工（乙）									
操作工（丙）									

① 增加设备部位正常运行的图片，以帮助操作工更快识别异常情况或故障。

2）开展点检工作既是对特种设备的检查，又能真实了解设备的缺陷情况，为设备开展专项修理或大修提供了可靠的依据。同时，点检表也反映了检修工作质量，鼓励作业人员参加检修或排除故障的积极性，为确保设备状态完好打好基础。

3）特种设备点检表执行：首先涉及点检部位及巡检内容可操作性，特别要为作业人员提供方便，其巡检内容和部位不宜过多，应根据企业具体设备而定。

对作业人员来讲，点检表内容必须要真实、及时地填写，要提高作业人员的责任心。

对特种设备点检执行中发现的故障和问题，必须组织力量尽快进行修复和处理，以确保特种设备安全可靠运行。

五、特种设备故障检测

设备故障诊断技术是人们吸取医学的诊断思想而发展起来的状态识别技术，即通过对设备故障的信息载体或伴随设备故障而出现的现象，如温升、振动、噪声、润滑油状态，以及各种性能指标等的监测与分析，能对运行中的设备或基本不拆卸设备了解其当前的技术状态，并查明产生故障的部位和原因，预测、预报有关设备异常、劣化或故障的趋势，并做出相应对策的诊断技术。

1. 故障诊断

设备故障诊断技术已渗透到设备的设计、制作和使用各个阶段，使设备的寿命周期费用最经济，并提高可靠性、维修性，减少停机时间，大幅度地提高生产率，创造良好的社会经济效益。

设备诊断技术具有两种功能：一是在设备不解体或在运行状态下，能定量地检测和评定设备所承受的应力，劣化和故障，强度和性能；二是能够预测其可靠性，确定正常运行的周期和消除异常的方法。所以，设备的状态监测和故障诊断技术已从单纯的故障排除，发展到以系统工程的观点来衡量。它应从设备的设计开始，直到制造、安装、运转、维护保养到报废的全过程，使设备一生的寿命周期费用最经济。

2. 设备诊断技术

特种设备故障状态的识别包括两个基本组成部分：一是由现场作业人员实施简易的

状态诊断；二是由专门人员实施精密诊断，即对在简易诊断中查出来的故障，进行进一步精密诊断，以便确定故障的类型、了解故障产生的原因、估计故障的危害程度、预测其发展、确定消除故障和恢复设备正常运行的对策。

特种设备的简易诊断和精密诊断是普及和提高的关系，如图1-7所示。精密诊断不仅需要具体的测试和分析，还要运用应力定量技术，故障检测及分析技术，强度、性能定量技术等。精密诊断的功能如图1-8所示。

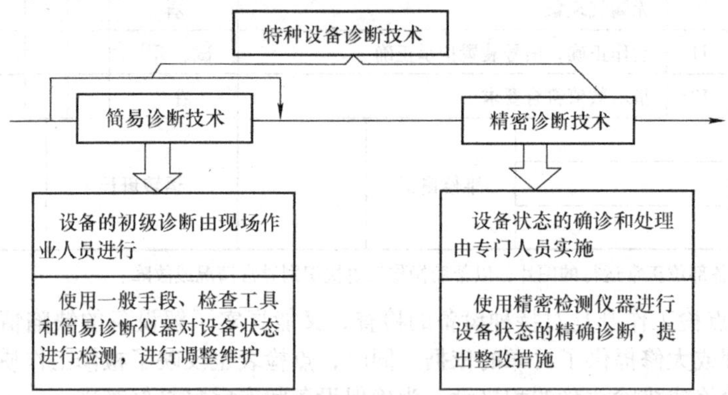

图1-7　特种设备诊断技术的实施

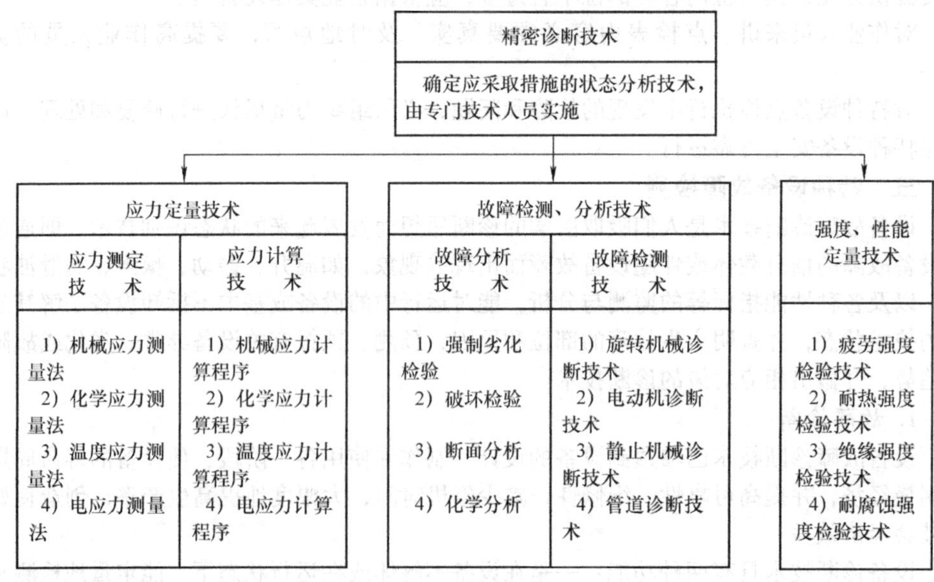

图1-8　精密诊断的功能

3. 特种设备诊断技术的应用

设备诊断技术和状态监测在20世纪90年代引入我国，当时只是作为一种发展动态加以介绍。随着经济持续发展，我国引进了许多进口特种设备，为了确保特种设备的可靠安全运行，迫切要求采用先进的诊断技术，以发挥特种设备最大的综合效益，因此特种设备状态监测技术的应用（见表1-9）越来越广泛。

表 1-9　特种设备状态监测技术的应用

方法	设备状态	故障部位	作业人员技术水平	说　明
目测	不停机、停机	限于外表面	主要靠经验，不需特殊技术	包括很多特定的方法，广泛用于设备的定期及巡视检查
温度监测	不停机	外表面或内部	需要专业技术	从直读的温度计到红外扫描仪
润滑液监测	不停机	润滑系统的任意元件（通过磁性栓、过滤器或油样等）	为区别损伤性微粒和正常磨损微粒，需专业技术	光谱和铁谱分析装置可用来测定内含的元素成分
泄漏检查	停机、不停机	承压零件	专用仪表，容易掌握	有很多特定方法
裂缝检查 1）染色法 2）磁力线法 3）电阻法 4）涡流法 5）超声法	 1）停机、不停机 2）停机、不停机 3）停机、不停机 4）停机、不停机 5）停机、不停机	 1）在清洁表面上 2）靠近清洁光滑的表面 3）在清洁光滑表面上 4）靠近表面，探极和表面的接近程度对结果有影响 5）如有清洁光滑的表面，在任何零部件的任意位置都可以	 1）要求专业技术 2）要求专业技术，易漏查 3）要求专业技术 4）需掌握基本技术 5）为不致漏查，需掌握基本技术	 1）只能查出表面断开的裂缝 2）限于磁性材料，对裂缝取向敏感 3）对裂缝取向敏感，可估计裂缝深度 4）可查出很多种形式的材料不连续性，如裂缝、杂质、硬度变化等 5）对方向性敏感，寻找时间长，通常作为其他辅助诊断技术
腐蚀监测 1）腐蚀检查仪 2）极化电阻及腐蚀电位 3）氢探极 4）探极指示孔 5）试样失真 6）超声	 1）不停机 2）不停机 3）不停机 4）不停机 5）停机 6）停机	管内及容器内（包括设备内外表面）	 1）要求专业技术 2）要求专业技术 3）要求专业技术 4）为使孔打至正确深度，需相当技术 5）需掌握基本技术 6）需掌握基本技术	 1）能查出 1μm 的腐蚀量 2）只能指出有没有腐蚀现象 3）氢气扩散入薄壁探极管内，引起压力增加 4）能指出什么时候达到了预定的腐蚀量 5）在拆卸成套设备时监测，可查出 0.5mm 的厚度变化 6）能查出腐蚀情况

4. 特种设备故障分析

特种设备在运行过程中，其内部、外部要承受力、热变化、磨损等多种作用，随着使用时间的增长，其运行状态不断变化、有的性能将逐步老化，从而发生主机或附件的失效，这是导致特种设备故障的主要原因，因此研究特种设备及附件失效机理、识别失效模式是故障诊断的主要任务。特种设备故障分析如图1-9所示。

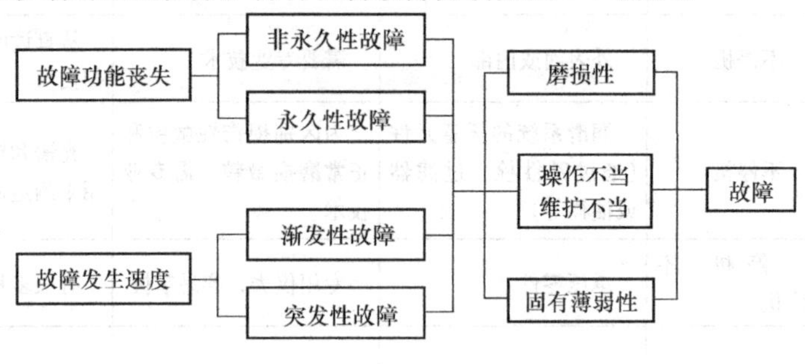

图1-9　特种设备故障分析

（1）按故障功能丧失的程度分类

1）非永久性故障。指只在很短的期间内，造成特种设备某部件丧失某些功能，通过修理或调整立刻就可以恢复到原来全部运行标准的故障。

2）永久性故障。指造成某些功能的丧失，直到特种设备损坏部件被更换后功能才能继续维持的故障。

（2）按故障发生速度的程度分类

1）渐发性故障。渐发性故障是由于各种原因使特种设备参数劣化或老化，逐渐发展而产生的故障。其主要特点是：在给定的时间内，发生故障的概率与特种设备已经运行的时间有关。特种设备的使用时间越长，发生故障的概率越高。这类故障与特种设备的磨损、腐蚀、疲劳及蠕变等过程有密切关系，事先都有征兆出现，能通过早期检测或试验来预测。

2）突发性故障。突发性故障产生的原因是各种不利因素及偶然的外界影响共同作用的结果。这种作用已超出了特种设备所能承受的限度。故障往往经过一段使用间隔时间才发生，因各项参数都达到极限值（如载荷大、剧烈振动、温度升高等）而引起的特种设备变形和断裂。突发性故障是突然发生的，事先无任何征兆，不可能靠早期检测或试验来预测。

（3）按故障产生的原因分类

1）磨损性故障。指特种设备正常运行时由于磨损所引起的故障，即设计时预定的正常损耗过程，它反映了特种设备的寿命。

2）操作与维护不当的故障。指由于超过特种设备本身的能力而强迫运行出现的故障，以及使用中维护不当而造成的故障（此类故障一般属于设备事故）。故障原因在于所承受的应力超过设计的极限能力。

3）固有的薄弱性故障。指由于特种设备的某个环节所承受的力在允许的最大极限范围时丧失了使用功能而造成的故障。故障原因在于设计上该环节的承受能力不足，或在制造上未达到预定的设计要求，因而丧失了其使用性能，压力容器故障原因分析见表1-10。

表1-10 压力容器故障原因分析

故障	原因分析
断裂	1）韧、脆性断裂 2）过载断裂：冲击过载断裂，静强过载断裂 3）疲劳断裂：高、低周疲劳断裂，高温疲劳断裂，热疲劳断裂，冲击疲劳断裂，腐蚀疲劳断裂，微振疲劳断裂，蠕变疲劳断裂 4）环境致断：应力腐蚀断裂，氢损伤致断，液体金属致脆，热振致断，冷脆致断
制造裂纹	1）铸造裂纹：冷、热铸造裂纹 2）锻造裂纹：加热、冷却锻造裂纹，折叠痕（起层）锻造裂纹，分模面锻造裂纹，龟裂 3）焊接裂纹：冷、热焊接裂纹，再加热焊接裂纹，异常偏析焊接裂纹，应变脆化焊接裂纹，延迟焊接裂纹 4）热处理裂纹：过急冷却热处理裂纹，过热淬裂，结构（形貌）异常淬裂，夹杂致裂
运行裂纹	使用裂纹：冲击裂纹，疲劳裂纹，蠕变裂纹，氢脆裂纹，应力腐蚀开裂，热撕裂裂纹
磨损	黏着磨损，磨粒磨损，接触疲劳磨损，点蚀、剥落、冲击磨损，腐蚀磨损，冲蚀磨损，微振磨损，电蚀磨损，气蚀磨损
畸变	1）过量变形：冲击过量变形，静载过量变形，纵弯失稳 2）蠕变：使用蠕变、超过盈量蠕变，修补蠕变
腐蚀	化学腐蚀：电化学腐蚀，生物腐蚀，应力腐蚀，晶间腐蚀
其他失效	泄漏，烧损，复合失效

（4）故障分析方法 故障分析有多种方法，如图1-10所示。基本上可分为归纳法和演绎法两类。其中常用的有主次图法、趋势图法、特征-因素图法、FMECA分析法和故障树分析法等。

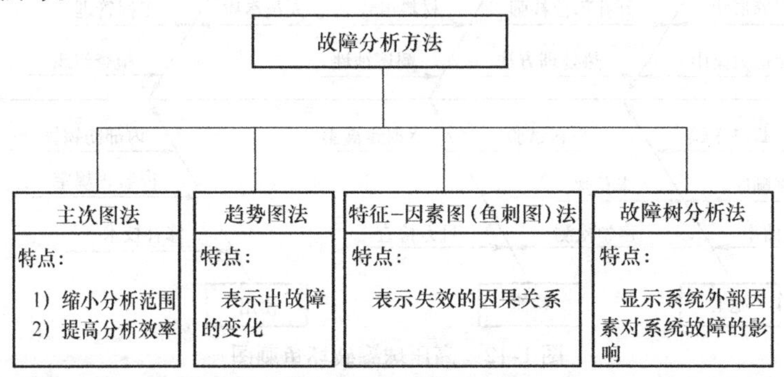

图1-10 故障分析方法

1）主次图法：主次图又名排列图。它可用于分析查明系统失效的主要模式、主要矛盾所在，以便缩小分析范围，提高分析效率。

某压力容器系统故障主次图如图1-11所示。主次图是一个坐标曲线图，其横坐标x为所分析的对象，主次图的纵坐标即横坐标所标示的分析对象相应的量值，如失效系统中各组成部件的故障小时（左坐标线）及相对频数（右坐标线，即各部分占该系统在某一阶段内的百分数）。

2）趋势图法：趋势图可以反映出故障的发展趋势。首先给出一定的时间，在此相同时限内做对比以表示出故障的变化情况。

3）特征-因素图法：特征-因素图法是利用绘制特征-因素图来进行失效分析，又称“鱼骨分析”，用 HBA 表示，即把所分析的失效或异常现象（即特征）通过“鱼脊骨”及其两侧的“大、中、小骨”与影响失效的因素（原因）联系起来。特征-因素图法明确地表示出了失效的因果关系，因此又称因果图法。

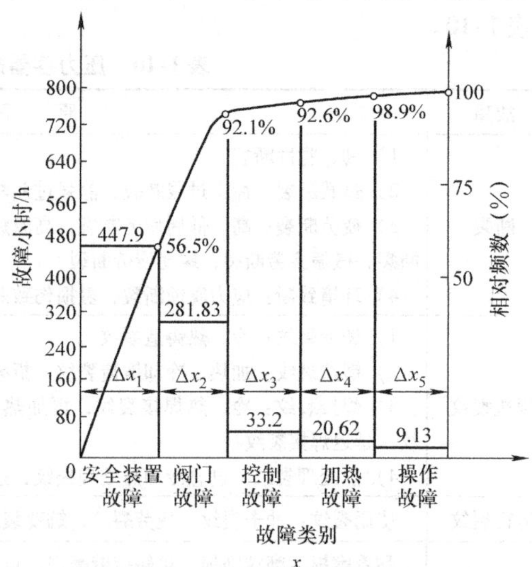

图 1-11　某压力容器系统故障主次图

绘制特征-因素图的要点：首先，应如实地绘制鱼刺因果分析图，重点是确定“大骨、中骨、小骨”；其次为了分析确定各方面原因及其影响关系，还必须调查研究，做好必要的试验检测；再次，对所绘制的鱼刺图的各类因素，应逐项分析研究，取消不存在或可忽略的因素，最后留下来的因素就是基本的或主要的因素，找到失效原因后，对策也就容易提出了。高压球罐破坏鱼刺图如图 1-12 所示。

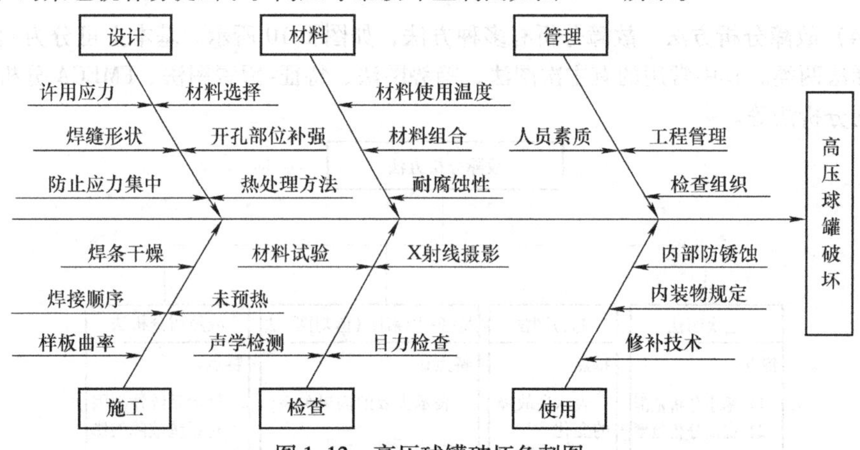

图 1-12　高压球罐破坏鱼刺图

4）FMECA 分析法：FMECA 是失效模式分析（FMA）、失效影响分析（FEA）和失效危害性分析（FCA）三种分析方法组合的总称。失效模式是失效的表现形式和状态，如机械性断裂、磨损等；失效影响则是指某种失效模式对所关联的子系统或整个系统功能的影响；失效危害性则是指失效后果的危害程度，通常用危害度进行定量分析。

5）故障树分析法：故障树分析法简称 FTA，也称为失效树分析。故障树是解决

FMECA 中运算问题的有力工具，它是故障因果关系图的特殊形式，事件之间用逻辑门符号联系起来，压缩机不能发动的概率故障树如图 1-13 所示。每一个门都有它的输入（原因）和输出（后果）事件，这些事件之间可以具有“与”“或”等逻辑关系。由最初起因开始，经过若干层次的逻辑门直到树的顶端——最终结果事件。

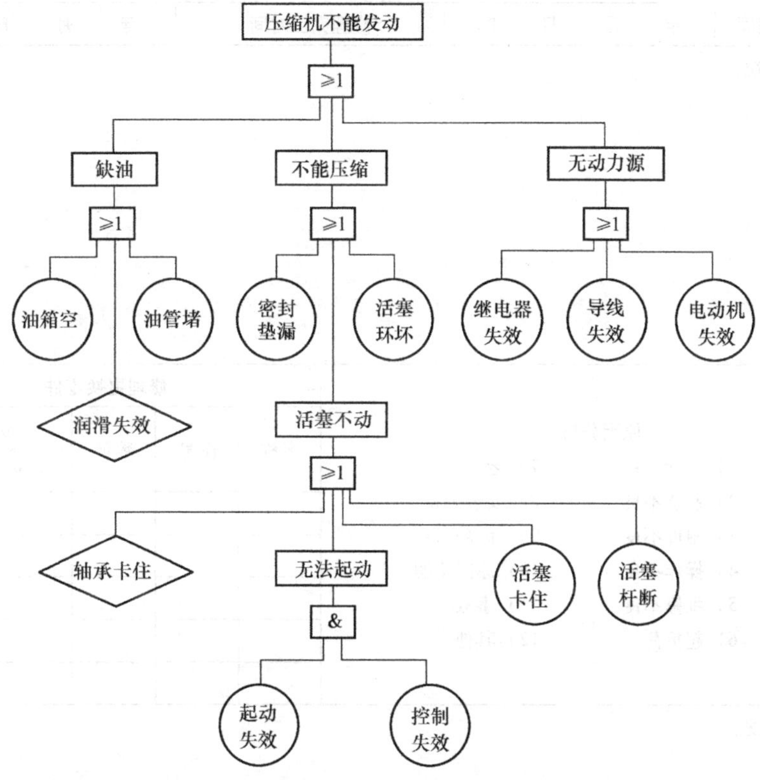

图 1-13　压缩机不能发动的概率故障树

FTA 的特点包括直观性强，由于它是一种图形演绎法，能把系统的故障与导致该故障的诸因素形象地表现为故障树；灵活性大，它不仅反映系统内部单元与系统的故障关系，而且能反映出系统外部的因素对系统故障的影响；通用性好，在设计、研制、使用与维修各阶段都能发挥作用。

5. 加强特种设备故障管理

1）特种设备管理体制主要指特种设备岗位责任制、安全操作规程等。

2）应该结合生产实际和特种设备状况特点，确定故障管理重点，加强现场监测。

3）对重点部位进行状态监测，以发现故障的征兆和信息。作业人员采用简易诊断仪器仪表，对重点部位进行巡回检查和定期检验；专业技术人员配备专用检验仪器仪表进行精密诊断，确认诊断对象、诊断参数，确定检测点、检测时间间隔、监测工况等，逐步掌握容易引起故障的部位，建立特种设备检查完好标准，确定特种设备异常或故障的界限。

4）做好的故障记录，特种设备故障记录见表 1-11。

5）故障管理信息流程如图 1-14 所示。

表 1-11 特种设备故障记录

年　月　日

车间		工段		小组	
名称		型号		资产编号	
故障发生时间	年　月　日　时	修理完工时间		年　月　日　时	

故障发生情况：

原因分析

1）设计不良	7）老化
2）制造不良	8）安装不良
3）附件不良	9）保养不良
4）操作不良	10）原因不明
5）维修不良	11）事故
6）超负荷	12）其他

修理更换零件				
名称	图号	数量	金额/元	
			单价	合计

故障修理情况：

责任分析及防止措施意见：	停机时间		损失费用	
	修理费用	名称	修理工时	修理费用
		修理钳工		
		电工		
		管道工		
		合计		

工　　长：＿＿＿＿＿＿　维修人：＿＿＿＿＿＿　操　作　者：＿＿＿＿＿＿

维修组长：＿＿＿＿＿＿　主管技术人员：＿＿＿＿＿＿

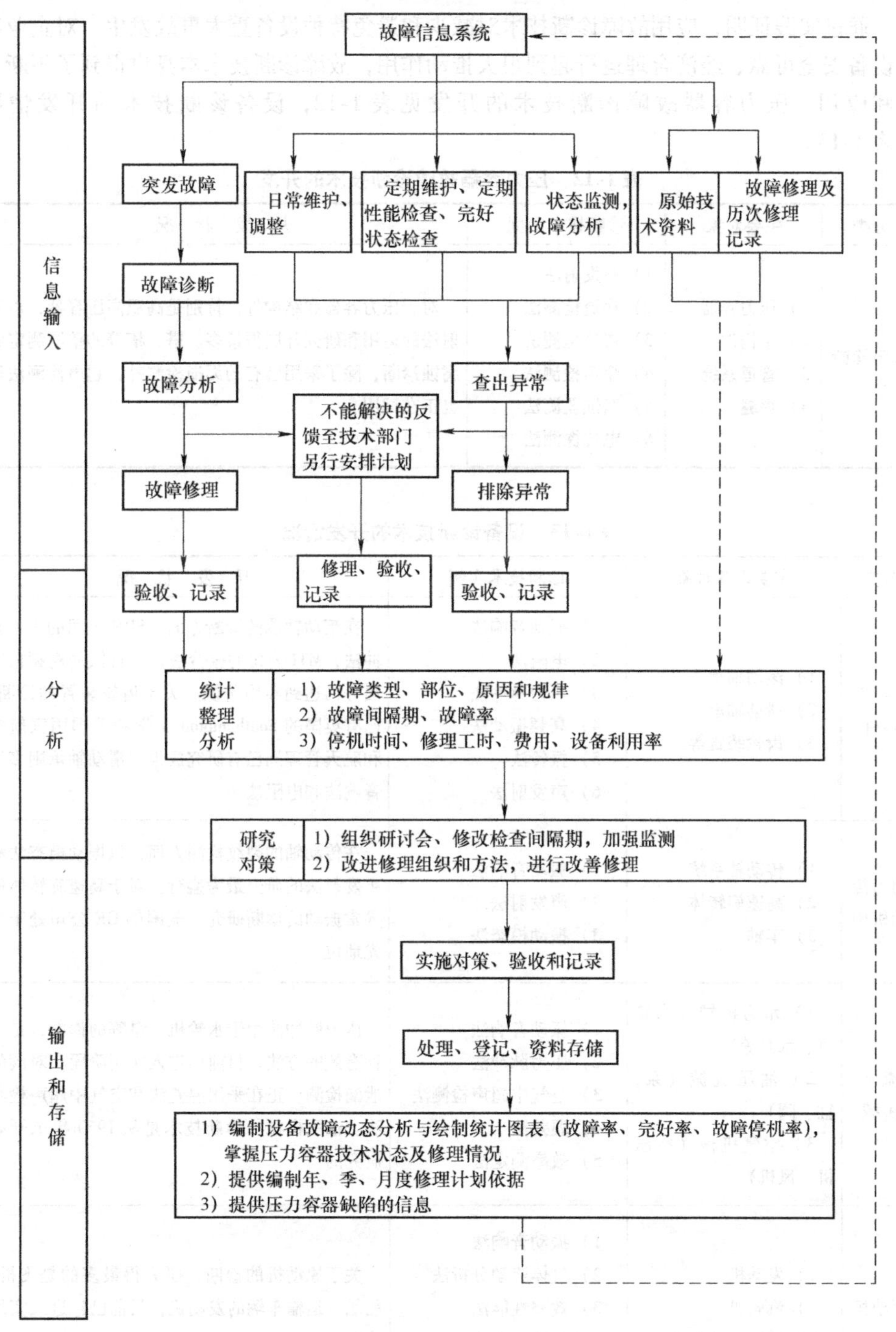

图 1-14　故障管理信息流程图

6）采用故障诊断技术。近期，特种设备管理引进了故障诊断技术和状态监测的概念，通过实践证明，应用故障诊断技术对减少和避免特种设备重大事故发生，对企业特种设备安全可靠、经济合理运行起到很大推动作用，故障诊断技术本身也得到了不断开发和应用。压力容器故障诊断技术的开发见表1-12，设备诊断技术的开发情况见表1-13。

表1-12　压力容器故障诊断技术的开发

分类	主要对象	诊断技术实例	开发状况
故障诊断	1）压力容器 2）结构件 3）管道系统 4）焊缝	1）声发射法 2）涡流检测法 3）渗透检测法 4）超声检测法 5）腐蚀监测法 6）电位探测法	对于压力容器和结构件，特别是高温高压容器，声发射法的运用和研究开展得最多。塔、槽等的壁厚测定和腐蚀诊断，除了采用已有的无损检测外，超声检测法等也正在试用

表1-13　设备诊断技术的开发情况

分类	主要设备对象	诊断技术实例	开发状况
机械零件	1）滚动轴承 2）滑动轴承 3）齿轮装置等	1）振动音响法 2）电阻法 3）压力脉冲法 4）高频振动法 5）振铃法 6）声发射法	在滚动轴承的诊断方面，SPM公司的压力脉冲法，MTI公司的振铃法，新日铁的高频振动法等已达到实用阶段。关于齿轮装置的诊断，已有英国的Southampton大学和美国国家航空和航天管理局已有研究成果。滑动轴承则多用音响法和电阻法
动力传动机构	1）传动轴系统 2）高速旋转体 3）车轴	1）振动音响法 2）声发射法 3）振动模态法	在传动轴的裂纹检测方面，以振动模态法和声发射法的研究最为盛行。对于高速旋转体的异常振动的诊断研究，美国的GE公司处于领先地位
流体机械	1）水力机械（水轮机、水泵等） 2）油压机械（泵、缸、阀） 3）空气机械（空压机、风机）	1）振动音响法 2）压力脉冲法 3）空气中超声检测法 4）温差法 5）效率测定法	压力脉冲法用于水轮机、泵等的诊断，是一种有效的方法，目前已进入实用阶段。对阀的泄漏检测，正在采用温差法和空气中超声检测法。油压机械的诊断技术是从1950年末开始研究的
原动机	1）发动机 2）汽轮机 3）油压电动机等	1）振动音响法 2）气体流动分析法 3）效率性能法 4）气体分析法 5）压力脉冲法	关于原动机的诊断，研究得最多的是飞机、船舶、运输车辆的发动机，目前已经进入实用阶段

6. 故障诊断的过程

1）故障诊断技术是识别特种设备运行状态的技术，是研究特种设备运行状态的变化在诊断信息中的反映。其内容包括对运行状态的识别、状态监测和预报三个方面，特种设备故障诊断过程如图 1-15 所示。

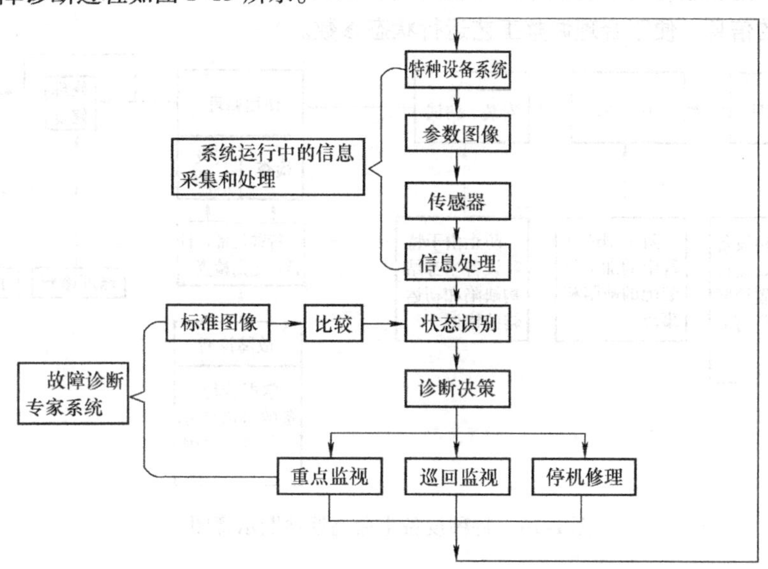

图 1-15　特种设备故障诊断过程

故障诊断技术的核心是比较的过程，即将未知的特种设备运行状态与预知的特种设备规范运行状态进行比较的过程。

2）故障诊断的过程可分成三个阶段，即：a. 事前，指在特种设备运行前（或故障发生前），根据某一特定的特种设备状态，从过去的实际检测结果和经验，运用概率统计的数学手段，来预测特种设备的缺陷、异常或故障的发生。b. 运行，指在特种设备运行中进行状态监测，掌握故障的萌芽前状态。c. 事后，指在故障发生后（或异常状态出现后）进行诊断，确定特种设备故障或异常的原因、部位和故障源。特种设备诊断的过程及采用的技术见表 1-14，特种设备生命周期诊断示意如图 1-16 所示。

表 1-14　特种设备诊断的过程及采用的技术

时间	阶段	可采用的有效技术及过程
事前	研制、设计、制造（改造）	预测和分析可靠性、维修性、研究维修方式，开发检测和诊断技术，研究费用有效度，进行可靠性、维修性设计，进行初步试验和设计审查
运行	使用、维护	定期的计划预修、状态监测维修、点检，对可靠性和维修性的长期监测
事后	使用、维修、试验、报废	分析故障和费用数据，计算可靠性、维修性的尺度，故障分析，再试验、修改，肯定效果

3）采用故障诊断技术的作用（见图 1-17）主要有：a. 可以减少或避免突然发生恶性事故及特种设备突然停止运行而造成人员伤亡和经济损失。b. 帮助技术人员早期发现异常情况，迅速查明故障原因，预测故障的影响，从而实现有计划、有针对性地维护、修理，延长检修间隔期，缩短停机时间，提高特种设备生产效率。c. 为操作人员提供运行的信息，便于合理调整工艺运行状态参数。

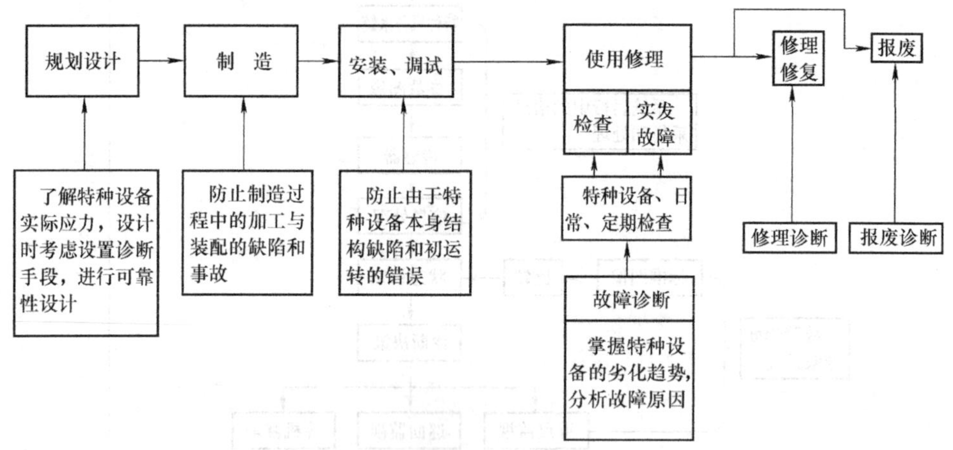

图 1-16　特种设备生命周期诊断示意图

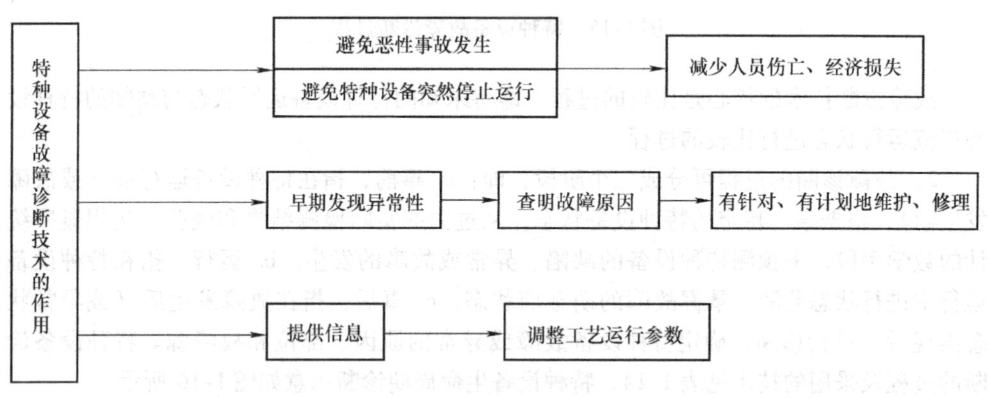

图 1-17　特种设备故障诊断技术作用示意

六、诊断检测仪器的应用

近几年，国内市场推出了各种规格、各种功能、各种精度的专业或综合的诊断检测仪器、仪表和组合系统，为特种设备故障诊断、在线监测监控设备运行状态提供了更好的服务，取得了明显的效果。

1. 特种设备状态监控与管理体系

(1) TPCM 型工厂特种设备状态监控与管理体系　通过建立全厂 TPCM 管理体系，可使特种设备离线巡检与在线监测系统有机结合，并同资产管理平台 EAM/SAP 等实现数据共享，如图 1-18 所示。

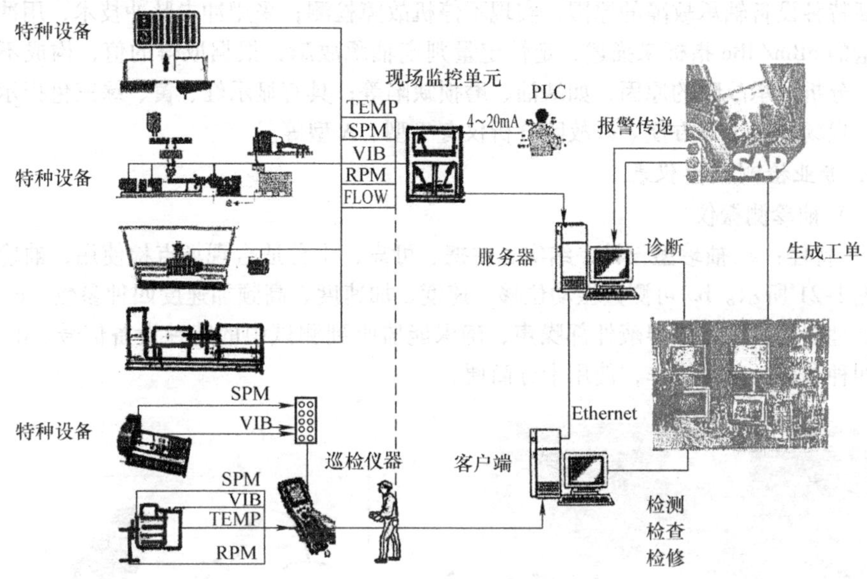

图 1-18　TPCM 型工厂特种设备状态监控与管理体系（西马力公司产品）

（2）Intellinova 型在线监测系统　该系统是第四代在线监测系统，通过系统运行实现智能逻辑数据采集、智能诊断、智能报警，有效解决了工况复杂的特种设备监测和诊断，如图 1-19 所示。

图 1-19　Intellinova 型在线监测系统（西马力公司产品）正在运行

2. 轴承故障分析仪

轴承故障分析仪如图 1-20 所示。目前最成熟的滚动轴承测量仪的特点有定性、定量判断特种设备轴承故障的原因，实现不停机故障检测；采用冲击脉冲技术，用冲击脉冲能量的dBm/dBc指标来描述，定性定量判定轴承故障；根据取得的值，构成不同的模态，分析轴承故障的原因，如缺油、磨损缺陷等；具有显示红、黄、绿三色指示轴承状态，现场使用十分方便。该故障分析仪有T型、A型等。

3. 专业检测仪器仪表

（1）袖珍测振仪

1）特性：a. 袖珍型设计，结实、便携、可靠，十分适合现场点检使用，袖珍测振仪如图1-21所示。b. 可测量振动位移、速度、加速度、高频加速度四种参数。c. 特别加强处理的耳机，可以屏蔽外部噪声，确保能监听到测试中的特种设备信号。d. 数字显示四种参数，单键操作，使用十分简便。

图1-20　轴承故障分析仪（西马力公司产品）

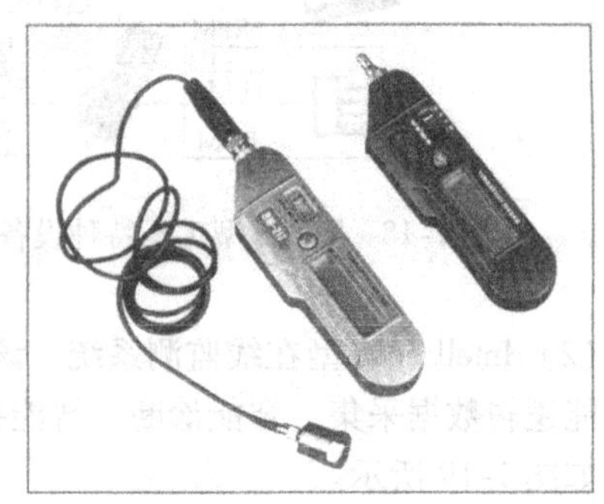

图1-21　袖珍测振仪（西马力公司产品）

2）参数：a. 位移为1～1999μm（峰－峰值），10～500Hz。b. 速度为0.2～199.9mm/s（真有效值），10～1000Hz。c. 加速度为0.2～199.9m/s^2（峰值），10～1000Hz。d. 高频加速度为1～199.9m/s^2（峰值），1k～15kHz。

（2）经济型现场动平衡仪（见图1-22）

1）特性：a. 现场无须转子拆卸，在原始安装状态下，直接接上平衡仪，简单、快速方便，可使不平衡引起的振动迅速下降。b. 具有单面、双面平衡能力，可适合于各类转子的现场平衡。c. 两种转速相位输入模式（光电型或直接取自系统电涡流转速信号）和两种振动幅值输入模式（仪器直接测量的加速度传感器或直接取自设备自身存在的涡流位移信号），极大地方便了现场使用。d. 结合现场需要，仪器设计了多种平衡计算，可选择最佳方法，如试重法、已知影响系数法等，尤其后者只要一次停机，直接配重，减少起动、停机次数，这在现场实际操作中具有很强意义。e. 仪器还兼备频谱分析

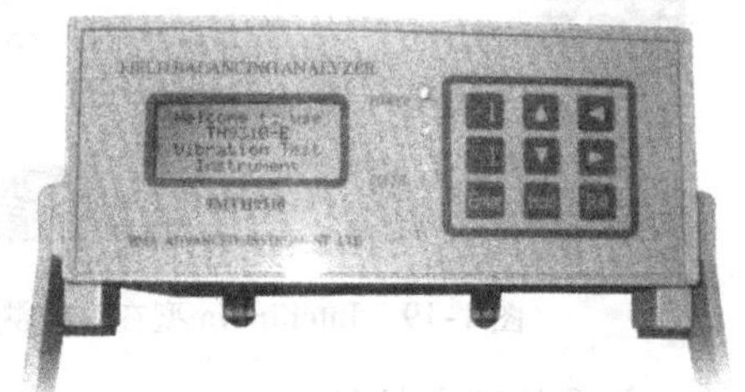

图1-22　经济型现场动平衡仪

功能，可直接测取特种设备振动的频谱值，从而为正确判定特种设备振动原因提供科学依据。f. 大屏幕液晶显示，交直流供电。g. 仪器专为恶劣工业环境设计，结实、可靠，交互按键式操作。

2）技术参数：a. 动平衡工作转速为 600 ~ 30000r/min（速度传感器）（标配），30 ~ 30000r/min（电涡流传感器、低频位移传感器）（选配）。b. 幅值为 0 ~ 8000μm。c. 相位跟踪为 0° ~ 360°，允差为 ±1°。

4. 经济型超声波测厚仪

经济型超声波测厚仪如图 1-23 所示。

（1）特性

1）简单方便的按键操作，结构结实可靠，采用单片机控制，自动化程度高。

2）采用补偿功能，测量结果更准确；背光灯设计，更加方便现场使用。

3）宽温度范围，低温可达 -10℃。

图 1-23　经济型超声波测厚仪（西马力公司产品）

（2）参数　经济型超声波测厚仪技术参数见表 1-15。

表 1-15　经济型超声波测厚仪技术参数一览表

项　目	数　据	项　目	数　据
显示方法	4 位液晶数字	低电压指示	有
测量方法	超声波	接触显示	显示
测量频率	5MHz	电源	5 号电池，两节
显示精度	0.1mm	外形尺寸	(124×67×30)mm
测量范围	1.2 ~ 255mm	温度	10 ~ 40℃
声速调节	500 ~ 9990m/s	湿度	20% ~ 90%
误差	(1+1%)(测量范围)mm	重量	240g

5. 超声波腐蚀厚度测试仪

超声波腐蚀厚度测试仪如图 1-24 所示。

（1）特性

1）精确测量各种材质厚度及其腐蚀程度。

2）多种型号选件，可提供对所有金属、陶瓷、玻璃及大多数硬质塑料甚至橡胶等材质的厚度测量。

3）最高分辨力达 0.001mm。

4）可提供高温探头，可用于高温壁厚的精确测量。

（2）参数　超声波腐蚀厚度测试仪的技术参数见表 1-16。

图 1-24　超声波腐蚀厚度测试仪（西马力公司产品）

表1-16　超声波腐蚀厚度测试仪技术参数一览表

订货号	M0425LT	M0445N	M0425M	M04007	M0425M-MMX
量程(测厚模式)/mm	1.0～150.0	1.0～200.0	0.60～150.0	0.15～25.4	0.63～500
测量方式	测厚	测厚	测厚,扫描	测厚	测厚,扫描
分辨力/mm	0.04	0.01	0.01	0.001	0.01
声速/(m/s)	2000～10000	1000～12000	2000～10000	1250～10000	1250～10000
适用材质	钢材	钢材	多种材质	多种材质	多种材质
适用环境	—	—	防水	—	防水
适用温度/℃	50	50	选件高温探头 343	50	选件高温探头 343

6. 超声波管壁厚度检测仪

超声波管壁厚度检测仪如图1-25所示。

（1）特性

1）仪器通过移动传感探头，扫描显示内部管壁的厚度变化情况，从而确定管壁的薄弱区域，同时显示厚度值。

2）仪器特有的穿透外涂层或覆盖物测量特性，可以对内管壁直接进行测厚，无须清除外涂层。

3）利用超声检测新技术、动态图示超声波波形及数据，对管壁、阀体、蒸汽接头和储管等设备内部腐蚀情况，给出明确结论。

4）超大明亮的LCD显示屏，数字与图形同时显示厚度值及波形。

5）可进行厚度快速扫描（达32次/s），可显示最小厚度值并具有厚度报警功能。

6）A扫描波形显示，可快速准确地确认底面回波，有利于进一步验证被测厚度值的正确性，并判明被测材料内部缺陷状况，直观准确。

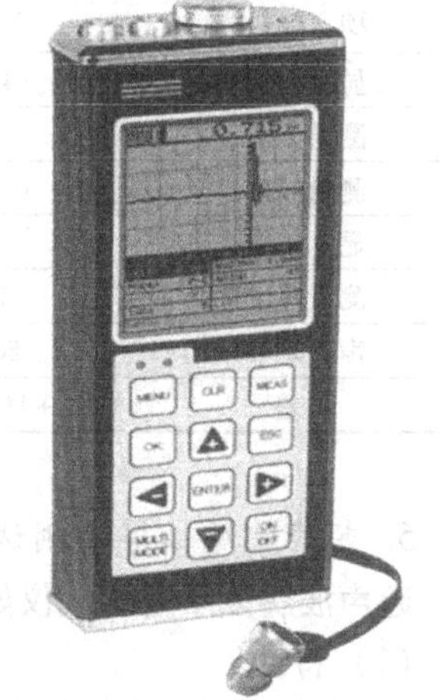

图1-25　超声波管壁厚度检测仪（西马力公司产品）

7）独有B扫描功能直观显示材料截面形状，用于判断被测材料底面腐蚀状况。

8）操作方便，具备强大的菜单操作功能。

9）内置16M内存，可存储12000个测量值，配置RS-232接口，随机附送Windows PC界面软件，可输入计算机进行分析、打印，且可生成报告。

（2）典型应用

1）测试管壁厚。

2）鉴定材料厚度是否在规格范围内。

3）压力容器中薄弱区域确定。

4）输油、输气管道等设施壁厚检测。

（3）性能参数

1）测厚范围：0.63～254mm（单反射测厚模式）；2.54～102mm（穿透涂层测厚模式）。

2）分辨力：0.01mm。

3）声速范围：1250～9999m/s。

4）测量模式：单反射测厚模式；穿透涂层测厚模式。

5）操作环境温度：－20～60℃。

7. 超声检测仪器

BM211B数字超声波探伤仪能够快速便捷、无损伤、精确地进行特种设备多种缺陷（如裂纹、焊缝、气孔、砂眼、夹杂、折叠等）的检测、定位、评估及诊断，广泛应用于电力、石化、锅炉、压力容器、钢结构、军工、航空航天、铁路交通、汽车、机械等领域，它是无损检测行业的必备仪器，如图1-26所示。

应用功能：

1）高精度定量、定位，满足了较近和较远距离检测的要求。

2）近场盲区小，满足了小管径、薄壁管检测的要求。

3）孔管径值计算，直探头锻件检测，找准缺陷最高波自动换算孔径值。

4）检测范围0～10000mm，无级调节。

5）自动校准：自动测试探头的“零点”“*K*值”“前沿”及材料的“声速”；自动显示缺陷回波位置（深度*d*、水平*p*、距离*s*、波幅、当量dB、孔径的值）。

6）自由切换三种标尺（深度*d*、水平*p*、距离*s*）；自动录制检测过程并可以进行动态回放。

图1-26　BM211B数字超声波探伤仪（西马力公司产品）

7）自动增益、回波包络、峰值记忆功能提高了检测效率；自动搜索，提高了检测效率，避免了人为因素造成的漏检。

8）掉电保护，存储数据不丢失；检测参数可自动测试或预置；数字抑制，不影响增益和线性。

9）10个独立检测通道，可自由输入并存储任意行业的无损检测标准，现场检测无须携带试块；可自由存储，回放300幅A扫描波形及数据。

10）DAC、AVG曲线自动生成并可以分段制作；取样点不受限制，并可进行修正与补偿，还可以自由输入任意行业标准。

11）B扫描功能，清晰显示缺陷纵截面形状；可与计算机通信，实现计算机数据管理，并可导出Excel格式、A4纸张的检测报告；实时时钟记录：实时检测日期、时间，并存储。

12）PC端通信软件软键盘操作，实现了计算机控制检测仪主机进行检测的目标；利用PC端通信软件可以升级仪器系统的功能。

13）IP65标准铝镁合金外壳，坚固耐用，防水防尘，抗干扰能力极佳；26万色真彩屏超高亮显示，亮度可调，适合强光、弱光的工作环境。

14）高性能安全环保锂电池供电，可连续工作7h。

8. 三点激光寻点型测温仪

新一代激光寻点型红外测温仪（见图1-27）可发射三点寻测激光，能够明确圈定测试目标，其技术参数见表1-17。

图1-27　三点激光寻点型测温仪（西马力公司产品）

表1-17　三点激光寻点型测温仪技术参数一览表

型号	基本型	扩展型
订货号	T02MX2	T02MX4E
测试范围	-32～900℃	
精度	±0.75%或±1℃	
分辨力	0.1℃	
响应时间	250ms	
电源	两节5号电池	
发射率	0.1～1.0可调	
视场角	60∶1	
高值报警	有	有
低值报警	—	有

特性：

1）具有60∶1视角，适合中远距离小目标测试。

2）屏幕可显示当前10个测量值的趋势棒图，令温度变化量更直观地反映出来。

3）广泛用于工业预知维修，特种设备安全监测，汽车、机车、船舶的维护等。

4）其扩展型还包括专用软件、RS232电缆、K型热偶探针及100点存储能力。

9. 加强型红外热像仪

加强型红外热像仪（见图1-28）是一种突破性高性价比热像仪，是专为工矿企业特种设备维护而设计的。

（1）特性

1）专为设备预知维修最新设计的产品，在保持一般热像仪高性能的情况下，极大降低了价位，使热像仪技术在特种设备预知维修工作执行中具有广泛的推广基础，是目前企业推进特种设备安全、可靠检测维修的首选产品。

2）操作十分简单，无需制冷等待。采用创新性红外探测器技术，提供清晰的彩色热像图像。

3）内置存储卡存储图片可大于1300幅，提供彩色热像图，可直接读取目标点的温度值，精确检测温度至350℃。

4）专为安全及特种设备故障诊断而定制，具有点分析、面分析、线分析、网格分析、测点数据库、柱状图分析等功能。

5）可生成报告，以及自动生成报表，通过树状文件格式完成对设备热像诊断跟踪管理。

（2）应用范围

1）特种设备的安全性热源预查，可以防止特种设备发热导致的灾难性火灾发生。同时用户也可利用强大的软件包，对各开关盘柜进行系统的编码、管理，确保特种设备的安全。

图1-28　加强型红外热像仪（西马力公司产品）

2）特别适合于特种机械设备与热相关目标的预知修理。

3）确定检查特种设备，如锅炉、压力容器、电动机、控制柜等运行状况。

4）检查蒸汽接头、阀故障状况和管道的热保护情况。

5）检查容器泄漏、房屋漏雨等。

（3）技术参数

1）温度范围：-20～350℃。

2）探测器：160×120。

3）视场角（镜头）：32°×24°。

4）热灵敏度：0.08℃。

5）调色板：9种可选。包括深红色、灰白色、棕灰色、深黄色、蓝色、浅蓝色、浅红色等。

6）显示屏：3.5in（1in=25.4mm）。

10. 便携式工业用电子视频内窥镜

便携式工业用电子视频内窥镜（见图1-29）主要用于寻找内异物和检查零件的松动/振动、表面裂纹/锈蚀、焊接质量、交错孔加工误差、孔隙、阻塞或磨损等方面的情况。

（1）特性

1）利用电子技术、光学及精密机械相结合开发出的新形无损检测仪器；采用了CCD芯片，能在监视屏上直接显示出观察图像。

2）具有分辨力高、图像清晰、色彩逼真、被检部位形状准确、有效探测距离长等优点，优秀的光学系统、高分辨力、广视角使得用户要求得到最大的满足。

3）明亮清晰的画面，使观察、论断的正确性大大提高。

4）轻巧的操作性，手感轻巧，富有弹性的弯曲部，使用户在操作时不感疲劳。

（2）参数

1）探头外径：17mm。

2）镜头方向：四个方向摆头。

3）焦距：3 倍数码变焦。

4）照明：LED 照明。

5）图像显示：jpg 格式（1280mm × 1024mm）。

11. 管道内表面状态检测仪

管道内表面状态检测仪（见图 1-30）是一款管道内窥及定位的新颖工具。

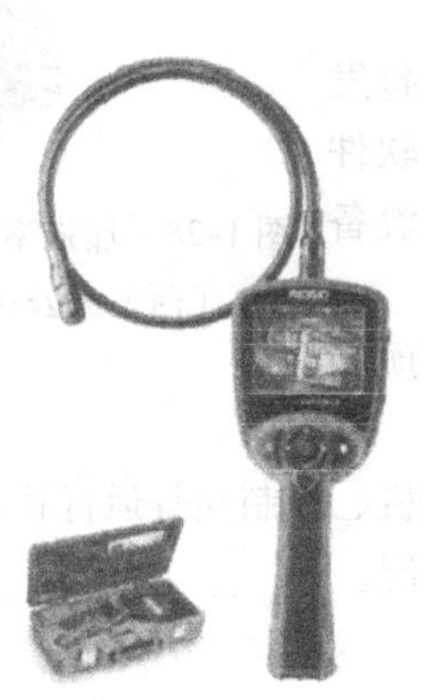

图 1-29　便携式工业用电子视频内窥镜（西马力公司产品）

图 1-30　管道内表面状态检测仪（西马力公司产品）

（1）特性

1）彩色图像显示，画面清晰；无需任何牵引装置，可方便伸入管道内部观测。

2）观测后可以很快确定表面缺陷位置，且精确定位；可以现场记录图像和声音，便于以后查阅。

3）选用配件，方便确定管道走向及埋设深度。

4）高强度硬质塑料包装，防水设计；机体风扇强制冷却，可长时间现场使用。

5）显示系统可以直立向上、倾斜 45°、水平 90°放置，便于现场观测；操作简单，移动方便。

6）高强度光源设计，滚轮装置可以手动锁定，便于现场精确定位。

（2）参数　管道内表面状态检测仪技术参数见表 1-18。

表1-18 管道内表面状态检测仪技术参数

型号	基本型	增强型
显示器	彩色 CRT	15in 液晶
探测距离	61m	122m
操作深度	(150psi)106m	(150psi)106m
灵敏度	0.3Lux	0.5Lux
光源	21 超强 LCD	16 超强 LCD
滚轮装置	508mm×406mm×508mm	737mm×406mm×805mm
电源	110V/60Hz AC,12VDC	110V/60Hz AC,12VDC
适用管径	75~300mm	76~254mm
存储卡	VCR	160GB 硬盘

注：145psi=1MPa。

12. 地下管线寻测仪

地下管线寻测仪（见图1-31）是一款多频率数字式地下管线寻测工具。

特性：

1）是一款数字式信号处理设备，可精确定位地下管线。

2）具有三种不同的探测频率，允许用户根据现场实际情况选择合适频率，获得较强信号，较常规地下管线寻测仪定位更准确、方便。

3）可检测工频50~60Hz的线路走向及14~30kHz无线电波；自动灵敏度控制，探测深度可达5m。

4）大显示屏显示探测深度、频率、信号程度、探测方向；防雨设计，便于户外使用。

5）可用三种方式进行探测，即直接连接导体进行探测、感应探测、采用感应钳探测。

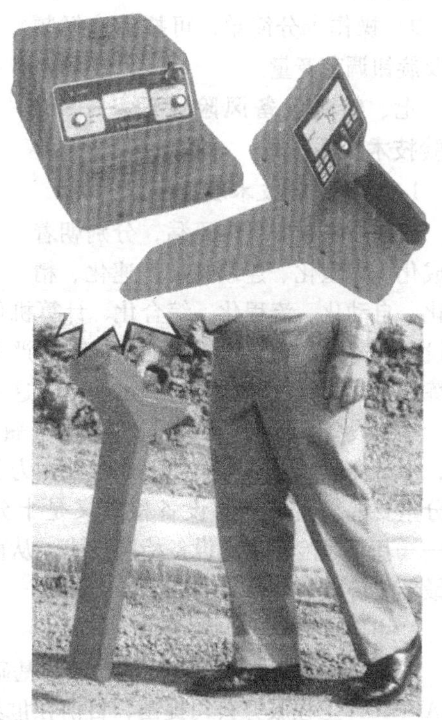

图1-31 地下管线寻测仪（西马力公司产品）

13. 地下管道泄漏探测仪

地下管道泄漏探测仪（见图1-32）是寻找地下管线泄漏点的专业工具。仪器装备专业、灵敏，专门用来检测地下管线中从漏点、阀门泄漏到土壤中的泄漏声源，是目前确定管线泄漏性价比最好的产品之一。设计信号频率响应为100~1200Hz，对于PVC类管使用低频，对铸铁、钢管等使用高频。

特性：

1）可检测并精确确定各类管道上的泄漏点。

2）是目前市场上最佳的专业探测器之一，可提供高灵敏度、低噪声、最佳音质，即使低到20psi（14.5psi = 1MPa）压力管中的漏点也能准确探测出。

3）具有十分轻便的放大器，重仅28oz（1oz = 28.350g）。条状LED显示泄漏声强，6档滤波可选，确保仪器滤掉任何其他干扰信号。

4）该仪器利用声探测技术，不仅充分放大各种原始泄漏声音，而且使操作者可以有选择地滤掉任何其他干扰信号。

5）三种不同形式的探声器用于现场不同工况。

6）三点式接地探测用于街面或水泥地面，且精确定点。

7）磁吸式可用于阀体或其他水力装置上的探测。

8）接触杆式用于仪表及其他地方的漏点探测。

9）操作十分简单，可按键选择频率及旋钮调节音量。

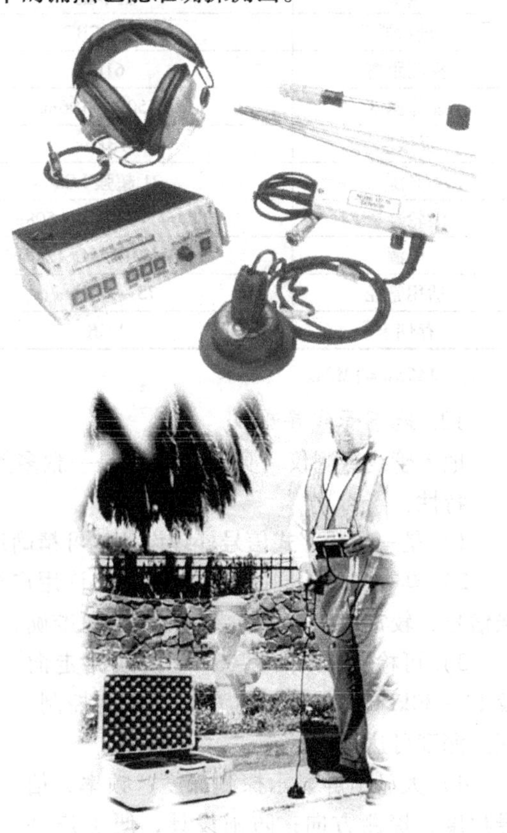

图1-32　地下管道泄漏探测仪（西马力公司产品）

七、特种设备风险管理——RBI检验技术应用

1. RBI检验技术在国际中应用

当前设备技术发展迅猛，分别朝着集成化、大型化、连续化、高速化、精密化、自动化、流程化、综合化、计算机化、超小型化、技术密集化的方向发展。先进的设备与落后的检验、维修能力的矛盾严重地困扰着企业，成为经济发展的瓶颈，特别是炼油、化工行业矛盾更为突出。由于这些行业的生产设备大多数是压力容器、压力管道、锅炉设备，包括相当数量的各种气瓶等。这些特种设备运行时处于高温、高压状态，加上介质往往具有腐蚀性或毒性，为了确保设备安全运行，做好对设备状态管理是十分重要的。而加强对设备检验又是十分重要的环节，为此国际上采用RBI检验技术——基于风险评估的设备检验技术，从而保证这些企业安全、可靠地经济运行，并得到最佳经济效益。

2. RBI检验技术

RBI检验技术是以风险评估管理为基础的设备，监测故障预报检验技术，最早由美国APTECH工程服务公司提出，目前在世界上处于领先地位。

（1）RBI检验技术　RBI检验技术即采用先进的软件，结合丰富的工厂实践经验和腐蚀及材料学方面的渊博知识及经验，对炼油厂、化工厂等的设备及管线进行风险评估和风险管理方面的分析。分析的结果提出一个根据风险等级制订的特种设备检测计划。其中包括：会出现何种破坏事故；哪些地方存在着潜在的破坏可能，可能出现的破坏概率；应采用什么正确的测试方法进行检测等。并可对现场人员进行培训，以正确地实施及成功完成检测工作。

（2）实施 RBI 检验技术　RBI 检验技术的实施是一个长期的过程，它包括分析阶段，制订检测计划，实施 RBI 检验技术，对实施效果的检查、审核、修正及提高。后续的工作是根据不断取得的检测数据来进行的，对主体设备（锅炉、压力容器等）、辅助设备（泵站等）及管线进行 RBI 分析。为进行 RBI 分析就必须有一个强有力的软件系统，这既是核心，也是 RBI 检验技术的重要组成部分。这个软件以 APTECH 公司的专利“RDMIP”为最佳，它较美国石油研究所的软件 API 和 Tischuk 公司的 T-REX 软件要先进，应用范围更为广泛。

（3）RBI 检验技术在我国的应用　2005 年中国石油化工股份有限公司北京燕山分公司（以下简称燕山石化）开展定期检验，并首次在定期检验中全面利用了 RBI 检验技术。

RBI 检验技术使工厂设备的维护、维修由原来机械的、人为的安排转为按设备、设施、运行的薄弱环节及风险等级做出科学地安排。这就消除了一些不必要的停机维护，从而延长了维修间隔周期，使得工厂的生产设备在风险管理下可控制、可预见地运行。燕山石化原本计划在 2006 年对厂内的压力容器、压力管道等特种设备进行大检修，但 2005 年时通过 RBI 检验技术进行风险评估后，发现这些设备可以运行到 2007 年 7 月。由此延长的维修间隔周期给企业带来的经济效益至少上亿元，以一个裂解车间为例，设备停 1 天的损失就达 300 万元。

（4）RBI 检验技术的作用　基于风险的检验是一个识别、评估和预估工业风险（压力和腐蚀破坏）的流程，在 RBI 检验过程中，技术员可以设计出与衰退预测或观察机制最有效匹配的检查战略。

在重型工业企业，特别是石油、化工、医药行业，可以从实施 RBI 检验技术中获得更大的收益，如图 1-33 所示。具体包括：增加对可能会出现潜在风险的设备的知识；更可靠地确保设备和工厂运营；提高安全水平；对特种设备设施有关项目的检验更优化、更科学化；消除一些不必要的停机维护；建立或进一步完善相关的数据库，包括设备设计能力、流程特性、机械损害和检验战略等。

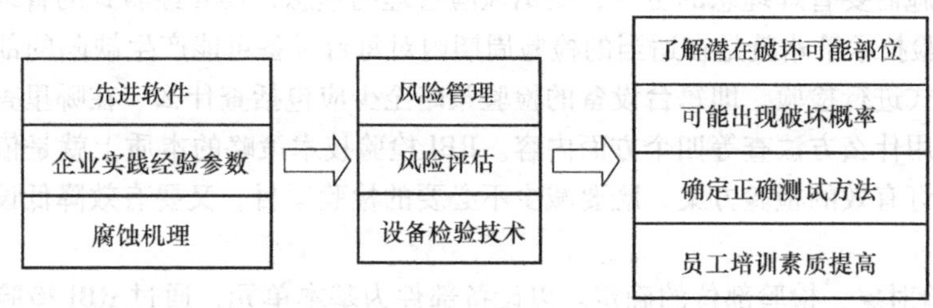

图 1-33　RBI 检验技术的作用

3. RBI 检验技术应用的案例

1）液体管线失效：这一事故导致了严重的河水污染。通过分析确定是因一种早期机械损伤所导致的破裂。用有限元的分析确定了管线中局部应力的部位，采用先进断裂学疲劳分析技术确定了将来可能出现失效破坏的时间。

2）地下天然气管道爆破：原以为是这条地下天然气管道破裂导致了附近一家过氯酸氨生产厂的火灾。通过分析证明正好相反，是该厂的失火引起的天然气管破裂。

3）阿曼至印度的某天然气输气管项目：为阿曼至印度的天然气输气管项目完成了整个项目的（设计、安装、运行）险情分析，对主要险情做出了可能的风险程度评估。

4）日本的液化天然气采购合同续约可靠性分析：日本与世界上最大的某家液化天然气生产公司采购液化天然气的 20 年合同已经到期，应再续约 20 年。但日本方面对该公司是否能再安全、可靠地供应 20 年天然气无把握。委托第三方对该公司做评估。委托的第三方制订了一项评估方案，对该公司 54 个主要的影响寿命的因素精细分析，提出了每个因素延长其寿命的建议方案，并找出了潜在的对使用寿命有威胁的因素，主要涉及材料选择及海水冷却系统腐蚀问题带来的威胁。对这些问题也提出了针对性的解决方案，如对某碳钢管路只要计划做到取样、分析及连续监测，此管线再换管前仍可安全运行。对于海水冷却系统，委托的第三方开发了检测及预警软件系统来防止突发性事故，使该公司取得了与日本续签 20 年的供气合同。

5）在中国台湾的大型化工企业成功地应用了 RBI 检验技术：某大型化工企业由于对环境造成严重污染（被评为 D 级）而被勒令停产，且该企业的实际生产能力只达到原设计的 40% 以下。相关部门委托专业团队先对该企业做了生产过程安全管线及机械整体性分析的工作及改善，随后又提供了后期咨询服务。9 个月后，该企业被环保部门评为 B 级，恢复了生产，同时生产能力达到了设计能力的 90%。

4. 应用 RBI 检验技术，提高特种设备的安全性和可靠性

1）RBI 检验技术是设备的检验策略，通过计算设备的风险水平，来制定设备的检验周期、检验项目、检验方法，确保设备的风险水平在可接受的范围内。国内设备在管理和维修系统时，定性的、经验式的管理仍占据着主要地位。这种定性、经验式的维修管理已不适应当前要求装置长周期运行、降低成本、增加企业竞争力的需要。RBI 检验技术是一种系统管理设备维护与检查的方法，它既是一种技术，更是一种管理理念。这项技术的实施需要管理理念的更新，吸纳风险管理的理念，摒弃经验式的管理模式。

RBI 检验技术策略就是在适当的检验周期内对每台设备可能产生缺陷的部位采用合适的检测方式进行检验，即每台设备的检验策略至少应包括查什么、在哪里查、什么时间查一次、用什么方法查等四个方面内容。RBI 检验技术策略的本质上就是依据一定的失效模式制订有效的检验方案，既要减少不必要的检验项目，又要有效降低设备的失效可能性。

2）检验对象、检验部位的确定。以设备部件为基本单元，通过 RBI 检验技术分析确定检验对象、检验部位失效模式和失效机理可能产生的危害性缺陷，即确定了应查什么、在哪里查的内容。检验策略中除了明确检测失效可能产生的部位，还确定重点检查

部位（如设备进出料接管及接管正对方器壁、液位波动部位等）。

3）检验项目、检验程度（方法与比例）的确定。确定失效机理可能产生的危害性缺陷应采用什么方法查，根据损伤机理和失效可能性大小确定检验项目及比例，可以达到有效降低设备的失效可能性、减少不必要的检验项目的目的。

在设备管理方面，国际上欧美地区及日本等工业发达地区和国家已从定性的经验管理向以风险为基础的管理转变。应用RBI检验技术分析成果，可以优化系统检修计划，达到既提高设备、系统的可靠性，又延长运行周期的目的，不仅缩短检修时间，而且节约修理费用。

4）检验对风险的影响主要表现在失效可能性方面（也可以通过增加防护措施降低后果），而要降低设备的风险，关键在于降低失效可能性，避免失效事件的发生。根据RBI检验技术分析结果，对高风险设备与管道适当地加强检验力度，制定有针对性的检验策略，可以在一定程度上降低风险。

5）定量的RBI检验技术分析量化了设备的失效概率及失效后果，并且指出了影响设备失效概率的主要腐蚀机理，这些信息对设备管理人员制定设备维护措施，以及制订检维修计划、日常监测计划是非常有用的。

6）通过对RBI检验技术的实施，能够对系统进行非常全面而且高效的腐蚀调查，可以帮助了解每个生产单元直至每一设备部件存在什么样的腐蚀机理、风险程度，使我们对装置更加心中有数，提高管理效率，从客观上提高了装置的安全性。同时，RBI检验技术软件通过计算特种设备在各种腐蚀工况下的腐蚀速率和设备损伤因子，筛选出具有高损伤因子和腐蚀率高的特种设备部件，为制订腐蚀监测方案提供了依据。总之，RBI检验技术的分析数据及结果不仅可以用于制定设备检验策略，还可以用于企业特种设备管理及安全管理的各个环节。

7）通过RBI检验技术在特种设备管理中的应用，可得到如下的结论：①通过应用RBI检验技术，可以优化装置检修计划和优化检验策略，节省检维修费用，并为制订腐蚀监测方案提供了依据，同时能够提高特种设备的安全性和可靠性。②RBI检验技术的分析数据及结果不仅可以用于制定设备检验策略，还可以用于企业设备管理及安全管理的各个环节，发挥更大的作用。③生产车间是特种设备管理最基层的单位，特种设备的维护维修、保养及检验计划均由车间提出，RBI检验技术的应用也应以车间为主体，才能真正发挥作用。因此，车间基层设备管理人员要使用RBI检验技术方法、软件及分析结果，用分析结果指导日常维护及装置检修，从而避免维护维修的盲目性。

第三节　特种设备行政许可与监督管理

规范特种设备行政许可和加强特种设备工作人员监督管理，是确保在用特种设备安全可靠、经济合理运行的必要条件。

一、设定行政许可

行政许可是指行政机关根据公民、法人或者其他组织的申请，经依法审查，准予其从事特定活动的行为。

为了规范行政许可的设定和实施，保护公民、法人和其他组织的合法权益，维护公共利益和社会秩序，保障和监督行政机关有效实施行政管理，根据宪法，在2004年7月1日起施行《中华人民共和国行政许可法》。

1）设定和实施行政许可，应当依照法定的权限、范围、条件和程序；应当遵循公开、公平、公正的原则；应当遵循便民的原则，提高办事效率，提供优质服务。

2）设定行政许可，应当遵循经济和社会发展规律，有利于发挥公民、法人或者其他组织的积极性、主动性，维护公共利益和社会秩序，促进经济、社会和生态环境协调发展。其中：对直接关系公共安全、人身健康、生命财产安全的重要设备、设施、产品、物品，需要按照技术标准、技术规范，通过检验、检测、检疫等方式进行审定的事项可以设定行政许可。

3）行政许可的实施程序：a. 申请与受理；b. 审查与决定；c. 期限具体是指除可以当场做出行政许可决定的以外，行政机关应当自受理行政许可申请之日起20天内做出行政许可决定；d. 听证；e. 变更与延续。

二、特种设备行政许可实施规定

为了规范特种设备（锅炉、压力容器、气瓶等）生产、使用及检验检测行政许可工作，以确保在用特种设备安全、经济运行，具体实施规定如下所示。

1）特种设备行政许可包括以下项目：a. 特种设备设计许可；b. 特种设备制造许可；c. 特种设备安装、改造、维修许可；d. 气瓶充装许可；e. 特种设备使用登记；f. 特种设备作业人员考核；g. 特种设备检验检测机构核准；h. 特种设备检验检测人员考核。

2）特种设备的行政许可采取颁布许可证的形式，许可证由国家市场监督管理总局统一制定，其名称如下：a. 特种设备设计许可证；b. 特种设备制造许可证；c. 特种设备安装、改造、维修许可证；d. 气瓶充装许可证；e. 特种设备使用登记证；f. 特种设备作业人员证；g. 特种设备检验检测机构核准证；h. 特种设备检验检测人员证。

3）特种设备许可项目中的许可级别、种类，根据规章、安全技术规范确定。

4）特种设备行政许可工作由国家市场监督管理总局和各级部门，按照有关规定，分级负责管理。国家市场监督管理总局和省级特种设备安全监察部门根据工作情况，可以将其负责的行政许可工作委托下一级部门负责进行。各级特种设备安全监察机构（以下简称安全监察机构）负责具体实施。

① 国家市场监督管理总局负责特种设备设计、制造、安装、改造的行政许可及检验检测机构的核准、检验检测人员的考核。具体工作由国家市场监督管理总局或者其委托的省级部门分别负责，以国家市场监督管理总局的名义颁发相应证书。

② 省级特种设备安全监察部门负责特种设备维修、气瓶充装单位的许可。具体工作可由省级部门负责，也可按照本地区的工作实际，委托设区的市级（包括未设区的地级市和地级州、盟，以下简称市级）部门负责，以省级部门的名义颁发许可证。

③ 特种设备使用或者特种设备安装、改造、维修在施工前应当向市级部门办理使用登记或者告知。

④ 特种设备作业人员应当经特种设备安全监督部门考核合格。各级部门按照有关规

定负责组织考核，并颁发相应证书，具体考核工作可以按有关规定委托相关机构负责。

5）许可工作程序。

① 负责实施特种设备生产（设计、制造、安装、改造、维修）许可、检验检测机构核准工作的部门应当在正式受理申请后的30个工作日内完成各项许可、核准工作，并颁发相关的许可、核准证件。

② 负责许可、核准的部门根据审查工作的需要可以设立特种设备许可办公室，负责接受许可、核准工作中有关文件的收发、转递、归档、建立数据库等事务性工作。

③ 特种设备的许可、核准工作程序包括申请、受理、审查和颁发许可或核准证书。

④ 特种设备安装、改造、维修单位在施工前，应当按照有关规定，向特种设备安全监察机构告知。监察机构认为存在不符合规定的问题时，应当在15个工作日内向施工单位书面说明原因和处理意见；如果在15个工作日内没有书面通知施工单位，那么在进行日常的监督检查时，没有发现与告知材料不符的情况，不得以此为由进行行政处罚。

⑤ 特种设备使用登记程序包括申请、受理、审查、颁发使用登记证。

⑥ 人员考核程序包括申请、受理、组织考核和颁发资格证。

6）行政部门的受理、审查、颁发相关证件，以及鉴定评审和考核机构的鉴定评审、考核收费，按财政、物价部门的规定执行。

① 各级特种设备安全监察部门应当建立许可工作程序，明确相关机构和人员的责任，按照特种设备许可审批表的要求，履行各项许可受理、审查、审核、批准手续。

② 申请许可、核准、登记、考核的单位或人员，以及负责组织鉴定评审、考核工作的机构应当按照有关规定的申请、登记、鉴定评审、考核表格内容建立电子信息资料，连同文字资料送交负责行政许可、核准、登记、考核的安全监察机构，特种设备安全监察机构应当建立和完善特种设备单位、人员、设备数据库，并利用计算机信息网络输入国家统一的数据库。

③ 办理行政许可所用的申请书、施工前的告知书等有关文书，由国家市场监督管理总局统一制订。

④ 鉴定评审、考核机构必须建立相应的管理制度、责任制度、工作程序和鉴定评审、考核人员的考核制度等。每年至少进行一次工作总结，报负责许可、核准具体工作的安全监察机构备案。

各级特种设备安全监察部门应当加强对鉴定评审、考核机构监督管理，每年至少进行一次检查。

【案例1-2】 压力容器及压力管道行政许可实施

为了更好地推进压力容器、气瓶及压力管道行政许可工作，原国家质检总局（现已合并为国家市场监督管理总局）颁布《特种设备行政许可分级实施范围》，并根据实际工作状况，将部分行政许可工作委托省级特种设备安全监察部门承担，同时将压力容器的设计、制造、安装许可证、检验检测机构核准证、检验检测人员证颁发，相关证件由国家市场监督管理总局统一印制。各级部门要按照“谁审批、谁负责”的原则，认真履行职责、规范程序、明确责任，切实做好行政许可工作。压力容器及压力管道行政许可分级实施范围见表1-19。

表 1-19　压力容器及压力管道行政许可分级实施范围

许可项目	设备种类	国家市场监督管理总局负责	省级特种设备安全监督局负责
		许可范围（类别、级别、类型或者品种）	
设计(单位)	压力容器	1）固定式压力容器（A）：超高压容器、高压容器（A1）；第三类低、中压容器（A2）；球形储罐（A3）；非金属压力容器（A4） 2）移动式压力容器（C）：铁路罐车（C1）；汽车罐车或者长管拖车（C2）；罐式集装箱（C3） 3）压力容器分析设计（SAD）	固定式压力容器（D）：第一类压力容器（D1）；第二类低、中压容器（D2）
	压力管道	1）长输管道（GA 类） 2）工业管道（GC 类的 GC1 级）：输送毒性程度为极度危害介质的管道；输送甲、乙类可燃气体或者甲类可燃液体且设计压力大于等于 4.0MPa 的管道；输送可燃、有毒流体介质，设计压力大于等于 4.0MPa 且设计温度大于或者等于 400℃的管道；输送流体介质且设计压力大于等于 10.0MPa 的管道	1）公用管道（GB 类） 2）工业管道（GC 类的 GC2 级）：输送甲、乙类可燃气体或者甲类可燃液体且设计压力小于 4.0MPa 的管道；输送可燃、有毒流体介质，设计压力小于 4.0MPa 且设计温度大于等于 400℃的管道；输送非可燃、无毒流体介质，设计压力小于 10MPa 且设计温度大于等于 400℃的管道；输送流体介质，设计压力小于 10MPa 且设计温度小于 400℃的管道
设计（文件鉴定）制造(单位)	压力容器	气瓶（B）、氧舱（A5）（由国家质检总局核准的检验检测机构鉴定） 1）固定式压力容器（A）：超高压容器、高压容器（A1）；第三类低、中压容器（A2）；球形储罐现场组焊或者球壳板制造（A3）；非金属压力容器（A4）；医用氧舱（A5） 2）移动式压力容器（C）：铁路罐车（C1）；汽车罐车或者长管拖车（C2）；罐式集装箱（C3） 3）气瓶（B）：无缝气瓶（B1）；焊接气瓶（B2）；特种气瓶（B3）	固定式压力容器（D）：第一类压力容器（D1）；第二类低、中压容器（D2）
	压力管道（元件）	1）金属管子、管件、法兰、紧固件、支吊架（A）：公称压力大于等于 6.4MPa 的无缝钢管；公称直径大于等于 250mm 的无缝钢管；公称直径大于等于 250mm 的焊接钢管；有色金属管；公称压力大于等于 6.4MPa 且公称直径大于等于 250mm 的无缝管件；公称压力大于等于 6.4MPa 且公称直径大于等于 500mm 的有缝管件 2）非金属管子、管件、法兰（A）	金属管子、管件、法兰、紧固件、支吊架（B）：公称压力小于 6.4MPa 的无缝钢管且公称直径小于 250mm 的无缝钢管；公称直径小于 250mm 的焊接钢管；铸铁管；公称压力小于 6.4MPa 或者公称直径小于 250mm 的无缝管件；公称压力小于 6.4MPa 或者公称直径小于 500mm 的有缝管件；锻制管件；铸造管件；钢制法兰；紧固件；支吊架

（续）

许可项目	设备种类	国家市场监督管理总局负责	省级特种设备安全监督局负责
		许可范围（类别、级别、类型或者品种）	
安装改造（单位）	压力容器	—	全部
	压力管道	1）长输管道（GA类） 2）工业管道（GC类的GC1级）：输送介质毒性程度为极度危害的管道；输送甲、乙类可燃气体或者甲类可燃液体且设计压力大于等于4.0MPa的管道；输送可燃、有毒流体介质，设计压力大于等于4.0MPa且设计温度大于等于400℃的管道；输送流体介质且设计压力大于等于10.0MPa的管道。随制造许可范围一同申请	1）公用管道（GB） 2）工业管道（GC类的GC2级、GC3级）：输送甲、乙类可燃气体或者甲类可燃液体且设计压力小于4.0MPa的管道；输送可燃、有毒流体介质，设计压力小于4.0MPa且设计温度大于等于400℃的管道；输送非可燃、无毒流体介质，设计压力小于10MPa且设计温度大于或者等于400℃的管道；输送流体介质，设计压力小于10MPa且设计温度小于400℃的管道
检验检测机构	—	除气瓶检验站外的其他检验检测机构	气瓶检验站
人员	—	1）压力容器（含气瓶、氧舱）、压力管道设计审批人员（移交行业组织实施并发证） 2）检验检测人员：高级检验师；检验师（初试）；氧舱、大型游乐设施、索道检验员；高级无损检测人员 3）安全监察人员（统一组织考核、发证） 4）作业人员：氧舱维护管理人员；带压堵漏人员；客运索道作业人员；游乐设施管理人员、安装人员	1）检验检测人员：锅炉、压力容器、压力管道、起重机械、电梯、厂内机动车辆检验员；检验师（复试）；初级、中级无损检测人员 2）安全监察人员（负责培训） 3）作业人员：除氧舱维护管理、带压堵漏人员、客运索道作业人员、游乐设施管理人员、安装人员以外的其他作业人员

注：1. 涉及境外所有的行政许可或者设计文件鉴定由国家市场监督管理总局或者其核定的特种设备安全监察机构负责。

2. 以型式试验形式实行制造许可的由国家市场监督管理总局负责；从事型式试验的检验检测机构由国家市场监督管理总局核定并批准。

3. 所有安全附件、安全保护装置、受压元件材料的制造许可由国家市场监督管理总局负责。

三、特种设备监督检查

1）特种设备生产单位应当依照相关规定及国务院特种设备安全监督管理部门制定并公布的安全技术规范（以下简称安全技术规范）的要求，进行生产活动。

特种设备生产单位对其生产的特种设备的安全性能和能效指标负责，不得生产不符合安全性能要求和能效指标的特种设备，不得生产国家产业政策明令淘汰的特种设备。

2）锅炉、压力容器中的气瓶（以下简称气瓶）、氧舱和客运索道、大型游乐设施及高耗能特种设备的设计文件，应当经国务院特种设备安全监督管理部门核准的检验检测机构鉴定后，方可用于制造。

3）压力容器的设计单位应当经国务院特种设备安全监督管理部门许可后，方可从事压力容器的设计活动。

压力容器的设计单位应当具备下列条件：a. 有与压力容器设计相适应的设计人员、设计审核人员；b. 有与压力容器设计相适应的场所和设备；c. 有与压力容器设计相适应的健全的管理制度和责任制度。

4）按照安全技术规范的要求，应当进行型式试验的特种设备产品、部件或者试制特种设备新产品、新部件、新材料的，必须进行型式试验和能效测试。

5）锅炉、压力容器、电梯、起重机械、客运索道、大型游乐设施及其安全附件、安全保护装置的制造、安装、改造单位，以及压力管道用管子、管件、阀门、法兰、补偿器、安全保护装置等（以下简称压力管道元件）的制造单位和场（厂）内专用机动车辆的制造、改造单位，应当经国家特种设备安全监督管理部门许可后，方可从事相应的活动。

特种设备的制造、安装、改造单位应当具备下列条件：a. 有与特种设备制造、安装、改造相适应的专业技术人员和技术工人；b. 有与特种设备制造、安装、改造相适应的生产条件和检测手段；c. 有健全的质量管理制度和责任制度。

6）锅炉、压力容器、电梯、起重机械、客运索道、大型游乐设施、场（厂）内专用机动车辆的维修单位，应当有与特种设备维修相适应的专业技术人员和技术工人及必要的检测手段，并经省、自治区、直辖市特种设备安全监督管理部门许可后，方可从事相应的维修活动。

7）锅炉、压力容器、起重机械、客运索道、大型游乐设施的安装、改造、维修及场（厂）内专用机动车辆的改造、维修，必须由依照规定，取得许可的单位进行。

电梯的安装、改造、维修，必须由电梯制造单位或者其通过合同委托、同意的、依照规定取得许可的单位进行。电梯制造单位对电梯质量及安全运行涉及的质量问题负责。

特种设备安装、改造、维修的施工单位应当在施工前将拟进行的特种设备安装、改造、维修情况书面告知直辖市或者市级特种设备安全监督管理部门，告知后即可施工。

8）锅炉、压力容器、电梯、起重机械、客运索道、大型游乐设施的安装、改造、维修及场（厂）内专用机动车辆的改造、维修竣工后，安装、改造、维修的施工单位应当在验收后30日内将有关技术资料移交使用单位，高耗能特种设备还应当按照安全技术规范的要求提交能效测试报告。使用单位应当将其存入该特种设备的安全技术档案。

9）锅炉、压力容器、压力管道元件、起重机械、大型游乐设施的制造过程和锅炉、压力容器、电梯、起重机械、客运索道、大型游乐设施的安装、改造、重大维修过程，必须经国务院特种设备安全监督管理部门核准的检验检测机构按照安全技术规范的要求进行监督检验；未经监督检验合格的不得出厂或者交付使用。

10）移动式压力容器、气瓶充装单位应当经省、自治区、直辖市的特种设备安全监督管理部门许可，方可从事充装活动。

充装单位应当具备下列条件：a. 有与充装和管理相适应的管理人员和技术人员；b. 有与充装和管理相适应的充装设备、检测手段、场地厂房、器具、安全设施；c. 有健全的充装管理制度、责任制度、紧急处理措施。

气瓶充装单位应当向气体使用者提供符合安全技术规范要求的气瓶，对使用者进行气瓶安全使用指导，并按照安全技术规范的要求办理气瓶使用登记，提出气瓶的定期检验要求。

11）从事特种设备的监督检验、定期检验、型式试验及专门为特种设备生产、使用、检验检测提供无损检测服务的特种设备检验检测机构，应当经国家特种设备安全监督管理部门核准。

特种设备使用单位设立的特种设备检验检测机构，经国家特种设备安全监督管理部门核准，负责本单位核准范围内的特种设备定期检验工作。

12）特种设备检验检测机构进行特种设备检验检测时，发现严重事故隐患或者能耗严重超标的，应当及时告知特种设备使用单位，并立即向特种设备安全监督管理部门报告。

13）特种设备安全监督管理部门依照规定，对特种设备生产、使用单位和检验检测机构实施安全监察。

对学校、幼儿园及车站、客运码头、商场、体育场馆、展览馆、公园等公众聚集场所的特种设备，特种设备安全监督管理部门应当实施重点安全监察。

14）特种设备安全监督管理部门根据举报或者取得的涉嫌违法证据，对涉嫌违反规定的行为进行查处时，可以行使下列职权：a. 向特种设备生产、使用单位和检验检测机构的法定代表人、主要负责人和其他有关人员调查、了解与涉嫌从事违反本条例的生产、使用、检验检测有关的情况；b. 查阅、复制特种设备生产、使用单位和检验检测机构的有关合同、发票、账簿及其他有关资料；c. 对有证据表明不符合安全技术规范要求的或者有其他严重事故隐患、能耗严重超标的特种设备，应予以查封或者扣押。

15）特种设备安全监督管理部门对特种设备生产、使用单位和检验检测机构实施安全监察时，应当有两名以上特种设备安全监察人员参加，并出示有效的特种设备安全监察人员证件。

16）特种设备安全监督管理部门对特种设备生产、使用单位和检验检测机构实施安全监察，应当对每次安全监察的内容、发现的问题及处理情况做出记录，并由参加安全监察的特种设备安全监察人员和被检查单位的有关负责人签字后归档。被检查单位的有关负责人拒绝签字的，特种设备安全监察人员应当将情况记录在案。

17）特种设备安全监督管理部门对特种设备生产、使用单位和检验检测机构进行安全监察时，发现有违反规定和安全技术规范要求的行为或者在用的特种设备存在事故隐患、不符合能效指标的，应当以书面形式发出特种设备安全监察指令，责令有关单位及时采取措施，予以改正或者消除事故隐患。紧急情况下需要采取紧急处置措施的，应当随后补发书面通知。

18）特种设备安全监督管理部门对特种设备生产、使用单位和检验检测机构进行安全监察，发现重大违法行为或者严重事故隐患时，应当在采取必要措施的同时，及时向上级特种设备安全监督管理部门报告。接到报告的特种设备安全监督管理部门应当采取必要措施，及时予以处理。

对违法行为、严重事故隐患或者不符合能效指标的处理需要当地人民政府和有关部门的支持、配合时，特种设备安全监督管理部门应当报告当地人民政府，并通知其他有关部门。当地人民政府和其他有关部门应当采取必要措施，及时予以处理。

19）国家特种设备安全监督管理部门和省、自治区、直辖市特种设备安全监督管理部门应当定期向社会公布特种设备安全及能效状况。

公布的特种设备安全及能效状况应当包括下列内容：a. 特种设备质量安全状况；b. 特种设备事故的情况、特点、原因分析、防范对策；c. 特种设备能效状况；d. 其他需要公布的情况。

四、特种设备作业人员的监督管理

监督管理特种设备作业人员对确保特种设备安全运行、减少事故发生非常重要。监督管理特种设备作业人员的具体内容如下。

1）锅炉、压力容器（含气瓶）、压力管道、电梯、起重机械、客运索道、大型游乐设施、场（厂）内专用机动车辆等特种设备的作业人员及其相关管理人员统称特种设备作业人员。特种设备作业人员作业种类与项目目录由国家市场监督管理总局统一发布。

从事特种设备作业的人员应当按规定，经考核合格取得《特种设备作业人员证》后，方可从事相应的作业或者管理工作。

2）申请《特种设备作业人员证》的人员，应当首先向省级特种设备安全监察部门指定的特种设备作业人员考试机构（以下简称考试机构）报名参加考试。

对特种设备作业人员数量较少而不需要在各省、自治区、直辖市设立考试机构的，由国家市场监督管理总局指定考试机构。

3）特种设备生产、使用单位（以下统称用人单位）应当聘（雇）用取得《特种设备作业人员证》的人员从事相关管理和作业工作，并对作业人员进行严格管理。

特种设备作业人员应当持证上岗，按章操作，发现隐患及时处置或者报告。

4）特种设备作业人员考核发证工作由县以上特种设备安全监察部门分级负责。省级特种设备安全监察部门决定具体的发证分级范围，负责对考核发证工作的日常监督管理。

申请人经指定的考试机构考试合格的，持考试合格凭证向考试场所所在地的发证部门申请办理《特种设备作业人员证》。

5）特种设备作业人员考试和审核发证程序包括考试报告、考试、领证申请、受理、审核、发证。

发证部门和考试机构应当在办公处所公布本办法、考试和审核发证程序、考试作业人员种类、报考具体条件、收费依据和标准、考试机构名称及地点、考试计划等事项。其中，考试报名时间、考试科目、考试地点、考试时间等具体考试计划事项，应当在举行考试之日的2个月前公布。有条件的应当在有关网站、新闻媒体上公布。

6）申请《特种设备作业人员证》的人员应当符合下列条件：a. 年龄在18周岁以上；b. 身体健康并满足申请从事的作业种类对身体的特殊要求；c. 有与申请作业种类相适应的文化程度；d. 具有相应的安全技术知识与技能；e. 符合安全技术规范规定的其他要求。

作业人员的具体条件应当按照相关安全技术规范的规定执行。

7）用人单位应当对作业人员进行安全教育和培训，保证特种设备作业人员具备必要的特种设备安全作业知识、作业技能和及时进行知识更新。作业人员未能参加用人单位培训的，可以选择专业培训机构进行培训。

作业人员培训的内容按照国家市场监督管理总局制订的相关作业人员培训考核大纲等安全技术规范执行。

8）符合条件的申请人员应当向考试机构提交有关证明材料，报名参加考试。

考试机构应当制定和认真落实特种设备作业人员的考试组织工作的各项规章制度，严格按照公开、公正、公平的原则，组织实施特种设备作业人员的考试，确保考试工作质量。

考试结束后，考试机构应当在20个工作日内将考试结果告知申请人，并公布考试成绩。

考试合格的人员，凭考试结果通知单和其他相关证明材料，向发证部门申请办理《特种设备作业人员证》。

9）持有《特种设备作业人员证》的人员必须经用人单位的法定代表人（负责人）或者其授权人雇（聘）用后，方可在许可的项目范围内作业。

10）用人单位应当加强对特种设备作业现场和作业人员的管理，履行下列义务：a. 制定特种设备操作规程和有关安全管理制度；b. 聘用持证作业人员，并建立特种设备作业人员管理档案；c. 对作业人员进行安全教育和培训；d. 确保持证上岗和按章操作；e. 提供必要的安全作业条件；f. 其他规定的义务。

11）特种设备作业人员应当遵守以下规定：a. 作业时随身携带证件，并自觉接受用人单位的安全管理和质监部门的监督检查；b. 积极参加特种设备安全教育和安全技术培训；c. 严格执行特种设备操作规程和有关安全规章制度；d. 拒绝违章指挥；e. 发现事故隐患或者不安全因素时，应当立即向现场管理人员和单位有关负责人报告；f. 其他有关规定。

12）《特种设备作业人员证》每4年复审一次。持证人员应当在复审期届满3个月前，向发证部门提出复审申请。对持证人员在4年内符合有关安全技术规范规定的不间断作业要求和安全、节能教育培训要求，且无违章操作或者管理等不良记录、未造成事故的，发证部门应当按照有关安全技术规范的规定准予复审合格，并在证书正本上加盖发证部门复审合格章；复审不合格、逾期未复审的，其《特种设备作业人员证》予以注销。

13）有下列情形之一的，应当撤销《特种设备作业人员证》：a. 持证作业人员以考试作弊或者以其他欺骗方式取得《特种设备作业人员证》的；b. 持证作业人员违反特种设备的操作规程和有关的安全规章制度操作，情节严重的；c. 持证作业人员在作业过程中发现事故隐患或者其他不安全因素未立即报告，情节严重的；d. 考试机构或者发证部门工作人员滥用职权、玩忽职守、违反法定程序或者超越发证范围考核发证的；e. 依法可以撤销的其他情形。

14）有下列情形之一的，责令用人单位改正，并处1000元以上、3万元以下的罚款：a. 违章指挥特种设备作业的；b. 作业人员违反特种设备的操作规程和有关的安全规章制度操作，或者在作业过程中发现事故隐患及其他不安全因素时未立即向现场管理人员和单位有关负责人报告，用人单位未给予批评教育或者处分的。

15）特种设备作业人员未取得《特种设备作业人员证》上岗作业，或者用人单位未对特种设备作业人员进行安全教育和培训的，按照《特设条例》的规定对用人单位予以处罚。

五、特种设备培训与考核

开展对特种设备管理作业人员的培训与考核，对他们素质水平的提高有十分重要的意义。

1. 特种设备安全培训

搞好特种设备安全培训工作对于提高监察、检验、管理、作业人员的素质水平，保证特种设备安全运行，减少事故，保障人民生命安全起到关键的重要作用，有十分重要的意义。

特种设备安全领域里的办班培训工作范围广，工作量大，任务艰巨。培训对象既包括安全监察机构的领导与监察人员，也包括检验检测单位的检验、检测人员，还包括设计、制造、安装、使用、修理、改造单位的相关从业人员，甚至扩大到相关资质的鉴定评审人员。同时各类安全法规、标准的宣贯等也都开办各种类型的学习班、培训班。所有人员的培训质量及各类法规、标准的宣贯与培训关系到特种设备安全运行。由此看出，培训工作十分重要。

据统计，近年来全国接受各类培训的人次为：特种设备监察、检验（含无损检测）人员3万余人次，特种设备相关作业人员多达120余万人次。这些数字反映特种设备安全管理的培训取得了一定成绩，但我们的培训工作仍然存在一些需要完善和改进的方面。根据近年发生特种设备事故情况来看，管理、作业人员应知应会方面确实存在薄弱环节，加强全员培训非常必要。具体措施如下：

1）明确办班培训目的。办班培训的目的只有一个：提高相关作业人员的政治素质和技术业务素质，保证特种设备安全运行。从事办班培训工作多为检验检测单位和一些中介组织诸如隶属各级特种设备安全监察部门的各类协会。办各类培训班，应以不盈利为目的。

2）编著有针对性教材，选好授课人员。目前我国特种设备培训教材总体质量不高，而且内容比较陈旧，未能适时反映新技术、新工艺、新材料的内容；数字信息技术、计算机技术在特种设备安全中的应用在培训教材中很少涉及，教材的内容滞后于时代的发展。培训教材应针对不同的培训对象分别编纂。对象不同，讲授的内容与要求不同；特种设备类型不同，工作机理、安全要求也不同。

培训教材质量高低、针对性强与否是影响培训质量的重要因素。授课人员的授课水平也是影响培训质量的重要因素。授课人员要有深厚的知识功底、丰富的实践经验和严谨的逻辑水平是提高培训质量的保障。

3）严格考试纪律，检验培训成果。

2. 建立特种设备作业人员培训考核体系

为了提高特种设备作业人员培训考核的工作质量，我国特种设备检测机构根据具体实际，对传统的特种设备作业人员培训考核方法进行改革创新，研究开发出特种设备作业人员培训考核系统，建立和完善特种设备培训检测基地。这一创新对特种设备作业人员的培训考核进行了积极有益的探索。通过对作业人员安全知识理论教学和现场模拟仿真设备的操作训练相结合，使作业人员的培训考核从传统的安全知识教育转向以安全操作技能训练为主的方向发展，减少特种设备操作事故隐患。

（1）培训考核工作急需改善

1）近些年来，特种设备使用范围和数量急剧扩大，特别设备的使用安全及作业人员的培训考核问题日益突出。而国家对特种设备的安全问题越来越重视，先后出台了《特设条例》《特种设备作业人员监督管理办法》《特种设备作业人员考核规则》等，对特种设备作业人员的培训、考试、监管等工作做了明确的要求。但从目前的现状看，虽然能够取得国家市场监督管理总局批准颁发的《特种设备作业人员证》，但真正到岗位上操作时，由于缺乏安全操作技能训练，多数不能适应岗位安全操作要求。

2）长期以来，对特种设备作业人员的培训考核工作基本上处于安全知识理论教学、书面答题或面试的模式，教学方法单一，教学内容枯燥，纯理论知识教学，缺乏感性认识和安全操作技能的实践。传统的培训考核模式使企业作业人员对特种设备真实的结构和操作处于模糊状态，造成经培训、考核合格的作业人员在实际岗位上缺乏对特种设备故障排除操作和应急事故的处理能力。

（2）培训考核工作面临困境

1）特种设备作业人员整体素质不高。目前，从事特种设备作业的人员大多数为外来务工人员，文化水平多在高中以下，有些人员对特种设备的一些专业术语甚至处于“只知道这东西叫什么，却不知道怎么写”的水平，对于教科书上理论知识的接受、理解、融会贯通和运用能力相对较低。

2）企业对生产安全承担主体责任的法律意识比较淡薄。目前大量中小型企业对从事特种设备作业人员主动申报培训、申请考核取得《特种设备作业人员证》缺少计划性。由于员工换岗、调动等原因，对新员工培训考核取证上岗的责任意识弱，造成安全监察机构很难对作业人员的持证率进行有效监管。

3）培训考核机构硬件设施跟不上。《特种设备作业人员考核规则》中明确规定考试机构应当满足下列条件：具备满足考试的固定场所；具有满足与所承担考试项目相适应的设备及设施。但是由于投入成本较高、场地受限等因素，目前国内特种设备培训考核工作大多数仅仅局限于笔试，而且各地区培训教材不统一等情况。

大多数培训考核仅局限于安全知识的教育，作业人员实际操作水平不能在培训考核中得到有效提高。

4）培训效率不高。目前有关特种设备作业人员培训时间一般在 2 ~ 3 周，其中 2/3

以上时间为基础理论教学，现场教学甚少，多数流于参观性教学及增加一点感性认识。

(3) 建立培训考核体系，全面提高作业人员实际安全操作技能

1）建立特种设备检测新基地。新基地包括：培训检测基地内设业务大厅，设置呼叫系统，便于考试安排；多媒体阶梯教室，内部配备投影仪、计算机等教学设备；电化考试室，是理论练习和无纸化考试的主场地；锅炉作业模拟教室，可进行实际操作培训和考试；起重机械作业模拟考试车间，场（厂）内机动车辆作业模拟考试场地，学员可进行现场练习及考试，提高学员驾驶操作技能；特种设备模型室，有各类特种设备模型，可直观地了解特种设备的内部结构和运行方式，使学员掌握操作和排除故障的技能；还可设其他实验室，如阀门检测中心、水质分析实验室和力学性能实验室等，供学员实习用。

2）建立培训考试新系统。特种设备作业人员培训考试系统包括培训系统和考试系统。培训系统功能有模拟练习、课后作业、知识竞赛等。模拟练习是培训的主要功能，可以让学员对所学知识进行练习和巩固，加深学员的理解和记忆。考试系统功能根据设置试题的难度系数，从题库中随机出卷，学员上机考试。试卷的批改及成绩统计均可由系统自动完成，学员可当场查询考试成绩，增加了考试的公平性和透明度，使教师能够从出题、批卷、成绩统计等繁重的任务中解放出来，提高培训效率。该系统还可进行后台管理，包括题库管理、试卷管理、练习管理、考试管理、考试监控等功能。题库分设了综合类法律法规题库、承压类题库、机电类题库、公共题库等。题库内容侧重为是非题、判断题和选择题，改变传统的理论试卷模式，突出了学员掌握安全知识。

3）锅炉仿真培训考核系统。锅炉仿真培训考核系统包括了燃煤锅炉培训考核系统和燃油（气）锅炉培训考核系统，由软件和锅炉实物两大部分组成，包含了培训和考试两大功能。培训考试软件内含考生管理、监考人员管理、试题管理、成绩管理等功能，考试方法依据试卷内容要求由监考老师发出操作指令，考生在锅炉上按指令要求操作，由软件自动评判操作是否合格。该系统有助于提高学员的动手操作能力和判断能力。该系统具有八大特色：

① 网络化。采用目前的网络通信技术，所有客户端的操作结果都会自动通过网络汇集到服务器上，同时服务器上的试卷和学员、考官信息也可以通过网络下载到各个客户端，组成一个分布网络化的模拟机培训考核系统。

② 系统可以连接锅炉实体做模拟运行，也可以脱离锅炉实体，在计算机网络上做全仿真模拟运行，极大地提高了资源的利用率。

③ 系统软件具有强大的硬件检测功能，通过软件界面给控件一个检测参数，实体控件立即会做出响应，从而判断硬件状态是否正常。

④ 含无关动作容忍度的评分系统比较符合实际情况。

⑤ 模拟声效系统采用无线头戴式耳机，避免了锅炉声效相互干扰及学员听不清声效和提示音的弊端。

⑥ 锅炉初始状态智能语音提示功能解放了考官的手脚，实现了全自动、无人工干预的培训考试方式。

⑦ 采用管理有序的计算机排队叫号系统，由教师控制实习或考试次序，依次发出

呼叫信号通过大厅显示屏和广播通知学员参加实习或考试。

⑧ 采用考官区与学员区分开，学员只能进入实习考试功能区，而考官则透过玻璃进行监控，一目了然。两者功能独立，互不干扰。

4）新建电梯仿真培训考核系统。电梯仿真培训考核系统的重要设备就是高技术含量的双控透明教学电梯。该电梯设备采用了交流变频调速器与 PLC 编程的开关量与模拟量双制式控制。功能与真实的交流变频调速电梯相同，具有全集选功能，能自动平层、自动关门，响应轿厢内、外的呼梯信号，并且在电梯上设置了电路、电器、变频、PLC、机械等常见的 40 多项故障可供学员动手实操。该系统在教学中可实现以下三大功能：

① 帮助学员了解电梯的基本概念和基本结构，熟悉电梯各系统的功能和作用，掌握电梯安全运行的原理，特别是对初次培训的学员，在理论学习的基础上有进一步的感性认识。

② 可以帮助学员充分掌握安全驾驶技术，进一步深化了解安全操作规程及相关安全规章制度实施的重要性和必要性。

③ 可以帮助学员对电梯的一些常见故障有一个初步的认识，使其在实际工作中有一点识别故障和排除故障的能力，从而使其在应急救援中起到积极和安全的作用。

（4）特种设备检验人员的培训考核　根据国务院《特设条例》规定：从事本条例规定的监督检验、定期检验和型式试验的特种设备检验检测人员应当经国务院特种设备安全监督管理部门组织考核合格、取得检验检测人员证书后，方可从事检验检测工作。国家市场监督管理总局颁布的《锅炉压力容器压力管道及特种设备检验人员资格考核规则》，对特种设备检验检测人员的培训、考核都有明确的要求。

特种设备监督管理部门对特种设备检验检测人员考核前往往需要进行岗前培训，而此项培训工作一般委托有资格的专业机构办理。为加强特种设备检验人员的培训考核工作，应该做到以下几点。

1）强化职业道德，强化理论与实际相结合。目前特种设备检验检测人员的培训工作往往忽视“职业道德”的课程内容，做事先做人，有德才成人。针对当前激烈竞争的市场经济，特别是当前独家主营下的检验检测人员“权力甚大”。对特种设备检验检测人员的培训，首先应注重职业道德的教育，其次才是提高学员专业技术水平，牢牢掌握安全技术知识，特别是紧急预案的操作（但培训中现场学习，紧急预案演示、处理往往因故删除）。通过培训后应使学员真正成为一名具备职业道德及理论与实际结合的称职的持证人员，这样才达到预期的培训目标，因此职业道德教育这课是必不可缺的。

2）严格把关申报检验资格人员的条件，这是提高检验检测人员整体素质主要因素。

3）对培训教材不断更新，特别对新颁布标准、规范必须编入教材内尽快学习，并贯彻执行。同时对安全事故应急预案及处理措施内容要详细编入教材内，以提高培训教材的指导性、针对性和实用性。

4）控制授课教时，参加取证的专业技术培训一般不得少于 80 学时。

5）尽快建立一支能讲好课、讲清课、讲懂课的师资队伍。

6）根据《压力容器压力管道及特种设备检验人员资格考核规则》精神和要求，严格做好对特种设备检验人员考核和发证工作。

7）抓好特种设备监管工作，应从培训的源头抓起，严格按照国务院《特设条例》、国家质检总局《压力容器压力管道及特种设备检验人员资格考核规则》要求，抓好每一环节，严把质量关，使参加培训的每位学员不仅回去持证上岗，更要合格上岗。杜绝事故首先从人头抓起。

3. 特种设备作业人员考核规则

对特种设备作业人员的考核工作包括考试、审核、发证和复审等，对特种设备作业人员的考核工作由国家市场监督管理总局和各级质监部门组织实施，具体要求如下。

1）特种设备作业人员的考试包括理论知识考试和实际操作考试两个科目，均实行百分制，60分合格。具体考试方式、内容、要求、作业级别、项目和特种设备作业人员的具体要求，按照国家市场监督管理总局制订的相关作业人员考核大纲执行。

2）考试机构的主要职责如下：a. 审查特种设备作业人员考试申请材料；b. 组织实施特种设备作业人员考试；c. 公布、通知和上报考试结果；d. 建立特种设备作业人员考试管理档案；e. 根据申请人的委托向发证部门统一申请办理并且协助发放“特种设备作业人员证”；f. 根据申请人的委托向发证部门统一申请办理“特种设备作业人员证”的复审；g. 向国家市场监督管理总局或者发证部门提交年度工作总结及考试相关统计报表；h. 国家市场监督管理总局或者发证部门委托或者交办的其他事项。

3）国家市场监督管理总局确定的考试机构由国家市场监督管理总局向社会公布，各级发证部门确定的考试机构由省、自治区、直辖市质监部门向社会公布。

4）报名参加特种设备作业人员考试的人员应当向考试机构提交下列材料：a. “特种设备作业人员考试申请表”；b. 身份证（复印件，一份）；c. 1寸正面免冠照片（两张）；d. 毕业证书（复印件）或者学历证明（一份）。

“特种设备作业人员考试申请表”由用人单位签署意见，明确申请人身体状况能够适应所申请考核作业项目的需要，经过安全教育和培训，有3个月以上申请项目的实习经历。

5）考试机构应当在收到报名材料后15个工作日内完成对材料的审查。对符合要求的，通知申请人按时参加考试；对不符合要求的，通知申请人及时补齐材料或者说明不符合要求的理由。考试机构职责如下：a. 考试机构应当根据各类特种设备作业人员考核大纲的要求组织命题。b. 考试机构按照公布的考试科目、考试地点、考试时间组织考试。需要更改考试科目、考试地点、考试时间的，应当提前30天公布，并通知已申请考试的人员。c. 考试组织工作要严格执行保密、监考等各项规章制度，确保考试工作的公开、公正、公平、规范，确保考试工作的质量。d. 考试机构应当在考试结束后的20个工作日内，完成考试成绩的评定，将考试结果报国家市场监督管理总局或者发证部门并且通知申请人。e. 考试成绩有效期为一年。单项考试科目不合格者，一年内允许申请补考一次。两项均不合格或者补考仍不合格者，应当重新申请考试。

第四节　特种设备事故处理与应急预案

近年来，虽然特种设备事故总体上处于较为平稳下降的态势，但安全形势依然十分严峻，事故主要原因包括企业安全主体责任不落实、对安全工作重视不够、投入不足、管理不力，违法违规使用设备等。按照要求进一步落实特种设备安全工作的部署，全面落实企业安全生产主体责任，不断提高特种设备使用管理水平，才能有效防止和减少特种设备事故。

一、我国安全生产现状

1. 当前安全生产的主要问题

我国当前安全生产的主要问题如图 1-34 所示。

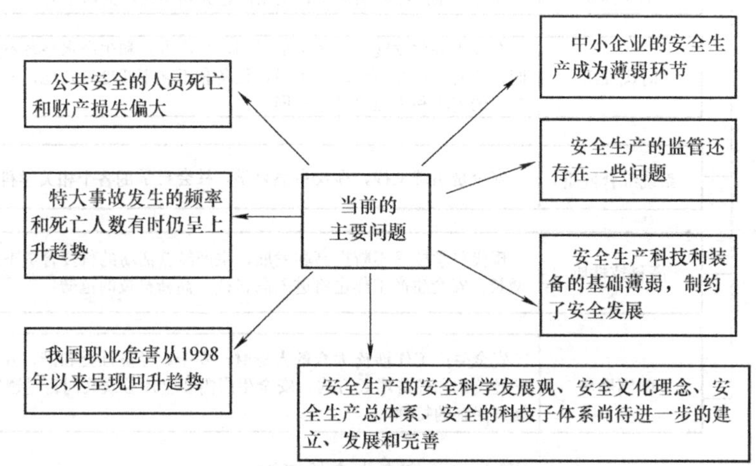

图 1-34　我国当前安全生产的主要问题

2. 安全生产的重要性

安全生产是关系到我国社会稳定大局及可持续发展战略实施的重要问题，安全生产与人口、资源、环境一样，是我国的一项基本国策。安全生产的重要性如图 1-35 所示。安全生产的特性如图 1-36 所示。

3. 我国安全生产事故死亡人数及控制指标

安全生产事关人民群众的生命财产安全，事关改革发展和社会稳定大局，国家高度重视并采取一系列重大举措加强安全生产工作，今后国家将定期做以下工作。

1）公布控制指标，公开发布安全生产事故死亡人数，使各地政府加强领导，加强监管。

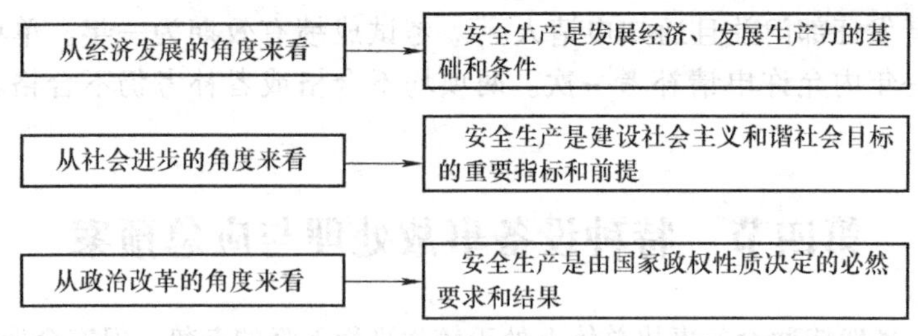

图 1-35　安全生产重要性的示意图

2）公开控制指标，使安全生产责任落实到基层，落实到企业。

3）公布安全生产控制指标实施情况和发生重、特大事故责任单位，让人民群众及时了解安全生产形势和状况，接受社会监督。

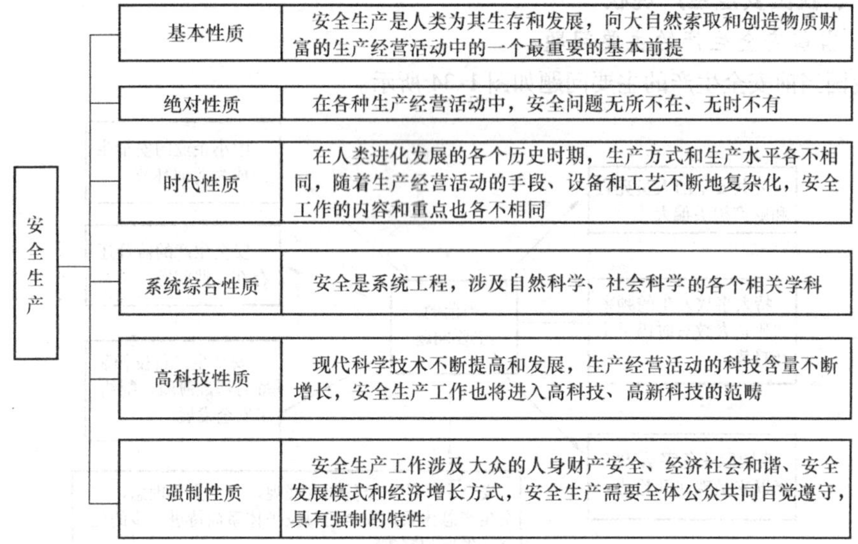

图 1-36　安全生产的特性

4. 近年来发生的特别重大及重大安全生产事故

（1）起重机械发生的特别重大及重大安全生产事故

1）**【案例 1-3】** 2007 年 4 月 18 日 7:45，辽宁省铁岭市某特殊钢有限责任公司炼钢车间丙班人员正在吊运作业，1 个装有约 30t 钢液、重达 60t 的浇包位于浇注台车上方，包底距地面 5.5m 时开始下行作业，在吊运至浇注台车上方 2 ~ 3m 高度时，突然发生滑落，包底猛烈撞击浇注台车，使浇注台车发生偏移，浇包则向相反方向倾覆，包内近 30t 温度约 1590℃的钢水涌出，冲向 6m 外的直空炉平台下方工具间开门方向，造成在工具间开班前会的甲班 31 人死亡，现场工作人员 1 人死亡，6 人受伤，如图 1-37 所示。

导致事故发生的直接原因是：起重机主钩开始下降作业时，由于下降接触器的控制回路中有1个联锁常闭辅助触点锈蚀断开，下降接触器不能被接通，致使驱动电动机失电；电气系统设计缺陷，制动器未能自动抱闸，导致浇包失控下坠；当驾驶员发现浇包下降异常时，将操纵手柄打回零位，主令控制器回零后，制动器制动力矩严重不足，未能有效阻止浇包继续失控下坠，浇包撞击浇注台车后落地倾覆，钢液涌向被错误选定为班前会地点的工具间，造成多人死亡。

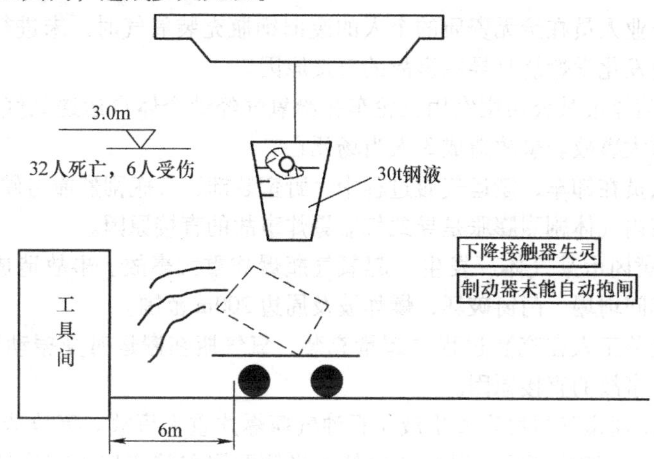

图1-37　辽宁起重机械特别重大安全生产事故示意图

2）**【案例1-4】**江苏省无锡市某花园D区A8号房屋住宅工地1台SCD200/200型施工升降机西侧的吊笼载有17人和1辆手推车，下降至25层左右时，吊笼开始失速坠落地面，造成房屋起重机械特大事故。事故造成11人死亡，6人受伤。

导致事故的直接原因是：事故单位对施工升降机维修检修不及时，造成电气故障，致使驱动电动机失电，吊笼开始失速；操作工发现吊笼失速后，将制动开关置于急停位置，吊笼电磁制动电动机的制动力矩不能承受吊笼负荷而加速下坠，从而引起防坠安全器起动，其产生的水平分力导致保证吊笼齿轮与齿条定位导向的下背轮螺栓承受不住剪切力矩而脱落，加之上背轮螺栓的松动，最终驱动、防坠齿轮与齿条之间的间隙加大至脱离，防坠安全器失去保护作用，吊笼加速坠落地面而发生事故。

（2）压力容器事故的典型案例

1）江苏省苏州市昆山某医药化工有限公司的硝酸山梨酯硝化车间搪玻璃反应釜发生爆炸重大事故。事故造成7人死亡，熔融工序300L搪玻璃反应釜受损严重，爆炸使约100m^{2}的厂房倒塌，化工厂周围百米内的厂房和民宅都受到不同程度的损失。

事故单位擅自将熔融粗品硝酸山梨酯水浴加温工艺改成用蒸汽夹套加温熔融。当班操作工违章操作，为了加快熔化速度，加大了蒸汽压力，同时反应釜没有设置必要的安全阀，温度计也未经检测合格，操作工又未及时打开放空阀放料，从而导致反应过程温度急剧上升，是造成反应釜爆炸的直接原因。

2）陕西省延安市某农户家中发生一起民用液化石油气瓶爆炸重大事故。事故造成3人死亡，3间平板房倒塌。

村民非法“瓶对瓶”倒换充装液化石油气钢瓶，造成液化石油气泄漏，遇明火爆燃，是导致气瓶爆炸事故的直接原因。

3）江苏省盐城市某气体有限公司在氧化瓶充装过程中，发生氧气瓶爆炸重大事故。事故造成3人死亡、1人重伤。充装间部分屋顶掀翻，其碎片分散在50m半径范围内。

事故单位作业人员在给无资质的个人的废旧钢瓶充装氧气时，未进行充装前检查，发生气体混装引发化学燃烧是导致事故的直接原因。

4）山东省荷泽市某公司用农用三轮车在给氧气经销个体户运送氧气瓶卸车时，氧气瓶发生爆炸重大事故。事故造成3人当场死亡。

气瓶卸车人员在卸车、搬运气瓶过程中，野蛮装卸，气瓶剧烈撞击硬性地面，碰撞产生的动能使瓶内气体剧烈膨胀是导致气瓶爆炸事故的直接原因。

5）湖北省黄冈市某气体厂发生一起氧气瓶爆炸重大事故。事故造成3人死亡，2人受伤，充装车间坍塌，门窗破坏，爆炸波及周边200m范围。

事故单位充装工人在充装过程中超量充装，氧气瓶在搬运时受振动后压力急剧上升，是导致爆炸事故的直接原因。

6）江苏省南通市某居民家发生液化石油气瓶爆炸重大事故。事故造成4人当场死亡，1人重伤。一栋四房两层的民用楼房的东半侧两层和整座房子东边棚户全部倒塌，现场散落36个液化石油气钢瓶。

事故单位无营业执照，无危化品储存经营许可证，非法充装倒换液化石油气钢瓶，是导致气瓶爆炸事故的直接原因。

7）江苏省徐州市某涂布板纸厂在置换电厂供汽试运行过程中，发生造纸烘缸爆炸重大事故。事故造成2人当场死亡，2人失踪发现后经抢救无效死亡，4台烘缸爆炸，厂房顶部冲塌。

事故单位操作人员置换电厂供汽试运行过程中，因操作不当，压力失控，导致造纸烘缸超压是爆炸事故的直接原因。

二、新时期安全生产工作目标

1）建立完善六大体系：a. 企业安全保障体系；b. 政府监管和社会监督体系；c. 安全科技支撑体系；d. 法律法规和政策标准体系；e. 应急救援体系；f. 宣传培训体系。

2）提高六种能力：a. 企业本质安全水平和事故防范能力；b. 监测执法和群防群治能力；c. 技术装备安全保障能力；d. 依法依规安全生产能力；e. 事故救援和应急处置能力；f. 从业人员安全素质和社会公众自救互救能力。

3）推动安全生产状况持续稳定好转。

4）加快安全生产长效机制建设。

三、安全生产与特种设备事故

1. 特种设备事故等级

根据生产安全事故造成的人员伤亡或者直接经济损失，特种设备事故一般分为以下等级。

1）有下列情形之一的，为特别重大事故：a. 特种设备事故造成30人以上死亡，或者100人以上重伤（包括急性工业中毒，下同），或者1亿元以上直接经济损失的；b.600MW以上锅炉爆炸的；c. 压力容器、压力管道有毒介质泄漏，造成15万人以上转移的；d. 客运索道、大型游乐设施高空滞留100人以上并且时间在48h以上的。

2）有下列情形之一的，为重大事故：a. 特种设备事故造成10人以上30人以下死亡，或者50人以上100人以下重伤，或者5000万元以上1亿元以下直接经济损失的；b.600MW以上锅炉因安全故障中断运行240h以上的；c. 压力容器、压力管道有毒介质泄漏，造成5万人以上15万人以下转移的；d. 客运索道、大型游乐设施高空滞留100人以上并且时间在24h以上、48h以下的。

3）有下列情形之一的，为较大事故：a. 特种设备事故造成3人以上、10人以下死亡，或者10人以上、50人以下重伤，或者1000万元以上、5000万元以下直接经济损失的；b. 锅炉、压力容器、压力管道爆炸的；c. 压力容器、压力管道有毒介质泄漏，造成1万人以上、5万人以下转移的；d. 起重机械整体倾覆的；e. 客运索道、大型游乐设施高空滞留人员12h以上的。

4）有下列情形之一的，为一般事故：a. 特种设备事故造成3人以下死亡，或者10人以下重伤，或者1万元以上1000万元以下直接经济损失的；b. 压力容器、压力管道有毒介质泄漏，造成500人以上1万人以下转移的；c. 电梯轿厢滞留人员2h以上的；d. 起重机械主要受力结构件折断或者起升机构坠落的；e. 客运索道高空滞留人员3.5h以上、12h以下的；f. 大型游乐设施高空滞留人员1h以上、12h以下的。

5）除前款规定外，国务院特种设备安全监督管理部门可以对一般事故的其他情形做出补充规定。

生产安全事故分类及其相应法律责任划分见表1-20。

表1-20　生产安全事故分类及其相应法律责任划分

项目		特别重大事故	重大事故	较大事故	一般事故
事故分类	死亡人数	30人及以上	10~29人	3~9人	1人或2人
	受伤人数（包括急性工业中毒）	100人及以上	50~99人	10~49人	9人及以下
	直接经济损失	1亿元及以上	5000万~1亿元	（1000~5000）万元	1000万元以下
法律责任	事故发生单位对事故负有责任	（1000~2000）万元罚款	（200~1000）万元罚款	（100~200）万元罚款	（30~100）万元罚款
	事故发生单位主要负责人未依法履行安全生产管理职责，导致事故发生的（构成犯罪的，追究刑事责任）	一年年收入100%罚款	一年年收入80%罚款	一年年收入60%罚款	一年年收入40%罚款

6）事故发生单位主要负责人有下列行为之一的，处上一年年收入40%~100%的罚款，属于国家工作人员的，要依法给予处分，构成犯罪的还要依法追究刑事责任：a. 不立即组织事故抢救的；b. 迟报或者漏报事故的；c. 在事故调查处理期间擅离职守的。

7）事故发生单位及其有关人员有下列行为之一的，对事故发生单位处30万元以上、2000万元以下的罚款，对直接负责的主管人员和其他直接责任人员处以上一年年收入一定比例的罚款，属于国家工作人员的要依法给予处分，构成违反治安管理行为的，由公安机关依法给予治安管理处罚，构成犯罪的还要依法追究刑事责任：a. 谎报或者瞒报事故的；b. 伪造或者故意破坏事故现场的；c. 转移、隐匿资金、财产，或者销毁有关证据、资料的；d. 拒绝接受调查或者拒绝提供有关情况和资料的；e. 在事故调查中做伪证或者指使他人作伪证的；f. 事故发生后逃匿的。

2. 事故报告

1）事故报告应当及时、准确、完整，任何单位和个人对事故不得迟报、漏报、谎报或者瞒报。

2）事故发生后，事故现场有关人员应当立即向本单位负责人报告；单位负责人接到报告后，应当于1h内向事故发生地县级以上人民政府安全生产监督管理部门和负有安全生产监督管理职责的有关部门报告。

情况紧急时，事故现场有关人员可以直接向事故发生地县级以上人民政府安全生产监督管理部门和负有安全生产监督管理职责的有关部门报告。

3）安全生产监督管理部门和负有安全生产监督管理职责的有关部门接到事故报告后，应当依照下列规定上报事故情况，并通知公安机关、劳动保障行政部门、工会和人民检察院：a. 特别重大事故、重大事故逐级上报至国务院安全生产监督管理部门和负有安全生产监督管理职责的有关部门；b. 较大事故逐级上报至省、自治区、直辖市人民政府安全生产监督管理部门和负有安全生产监督管理职责的有关部门；c. 一般事故上报至设区的市级人民政府安全生产监督管理部门和负有安全生产监督管理职责的有关部门。

4）报告事故应当包括下列内容：a. 事故发生单位概况；b. 事故发生的时间、地点及事故现场情况；c. 事故的简要经过；d. 事故已经造成或者可能造成的伤亡人数（包括下落不明的人数）和初步估计的直接经济损失；e. 已经采取的措施；f. 其他应当报告的情况。

5）事故报告后出现新情况的，应当及时补报。

3. 事故调查

1）特别重大事故由国务院或者国务院授权有关部门组织事故调查组进行调查。

重大事故、较大事故、一般事故分别由事故发生地省级人民政府、设区的市级人民政府、县级人民政府负责调查。省级人民政府、设区的市级人民政府、县级人民政府可以直接组织事故调查组进行调查，也可以授权或者委托有关部门组织事故调查组进行调查。

未造成人员伤亡的一般事故，县级人民政府也可以委托事故发生单位组织事故调查组进行调查。

2）事故调查组组长由负责事故调查的人民政府指定。事故调查组组长主持事故调查组的工作。

3）事故调查组履行下列职责：a. 查明事故发生的经过、原因、人员伤亡情况及直接经济损失；b. 认定事故的性质和事故责任；c. 提出对事故责任者的处理建议；d. 总结事故教训，提出防范和整改措施；e. 提交事故调查报告。

4）事故调查组有权向有关单位和个人了解与事故有关的情况，并要求其提供相关文件、资料，有关单位和个人不得拒绝。

事故发生单位的负责人和有关人员在事故调查期间不得擅离职守，并应当随时接受事故调查组的询问，如实提供有关情况。

事故调查中发现涉嫌犯罪的，事故调查组应当及时将有关材料或者其复印件移交司法机关处理。

5）事故调查中需要进行技术鉴定的，事故调查组应当委托具有国家规定资质的单位进行技术鉴定，必要时，事故调查组可以直接组织专家进行技术鉴定。

6）事故调查组成员在事故调查工作中应当诚信公正、恪尽职守，遵守事故调查组的纪律，保守事故调查的秘密。

4. 事故处理

1）对于重大事故、较大事故、一般事故，负责事故调查的人民政府应当自收到事故调查报告之日起15日内做出批复；特别重大事故应在30日内做出批复。

有关负责部门应当按照人民政府的批复，依照法律、行政法规规定的权限和程序，对事故发生单位和有关人员进行行政处罚，对负有事故责任的国家工作人员进行处分。

2）事故发生单位应当按照负责事故调查的人民政府的批复，对本单位负有事故责任的人员进行处理。负有事故责任的人员涉嫌犯罪的应依法追究刑事责任。

3）事故发生单位应当认真吸取事故教训，落实防范和整改措施，防止事故再次发生。防范和整改措施的落实情况应当接受工会和职工的监督。

安全生产监督管理部门和负有安全生产监督管理职责的有关部门应当对事故发生单位落实防范和整改措施的情况进行监督检查。

4）事故发生单位对事故发生负有责任的，依照下列规定处以罚款：a. 发生一般事故的，处以30万元以上、100万元以下的罚款；b. 发生较大事故的，处以100万元以上、200万元以下的罚款；c. 发生重大事故的，处以200万元以上、1000万元以下的罚款；d. 发生特别重大事故的，处以1000万元以上、2000万元以下的罚款。

5）事故发生单位主要负责人未依法履行安全生产管理职责，导致事故发生的，依照下列规定处以罚款，属于国家工作人员的要依法给予处分，构成犯罪的还要依法追究刑事责任：a. 发生一般事故的，处以上一年年收入的40%的罚款；b. 发生较大事故的，处以上一年年收入的60%的罚款；c. 发生重大事故的，处以上一年年收入的80%的罚款；d. 发生特别重大事故的，处以上一年年收入的100%的罚款。

6）有关地方人民政府、安全生产监督管理部门和负有安全生产监督管理职责的有关部门有下列行为之一的，对直接负责的主管人员和其他直接责任人员依法给予处分，构成犯罪的还要依法追究刑事责任：a. 不立即组织事故抢救的；b. 迟报、漏报、谎报或瞒报事故的；c. 阻碍、干涉事故调查工作的；d. 在事故调查中做伪证或者指使他人做伪证的。

7）事故发生单位对事故发生负有责任的，由有关部门依法暂扣或者吊销其有关证照；对事故发生单位负有事故责任的有关人员，依法暂停或者撤销其与安全生产有关的执业资格、岗位证书：事故发生单位主要负责人受到刑事处罚或者撤职处分的，自刑罚执行完毕或者受处分之日起，5年内不得担任任何生产经营单位的主要负责人。

为发生事故的单位提供虚假证明的中介机构，由有关部门依法暂扣或者吊销其有关证照及其相关人员的执业资格；构成犯罪的还要依法追究刑事责任。

四、特种设备应急预案

1. 特种设备事故损失计算

(1) 停产和修理时间的计算

1) 停产时间：从特种设备损坏停工时起，到修复后投入使用时为止。

2) 修理时间：从动工修理起，到全部修完交付生产使用时为止。

(2) 修理费用的计算　修理费用系指特种设备事故修理所花费用，其计算方法为：

修理费(元) = 修理材料费(元) + 备件费(元) + 工具辅材费(元) + 工时费(元)

(3) 停产损失费用的计算　指特种设备因事故停机造成的工厂生产损失，其计算方法为：

停产损失(元) = 停机时间(h) × 每小时生产成本费用(元/h)

(4) 事故损失费用的计算　指由于事故迫使特种设备停产和修理而造成的费用损失，其计算方法如下：

事故损失费(元) = 停产损失费(元) + 修理费(元)

2. 特种设备应急预案

企业安全部门与设备部门应相互配合，制订特种设备应急预案。特种设备使用单位应当制订事故应急专项预案，并定期进行事故应急演练。

压力容器、压力管道发生爆炸或者泄漏，在抢险救援时应当区分介质特性，严格按照相关预案规定程序处理，防止二次爆炸。

特种设备事故发生后，事故发生单位应当立即启动事故应急预案，组织抢救，防止事故扩大，减少人员伤亡和财产损失，并及时向事故发生地县以上特种设备安全监督管理部门和有关部门报告。

3. 某企业大型车间制订的特种设备事故应急预案

【案例1-5】

1) 事故抢救组织者。事故发生时，由第一组织者负责组织抢救；当第一组织者不在现场时，由第二组织者立即进行组织抢救；当第二组织者不在现场时，由第三组织者立即进行组织抢救。

2) 特种设备（包括火灾事故）事故发生后，立即按应急预案中的相关规定，将车间总电源指定专人关闭，同时关闭车间内氧气管道、乙炔管道等易燃易爆管道总阀门，关闭车间内有毒介质管道总阀门。有关专人也应设立第一专人、第二专人、第三专人。

3) 按应急预案中规定的逃生路线，组织人员迅速撤离现场，减少人员伤亡。撤离时应根据事故源位置，按不同路线进行逃生，如图1-38所示。

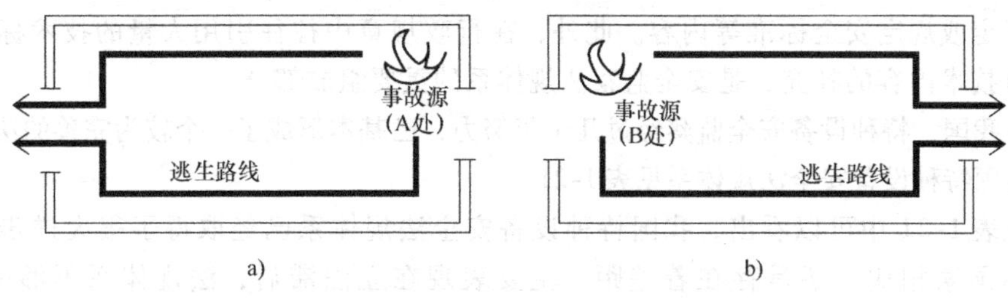

图1-38　组织人员按逃生路线迅速撤离现场
a）事故源发生在A处　b）事故源发生在B处

4）如果发生火灾或者易燃易爆、有毒介质压力容器、压力管道发生爆炸或泄漏事故，应立即由专人向现场员工发放防毒面具（72、TF-3型防毒面具属淘汰产品），以减少人员伤亡。

5）每月或每季定期进行事故应急演练，结束后进行及时总结，不断提高应急演练水平。

五、强化特种设备监察监控

自从特种设备问世以来，政府在安全监察方面的行政措施发挥着举足轻重的作用。世界各国政府根据各自的行政体制，结合各类特种设备的安全特性，确立了基本相同但又有各自特点的行政管理制度，有效地遏制了特种设备事故的发生。目前我国特种设备安全监察工作正在探索并进入一个新的发展阶段，通过对国内外特种设备安全管理的研究和对比分析，科学地借鉴和吸收国外先进经验，这对于加快建立完善与社会主义市场经济体制相适应的特种设备安全监察机制有着重要的作用。

1. 我国特种设备安全监察模式

特种设备安全监察是负责特种设备安全的政府行政机关为实现安全目的而从事的决策、组织、管理、控制和监督检查等活动的总和。我国安全监察工作与国外工业发达国家相比，起步较晚，历史较短。同时由于种种原因，这项工作从1955年建立安全监察机构至今，经历了建立、合并、撤销，建立、撤销、再建立的曲折过程，相应的事故也出现了波浪起伏的状况。实践告诉我们，只有通过建立健全安全监察制度和机构，才能真正有效地遏制特种设备事故的发生。

(1) 国际特种设备法规体系　国外工业发达国家的特种设备安全管理都有较完善的安全监察法规体系，其法规体系一般由2～4个层次组成。第一层是法律，由议会颁布，主要调整特种设备安全监察范围，规定了企业、政府和其他组织对安全所承担的义务和责任，以及相互之间的关系，并确立政府采取行政手段是安全监察、行政收费和对违法行为的处罚等内容；第二层是法规或行政规章，主要内容是对法律规定的事项细化，明确政府负责法律规定的行政事项的执行部门及其职责，以及相关行政部门的配合、实行安全监察的程序等；第三层是行政宪章，主要内容是依据法律、法规的授权，规定实行行政审批的条件、程序、各种审查、检验项目、表格，指定或规定安全标准等内容。此外，在行政规章中往往引用大量的技术标准作为规章技术内容的补充，是安全监察法规体系的重要组成部分。

在我国，特种设备安全监察经过几十年努力，已基本形成了一个较为完善的法规体系。各国特种设备安全法规体系见表 1-21。

从表 1-21 中可以看出，我国特种设备安全法规体系已经取得了很大进步，但和发达国家相比，还是存在着差距，主要表现在立法滞后，法规体系不够完善，如部门特种设备安全监察规程，部分内容与市场经济体制和实际工作不相适应，压力管道、电梯、游乐设施等特种设备安全监察工作开展较晚，基础薄弱，安全监察等有所欠缺。

（2）国际特种设备安全监察体系　特种设备出现以后，工业发达国家投入了大量人力物力，不断探索，寻找解决保障安全运行的办法，逐步形成了行之有效的安全监察体制，基本做到了在政府部门中设有专门的安全监察机构或指定相关部门管理，负责组织起草有关法律法规并监督落实，各部门职责清晰，管理到位。

表 1-21　各国特种设备安全法规体系

国别	特种设备安全法规体系
德国	有法律、条例、部令、技术规范、相关标准共五个层次的法规标准体系 法律：《设备安全法》 条例：《蒸汽锅炉条例》《压力容器条例》《高压气体管道条例》《电梯条例》等 部令：《蒸汽锅炉监察规程》（TRD）、《压力容器监察规程》（TRB）、《压力管道监察规程》（TRR） 技术规范：AD 规范等 相关标准：DIN 标准
美国	联邦没有特种设备方面统一的专项法律法规，特种设备的安全立法体现在各州，分别在劳动法、行政法、工业法等法律中设置专门章节（或条款）对特种设备的安全提出要求，每个州都有特种设备方面的规定。美国联邦政府就管道和气瓶、罐车等特种设备制定法律及规章 法律：联邦危险品法关于罐车的有关内容，管道安全法关于管道输送安全、环保的有关内容 规章：联邦法规汇编第 49 卷涉及气瓶、罐车和压力管道等特种设备的有 49 CFR part 178 关于气瓶的内容、49 CFR part 179 关于铁路罐车的内容、49 CFR part 180 关于汽车罐车的内容、49 CFR part 190 ~ 192、194、195、198 关于管道的内容
日本	法律、政令、省令、告示（通知）、相关标准共五个层次的法规标准体系 法律：《劳动安全卫生法》《高压气体保安法》 政令：《劳动安全卫生法实施令》《高压气体保安法实施令》 省令：《劳动安全卫生规则》《一般高压气体保安规则》 告示（通知）：《锅炉及第一种压力容器制造许可基准》《高压气体保安法实施令相关告示》《防止锅炉低水位事故的技术指南》 相关标准：JIS 标准

（续）

国别	特种设备安全法规体系
中国	法律、行政法规、部门地方规章、安全技术规范、引用标准共五个层次法规标准体系 法律：相关法律《中华人民共和国安全生产法》《中华人民共和国劳动法》《中华人民共和国产品质量法》《中华人民共和国进出口商品检验法》 行政法规：国务院颁布的《特种设备安全监察条例》，地方性行政法规如《湖北省锅炉压力容器压力管道和特种设备安全监察管理法》 部门规章：以特种设备安全监督管理部门首长签署部门令予以公布的，并经过一定方式向社会公告的“办法”“规定” 地方规章：部分省市制定的地方性规章，如《上海市禁止非法制造销售使用简陋锅炉的若干规定》 安全技术规范：《特种设备安全监察条例》所规定的、国务院特种设备安全监督管理部门制定并公布的安全技术规范，如《锅炉安全技术监察规程》 引用标准：与特种设备有关的法规或安全技术规范引用的国家标准和行业标准，如GB 150.1～4、GB/T 1576

我国的特种设备安全监察与管理经过多年的艰苦努力，已经取得了显著的成绩，但与欧美等工业发达国家相比，还面临起步晚、经验不足、法规体系不够完善、监督管理机制不够健全、监察机构、职责不清等多方面的问题和差距。针对这些差距和问题，今后特种设备安全监察工作应不断改善和加强，取得更大地进步。国际特种设备安全监察体制见表1-22。

表1-22　国际特种设备安全监察体制

国别	监察范围	监察机构	主要管理环节
德国	蒸汽锅炉设备，除蒸汽锅炉以外的压力容器设备，液化气体、压缩气体及溶解气体的充装设备，输送可燃、腐蚀性或毒性气体、蒸汽或液体的管道，电梯设备，在危险环境内的电气设备，饮料灌装设备和碳酸饮料生产设备，乙炔装置和硅化钙储藏设备，可燃液体贮存、充装、输送设备，医药技术设备仪器等	联邦政府的安全监察机构是劳动和社会保障部内设劳动权利和劳动保护局；技术机构是联邦劳动保护署	德国的主要监察内容是授权技术机构的法定检验活动，主要有按照欧盟指令进行的行政许可和法定检验、开工前检验、制造监督检验、水压试验、验收检验和定期检验
美国	锅炉、压力容器、压力管道、电梯、客运索道、游乐设施、起重机械、工业车辆、观景台、展览会用帐篷等	联邦政府运输部负责州际压力管道和气瓶、槽车安全监察；各州政府负责其他特种设备安全监察	联邦政府特种设备安全监察环节主要有设计、制造、使用、检验、修理、处罚；长输管道安全监察主要环节有建造、使用、检验、修理、报废、事故、处罚；地方政府对锅炉压力容器管理环节有设计、制造、安装、使用、定期检验、修理、事故、处罚等

（续）

国别	监察范围	监察机构	主要管理环节
日本	锅炉、压力容器、压力管道、起重机械、电梯、游乐设施等	劳动厚生省负责工业锅炉、压力容器、起重机械、企业用电梯；国土交通省负责电梯、游乐设施；经济产生省负责电站锅炉、高压容器、移动式压力容器、压力管道	特种设备的设计由指定机构审查，合格后监察机构颁发确认证书；制造由指定机构进行正式确认，确认证书向相关省备案；安装后接受监察机构验收检查；使用安装验收合格后，监察机构颁发使用许可；电梯每年进行 1 次定期检验，定期检验机构由相关省指定；修理维护由相关省制定维修指南，业主制订维修计划
中国	锅炉、压力容器、压力管道、电梯、起重机械、客运索道、游乐设施、场（厂）内专用机动车辆	国家市场监督管理总局特种设备安全监察局，省、市、州、县各级部门中设立特种设备安全监察机构	行政许可制度，对特种设备实施市场准入制度和设备准用制度；监督检查制度；事故应对措施

2. 加强企业特种设备的安全监控

国家对各类特种设备的安全十分重视，制定了一些法规、标准，加强了监察管理，有效地降低了事故损失。但由于各类特种设备的数量急剧增长，在生产制造和使用运营中安全问题很严峻，重大事故隐患存在，伤亡事故与设备事故时有发生。

（1）监控工作中存在的问题

1）在特种设备维修和管理上存在严重的片面性，侧重于追究人员的操作责任，只抓“违章”而忽视了创造本质安全。没有开展预测工作，没有进行事前的系统安全评价，工作重点是处理已发生的事故，而忽略了从使用、维修阶段就开始抓安全。

2）没有明确的目标。凭经验处理特种设备的安全问题，产生一定盲目性。

3）特种设备作业人员的素质水平不高。

4）企业对特种设备监控、预防事故及减少事故损失的措施不够完善。

（2）加强企业安全监控基础工作

1）强化特种设备的档案管理。首先，实现特种设备的普查登记。特种设备较多、管理状况较好的大型企业，由各单位主管设备的领导与企业签订责任书，并积极配合管理部门进行特种设备的申报和登记工作。

① 制定规章制度，保证特种设备档案收集齐全完整。结合特种设备使用管理实际，制定相关档案管理规定，明确特种设备档案收集归档的基本内容；收集齐全设备全套图样、安装和使用说明书、强度计算书，以及省或市特种设备安全监察部门签发的使用证、检验报告和审批意见等。

② 明确管理职责，督导使用单位加强特种设备档案管理。企业应明确规定特种设

备管理的直接领导责任，并把特种设备的管理纳入经济责任制的考核、奖惩内容，明确规定，使用单位特种设备管理人员有协助档案管理人员搞好特种设备运行状况的登记和保管好档案资料的责任。

2）加强特种设备安全监测的措施。

① 加强设计、制造与安装环节的控制，首先设计上必须符合相应的标准和安全技术要求。

② 生产制造特种设备的单位，在人员素质、加工设备、管理水平及质量控制等方面必须达到应有的条件。

3）加强特种设备的使用与运行管理。加强对运行中特种设备的监测，掌握设备运行参数和性能变化，以及早防范突发事故。

运行中的设备检查、监测和巡视的时间、范围、项目及具体要求主要有：

① 观察主机设备仪表、仪器直接反映的参数，如压力、流量、速度、温度、温升、载荷、载重量、水位、电流、电压、功率因数、频率等的变化是否在规定范围内，有没有达到极限值或最低值（如水位等）。

② 对主机设备和重要附件进行巡视检查，注意有无异常声响、闪烁放电、泄漏、破损等。特别要重点检查安全附件，如锅炉的液位（水位）、蒸汽压力和安全阀是否正常，起重行车吊钩及大小车行走开关的接触及线路联锁的可靠程度。

③ 做好特种设备的运行记录。对关键岗位的设备，要做到在生产中每隔一定时间对主机设备的运行参数做完整的记录，每班将设备状况、有无故障、检修内容全部记录在运行日记中，班班交接。同时，要求厂环保、安全、设备、总工办与设计部门认真准备防范突发事故的应急措施并做好作业人员的培训工作，以便在发生事故时，能果断、准确、迅速地将影响范围缩小到最低程度。

④ 积极组织开展状态监测，使设备现场管理和事故预防手段趋于科学化和现代化。

目前，大部分厂矿企业对特种设备的检查、监测还基本停留在利用人的目测、耳听上，因而影响了设备故障检测的效果。对关键岗位的特种设备，如锅炉、压力容器和管道，可用超声波测厚仪对炉体受燃烧部位进行材料厚度测量；对压缩机械旋转设备和大容量电动机轴承振动部位，可用超声波测振仪进行高精度、高灵敏度的测振，以判别是否超过规程规定标准并确定损坏区域；机械运转频繁和三班制连续生产的特种设备，则可通过对其金属材料的无损检测，判别重要部位机械零部件和材料的疲劳与损伤程度是否超过标准。

通过状态监测和诊断技术的应用，可及早发现特种设备技术参数的变化，准确判断故障发生的范围和时限，为制订抢修方案、防范事故的发生提供可靠依据。

（3）加强特种设备作业人员的培训考核　发生特种设备事故的原因表现为人的不安全行为或者设备的不安全状态。对人为因素，应通过培训教育来纠正。对特种设备的作业人员，包括安装、维修保养、操作等人员，应经过专业的培训和考核，取得《特种设备作业人员资格证书》后，方能从事相应的工作。人员的安全意识和操作技能提高了，特种设备安全工作才会有保证。

（4）加强特种设备的维修保养　特种设备多为频繁动作的机电设备，机械部件、电气元件的性能状况及各部件间的配合如何，直接影响特种设备的安全运行。因此，对使用的特种设备进行经常性的维修保养是非常重要的。如果本单位没有维修保养能力，则应委托有资质的单位代为维修保养，如电梯的使用单位可以委托专门从事电梯维修保养业务的单位为其维修保养。这里需要强调的是：第一，一定要委托有资质的单位；第二，使用单位与维修保养单位一定要签定合同，明确维修保养质量和安全责任，要保证设备处于良好状况，一旦出现故障，应保证在限定的时间内排除故障，恢复正常运行。使用单位应建立技术档案，要有日常运行记录及维修保养记录，以备查证。

（5）实行特种设备安全检验制度　鉴于特种设备安全工作的重要，国家对其实行安全检验制度。国家市场监督管理总局已颁布了电梯、施工升降机、场（厂）内专用机动车辆、游乐设施等监督检验规程。文件规定检验工作由国家授权的监督检验机构承担。

实践证明实施安全检验已发现许多设备隐患，避免了许多事故。

第二章　锅炉运行与维护

锅炉是产生一定容量、具有一定压力和温度的蒸汽（或热水）的设备。

锅炉按用途可分为电站锅炉和工业锅炉两大类。通常把用于发电的锅炉称为电站锅炉，把用于生产工艺及采暖的锅炉称为工业锅炉。

第一节　锅炉运行管理及检验

锅炉设备由锅本体、炉本体、炉墙、构架、辅助设备和附件等组成。

锅本体是指锅炉设备中的汽水系统，即由水和蒸汽流过的设备和装置组成的系统。送入锅炉的水在汽水系统内被加热、蒸发成饱和蒸汽，有的再吸收热量变成过热蒸汽。这是一个吸热过程。

炉本体是指锅炉设备中的燃烧系统，即由燃料、助燃空气及燃烧产物流过的设备和装置组成的系统。在这一系统中，燃料与空气中的氧气化合燃烧放出热量，产生高温火焰和烟气；烟气在炉内流动时，不断地把热量传递给汽水系统而自身温度逐渐降低，最后被排出炉外。这是一个全放热过程。

一、锅炉设备运行管理

1. 建立完善技术的档案

为了便于锅炉的验收、安装、使用和管理，必须建立完善的技术档案，一般应包括下列基础资料：

1）锅炉的使用说明书和质量证明书，受压元件的金属材料说明书和强度计算书。

2）锅炉的出厂合格证及水压试验和焊接质量证明书。

3）锅炉总图、受压部件图、备件图、安装及组装施工图或整套锅炉设备的图样。

4）锅炉的热力计算书、安装及交接验收资料、竣工图。

5）锅炉安全技术登录簿，锅炉检修及改造的技术资料，包括各种计算依据和竣工图，有关锅炉运行情况的资料，包括事故报告、缺陷记录等。

6）锅炉能效测试报告、能耗情况记录及节能改造技术资料。

7）水质标准（工业锅炉水质应符合 GB/T 1576 的规定）和有关水处理设施、制度等。

反映锅炉运行情况的技术资料应自锅炉开始投入运行起至报废止，按要求准确地填写。锅炉的技术档案应由专人管理并保管好。

锅炉移装过户、报废更新时，使用单位须携带“锅炉使用登记证”和有关技术资料，向特种设备主管部门和登记单位办理变更过户或注销手续。

2. 锅炉设备运行调整

（1）锅炉蒸汽的作用　工业锅炉产生的蒸汽主要耗用于以下三个方面。

1）供应用户需要的耗汽量。

2）热力管道的散热及泄漏，其数量与管道长度、保温完善程度、室外温度、管道的日常维护保养有关，损失量一般占输送汽量的5% ~10%。

3）锅炉自身散热及锅炉房自用的消耗，如用于除氧、加热燃油或保温等。

（2）锅炉设备运行和调整　为了保证锅炉的安全、正常运行，并按规定压力和数量向用户供应蒸汽，在锅炉运行过程中必须随时调整锅炉所产生蒸汽的压力和锅炉载荷及影响、决定压力和载荷的给水量、引风量、送风量、燃烧的燃料数量及排污次数和数量等。

1）锅炉蒸汽压力和负荷的调整：锅炉的气压调整实际上是气量负荷的调整，在锅炉房内通常设置蒸汽分气缸来调整气压，依靠阀门的节流作用控制送往每个用户的气量。当用户用气波动量不大时，通过蒸汽分气缸的适当调整就可解决，这样锅炉运行可保持相对稳定。但当用户用气量波动较大时，分气缸的调整就很难达到要求。最好的办法是及时调整锅炉的载荷，才能保证锅炉与用户间的气压波动不超过 ±0.15MPa（$1.5kgf/cm^2$ 表压），达到规定要求。在压力下降需要增加锅炉载荷时，调整的程序是增大给水量，增大引风、送风量和锅炉的燃料量。当压力上升需降低负荷时，调整的程序为减少加入锅炉的燃料量，减少送风、引风量，减少给水等。调整负荷时，司炉应和司水、司泵、副司炉及时联系，互相配合。

由于载荷变化，燃料需要量及软件水需用量均随之而变，故负荷调整应与各岗位保持密切联系。

2）给水调整：对蒸发量稍大的锅炉，满载荷运行时其断水几分钟或十几分钟，就会造成事故，甚至发生爆炸；而满水往往又会在蒸汽管道及用热设备上造成水冲击而引起损坏。所以，调整给水使水位保持正常是维持锅炉安全运行的基本条件。在锅炉运行中，不仅要保持正常水位，而且要保持水位无较大波动，故司水应在给水调整中尽量做到使进入锅炉锅筒的水量等于蒸发量加排污量，只有这样，锅炉的载荷和气压才平稳。

3）引风量的调整：锅炉的引风量调整一般是通过引风机入口的旋流调风器进行的，调整的目的是保持炉膛有一定的负压。对没有护板的砖墙锅炉，由于它的严密性差，应保持 $2\sim3mmH_2O$（$1mmH_2O=9.80Pa$）负压；对于有护板的锅炉，负压可以保持 $2\sim5mmH_2O$。炉膛负压过大或过小，都会对锅炉运行产生不良影响。炉膛负压过大，漏入炉内的冷空气增多，会使排烟量加大，排烟热损失增加，热效率下降，降低了炉膛温度，使燃烧不稳定、不完全；炉膛负压过小，烟气压力的波动往往会使炉膛出现瞬时正压和使锅炉钢架过热变形，严重时还会烧伤或烫伤人。引风量调整必须根据负荷变化，其调整量根据负荷增减的多少而定。

4）送风量的调整：对于链条炉，送风分为一次风和二次风。一次风的主要作用是把炉排上的煤燃尽，当它具有足够的风压，就能穿过煤层，使炉排上燃烧着的煤有足够的氧助燃。炉排下面一般有 4 个或 5 个热风箱，其中第一道为点燃段，最后一道是为燃尽段，这两段需要的空气量少；中间的为燃烧段，风压必须保持较高，一般不低于 $60mmH_2O$。一次风的风量调整通过风道进口处调风板来完成，司炉必须根据煤层厚薄、炉排转动速度的变化调到适当程度，保持较小的过剩空气系数，使煤燃尽。链条炉二次风的主要作用是对炉膛内火焰及烟气进行搅拌，使炉膛内煤干馏出来的挥发物和被一次风吹起的细小煤粒能和空气混合均匀而燃尽。二次风一般在炉膛中间喷出，流速可达30~60m/s。有的企业锅炉上装设了二次风机，将空气预热器出口的热风再次升压200~400mm H_2O 作为二次风。二次风的风量调整根据烟气的化学分析及目测烟囱冒黑烟程度来进行，它必须在保持化学和机械不完全燃烧为最低情况下，尽量减少二次风量。

5）燃料数量的调整：锅炉燃料数量的调整实际上就是调整进入炉内参加燃烧的燃料数量。负荷增加时，燃料量的调整应在引风、送风量调整之后；载荷减少时，燃料量的调整应在引风、送风量调整之前。链条炉在调整负荷时，加入锅炉的燃料量与煤层厚度及炉排转动速度成正比。

6）排污调整：锅炉排污可分为定期排污和连续排污两种。

① 定期排污：定期在锅炉水循环的最低点排出锅炉内部所形成的黏结物、炉水残余硬质、软质沉渣及给水管道和锅炉因腐蚀产生的氢氧化铁沉淀物。若定期排污水量过大、时间过长，锅炉水循环会有可能被破坏，一般排污时间控制在30s左右，最长不超过1min。为保证安全，定期排污应逐一进行，同一台锅炉不得几个定期排污点同时进行排污。

② 连续排污：也称为表面排污，即连续不断地把蒸发面浓缩的炉水排出，同时也排走了大量溶解在炉水中的盐类和杂质。连续排污一般在锅炉升压到0.39~0.59MPa（4~6kgf/cm^2）时才进行，排污时阀门开度大小要根据锅炉热化学试验确定的最高允许含盐量及值班化验员对炉水化验结果来操作。正确的连续排污调整应使炉水含盐量保持为最高允许含盐的70%~80%，这样，能在保证蒸汽品质良好、锅炉不结水垢的前提下，使排污率和排污热损失压缩到最小。由于排出的炉水温度等于锅炉蒸发饱和温度，故连续排污排走了大量的热量。有的企业将连续排污的锅炉水引入连续排污扩容器降压到0.04~0.08MPa（0.4~0.8kgf/cm^2），将在此过程中产生的二次气送入除氧器以回收一部分热量，但仍有大量的热量损失掉。因此，控制炉水含盐量、加强炉水化验、及时调整连续排污量、保持较小的排污率仍然是十分重要的。

二、锅炉的检修

定期对锅炉设备进行维修、检查，是确保锅炉安全运行的最可靠的措施，同时可大大延长锅炉的使用寿命，提高企业经济效益。

1. 锅炉检修计划的编制

（1）锅炉检修间隔期　锅炉检修一般只分大修与项修，它们的检修间隔期根据各种锅炉累计运行时间及其他因素而定。

1）大修间隔期内锅炉累计运行时间为10000~15000h，一般锅炉按每年运行7000h计，故大修间隔期为1年半到2年。

2）项修间隔期内锅炉累计运行时间为2500~4000h，锅炉每年进行1次或2次。

（2）计划编制要求

1）年度检修计划编制内容主要包括：a. 锅炉房各台设备的大修、项修具体日期；b. 检修费用；c. 大修中重大检修及有关改造项目；d. 主要设备的备件、材料的订货规格、要求；e. 各台设备大修、项修项目负责人，检修用劳动力、工种，主要施工机具的协调平衡。

2）大修计划编制内容主要包括：a. 检修日期、期限；b. 检修项目及其施工进度的详细要求；c. 所需备品配件、材料和施工机具；d. 施工用劳动力及工种配备；e. 检修所需分项费用与总费用。

3）项修计划的内容比大修计划简单，主要有检修日期，检查及修理项目，材料、备品配件，需要劳动力及工种配合和检修费用等。

4）检修计划编制应考虑的情况：a. 锅炉缺陷记录、锅炉检（修）验记录所记载的锅炉受压元件存在的问题；b. 上次大修以来的检修记录中，有关在项修中发现、但未检修而保留下来的缺陷；c. 根据经验估算出因腐蚀或磨损而形成的设备缺陷；d. 检修队伍的技术力量。

2. 锅炉的检修验收

（1）中间部件验收　在锅炉的检修过程中，一般每检修完一个主要部件或构件后，立即会同有关人员共同检查验收；对于隐蔽工程，则在中间验收后做记录。

（2）冷态下预验收　锅炉检修后在冷态下预验收，一般要进行水压试验、烟风系统严密性试验和机械单机试车等项目。

1）水压试验。锅炉大修后应进行水压试验，试验时水压应缓慢地升降，当水压上升到工作压力时，应暂停升压，检查有无漏水或异常现象，然后再升高到试验压力。焊接的锅炉应在试验压力下保持5min，铆接的锅炉应在试验压力下保持20min，然后降到工作压力进行检查。检查期间压力应保持不变。

水压试验应在周围气温高于5℃的条件下进行，低于5℃时必须有防冻措施。试验用水的温度应保持高于周围露点的温度，以防锅炉表面结露；试验用水温度也不宜过高，以防止引起汽化。

为防止用合金钢制造的受压元件在水压试验时造成脆性破裂，水压试验的水温应高于该钢种的脆性转变温度。

水压试验前应对锅炉内外部进行检验，必要时还应做强度核算，不得用水压试验的方法确定锅炉的工作压力。锅炉水压试验所用压力应符合表2-1的规定。

表2-1　锅炉水压试验所用压力

部件	锅筒工作压力 p	试验压力
锅炉本体	<0.59MPa($6kgf/cm^2$) 0.59MPa($6kgf/cm^2$)～1.18MPa($12kgf/cm^2$) >1.18MPa($12kgf/cm^2$)	1.5p，但不小于0.2MPa($2kgf/cm^2$) p+0.29MPa($3kgf/cm^2$) 1.25p
过热器	任何压力	与锅炉试验压力相同
可分式省煤器	任何压力	1.25p+0.49MPa($5kgf/cm^2$)

水压试验时，应力不得超过元件材料在试验温度下屈服强度的90%。

锅炉水压试验的结果符合下列条件时，即可认为合格。

① 受压元件的金属壁和焊缝上无水珠和水雾。

② 铆缝和胀口处在水压降到工作压力后不漏水。

③ 水压试验后，用肉眼观察无残余变形。

2）烟风严密性试验。

3）机械单机试运行：锅炉检修后，一般被修的机械都要进行单机试运行。风机、水泵的单机试运行时间为8h，炉排试运行时间不少于24h。风机、水泵单机试运行合格标准如下：a. 轴承振幅不超过表2-2所列的数值；b. 没有摩擦、碰撞等不正常声音；c. 轴承不超温、不漏油，冷却水畅通；d. 出口风压、水压达到额定值，并且稳定。

表2-2 轴承振幅（双振幅）表

等级	转速/(r/min)				
	≤1000	≤1500	≤2000	≤2500	≤3000
优等/mm	≤0.05	≤0.04	≤0.03	≤0.03	≤0.02
良好/mm	≤0.07	≤0.06	≤0.06	≤0.05	≤0.04
合格/mm	≤0.1	≤0.08	≤0.08	≤0.06	≤0.05

4）炉排在试运行中应达到以下要求：a. 炉排在行走中无撞击、碰磨等异声，无跑偏、卡住等缺陷；b. 前后轴齿轮与链节啮合良好；c. 炉条、边条齐全，固定销完整，且开口销开口角度不小于90°；d. 链条松紧得当；e. 炉排和其他部件的间隙符合要求；f. 减速机调整转速时应灵活无杂声，润滑处严密不漏油，各部轴承温度正常；g. 风箱风门和放灰门开关灵活，指示正确，炉条压轴滚动灵活。

（3）试运行验收 试运行验收一般指热态下运行验收。

1）烘炉：根据各种不同型号的锅炉和不同结构的炉墙进行烘炉，一般有燃料烘炉、热风烘炉、蒸汽烘炉等。无论用哪种方法烘炉，烘炉末期都必须使炉墙灰浆水分达到2.5%以下才算合格。烘炉结束后，应记录实际温升曲线存档备案，同时对炉墙进行全面检查，检查结果应记录存档。

2）煮炉：锅炉在检修过程中，由于更换新的水冷壁、排管受热面，或者联箱和受热面内壁有锈、油垢、水垢及其他脏物，故必须进行煮炉。

3）带载荷运行及试验：煮炉后把炉水更换成正常运行水质，即可进行安全阀定压，并进行24h额定工作压力下满载荷试运行，以确定锅炉在检修后能达到额定蒸发量、额定气温及热效率。如果大修中对锅炉进行了提高出力改造或燃烧系统技术改造，则满载荷试运行72h后，还要进行燃烧调整试验。

4）检修移交：锅炉及辅助设备大修完毕热态试运行结束后，检修和运行双方负责人可在上级或企业主管部门主持下办理移交。如确认锅炉及辅助设备已消除全部缺陷，且试运行已达到设备设计性能，则锅炉及辅助设备即可由检修移交运行并投入生产。如在试验中仍发现缺陷（仅指热化学及燃烧调整试验），这种移交只能在缺陷消除后或确定消除缺陷期限后才能进行。

检修负责人一般在大修的热态试运行后的30d内将下列资料移交设备及运行主管部门：a. 锅炉大修总结报告；b. 改变系统或部分结构的设计资料及竣工图；c. 检查腐蚀、磨损、变形等方面的记录；d. 检修的质量检验记录，冷态、热态试运行记录及其有关总结；e. 各项技术监督的检查和试验报告。

3. 锅炉修理规定

1）对锅炉进行修理的具体规定如下：a. 锅炉受压元件损坏，不能保证安全运行，要及时检修；b. 承担锅炉修理的专业单位须经当地特种设备安全监督检验部门同意，焊工应经考试合格方许施工修理；c. 重大修理工作应先制订施工技术方案，方案应由修理单位技术负责人签字批准，并报特种设备安全监督部门审批备案；d. 制定修理工艺质量标准；e. 锅炉修理应有图样、材质保证、施工质量检验证明等技术资料，完工后应存入锅炉技术档案内；f. 修理中应注意安全，有专人负责现场安全工作，特别是对电气设备、起重和高空作业等，都应有安全有可靠的措施。

2）修理方法：由于工业锅炉损坏的类型不同，损坏的部位和严重程度不同，故修理方法也不同，归纳起来有以下几种基本方法：a. 堆焊，适用于局部腐蚀、磨损面及裂纹的修理；b. 挖补，适用于钢板产生严重凹陷变形、钢板夹渣等的修理；c. 补胀，适用于管端胀接不牢以致管端渗漏的修理；d. 补焊，焊缝金属本身的缺陷主要有裂纹（缝）、气孔、夹渣、未焊透、弧坑、咬边、焊接高度不足等，如果这些缺陷超出NB/T 47014《承压设备焊接工艺评定》的规定，判定不合格，必须加以修理。修理时应首先将缺陷彻底铲除、刷清，然后进行焊补。即使是弧坑、咬边、缺焊等缺陷，也应先将局部表面铲光、刷清，再加焊。

三、锅炉检验的内容

锅炉的检验工作一般包括内部检验、外部检验和水压试验。定期停炉检验和水压试验计划应报送特种设备安全监督检验部门，批准后并对检验计划的执行情况和检验质量进行监督检查。

锅炉定期停炉检验和水压试验工作应由经特种设备安全监督检验部门考核认可的专业技术人员担任。

运行的锅炉应每年进行一次停炉内外部检验，对设备状态和管理工作较好的，经当地安全监督部门同意可每两年进行一次；每六年进行一次水压试验。

1. 内部检验

1）锅炉在下列情况下应进行内外部检验：a. 新装、移装或停止运行一年以上，需要投入或恢复运行时；b. 受压元件经重大修理或改造后；c. 根据锅炉运行情况，对设备状态有怀疑，必须进行检验时。

2）对锅炉进行内外部检验前的准备工作：a. 锅炉内部的温度必须降至35℃以下；b. 将所有与锅炉相接的气、水和排污管道用盲板或塞头隔绝；进入锅筒前，必须预先让锅筒中的空气流通；进入炉膛、烟道之前，必须把与总烟道相通的有关闸门关紧；

c. 检验时所用照明电源电压，在锅筒和潮湿的烟道内不得超过12V，在比较干燥的烟道内且有妥善的安全措施，可用不高于36V的电压；不得用明火照明；d. 进入锅炉内后，锅炉外应有人监护；进、出锅炉时，要清点工具，以免将工具遗留在炉内。

3）检验重点：a. 锅筒、封头、管板和炉管等的内部表面有无腐蚀、过热、裂纹、鼓包或变形，尤其在开孔、焊缝、胀口、扳边、拉撑等处应重点检验；b. 焊接处是否正常，焊缝有无裂纹，焊缝的外表形状是否符合规范；焊缝的缺陷很多是在焊缝的内部，用外观检验难以发现，必须依靠无损检测等手段进行检查；根据TSG 11—2020《锅炉安全技术规程》的规定，对锅筒的全部对接焊缝和集箱的纵向对接焊缝应进行100%射线检测，或者100%超声检测加上至少25%射线检测；c. 集箱有无变形和腐蚀；与锅炉连接的所有管子，如进水管、蒸汽管、排污管、水位表连通管的接口处应检查有无腐蚀情况；d. 炉墙、烟道与保温材料是否烧坏、松落或倒塌；钢架有无过热变形；e. 检查过热器和省煤器有无渗漏、腐蚀、裂纹、变形、过热变形等情况；f. 重点检验锅炉的安全附件，如安全阀、水位表、压力表、水位报警器等使用是否符合规范；水泵功能情况如何等。

2. 外部检验

对于运行中的锅炉，应检验锅炉外部可见部分。这种检验的内容主要是对锅炉外部进行查看；此外还要对安全附件、仪表、阀门、附属设施进行检验和检查。由于锅炉处于运行状态，存在着压力和较高的温度，检验时必须细心，严格遵照有关安全操作规程进行。

3. 检验重点

锅炉运行时，进行检验的重点如下：

1）锅炉的本体和附件有无异常现象。

2）烟管（烟箱）有无渗漏。

3）安全附件、仪表、阀门等功能是否正常。

4）炉墙及绝热（保温）材料是否有松落现象、裂纹（缝）等。

四、强化锅炉水处理

1. 我国水资源日趋严重短缺

世界各国由于地理环境不同，拥有水资源的数量差别很大，按水资源量大小排序，前几名依次是：巴西、俄罗斯、加拿大、中国、美国、印度尼西亚、孟加拉国、印度。若按人口平均，我国人平均水资源量只相当于世界人均量的1/3。

地球上的水资源97.5%是海水，淡水只占2.5%；而在2.5%的淡水资源中，地球两极占90%，世界人口用淡水资源仅占10%。

根据统计，世界人均水资源量为1000m^3/(年·人)，而我国人均水资源量为400m^3/(年·人)。节约用水对我国来讲，显得更加重要。

2. 水中杂质

1）目前我国水资源主要有地表水和地下水两种，如图2-1所示。地表水主要指我国的江、湖、河的水，所以地表水中含有钙离子、镁离子的量少。地下水是地表水经过长年累月不断通过地层渗透，积累在地下各层之中，由于渗透的水与土壤长期接触，故在地下水含有较多的钙离子、镁离子。

在常温情况下，钙、镁离子溶解于水中，但当水加热到60℃以上时，钙、镁离子从水中析出形成水垢。水垢在锅炉设备运行中，不但影响传递热量效果，而且更严重的是，水垢在管中长期积累会危及锅炉安全运行。

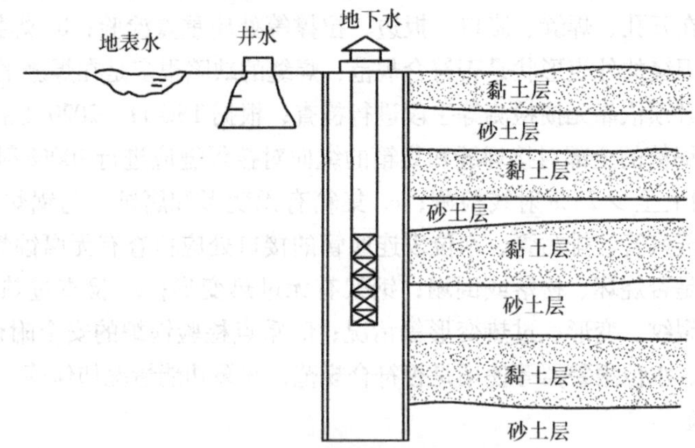

图2-1　地表水与地下水的示意

2）水中杂质主要有三种：a. 泥、砂等小颗粒；b. 悬浮物（呈胶状物质）；c. 离子状态物质，如钙、镁、矿物质（微量元素）、有害物质（细菌）等。

3. 做好锅炉水处理

为了保证锅炉安全可靠运行，必须要对进入锅炉的原水进行软化处理，即把水中的钙、镁离子含量控制≤0.03me/L，这样才能使锅炉在运行中不会产生水垢。水管锅炉的水质标准见表2-3。

表2-3　水管锅炉的水质标准

项　目	给　水			锅　水		
工作压力/(kgf/cm^2)	≤10	10~16	16~25	≤10	10~16	16~25
悬浮物/(mg/L)	≤5	≤5	≤5			
总硬度/(mmal/L)	≤0.03	≤0.03	≤0.03			
总碱度/(mmal/L)(无过热器)				≤26	≤24	≤14
总碱度/(mmal/L)(有过热器)					≤14	≤12
pH(25℃)	7~10.5	7~10.5	7~10.5	10~12	10~12	10~12
含油量/(mg/L)	≤2	≤2	≤2			
溶解氧/(mg/L)	≤0.1	≤0.1	≤0.05			
溶解固形物/(mg/L)(无过热器)				<4000	<3500	<3000
溶解固形物/(mg/L)(有过热器)					<3000	<2500
SO_3^{2-}/(mg/L)				10~30	10~30	10~30
PO_4^{3-}/(mg/L)					10~30	10~30
相对碱度				<0.2	<0.2	<0.2

为了保证锅炉用水达到规定，在锅炉设备中要有水处理设备、水处理化验室和专业操作人员，水处理设备完好标准见表2-4。

表2-4 水处理设备完好标准

项目	内容	考核定分
1	水处理设备（包括盐水系统）配套齐全合理，符合工艺要求	20
2	水处理系统加药、取样设备齐全、完好，阀门操作方便	20
3	化验室设备仪器齐全完好，分析化验项目与给水、炉水水质符合GB/T 1576《工业锅炉水质》要求	30
4	水处理操作规程、化验室工作制度健全，化验操作符合要求	20
5	设备与管道无积灰、无锈蚀，色标分明	10

五、提高锅炉运行管理水平

1. 锅炉爆管原因分析及对策

【案例2-1】 某公司3台锅炉接连发生水冷壁管爆管事件，严重影响了生产的正常进行，造成了较大的经济损失。该型号炉子出力为35t/h，出口蒸汽压力为39kgf/cm^2，出口蒸汽温度为450℃，水冷壁管规格为ϕ60mm×3mm，材质为20热轧钢管，介质为除盐水。其爆管位置大都在距炉排3～4m处，爆口尺寸为120mm×80mm，爆口纵向破裂，其断面较为锐利，管内壁附着一层厚约0.5mm的垢物，管内外壁均有氧化和脱碳现象，爆口上下管子外径由ϕ60mm胀粗到ϕ69mm。

（1）原因分析

1）化学成分：从爆管上段管子取样做成分光谱分析，结果见表2-5。化学成分分析结果表明，此管子材质在正常范围之内，符合20钢标准。

表2-5 化学成分分析（含量）

项目	w_C	w_{Si}	w_{Mn}	w_P	w_S
标准值(%)	0.17～0.24	0.17～0.37	0.35～0.65	<0.035	<0.035
取样值(%)	0.21	0.33	0.58	0.03	0.034

2）力学性能试验：分别取爆管上段和未爆正常管子进行抗拉试验，结果见表2-6。从表中可看出，与正常值相比，强度值偏低，其余均在正常范围内。

表2-6 管子力学性能试验

样品	屈服强度R_e/MPa	抗拉强度R_m/MPa	伸长率A(%)
正常管子	309	432	36.0
爆管	284	389	32.5

3）金相分析：分别在爆口处、爆口上部和爆口下部取样，金相分析结果见表2-7。金相分析结果表明，水冷壁管由于局部过热（温度高于900℃），使其材质晶粒长大，

同时在管内水适当的冷却条件下形成了晶粒粗大的魏氏体组织。虽强度没有明显的变化，但使其冲击韧度显著降低，脆性增大。而爆管口存在连续冷却转变产物即粗大的板条马氏体和上贝氏体，这都是在一定的温度（850℃以上）快速冷却而产生的。

表2-7 爆管金相组织与硬度

部位	金 相 组 织	硬度 HV
爆口上部	粗大的上贝氏体+沿晶铁素体	266
爆口处	粗大的板条马氏体	402
爆口下部	魏氏体+珠光体,组织粗大	184

4）垢物分析：取管内垢物分析，结果表明主要成分是Si、Ca、S、Na、K等元素，充分表明锅炉水质不符合标准。

综上分析，水冷壁管材质符合要求，材料强度没有明显的变化，但是水冷壁管由于长期超温过热，使原本细小均匀的珠光体+铁素体分解，组织恶化，形成粗大的马氏体等组织，直接影响材料的冲击韧度，使其脆性增加，性能降低。同时由于水质不符合要求而形成的水管内垢物的增多，影响管子传热性能，造成局部快速过热超过材料安全工作温度而产生爆裂。水冷壁管爆口部位明显膨胀、减薄，这正是管子局部快速过热，应力剧增，形成短时过热爆管的体现。

（2）事故处理措施

1）经对未爆裂水冷壁管测厚，厚度均在2.8mm以上，决定对爆口采取局部换管，尽快恢复生产。于是以爆口为中心将爆管处上下各截去150mm长，取符合GB 3087—2008的20钢新钢管，规格ϕ60mm×3mm，长度300mm，将对接的新旧管口磨平并制成符合要求的坡口，由具有相应资质的焊工按表2-8的工艺要求施焊。

表2-8 修复焊接工艺

焊接层次	焊接方法	焊丝直径/mm	焊接电流/A	焊接速度/(cm/min)
打底	氩弧焊	ϕ2.5	75~85	4~6
填充盖面	焊条电弧焊	E4303ϕ3.2	90~110	7~8

2）焊后检查：焊后对两对接接头进行焊缝外观磁粉检验、射线检验和水压试验，结果合格，可以投入生产使用。

（3）防范措施

1）对锅炉进行一次人工和化学除垢，彻底除去锅筒、集箱、水冷壁管内的结垢。

2）加强锅炉用水处理的管理工作，严格水处理工艺纪律，使锅炉水质符合GB/T 1576—2018《工业锅炉水质》的要求，防止锅炉结垢。

3）锅炉定期排污，及时排除锅炉内的散垢渣滓。

4）严格执行锅炉安全运行操作规程，使锅炉受压元件温度变化缓慢，并严禁锅炉超温运行。

采取以上措施后，水冷壁爆管现象至今没有再发生，3台锅炉平稳运行，保障了公司的正常生产需要。

2. 提高锅炉热效率措施

【案例 2-2】 某企业有两台 DG75 型锅炉，采用当地无烟煤，在实行运行中存在飞灰含碳量偏高，造成锅炉燃烧效率偏低等问题。

造成锅炉运行热效率偏低原因，一般与煤质特性和燃料颗粒有关，也与锅炉设计运行参数有关，还与锅炉运行工况和操作人员技能水平等有关。

该锅炉使用的无烟煤属典型难燃的高变质煤种，具有挥发分极低（$V_{daf} \leqslant 5\%$）、炭化程度高、结构致密、煤质脆易爆裂、热稳定性差、入炉煤细粉含量大、着火和燃尽十分困难、灰熔点低、易结焦等缺点，致密的颗粒内部结构、很差的反应性和强烈的热破碎性等煤质特性和燃烧特性导致无烟煤颗粒在锅炉中难以被燃尽。

优化运行措施如下：

（1）合适的燃料粒径　每种燃煤锅炉对所用燃料的粒径及其筛分特性都有明确的要求，取入炉煤进行筛分试验，发现细粉含量所占比例过大，加上无烟煤粒在挥发分析出阶段热爆和燃烧过程磨损产生大量细粉，使从密相区扬析和夹带出来的细焦炭颗粒成为飞灰未燃炭的主要来源。

不同粒径的煤粒有不同的临界流化速度和终端速度，当颗粒平均直径为 2.6mm 时，它的运行速度已超过粒径为 0.8mm 颗粒的终端速度。因此，燃料中 0.8mm 以下的煤粒进入炉膛后很快被烟气带出床层，飞灰中的炭主要来自这一部分细颗粒，造成飞灰含碳量偏高。

为此采取以下措施：首先，在采购燃料时配备一些块煤，做到粗细搭配；其次，在制备燃料过程中优化筛分破碎系统，将破碎机筛网规格由 8mm 放大到 12mm，避免二次破碎，减少细颗粒的产生，并可降低破碎机电耗。另外，同时调整播煤风量，控制燃煤在炉内的撒播均匀度，有利于燃料的迅速加热和着火。

（2）较高的炉床温度　比较分析 2 台 DG75 型（75t/h）锅炉的运行，并对记录数据进行计算，发现炉床温度在 920～960℃时，燃烧效率随炉床温度的增加而缓慢增加；当炉床温度高于 960℃时，燃烧效率随炉床温度的增加明显提高；炉床温度超过 1070℃时则比较容易结焦。这表明锅炉炉床运行温度对无烟煤焦的燃尽有重要影响。提高燃烧温度，不仅可以直接提高焦炭的反应速度，减少细颗粒煤焦的燃尽时间，还可以增加颗粒破碎的剧烈程度，从而增加颗粒燃烧的表面积，加快颗粒的燃烧速度和燃尽程度，当炉床温度一般维持在 960～1000℃时，整个炉膛维持均衡的高温，加大挥发分的析出速度，加快煤粒的着火及燃烧，从而达到较高的燃烧效率。

（3）适当的过量空气系数　运行实践证明，在一次风量保持不变的条件下，飞灰可燃物含量随着过量空气系数 λ 的增加而降低，其中当 $1.22 \leqslant \lambda < 1.29$ 时飞灰可燃物含量随 λ 的增加而快速降低。当锅炉的炉膛温度在 950～1050℃之间时，适当提高过量空气系数 λ，增加燃烧区的平均氧浓度，加快了氧气的传质速率和反应速度，有助于碳颗粒的燃尽，从而提高燃烧效率；λ 再大时，排烟热损失增加，并增大了风机能耗；λ 超过一定数值，将造成床温和炉膛温度下降，并降低细煤粒在床内的停留时间，排烟热损失和固体未完全燃烧热损失都增加，燃烧效率下降。所以，运行中要正确监视氧量表和

风压表并及时调节，保持 $1.25 \leqslant \lambda \leqslant 1.29$ 及维持炉膛负压在 -40Pa 左右。同时，检查并消除锅炉漏风，封堵泄漏的空气预热器管子。

(4) 适当的一次、二次风配比　分析锅炉运行记录发现，维持过量空气系数 λ 和二次风比不变时，随着二次风率的增加，飞灰含碳量开始明显下降。当二次风率超过 0.36 后，飞灰含碳量降低速度趋缓并存在最低值；二次风率大于 0.42 后，飞灰含碳量缓慢上升。所以，运行中保持二次风率在 0.36 ~ 0.42、二次风比为 0.8 ~ 1.2，可达到较佳的燃烧效果。

(5) 合理的煤层厚度　通过分析 DG75 型锅炉的运行实践可知，无烟煤料层厚度对燃烧的稳定性和燃烧效率有很大关系。维持恰当的煤层高度，炉床蓄热量较大，炉床温度相对稳定，无烟煤粒和回料灰中的炭粒能迅速加热和燃烧。若煤层太厚，不仅增大风机能耗，还增大通风阻力损失，甚至造成局部燃烧区域的氧量不足，影响流化效果和燃烧效率；若煤层过薄，则会导致燃烧工况不稳定，缩短了燃料在床内的停留时间，飞灰可燃物含量增大。保持适当煤炭厚度，一次风室压力控制在 10 ~ 11kPa 时燃烧效果最为理想。

(6) 确保回料畅通　固体颗粒循环量决定着床内固体颗粒含量，而固体颗粒含量对锅炉的燃烧、传热和脱硫起很大的作用，所以保证循环物料的稳定和畅通是锅炉正常运行的基础。

锅炉停运和检修时，要把回料立管的存灰排放干净，并检查回料装置内没有脱落的浇注料、细小焦块等。在锅炉起动时就投入回料，将由于炉膛燃烧温度低而没有燃尽且被分离器收集的煤粒送回到炉膛燃烧，避免大量高含碳量的回料灰进入炉膛造成炉床结焦或熄火。正常运行时，回料装置的配风有严格按照要求，回料温度维持在 540 ~ 560℃（设计值 552℃），与分离器进口烟温基本同步，从而保证炉内有较高的物料含量和燃烧强度。性能良好的回料系统对炉床温度起到一定的调节作用。

通过采取以上措施，2 台锅炉年运行平均热效率达到 85.5%（额定工况设计值为 85%）以上，比燃用同样无烟煤的同容量煤粉炉高出 3% ~5%。

3. 做好锅炉检修，确保安全可靠运行

【案例 2-3】 某企业有 4 台锅炉主要用于发电，其锅炉采用的是单炉膛、改进型主燃烧器、分级送风燃烧系统及反向双切圆的燃烧方式，炉膛采用了内螺纹管垂直上升膜式水冷壁和循环泵启动系统。一次中间再热和调温方式除采用煤/水比外，还采用了烟气分配挡板、燃烧器摆动、喷水、等离子点火等方式。水冷壁管、顶棚管及尾部烟道包覆管均采用了板状膜式结构，密封性能好。过热器分为四级，一级（低温）在尾部烟道后竖井上部，二级（分隔屏）、三级（屏式）在燃烧室上部，四级（末级）在水平烟道出口侧。其中一级过热器采用逆流布置，二级、三级、四级采用顺流布置。

锅炉运行检修采用的是"两头在外、核心在内"的管理模式，两头在外就是将设备检修、维护保养及辅助设备的运行管理等委托给了某火电服务修理公司，实施的是点检定修制。核心是发电企业负责机组的技术功能控制和主要设备的运行管理工作，定期组织专家对委外情况进行跟踪、分析和评估，并根据检修、运行及点检人员的情况反馈，及时安排定期检修和维护。对设备运行和巡检时发现的异常或重大缺陷问题，及时制定排除对策和预防措施。每月定期统计和下发设备缺陷月报，通报缺陷消除率及消缺系数指标完成情况。为保证消缺工作的及时性和可靠性，实现了设备缺陷从发现、下单、消除、验收到总结等工作流程的计算机管理。

（1）优化锅炉设备检修

1）坚持锅炉受热面泄漏风险评估及检修策划制。

① 实施锅炉受热面泄漏风险评估。锅炉受热面泄漏问题一直是国内发电停机的主要原因，锅炉在运行时温度和压力均较高，一旦发生锅炉管失效等故障，不仅造成巨大的经济损失，而且会引发重大安全事故。根据我国电力行业的历年事故情况统计，锅炉的非计划停运约占全部停运事件的60%，而锅炉四管泄漏事故又占锅炉事故的60%，是影响机组安全运行的主要隐患之一。其中水冷壁管泄漏占33%，过热器管泄漏占30%，省煤器管泄漏占20%，过热器管泄漏占17%。为此，采取对锅炉受热面泄漏风险进行评估的方法不仅确保了受热面安全和可靠运行，也降低了设备检测费用和维修成本。

② 实施受热面泄漏风险评估的阶段性目标。通过实施检修后的风险分析与研究，不但可核查检修效果、高风险部位的风险等级是否降低等，也能进一步验证风险评估方法的准确性及评估结果的真实性。对不同阶段的风险实施不同的监管方法，是开展和做好此项工作的基础和保障。

③ 对设备检修的要求。在制订锅炉受热面的检修计划时，应对机组的重点检修部位进行修前、修中和修后情况的技术评价，以及检修质量和运行效果验收。不但要保证检修工作安全可靠和无责任事故，而且要保证设备技术状态及性能有所提高。重点检修部位主要包括局部机械磨损严重部位、易产生冲刷磨损部位、烟气流速快和飞灰含量高的部位，以及异物容易聚集或节流孔易堵塞位置、异种钢焊接部位和应力集中部位等。

2）实施在线监督与寿命评估。由于锅炉的高温部件采用了新型耐热钢，如过热器和再热器采用的是Super304H和HR3C新型奥氏体耐热钢，末级过热器出口集箱采用的是ASTM A335 P122钢，主蒸汽管道采用的是ASTM A335 P92钢等，因长期在作业环境恶劣情况下运行，如高温、高压、火焰、烟气、飞灰等，不但会使材料结构及性能发生变化，而且会随运行时间的加长、机组的频繁起动等，在产生疲劳损伤同时，微观组织也会产生劣化或蠕变损伤等情况，加大了锅炉安全运行和检修管理的难度。因此对高温炉管实施状态监测和寿命评估，以劣化状态测量或评估值为基础，对故障发生期进行正确地预测，是保证锅炉安全运行和做好高温部件劣化趋势管理的较好方法。

（2）实施在线动态评估和监测 根据锅炉的设计、制造、安装、运行工况等技术资料，发电厂建立了锅炉的材料、强度、性能等技术参数数据库，并结合生产实际需求完成了锅炉状态监测模型、寿命评估模型、氧化皮脱落预测模型等内容的研究与开发，研制出一套适宜机组实际运行要求的设备可靠性寿命预测管理系统，以及设备保养和检修工作质量控制集成系统，不但实现了可在线动态评估高温炉管的工作状况，还可进行其他高温部件的技术状态监测。为保证机组的安全运行和适时进行检修工作，提供了科学依据，有效降低了四管发生泄漏的风险，提高了设备运行的安全性，实现了以状态监测为基础的设备维修管理。

1）采取离线诊断技术。实施锅炉设备离线诊断技术，是发电厂在实施在线监督技术基础上逐步建立的，需要检查和监测的内容主要有宏观检查、无损检测、理化分析、支吊架管系统的检查等。通过进行现场检验和实验室分析，进一步掌握设备的性能情况和技术状态数据等。开展离线诊断应提前做好以下工作：摸清锅炉设备运行时的基本情况和特点，特别是重点零部件，如主蒸汽管道、热力管道、过热器出口集箱及其他新材料部件等，都应逐一进行检验；对施工中的遗留缺陷或运行中的新生缺陷等，不但要认真检查和分类，还应采取措施及时进行消缺；可根据类似锅炉设备发生缺陷情况，及时采取有针对性的防范措施，以防止类似事故发生。

2）优化检修模式。发电厂优化设备检修模式的基本思路，主要是通过以“管”为主的检修策略及针对发电设备特点，制定出能进行优化检修的管理模式，使设备的可靠性和经济性得到最佳结合。

① 及时提供设备技术状态信息。发电厂根据生产系统庞大和连续生产等特点，将全部设备按照不同的重要程度进行分类，实施了对不同类别设备采用不同的检修与管理，即根据状态监测和诊断技术提供的设备技术状态信息，正确判断设备异常情况，预知设备故障或劣化发展趋势，在故障发生前就进行检修的方式。例如，有的锅炉辅助设备采用的是定期检修方式，有的采用的是状态检修方式，还有的采用故障检修方式等。无论采用哪种检修方式，都应达到使设备检修方法能逐步形成一套融定期检修、状态检修、改进性检修和故障检修为一体的优化检修模式的目的，使检修目标更加明确，检修人员的工作效率得到提高。

② 优化检修模式管理是一个不断补充和变化的过程。例如，现在看来是比较好的优化方案，也许会随时间的推移、生产状况的不断改变，以及设备状态诊断和劣化倾向管理工作的逐步深入不再满足生产实际需求，原来制订的检修方案可能要修改。同时，随着企业的设备动态管理工作水平不断提高，以及设备技术改造工作速度的逐步加快，原来制定的检修周期可能会延长等，检修方案也会随之发生改变。所以优化检修模式管理是一个动态的、需要不断组合的过程，只有不断地修改和不断的完善，才能不断提高检修水平和实现优化检修模式的目的。

③ 取得的效果：a. 发电厂的锅炉机组通过实施优化检修模式，对各层次管理、维修人员不断进行有针对性的技术培训，进一步贯彻和树立优化锅炉状态检修思想的重要性和必要性，使员工在更加了解优化检修工作内涵及重要性的基础上，能更加明确自己的工作职责和目标。例如，实施优化检修需要投入哪些技术和物质资源，需要掌握哪些必要的专业技能，在职责范围内实施优化检修，企业和个人会获得哪些潜在的经济利益等，使各级管理人员在深入了解开展优化检修意义的同时，在检修策略调整和推广实施中都能充分发挥主观能动性作用。员工之间能更加相互支持与配合，在各自的职责范围内，共同促进优化检修工作的顺利开展。通过对设备实施恰到好处地检修，不但节约了检修成本，也极大提高了设备运行的可靠性。企业每年仅此产生的经济效益高达8000多万元，实现了在设备管理工作中追求最佳经济效益的目的。b. 发电锅炉设备的维修周期制定应根据本厂发电机组的设备结构特点和实际运行情况来定，不能完全照搬他人

经验；否则就会出现检修资源的浪费或不足，以及维修费用上升和设备利用率下降等问题。

六、锅炉规范管理要求

1）我国颁发锅炉管理规范的文件见表2-9。

表2-9　近年来锅炉管理规范文件一览表（节选）

序号	文件名称及颁布情况	实施日期
1	GB/T 16507.1~8—2013《水管锅炉》	2014年7月1日
2	特函〔2018〕5号《市场监管总局特种设备局关于铸铝热水锅炉相关问题的意见》	2018年6月20日
3	市监特函〔2018〕515号《市场监管总局办公厅关于开展电站锅炉范围内管道隐患专项排查整治的通知》	2018年7月3日
4	国市监特设〔2018〕227《市场监管总局　国家发展改革委　生态环境部关于加强锅炉节能环保工作的通知》	2018年11月16日
5	特函〔2018〕2号《市场监管总局特种设备局关于确保全面完成燃煤锅炉节能减排攻坚战工作的通知》	2018年6月8日
6	GB/T 20409—2018《高压锅炉用内螺纹无缝钢管》	2019年2月1日
7	TSG G5004—2014《锅炉使用管理规则》	2015年4月1日
8	TSG G5001—2010《锅炉水（介）质处理监督管理规则》	2011年2月1日
9	TSG G7001—2015《锅炉监督检验规则》	2015年10月1日
10	TSG 11—2020《锅炉安全技术规程》	2021年6月1日
11	TSG G7002—2015《锅炉定期检验规则》	2015年10月1日
12	TSG G0002—2010/XG1—2016《<锅炉节能技术监督管理规程>（TSG G0002—2010）第1号修改单》	2016年11月14日
13	GB/T 36699—2018《锅炉用液体和气体燃料燃烧器技术条件》	2019年4月1日
14	GB/T 1576—2018《工业锅炉水质》	2018年12月1日
15	GB/T 10180—2017《工业锅炉热工性能试验规程》	2018年2月1日
16	GB/T 14416—2010《锅炉蒸汽的采样方法》	2011年5月1日
17	GB/T 14420—2014《锅炉用水和冷却水分析方法　化学耗氧量的测定　重铬酸钾快速法》	2014年12月1日
18	GB/T 14427—2017《锅炉用水和冷却水分析方法　铁的测定》	2018年4月1日
19	GB/T 14640—2017《工业循环冷却水和锅炉用水中钾、钠含量的测定》	2015年5月1日
20	GB/T 15453—2018《工业循环冷却水和锅炉用水中氯离子的测定》	2019年1月1日
21	GB/T 6908—2018《锅炉用水和冷却水分析方法　电导率的测定》	2019年1月1日
22	GB/T 6909—2018《锅炉用水和冷却水分析方法　硬度的测定》	2019年1月1日
23	NB/T 47034—2013《工业锅炉技术条件》	2014年4月1日
24	NB/T 47035—2013《工业锅炉系统能效评价导则》	2014年4月1日
25	NB/T 47061—2017《工业锅炉系统能源利用效率指标及分级》	2018年6月1日

2)《质检总局关于实施新修订的〈特种设备目录〉若干问题的意见》，(国质检特〔2014〕679号)，已于2014年12月29日生效的《特种设备目录》——锅炉部分，见表2-10。

表2-10 《特种设备目录》——锅炉部分一览表（节选）

代码	种类	类别	品 种
1000	锅炉	锅炉，是指利用各种燃料、电或者其他能源，将所盛装的液体加热到一定的参数，并通过对外输出介质的形式提供热能的设备，其范围规定为设计正常水位容积大于或者等于30L，且额定蒸汽压力大于或者等于0.1MPa（表压）的承压蒸汽锅炉；出口水压大于或者等于0.1MPa（表压），且额定功率大于或者等于0.1MW的承压热水锅炉；额定功率大于或者等于0.1MW的有机热载体锅炉	
1100		承压蒸汽锅炉	
1200		承压热水锅炉	
1300		有机热载体锅炉	
1310			有机热载体气相炉
1320			有机热载体液相炉

第二节 工业锅炉能耗等级考核及能效评价导则

根据近年来统计，锅炉设备平均每年消耗煤炭达22亿t，占全国煤炭总量的85.3%。目前燃煤锅炉平均运行效率为65%，比国际先进水平低10%～15%。例如经过近几年努力，我国火电供电煤耗由392g（标煤）/(kW·h) 下降到目前的330g（标煤)/(kW·h)，但仍高于国际先进水平13%，其中有燃料种类不同的因素，但是也说明我国锅炉的节能空间还很大。

一、做好工业锅炉能耗等级考核的必要性

当前国家明确要求提高能源利用率，促进节能减排工作。在《锅炉节能技术监督管理规程》（TSG G0002—2010）第1号修改单（2016年11月14日颁布）中相继提出：必须加强高耗能特种设备节能审查和监管工作。

高耗能特种设备是指在使用过程中能源消耗量或者转换量大，并具有较大节能空间的锅炉等特种设备。高耗能特种设备使用单位应当严格执行有关法律、法规、确保设备及其相关系统安全、经济运行，并建立健全经济运行、能效计量监控与统计、能效考核等节能管理和岗位责任制度。所以加强对工业锅炉能耗等级考核是促进节能降耗工作的重要举措。

目前我国有12万个锅炉房，通过开展工业锅炉能耗等级的达标活动，特别对中小企业的工业锅炉房将会取得更明显的节能降耗效果和社会环境保护效益。

二、工业锅炉能耗等级

通过对百余台各种型号、容量（蒸发量）的工业锅炉（工业锅炉房）能源消耗调查，同时参照有关企业锅炉能耗资料，现提出工业锅炉能耗等级单耗指标，为了便于计算和考核，对锅炉考核将以工业锅炉房作为计算单位进行。

1. 能耗等级指标

工业锅炉房每吨标汽的能耗等级考核指标见表2-11，该表适用于单炉额定容量大于或等于1t/h蒸汽锅炉和大于或等于250万kJ/h（即60万kcal/h）热水锅炉的锅炉房。

表2-11　工业锅炉房能耗等级指标

额定容量(蒸发量) D_0 /(t/h)	单耗指标 A_0/[kg(标煤)/t(标汽)]		
	特等	一等	二等
≤2	≤125	>125~135	>135~150
2~4	≤120	>120~130	>130~145
4~35	≤115	>115~125	>125~140
>35	≤110	>110~115	>115~130

2. 吨标汽能耗计算

吨标汽能耗计算如下式：

$$A=\frac{mB_m+B_d+B_g}{n_1n_2(C_1+C_2+C_3)}$$

式中，A 为吨标汽的单耗［kg（标煤)/t（标汽)］；B_m 为统计期内燃料总耗量［kg（标煤)］；B_d 为统计期内电能总耗量［kg（标煤)］；B_g 为统计期内耗水总量［kg（标煤)］；1t（新鲜水）=0.257kg（标煤），1t（外供软化水）=0.486kg（标煤）；C_1 为统计期内锅炉房向外供出饱和蒸汽量［t（标汽)］，1t（饱和蒸汽）≈1t（标汽）；C_2 为统计期内锅炉房向外供出的过热蒸汽折算为标汽总量［t（标汽)］，1t（过热蒸汽）=Kt（标汽），K 值见表2-12，过热蒸汽平均温度介于表2-12温度之间时，用插入法求得 K 值；C_3 为统计期内锅炉房向外供出热水的总热能折算为标汽总量［t（标汽)］，250万kJ（60万kcal）≈1t（标汽）；m 为燃料修正系数，见表2-12；n_1 为锅炉房采暖修正系数，锅炉房不采暖时 n_1=12，锅炉房采暖时 n_1=1.01；n_2 为锅炉负荷修正系数，见表2-12。

表2-12　折算标系数及修正系数

过热蒸汽折算标汽系数											
过热蒸汽平均温度/℃	200	220	240	260	280	300	320	340	360	380	400
K	1.20	1.04	1.05	1.07	1.08	1.10	1.11	1.13	1.15	1.16	1.18

燃料修正系数				
燃料种类	无烟煤	Ⅰ类烟煤	Ⅱ类、Ⅲ类烟煤	燃油、燃气
m	0.85	0.9	1	1.1

（续）

负荷修正系数							
锅炉平均负荷率f(%)	≤50	50~55	50~60	60~65	65~70	70~75	>75
n_2	1.07	1.05	1.04	1.03	1.02	1.01	1

1）锅炉房能耗是指综合能耗，即统计期内锅炉房消耗的燃料（煤、燃料油、燃气）、电、水三者折算为标煤量之总和。

锅炉房的电耗及水耗包括锅炉间、辅助设备间、生活间及附属于锅炉房的热交换站、软水站、煤厂、渣场等的全部用电、用水量。

2）锅炉平均负荷率计算：

$$f=\frac{\Sigma C}{\Sigma(D_0E)}\times 100\%$$

式中，f为统计期内运行锅炉的平均负荷率（含压火因素）（%）；ΣC为统计期内各运行锅炉产吨标汽总量之和［t（标汽）］；$\Sigma(D_0E)$为统计期内各台锅炉运行台时数E(h)与其额定容量D_0(t/h)乘积之和［t（标汽）］。

3）统计期内锅炉房运行锅炉的额定容量属同一档次时，用t（标汽）的能量计算单耗A，与表2-11中相应的能量单耗指标A_0比较后评定该锅炉房的能耗等级。

4）统计期内锅炉房运行多台锅炉，且各台锅炉额定容量不属同一档次时，应先用加权平均法计算出该统计期跨档综合单耗指标［A_0］值，然后以吨（标汽）的能耗计算单耗A与之比较，再评定该锅炉房能耗等级。

跨档综合单耗指标计算方法如下：

$$[A_0]=\frac{\Sigma(A_0C)}{\Sigma C}$$

式中，［A_0］为某一等级锅炉房的跨档综合单耗指标［kg（标煤)/t（标汽）］；$\Sigma(A_0C)$为统计期内锅炉房每档锅炉产吨（标汽）总量C与表2-11中相应的能量单耗指标A_0乘积之和［kg（标煤）］；ΣC为统计期内锅炉房各档锅炉产吨标汽总量之和［t（标汽）］。

3. 计算示例

【案例2-4】 某工业锅炉房统计期内运行两台4t/h蒸汽锅炉，锅炉房产生饱和蒸汽总量为8293.4t，锅炉燃用热值为20934kJ/kg和Ⅱ类烟煤，总耗量为1620t，折合标煤为1157.166t，锅炉房总耗电量为91320kW·h，总耗新鲜水量为20732.5t，两台锅炉开动共计4848h，评定锅炉房能耗等级。

（1）查核

1）该工业锅炉房有两台额定容量为4t/h的蒸汽锅炉。

2）有两台CE-25AYDC型蒸汽流量计、两台DT8型电度计量表、两台水表分别计量两台锅炉产出的饱和蒸汽和耗电量、耗水量。

3）汇总锅炉房有关统计资料，见表2-13。

表 2-13　某工业锅炉房综合统计表（一）

项目	单位	1月	2月	3月	4月	5月	6月	7月	8月	9月	10月	11月	12月	全年
燃料 B_m	t	134.6	131.2	137.8	136.3	137.7	128.7	119.8	105.7	150.2	157.8	137.3	142.9	1620
电力 B_d	kW·h	6760	6580	6920	6840	6920	16460	6020	5300	7540	7640	6820	7520	91320
新鲜水 B_g	t	1665.8	1626.4	1708.4	1747.3	1772	1750.8	1533.2	1352.6	1992.2	1999	1677.7	1907.1	20732.5
饱和蒸汽	t	663.7	653.7	686.6	698.9	706.5	689.4	648.2	563.6	786.6	785	674.1	737.1	8293.4
1号锅炉运行台时 E_1	h	180	136	108	108	116	136	76	180	236	180	276	428	2160
2号锅炉运行台时 E_2	h	168	288	216	240	408	312	48	144	384	240	48	192	2688

4）锅炉房共消耗燃用热值为20934kJ/kg的Ⅱ类烟煤为1620t，按折算标煤系数0.7143计算，其 B_m 为1157166kg，该锅炉房耗用Ⅱ类烟煤其燃料修正系数 m 为1。

5）锅炉房总消耗电量为91320kW·h，按2009年国家规定折标煤系数0.35计算，其 B_d 为31962kg（标煤）。

6）锅炉房总耗新鲜水为20732.5t，按折算标煤系数0.257计算，其 B_g 为5328kg（标煤）。

7）该锅炉房不采暖，其采暖修正系数 n_1 为1，统计期内两台锅炉共向外供出饱和蒸汽为8293.4t，折算标汽系数为1，故 C_1 为8293.4t（标汽）。

（2）计算平均负荷率

1）统计期内锅炉房产生饱和蒸汽总量，其 ΣC 为8293.4t（标汽）。

2）统计期内1号锅炉全年运行台时，其 E_1 为2160h；2号锅炉全年运行台时，其 E_2 为2688h，则 $\Sigma E = E_1 + E_2 = 2160\text{h} + 2688\text{h} = 4848\text{h}$。

3）计算锅炉平均负荷率 f：

$$f = \frac{\Sigma C}{\Sigma\ (D_0 E)} \times 100\% = \frac{8293.4\text{t}}{4\text{t/h} \times 4848\text{h}} \times 100\% = 42.77\%$$

当 $f = 42.77\%$，查表2-12得其锅炉房负荷修正系数 n_2 为1.07。

（3）吨（标汽）能耗计算　由上可知：$m = 1$，$n_1 = 1$，$n_2 = 1.07$，$B_m = 1157166\text{kg}$（标煤），$B_d = 31962\text{kg}$（标煤），$B_g = 5328\text{kg}$（标煤），$C_1 = 8293.4\text{t}$（标汽），$C_2 = 0$，$C_3 = 0$，则

$$\begin{aligned} A &= \frac{mB_m + B_d + B_g}{n_1 n_2 (C_1 + C_2 + C_3)} \\ &= \frac{1 \times 1157166\text{kg(标煤)} + [91320\text{kg(标煤)} \times 0.35] + [20732.5\text{kg(标煤)} \times 0.257]}{1 \times 1.07 \times 8293.4\text{t(标汽)}} \\ &= 134.60\text{kg(标煤)/t(标汽)} \end{aligned}$$

（4）结论　查表2-11，额定容量 D_0 为4t/h的工业锅炉房，二等能耗等级的单耗指

标A_0标准值为130～145kg（标煤）/t（标汽），则当A_0为134.6kg（标煤）/t（标汽）时，该工业锅炉房能耗等级达到二等。

【案例2-5】 某工业锅炉房统计期内运行一台10t/h蒸汽锅炉，一台4t/h蒸汽锅炉，一台25×10^6kJ/h热水锅炉，两台蒸汽锅炉分别产生饱和蒸汽为18047.28t和727.45t，生产热水总热量折合标汽量为6063.43t，年运行台时分别为7077h，1099h和2710h，锅炉燃用热值为20934kJ/kg的Ⅱ类烟煤，总耗量为4488.735t，折合标煤为3206.303t，锅炉房总耗电量为229490kW·h，总耗新鲜水量为33820t，评定锅炉房能耗等级。

（1）查核

1）该工业锅炉房有额定容量D_{01}为10t/h的蒸汽锅炉一台，D_{02}为4t/h的蒸汽锅炉一台，D_{03}为25×10^6kJ/h的热水锅炉一台。

2）有两台CE型蒸汽流量计、三台DT8型电度计量表、三台水表分别计量两台锅炉产出的饱和蒸汽和耗电量、耗水量。

3）汇总锅炉房有关统计资料见表2-14。

4）该锅炉房共消耗燃用热值为20934kJ/kg的Ⅱ类烟煤为4488.735t，按折算标煤系数0.7143计算，其B_m为3206303kg（标煤），该锅炉房耗用Ⅱ类烟煤，其燃料修正系数m为1。

5）锅炉房总耗电量为229490kW·h，按2009年国家规定折算标煤系数0.35计算，其B_d为80322kg（标煤）。

6）锅炉房总耗新鲜水为33820t，按折算标煤系数0.257计算，其B_g为8692kg（标煤）。

7）该锅炉房不采暖，其采暖修正系数n_1为1，统计期内10t/h蒸汽锅炉向外供出饱和蒸汽为18047.28t，4t/h蒸汽锅炉向外供出饱和蒸汽为727.45t，两台锅炉共向外供出饱和蒸汽为18774.73t，折算标汽系数为1，故C_1为18774.73t（标汽）；一台热水锅炉生产热水为15158.58×10^6kJ，按250×10^4kJ相当于1t（标汽）进行折算，故C_3为6063.43t（标汽）。

（2）计算平均负荷率

1）统计期内该工业锅炉房产生饱和蒸汽总量，即

$$\Sigma C=1877.73\text{t(标汽)}+6063.43\text{t(标汽)}=24838.16\text{t(标汽)}$$

2）统计期内10t/h锅炉全年运行台时E_1为7707h；4t/h锅炉全年运行台时E_2为1099h，25×10^6kJ/h热水锅炉额定容量相当于10t/h蒸汽锅炉，其运行台时E_3为2710h。

3）计算锅炉平均负荷率f:

$$\begin{aligned}f&=\frac{\Sigma C}{\Sigma(D_0E)}\times100\%\\&=\frac{24838.16\text{t（标汽）}}{10\text{t/h}\times7707\text{h}+4\text{t/h}\times1099\text{h}+10\text{t/h}\times2710\text{h}}\times100\%\\&=22.88\%\end{aligned}$$

表 2-14　某工业锅炉房综合统计表（二）

项目	单位	1 月	2 月	3 月	4 月	5 月	6 月	7 月	8 月	9 月	10 月	11 月	12 月	全年
燃料 B_m	t	899.4	859.77	601.129	272.129	231.058	198.536	138.44	112.097	151.576	193.752	249.228	491.225	4398.34
电力 B_d	kW·h	38200	30980	37960	12120	12920	12440	12910	11720	11740	15180	12120	21200	229490
新鲜水 B_g	t	3850	3421	3429	3972	2380	2179	2303	1117	2664	2085	1847	4573	33820
饱和蒸汽	t	2863.4	2639.29	2627.29	1520	1300.34	1148.99	789.11	611.55	814.70	1181.21	1400.17	1978.68	18774.73
热水	$\times10^6$kJ	5350.30	5057.20	2978.28	—	—	—	—	—	—	—	—	1772.80	15158.58
10t/h 锅炉运行台时 E_1	h	744	740	700	744	720	744	720	32	379	720	744	720	7707
4t/h 锅炉运行台时 E_2	h	—	—	—	—	—	—	—	731	368	—	—	—	1099
热水锅炉运行台时 E_3	h	744	744	600	—	—	—	—	—	—	—	—	622	2710

当$f=22.88\%$，查表2-12得其锅炉房负荷修正系数n_2为1.07。

（3）吨标汽能耗计算 由上可知：$m=1$，$n_1=1$，$n_2=1.07$，$B_m=3206303$kg（标煤），$B_d=80322$kg（标煤），$B_g=8692$kg（标煤），$C_1=18774.73$t（标汽），$C_2=0$，$C_3=6063.43$t（标汽），则

$$
\begin{aligned}
A &= \frac{mB_m+B_d+B_g}{n_1n_2(C_1+C_2+C_3)} \\
&= \left[\frac{1\times3206303+80322+8692}{1\times1.07\times(18774.73+0+6063.43)}\right]\text{kg(标煤)/t(标汽)} \\
&= 123.99\text{kg(标煤)/t(标汽)}
\end{aligned}
$$

（4）锅炉房能耗等级考核 由于有4t/h工业锅炉1台，10t/h工业锅炉两台（其中热水锅炉额定容量相当于10t/h工业锅炉），可以采用跨档计算方法，因该锅炉房单耗已达到123.99kg（标煤）/t（标汽），接近一等炉单耗指标，应分别计算一等炉单耗上限和单耗下限指标。

1）跨档一等炉单耗上限指标（见表2-11），4t/h上限为120kg（标煤）/t（标汽），10t/h上限为117kg（标煤）/t（标汽）。

$$
\begin{aligned}
[A_0] &= \frac{\Sigma(A_0C)}{\Sigma C} \\
&= \left(\frac{117\times18047.28+120\times727.45+117\times6063.43}{18047.28+727.45+6063.43}\right)\text{kg(标煤)/t(标汽)} \\
&= 117.09\text{kg(标煤)/t(标汽)}
\end{aligned}
$$

2）跨档一等炉单耗下限指标（见表2-11），4t/h下限为130kg（标煤）/t（标汽），10t/h下限为128kg（标煤）/t（标汽）。

$$
\begin{aligned}
[A_0] &= \frac{\Sigma(A_0C)}{\Sigma C} \\
&= \left(\frac{128\times18047.28+130\times727.45+128\times6063.43}{18047.28+727.45+6063.43}\right)\text{kg（标煤）/t（标汽）} \\
&= 128.06\text{kg（标煤）/t（标汽）}
\end{aligned}
$$

（5）结论 该工业锅炉房一等单耗指标标准值A_0为117.09～128.06kg（标煤）/t（标汽），当A为123.99kg（标煤）/t（标汽）时，该工业锅炉房能耗等级达到一等。

三、锅炉的能量平衡

锅炉中投入燃料燃烧放热，放出的热能通过受热面传递给水，使水加热汽化而产生蒸汽。实际上，锅炉中的燃料并不能完全燃烧，放出的热能也并不能全部得到利用。锅炉的输入热量中仅有部分被水（汽）有效吸收，其余都损失掉了。为了降低锅炉煤耗，需要进行锅炉热平衡工作。

1. 锅炉的热平衡和热效率

锅炉的热平衡可表示为：锅炉的输入热量＝锅炉有效利用热量＋各项热损失之和

即

$$Q_r=Q_1+Q_2+Q_3+Q_4+Q_5+Q_6$$

式中，Q_r 为锅炉输入热量（kcal/kg）；Q_1 为有效利用热量（kcal/kg）；Q_2 为排烟热量损失（kcal/kg）；Q_3 为气体不完全燃烧损失热量（kcal/kg）；Q_4 为固体不完全燃烧损失热量（kcal/kg）；Q_5 为散热损失热量（kcal/kg）；Q_6 为灰渣物理热损失热量（kcal/kg）；$Q_2 \sim Q_6$ 均为热损失。

锅炉热效率 η 是它的有效利用热量与燃料输入热量的比值，一般以百分数表示，即

$$\eta = \frac{Q_1}{Q_2} \times 100\%$$

由锅炉热效率可以看出锅炉输入热量的有效利用程度，从而可看出锅炉的设计和运行水平。

通过热平衡试验测定锅炉效率的方法有正平衡法和反平衡法两种。

1）正平衡法：直接测定锅炉产生蒸汽所需热量和所耗燃料的锅炉输入热量。这种方法只适用于小型锅炉，因这种方法只能得到锅炉的热效率和“出力”（如蒸发量），不能找出各项热损失数据。

2）反平衡法：直接测出和算出锅炉的各项热损失，并以100%减去各项热损失的总和，得出的数值为锅炉的反平衡热效率。反平衡法适用于大型锅炉，但为了校核测试的精确性和分析锅炉运行的工况以提高其热效率，可同时进行正、反平衡法测定，以利分析比较。

3）计算公式：

① 锅炉（生产饱和蒸汽）热效率：

$$\eta_1 = \frac{(D + D_{zy}) \times (H_{bg} - H_{gs} - Wr)}{BQ_{DW}^{Y}} \times 100\%$$

式中，η_1 为正平衡热效率（%）；D 为锅炉实测蒸发量（kg/h）；D_{zy} 为锅炉自耗蒸汽量（kg/h）；H_{bg} 为饱和蒸汽焓（kcal/kg）；H_{gs} 为给水焓（kcal/kg）；W 为蒸汽湿度（%）；r 为汽化潜热（kcal/kg）；B 为燃料耗用量（kg/h）；Q_{DW}^{Y} 为燃料的应用基低位发热值（kcal/kg）。

② 锅炉（生产过热蒸汽）热效率：

$$\eta_1 = \frac{D(H_{gs} - H_{gG}) + D_{zy}(H_{zy} - H_{gs})}{BQ_{DW}^{Y}} \times 100\%$$

式中，H_{gG} 为过热蒸汽焓（kcal/kg）；H_{zy} 为自耗蒸汽焓（kcal/kg）。

4）计算结果的选定：锅炉正平衡法和反平衡法测试计算所得的结果有一定误差，主要是由于散热损失计量误差、取样误差及其他不计损失等所造成，如同时用正、反平衡法两种测试，要得到完全一致的数据是比较困难的。GB/T 10180《工业锅炉热工性能试验规程》规定，试验应在额定载荷下进行两次，每次实测“出力”应接近于额定“出力”。在一定“出力”下，两次试验热效率之差，对于正平衡法不得大于4%，反平衡法不得大于6%。锅炉热效率取两次试验所取得的平均值。当同时用正、反平衡法测定热效率时，两种方法所得热效率偏差不得大于5%，而锅炉的热效率应以正平衡法测定值为准。

2. 锅炉热平衡测定方法

锅炉的热平衡试验应按 GB/T 10108《工业锅炉热工性能试验规程》进行，该项标准适用于锅炉“出力”小于蒸发量 30t/h 和出口压力≤2.45MPa（$25kgf/cm^2$）的蒸汽锅炉和热水锅炉。测试项目和方法如下。

1）燃料计量。在锅炉热效率测定中，燃料特别是煤的取样和分析，对热效率计算的准确性有较大影响；由于取样工作不严格，常使试验数据造成很大差错，每次试验采集的原始煤样数量为总煤量的 0.5% ~1%。

2）蒸汽量的测定。如生产的蒸汽为饱和蒸汽，则蒸汽的湿度也应测定，因为蒸汽的品质影响蒸汽的焓。一般通过测量蒸汽及锅水中氯根的含量计算出蒸汽的湿度，即

$$W=\frac{Cl_q^-}{Cl_S^-}\times 100\%$$

式中，W 为蒸汽的湿度（%）；Cl_q^- 为蒸汽冷凝水氯根含量（mg/kg）；Cl_S^- 为锅水氯根的含量（mg/kg）。

3）温度的测定。一般要测定省煤器出水、进水温度，烟气温度，空气预热器进口、出口温度，蒸汽温度等。

4）烟气成分的分析。通过对烟气成分的分析，主要测定烟气中的 RO_2（即为 CO_2+SO_2）、O_2、CO 的含量百分比，目的是了解锅炉的燃烧情况，以便找出实现锅炉经济运行的措施。

5）测定时间。每次试验的测定持续时间，应随锅炉炉型、测定要求、试验条件的不同而定。一般可控制在 3 ~5h。

6）风道和烟道风压的控制。测试期间，应正常控制锅炉各部分风道和烟道的风压，并准确记录，以之作为今后正常生产操作的依据。

7）仪表的应用。测试时，一般锅炉应具备下列测量仪表：煤的计量器具；蒸汽计量仪表；给水计量仪表；蒸汽出口温度和压力测量仪表；各点烟气温度，给水进口水温、省煤器出口水温的测量仪表；烟囱底部烟气风压、省煤器进口烟气风压、炉膛烟气风压的测量仪表。

8）读数的选定。当锅炉工况稳定时，各种仪表显示的读数应该是相当稳定的。在这种情况下，压力应每隔 10 ~15min 记录一次，其他项目可相隔 15 ~30min 记录一次。

3. 锅炉热效率的计算

采用反平衡法测定和计算锅炉热效率时，必须对锅炉的热损失逐项进行测定和计算。

1）排烟热损失 Q_2：从锅炉后部烟囱排出的烟气温度一般在 200 ~300℃，要带走一定的热量，造成排烟热损失 Q_2，以百分比表示为 q_2，即

$$q_2=\frac{Q_2}{Q_r}\times 100\%$$

q_2 的大小主要由排烟温度和排烟量决定，如烟温每降低 12 ~15℃，则 q_2 约减少 1%。计算 q_2 一般采用下列公式：

$$q_2=(3.5\alpha_{py}+0.5)\times\frac{t_{Py}-t_{1k}}{100}\times(1-q_4)$$

式中，α_{py}为空气过剩系数；t_{Py}为排烟温度（℃）；t_{1k}为冷空气温度（℃）；q_4 为机械不完全燃烧热损失（%）。

2）化学不完全燃烧热损失 Q_3：燃料在锅炉中燃烧时，由于空气不足，燃料与空气混合不好、炉型不合理，使燃料中部分的碳和可燃气体未能在炉膛内完全燃烧而随烟气排出，造成化学不完全燃烧热损失 Q_3，用百分比表示为 q_3，即

$$q_3=\frac{Q_3}{Q_r}\times100\%$$

也可采用如下简化式计算：

$$q_3=3.2\alpha CO$$

式中，α 为空气过剩系数。

3）机械不安全燃烧热损失：固体燃料在锅炉中实际上并不能完全燃烧，这部分未燃烧掉的燃料中所含的热量未得到利用而被排出，它的热损失为 Q_4，以百分数表示为 q_4，即

$$q_4=\frac{Q_4}{Q_r}\times100\%$$

在层燃炉中，它主要由以下三个部分组成：灰渣中未燃烧煤，炉排的漏煤和烟气飞灰中所含的碳，因此又可如下计算：

$$q_4=\frac{7800}{BQ_{DW}^{Y}}\left(G_{Lz}C_{Lz}+G_{Lm}C_{Lm}+G_{th}C_{fh}\right)$$

式中，B 为燃料消耗量（kg/h）；G_{Lz}、G_{Lm}、G_{th}为分别为每小时所收集到炉渣、漏煤、飞灰的质量（kg）；C_{Lz}、C_{Lm}、C_{fh}为分别为对炉渣、漏煤、飞灰取样分析其中所含可燃物的质量百分数。

4）锅炉散热损失：运行中的锅炉，由于炉墙、锅筒、集箱等温度比周围空气温度高，故存在散热损失 Q_5，以百分比表示为 q_5，即

$$q_5=\frac{Q_5}{Q_r}\times100\%$$

实测工业锅炉散热损失有困难，通常按如下经验公式确定或从表 2-15 中选用 q_5 值进行计算，再做修正即可。

表 2-15　散热损失量选用

锅炉蒸发量/(t/h)	2	4	6	10	15	20	30	35	37
没有尾部受热面(%)	3.5	2.1	1.5	—	—	—	—	—	—
装有尾部受热面(%)	—	2.9	2.4	1.7	1.5	1.3	1.1	1.0	0.8

$$q_5=\frac{400F}{BQ_r}\times100\%$$

式中，F 为锅炉的散热表面积（m^2）；B 为燃料的耗用量（kg/h）。

5）灰渣物理热损失：锅炉中排出的灰渣温度很高，造成一定的热损失 Q_6，以百分比表示为 q_6，即

$$q_6 = \frac{Q_6}{Q_r} \times 100\%$$

q_6的大小与燃料中的灰分含量、灰渣占总灰量的比例及燃料发热量等有关，因此又可如下计算：

$$q_6 = \frac{A^y}{Q_r}\left(\frac{Q_{Lz}}{100 - C_{Lz}} + \frac{Q_{Lm}}{100 - C_{Lm}}\right)L$$

式中，A^y为燃料应用基灰分含量（%）；Q_{Lm}为漏煤中纯灰占燃料灰分的百分比（%）；Q_{Lz}为炉渣中纯灰占燃料灰分百分比（%）；L为灰渣的比热容和温度的乘积，可参考表2-16选用。

表2-16　L值参考表

灰渣温度/℃	100	200	300	400	500	600	700	800	900	1000
L/(kcal/kg)	19.3	40.4	63.0	86.0	109.5	133.8	153.3	183.3	209	235

四、工业锅炉能效测试及评价

自2010年年初《特种设备安全发展战略纲要》颁布以来，全国企业及行业系统进一步开展了高耗能特种设备节能监管工作，工业锅炉能效门槛建立后，针对电梯、锅炉、换热压力容器等高耗能特种设备也将逐步建立市场能效准入制度。

近期颁布NB/T 47035—2013《工业锅炉系统能效评价导则》，2014年4月1日生效。此次工业锅炉能效评价颁布，其节能、环保意义十分重大。

在我国主要耗能产品节能潜力榜中，工业锅炉位居首位。我国90%的工业锅炉以煤炭为燃料，每年消耗原煤22亿t，排放的二氧化硫和粉尘均达几百万吨。

与国外锅炉的平均效率相比，我国的燃煤锅炉平均效率要低12%～15%。如果将工业锅炉运行效率水平从平均65%提高到75%，那么每年将可以节约3000多万t(标煤)。

继锅炉能效评价出台后，近期又颁布换热压力容器能效测试与评价规则。

此外，特种设备中的起重机械、客运索道、大型游乐设施和场（厂）内专用机动车辆等领域也面临着能耗高的问题，这些行业的节能减排工作也将逐步推进。

1. 推进节能减排工作顺利进行

针对目前特种设备节能工作的推广进程现状，电梯、锅炉、换热压力容器等高耗能特种设备，具有数量多、增长快、能源消耗量或者转换量大的特点，节能潜力巨大，高耗能特种设备节能工作是国家节能减排工作的一个重要领域。

截至2019年底，我国共有高耗能特种设备约268.5万台，其中锅炉38.3万台，换热压力容器69.8万台，并且随着经济的发展，高耗能特种设备总量大约以每年8%的速度增长。

我国近期组织开展了“三个万”节能工程，同时组织开展了“四个五”节能工程，针对锅炉水处理不达标、司炉人员操作水平低、锅炉房管理粗放、新产品新技术推广力度不够等突出问题，采取针对性的措施，取得了显著成效。

而当前，高耗能特种设备节能工作面临着巨大的挑战，监管工作还存在一些问题和困难。特种设备节能监管体系和法规标准体系尚不完善，一些单位节能意识不强，特种设备节能服务机构培育发展不足，特种设备节能监管技术支撑条件不足，缺少有效的激励政策和必要的投入等都有待解决。

我国节能减排工作下一步将包括以下几方面：

1）制定高耗能特种设备节能监管规划。国家特种设备管理部门制定高耗能特种设备节能工作规划。该规划明确提出到2015年、2020年各阶段工作目标，确定高耗能特种设备节能重点工作思路及保障措施。

2）开展“四个一”节能工程。组织开展了1000台在用燃煤工业锅炉运行能效快速测试方法应用试点、100个安全与节能管理标杆锅炉房建设、10个锅炉设计文件节能审查试点、10项节能新技术应用示范的“四个一”节能工程，全面推进对生产、使用和检验检测各环节的节能监督。

3）加快建立和完善高耗能特种设备市场推入与退出机制。

2. 做好能效测试及评价

近年来，国家有关部门发布实施了《锅炉节能技术监督管理规程》（以下简称《规程》）和《工业锅炉能效测试与评价规则》（以下简称《测试与评价规则》）两个节能技术规范，对高耗能特种设备节能监管工作建立了三项工作制度，规定了测试方法。这两个技术规范的实施将大力推进目前锅炉节能工作的全面展开。

此次实施的《规程》和《测试与评价规则》建立了锅炉设计文件节能审查制度、锅炉定型产品能效测试制度和在用锅炉能效测试制度。《规程》规定：锅炉及其系统的设计应当符合国家有关节能法律、法规、技术规范及其相应标准的要求。锅炉设计文件鉴定时应当对节能相关的内容进行核查，对于不符合节能相关要求的设计文件，不得通过鉴定。在能效测试方面，《规程》要求锅炉制造单位应当向使用单位提交锅炉产品能效测试报告。能效测试工作今后由国家确定的锅炉能效测试机构进行。据悉，已公布了两批共33家在用工业锅炉能效测试机构。今后，对于批量生产的工业锅炉（指同一型号、生产多台的情况），在定型测试完成且测试结果达到能效要求之前，生产厂家制造的数量不应当超过三台。批量制造的工业锅炉通过定型测试后，只要不发生影响锅炉能效的变更，不需要重新进行定型测试。对于非批量生产的工业锅炉，应当在安装完成六个月内进行定型测试。面对大量的在用锅炉，《规程》也做出了相应的规定，锅炉使用单位每两年要对在用锅炉进行一次定期能效测试，测试工作宜结合锅炉外部检验进行。

经过多次讨论和征求意见，此次涉及锅炉能效的测试方法也一同出台，包括锅炉定型产品热效率测试、锅炉运行工况热效率详细测试、锅炉运行工况热效率简单测试、锅炉及其系统运行能效评价。其中，锅炉定型产品热效率测试是为评价工业锅炉产品在额定工况下能效状况而进行的热效率测试。《规程》范围的锅炉测试热效率结果应当不低于其附录A规定的限定值，对于《规程》范围以外的锅炉，定型测试热效率结果应当不低于设计值的要求。电站锅炉产品按照相关标准的要求进行能效测试，测试结果应当满足相应标准规定或用户技术要求。

五、锅炉节能减排的措施

随着我国经济社会的发展，对能源的需求量急剧增大，锅炉的数量急速增长。2008

年底在用工业锅炉超过 57 万台，年耗煤约 4 亿 t，全国煤炭消费量 27.4 亿 t，因此，如何提高锅炉的热效率、节约燃料尤为重要。

1. 我国锅炉使用现状和存在问题

截至 2017 年，全国在用工业锅炉保有量 62 万台，约 206 万 t 蒸汽/h。燃煤锅炉约 30.7 万台，占工业锅炉总容量的 92.5% 左右，平均容量约 3.4t 蒸汽/h，其中 20t 蒸汽/h 以下超过 80%。113 个大气污染防治重点城市中约有燃煤工业锅炉 15 万台，97 万 t 蒸汽/h，均占全国的 1/2。工业锅炉主要用于工厂动力、建筑采暖等领域，每年耗原煤约 4 亿 t。燃煤工业锅炉效率低，污染重，节能潜力巨大。全国工业锅炉年排放 CO_2 约 1.6 亿 t，排放烟尘约 380 万 t，SO_2 约 600 万 t 和大量的 NO_x，是仅次于火电厂的第二大煤烟型污染源。

燃煤工业锅炉存在以下主要问题：

1）单台锅炉容量小，设备陈旧老化。锅炉生产厂家混杂，产品质量参差不齐；平均负荷不到 65%，部分还存在“大马拉小车”的现象。

2）自动控制水平低，燃烧设备和辅机质量低、鼓引风机不配套。在用工业锅炉普遍未配置运行检测仪表，操作人员在调整锅炉燃烧工况或载荷变化时，由于无法掌握具体数据，不能及时根据载荷变化调整锅炉运行工况，锅炉、电动机的运行效率受到了限制，造成了浪费。

3）使用煤种与设计煤种不匹配、质量不稳定。工业锅炉的燃煤供应以未经洗选加工的原煤为主，其颗粒度、热值、灰分等均无法保证。燃烧设备与燃料特性不适应，当煤种发生变化时，其燃烧工况相应也发生变化，且燃烧时工况也相应变差。

4）受热面积灰、炉膛结焦。工业锅炉采用的燃料品质参差不齐，黏结性物质增多，锅炉受热面结焦、积灰严重。目前清除锅炉结焦、积灰的主要方法为机械方法和化学方法，但由于结焦、积灰成分的不同及各锅炉结构的差异，清除效果不明显。

5）水质达不到标准要求、结水垢严重，锅炉水质超标明显。依据 GB/T 1576—2018《工业锅炉水质》的规定，在用工业锅炉均应安装水处理设备或锅内加药装置，但实际上仍有很大一部分工业锅炉水质严重超标。

6）排烟温度高，缺乏熟练的专业操作人员。由于产品技术水平和运行水平不高，大多锅炉长期在低载荷下运行，造成不完全燃烧和排烟温度升高，热损失增大。

7）污染控制设施简陋，多数未安装或未运行脱硫装置，污染排放严重。锅炉是我国大气环境污染的主要排放源之一。

8）冷凝水综合利用率低，节能监督和管理缺位等。

2. 我国现有的锅炉节能技术

1）炉燃烧节能技术，包括在保证完全燃烧前提下的低空气系数燃烧技术、充分利用排烟余热预热燃烧用空气和燃料的技术、富氧燃烧技术等。实现低空气系数燃烧的方法有手动调节、用比例调节型烧嘴控制、在烧嘴前的燃料和空气管路上分别装有流量检测和流量调节装置、空气预热的空气系数控制系统及微机控制系统等。

2）锅炉的绝热保温。对高温炉体及管道进行绝热保温，将减少散热损失，大大提高了热效率，取得显著的节能效果。常用的绝热材料有珍珠岩、玻璃纤维、石棉、硅藻、矿渣棉、泡沫混凝土、耐火纤维等。

3）劣质燃料和代用燃料的应用。为了节省燃油锅炉的燃料油用量，目前采用代油燃料的方法包括直接烧煤、煤油混合燃烧、煤炭气化和水煤浆燃烧等。

4）工业锅炉燃烧新技术。应用在工业锅炉上的燃烧新技术有十多种，主要有分层层燃系列燃烧技术、多功能均匀分层燃烧技术、分相分段系列燃烧技术、抛喷煤燃烧技术、炉内消烟除尘节能技术、强化悬浮可燃物燃烧技术、减少炉排故障技术等。

5）节能新炉型新技术在锅炉改造中的应用，主要有沸腾炉在锅炉改造中的应用、循环流化床燃烧技术在锅炉改造中的应用、煤矸石流化床燃烧技术的应用、对流型炉拱在火床炉改造中的应用等。

3. 我国锅炉节能潜力分析

我国现有中小锅炉设计效率为72%～80%，实际运行效率只有60%左右，比国际先进水平低10%～15%。这些中小锅炉中80%都是燃煤锅炉，节省潜力很大。因此，用节能技术对工业锅炉进行必要的改造，以消除锅炉缺陷及改进燃烧设备和辅机系统，使其与燃料特性和工作条件匹配，以及使锅炉性能和效率达到设计值或国际先进水平，从而实现大量节约能源和达到环境保护。如全国工业锅炉有30%进行节能改造，按效率提高15%计算，全国年节省标煤1290万t，减排CO_2达903万t。

4. 对锅炉节能减排工作的建议

1）更新、替代低效锅炉。采用循环流化床及燃气等高效、低污染工业锅炉替代低效落后锅炉，推广应用粉煤和水煤浆燃烧、分层燃烧技术等节能先进技术。

2）改造现有锅炉房系统。针对现有锅炉房主辅机不匹配、自动化程度和系统效率低等问题，集成现有先进技术，改造现有锅炉房系统，提高锅炉房整体运行效率。加强对中小锅炉的科学管理，对运行效率低于设备规定值85%以下的中小锅炉进行改造。

3）推广区域集中供热。集中供热比分散小锅炉供热热效率高45%左右，以集中供热的方式替代工业小锅炉和生活锅炉，既帮助企业节约了成本，又解决了企业生产场地及环境污染的问题。

4）建设区域煤炭集中配送加工中心。针对目前锅炉用煤普遍质量低、煤质不稳定、与锅炉不匹配、运行效率低的问题，主要侧重于北方地区，建设区域锅炉专用煤集中配送加工中心，扩大集中配煤、筛选块煤、固硫型煤应用范围。

5）示范应用洁净煤、优质生物型煤替代原煤作为锅炉用煤，提高效率，减少污染；推广使用清洁能源、水煤浆、固体垃圾及天然气等。

6）推广工业锅炉加装余热回收装置。加装蒸汽“余热回收装置”，对有机热载体炉的尾部高温烟气进行回收二次利用，使锅炉烟气温度降低至150～200℃。

7）加强锅炉水处理技术工作。据测算，锅炉本体内部每结1mm水垢，整体热效率下降3%，而且影响锅炉的安全运行。采取有效的水处理技术和除垢技术，加强对锅炉的原水、给水、锅水、回水的水质及蒸汽品质检验分析，实现锅炉无水垢运行，整体热效率平均提高10%。

5. 节能技改措施

1）给煤装置改造。层燃锅炉中占多数的正转链条炉排锅炉，将斗式给煤改造成分层给煤，有利于进风，提高煤的燃烧率，可获得5% ~20%的节煤率。投资很小，回收很快。

2）燃烧系统改造。对于链条炉排锅炉，这项技术改造是从炉前适当位置喷入适量煤粉到炉膛的适当位置，使之在炉排层燃基础上，增加适量的悬浮燃烧，可以获得10%左右的节能率。但是，喷入的煤粉量、喷射速度与位置要控制适当，否则，将增大排烟黑度，影响节能效果。对于燃油、燃气和煤粉锅炉，是用新型节能燃烧器取代陈旧、落后的燃烧器，改造效果一般可达5% ~10%。

3）炉拱改造。链条炉排锅炉的炉拱是按设计煤种配置的，有不少锅炉不能燃用设计煤种，导致燃烧状况不佳，直接影响锅炉的热效率，甚至影响锅炉“出力”。按照实际使用的煤种，适当改变炉拱的形状与位置，可以改善燃烧状况提高燃烧效率及减少燃煤消耗，现在已有适用多种煤种的炉拱配置技术。这项改造可获得10%左右的节能效果，技改投资半年左右可收回。

4）层燃锅炉改造成循环流化床锅炉。循环流化床锅炉的热效率比层燃锅炉高15% ~20%，而且可以燃用劣质煤。使用石灰石粉在炉内脱硫大大减少了 SO_2 的排放量，而且其灰渣可直接生产建筑材料。这种改造已有不少成功案例，但它的改造投资较高，约为购置新炉费用的70%，所以要慎重决策。

5）采用变频技术对锅炉辅机节能改造。鼓风机和引风机的运行参数与锅炉的热效率和能耗直接相关，通常都是由操作人员凭经验手动调节，峰值能耗浪费较大。采用低耗电量的变频技术节能效果很好。其优势在于：电动机转速降低减少了机械磨损，进而电动机工作温度明显降低，检修工作量也减少；电动机采用软起动，不会对电网造成冲击，节能效果显著，一般情况下可以节能约30%。

6）控制系统改造。工业锅炉控制系统节能改造有两类：一是按照锅炉的负荷要求，实时调节给煤量、给水量、鼓风量和引风量，使锅炉经常处在良好的运行状态，将原来的手工控制或半自动控制改造成全自动控制，这类改造对于负荷变化幅度较大，而且变化频繁的锅炉节能效果很好，一般可达10%左右；二是对于供暖锅炉，要求在保持足够室温的前提下，根据户外温度的变化，实时调节锅炉的输出热量，达到舒适、节能、环保的目的。实现了这类自动控制，可使锅炉节约20%左右的燃煤。对于燃油、燃气锅炉，节能效果是相同的，但其经济效益更高。

7）推广冷凝水回收技术，对给水系统进行改造。蒸汽冷凝水回收利用，尤其用于锅炉给水将产生显著的经济效益和社会效益。锅炉补给水利用蒸汽冷凝水，有如下好处：热量利用，蒸汽冷凝水回水温度一般为60 ~95℃，可以提高锅炉给水温度40 ~60℃，节煤效果明显；冷凝水回收量一般可达到锅炉补给水量的40% ~80%，大大节约锅炉软水用量，既节约用水又节约用盐，给水温度的提高，提高了锅炉炉膛温度，有利于煤的充分燃烧；蒸汽冷凝水含盐量较低，可以降低锅炉排污量，提高锅炉热效率；减少了企业污水排放量和烟尘排放量。

6. 保障措施

1）建立和完善节能减排指标体系。各地地方政府应尽快出台制定鼓励节能减排和促进新能源发展的具体配套措施及优惠政策，各级职能部门建立协作联动机制，努力形成整体合力，大力开展对锅炉节能减排的宣传教育，营造浓厚的工作氛围，提高全民节能意识，充分发挥技术机构的支撑作用，共同推进锅炉节能减排工作。

2）制定有关工业锅炉的能效标准及用煤质量标准。

3）鼓励开发和应用工业锅炉节能降耗新技术、新设备。

4）建立锅炉信息平台，发布工业锅炉节能信息，推行合同能源管理，建立节能技术服务体系。

5）有条件应尽快出资组建锅炉能效实验室，并承担锅炉能效测试相关费用。通过能效测试，了解锅炉经济运行状况的优势，找出造成能量损失的主要因素，指明减少损失、提高效率的主要途径。由于组建实验室所需的检测设备多、设备昂贵，以及检测单位难以承担能效检测程序烦琐及检测费用高，如果由使用单位买单，检测阻力大，并不利于开展检测活动。

6）充分发挥企业节能减排的主体作用。鼓励企业加大节能减排技术改造和技术创新投入，增强自主创新能力。完善和落实节能减排管理制度，提高锅炉热效率，加强对锅炉运行人员和管理人员的节能技能培训考核，强化能源计量管理。

六、国家重点推广的锅炉节能技术

1. 燃煤锅炉气化微油点火技术

（1）技术名称　燃煤锅炉气化微细点火技术。

（2）适用范围　煤粉锅炉。

（3）技术内容

1）技术原理：通过煤粉主燃烧器的一次风粉瞬间加热到煤粉着火温度，风粉混合物受到了高温火焰的冲击，挥发粉迅速析出同时开始燃烧，从而使煤粉中的碳颗粒在持续的高温加热下开始燃烧，形成高温火炬。

2）关键技术：油枪的气化燃烧，油燃烧室的配风，煤粉燃烧器的分级设计。

3）工艺流程：电子点火枪点燃油枪→燃烧强化→点燃一级煤粉→点燃二级煤粉→气膜风保护三级燃烧送入炉膛。

（4）主要技术指标

1）与该节能技术相关生产环节的能耗现状：目前我国电站锅炉起动和低负荷稳燃过程中要消耗大量燃油，现役机组每台锅炉每年点火及稳燃用柴油约500t以上。传统的大油枪每只油枪的出力在1.0t/h左右，而汽化微油点火技术油枪出力只有30kg/h左右。

2）主要技术指标：同原来的点火油枪相比，节油在80%以上，烟煤节油率在95%以上。

（5）技术应用情况　已在135MW、200MW、300MW及600MW机组上得到了应用。

（6）典型用户及投资效益　温州某发电厂135MW机组投入节能技改资金130万元，在机组大修后起动过程中就节约轻柴油405.5t，取得节能经济效益185.62万元。大修起动后已回收投资并有盈余。

该发电厂300MW机组投入节能技改资金250万元，大修起动及随后运行一个月，累计节约轻柴油341t，取得节能经济效益169.2万元。投资回收期半年。

榆社某电厂2×300MW锅炉B层喷燃器投入节能技改资金260万元，与原点火油枪相比，节油80%以上，年可节油1000t以上，约600万元。投资回收期不足一年。

武乡某电厂2×600MW锅炉B层喷燃器投入节能技改资金360万元，与原点火油枪相比，节油80%以上，年可节油1500t以上，约900万元。投资回收期不足一年。

（7）推广前景和节能潜力　煤种适应性强，推广前景广阔，节能潜力巨大。

2. 燃煤锅炉等离子煤粉点火技术

（1）技术名称　燃煤锅炉等离子煤粉点火技术。

（2）适用范围　适用于干燥无灰基挥发分含量高于18%的贫煤、烟煤和褐煤等煤种的锅炉点火系统。

（3）技术内容

1）技术原理：在直流强磁下产生高温空气等离子气体，用来局部点燃煤粉。

2）关键技术：等离子发生器。

3）工艺流程：等离子发生器利用空气作为等离子载体。用直流接触引弧放电方法，制造功率达150kW的高温等离子体。热一次风携带煤粉通过等离子高温区域被点燃，形成稳定的二级煤粉的点火源，保证煤粉稳定燃烧。

（4）主要技术指标

1）与该节能技术相关生产环节的能耗现状：无等离子点火系统时，锅炉每次冷态点火到正常运行需耗油60t左右，等离子系统投运时，耗油仅10t左右。

2）主要技术指标：①额定电压为0.38/0.36kV；②工作电流为290～320A；③额定功率为200kV·A。

（5）技术应用情况　该技术已先后应用于50～600MW各等级机组锅炉200余台，总容量已突破70000MW。

（6）典型用户及投资效益　岱海电厂2×600MW机组锅炉节能技改投资额1000万元。机组投入生产后，采用等离子点火装置一次冷态起动可节省燃油98t，两台机组每年可节省燃油980t。年节能经济效益达500万元，投资回收期两年。

（7）推广前景和节能潜力　采用等离子点火装置，可以节约机组的燃料成本，特别是调峰机组，节油效果也十分显著。此外，该技术还可克服投油点火不能投电除尘器的环保问题，因而具有明显的节能潜力。

3. 其他

1）燃煤催化燃烧节能技术，即通过提高炉内燃煤燃烧速率，使燃烧更充分达到节能目的。通过优化燃煤颗粒的表面性能，促进煤中灰分与硫氧化物的反应，达到脱硫作用。有效减少燃煤锅炉焦垢的生成并除焦、除垢，从而改善燃烧器工作状况。该技术适用于各种工业锅炉，技术条件为2.5～5L/h喷雾计量系统，节煤率8%～15%。

2）锅炉水处理防腐阻垢节能技术，即采用向循环水系统投加防腐阻垢剂，除去锅炉内壁表面老垢、老锈，并形成保护膜，阻止表面氧化，有效防止人为失水，该技术适用于工业和采暖锅炉，平均每平方米供暖面积每采暖年度节能≥5kg，节电20%。

3）锅炉智能吹灰优化与在线结焦预警系统技术，即在锅炉各受热面污染在线检测基础上，实现系统开环运行操作指导与闭环反馈检测控制相结合的智能吹灰运行模式，从而减少吹灰蒸汽用量，降低排烟温度，提高锅炉效率。该技术适用于大型燃煤锅炉机组，节能约350万t（标煤）。

4）电站锅炉用临机蒸汽加热起动技术，适用于2×1000MW直流锅炉机组的工业锅炉冷态起动，节能约10万t（标煤）。

5）脱硫烟气余热的回收及风机优化运行技术，适用于2×1000MW机组石灰石-石膏湿法烟气脱硫系统，节能约90万t（标煤）。

第三节　锅炉烟气脱硫技术

工业锅炉消烟除尘和烟气脱硫技术在加强环境保护工作中是十分重要的大事。

一、工业锅炉消烟除尘

1. 工业锅炉烟尘的危害

1）烟尘的产生：煤是锅炉的主要燃料，煤的主要成分是碳、氢、氧、氮、硫、水分和灰分。煤经过高温氧化燃烧后，产生的烟尘由气体和固体两部分组成。气体部分主要是二氧化碳、二氧化硫、一氧化碳、氮、氧、水蒸气、硫化氢等；固体部分是飞灰和未燃尽的煤尘及炭黑。锅炉在燃烧过程中冒黑烟就是由于燃料没有得到充分燃烧，一部分炭黑来不及氧化就被烟气带走。这些炭黑颗粒的直径有的只有0.05～1μm，能在空气中飘浮较长时间，形成黑色烟雾；而颗粒直径在5～100μm的飞灰及未燃尽的煤粒则随烟气从烟囱排出，成为烟气中的灰尘。

2）工业锅炉烟尘的危害：煤经过燃烧所产生的灰和二氧化硫及有致癌作用的碳氢化合物进入大气后，会造成严重污染，影响人民的正常生活和农作物的生长。

消烟和除尘两者既有联系又有区别。消烟是指消除烟气中对人体有害的气体和炭黑；除尘是除掉烟气中的尘粒。消烟的关键是使煤得到充分燃烧，少生成一氧化碳和炭黑，这可以通过改进燃烧设备和操作方法来解决；而除尘则需要采取各种除尘措施。因此，搞好消烟除尘，既可节约燃料，又可保护设备，更重要的是可防止大气污染及保护环境。

2. 工业锅炉烟尘的排放标准

锅炉排放烟气中的含尘量是由烟尘浓度来表示的，它指每标准立方米排烟体积内所含烟尘的质量。我国规定烟气中的含尘量不得大于$200mg/m^3$。

工业锅炉的排烟标准一般按烟囱排出的烟色来考核。评定锅炉排放的烟色时常使用林格曼法：它将烟色分成6级（见表2-17），每一级标准烟色由画在宽14cm、长20cm白纸上的黑色格线构成，如图2-2所示。评定烟色时，观测者、标准烟色图与烟囱成一条直线，观测者距烟囱约40m，距标准烟色图16m，如图2-3所示，即可评定烟色的级数。

表 2-17　6 级标准烟色

烟色级	0	1	2	3	4	5
白色宽度/mm	全白	9.0	7.7	6.3	4.5	—
黑线格面积占总面积之比（%）	0	20	40	60	80	100
烟色外观特点	全白	微灰	灰	深灰	灰黑	黑

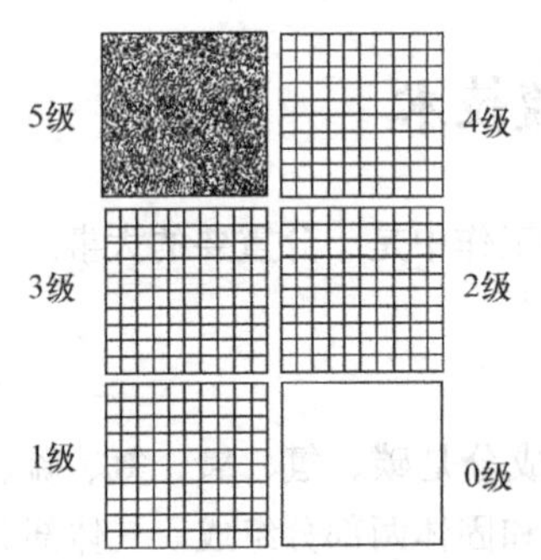

图 2-2　林格曼烟气黑度标准图

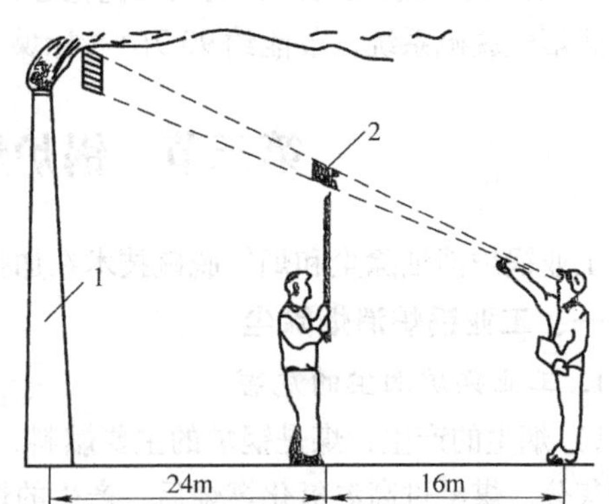

图 2-3　利用林格曼图目测烟气黑度的示意图
1—烟囱　2—林格曼烟气黑度标准图

二、锅炉烟气脱硫

在我国一次能源和发电能源构成中，煤占据了绝对的主导地位，而且在已探明的一次能源储备中，煤炭仍是主要能源。近期我国《能源中长期发展规划纲要》提出了“以煤炭为主体，电力为中心，积极推动油气和新能源全面发展”的战略，预测到 2050 年煤在我国一次能源中所占比例仍在 50% 以上。这些都充分表明在很长的一段时间内，我国一次能源以煤为主的格局不会发生较大改变。

大量的燃煤和煤中一定的含硫量必然导致大量的二氧化硫的排放，2017 年我国二氧化硫排放量已从 2007 顶峰下降了 75%，但仍居世界二氧化硫排放高位。另外，燃煤烟气中的氮氧化物同样是大气污染的主要原因之一。

在电力行业快速发展的情况下做好环境保护工作，控制燃煤电厂大气污染物排放，改善我国空气质量、控制酸雨污染，一直是国家环境保护工作的重要课题。所以在 2011 年 9 月 29 日发布了新修订的国家污染物排放标准 GB 13223—2011《火电厂大气污染物排放标准》，除了提高环保标准外，国家也逐步提高了排污的收费。

由于采取了一系列有效的控制排放政策和措施，我国在大气污染物的治理和控制上已取得一定的成效。但目前我国二氧化硫、氮氧化物的治理和减排形势仍然十分严峻。

1. 规范脱硫市场

(1) 曝光 8 家电厂违法超排二氧化硫　山西、广西、四川、贵州、湖南等省区 8 家燃煤电厂违反大气污染防治设施必须保持正常使用的法律要求和有关技术规范，脱硫设施长期不正常运行，超标排放二氧化硫等污染气体。国家发展和改革委员会、环境保护部公开曝光这8家企业和相关处理结果。发布的公告中说，山西忻州广宇煤电有限公司现有两台燃煤发电机组，装机容量均为13.5万kW，2007年6月建成投运，烟气脱硫设施同步建成投运，采用一炉一塔半干法脱硫技术。这家公司违反大气污染防治设施必须保持正常使用的法律要求和有关技术规范，脱硫设施长期不正常运行，不按操作规程添加足量脱硫剂，监测系统中脱硫剂消耗量、烟气入口和出口二氧化硫浓度数值人为作假，致使烟气在线监测数据失真，二氧化硫长期超标排放。其他7家公司均存在类似问题。

为此，责成上述8家单位自公告之日起30个工作日内编制完成烟气脱硫设施整改方案，报送环境保护部备案。

两部门还要求这8家单位所在地省级环境保护行政主管部门自公告之日起15个工作日内，依据两部门公告核定的2009年二氧化硫排放量，确定各机组（锅炉）应全额缴纳的2009年二氧化硫排污费金额，核实已经征收的二氧化硫排污费，追缴差额部分。

两部门要求，自公告之日起15个工作日内，山西忻州广宇煤电有限公司、广西方元电力股份有限公司来宾电厂、广西柳州发电有限责任公司、四川嘉陵电力公司、贵州发耳发电有限公司、湖南益阳发电有限公司等6家单位所在地省级价格主管部门，要根据《燃煤发电机组脱硫电价及脱硫设施运行管理办法（试行）》有关规定和上述公布的机组脱硫设施投运率，扣减停运时间上网电量的脱硫电价款，对脱硫设施投运率低于90%的，按规定处以相应罚款。

对不正常使用自动监控系统、弄虚作假的山西忻州广宇煤电有限公司、四川嘉陵电力公司和四川宜宾天原集团股份有限公司，两部门要求这3家公司所在地县级以上环境保护行政主管部门依据《中华人民共和国大气污染防治法》第四十六条和《污染源自动监控管理办法》第十八条有关规定进行处罚。

两部门还要求上述8家公司所在地环境保护行政主管部门依据《中华人民共和国大气污染防治法》第四十六条有关规定对不正常运行脱硫装置、超标排放二氧化硫的行为进行处罚。

含硫煤炭在燃烧过程中释放出二氧化碳等污染气体。大气中的二氧化硫会刺激人们的呼吸道，导致呼吸道抵抗力下降，诱发呼吸道的各种炎症。二氧化硫进入大气后还可能形成酸雨，给农业、森林、水产资源等带来严重危害。

为了有效防治二氧化硫等的污染，改善大气环境质量，我国在改变燃料构成，推广使用天然气及优质煤的同时，大力推广节能、脱硫及高效除尘等措施。

（2）规范脱硫市场　近年来工业和信息化部印发了《关于公布"石灰石-石膏湿法烧结烟气脱硫技术"等两种脱硫工艺后评估结果的通告》（以下简称《通告》）。该《通告》不对工艺好坏进行评述，只是列举出评估对象的实际运行数据及达到该效果的工况条件，供企业结合自身实际情况进行选择。

这次《通告》中所提到的两项技术后评估工作，经过了制定后评估方案、现场调研、编写评估报告、专家评审四个阶段。该项工作是针对当前钢铁烧结烟气脱硫市场混乱，钢铁企业与脱硫公司信息不对称的现状而开展的。

这次发布的钢铁行业烧结烟气脱硫技术后评估的两项技术经过了严格筛选，比较了目前在市面上使用的20多种技术，最后经专家研究，确定使用这两项技术。针对烧结机烟气特点，在吸收塔浆池结晶生成物控制方面，还独创了一种浆液池结晶生成物的控制方法，目前在申请专利。

石灰石-石膏湿法（空塔喷淋）烧结烟气脱硫技术不但很好地消除了吸收塔内壁结垢和管道堵塞问题，而且该控制方法对吸收浆液pH值 Cl^- 浓度 F^- 浓度、重金属含量、氧化空石膏结晶时间、反应温度等进行严格控制。同时，确保外排浆液中膏晶体粒径饱满、杂质含量少，生成的石膏晶体非常利于脱水，能有效保证副产物石膏的含水量在10%以下，有利于石膏的综合利用。

在脱硫效率方面，石灰石-石膏湿法（空塔喷淋）烧结烟气脱硫技术的平均脱硫效率为93.3%，外排废气中二氧化硫浓度在200mg/m^3（标态）以下。

而循环流化床（LJS-FGD）烧结烟气多组分污染物干法脱除技术的主要亮点是具有协同脱除多种污染物的功能。该技术平均脱硫效率为93.1%，除氯化氢效率96.6%，铅、镉、汞的总量脱除效率99.5%，硫酸雾脱除率96.6%，且本工艺只要增加吸附剂就可以脱除二噁英。

同时，这两项技术具有较低成本的优势，一般企业都能接受。石灰石-石膏湿法（空塔喷淋）烧结烟气脱硫技术单位烟气量投资为75元/[m^3(标态)/h]，每吨脱硫成本为5.21元。而循环流化床（LJS-FGD）烧结烟气多组分污染物干法脱除技术单位烟气量投资为59元/[m^3(标态)/h]，每吨脱硫成本为7.99元。

新时期我国火电烟气脱硫工作取得了实质性进展。根据环境保护部的统计数据显示，截至2015年年底，全国二氧化硫排放总量下降了18.44%，已提前完成“十二五”减排目标，但钢铁行业二氧化硫排放量却比2005年增加了12%左右。究其原因，除了近年来钢铁产能快速增长之外，更主要的还是钢铁烧结烟气脱硫市场混乱，企业在选择脱硫工艺时无所适从，导致脱硫工作进展缓慢，且大多数建成的脱硫装置脱硫效率、投运率不高。

目前，有相当一部分脱硫公司缺乏相关资质和工程经验，所采用的脱硫工艺良莠不齐。据审计署抽查的结果显示，被抽查的82家钢铁企业207台烧结机中只有43台（占20.77%）安装了脱硫设施，且其中因技术不成熟、运行费用高等原因，4家钢铁企业的烧结脱硫设施运行不正常。而部分中小钢铁企业建设的脱硫设施实际运行效果更是令人担忧。为此，钢铁企业纷纷呼吁有关部门应该对钢铁烧结烟气脱硫工艺进行权威评估，避免出现火电烟气脱硫初期的无序局面。

为此，工业和信息化部（以下简称工信部）发布了《钢铁行业烧结烟气脱硫实施方案》，近期，工信部又发布了《关于开展钢铁行业烧结烟气脱硫工艺技术后评估工作的通知》。此次评估工作是由工信部委托的第三方评估机构组织专家完成的，专家们对提交参加后评估申请的脱硫工艺进行了筛选。确定了“石灰石-石膏湿法（空塔喷淋）烟气脱硫技术”“循环流化床（LJS-FGD）烧结烟气多组分污染物干法脱除技术”作为此次后评估的评估对象。

2. 烟气脱硫技术分类

烟气脱硫技术分类如图 2-4 所示。

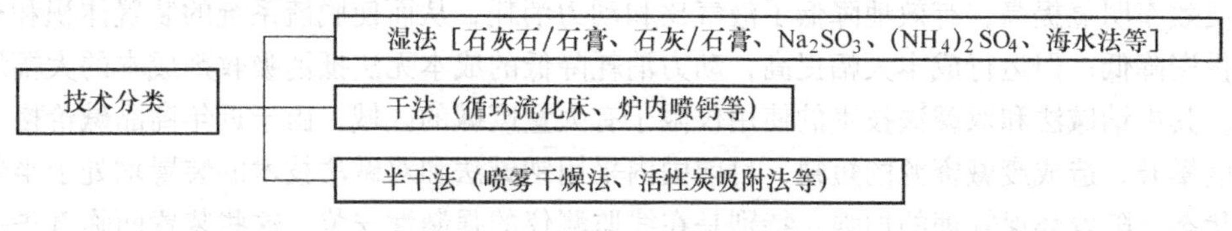

图 2-4 烟气脱硫技术分类示意

3. 湿法烟气脱硫技术按脱硫剂的种类划分

湿法烟气脱硫技术按脱硫剂的种类分类如图 2-5 所示。以上方法在国内外均有工程实例，但世界上普遍使用的是石灰石-石膏法，所占比例在 90% 以上。

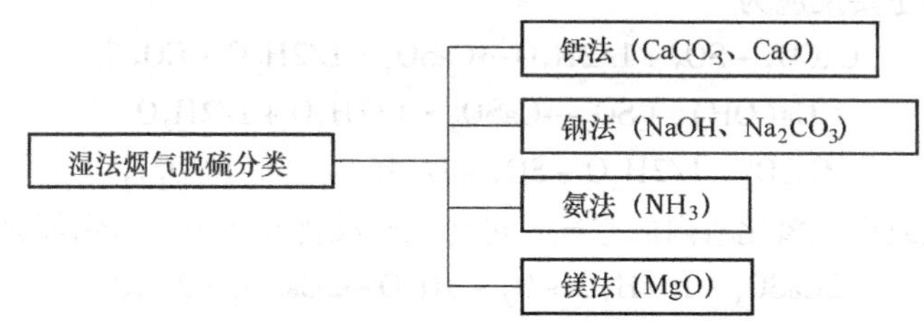

图 2-5 湿法烟气脱硫技术按脱硫剂的种类分类

石灰石-石膏法烟气脱硫技术已经有几十年的发展历史，技术成熟可靠，适用范围广泛，据有关资料介绍，该工艺市场占有率已经达到 85% 以上。国内许多电厂锅炉、大型锅炉均采用石灰石-石膏法烟气脱硫技术。

我国的石灰石储藏量大，矿石品位较高，$CaCO_3$ 含量一般大于 93%。石灰石用作脱硫剂时必须磨成粉末。石灰石无毒无害，在处置和使用过程中十分安全，是烟气脱硫的理想吸收剂。但是，在选择石灰石作为吸收剂时必须考虑石灰石的纯度和活性，即石灰石与 SO_2 反应速度，取决于石灰石粉的粒度和颗粒比表面积。

该吸收剂的主要优点是资源丰富，成本低廉，经过脱硫后的废渣可以抛弃也可以作为石膏回收。

三、烟气脱硫技术方案评价

烟气脱硫 FGD（Flue Gas Desulfurization）是目前技术最成熟及大规模商业化应用的减排方式。虽然研究开发的烟气脱硫技术已有 100 多种，但进入实用的只有十几种。评价各种脱硫方法指标主要有脱硫效率、投资、运行费用、副产品处理、二次污染程度。已商业化或完成中试的湿法脱硫工艺包括石灰-石膏法、海水脱硫法、钠碱法、双碱法、氧化镁法、氨吸收法、磷铵复肥法、稀硫酸吸收法等十多种。其中，又以湿式钙法占绝对统治地位，目前运行的大型火力发电机组 85% 以上采用的是石灰-石膏法。其优点是脱硫率高、钙硫比（Ga/S）低、吸收剂价廉易得、副产物便于处置，是目前最为经济、成熟的脱硫技术。

鉴于石灰-石膏法在中小型发电装置上使用还有一定局限性，目前国内中小型发电装置上运用比较普遍的有钠碱法、双碱法、氧化镁法。其共同特点为：由于循环吸收液传质效率明显提高，有效地降低了液气比和动力消耗，从而使脱硫系统的装置体积和初期投资降低；但运行成本大幅提高，动力消耗降低的成本无法抵消吸收剂成本的大幅增加。其中钠碱法和双碱法技术的使用仅限于有大量废碱的区域，由于近年商品碱价格大幅度攀升，造成废碱资源的短缺，目前国内采用钠碱法和双碱法技术的装置均处于半停用状态，随着环保管理的加强，特别是在线监测仪的强制性安装，这些装置面临着进一步的改造。

1. *烟气脱硫石灰-石膏法*

石灰-石膏法烟气脱硫工艺以石灰（CaO）或石灰石（$CaCO_3$）浆液吸收烟气中的SO_2，脱硫产物亚硫酸钙可用空气氧化为石膏回收，也可直接抛弃，脱硫率达到95%以上。吸收过程的主要反应为

$$CaCO_3 + SO_2 + 1/2H_2O \rightarrow CaSO_3 \cdot 1/2H_2O + CO_2 \uparrow$$

$$Ca(OH)_2 + SO_2 \rightarrow CaSO_3 \cdot 1/2H_2O + 1/2H_2O$$

$$CaSO_3 \cdot 1/2H_2O + SO_2 + 1/2H_2O \rightarrow Ca(HSO_3)_2$$

废气中的氧或送入氧化塔内的空气，可将亚硫酸钙和亚硫酸氢钙氧化成石膏：

$$2CaSO_3 \cdot 1/2H_2O + O_2 + 3H_2O \rightarrow 2CaSO_4 \cdot 2H_2O$$

$$Ca(HSO_3)_2 + 1/2O_2 + H_2O \rightarrow CaSO_4 \cdot 2H_2O + SO_2 \uparrow$$

脱硫系统十分庞大，包括石灰石浆液制备系统、吸收和氧化（反应器）系统、烟气再热系统、脱硫增压风机、石膏脱水系统、石膏存储系统及废水处理系统，系统庞大。石灰-石膏法烟气脱硫工艺如图2-6所示。

（1）石灰-石膏法的吸收效率　它与浆液的pH值、钙硫化、液气化、温度、石灰石粒度、浆液固体含量、气体中SO_2含量、洗涤器结构等众多因素有关。主要因素有：

1）浆液pH值：浆液pH值越高，吸收效率越高，但过高的pH值会造成系统结垢和循环浆液再生的困难，一般石灰石系统处于低pH值运行区间（5.0~6.0）。

2）液气比：由于反应中Ca^{2+}持续地被消耗，这就需要吸收器有较大的持液量，即保证较高的液气比。显然，脱硫率随液气比增大而提高，但能耗也相应增加，当液气比大于15L/m^3时，脱硫率为95%。

3）石灰石的粒度：粒度越小，表面积越大，脱硫率与石灰石的利用率越高，但石灰石的磨粉耗能越大。

4）温度：降低吸收塔中的温度，脱硫率提高。吸收塔中的温度主要受进口烟温的影响，一般进口烟温要低于135℃。

随着近年国内脱硫产业的高速发展、脱硫技术的不断进步，脱硫设备国产化率的不断提高，石灰-石膏法的投资强度也由初期的1200元/kW降至目前的250元/kW。例如，按照近年投运的重庆珞璜点厂、北京第一热电厂等装置实际运行成本核算，在电价按火电企业上网电价核算的前提下，其直接运行成本为850~1300元/t（二氧化硫）。

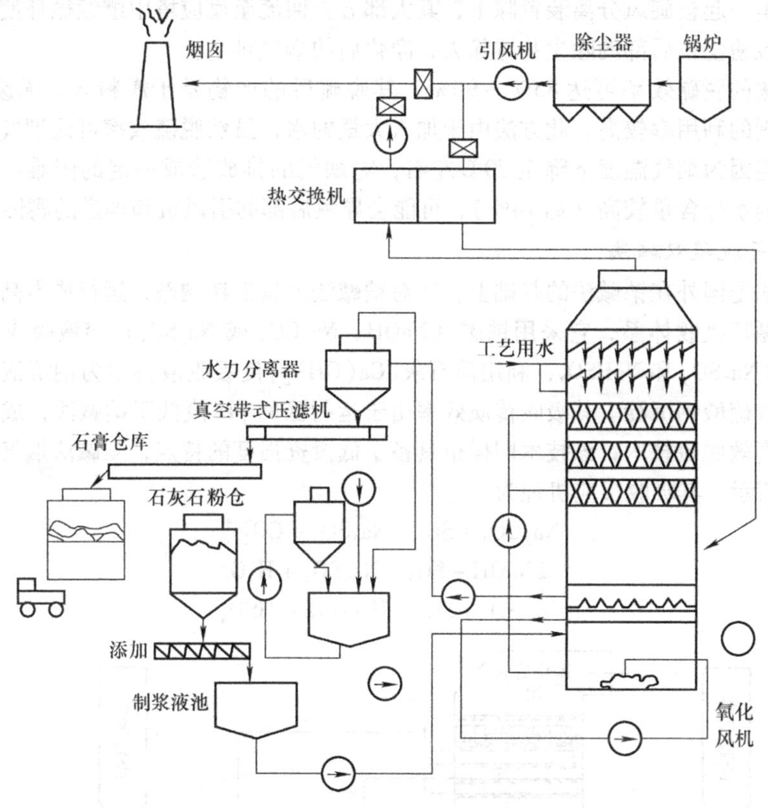

图2-6　石灰-石膏法烟气脱硫工艺

（2）石灰-石膏法存在的主要问题

1）占地面积大、石浆液制备系统及石膏脱水系统均为大型设备，不适用于中小型机组（220t/h 以下）及旧装置的脱硫改造。

2）由于采用的是浆液循环技术，同时亚硫酸钙在吸收液中的溶解度极低，相对现有的其他湿法技术，其吸收液的吸收传质效率最低，只能通过增加液气比来提高传质效率。

3）液气比高、制浆、过滤、氧化系统庞大、造成动力消耗极大，其电耗占脱硫成本的80%，接近机组发电量的1%。

4）吸收剂和生成物浆液容易在设备中结垢和堵塞，需通过降低 pH 值、加入添加剂等措施来抑制软垢（$CaSO_3 \cdot H_2O$）和硬垢（$CaSO_4 \cdot 2H_2O$）的形成。

5）副产物石膏由于含水率高、纯度低基本无经济价值，现有运行的装置大部分采用抛弃法。

2. 烟气循环流化床脱硫

该方法的主要工艺是将石灰浆喷入脱硫反应塔，与烟气中的 SO_2 反应，生成 $CaSO_3$ 与 $CaSO_4$。在反应过程中，石灰浆中的水分被蒸发，未反应的石灰、脱硫生成物及较大颗粒的烟尘一起被旋风分离装置除下，其大部分被回流至反应塔中继续循环使用。烟气中的细颗粒粉尘被后部的除尘装置除去，净化后的烟气排空。

该方法的脱硫效率可达85% ~90%。其脱硫后的产物是干燥粉末，无废水污染，而且吸收剂的利用率较高。此方法由于加入大量的水，虽然脱硫效率可因烟气温度降低而提高，但因为烟气温度下降至70℃左右，对烟气的排放造成一定的困难。而且，由于烟气中的水分含量较高（约14%），可能会导致后部的引风机和烟道的腐蚀。

3. 烟气脱硫双碱法

双碱法是国外在钠碱法的基础上，针对钠碱法大量消耗钠碱，运行成本高的特点开发的清液循环吸收体系，它采用钠碱（NaOH、Na_2CO_3 或 Na_2SO_3）溶液吸收烟气中的 SO_2，生成 Na_2SO_3 和 $NaHSO_3$，利用消石灰[$Ca(OH)_2$]使吸收液再生为钠溶液，并生成亚硫酸钙或硫酸钙沉淀。其吸收传质效率由于运行区间 pH 值低于钠碱法，成为仅次于钠碱法的高效脱硫技术，该技术同样也具备了低投资强度的特点，双碱法烟气脱硫工艺如图2-7所示。其吸收反应机理为

$$Na_2CO_3 + SO_2 \rightarrow Na_2SO_3 + CO_2\uparrow$$

$$2NaOH + SO_2 \rightarrow Na_2SO_3 + H_2O$$

$$Na_2SO_3 + SO_2 + H_2O \rightarrow 2NaHSO_3$$

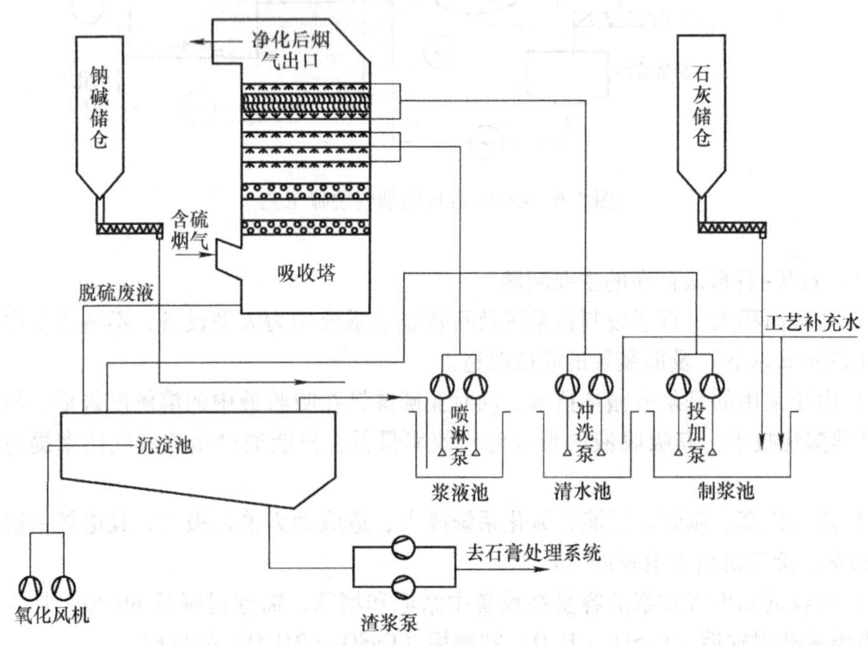

图2-7 双碱法烟气脱硫工艺

循环吸收液的再生反应为

$$Na_2SO_3 + Ca(OH)_2 + (1/2)H_2O \rightarrow 2NaOH + CaSO_3 \cdot (1/2)H_2O\downarrow$$

$$2NaHSO_3 + Ca(OH)_2 \rightarrow CaSO_3 \cdot (1/2)H_2O\downarrow + (3/2)H_2O + Na_2SO_3$$

$$2NaHSO_3 + CaCO_3 \rightarrow CaSO_3 \cdot (1/2)H_2O \downarrow + Na_2SO_3 + CO_2 \uparrow + (1/2)H_2O$$

（1）双碱法的优点

1）采用消石灰再生钠碱循环吸收液，减少了钠碱消耗，降低了运行成本。

2）采用钠碱清液循环系统，吸收液传质效率高。

3）可通过高效雾化喷淋或使用结构塔，实施低液气比下的高脱硫效率。

4）采用钠碱吸收剂，液气比为1.3～2.1L/m^3（标态），动力消耗低，从而降低运行费用。

5）吸收和泥浆的沉淀完全分开，塔内和管内液相为钠基清液，有效避免石灰法脱硫系统遇到的结垢问题。

（2）双碱法的缺点

1）再生反应速度慢，再生反应不完全，仍大量消耗钠碱，其实际成本会大于理论成本。

2）再生剂为石灰，价格较高（500元/t）。

3）吸收过程中，生成的部分 Na_2SO_3 会被烟气中残余 O_2 氧化成不易消除的 Na_2SO_4，使得吸收剂损耗增加和石膏质量降低。

4）石膏质量低，无综合利用价值。

4. 烟气脱硫氧化镁法

氧化镁法的原理是将氧化镁进行熟化反应生成氢氧化镁，制成一定浓度的氢氧化镁吸收浆液，在吸收塔内氢氧化镁与烟气中的二氧化硫反应生成亚硫酸镁和亚硫酸氢镁，其吸收反应机理如下：

$$MgO + H_2O \rightarrow Mg(OH)_2$$

$$Mg(OH)_2 + SO_2 \rightarrow MgSO_3 + H_2O$$

$$MgSO_3 + H_2O + SO_2 \rightarrow Mg(HSO_3)_2$$

$$Mg(HSO_3)_2 + Mg(OH)_2 + 4H_2O \rightarrow 2MgSO_3 \cdot 3H_2O$$

烟气脱硫氧化镁法工艺按最终反应产物可分为硫酸镁法和氧化镁再生法，其原理为

$$MgSO_3 + (1/2)\ O_2 \rightarrow MgSO_4\ \text{（硫酸镁法）}$$

$$MgSO_3 \rightarrow MgO + SO_2\ \text{（氧化镁再生法）}$$

氧化镁法脱硫工艺应用业绩相对较少。据介绍，氧化镁再生法的脱硫工艺最早由美国开米科基础公司20世纪60年代开发成功，70年代后费城电力公司与United & Constructor合作研究氧化镁再生法脱硫工艺，经过几千小时的试运行之后，在3台机组上（其中2个分别为150MW和320MW）投入了全规模的FGD（烟气脱硫）系统和两个氧化镁再生系统。上述系统于1982年建成并投入运行，1992年以后停运硫酸制造厂，直接将反应产物硫酸镁销售。我国山东滨州2×240t/h锅炉烟气脱硫就是采用了氧化镁法脱硫工艺。

（1）湿式镁法的优点　与石灰-石膏法烟气脱硫工艺相比，湿式镁法烟气脱硫工艺有以下优点：

1）氧化镁是碳酸镁煅烧后的产物，价格相对低廉。

2）由于亚硫酸镁的溶解度远远大于亚硫酸钙的溶解度，吸收反应速度较石灰-石

膏法快，吸收率较高。

3）液气比为5～10L/m^3，动力消耗较石灰-石膏法降低1/2以上。

4）镁法脱硫工艺具有运行稳定可靠，不易堵塞的特点。

5）投资较石灰-石膏法降低20%。

6）废渣可处理为达标废水直接外排。

（2）湿式镁法的缺陷

1）仍为浆液循环体系，液气比较大，仍需较大的动力消耗。

2）氧化生成硫酸镁浓度仅5%～8%，回收价值低，同样消耗大量补充水。

3）氧化镁回收系统庞大，投资大。

4）从药剂成本考虑，氧化镁的使用有一定的原料产地地域局限性。

5）该技术的使用涉及大量的国外知识产权。

5. 技术经济比较

湿法与半干法技术较成熟，运行可靠，脱硫效率较高，并在多年的使用过程中使其性能不断得到改进。但这两种方法工艺流程一般较复杂，投资与运行成本较高，占地面积较大，适用于规模较大、场地和资金均较充裕的新建电厂。如对现有电厂进行技术改造，尤其是场地、资金均较拮据的项目，采用这两类脱硫装置均较困难。

（1）脱硫效率　各种脱硫方法中，湿法的脱硫效率最高，可达95%以上；半干法的脱硫效率次之，可达80%～85%；干法及炉内喷钙的脱硫效率通常为70%以上。炉内喷钙的炉内脱硫效率通常为20%左右。其主要的脱硫过程在炉后增湿活化单元进行，在增湿过程中，CaO溶解于水中，生成Ca（OH）$_2$，与SO_2反应比较充分，因此，脱硫效率可达60%～70%。

（2）钙硫比　各类脱硫方法中，炉内喷钙脱硫方法的钙硫比（Ca/S）最高，可达2.5以上，这是由于炉内喷钙所用的吸收剂为碳酸钙（$CaCO_3$），碳酸钙先在锅炉炉膛内被煅烧为氧化钙（CaO），然后与烟气中的硫氧化物（SO_x）反应，生成亚硫酸钙（$CaSO_3$）和硫酸钙（$CaSO_4$）。这一系列的反应需要一定的时间，而且CaO与SO_2的反应速度及效率均不如Ca（OH）$_2$，致使脱硫吸收剂的利用率较低，因此该方法的Ca/S较高。

（3）占地面积　通常湿法脱硫占地面积最大，半干法次之，炉内喷钙再次之，干法脱硫占地面积较小。由于各种脱硫方法在工程应用时的电站规模各不相同，占地面积之间缺乏可比性，因此，将各种脱硫方法在工程应用时，常用电站锅炉的占地面积与蒸发量之比来进行相互比较。例如北京某热电厂的喷雾干燥法占地面积最大，这是由于其单位占地面积较大的缘故。

（4）投资　各类脱硫方法的投资占电站总投资的比例有较大差异，同一类脱硫方法在不同的工程应用中也有所差异。喷雾干燥法投资比通常偏大，这是由于该工程规模较小的缘故。如果在相同规模的工程中应用，一般湿法的投资最高，半干法次之，干法最低。

（5）运行成本 当计算各种脱硫方法的单位运行成本时，如不包括偿还贷款，则湿法、半干法及干法脱硫的运行成本相差不是很大（除北京某热电厂外），这是由于该项计算主要考虑各种消耗，如吸收剂、电力、水、蒸汽消耗、人工、设备折旧、设备大修、设备维修及管理费等，未考虑投资大小这个因素。因此，当把偿还贷款计入运行成本时，湿法和半干法脱硫的单位运行成本比干法脱硫明显增高。

6. 综合评价

1）脱硫方法选择应当以锅炉的容量、煤的发热量、煤的含硫量、预留的脱硫场地的大小、使用单位的资金情况等作为依据。

2）湿法与半干法较适用于新建大容量锅炉脱硫（300MW 以上），中、小容量锅炉脱硫（200MW 以下）或已建项目的扩改，应用干法较适合，该类方法投资省，占地面积小，运行费用较低。

3）在进行各种脱硫方法的经济指标分析比较时，应考虑工程投资，并将偿还贷款计入运行成本，贷款偿还年限通常按 20 年计算。计算脱硫成本时应包括以下项目：a. 消耗吸收剂、电力、水、蒸汽等；b. 人工、设备折旧、设备大修、维修与管理费等；c. 偿还贷款。

7. 做好项目前期准备

为做好烟气脱硫项目，必须做好“脱硫项目前期情况调查表”，见表 2-18。

表 2-18 烟气脱硫项目情况调查表

公司名称	详细地址	联系人	联系电话
邮编	传真	电子邮件	网址

一、锅炉现有情况

生产厂家	型号	生产日期	投运日期
台数	蒸发量/(t/h)	额定/实际耗煤量/(t/h)	实际运行情况(几用几备)

二、燃煤现有情况

燃煤产地	发热量/(kJ/kg)	灰分(%)	含硫量(%)	含氮量(%)	煤质报告

三、风机现有情况

风机数量/台	额定风量/(m^3/h)	实际运行风量/(m^3/h)	是否变频	风压/Pa	备注

（续）

四、烟气现有情况

1. 锅炉出口

烟气温度/℃	烟气量/(m^3/h)	二氧化硫浓度/(mg/m^3)	粉尘浓度/(mg/m^3)	备注

2. 除尘器出口（如果有）

烟气温度/℃	烟气量/(m^3/h)	二氧化硫浓度/(mg/m^3)	粉尘浓度/(mg/m^3)	备注

五、环保设施现有情况

1. 脱硫设施（如果有）

设备形式	烟气温度/℃	烟气量/(m^3/h)	二氧化硫浓度/(mg/m^3)	粉尘浓度/(mg/m^3)	备注

2. 水处理设施（如果有）

设备形式	处理能力	是否能承担本项目废水处理	运行情况	备注

六、场地现有情况

现有布置情况	可利用场地形状、大小/(m×m)	应注意事项	备注

七、拟准备采用的脱硫剂、脱硫工艺

脱硫剂	脱硫塔	脱硫工艺	其他要求	备注

八、达到排放标准

二氧化硫/(mg/m^3(标态))	粉尘/(mg/m^3(标态))	林格曼黑度（级）	其他要求	备注

九、提供煤质报告、烟气检测报告等

第四节 锅炉事故预防及应急预案

做好锅炉事故预防及应急预案可以确保锅炉安全、可靠地运行。

一、锅炉安全技术管理

1. 安全管理要求

（1）安全技术资料齐全

1）出厂资料齐全，应包括质量证明书、合格证、锅炉总图、主要受压部件图、受压元件强度计算书、安全阀排放量计算书、安装使用说明书及各种辅机的合格证书等。

2）锅炉使用登记证必须悬挂在锅炉房内。

3）在用锅炉必须持有锅炉定期检验证并在检验周期内运行。

（2）安全附件齐全并完好有效

1）安全阀：安全阀每年检验、定压一次且铅封完好，每月自动排放试验一次，每周手动排放试验一次，并做好记录及签名。安全阀应铅直安装在锅筒、集箱的最高位置，其排放管应直通安全地点。

2）水位表：每台锅炉至少应装2只独立的水位表。额定蒸发量小于等于0.2t/h的锅炉可只装1只水位表。水位表应设置放水管并接至安全地点。

3）压力表：锅炉必须装有与锅筒（锅壳）蒸汽空间直接相连接的压力表；根据工作压力选用压力表的量程范围，一般应在工作压力的1.5～3倍。表盘直径应不小于100mm，表的刻盘上应画有最高工作压力红线标志；压力表装置齐全（压力表、存水弯管、三通旋塞），每半年校验一次，铅封完好。压力表使用前应在刻度盘上画出红线，明确指示最高工作压力，警示司炉工谨防出现超压现象。

（3）保护装置齐全并完好有效

1）水位报警装置：额定蒸发量大于等于2t/h的锅炉，应装高、低水位报警器和极低水位联锁保护装置。

2）额定蒸发量大于等于6t/h的锅炉，应装设超压报警和联锁装置。

（4）给水设备要求　采用机械给水时应设置2套给水设备，其中必须有1套为蒸汽自备设备。

（5）水处理要求　可分为炉内和炉外两种：2t/h以下的锅炉可采用炉内水处理；2t/h以上的锅炉应进行炉外水处理。水质化验员应持证上岗，按规定进行取样化验、监控水质，并记录齐全。

2. 安全检查项目

1）使用定点厂家合格产品。国家对锅炉压力容器的设计制造实行定点生产制度。

2）登记建档。锅炉压力容器在正式使用前，必须到当地特种设备安全监察机构登记，经审查批准入户建档、取得使用证方可使用。

3）专责管理。使用锅炉压力容器的单位，应对设备进行专责管理，即设置专门机构、责成专门的领导和技术人员管理设备。

4）持证上岗。锅炉司炉、水质化验人员及压力容器作业人员，应分别接受专业安全技术培训并考试合格，持证上岗。

5）照章运行。锅炉压力容器必须严格依照操作规程及其他法规操作运行，任何人在任何情况下不得违章作业。

6）定期检验。锅炉、压力容器定期检验分为外部检验、内部检验和耐压试验。实施特种设备法定检验的单位须取得国家市场监督管理总局的核准资格。

7）监控水质。必须严格监督、控制锅炉给水及锅水水质，使之符合锅炉水质标准的规定。

8）报告事故。锅炉压力容器在运行中发生事故，除紧急妥善处理外，应按规定及时、如实上报主管部门及当地特种设备安全监察部门。

3. 锅炉检修工作安全注意事项

1）锅炉检修前，要让锅炉按正常停炉程序停炉，缓慢冷却，当锅水温度降到 80℃以下时，把被检验锅炉上的各种门孔统统打开。打开门孔时注意防止蒸汽、热水或烟气烫伤。

2）要把被检验锅炉上蒸汽、给水、排污等管道与其他运行中锅炉相应管道的通路隔断。

3）被检验锅炉的燃烧室和烟道要与总烟道或其他运行锅炉相通的烟道隔断。

二、锅炉爆炸事故分类

锅炉爆炸事故主要有水蒸气爆炸、超压爆炸、缺陷导致的爆炸、严重缺水导致的爆炸。

1）水蒸气爆炸。锅炉容器破裂，容器内液面上的压力瞬即下降为大气压力，与大气压力相对应的水的饱和温度是 100℃。原工作压力下高于 100℃的饱和水此时成了极不稳定、在大气压力下难于存在的“过饱和水”，其中的一部分即瞬时汽化，体积骤然膨胀许多倍，在容器周围空间形成爆炸。

2）超压爆炸。指由于安全阀、压力表不齐全、损坏或装设错误，操作人员擅离岗位或没有执行监视责任，关闭或关小出汽通道，无承压能力的生活锅炉改做承压蒸汽锅炉等原因，致使锅炉主要承压部件筒体、封头、管板、炉胆等承受的压力超过其承载能力而造成的锅炉爆炸。超压爆炸是小型锅炉最常见的爆炸情况之一。预防这类爆炸的主要措施是加强运行管理。

3）缺陷导致爆炸。缺陷导致爆炸是指锅炉承受的压力并未超过额定压力，但因锅炉主要承压部件出现裂纹、严重变形、腐蚀、组织变化等情况，导致主要承压部件丧失承载能力，突然大面积破裂爆炸。

缺陷导致的爆炸也是锅炉常见的爆炸情况之一。预防这类爆炸时，除加强锅炉的设计、制造、安装、运行中的质量控制和安全监察外，还应加强锅炉检验，发现锅炉缺陷及时处理，避免锅炉主要承压部件带缺陷运行。

4）严重缺水导致的爆炸。锅炉严重缺水时，锅炉的锅筒、封头、管板、炉胆等直接受火焰加热的主要承压部件得不到正常冷却，金属温度急剧上升甚至被烧红。在这样的缺水情况下是严禁加水的，应立即停炉。如给严重缺水的锅炉上水，往往酿成爆炸事故。长时间缺水干烧的锅炉也会爆炸。

防止这类爆炸的主要措施就是加强运行管理。

三、防止锅炉事故及应急预案

1. 防止锅炉爆炸事故

（1）锅炉炉膛爆炸的原因及处理方法

1）炉膛爆炸常发生在燃油、燃气、燃煤粉的锅炉上。炉膛爆炸（外爆）要有三个条件，缺一不可：a. 燃料必须是以气态积存在炉膛中；b. 燃料和空气的混合物达到爆燃的浓度；c. 有足够的点火源。

2）引起炉膛爆炸的主要原因有：a. 是在设计上缺乏可靠的点火装置及可靠的熄火保护装置及联锁、报警和跳闸系统，炉膛及刚性梁结构抗爆能力差，制粉系统及燃油雾化系统有缺陷。b. 是在运行过程中操作人员误判断、误操作，此类事故占炉膛爆炸事故总数的90%以上。有时因采用“爆燃法”点火而发生爆炸。此外还有因烟道闸板关闭而发生炉膛爆炸事故。

3）防止炉膛爆炸事故的发生：a. 应根据锅炉的容量和大小，装设可靠的炉膛安全保护装置，如防爆门、炉膛火焰和压力检测装置，联锁、报警、跳闸系统及点火程序、熄火程序控制系统。b. 尽量提高炉膛及刚性梁的抗爆能力。c. 应加强使用管理，提高司炉工人技术水平，在起动锅炉点火时要认真按操作规程进行点火，严禁采用“爆燃法”。特别当锅炉燃烧不稳及炉膛负压波动较大时，如除大灰、燃料变更，制粉系统及雾化系统发生故障、低负荷运行时，应精心控制燃烧，严格控制负压。

防止炉膛爆炸的措施是：点火前，开动引风机给炉膛通风5～10min，没有风机的可采取自然通风5～10min，以清除炉膛及烟道中的可燃物质。气炉、油炉、煤粉炉点燃时，应先送风然后点火，最后送入燃料。一次点火未成功需重新点火时，一定要在点火前给炉膛烟道重新通风，待充分清除可燃物之后再进行点火操作。

（2）锅炉爆管的原因及处理方法　炉管爆破指锅炉蒸发受热面管子在运行中爆破，包括水冷壁、对流管束管子爆破及烟管爆破。爆管原因有：a. 水质不良、管子结垢并超温爆破；b. 水循环故障；c. 严重缺水；d. 制造、运输、安装中管内落入异物，如钢球、木塞等；e. 烟气磨损导致管壁减薄；f. 运行或停炉的管壁因腐蚀而减薄；g. 管子膨胀受阻碍，由于热应力造成裂纹；h. 吹灰不当造成管壁减薄；i. 管树缺陷或焊接缺陷在运行中发展扩大。

炉管爆破时，通常必须紧急停炉修理。由于导致炉管爆破的原因很多，有时往往是几个方面的因素共同影响而造成事故，因而防止炉管爆破也必须从搞好锅炉设计、制造安装、运行管理、检验等各个环节入手。

2. 事故预防措施及应急预案

（1）紧急停炉及操作程序　锅炉遇有下列情况之一者，应紧急停炉：a. 锅炉水位低于水位表的下部可见边缘。b. 不断加大向锅炉进水及采取其他措施，但水位仍继续下降。c. 锅炉水位超过最高可见水位（满水），经放水仍不能见到水位。d. 给水泵全部失效或给水系统发生故障，不能向锅炉进水。e. 水位表或安全阀全部失效。f. 设置在蒸汽空间的压力表全部失效。g. 锅炉元件损坏危及运行人员安全。h. 燃烧设备损坏，炉墙倒塌或锅炉构件被烧红等，严重威胁锅炉安全运行。i. 其他异常情况危及锅炉安全运行。

紧急停炉的操作次序是：立即停止添加燃料和送风，减弱引风；与此同时，设法熄灭炉膛内的燃料，对于一般层燃炉可以用沙土或湿灰灭火，链条炉可以开快档使炉排快速运转，把红火送入灰坑；灭火后即把炉门、灰门及烟道挡板打开，以加强通风冷却；

锅内可以较快降压并更换锅水，锅水冷却至70℃左右允许排水。但因缺水紧急停炉时，严禁给锅炉上水，并不得开启空气阀及安全阀快速降压。

（2）锅炉缺水事故的原因及处理方法　锅炉缺水是指锅炉水位低于水位表最低安全水位刻度线，水位表内看不到水位的现象。锅炉缺水时，水位表内看不到水位，表内发白发亮；低水位警报器动作并发出警报；过热蒸汽温度升高；给水流量不正常地小于蒸汽流量。

锅炉缺水是锅炉运行中最常见的事故之一，常常造成严重后果。严重缺水会使锅炉蒸发受热面管子过热变形甚至烧塌，胀口渗漏，胀管脱落，受热面钢材过热或过烧，降低或丧失承载能力，管子爆破，炉墙损坏。锅炉缺水万一处理不当，甚至会导致锅炉爆炸事故。常见的缺水原因有以下几种：a. 作业人员疏忽大意，对水位监视不严；或者作业人员擅离职守，放弃了对水位及其他仪表的监视。b. 水位表故障造成假水位而作业人员未及时发现。c. 水位报警器或给水自动调节器失灵而又未及时发现。d. 给水设备或给水管路故障，无法给水或水量不足。e. 作业人员排污后忘记关排污阀，或者排污阀泄漏。f. 水冷壁、对流管束或省煤器管子爆破漏水。

发现锅炉缺水时，应首先判断是轻微缺水还是严重缺水，然后酌情予以不同的处理。通常判断缺水的方法是“叫水”。“叫水”的操作方法是：打开水位表的放水旋塞冲洗汽连管及水连管，关闭水位表的汽连管旋塞，关闭放水旋塞。如果此时水位表中有水位出现，则为轻微缺水。如果通过“叫水”水位表内仍无水位出现，说明水位已降到水连管以下甚至更严重，属于严重缺水。

轻微缺水时，可以立即向锅炉上水，使水位恢复正常。如果上水后水位仍不能恢复正常，即应立即停炉检查。严重缺水时，必须紧急停炉。在未判定缺水程度或者已判定属于严重缺水的情况下，严禁给锅炉上水，以免造成锅炉爆炸事故。

“叫水”操作一般只适用于相对容水量较大的小型锅炉，不适用于相对容水量很小的电站锅炉或其他锅炉。对于相对容水量小的电站锅炉或其他锅炉，以及最高火界在水连管以上的锅壳锅炉，一旦发现缺水即应紧急停炉。

（3）锅炉满水事故的原因及处理方法　锅炉满水是锅炉水位高于水位表最高安全水位刻度线的现象。锅炉满水时，水位表往往看不到水位，但表内发暗，这是满水与缺水的重要区别。满水发生后，高水位报警器动作并发出警报，过热蒸汽温度降低，给水流量不正常地大于蒸汽流量。严重满水时，锅水可进入蒸汽管道和过热器，造成水击及过热器结垢。因而满水的主要危害是降低蒸汽品质，损害甚至破坏过热器。常见的满水原因有：a. 作业人员疏忽大意，对水位监视不严；或者作业人员擅离职守，放弃了对水位及其他仪表的监视。b. 水位表故障造成假水位而作业人员未及时发现。c. 水位报警器及给水自动调节器失灵而又未能及时发现等。

发现锅炉满水后，应冲洗水位表，检查水位表有无故障；一旦确认满水，应立即关闭给水阀停止向锅炉上水，启用省煤器再循环管路，减弱燃烧，开启排污阀及过热器、蒸汽管道上的疏水阀；待水位恢复正常后，关闭排污阀及各疏水阀；查清事故原因并予以清除，恢复正常运行。如果满水时出现水击，则在恢复正常水位后，还须检查蒸汽管道、附件、支架等，确定无异常情况，才可恢复正常运行。

(4) 锅炉水击的原因及处理方法　水在管道中流动时，因速度突然变化导致压力突然变化，形成压力波并在管道中传播的现象，叫“水击”。发生水击时管道承受的压力骤然升高，发生猛烈振动并发出巨大声响，常常造成管道、法兰、阀门等的损坏。

锅炉中易于产生水击的部位有给水管道、省煤器、过热器等。给水管道的水击常常是由于管道阀门关闭或开启过快造成的，如阀门突然关闭，高速流动的水突然受阻，其动压在瞬时间转变为静压，造成对内门、管道的强烈冲击。

省煤器管道的水击分两种情况：一种是省煤器内部分水变成了蒸汽，蒸汽与温度较低的（未饱和）水相遇时，水将蒸汽冷凝，原蒸汽区压力降低，使水速突然发生变化并造成水击；另一种则和给水管道的水击相同，是由阀门的突然启闭所造成的。

过热器管道的水击常发生在满水或汽水共腾事故中，在暖管时也可能出现。造成水击的原因是蒸汽管道中出现了水，水使部分蒸汽降温甚至冷凝，形成压力降低区，蒸汽携水向压力降低区流动，使水速突然变化而产生水击。

锅筒的水击也有两种情况：一是上锅筒内水位低于给水管出口而给水温度又较低时，大量高温进水造成蒸汽凝结，使压力降低而导致水击；二是下锅筒内采用蒸汽加热时，进汽速度加快，蒸汽迅速冷凝形成低压区，造成水击。

为了预防水击事故，给水管道和省煤器管道的阀门启闭不应过于频繁，启闭速度要缓慢，对可分式省煤器的出口水温要严格控制，使之低于同压力下的饱和温度40℃；防止满水和汽水共腾事故，暖管之前应彻底疏水；上锅筒进水速度应缓慢，下锅筒进汽速度也应缓慢。

发生水击时，除应立即采取措施使之消除外，还应认真检查管道、阀门、法兰、支撑等，如无异常情况，才能使锅炉继续运行。

(5) 锅炉汽水共腾的原因及处理方法

1) 形成汽水共腾原因。形成汽水共腾有两个方面的原因：一是锅水品质太差；二是载荷增加过快和压力降低过快。

2) 汽水共腾的处理。发现汽水共腾时，应减弱燃烧，降低载荷，关小主汽阀；加强蒸汽管道和过热器的疏水；全开连续排污阀，并打开定期排污阀放水，同时上水，以改善锅水品质；待水质改善、水位清晰时，可逐渐恢复正常运行。

(6) 锅炉省煤器损坏的原因及处理方法　省煤器损坏指由于省煤器管子破裂或省煤器其他零件损坏所造成的事故。省煤器损坏时，给水流量不正常地大于蒸汽流量；严重时，锅炉水位下降，过热蒸汽温度上升，省煤器烟内有异常声响，烟道潮湿或漏水，排烟温度下降，烟气阻力增大，引风机电流增大。省煤器严重损坏会造成锅炉缺水而被迫停炉，省煤器损坏原因有以下几种：a. 烟速过高或烟气含灰量过大，飞灰磨损严重。b. 给水品质不符合要求，特别是未进行除氧，管子水侧被严重腐蚀。c. 省煤器出口烟气温度低于其酸露点，在省煤器出口段烟气侧产生酸性腐蚀。d. 材质缺陷或制造安装时的缺陷导致破裂。e. 水击或炉膛、烟道爆炸剧烈振动省煤器并使之损坏等。

省煤器损坏时，如能经直接上水管给锅炉上水，并使烟气经旁通烟道流出时，则可不停炉进行省煤器修理，否则必须停炉进行修理。

(7) 锅炉过热器损坏的原因及处理方法　过热器损坏主要指过热器爆管。这种事故发生后，蒸汽流量明显下降，且不正常地小于给水流量；过热蒸汽温度上升压力下降；过热器附近有明显声响，炉膛负压减小，过热器后的烟气温度降低。过热器损坏的原因有以下几种：a. 锅炉满水、汽水共腾或汽水分离效果差而造成过热器内进水结垢，导致过热爆管。b. 受热偏差或流量偏差使个别过热器管子超温而爆管。c. 起动、停炉时对过热器保护不善而导致过热爆管。d. 工况变动（载荷变化、给水温度变化、燃料变化等）使过热蒸汽温度上升，造成金属超温爆管。e. 材质缺陷或材质错用（如在需要用合金钢的过热器上错用了碳素钢）。f. 制造或安装时的质量问题，特别是焊接缺陷。g. 管内异物堵塞。h. 被烟气中的飞灰严重磨损。i. 吹灰不当损坏管壁等。

由于在锅炉受热面中过热器的使用温度最高，致使过热蒸汽温度变化的因素很多，相应地造成过热器超温的因素也很多。因此过热器损坏的原因比较复杂，往往和温度工况有关，在分析问题时需要综合各方面的因素考虑。

过热器损坏通常需要停炉修理。

（8）锅炉尾部烟道二次燃烧的原因及处理方法　尾部烟道二次燃烧主要发生在燃油锅炉上。引起尾部烟道二次燃烧的条件是：在锅炉尾部烟道上有可燃物堆积下来，并达到一定的温度及有一定量的空气可供燃烧。这三个条件同时满足时，可燃物就有可能自燃或被引燃着火。

可燃物在尾部烟道积存的条件：锅炉起动或停炉时燃烧不稳定，不完全，可燃物随烟气进入尾部烟道，积存在尾部烟道；燃油雾化不良，来不及在炉膛完全燃烧而随烟气进入尾部烟道；鼓风机停转后炉膛内负压过大，引风机有可能将尚未燃烧的可燃物吸引到尾部烟道中。

可燃物着火的温度条件：刚停炉时尾部烟道上尚有烟气存在，烟气流速很低甚至不流动；受热面上积有可燃物，传热系数差难以向周围散热；在较高温度下，可燃物自氧化加剧放出一定能量，从而使温度更进一步上升。

保持一定空气量的条件为尾部烟道门孔和挡板关闭不严密；空气预热器密封不严，空气泄漏。

要防止产生尾部二次燃烧，就要组织好燃烧，提高燃烧效率，尽可能减少不完全燃烧损失，减少锅炉的起停次数；加强尾部受热面的吹灰，保证烟道各种门孔及烟风挡板的密封良好；在燃油锅炉的尾部烟道上应装设灭火装置。

3. 锅炉爆炸事故分析和对策

【案例 2-6】　某大型棉纺企业一台 SZL10-1.25-AⅡ型工业锅炉发生爆炸，造成 4 人死亡，2 人重伤，直接经济损失 80 多万元。爆炸锅炉为纵置式双汽包链条炉，额定蒸发量为 10t/h，额定蒸汽压力 1.25MPa。

该锅炉出事故前两个月开始漏水，而且日益严重，后期每小时漏水量 1.0t 以上，出事故当天锅炉在正常工作压力下突然爆炸，爆炸口位于下锅筒，上下锅筒的连管飞出 30m，烟囱震斜 36cm，炉墙严重损坏，造成人员重大伤亡和巨大经济损失。

（1）事故调查与检测　现场检查发现，下锅筒局部有鼓包现象，结垢比较严重，水垢有 2～3mm 厚，大量管束变形，有一根弯水管断裂。

水质基本正常，但锅水相对碱度过高，达 38%，超过了国家标准近 1 倍。另外，泄漏处碱垢非常严重。

爆裂的裂口约为1000mm，没有明显的塑性变形。裂纹约占爆破断口的80%，在肉眼看到的主裂纹上，有大量肉眼看不到的分枝细裂纹。通过扫描电镜观察，发现河流状花样，对爆炸锅筒的材质的力学性能、化学成分进行了分析，未发现异常。裂纹边缘齐钝，裂区与非裂区的金相组织均为珠光体+铁素体，晶粒度8级，未发现有过热或淬硬性组织存在。在裂纹的延伸方向有许多二次分枝裂纹，且沿铁素体晶粒边界扩展，形成网络状晶间裂纹，而且裂纹末端尖锐，有明显向晶间发展趋势。此次锅炉爆炸类型属于苛性脆化断裂。

由于高低水位报警装置失灵，该锅炉曾发生严重缺水事故，造成炉膛内炉顶塌陷，水冷壁严重烧损变形，上锅筒有误操作过热现象。

（2）事故原因分析　经鉴定分析，认定锅炉爆炸为下锅筒钢板苛性脆化所致。锅筒爆炸口处原来可能存在制造、安装过程留下的缺陷，导致该处发生泄漏。在锅炉已发生严重漏水时，企业为了保持生产，仍然进行不停炉检修，时间达一个多月。炉水碱度本已超标，缝隙区域由于蒸发浓缩形成了很高的碱度，加上裂纹尖端存在很大的局部应力，使该处金属产生苛性脆化，裂纹不断扩展，最终在正常工作压力下发生爆炸。

分析这起事故，可以看出：

1）企业领导明显忽视安全生产，甚至在锅炉已发生严重漏水时，仍然让设备“带病”运行。表明企业领导安全意识薄弱，以及企业领导和锅炉运行管理人员对锅炉这种具有爆炸危险性的设备缺乏了解。

2）对设备不进行定期检查、维护。使锅炉在水质碱度严重超标、高低水位警报器长期失灵的条件下工作，锅炉运行管理混乱。

3）锅炉运行管理人员工作失职，对事故不能做出正确分析判断及采取正确有效的处理措施，以及不能及时正确地向领导反映情况，导致问题长期拖延不解决，最终酿成重大事故。

（3）事故教训及应对措施

1）对锅炉进行全面检验，特别是对可能出现苛性脆化的胀接部位，要重点进行监督和检测，以全面掌握锅炉的安全状况。对存在的问题必须采取有效措施解决，不留隐患。锅炉在正常运行期间，要加强巡检和正常维护工作，确保设备运行的灵敏、安全、可靠。要加强水处理工作，确保水质达标。

2）加强企业管理，首先必须建立一个行之有效的质量管理体系，建立健全设备运行、维护、检修规程和各项规章制度，并加强考核确保其贯彻执行。

3）加强企业主管和操作人员的安全意识教育和岗位技术培训，坚持司炉人员、水处理人员等持证上岗，提高司炉人员、水处理人员等的运行操作水平和事故判断、处理能力，针对该企业的情况，特种设备技术监督部门要加强对该企业的安全监督工作。

4. 锅炉水冷壁爆管原因分析和对策

【案例2-7】　SG220/9.8-Y296型燃油锅炉额定蒸发量220t/h，额定蒸汽压力9.8MPa，额定蒸汽温度540℃。水冷壁为鳍片管式，规格ϕ60mm×5mm，材料20G。水冷壁管发生爆管时蒸汽压力8.8MPa，蒸发量40~50t/h。

（1）检验情况

1）爆管、泄漏管检查。爆口位于右墙水冷壁，爆口中心标高距炉底5.7m，爆口呈喇叭状，长210mm，宽度85mm，爆口边缘锋利，其边缘厚度由5mm减薄至1mm，内壁光滑，呈蓝褐色，爆口外壁边缘无纵向蠕变裂纹，属于瞬时超温韧性爆破。锅炉水冷壁管子爆破情况。

经检查，在右墙水冷壁距炉底3m处，一根水冷壁管泄漏，泄漏部位位于管子迎火面，并且产生了纵向裂纹，裂纹长20mm，宽1mm，呈锯齿状，管外壁附有坚硬的黑褐色高温氧化层，厚度0.35mm，该管管径由60mm胀粗至62.8mm。从裂纹特征和高温氧化层及胀粗量判断，属于长期超温失效。锅炉水冷壁管子泄漏情况。

2）水冷壁宏观检验。

① 水冷壁管变形检查。左、右墙水冷壁管上排火嘴上部1m以上位置，从前向后数第10~50根管，水冷壁向炉外变形，最大变形量100mm。

② 水冷壁管鼓包检查。左墙、右墙和后墙水冷壁管存在不同程度的鼓包。

3）金相检验。现场对锅炉水冷壁管进行金相抽查。检测部位包括水冷壁管爆口处、爆口背火面及泄漏部位。爆口金相组织为淬火组织，由马氏体+贝氏体组成。

爆口背火面金相组织是铁素体+珠光体，晶粒度7级，未发现珠光体球化。

泄漏管处金相组织是铁素体+珠光体，晶粒度8级，珠光体严重球化，球化级别5级。

4）管内沉积物量分析。对水冷壁管割管取样（左侧水冷壁前数第29根管距炉底2.9m处），分析迎火面垢样成分见表2-19，迎火面沉积物量605.9g/m^2，沉积速率每年66.3g/m^2。

表2-19 迎火面垢样成分

成分	Fe_3O_4	SiO_2	PO_4	SO_4	CuO	ZnO	其他
含量(%)	65.55	2.53	15.12	0.24	6.11	2.15	8.22

（2）失效原因分析

1）右墙水冷壁管爆破原因分析。对右墙水冷壁管爆口特征分析，属于瞬时超温爆破。由于水冷壁管在炉膛内直接受到火焰的高温辐射，锅炉的蒸汽量40~50t/h为额定的18%~23%，由于低载荷运行，造成水循环不良，致使水冷壁管迎火面局部的环状流动被破坏，水膜完全蒸发，流动结构为雾状或单相蒸汽，迎火面内壁与蒸汽直接接触，介质的传热系数大幅下降，传热恶化壁温上升。当壁温超过20G钢管的Ac3（855℃）以上30~50℃时，该处管子的全部组织均转变为含碳量0.2%的奥氏体组织。由于管壁温度很高，强度下降，塑性和韧性上升，在内压力的作用下，使管子以较快的速度变形。当管子变形量增大无法承受内压时便产生爆破，所以破口边缘很薄且开口大。管子爆破后，水冷壁管内的汽水混合物从管内高速喷出，迅速冷却破口，致使破口边缘的金相组织由奥氏体转变为马氏体+贝氏体，即形成淬火组织。

2）右墙水冷壁管泄漏原因分析。从宏观检查和金相检验可以看出，管子外壁附着高温氧化层且管径粗胀，裂纹成锯齿状，属于脆性断裂；金相组织中珠光体严重球化，从这些特征和组织变化分析，该处管壁长期处在超温状态。20G 材料在 470～480℃长期运行，金相组织中珠光体发生球化；在 530℃以上产生高温氧化；在低负荷长期运行工况下导致累计损伤，引起金属强度下降并泄漏。依据以上分析可以确定，水冷壁管爆管属于长期超温引起的失效。

3）管排宏观检验分析。经检验，左右墙和后墙水冷壁管，在上排火嘴 1m 以上位置，整片水冷壁向炉膛外变形，距离炉底 3～5m 位置部分管子鼓包，进一步说明炉水循环不良，从而引起管壁超温导致变形和鼓包。

（3）今后的对策

1）锅炉水冷壁爆管、泄漏、管排变形和管子鼓包是长期低载荷运行造成水循环恶化所致。应通过水循环计算，确定锅炉运行的最低载荷，保证锅炉水循环安全。

2）水冷壁管内沉积物量超标，应进行化学清洗。沉积物中的铜含量较高，容易引起受压元件的电化学腐蚀，因此化学清洗过程中的钝化工艺应考虑除铜。

3）对变形、鼓包严重的水冷壁管予以更换。

4）对其他部位受热面管和集箱进行全面检验，如屏式过热器、高温过热器及集箱等，以监督检验低载荷运行后上述部件的损坏程度。

第三章 压力容器运行与维护

搞好企业在用压力容器及气瓶的管理，是确保企业安全生产和充分发挥经济效益的重要条件。压力容器及气瓶是企业生产中广泛使用的有爆炸危险、有压力（密闭）的特种设备，为了确保安全运行，必须加强压力容器、气瓶及乙炔瓶的统计建档、安装使用、维护保养、状态检测、定期检验、报废更新等环节的管理。

第一节 压力容器管理与维护

一、压力容器的基本知识

1. 压力容器

从广义上讲，凡承受流体压力的密闭容器均可称为压力容器。但容器的容积大小不一样，流体的压力也有高低不同。2016年2月22日颁布的TSG 21—2016《固定式压力容器安全技术监察规程》中指出，压力容器是指同时具备下列三个条件的容器：

1）最高工作压力 $p_w \geq 0.1$MPa（不包括液体静压力，下同）。

2）容积大于或等于 $0.03m^3$ 且内直径（非圆形截面指截面内边界最大几何尺寸）大于或等于150mm。

3）盛装介质为气体、液化气体及介质最高工作温度高于或等于其标准沸点的液体。

2. 压力容器的分类

（1）按工作压力分类

1）低压容器：0.1MPa（$1kgf/cm^2$）$\leq p <$ 1.6MPa（$16kgf/cm^2$）。

2）中压容器：1.6MPa（$16kgf/cm^2$）$\leq p <$ 10MPa（$100kgf/cm^2$）。

3）高压容器：10MPa（$100kgf/cm^2$）$\leq p <$ 100MPa（$1000kgf/cm^2$）。

4）超高压容器：$p \geq$ 100MPa（kgf/cm^2）。

（2）按生产工艺过程的用途分类

1）反应容器：用来完成介质的物理、化学反应的容器，如反应器、发生器、高压釜、合成塔等。

2）换热容器：用来完成介质的热量交换的容器，如余热锅炉、热交换器、冷却器、冷凝器、蒸发器、加热器等。

3）分离容器：用来完成介质的流体压力平衡和气体净化分离等的容器，如分离器、过滤器、洗涤器等。

4）储运容器：用来盛装生产和生活用的气体、液体及液化气体等的容器，如各种型号的储槽、槽车等。

（3）按容器承受压力的高低、介质的危害程度及在生产过程中的重要性分类

1）凡属下列情况之一者为第一类容器：a. 非易燃或无毒介质的低压容器；b. 易燃或有毒介质的低压分离容器和换热容器。

2）凡属下列情况之一者为第二类容器：a. 中压容器；b. 剧毒介质的低压容器；c. 易燃或有毒介质的低压反应容器和储运容器；d. 内径小于1m的低压废热锅炉。

3）凡属下列情况之一者为第三类容器：a. 高压、超高压容器；b. 剧毒介质且$p_wV \geqslant 196L \cdot MPa$（$2000L \cdot kgf/cm^2$）的低压容器或剧毒介质的中压容器；c. 易燃或有毒介质且$p_wV \geqslant 490L \cdot MPa$（$5000L \cdot kgf/cm^2$）的低压容器；d. 剧毒介质的中压容器；e. $p_wL \geqslant 4903L \cdot MPa$（$50000L \cdot kgf/cm^2$）的中压储运容器。

3. 剧毒、有毒、易燃介质的分类

1）剧毒介质：指进入人体量<50g就会引起肌体严重损伤或有致命作用的介质，如氟、氢氟酸、光气等。

2）有毒介质：指进入人体量≥50g就会引起人体正常功能损伤的介质，如二氧化硫、氨、一氧化碳、甲醇、乙炔、硫化氢等。

3）易燃介质：指与空气混合的爆炸下限<10%，或爆炸上限和下限的差值>20%的气体，如甲烷、环氧乙烷、氢、丁烷等。

4. 介质毒性程度的分级和易燃介质的划分

1）压力容器中化学介质毒性程度和易燃介质的划分参照HG/T 20660—2017《压力容器中化学介质毒性危害和爆炸危险程度分类标准》的规定。无规定时，参考下述原则确定毒性程度：a. 极度危害介质（Ⅰ级）最高允许含量$<0.1mg/m^3$。b. 高度危害介质（Ⅱ级）最高允许含量$0.1 \sim 1.0mg/m^3$。c. 中度危害介质（Ⅲ级）最高允许含量$1.0 \sim 10mg/m^3$。d. 轻度危害介质（Ⅳ级）最高允许含量$\geqslant 10mg/m^3$。

2）当压力容器中的介质为混合物质时，应以介质的组分并按上述毒性程度或易燃易爆介质的划分原则，由设计单位的工艺设计部门或使用单位的生产技术部门提供介质毒性程度，或是否属于易燃易爆介质的依据确定。无法提供依据时，按毒性危害程度或爆炸危险程度最高的介质确定。

3）有毒介质对人体的伤害

在压力容器使用中，常常接触到许多有毒物质。这些毒物的种类繁多且来源广泛，如原料、辅助材料、成品、半成品、副产品、废气、废水、废渣等。在生产过程中，当毒物达到一定含量时便会危害人体健康。因此，在工业生产中预防中毒是极为重要的。

5. 工业毒物与职业中毒

中毒是指较小剂量的化学物质，在一定条件下，作用于人体与细胞成分产生生物化学作用或生物物理变化，扰乱或破坏人体的正常功能，引起功能性或器质性改变，导致暂时性或持久性病理损害，甚至危及生命，而这些化学物质就是毒物。在工业生产过程中所使用或产生的毒物称为工业毒物。在操作运行过程中，工业毒物引起的中毒称为职业中毒。

在实际生产过程中，生产性毒物常以气体、蒸气、雾、烟尘或粉尘的形式污染生产环境，从而对人体产生毒害。

1）气体：是指在常温常压下呈气态的物质，逸散于生产场所的空气中，如氯、一氧化碳、二氧化硫、烯烃等。

2）蒸气：是由液体蒸发或固体升华而形成，前者如苯蒸气、汞蒸气等，后者如碘蒸气等。

3）雾：是指混悬在空气中的液体微滴，多为蒸气冷凝或液体喷散所形成，如涂装时所形成的含苯漆雾、酸洗作业时所形成的硫酸雾等。

4）烟尘：又称烟雾或烟气，是指悬浮在空气中的烟状固体微粒，其直径往往小于0.1μm，金属熔化时产生的蒸气在空气中氧化冷凝时可形成烟，如铅块加热熔解时在空气中形成的氧化铅烟，有机物加热或燃烧时也可以产生烟，如煤和石油的燃烧、塑料热加工时产生的烟等。

5）粉尘：是能较长时间漂浮于空气中的固体微粒，直径大于0.1mm，大都是固体物质经机械加工而形成的，如塑料粉尘等。

6. 工业毒物分类

1）按毒物的化学结构分为有机类和无机类。

2）按毒物的形态分为气体类（如硫化氢、二氧化硫等）、液体类（如苯类、硫酸等）、固体类（如沙尘等）、雾状类（如硫酸酸雾等）。

3）按毒物的作用性质分为刺激性（如氯气、氟化氢）、窒息性（如氮气）、麻醉性（如乙醚）、致热源性（如氧化锌）、腐蚀性（如硫酸二甲酯）、致敏性（如苯二胺）。

4）按损害的器官或系统分为神经毒性、血液毒性、肝脏毒性、肾脏毒性、全身性毒性等。

毒物急性毒性常按 LD_{50}（呼入2h的结果）进行分级，可将化学物质毒性分为剧毒、高毒、中等毒、低毒和微毒五级，见表3-1。

表3-1 化学物质毒性分级

毒性分级	大鼠一次经口 LD_{50}/(mg/kg)	6只大鼠吸入4h后死2～4只的含量/(mL/m²)	免涂皮肤 LD_{50}/(mg/kg)	对人可能致死量	
				g/kg	总量/g(60kg 体重)
剧毒	<1	<10	<5	<0.05	0.1
高毒	>1	>10	>5	>0.05	3
中等毒	>50	>100	>44	>0.5	30
低毒	>500	>1000	>350	>5	250
微毒	>5000	>10000	>2180	>15	>1000

7. 急性中毒的抢救

急性中毒是指在短时间内接触高含量的毒物，引起机体功能或器质性改变，如不及时抢救，容易造成死亡或留有后遗症。

急性中毒多在现场突然发生异常时，由于压力容器或气瓶损坏或泄漏致使大量毒物外溢造成的。若能及时、正确地抢救，对于挽救中毒者生命、减轻中毒程度、防止并发症是十分重要的。

抢救急性中毒患者时，应迅速、沉着地做下列工作：

1）救护者应做好个人防护。救护者在进入毒区之前，首先要做好个人呼吸系统和皮肤的防护，佩戴好呼吸器，避免使中毒事故扩大。

2）切断毒物来源。对中毒者抢救的同时，应采取果断措施切断毒源（如关闭阀门、停止加送物料等），防止毒物继续外逸。

3）防止毒物继续侵入人体。将中毒者迅速移至新鲜空气处，并保持呼吸畅通。

4）促进生命器官功能恢复。中毒者若停止呼吸，则要立即进行人工呼吸，强制输氧。

5）尽早使用解毒剂。采用各种解毒措施，降低或消除毒物对机体的危害作用。

8. 压力容器常用气体的特性

压力容器中盛装的气体大多具有易燃、易爆、有毒有害的特性，了解和熟悉这些气体的各种特性，对于压力容器的安全运行和事故预防是至关重要的。

1）空气。空气是无色、无味、无嗅的气体，在0℃和0.101325MPa下，空气质量为1.293g/L。用增加压强和降低温度的办法，能使空气变成液态。按体积计算，空气中氧气约为21%，氮气约为78%，惰性气体约为0.94%，二氧化碳约为0.03%，其他气体和杂质约为0.03%。

2）氧气。氧气是一种无色、无味、无嗅的气体，在标准状态下，与空气的相对密度为1.105。临界温度为－118.37℃，临界压力为5.05MPa，氧气微溶于水。氧的化学性质特别活泼，易和其他物质发生氧化反应并放出大量的热量。氧气具有强烈的助燃特性，若与可燃气体氢气、乙炔、甲烷、一氧化碳等按一定比例混合，即成为易燃易爆的混合气体，一旦有火源或引爆条件就能引起爆炸，各种油脂与压缩氧气接触也可自燃。

3）氢气。氢气是一种无色、无味、无嗅、无毒的可燃窒息性气体。氢气是最轻的气体，具有很大的扩散速度，极易聚集于建筑物的顶部而形成爆炸性气体。氢气的化学性质极其活泼，是一种强的还原剂，其渗透性和扩散性强。当钢材暴露在一定温度和压力的氢气中时，氢原子在钢的晶格微隙中与碳反应生成甲烷，随着甲烷生成量的增加，微观孔隙就扩展成裂纹，使钢发生氢脆损坏。

4）氮气。氮气是一种无色、无味、无嗅的窒息性气体。常温下，氮气的化学性质不活泼，在工业上，常用于容器在检修前的安全防爆防火置换和耐压试验用气。人处在氮含量（体积分数）高于94%的环境中，会因严重缺氧而在数分钟内窒息死亡。在生产和检修中，接触高浓度氮气的机会非常多，因氮气窒息造成的伤亡事故屡见不鲜，因此切不可掉以轻心。

5）一氧化碳。一氧化碳是含碳物质在燃烧不完全时的产物，它是一种无色、无嗅的毒性很强的可燃气体。一氧化碳的毒性作用在于对血红蛋白有很强的结合能力，使人因缺氧中毒。在工业生产中，常以急性中毒方式出现，吸入高浓度一氧化碳时，若抢救不及时则有生命危险。

6）二氧化碳。二氧化碳是一种无色、无臭、无毒，稍有酸味的窒息性气体，能溶于水。二氧化碳能压缩液化成液体，液体二氧化碳压力降低时会蒸发膨胀，并吸收周围的大量热量而凝结成固体干冰。二氧化碳气体在常温下的化学性质稳定，但在高温下具有氧化性。当空气中二氧化碳的浓度较高时，会造成缺氧性窒息。液态二氧化碳的膨胀系数较大，超装很容易造成气瓶爆炸。

7）乙烯。乙烯是一种无色、无嗅、稍有甜香气味的可燃性气体。乙烯的化学性质活泼，与空气或氧气混合，能形成爆炸性气体。乙烯属于低毒物质，但具有较强的麻醉作用。乙烯的聚合物聚乙烯无毒、化学稳定性好、耐低温并有绝缘和防辐射性能。

8）液化石油气。液化石油气是一种低碳的烃类混合物，主要由乙烷、乙烯、丙烷、丙烯、丁烷、丁烯及少量的戊烷、戊烯等组成。在常温常压下为气体，只有在加压和降低温度条件下，才变为液体。液化石油气无色透明，具有烃类的特殊味道，是一种很好的燃料。液化石油气的饱和蒸汽压随温度升高而急剧增加，其膨胀系数较大，汽化后体积膨胀 250 ~ 300 倍。液化石油气的闪点、沸点很低，都在 0℃以下，爆炸范围较宽，由于比空气重，容易停滞和积聚在地面的低洼处，与空气混合形成爆炸性气体，遇火源便可爆炸。

9）硫化氢。硫化氢是一种具有恶臭味的有害气体，相对密度比空气高，易积聚在低洼处。硫化氢在大气中含有 10×10^{-6}（10ppm）时即可察觉，起初臭味的增强与浓度的升高成正比，但当浓度超过 $10mg/m^3$ 之后，浓度继续升高臭味反而减弱。在高浓度时，很快引起嗅觉疲劳而不能察觉硫化氢的存在，所以不能依靠其臭味强弱来判断硫化氢浓度的大小。硫化氢是一种可燃性气体，与空气混合达爆炸极限时，可发生强烈爆炸。

10）氨。氨是一种无色有强烈刺激性臭味的气体。氨中有水分时将会腐蚀铜合金，所以充装液氨的压力容器中不能采用铜管及铜合金制的阀件，一般规定液氨中含水量（质量分数）不应超过 0.2%。氨对人体有较大的毒性，主要是对上呼吸道和眼睛的刺激和腐蚀。氨具有良好的热力学性质，是一种适用于大中型制冷机的中温制冷剂。

11）氯。氯是一种草绿色带刺激性臭味的剧毒气体，可液化为黄绿色透明的液体，在一定温度下，容器内同时存在液态和气态。氯是活泼的化学元素，是一种强氧化剂，其用途广泛，常用作还原剂、溶剂、冷冻剂等。氯是一种极度危害的介质，对人的皮肤、呼吸道有损害，甚至导致死亡。

12）乙炔。乙炔是一种无色的易燃易爆气体，纯乙炔气体是没有臭味的，用电石制成的工业乙炔气体具有一种难闻的臭味。乙炔很容易溶解在水中和其他溶剂中。纯净的乙炔气体本身是无毒性的，但较长时间吸入因氧量不足会引起窒息的危险。乙炔的爆炸极限范围很大，在空气中乙炔含量（体积分数）为 7% ~13% 时爆炸能力最强。乙炔在氧气中燃烧的火焰温度可高达 3500℃，常用于熔融和焊接金属。

9. 压力容器的编号

压力容器设备的编号共分成三个单元，如 01-003-R_{1-2}，02-038-H_{2-2}。编号意义如下所示。

1）第一单元的两位数字代表企业某一部分，如车间。

2）第二单元的三位数字表示容器编号（此编号为全厂的连续编号，不设虚号）。

3）第三单元的拼音字母代表容器的类别：字母 R 表示反应容器，字母 H 表示换热容器，字母 S 表示分离容器，字母 T 表示贮运容器。字母下角标的第一位数字表示容器的设计压力等级：1 代表低压，2 代表中压，3 代表高压，4 代表超高压。第二位数字表示按容器压力、介质危害程度和在生产中的重要性划分的容器类别：1 代表第一类容器，2 代表第二类容器，3 代表第三类容器。

10. 压力容器的基本结构

压力容器最基本的结构是一个密闭的壳体，根据受力壳体的应力分布，受压容器最适宜的形状应为球形。因为当容器的容积为一定时，球体的表面积最小，在相同压力下它的壁厚最小，因而用料最省，但它制造相当困难，成本也较高。如果是反应容器，球形既不便于安装内部装置，也不利于内部相互作用的介质流动，故球形容器并不能普遍取代其他类型的容器。因此，工业生产中所用的中、低压容器大多数是圆筒形。卧式压力容器如图 3-1 所示，一般由筒体、封头、法兰、密封元件、接管、支座六个部分组成。立式高压容器如图 3-2所示，型槽钢带绕制高压容器如图 3-3 所示，多层绕板高压容器如图 3-4 所示，氢化釜如图 3-5 所示，液氨储槽如图 3-6 所示。

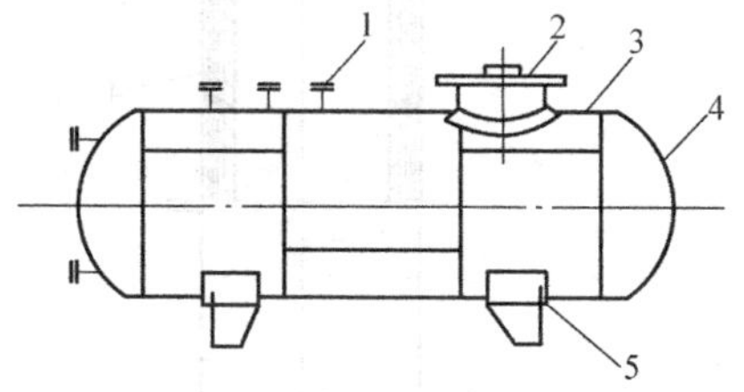

图 3-1　卧式压力容器

1—接管　2—人孔法兰　3—筒体　4—封头　5—支座

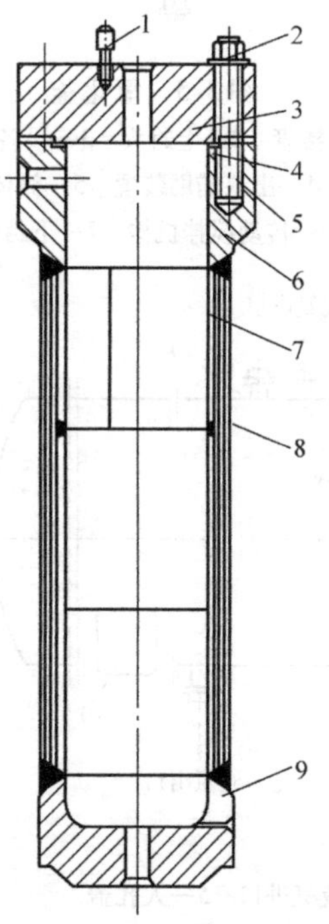

图 3-2　立式高压容器

1—高压螺栓　2—主螺母　3—顶盖　4—密封垫　5—主螺栓　6—顶法兰　7—内胆　8—层板　9—底封头

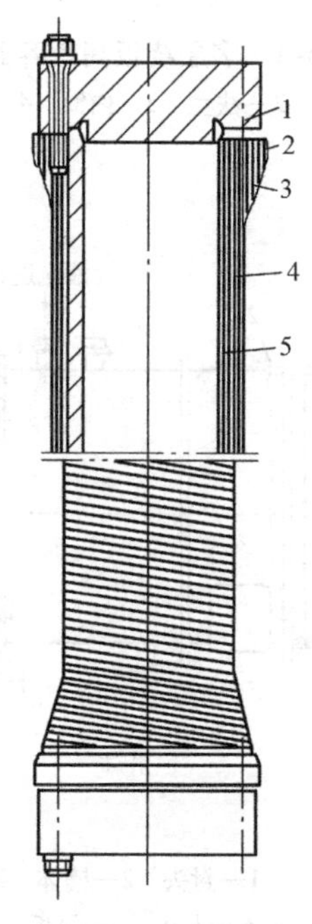

图 3-3　型槽钢带绕制高压容器

1—端盖　2—箍环　3—法兰　4—内筒　5—绕带层板

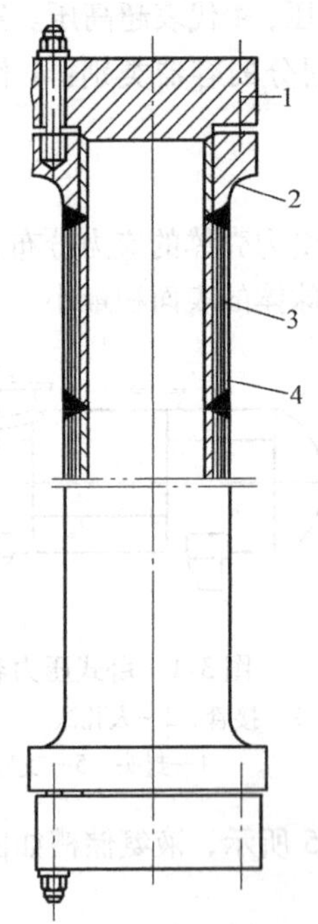

图 3-4　多层绕板高压容器

1—端盖　2—法兰　3—内筒　4—层板

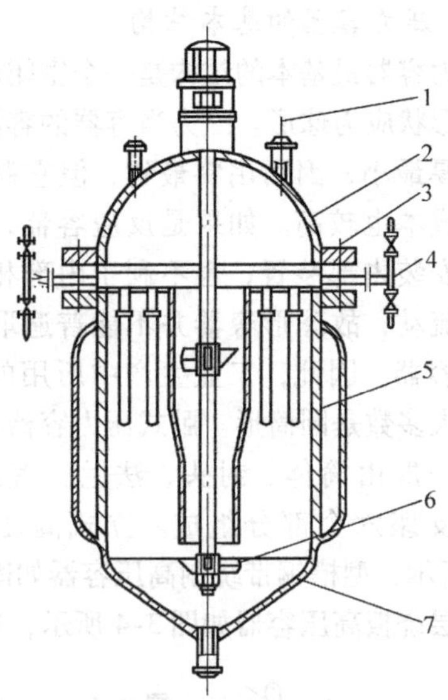

图 3-5　氢化釜

1—接管　2—上封头　3—设备法兰　4—出料辅助装置　5—筒体　6—传动搅拌机构　7—下封头

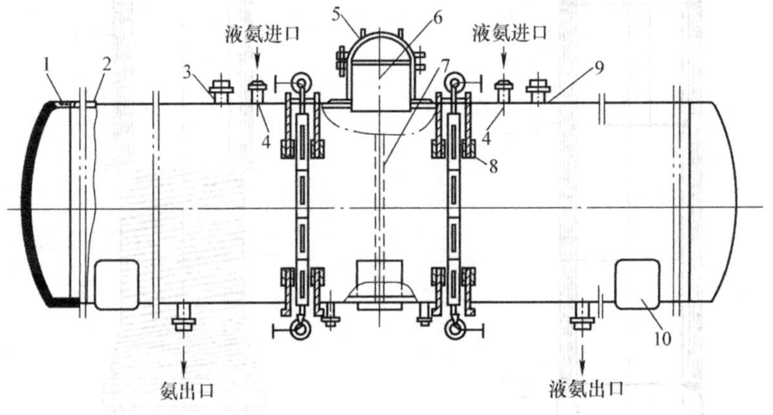

图 3-6　液氨储槽

1—封头　2—槽体　3—弛放气出口　4—液氨进口　5—人孔盖　6—人孔　7—隔板　8—玻璃板　9—安全阀接口　10—支撑板

11. 压力容器安全状况等级划分

根据压力容器的安全状况，将新压力容器划分为 1 级、2 级、3 级三个等级，在用压力容器划分为2级、3级、4级、5级四个等级，每个等级划分原则如下：

（1）1级 指压力容器出厂技术资料齐全，设计、制造质量符合有关法规和标准要求的新压力容器。1级新压力容器在规定的定期检验周期内，以及在设计条件下能安全使用。

（2）2级

1）2级新压力容器。指出厂技术资料齐全，设计、制造质量基本符合有关法规和标准的要求，但存在某些不危及安全且难以纠正的缺陷，出厂时已取得设计单位、使用单位和使用单位所在地安全监察机构同意的新压力容器。2级新压力容器在规定的定期检验周期内、在设计规定的操作条件下能安全使用。

2）2级在用压力容器。指技术资料基本齐全，设计、制造质量基本符合有关法规和标准的要求，根据检验报告，存在某些不危及安全且不易修复的一般性缺陷的在用压力容器。2级在用压力容器在规定的定期检验周期内、在规定的操作条件下能安全使用。

（3）3级

1）3级新压力容器。指出厂技术资料基本齐全，主体材料、强度、结构基本符合有关法规和标准的要求，但制造时存在的某些不符合法规和标准的问题或缺陷，出厂时已取得设计单位、使用单位和使用单位所在地安全监察机构同意的新压力容器。3级新压力容器在规定的定期检验周期内、在设计规定的操作条件下能安全使用。

2）3级在用压力容器。指技术资料不够齐全，主体材料、强度、结构基本符合有关法规和标准的要求，制造时存在的某些不符合法规和标准的问题或缺陷，焊缝存在超标的体积性缺陷，根据检验报告，未发现缺陷发展或扩大的在用压力容器。3级在用压力容器在规定的定期检验周期内及在规定的操作条件下能安全使用。

（4）4级 指主体材料不符合有关规定，或者材料不明，或者虽属选用正确，但已有老化倾向，主体结构有较严重的不符合有关法规和标准的缺陷，强度经校核尚能满足要求，焊接质量存在线性缺陷，根据检验报告，未发现缺陷由于使用因素而发展或扩大，使用过程中产生了腐蚀、磨损、损伤、变形等缺陷的在用压力容器。4级在用压力容器不能在规定的操作条件下或在正常的检验周期内安全使用，必须采取相应措施进行修复和处理，提高安全状况等级，否则只能在限定的条件下短期监控使用。

（5）5级 指无制造许可证的企业或无法证明原制造单位具备制造许可证的企业制造的在用压力容器，以及缺陷严重、无法修复或难于修复、无返修价值或修复后仍不能保证安全使用的在用压力容器。5级在用压力容器应予以判废，不得继续做承压设备使用。

安全状况等级中所述缺陷是制造该压力容器最终存在的状况，如缺陷已消除，则以消除后的状态，确定该压力容器的安全状况等级。

技术资料不全的，按有关规定由原制造单位或检验单位经过检验验证后补充技术资料，并能在检验报告中做出结论的，则可按技术资料基本齐全对待。无法确定原制造单位具备制造资格的，不得通过检验验证补充技术资料。

安全状况等级中所述问题与缺陷，只要确认其具备最严重之一者，既可按其性质确定该压力容器的安全状况等级。安全状况等级根据压力容器的检验结果综合评定，以其中项目等级最低者作为评定级别。

需要维修改造的压力容器，按维修改造后的复检结果进行安全状况等级评定。经过检验，安全附件不合格的压力容器不允许投入使用。

（6）压力容器安全状况等级划分如下所示

1）如果材质清楚，强度校核合格，经过检验未查出新生缺陷（不包括正常的均匀腐蚀），检验员认为可以安全使用的不影响定级；如果使用中产生缺陷，并且确认是用材不当所致，可以定为 4 级或者 5 级。

2）对于经过检验未查出新生缺陷（不包括正常的均匀腐蚀），并且按 Q235 强度校核合格的，在常温下工作的一般压力容器，可以定为 3 级或者 4 级；移动式压力容器和液化石油气储罐，定为 5 级。

3）如果发现明显的应力腐蚀、晶间腐蚀、表面脱碳、渗碳、石墨化、蠕变、氢损伤等材质劣化倾向并且已产生不可修复的缺陷或者损伤时，根据材质劣化程度，定为 4 级或者 5 级；如果缺陷可以修复并且能够确保在规定的操作条件下和检验周期内安全使用的，可以定为 3 级。

4）封头主要参数不符合制造标准，但经过检验未查出新生缺陷（不包括正常的均匀腐蚀），可以定为 2 级或者 3 级；如果有缺陷，可以根据相应的条款进行安全状况等级评定。

5）封头与筒体的连接，如果采用单面焊对接结构，而且存在未焊透时，罐车定为 5 级，其他压力容器，可以根据未焊透情况按规定定级；如果采用搭接结构，可以定为 4 级或者 5 级。不等厚度板（锻件）对接接头，未按规定进行削薄（或者堆焊）处理的，经过检验未查出新生缺陷（不包括正常的均匀腐蚀），可以定为 3 级，否则定为 4 级或者 5 级。

6）内、外表面不允许有裂纹。如果有裂纹，应当打磨消除，打磨后形成的凹坑在允许范围内不需补焊的，不影响定级；否则，可以补焊或者进行应力分析，经过补焊合格或者应力分析结果表明不影响安全使用的，可以定为 2 级或者 3 级。

7）有腐蚀的压力容器，按照以下划分安全状况等级。

① 分散的点腐蚀，如果同时符合以下条件，不影响定级：腐蚀深度不超过壁厚（扣除腐蚀余量）的 1/3。在任意 200mm 直径的范围内，点腐蚀的面积之和不超过 $4500mm^2$，或者沿任一直径点腐蚀长度之和不超过 50mm。

② 均匀腐蚀，如果按剩余壁厚（实测壁厚最小值减去至下次检验期的腐蚀量）强度校核合格的，不影响定级，经过补焊合格的，可以定为 2 级或者 3 级。

8）错边量和棱角度超出相应的制造标准，根据以下具体情况进行综合评定：a. 错边量和棱角度尺寸在表 3-2 范围内，压力容器不承受疲劳载荷并且该部位不存在裂纹、未熔合、未焊透等严重缺陷的，可以定为 3 级或者 4 级。b. 错边量和棱角度在表 3-2 范围内，但该部位伴有未熔合、未焊透等严重缺陷时，应当通过应力分析，确定能否继续使用。在规定的操作条件下和检验周期内，能安全使用的定为 4 级。

9）有夹层的，其安全状况等级划分如下：a. 与自由表面平行的夹层，不影响定级。b. 与自由表面夹角小于10°的夹层，可以定为2级或者3级。c. 与自由表面夹角大于或者等于10°的夹层，检验人员可以采用其他检测或者分析方法综合判定，确认夹层不影响压力容器安全使用的，可以定为3级，否则定为4级或者5级。

表3-2　错边量和棱角度尺寸范围　（单位：mm）

对口处钢材厚度 t	错边量	棱角度
≤20	≤1/3t，且≤5	≤(1/10t+3)，且≤8
20～50	≤1/4t，且≤8	—
>50	≤1/6t，且≤20	—
对所有厚度锻焊压力容器		≤1/6t，且≤8

注：测量棱角度所用样板按相应制造标准的要求选取。

10）使用过程中产生的鼓包，应当查明原因，判断其稳定状况，如果能查清鼓包的起因并且确定其不再扩展，而且不影响压力容器安全使用的，可以定为3级；无法查清起因时，或者虽查明原因但仍会继续扩展的，定为4级或者5级。

11）属于压力容器本身原因，导致耐压试验不合格的，可以定为5级。

12）需进行缺陷安全评定的大型关键性压力容器，不按本规定进行安全状况等级评定，应当根据安全评定的结果确定其安全状况等级。

12. 压力容器制造

压力容器设计与制造均要具有经国家有关部门批准的单位才能进行设计和制造。考虑到使用单位需要进行维护保养，也要了解有关压力容器设计与制造方面的专业知识。

（1）使用压力容器应注意的事项

1）容器的设计单位必须严格执行图样审核、批准及备案手续，对图样应有三级审核人设计、校对、审核的签字。

2）容器的设计应保证安全可靠，并便于制造、安装、检验和修理；筒体与封头连接的结构应按有关标准（如GB/T 25198—2010等）的规定设计。

3）容器及封头上开孔不得超过以下数值：a. 筒体内径 D_n≤1500mm，开孔最大直径 d≤1/2D_n，且 d≤500mm；b. 筒体内径 D_n>1500mm，开孔最大直径 d≤1/3D_n，且 d≤1000mm；c. 凸形封头或球形壳体的开孔最大直径 d≤1/2D_n；d. 锥形封头的开孔最大直径 d≤1/3D_n。

（2）压力容器制造用料的要求

1）制造容器用的材料质量及规格应符合国标、部标和有关技术条件要求，并提供质量说明书。

2）易燃或有毒、剧毒介质的容器，其受压元件不得选用沸腾钢制造，Q235（A_3）钢不得用于制造盛装液化石油气体的容器；含碳量（质量分数）高于0.24%的材料不得用于焊制容器；焊后需热处理的容器其焊条含钒量（质量分数）不得大于0.05%。

3）容器主要受压元件的材料代用，必须得到原设计单位同意，并附上证明文件。

4）焊接钢制受压元件使用的焊条应符合相关标准的规定，焊丝应符合相关规定，焊条、焊丝应有制造厂质量合格证。

5）压力容器常用材料如下：a. 中低压容器为Q235（A3、A3R）、Q345（16Mn、16MnR）、20G等。b. 高压容器为20G、Q345（16MnR）、18MnNiR等。c. 低温容器为Q345（16MnR）等。d. 高温容器为15CrMo、12Cr2Mo1等。

（3）压力容器壁厚的计算公式

$$S=\frac{pD}{2\sigma\phi-p}+C$$

式中，S为容器壳体的厚度（mm）；p为容器的设计压力（kgf/cm^2）；D为筒体的内径（mm）；σ为材料的许用应力（kgf/cm^2）；ϕ为焊缝系数；C为壁厚附加量。

根据上述公式，可推导出压力容器的最高使用压力为

$$p=\frac{2\sigma\phi(S-C)}{D+S-C}$$

压力容器的壁厚度附加量可按下式计算：

$$C=C_1+C_2+C_3$$

式中，C_1为钢板厚度的负偏差，见表3-3；C_2为腐蚀裕度（mm）；C_3为制造过程钢材的减薄量（mm）。

表3-3 钢板厚度负偏差值 （单位：mm）

钢板厚度S	2.0	2.2	2.5	2.3~3.0	3.2~3.5	3.8~4.0	4.5~5.5
负偏差C_1	0.18	0.19	0.20	0.22	0.25	0.3	0.5
钢板厚度S	6~7	8~25	26~30	32~34	36~40	42~50	52~60
负偏差C_1	0.6	0.8	0.9	1.0	1.1	1.2	1.3

腐蚀裕度C_2可按下式计算：

$$C_2=KB$$

式中，B为容器设计寿命，通常取10~15年；K为腐蚀速度，可查材料手册或由试验确定（mm/年）。

压制封头的C_{s3}取计算厚度的10%，且不大于4mm；手工敲打的封头C_3取计算厚度的20%；机械冲压的铝制设备封头C_3可取计算厚度的20%，且不大于4mm。

二、压力容器的状态管理

加强企业的压力容器及气瓶管理是确保企业安全生产的重要措施。

1. 压力容器主管部门的职责

压力容器主管部门的主要职责是：

1）贯彻执行国家颁发的TSG R5002—2013《压力容器使用管理规则》。

2）参与压力容器的安装、验收及试运行工作，监督检查压力容器的运行、维护和安全装置的检验工作。根据压力容器的检查周期，组织编制压力容器年度检验计划并负责组织实施。

3）负责组织压力容器的检修、改造、检验及报废等技术和审查工作。

4）负责压力容器的登记、建档及技术资料的管理和统计报表工作。

5）参加压力容器事故的调查、分析和上报工作，并提出处理意见和改造措施。

6）负责对压力容器的检验、焊接和作业人员进行安全技术培训和技术考核。

2. 压力容器设备管理

压力容器设备管理的主要内容如下。

1）建立和健全压力容器技术档案和登记卡片，并确保其正确性。其内容包括：a. 原始技术资料，如设计计算书、总图、各主要受压元件的强度计算资料。b. 压力容器的制造质量说明书。c. 容器的操作工艺条件，如压力、温度及其波动范围，介质及其特性等。d. 容器的使用情况及使用条件变更记录。e. 容器的检查和检修记录，其中包括每次检验的日期、内容及结果，水压试验情况，发现的缺陷及检修情况等。

2）做好压力容器的定期检查工作。首先要拟定检查方案，并提出检查所需的仪器与器材、人员，对检查中发现的问题，应提出处理方法及改进意见等。

3）压力容器的检修焊接工作必须由经考试合格的焊工担任。

4）建立和健全安全操作规程。为了保证容器的安全合理使用，使用单位要根据生产工艺要求的容器技术特性，制定容器的安全操作规程。其内容包括：a. 容器最高工作压力和温度。b. 起动、停止的操作程序和注意事项。c. 容器的正常操作方法。d. 运行中的主要检查项目与部位，异常现象的判断和应急措施。e. 容器停用时的检查和维护要求。

每个操作人员必须严格执行安全操作规程，使压力容器在运行中保持压力平衡、温度平稳。严禁容器超压超温运行。当容器的压力超过规定数值而安全泄压装置又不动作时，应立即采取措施切断介质源。对于用水冷却的容器，如果水源中断，应立即停车。

5）加强压力容器的状态管理，其内容包括：a. 建立岗位责任制。要求作业人员熟悉本岗位压力容器的技术特性、设备结构、工艺指标、可能发生的事故和应采取的措施。压力容器的作业人员必须经过安全技术学习和岗位操作训练，并经考核合格才能独立进行操作。作业人员还必须熟悉工艺流程和管线上阀门及盲板的位置，防止发生误操作。b. 加强巡回检查。应认真进行对安全阀、压力表及防爆膜等安全附件的巡回检查。在生产过程中，作业人员应严格控制工艺参数，严禁超压超温运行；加载和卸载的速度不要过快，对高温或低温下运行的容器应缓慢加热或缓慢冷却。容器在运行中应尽量避免压力和温度的大幅度变动，尽量减少容器的开停次数。

6）安装压力容器时，应注意以下事项：a. 无论是安装在室外或室内的压力容器，其防火设施都应符合国家建筑设计及防火规范的要求。b. 安装在室外的压力容器通风条件要好，同时还要考虑防日晒和防冰冻措施；安装在室内的容器，其房屋必须宽敞、明亮、干燥，并保持正常温度和良好的通风。c. 室内各容器之间的距离不得小于0.75m，容器和柱之间的距离不得小于0.5m。d. 房屋的室内标高决定于室内安装容器的高度及吊装要求高度，一般不应低于3.2m。e. 室内放置的容器有可能形成燃烧爆炸气体时，电气装置应达到防爆要求，容器要可靠地接地；存放有毒气体容器的屋内，要有通风装置；有些特殊场所还要考虑万一发生介质渗漏的中和处理设施。

7）安放高压和超高压容器的房屋还必须做到：a. 用防火墙把它与生产厂房隔开。b. 尽可能采用轻质屋顶。c. 同时装有几台容器的房屋，要根据容器容量将容器分别安设在用防火墙隔开的单间内。d. 容器应建造单独基础，并且不要与墙柱及其他设备的基础相连。

8）安全措施。当容器发生下列异常现象时，作业人员有权立即采取措施，并及时报告主管部门：a. 容器工作压力、介质温度或壁温度超过允许值，采取各种措施仍不能使之下降。b. 容器的主要受压元件发生裂缝、鼓包、变形、泄漏等缺陷已危及安全。c. 安全附件失效、接管端断裂或紧固件损坏，难以保证安全运行。d. 发生火灾，且直接威胁到容器的安全运行。

3. 强化压力容器安全可靠运行

随着我国工业经济迅速发展，压力容器、气瓶等特种设备数量以平均每年 12% 的数量迅速增加，并广泛应用于工业、农业、国防、医疗卫生、民用等行业的领域。由于压力容器结构特殊、类型复杂、操作条件苛刻，导致发生事故的可能性较大。与其他生产装置和设备不同，压力容器发生事故时，不仅本身遭到破坏，往往还会诱发一系列恶性事故，给国民经济和人民财产造成重大损失，因此它的安全、环保、能耗问题就应特别重视。我国和世界其他各国一样，对压力容器都设有专门的机构进行安全管理和监督检查，并要求按规定技术规范进行设计、制造、安装、运行和检验。加强对压力容器管理和作业人员的培训、考核，正确使用和维护压力容器，确保压力容器安全、经济运行、安全操作。

近年来我国压力容器事故发生数和造成死亡的人数总体来讲有所下降，但是还应看到存在的问题仍十分严重，特别是进口压力容器数量及品种越来越多，占总比例每年按 5% 速度在递增，所以确保压力容器安全、可靠运行及维修难度越来越大。根据近年来的事故统计，压力容器事故数占特种设备事故总数的 27%，造成的死亡人数占特种设备造成死亡总人数的 28%，给企业安全和国家财产带来了巨大的损失。

由于压力容器生产运行中有各自的特性，生产工艺流程也不同，因此会有特定操作程序和方法，一般包括开机准备、起动阀门、起动电源、调整工况、正常运行和停机程序等。

压力容器安全可靠运行的具体规定如下。

(1) 压力容器严禁超温、超压运行　由于压力容器允许使用的温度、压力、流量及介质充装等参数是根据工艺设计要求和在保证安全生产的前提下制定的，在设计压力和设计温度范围内操作压力容器可确保运行安全。反之，如果压力容器超载、超温、超压运行，就会造成压力容器的承受能力不足，因而可能导致爆炸事故发生。

压力容器造成超温超压运行的原因有：a. 压力容器内物料的化学反应，主要是由于加料过量或物料中混有杂质。b. 液化气体的压力容器因装载量过多或意外受高温影响。c. 作业人员误操作，如未切断压力源就误将压力容器出口阀关闭，误开启阀门，或减压装置不动作等。

【案例 3-1】 某化工企业、某储装易于发生聚合反应的碳氢化合物的压力容器，因压力容器内部分物料发生聚合作用而大量释放热量，使压力容器内气体急剧升温而压力升高，引发一起爆炸事故。为了预防这类超温、超压现象，应该在物料中加入阻聚剂和防止混入能促进聚合的杂质，同时压力容器内物料贮存时间不能过长。

【案例 3-2】 某建材企业用于制造高分子聚合的高压釜（聚合釜）因原料及催化

剂的使用不当，使物料发生爆聚（即本来应缓慢聚合的反应在瞬时内快速聚合的全过程），释放极大热能，而当时冷却装置又无法迅速导热，因而发生超压，酿成严重爆炸事故。因此，对这种压力容器的操作更应认真谨慎，对每批投用的原料和催化剂等从质量到数量都要严格控制，对冷却装置等应经常检查其是否处于良好的工作状态。

（2）工艺参数的安全控制 压力容器在长期运行中，由于压力、温度、介质腐蚀等复杂因素的综合作用，必定会产生异常情况或某部分的缺陷，压力容器操作是在运行中对工艺参数的安全控制，尽量减少或避免出现异常情况或缺陷，工艺参数是指温度、压力、流量、液位及物料配比等。具体如下：

1）温度安全控制。温度是指压力容器及其系统的主要控制参数之一。温度过高可能会导致剧烈反应而使压力突增，造成冲料或压力容器爆炸，或反应物的分解着火等。同时，过高的温度会使压力容器材料的力学性能（材料屈服强度等）减弱，承载能力下降，压力容器变形。温度过低则有可能造成反应速度减慢或停滞，当回复到正常反应温度时，往往会因为反应物料过多而发生剧烈反应引起爆炸；温度过低会使某些物料冻结，造成管路堵塞或破裂，致使易燃物泄漏而发生火灾和爆炸。为严格控制温度，应从以下几个方面采取措施：a. 正确选择传热介质，常用的供热载体中有水蒸气、水、矿物油、三联苯、熔盐、柔和熔融金属、烟道气等。正确选择供热载体对加热过程的安全有着十分重要的意义，应尽量避免使用与反应物料性质相抵的物质作为热载体。b. 加强保温措施。合理的保温对工艺参数的控制、减少波动、稳定生产都有好处，同时也防止高温设备与管道对周围易燃易爆物质构成着火爆炸的威胁，在进行保温时宜选用防漏、防渗的金属薄板做外壳，减少外界易燃物质泄漏或渗入保温层中积存而出现潜在危险隐患。c. 防止在反应中换热突然中断。

2）投料控制。

① 投料顺序控制。特别是石油化工行业，其投料顺序是按物料性质、反应机理等进行制定工艺，加入投料顺序颠倒极有可能会引发爆炸。

② 投料量控制。对于放热反应的装置，投料量与速度不能超过设备的传热能力。否则，物料温度将会急剧升高，引起物料分解、突沸而发生事故。加料温度如果过低，往往造成物料积聚过量，温度一旦适宜便会加剧反应；加之热量不能及时导出，温度及压力都会超过正常指标，从而造成事故。

3）压力及温度波动控制。

① 压力、温度的波动控制范围。压力容器在反复变化的载荷作用下可能产生疲劳破坏。疲劳破坏是从压力容器的高应力区域开始的，尤其对于有衬里的压力容器，在操作上要更加注意。

② 温度、充装量控制。盛装液化气体的压力容器应严格规定充装质量，以保证在设计温度下压力容器内部存在气相空间，因为压力容器内的液化气体是气液两相共存并在一定的温度下达到动态平衡，即介质的温度决定其压力；只有充装量严格控制，才能确保最高温度下安全运行。

（3）精心操作，严格遵守压力容器安全操作规程、工艺操作规程 精心操作是积极避免和减少操作中压力容器事故的有效措施，主要包括两个方面：一是制定合理的工艺操作记录卡片，并认真做好记录；二是作业人员严格遵守工艺纪律和安全操作规程。压力容器的宏观检查要列入操作人员的巡回检查制度中。

压力容器应做到平稳操作。平稳操作主要是指缓慢地进行加载和卸载，以及运行期间保持载荷的相对稳定。

(4) 加强异常情况应急处理　在用的压力容器，特别是反应容器，随着压力容器内介质的反应及其他条件的影响，往往会出现异常情况，如停电、停水、停气或发生火灾等，需要作业人员及时进行调节和处理，以保证生产运行的顺序进行。

换热压力容器常见故障与应急措施见表3-4。

表3-4　换热压力容器常见故障与应急措施

序号	故障部位	故障原因	应急措施
1	法兰泄漏	法兰泄漏常发生在螺栓坚固部位和旋入处，螺栓随温度上升而伸长，坚固部位发生松动	1）关闭阀门，消除隐患 2）尽量减少连接法兰 3）坚固作业要按工艺执行 4）采用自紧式结构螺栓
2	管道异常振动	1）管道与泵、压缩机共振 2）回转机械直接产生脉动冲击 3）进入高速蒸汽等，对管道的冲击 4）管道振动是由于流速、管壁厚度、列管排列等综合因素引起的	1）在流体入口处前设缓冲槽防止脉冲 2）管板上的管孔径采用紧密配合，不要过大 3）减少高速蒸汽流量，使管道的振幅变小 4）加大管壁厚度和管板厚度
3	由于管道胀接形成的泄漏	1）管道振动 2）开停车和紧急停车造成的热冲击 3）定期检修时操作不当而产生的机械冲击	1）对某根管道进行胀管时，要对周围的管道进行再胀管，以免松动 2）对于胀管的部位再胀接泄漏的，宜采用焊接工艺（按规范进行） 3）开停车一定要适度掌握阀门开启度和启动速率
4	污垢导致热效率降低	流体中含有固体、悬浮物；冷却水中的Ca^{++}、Mg^{++}导致严重结垢	1）充分掌握易污部位及污垢程度，定期进行检查、清理 2）当形成污垢时，必须对容器拆卸进行清理 3）对冷却水加装水处理装置，使水质达到规范要求
5	管道的腐蚀、磨损	1）污垢腐蚀 2）流体为腐蚀性介质 3）管内壁的异物积累，发生局部腐蚀 4）管内流速过大，发生磨损；流速过小，则异物易附着管壁产生电位差而导致腐蚀 5）管端发生磨损	1）定期进行清洗、清理 2）改变管材材质，以提高防腐性能或者在流体中加入防腐剂 3）在流体入口前设置滤网、过滤器等将异物除去 4）降低管内流速 5）在管入口端插入一定长度的保护管，以减少磨损

在压力容器运行期间，压力容器的作业人员应执行巡回检查制度对压力容器进行检查，检查内容包括工艺条件、设备状况以及安全装置等方面。在工艺条件方面，主要检查操作条件，包括操作压力、操作温度、液位、储罐等压力容器是否在安全操作规程规定的范围内，压力容器工作介质的化学成分、物料配比、投料数量等，特别是那些影响压力容器安全（如产生腐蚀、压力升高等）的成分是否符合要求。

作业人员在进行巡回检查时，应随身携带检查工具，如扳手、检测专用仪器仪表等，沿着固定的检查路线和检查点，仔细观察阀门、机泵、管线及压力容器各部位，查看运转是否正常，各个连接部位是否有跑、冒、滴、漏现象。巡回检查要定时、定点、定路线。

【案例 3-3】 某化工企业一台运行中的压力容器突然发生机械故障，严重威胁安全时，压力容器作业人员及时采取紧急措施，停止压力容器运行，并上报车间和上级领导。压力容器停止运行后立即泄放压力容器的气体和其他物料，使压力容器内压力下降，并停止向压力容器输入气体和其他反应物料。紧急停止运行时同时做好与其他相关岗位的联系工作。压力容器的停止运行操作虽然简单，但仍应认真操作，若有疏忽也会酿成事故。

换热容器是使工作介质在压力容器内进行热量交换，以达到生产工艺过程中所需要的将介质加热或冷却的目的。操作换热压力容器时，应先引进冷流后进热流，所有引进的冷热流速度要缓慢，以防设备内外冷热不均而产生较大的温差应力，造成压力容器变形而发生泄漏和损坏。

（5）认真填写操作记录　操作记录是生产操作过程中的原始记录，它对保证产品质量、安全生产至关重要。操作人员必须注意观察压力容器内介质压力、温度的变化，同时及时、准确、真实记录压力容器实际运行状况的有关参数等。

（6）做好开工准备工作　做好新开工、检修开工、停产较长时间开工的压力容器准备工作，确保做到一次试运行成功。

压力容器系统操作可划分为机泵操作、罐区装卸操作、设备工艺操作三大部分，每项单元操作必须有安全规程和操作流程，具体准备工作如下。

1）操作台梯子、平台、栏杆完好；安全装置齐全、灵敏、可靠；照明正常；地沟盖板及下水井盖全部盖好，保持道路畅通；消防设备齐全完好；操作及维修用备件齐备，以及水、电、蒸汽、风、氧气、通风正常等。

2）作业人员熟悉了解压力容器及装置，要求流程：a. 压力容器吹扫及贯通试压工作完毕。b. 单元容器的试运行、有衬里的压力容器烘干及新工艺管线脱脂等。c. 系统置换残余空气，拆下盲板。d. 加入工艺介质及物料，建立工艺循环。e. 清理残留的焊渣、铁屑、氧化皮各种杂物等，然后进入压力容器系统试运转。f. 作业人员在上岗操作前，必须按规定着装，带齐操作工具，特别是专用的操作工具应随身携带。进入有毒、有害气体的车间或场地时，还要带好防尘、防毒面具等劳动保护用品。g. 作业人员按规定认真检查压力容器、机泵及工艺流程中的进出口管线、阀门、电气设备、安全阀、压力表、温度计、液位计等各种设备及仪表附件的完好情况。h. 作业人员最后确认压力容器及设备能正常运行后，才能启动系统投入运行。

(7) 压力容器系统运行中的检查

1) 压力容器及其系统升温过程中的检查。当升温到规定温度之前应对压力容器及其管道、阀门、附件等进行恒温热紧。因这些装备检修时都是在冷态下进行的，升温时易发生泄漏，通过热紧以保证压力容器及其设备运行的要求。热紧时对螺栓要用力适当，并确保紧固力矩一致，防止螺栓断裂，造成事故。

2) 备用设备必须经过检查以保证其处于良好状态，准备能随时启用。在试运行中，检修人员应与压力容器作业人员密切配合共同加强巡回检查。

3) 压力容器及其装置进料前要关闭所有的放空阀门，然后按规定的工艺流程，经作业人员、班组长、车间值班领导三级检查后确认无误，才能起动机泵进料。在进料过程中，操作人员要沿工艺流程线路跟随物料流程进行检查。

4) 作业人员在操作调整工况时，应注意检查阀门的开启度和起动速率是否符合规定。压力容器开工后，并不等于隐患均会暴露充分，作业人员应密切注意运行的细微变化，严格执行工艺操作规程，做到精心、平稳地操作，确保压力容器及其系统的安全可靠运行，并正常化生产。

4. 压力容器的维护保养

压力容器维护保养工作的目的在于提高设备完好率，使压力容器能保持在完好状态下运行，提高使用效率，延长使用寿命，保证运行安全。

(1) 保持压力容器完好的防腐层　对于容器本体材料有腐蚀性的压力容器，工作介质常采用防腐层来防止介质对容器的腐蚀，如涂漆、喷镀或电镀和衬里等。如果防腐层损坏，工作介质将直接接触容器壁而产生腐蚀。要保持防腐层完好无损，应经常检查防腐层有无自行脱落，或在装料和安装容器内部附件时被刮落或撞坏，还要注意检查衬里是否开裂或焊缝处是否有渗漏现象。发现压力容器防腐层损坏时，应及时修补后才能继续使用。

(2) 消除产生化学腐蚀的因素　有些压力容器的工作介质只在某种特定条件下才会对容器本体材料产生化学腐蚀，要尽力消除这种能引起压力容器化学腐蚀的因素。如盛装氧气的压力容器常因氧气中带有较多的水分而在容器底部积水，会造成水和氧气交界面严重腐蚀。要防止这种局部腐蚀，最好使氧气经过干燥，或者在容器运行过程中经常排放容器的积水。碳钢容器的碱脆都是产生于不正常条件（包括设备、工艺条件）下碱液的浓缩和富集，因此介质中含有稀碱液的压力容器必须采取措施，消除有可能产生稀碱液浓缩的条件，如接管渗漏、容器壁粗糙或存在铁锈等多孔性物质等。

在压力容器运行过程中，要消灭压力容器的“跑冒滴漏”。“跑冒滴漏”不仅浪费原料和能源，污染工作环境，还常常造成压力容器设备的腐蚀，严重时更会引起容器损坏。

(3) 加强压力容器在停用期间的维护　对于长期或临时停用的压力容器，也应加强维护保养工作。实践证明，许多压力容器事故恰恰是忽略在停止运行期间的维护而造成的。从某种意义上讲，一台停用期间保养不善的压力容器甚至比正常使用的容器损坏更快，这是因为停用压力容器不仅受到未清除干净的容器内残余介质的腐蚀，也受到大气的腐蚀作用。在大气中，未被水饱和的空气冷却至一定温度后，水蒸气将从空气中冷凝而汇集成水膜覆盖在压力容器表面。如果金属表面粗糙或表面附着有尘埃、污物，或者防腐层有破损等，水蒸气更容易在压力容器这些部位析出并聚集。空气中的氮、氧以及其他气体杂质和二氧化硫、氮氧化合物、氯化氢等都能溶解于水膜中形成电解质溶液，因而具备了电化学腐蚀的条件。影响腐蚀的条件首先是大气温度和湿度，其次是空气中的杂质成分及其含量、压力容器壁材料的化学成分、容器壁表面粗糙程度和沾污情况等。另一方面，如果压力容器内部的介质对容器壁材料具有腐蚀性，停用时未清除干净而残留于压力容器内某些转角、连接部件或接管等间隙处，也将溶解在水膜中继续腐蚀压力容器壁。对于停用的压力容器维护保养措施如下。

1）必须将内部的介质排除干净。特别是腐蚀性介质，要经过排放、置换、清洗及吹干等技术处理。要注意防止容器内的死角积存腐蚀性介质。

2）经常保持压力容器的干燥和洁净，防止大气腐蚀。科学实验证明，干燥的空气对碳钢等铁合金一般不产生腐蚀，只有在潮湿的情况下（相对湿度超过60%），并且金属表面有灰尘、污垢或旧腐蚀产物存在时，腐蚀作用才开始进行。因此，为了减轻大气对停用压力容器外表面的腐蚀，应保持容器表面清洁，经常把散落在压力容器表面的尘土、灰渣及其他污垢擦洗干净，并保持压力容器及周围环境的干燥。

3）压力容器外壁涂刷油漆，防止大气腐蚀，还要注意保温层下和压力容器支座处的防腐等。

（4）压力容器安全附件的维护保养　为防止压力容器因操作失误或发生意外超温、超压事故，压力容器通常根据其工艺特性的需要装设有安全附件。安全附件的种类较多，要合理装设，其中安全阀和压力表是压力容器最常用的安全附件。要使安全附件经常处于完好状态，保持准确可靠、灵敏好用，就要经常给安全附件做维护和保养。

1）压力表维护保养。压力表应保持洁净，表盘上的玻璃必须明亮清晰，使表内指针所指示的压力值清楚易见。表盘玻璃破碎或表盘刻度模糊不清的压力表要及时更换。装有排液、除尘装置的压力表，要定期进行排液或排放尘土。记录式压力表应按时更换记录纸和添加墨水。发现压力表（包括取压管）有故障时要及时处理，对压力表的指示值有怀疑时，应及时用标准表进行校核，不正确时应更换。压力表要定期校验，校验周期不低于6个月，校验后的压力表应贴上合格证并铅封。

压力表有下列情况之一时，应停止使用并更换；有限止钉的压力表，在无压力时，指针不能回到限止钉处；无限止钉压力表，在无压力时，指针距零位的数值超过压力表的允许误差；表盘封面玻璃破裂或表盘刻度模糊不清；封印损坏或超过校验有效期限；表内弹簧管泄漏或压力表指针松动；压力表指针断裂或外壳腐蚀严重；其他影响压力表准确指示的缺陷。

2）安全阀的维护保养。安全阀要经常保持洁净，防止阀体或弹簧等被油垢或脏物所粘满或锈蚀，防止安全阀的排放管被油垢或其他异物堵塞和冬季积水冻结。发现安全阀有渗漏迹象时，应及时进行更换或检修，禁止用增加载荷的方法（如加大弹簧的压缩量）来减除安全阀的泄漏。为了防止安全阀的阀瓣和阀座被气体中的油垢、水垢或结晶物等粘住或堵塞，用于空气、水蒸气以及带有黏性物质而排放时又不会造成危害的气体的安全阀，应定期做手提排气试验。试验时应缓慢操作，轻轻地将提升扳手（弹簧式安全阀）或重锤慢慢举起，听见阀内有气体排出声时即慢慢放下；不允许将提升扳手或重锤迅速提起又突然放下，以免阀瓣在阀座上剧烈振动，冲击损坏安全阀的密封面。排气试验后，如发现安全阀内有泄漏声，则可能是阀瓣倾斜，可以重复一次试验。安全阀手提排气试验的间隔期限，可以根据气体介质的洁净程度来确定。

安全阀必须实行定期校验，包括清洗、研磨和压力调整校正。安全阀的定期校验每年至少进行一次，拆卸进行校验有困难时应采取现场校验（在线校验）。安全阀校验人员应具有安全阀的基本知识，熟悉并能执行安全阀校验方面的有关规程、标准并持证上岗，校验工作应有详细记录，校验合格的安全阀应加装铅封。在用压力容器安全阀现场校验和压力调整时，使用单位主管压力容器安全的技术人员和具有相应资格的检验人员应到校验现场确认。安全阀有下列情况之一时，应停止使用并更换：安全阀的阀芯和阀座密封不严且无法修复，安全阀的阀芯与阀座粘死或弹簧严重腐蚀、生锈，安全阀选型错误。

安全阀在整个压力容器设备中所占成本和体积较小，容易被人们忽视，但安全阀作为压力容器的基本安全附件，在压力容器运行安全性和经济性方面起着重大作用。

(5) 压力容器零部件维护保养　压力容器的零部件必须保持齐全、完好无损。对于连接紧固件残缺不全的压力容器，禁止投入运行。国内曾经连续发生了多次卧式压力容器端盖飞出的重大爆炸事故，都是由于端盖法兰螺栓损坏引起的。这些压力容器由于频繁开闭端盖及螺栓数量多，每天开闭端盖装料和出料的次数也多，作业人员常常是只装入部分紧固螺栓。在螺栓装入量不足，密封性差的情况下又往往把螺母过分上紧，螺栓预紧载荷很大，以致在容器承压后法兰螺栓折断，造成端盖飞出爆炸事故。因此对于压力容器的紧固螺栓等零部件，在每次取下后，应首先进行清洗，然后进行外观检查，外观检查合格的紧固螺栓再进行磁粉检测或超声检测，检测合格的紧固螺栓才能重复使用。

【案例3-4】 某企业的一台液压锤设备由于液压缸的螺栓没有按规定进行外观检查和检测，在设备修理时采用了不合格的螺栓进行紧固，使用6个月后螺栓断裂，造成液压油泄漏，瞬时油雾遇上高温的锻件发生油雾爆炸，造成作业人员两死六伤的安全事故。紧固螺栓断裂造成油雾爆炸事故的示意图如图3-7所示。

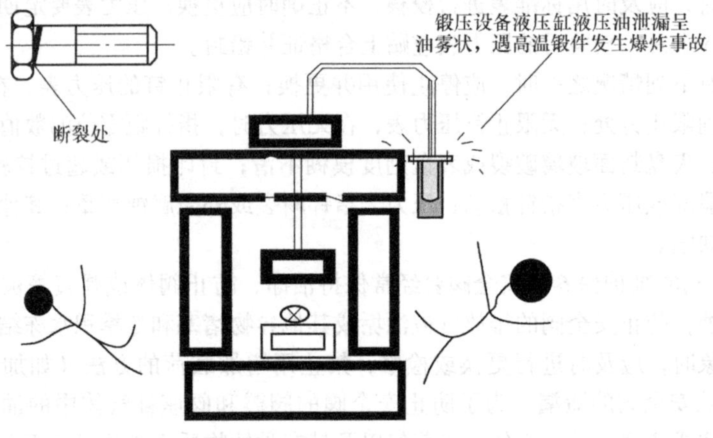

图3-7　紧固螺栓断裂造成油雾爆炸事故示意图

5. 正确操作压力容器停止运行

压力容器停止运行在操作中分为正常停止运行和紧急停止运行两种。

（1）正常停止运行　当压力容器系统需要定期检验、检修、原辅材料供应短缺等情况，整个压力容器系统将按计划进行正常停止运行。具体如下。

1）制订正常停止运行方案。压力容器的停止运行方案一般应包括以下内容：a. 停工周期（包括停工时间和开工时间），停工操作的程序和步骤。b. 停工过程中控制工艺变化幅度的具体要求。c. 压力容器及设备内剩余物料的处理、置换清洗及必须动火的范围。d. 停工检修的内容及要求、组织措施及有关操作步骤，同时作业人员应熟悉了解正常停止运行方案。

2）停止操作中应控制降温速度。对于高温下工作的压力容器，由于急剧地降温或温度变化梯度过大时，会使压力容器壳壁产生疲劳现象和较大的收缩应力，严重时会使压力容器产生裂缝、变形、零部件松脱、压力容器连接部位发生泄漏等现象。因此，停工操作必须先降温，然后再卸压，特别是对液化气体压力容器来讲，显得更加重要。

3）应清除干净剩余物料。压力容器内的剩余物料多是有毒或剧毒、易燃易爆、腐蚀性等有害介质。若压力容器内物料不清除干净，作业人员无法进入压力容器内部检查和修理。如果是单台压力容器停工，首先就要切断这台压力容器的物料进出口；如果是整个装置停工，那就要将整个装置中的物料采用真空法和加压法清除干净，并用水、蒸汽或惰性气体进行置换，直至化验合格为止。

4）停工阶段应准确执行各种操作。停工阶段的操作不同于正常生产操作，要求更加严格、准确无误。例如开关阀门操作动作要缓慢，要观察流通情况并逐步进行；蒸汽介质要先开排凝阀，待排净冷凝水后即关闭排凝阀，再逐步打开蒸汽阀，防止出现水击损坏设备或管道；加热炉停工操作应按停工方案规定的降温曲线进行。

5）对残留物料的排放处理：应采取相应的措施，特别是对可燃物质、有毒物体应排至安全区域，一定要妥善安全处理。停工操作期间，操作区域应杜绝一切火源。

（2）紧急停止运行　当压力容器系统的设备发生破裂、超量泄漏、异常变形等，外界突发停电、停水、停气等，或发生火灾等非正常原因时，均应紧急停止运行。另外，当出现压力容器的操作压力、介质温度或壁温超过工艺安全操作规程所规定的极限值（包括最高温度和最低温度），经采取措施仍无法控制，并且有继续恶化的趋势；压力容器系统关键连接管道或阀门等发生破裂，经抢修无效，而且危及整个系统安全运行；安全附件失效，接管端断裂、紧固件损坏，难以保证安全运行；压力容器的信号孔或警告孔泄漏；操作岗位发生火灾或发生情况突变危及安全运行等，也应紧急停止运行。

紧急停止运行应采取的相应措施：

1）对关键性的压力容器和设备，为防止因突然停电而发生事故，应配置双电源与联锁自控装置。如果因线路发生故障、生产车间全部停电时，要及时汇报和联系，查明停电原因，同时应重点检查压力容器及设备的温度、压力变化，尽量保持物料畅通。如果发现因停电而造成冷却系统停机而要停水时，可根据生产工艺情况进行减量或维持生产；如果大面积停水，则应立即停止生产进料，注意温度、压力变化，当超过正常值时，可采取放空降压措施。

2）若需要进行加热的压力容器或管道突然发生停（蒸）汽，则压力容器或管道的温度会很快下降，造成物料呈液态状流动，物料会因为温度下降凝结而堵塞管道，对此应及时关闭物料连通的阀门，防止物料倒流至蒸汽系统。

3）停风会使所有以气为动力的仪表、阀门都不能动作，故停风时应立即改为手动操作，某些充气防爆电气和仪表也处于不安全状态，必须加强厂房内的通风换气，以防止可燃气体进入电器和仪表内部。

4）对可燃物大量泄漏的处理。在生产过程中，当有可燃物大量泄漏时，首先应正确判断泄漏部位，及时报告领导和有关部门，迅速切断泄漏物料来源，在一定区域范围内严格禁止动火及其他火源产生。作业人员应坚守岗位，密切注视压力容器内物料的工艺变化，并采取相应果断措施，防止事故发生。

三、压力容器的用材及工艺规定

压力容器在使用中有高温、高压的情况，同时介质本身有时还具有易燃易爆、有毒或极强腐蚀特性，这些因素叠加使压力容器用材会十分苛刻。近年来，进口的压力容器数量增加，因此压力容器的用材要求就更加显得重要了。

1. 材料的通用要求

1）压力容器的选材应当考虑材料的力学性能、化学性能、物理性能和工艺性能。

2）压力容器所用材料的质量、规格与标志应当符合相应材料的国家标准或者行业标准的规定，其使用方面的要求应当符合 TSG R0004 的规定。

3）压力容器专用钢板（带）的制造单位应当取得相应的特种设备制造许可证。

4）材料制造单位应当在材料的明显部位做出清晰、牢固的钢印标志或者采用其他方法的标志，实施制造许可的压力容器专用材料、质量证明书和材料上的标志内容还应当包括制造许可标志和许可证编号。

5）材料制造单位应当向材料使用单位提供质量证明书，材料质量证明书的内容应当齐全、清晰，并且盖有材料制造单位质量检验章。

6）对于压力容器专用钢板，由材料制造单位直接向压力容器制造单位供货时，双方商定钢板质量证明书的份数；由非材料制造单位供货时，材料制造单位应当分别为每张钢板出具质量证明书。

7）压力容器制造单位从非材料制造单位取得压力容器用材料时，应当取得材料制造单位提供的质量证明书原件或者加盖材料供应单位检验公章和经办人章的复印件（压力容器专用钢板除外）；压力容器制造单位应当对所取得的压力容器用材料及材料质量证明书的真实性和一致性负责。

8）压力容器受压元件所用钢应当是氧气转炉或者电炉冶炼的镇静钢。对标准抗拉强度下限值大于或者等于 540MPa 的低合金钢钢板和奥氏体 - 铁素体不锈钢钢板，以及用于设计温度低于 -20℃的低温钢板和低温钢锻件，还应当采用炉外精炼工艺。

9）用于焊接的碳素钢和低合金钢，其碳、磷、硫的含量（质量分数）为：C≤0.25%、P≤0.035%、S≤0.035%。

10）压力容器专用钢中的碳素钢和低合金钢，其磷、硫含量（质量分数）应当符合以下要求：a. 碳素钢和低合金钢钢材基本要求：P≤0.030%、S≤0.020%。b. 标准抗拉强度下限值大于或者等于 540MPa 的钢材：P≤0.025%、S≤0.015%。c. 用于设计

温度低于 -20℃ 并且标准抗拉强度下限值小于 540MPa 的钢材：P≤0.025%、S≤0.012%。d. 用于设计温度低于 -20℃ 并且标准抗拉强度下限值大于或者等于 540MPa 的钢材：P≤0.020%、S≤0.010%。

11）厚度不小于 6mm 的钢板、直径和厚度可以制备宽度为 5mm 小尺寸冲击试样的钢管、任何尺寸的钢锻件，按照设计要求的冲击试验温度下的 V 型缺口试样吸收能量（KV_2）指标应当符合表 3-5。

表 3-5　碳素钢和低合金钢的冲击功要求

钢材标准抗拉强度下限值 R_m/MPa	3 个标准试样冲击吸收能量平均值 KV_2/J	钢材标准抗拉强度下限值 R_m/MPa	3 个标准试样冲击吸收能量平均值 KV_2/J
≤450	≥20	570 ~ 630	≥34
450 ~ 510	≥24	630 ~ 690	≥38
510 ~ 570	≥31	—	—

12）压力容器受压元件用钢板、钢管和钢锻件的断后伸长率应当符合相应钢材标准的规定；焊接结构用碳素钢、低合金高强度结构钢和低合金低温钢钢板，其断后伸长率（*A*）指标应当符合表 3-6 的规定。

13）厚度大于或者等于 12mm 的碳素钢和低合金钢钢板（不包括多层压力容器的层板）用于制造压力容器壳体时，凡符合下列条件之一的，应当逐张进行超声检测：a. 盛装介质毒性程度为极度、高度危害的。b. 在湿 H_2S 腐蚀环境中使用的。c. 设计压力大于或者等于 10MPa 的。d. TSG R0004 中要求逐张进行超声检测的。

表 3-6　钢板断后伸长率指标

钢板标准抗拉强度下限值 R_m/MPa	断后伸长率 *A*(%)	钢板标准抗拉强度下限值 R_m/MPa	断后伸长率 *A*(%)
≤420	≥23	550 ~ 680	≥17
420 ~ 550	≥20	—	—

14）铸铁不得用于盛装毒性程度为极度、高度或者中度危害的介质，以及用于制作设计压力大于或者等于 0.15MPa 的易爆介质压力容器的受压元件，也不得用于管壳式余热锅炉的受压元件。除上述压力容器之外，允许选用以下铸铁材料：a. 灰铸铁，牌号为 HT200、HT250、HT300 和 HT350。b. 球墨铸铁，牌号为 QT400-18R 和 QT400-18L。

15）灰铸铁的设计压力不大于 0.8MPa，设计温度范围为 10 ~ 200℃；球墨铸铁的设计压力不大于 1.6MPa，QT400-18R 的设计温度范围为 0 ~ 300℃，QT400-18L 的设计温度范围为 -10 ~ 300℃。

16）铝和铝合金用于压力容器受压元件时，应当符合以下要求：a. 设计压力不大于 16MPa。b. 含镁质量分数大于或者等于 3% 的铝合金（如 5083、5086），其设计温度范围为 -269 ~ 65℃，其他牌号的铝和铝合金，其设计温度范围为 -269 ~ 200℃。

17）纯铜和黄铜用于压力容器受压元件时，其设计温度不高于 200℃。

18）钛和钛合金用于压力容器受压元件时，应当符合以下要求：a. 钛和钛合金的设计温度不高于315℃，钛-钢复合板的设计温度不高于350℃。b. 用于制造压力容器壳体的钛和钛合金在退火状态下使用。

19）镍和镍合金用于压力容器受压元件时，应当在退火或者固溶状态下使用。

20）复合钢板复合界面的结合抗剪强度，不锈钢-钢复合板不小于210MPa，镍-钢复合板不小于210MPa，钛-钢复合板不小于140MPa，铜-钢复合板不小于100MPa。

碳素钢和低合金钢基层材料（包括钢板和钢锻件）按照基层材料标准的规定进行冲击试验，吸收能量合格指标符合基层材料标准或者订货合同的规定。

21）境外材料制造单位制造的材料应符合下列要求：a. 境外牌号材料应当是境外压力容器现行标准规范允许使用、并且境外已经有使用实例的材料，其使用范围应当符合境外相应产品标准的规定。b. 境外牌号材料的技术要求不得低于境内相近牌号材料的技术要求（如磷、硫含量，冲击试样的取样部位、取样方向和吸收能量指标，断后伸长率等）。c. 材料质量证明书和材料标志应当符合相关的规定。d. 压力容器制造单位应当对进厂材料与材料质量证明书进行审核，并且对材料的化学成分和力学性能进行验证性复验，符合相关要求后才能投料使用。e. 用于焊接结构压力容器受压元件的材料，压力容器制造单位在首次使用前，应当掌握材料的焊接性能并且进行焊接工艺评定。f. 对于标准抗拉强度下限值大于或者等于540MPa 的钢材，以及用于压力容器设计温度低于－40℃的低合金钢钢材，材料制造单位还应当按照有关规定通过技术评审，其材料方可允许使用。

22）设计单位若选用境外牌号的材料，应当在设计文件中充分说明其必要性和经济性。

2. 工艺及安全要求

1）对于第Ⅲ类压力容器，设计时应当出具包括主要失效模式和风险控制等内容的风险评估报告。

2）压力容器的设计应当充分考虑节能降耗原则，并且符合以下要求：a. 充分考虑压力容器的经济性，合理选材，合理确定结构尺寸。b. 对换热容器进行优化设计，提高换热效率，满足能效要求。c. 对有保温或者保冷要求的压力容器，要在设计文件中提出有效的保温或者保冷措施。

3）安全系数的要求：a. 确定压力容器材料许用应力（或者设计应力强度）的最小安全系数，见表3-7～表3-9的规定。b. 灰铸铁室温下抗拉强度安全系数不小于10.0，球墨铸铁室温下抗拉强度安全系数不小于8.0。

表3-7　规则设计方法的安全系数

材料（板、锻件、管）	安全系数			
	室温下的抗拉强度 R_m	设计温度下的屈服强度 R_{eL}^t	设计温度下持久强度极限平均值 R_D^t	设计温度下蠕变极限平均值（每1000h蠕变率为0.01%的）R_n^t
碳素钢和低合金钢	$n_b\geqslant2.7$	$n_s\geqslant1.5$	$n_d\geqslant1.5$	$n_n\geqslant1.0$
高合金钢	$n_b\geqslant2.7$	$n_s\geqslant1.5$	$n_d\geqslant1.5$	$n_n\geqslant1.0$

（续）

材料（板、锻件、管）	安全系数			
	室温下的抗拉强度 R_m	设计温度下的屈服强度 R_{eL}^t	设计温度下持久强度极限平均值 R_D^t	设计温度下蠕变极限平均值（每1000h蠕变率为0.01%的）R_n^t
钛及钛合金	$n_b \geqslant 2.7$	$n_s \geqslant 1.5$	$n_d \geqslant 1.5$	$n_n \geqslant 1.0$
镍及镍合金	$n_b \geqslant 2.7$	$n_s \geqslant 1.5$	$n_d \geqslant 1.5$	$n_n \geqslant 1.0$
铝及铝合金	$n_b \geqslant 3.0$	$n_s \geqslant 1.5$	—	—
铜及铜合金	$n_b \geqslant 3.0$	$n_s \geqslant 1.5$	—	—

表 3-8 分析设计方法的安全系数

材料	安全系数	
	室温下的抗拉强度 R_m	设计温度下的屈服强度 R_{eL}^t
碳素钢和低合金钢	$n_b \geqslant 2.4$	$n_s \geqslant 1.5$
高合金钢	$n_b \geqslant 2.4$	$n_s \geqslant 1.5$

表 3-9 螺柱（螺栓）的安全系数

材料	螺柱（螺栓）直径 /mm	热处理状态	安全系数	
			设计温度下的屈服强度 R_{eL}^t	设计温度下持久强度极限平均值 R_D^t
碳素钢	≤M22	热轧、正火	2.7	1.5
	M24～M48		2.5	
低合金钢与马氏体高合金钢	≤M22	调质	3.5	
	M24～M48		3.0	
	≥M52		2.7	
奥氏体高合金钢	≤M22	固溶	1.6	
	M24～M48		1.5	

4）设计压力：是指设定的容器顶部的最高压力，与相应的设计温度一起作为设计载荷条件，其值不低于工作压力。

计算压力是指在相应设计温度下，用以确定元件厚度的压力，并且应当考虑液柱静压力等附加载荷。

5）装有超压泄放装置的压力容器，超压泄放装置的动作压力不得高于压力容器的设计压力；对于设计图样中注明最高允许工作压力的压力容器，允许超压泄放装置的动作压力不高于该压力容器的最高允许工作压力。

6）常温贮存液化气体压力容器的设计压力应当以规定温度下的工作压力为基础确定：a. 常温贮存液化气体压力容器规定温度下的工作压力按照表 3-10 确定。b. 常温贮存液化石油气压力容器规定温度下的工作压力，按照不低于 50℃时混合液化石油气组分的实际饱和蒸气压来确定，设计单位在设计图样上注明限定的组分和对应的压力；若无实际组分数据或者不进行组分分析，其规定温度下的工作压力不得低于表 3-11 的规定。

表 3-10　常温贮存液化气体压力容器规定温度下的工作压力

<table>
<tr><th rowspan="3">液化气体
临界温度</th><th colspan="3">规定温度下的工作压力</th></tr>
<tr><th rowspan="2">无保冷设施</th><th colspan="2">有保冷设施</th></tr>
<tr><th>无试验
实测温度</th><th>有试验实测最高工作温度
并且能保证低于临界温度</th></tr>
<tr><td>≥50℃</td><td>50℃饱和蒸气压力</td><td colspan="2">可能达到的最高工作温度下的饱和蒸气压力</td></tr>
<tr><td><50℃</td><td colspan="2">在设计所规定的最大充装量
下为 50℃的气体压力</td><td>试验实测最高工作温度
下的饱和蒸气压力</td></tr>
</table>

表 3-11　常温贮存混合液化石油气压力容器规定温度下的工作压力

<table>
<tr><th rowspan="2">混合液化石油气
50℃饱和蒸气压力</th><th colspan="2">规定温度下的工作压力</th></tr>
<tr><th>无保冷设施</th><th>有保冷设施</th></tr>
<tr><td>小于或者等于异丁烷 50℃饱和蒸气压力</td><td>等于 50℃异丁烷的饱和蒸气压力</td><td>可能达到的最高工作温度下异丁烷的饱和蒸气压力</td></tr>
<tr><td>大于异丁烷 50℃饱和蒸气压力、小于或者等于丙烷 50℃饱和蒸气压力</td><td>等于 50℃丙烷的饱和蒸气压力</td><td>可能达到的最高工作温度下丙烷的饱和蒸气压力</td></tr>
<tr><td>大于丙烷 50℃饱和蒸气压力</td><td>等于 50℃丙烯的饱和蒸气压力</td><td>可能达到的最高工作温度下丙烯的饱和蒸气压力</td></tr>
</table>

7）压力容器用管法兰的工艺及安全要求：a. 钢制压力容器管法兰、垫片、紧固件的设计应当参照 HG/T 20592 ~ 20635《钢制管法兰、垫片、紧固件》系列标准的规定。b. 盛装液化石油气或毒性程度为极度和高度危害介质，以及强渗透性中度危害介质的压力容器，其管法兰应当按照 HG/T 20592 ~ 20635 系列标准的规定，至少应用高颈对焊法兰、带加强环的金属缠绕垫片和专用级高强度螺栓组合。

8）检查孔的要求：a. 压力容器应当根据需要设置人孔、手孔等检查孔，检查孔的开设位置、数量和尺寸等应当满足进行内部检验的需要。b. 对不能或者确无必要开设检查孔的压力容器，设计单位应当提出具体技术措施，例如增加制造时的检测项目或者比例，并且对设备使用中定期检验的重点检验项目、方法提出要求。

9）开孔补强圈的指示孔的要求：压力容器上的开孔补强圈以及周边连续焊的起加强作用的垫板应当至少设置一个泄漏信号指示孔。

10）快开门式压力容器的要求。快开门式压力容器是指进出容器通道的端盖或者封头和主体间带有相互嵌套的快速密封锁紧装置的容器。用螺栓（如活节螺栓）连接的不属于快开门式压力容器。快开门式压力容器的设计应当考虑疲劳载荷的影响，并且应当具有满足以下要求的安全联锁功能：a. 当快开门达到预定关闭部位，方能升压运行。b. 当压力容器的内部压力完全释放，方能打开快开门。

11）对有隔热层的压力容器，如果设计时规定隔热层不允许拆卸，则应当在设计文件中提出压力容器定期检验的项目、方法；必要时，设计图样上应当提出制造时对所有焊接接头进行全部无损检测等特殊要求。

12）特殊耐腐蚀要求。对有特殊耐腐蚀要求的压力容器或者受压元件，例如存在晶间腐蚀、应力腐蚀、点腐蚀、缝隙腐蚀等腐蚀介质环境时，应当在设计图样上提出相应的耐腐蚀试验方法以及必要的热处理要求。

四、压力容器焊接要求

1. 压力容器焊接工艺评定

1）压力容器产品施焊前，受压元件焊缝、与受压元件相焊的焊缝、熔入永久焊缝内的定位焊缝、受压元件母材表面的堆焊与补焊焊缝，以及上述焊缝的返修焊缝都应当进行焊接工艺评定或者具有经过评定合格的焊接工艺规程支持。

2）压力容器的焊接工艺评定应当符合 NB/T 47014《承压设备焊接工艺评定》的要求。

3）监检人员应当对焊接工艺的评定过程进行监督。

4）焊接工艺评定完成后，焊接工艺评定报告和焊接工艺规程应当由制造（组焊）单位焊接责任工程师审核，技术负责人批准，经过监检人员签字确认后存入技术档案。

5）焊接工艺评定技术档案应当保存至该工艺评定失效为止，焊接工艺评定试样应当至少保存5年。

2. 焊工及其钢印

1）从事压力容器焊接作业的人员（以下简称焊工），应当按照有关安全技术规范的规定考核合格，取得相应项目的《特种设备作业人员证》后，方能在有效期间内担任合格项目范围内的焊接工作。

2）焊工应当按照焊接工艺规程（WPS）或者焊接作业指导书施焊，并且做好施焊记录，制造单位的检验人员应当对实际的焊接参数进行检查。

3）应当在压力容器受压元件焊缝附近的指定部位打上焊工代号钢印，或者在焊接记录（含焊缝布置图）中记录焊工代号，焊接记录列入产品质量证明文件。

4）制造单位应当建立焊工技术档案。

3. 压力容器制造组装

压力容器制造中不允许强力组装，不宜采用十字焊缝。

4. 焊接返修

焊接返修（包括母材缺陷补焊）的要求如下：

1）应当分析缺陷产生的原因，提出相应的返修方案。

2）返修应当按照规定进行焊接工艺评定或者具有经过评定合格的焊接工艺规程支持，施焊时应当有详尽的返修记录。

3）焊缝同一部位的返修次数不宜超过2次，如超过2次，返修前应当经过制造单位技术负责人批准，并且将返修的次数、部位、返修情况记入压力容器质量证明文件。

4）要求焊后消除应力热处理的压力容器，一般应当在热处理前焊接返修，如在热处理后进行焊接返修，应当根据补焊深度确定是否需要进行消除应力处理。

5）有特殊耐腐蚀要求的压力容器或者受压元件，返修部位仍需保证不低于原有的耐腐蚀性能。

6）返修部位应当按照原要求经过检测合格。

5. 壳体和封头的外观与几何尺寸

壳体和封头的外观与几何尺寸检查的主要项目如下所示，检查方法及其合格指标按照设计图样和 NB/T 47014《承压设备焊接工艺评定》的要求。

1）主要几何尺寸、管口方位。

2）单层筒（含多层及整体包扎压力容器内筒）、球壳和封头的纵、环焊缝棱角度与对口错边量。

3）多层包扎压力容器、整体包扎压力容器的松动面积和热套压力容器热套面的间隙。

4）凸形封头的内表面形状公差及碟形、带折边锥形封头的过渡段转角半径。

5）球壳顶圆板与瓣片形状、尺寸。

6）不等厚对接的过渡尺寸。

6. 焊接接头的表面质量

1）不得有表面裂纹、未焊透、未熔合、表面气孔、弧坑、未填满和肉眼可见的夹渣等缺陷。

2）焊缝与母材应当圆滑过渡。

3）角焊缝的外形应当凹形圆滑过渡。

4）按照疲劳分析设计的压力容器，应当去除纵、环焊缝的余高，使焊缝表面与母材表面平齐。

5）咬边及其他表面质量，应当符合设计图样和 NB/T 47014《承压设备焊接工艺评定》的规定。

7. 金属的焊接性

金属的焊接性是指金属在限定的施工条件下焊接成规定设计要求的构件，并满足预定服役要求的能力。所谓焊接性好，就是说容易焊接，焊后一般不会产生裂级；焊接性差就是说不易焊接，焊后容易产生裂缝。

所有钢的焊接性大致可分四类：

1）焊接性好，这种钢在任何条件下用任何方法焊接，焊后不会产生裂纹。

2）焊接性尚好，这种钢在温度为 20℃以上、周围平静无风的条件下焊接时，焊后一般不会产生裂纹。

3）焊接性较差，指钢在焊接时有特殊要求，如焊前预热到一定温度，要适当注意焊接顺序等。

4）焊接性差，该钢材焊接最困难，要求预热到更高的温度并采取各种措施，方可进行焊接。

一般低碳钢的焊接性好，中碳钢的焊接性较好，高碳钢的焊接性较差，合金钢及铸铁的焊接性最差。在有色金属中，铜及铜合金焊接性较好，铝的焊接性最差，即焊接最困难。

8. 钢的焊接性

钢的焊接性好坏与材料焊接方法、构件类型及使用要求四个因素有关。

在一般情况下，钢的含碳量越高焊接性越差。碳的质量分数大于0.45%的钢，焊接性较差。

合金钢的焊接性随其合金元素的成分、含量不同而有差异。一般合金元素含量越高焊接性越差。

焊接方法及工艺条件对焊接性的影响也是很大的，采用不同的焊接方法或由于选择的规范、焊丝及熔剂不当时，可能在焊缝内引起气孔、夹渣、裂纹等缺陷。在低温条件下施焊时，焊接接头容易产生裂纹，所以这些因素都能降低钢的焊接性。

9. 钢板焊接的实施

1）钢材选用应按设计提出的要求，尽量选用低合金结构钢。

2）有皱褶、弯曲、波浪变形等缺陷的钢板需要矫正，一般可采用冷态手工矫正及冷态或热态的机械矫正。

3）焊接前应将焊接坡口两侧30～80mm的范围进行清理，清除钢板上的铁锈和灰尘、污垢，防止焊接中形成气孔等缺陷。

4）常用的焊接接头坡口形式及尺寸见表3-12。

表3-12　焊接接头坡口形式及尺寸　（单位：mm）

坡口名称	坡口形式	焊条电弧焊坡口尺寸	坡口名称	坡口形式	焊条电弧焊坡口尺寸
I形坡口		$\delta=2\sim15$ $b=1\pm0.15$	X形坡口（带钝边）		$\delta=12\sim30$ $p=2$　$\alpha=60°$ $b=2$
V形坡口（带钝边）		$\delta=16\sim30$ $p=2$ $b=2$ $\alpha=65°$	V形坡口（带垫板）		$\delta=6\sim30$ $b=2$ $\alpha=40°$

10. 压力容器组焊实施

1）筒体纵焊缝的接头错边量如图3-8所示，其中$b'\leqslant0.1\delta$，且$b'\leqslant3$mm。

2）筒体同一断面上最大处直径与最小处直径之差如图3-9所示，$e\leqslant1\%D$，并且$e\leqslant25$mm；有开孔补强时，应在距补强圈边缘100mm以外的位置测量。

3）筒体环焊的接头错边量当两板厚度相等时应符合以下规定，如图3-10所示。

① 壁厚$\delta\leqslant6$mm时，$b'\leqslant25\%\delta$。

② 壁厚6mm$<\delta\leqslant10$mm时，$b'\leqslant20\%\delta$。

③ 壁厚$\delta>10$mm时，$b'\leqslant10\%\delta+1$mm，并且$b'\leqslant6$mm。

④ 压力容器组装对接时，相邻筒节的纵向焊缝距离或封头焊缝的端点与相邻筒节

纵向焊缝的距离 L 应大于板厚 δ 的3倍以上，并且不小于100mm，如图3-11所示。

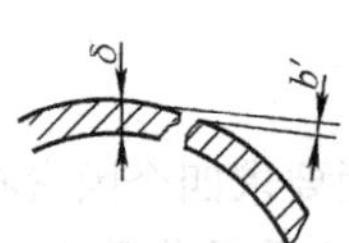

图3-8　筒体纵焊缝的接头错边量 b'

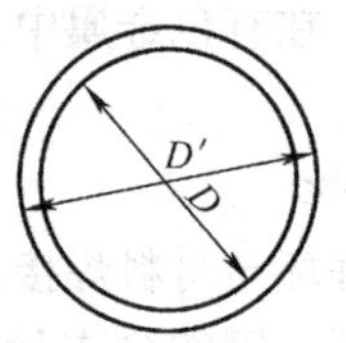

图3-9　筒体同一断面 D' 与 D 之差示意图

D'—最大处直径　D—最小处直径

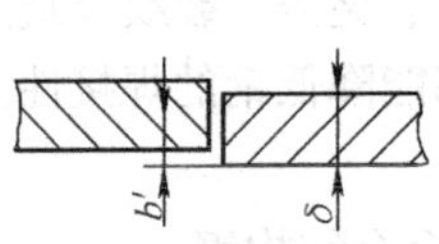

图3-10　筒体环焊的对口错边量 b'

b'—板边位移　δ—钢板厚度

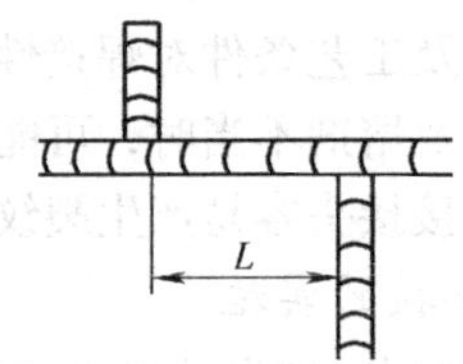

图3-11　纵向焊缝的距离

11. 压力容器焊接用焊条的选用

压力容器焊接用焊条的选用应考虑以下两个方面：

1）钢板厚度与焊条直径的关系见表3-13，一般焊条直径按钢板厚度选定，焊条应在250～350℃的焊条烘干箱内干燥1～2h，以清除水分。

表3-13　钢板厚度与焊条直径的关系　（单位：mm）

钢板厚度	≤2	3	4～5	6～12	>13
焊条直径	2	3	3～4	4～5	5～6

2）焊接压力容器受压元件所用焊条，其力学性能和化学成分应与原材料相适应。压力容器常用焊条及钢种见表3-14。

表3-14　压力容器常用焊条及钢种

焊条类别	焊条型号	焊条牌号	所焊接钢种
低碳钢及低合金高强度结构钢焊条	T42－2 T42－7	J422 J427	Q195，Q215，Q235，20G，10，10F
	T50－2 T507	J502 J507	Q355，Q315，Q390
	T55－7	J577	Q390
	T60－7	J607	Q390

（续）

焊条类别	焊条型号	焊条牌号	所焊接钢种
铬和铬钼耐热钢焊条	TRCrMo-2	R202	12CrMo
	TRCr1Mo-2	R302	15CrMo
	TRCrMoV-7	R317	12Cr1MoV
不锈钢焊条	TB18-8-2	A102	06Cr19Ni10
	TB18-8-7	A107	

12. 钢制压力容器焊后热处理

焊缝是由焊条与母材在高温下熔融而成的，在冷却时，这些熔敷金属就要收缩，但它又受到周围刚性焊件的限制，在焊缝周围便产生了拉应力，这些拉应力便是焊接残余应力。残余应力过大，会使焊缝在不受外力的情况下自行破裂，所以对压力容器的残余应力必须加以控制或消除。最常用消除焊接残余应力的方法是将焊件进行焊缝热处理，但并不是所有压力容器的焊接都必须进行热处理。对下列材料制造的压力容器，对接焊缝处的厚度δ超过一定限值时，应按下列要求进行热处理。

1）碳素钢，$\delta>34$mm（如果焊前预热100℃以上时，则$\delta>38$mm），600~650℃回火。

2）Q345，$\delta>30$mm（如果焊前预热100℃以上时，则$\delta>34$mm），600~650℃回火。

3）15MnVR，$\delta>28$mm（如果焊前预热100℃以上时，则$\delta>32$mm），560~590℃回火。

4）12CrMo（$\delta>16$mm）和15CrMo，任何厚度都采用焊前预热温度大于150℃，焊后进行600~700℃回火。

13. 低温压力容器的焊接

【案例3-5】 某公司采用国内09MnNiDR材料制造容积较大的低温压力容器设备，设计温度最低为-50℃。具体情况如下。

1）所用钢板材料的化学成分见表3-15，力学性能见表3-16。

表3-15　设备用钢板材料的化学成分

项目	材　料	化学成分（质量分数,%）								
		C	Mn	Si	V	Al	Ni	Nb	S	P
标准值	09MnNiDR	≤0.12	1.2~1.6	0.15~0.6	—	≥0.015	0.3~0.8	≤0.04	≤0.020	≤0.025
实际值	09MnNiDR	0.084	1.42	0.32	0.0006	0.027	0.78	0.02	0.01	0.009

表3-16　设备用钢板材料的力学性能

项目	材料名称	力学性能			
		R_{eL}/MPa	R_m/MPa	A（%）	kV/J
标准值	09MnNiDR	≥260	430~560	≥23	≥27（-50℃）
实际值	09MnNiDR	353	455	35	260，266，272（-50℃）

2）焊接过程中主要影响低温钢焊接接头晶粒度、最终影响低温冲击韧度的工艺因素为焊接热输入。

焊接热输入的公式为

$$E = \eta IU/v$$

式中，E为焊接热输入（kJ/cm）；I为焊接电流（A）；U为电弧电压（V）；v为焊接速度（cm/s）；η为电弧有效功率系数，埋弧焊取0.85，焊条电弧焊取0.8。

从焊接热输入公式反映，焊接电流、电弧电压减小，焊接热输入也减少，焊接速度加快则有利于焊缝获得细晶粒度，从而保证焊缝具有良好的低温韧性。

3）针对低温钢材料的特点做了不同焊接方法的焊接工艺评定试验，并采用多层多道焊接的方法焊接工艺评定试板。在编制焊接工艺指导书中明确：板材厚度在16mm以上的对接焊缝采用埋弧焊；厚度在16mm以下的采用焊条电弧焊。焊接工艺评定试板经过消除应力热处理后，对试板取试样进行力学性能试验，各项数据均符合工艺要求。

4）焊接过程中严格执行焊接工艺规程，确保层间温度小于120℃，防止焊接接头产生过热现象。加强过程中的控制，严格工艺纪律，对违反工艺纪律的行为立即予以纠正，保证焊接质量。

5）结论：低温钢焊接质量的好坏会直接影响到压力容器设备在低温工况下的正常运行，在设备的焊接过程中，每一个工序、每一个相关的工作人员都要严格把关，才能确保有良好的焊接质量。低温压力容器设备焊接工作中，必须做到：a. 在满足工艺性能的前提下，采用小的热输入，保证焊接接头具有好的力学性能和细的晶粒度，使晶界上不析出连续的碳化物。b. 正确使用焊材，不符合烘干规定的焊材不得使用，并保证在4h之内用完，否则必须重新烘干，尽量减少氢对焊缝质量的影响。

14. 不锈钢压力容器腐蚀及补焊

随着经济的不断发展，企业用不锈钢压力容器的数量越来越多，进口设备中不锈钢材质压力容器的数量几乎达到95%，所以对不锈钢压力容器腐蚀及补焊措施了解是十分重要的。

（1）不锈钢的特性　不锈钢按主要组织状态分为马氏体、铁素体、奥氏体三大类，其中以奥氏体不锈钢应用最广泛，占到总量的70%～80%。在工厂常用的不锈钢压力容器中，普遍采用的也是奥氏体不锈钢（以下不锈钢均指奥氏体不锈钢）。以1Cr18Ni9Ti为例，其属于18-8型铬镍奥氏体不锈钢，具有良好的耐蚀、耐热性能，使用温度可达600～700℃，高抗氧化性700～900℃，塑性良好，但加工硬化敏感，切削性能很差。

（2）不锈钢腐蚀类型　奥氏体不锈钢焊接发生的主要质量问题是晶间腐蚀和应力腐蚀破裂，也可不同程度出现腐蚀疲劳、焊缝腐蚀、点蚀和氢脆。在大多数情况下，不锈钢发生腐蚀是多种腐蚀类型并存且共同作用的结果。

1）晶间腐蚀。奥氏体不锈钢在450～850℃时，易出现晶粒析出，发生晶间腐蚀，这种腐蚀将造成材料力学性能显著降低。由于晶间腐蚀不易出现，常造成设备突然破坏，所以危害很大。作为材料使用单位，防止晶间腐蚀的有效方法就是降低其含碳量，而降低碳含量，可将材料加热到1100℃进行固溶处理，同时能使材料提高耐蚀性，并使其软化。

2）应力腐蚀破裂。金属材料在拉应力和化学腐蚀共同作用下发生的断裂破坏，裂纹较小，有时只有一条，通常有分枝。应力的来源有外加的应力（设备操作运行时的工作应力、热应力），有残余的应力（焊接、冷加工及设备安装时的固定残余应力），还有腐蚀产物应力。对于应力腐蚀破裂来说，焊接和加工所残留的应力是最主要的。

3）腐蚀疲劳。腐蚀疲劳是由于腐蚀介质的作用，金属材料耐疲劳能力下降，其断面特征是大面积产生腐蚀产物，小面积表面出现粗糙。腐蚀疲劳可以有多条裂纹，裂纹通常发源于一个深点蚀区。

4）焊缝腐蚀。焊缝腐蚀分为热影响区腐蚀和刃状（刀口）腐蚀，即在不锈钢焊接件焊缝两旁的热影响区发生的腐蚀，造成这种腐蚀的原因是由于焊接过程中正好处在敏感的温度范围（450~850℃），从而产生晶间腐蚀。

刃状（刀口）腐蚀的特点是紧靠焊缝熔合线很窄区域内金属的优先腐蚀；而热影响区腐蚀则是切割或焊接过程中不熔化的基本金属区在热作用下的腐蚀，它的部位离焊缝尚有一段距离。

5）点蚀。点蚀集中在金属表面个别小区域上的深度较大的腐蚀，在大多数情况下点蚀比较小，但冷加工会增加点蚀的倾向。

6）氢脆。溶液中的氢离子在裂纹的阴极区还原成氢，并在应力的作用下，扩散进入金属内部，使该处金属脆化，裂纹易于扩展；随着氢的不断产生并扩散到裂纹尖端，裂纹就持续向前发展。

（3）焊接工艺措施　从不锈钢腐蚀类型分析可知，不锈钢腐蚀除对温度较敏感外（晶间腐蚀、焊缝腐蚀），应力腐蚀破裂是十分重要的原因。因此，不锈钢的焊接必须采取合理的焊接顺序和方向等工艺措施，来消除和减少残余应力及腐蚀。

1）焊接长焊缝或大型结构件时，焊接顺序应从中间向两端或四周，以分散应力。焊接平面上带有交叉焊缝的接头，焊接顺序应保证交叉部位不易产生缺陷和过大的应力。焊接拼板时，应先焊错开的短焊缝，然后再焊直通的长焊缝。

2）先焊收缩量大的焊缝，因先焊的焊缝收缩时，受阻力小，相应应力也小，如在结构上同时有对接焊缝和角焊缝时，应先焊对接焊缝，后焊脚焊缝。采用较小的焊接能量，可以减小焊接加热区的热压缩塑性变形，从而降低应力。

3）用锤子均匀地锤击焊缝及周边，使之延展，从而降低内应力。采取反变形法，在焊接封闭圆环焊缝或其他刚性较大、自由度较小的焊缝时，可采取反变形法以增加焊缝的自由度，从而降低应力。焊缝应尽量避免在最大应力和应力集中的位置，还应尽量避开机构加工表面，焊缝密集或交叉会造成金属过热，加大热影响区使组织恶化，因此，两条焊缝的间距一般≥100mm。

（4）焊接前的准备　对在线设备的补充焊接（补焊），要用清水将设备泄漏处清洗干净，特别要注意对腐蚀介质的清洗。补焊前要将泄漏处焊缝（堆积的焊瘤）用工具去除并修磨平滑。

对于容器缺陷补焊时，补焊长度≥100mm，采用增强板补焊的尺寸应 > 100mm × 100mm。如果是多条焊缝交叉处补焊时，增强板（疤子）尺寸应适当放大，避开在焊缝交叉处焊接。

对于已产生裂纹、材料脆性大等缺陷补焊前，应用锤子轻轻锤击裂纹区，便于消除残余应力及时发现裂纹发展的趋势，然后在裂纹长度方向（包括裂纹分枝）各端点以外 10～50mm 处钻直径 5～8mm 的止裂孔，其深度与坡口打磨深度相同。

补焊前，根据材料情况（焊缝）打坡口。对设备缺陷表面应先用丙酮、酒精清洗除污，特殊情况（如高浓度碱）也可将盐酸配制成 5%～15% 的酸性溶液进行清洗，然后用大量清水进行清洗。需要注意的是奥氏体不锈钢对酸洗较敏感，易形成点蚀，因此，应慎用酸洗。

（5）焊条及焊机的选择

1）焊条的选择。不锈钢焊接时，因受到重复加热，会析出碳化物，使耐蚀性能和力学性能降低。因此，焊接时应根据工件化学成分、介质种类和工作温度等合理选用焊条。对于 18-8 型铬镍不锈钢，工作温度低于 300℃，一般的结构焊接，可选用 A102 焊条。而对于出现各种缺陷后的补焊，则可选用抗裂耐蚀性能较好的 A122 焊条。为防止焊接时产生气孔，焊条需烘干，对于钛钙型焊条，使用 150℃温度，烘 1～2h。

2）焊机的选择。因交流焊接熔深较浅，焊条易发红，所以尽可能采用直流焊机。

（6）焊接工艺　目前在焊接奥氏体不锈钢时，最常用的是焊条电弧焊和氩弧焊，补焊一般采用焊条电弧焊。焊条电弧焊的焊接工艺如下：

1）焊前预热。焊前预热可使焊缝及热影响区金属温差减小，还可减缓焊后冷却速度，从而减小焊接应力，一般预热温度控制在 250～425℃。

2）焊接过程。铬镍奥氏体不锈钢的可焊性较好，为了防止焊接接头在危险温度范围内（450～850℃）停留时间过长而产生晶间腐蚀和防止接头过热而产生热裂纹，焊接时应采用快速焊和窄焊道。焊接过程中，不得在焊件上随便引弧，地线与焊件（工件）应紧密接触，以免操作焊件表面影响腐蚀性能。焊条最好不做横向摆动，一次焊成的焊缝不宜超过焊条走丝的 3 倍，运条要稳，电弧不宜太长，收弧时填满弧坑。

焊接电流应比焊低碳钢时低 20% 左右，一般按焊条走丝的 25～35 倍计算，焊接电流见表 3-17。

表 3-17　铬镍奥氏体不锈钢焊接电流

焊条直径/mm	2.5	3.2	4.0	5.0
焊接电流/A	50～80	80～110	110～150	150～200

多层焊接时，每焊完一层必须彻底清除焊渣，并对焊缝仔细检查，确认无缺陷；等到前层焊缝冷却后（<60℃）再焊下一层，与腐蚀介质接触的焊缝应尽量最后焊接。为防止由于过热而产生晶间腐蚀，焊接完后，可采取强制冷却措施，如水冷等。一般情况下，在空气中自然冷却也是可以的。

3）焊后热处理。焊后的热处理应根据材料特性、焊接条件、工件结构、使用条件及图样要求等综合考虑。一般热处理步骤为：加热>850℃，空冷，基本不会发生应力腐蚀破裂；加热到1100℃，水冷，进行固溶处理，保温时间按1~2min/mm计算，可以提高抗晶间腐蚀能力；加热到850~900℃，保温4~6h，空冷，进行稳定化处理，可以提高使用稳定性能。

经补焊及热处理后的焊缝应稍打磨一下补焊部位，使其表面光洁。

（7）奥氏体不锈钢牌号对照 国内外奥氏体不锈钢牌号对照见表3-18。

表3-18 国内外奥氏体不锈钢牌号对照

中国 GB	美国 ASTM	中国 GB	美国 ASTM
12Cr17Mn6Ni5N	201	1Cr25Ni20Si2	310S
12Cr18Mn9Ni5N	202	06Cr17Ni12Mo2	316
12Cr17Ni7	301	0Cr18Ni12Mo2Ti	316Ti
12Cr18Ni9	302	022Cr17Ni12Mo2	316L
Y12Cr18Ni9	303	00Cr17Ni12Mo2N	316N
Y12Cr18Ni9Se	303Se	022Cr17Ni12Mo2N	316LN
0Cr19Ni9	304	00Cr18Ni12Mo2Cu2	316J1
06Cr19Ni10	304H	00Cr18Ni17Mo2Cu2	316JIL
022Cr19Ni10	304L	06Cr19Ni13Mo3	317
00Cr18Ni10		022Cr19Ni13Mo3	317L
06Cr19Ni9N	304N	00Cr17Ni14Mo3	
0Cr19Ni10N	304N2	03Cr18Ni16Mo5	
022Cr19Ni10N	304LN	1Cr18Ni9Ti	321
10Cr18Ni12	305	0Cr18Ni11Ti	
1Cr18Ni12Ti		0Cr18Ni9Ti	
06Cr23Ni13	309S	06Cr18Ni11Nb	347
06Cr25Ni20	310S	06Cr18Ni9Cu3	XM7

15. 压力容器的焊缝检测

压力容器的焊缝检测具体要求如下：

1）压力容器的焊缝射线和超声检测要求见表3-19，表中标有※※行的数据适用于第一类、第二类压力容器中采用铬钼钢材料焊制的、设计压力≥50MPa的压力容器，易燃介质的压缩气体、液化气体和有毒介质且容积大于1m³的压力容器及第二类压力容器中剧毒介质的压力容器，均做100%检测检查，表中标有※行的数据适用于第一类、第二类压力容器中的其他压力容器，可做局部检测检查。

2）选择超声检测时，还应对超声检测部位做射线检测复验工作，复验长度为表3-19中数值的20%，并且不小于300mm；选择射线检测时，对壁厚大于38mm的压力容器还应做超声检测复检，复检长度为表3-19中数值的20%，并且不小于300mm。

表 3-19　压力容器的焊缝射线和超声检测要求　（单位：mm）

容器类别		射线检测	超声检测
		占相应对接焊缝（环、纵）总长（%）	
第一类	※	≥20	≥20
	※ ※	100	100
第二类	※	≥20	≥20
	※ ※	100	100
第三类		100	100

3）裂纹深度监测。一旦发现裂纹后，为了确定裂纹的深度，可以采用电位探测法裂缝测深仪。其工作原理为（见图 3-12）：用两只触头将直流或交流电输入试样，同时由另外两只触头测量表面电位。一般应使电流的流动方向垂直于裂缝的走向，测量电压的电极以事先给定的固定间距放置在试样表面。对于完好的表面，无论在什么部位测量，其电压降均相同。但如在被测区域内有裂纹，电压降就会增加，而且裂纹越深，电压降越大，据此确定裂纹和裂纹的深度。

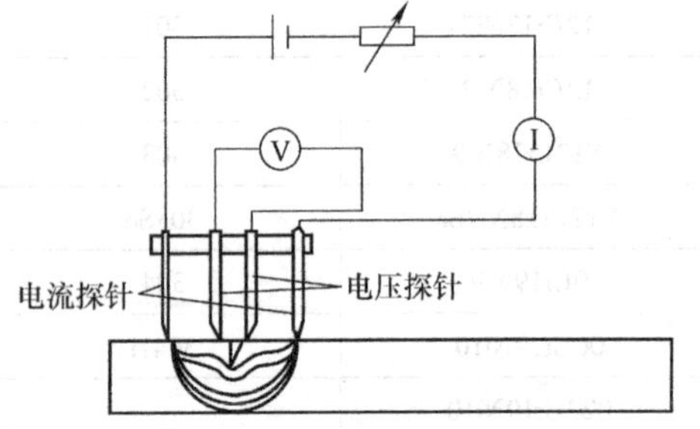

图 3-12　直流电流电位探测法测量裂纹深度

4）局部检测或检测复检超标处理。当压力容器局部检测或检测复检时发现超标缺陷时，应增加复检和检测的百分数，具体要求举例说明如下。

如图 3-13 所示，焊缝总长 = 纵缝长度 + 环缝长度

$$= 3 \times 1.5\text{m} + 2\pi \times 0.5\text{m} \times 4 = 4.5\text{m} + 2 \times 3.14 \times 0.5\text{m} \times 4$$

$$= 17.06\text{m}$$

以选择超声检测为例说明。

① 局部检测的要求。局部检测长度≥焊缝总长的 20%，此例中局部检测长度即 17.06m × 20% = 3.412m。检测部位为：球形封头与筒体连接处的环缝，长度为 3.14m；纵缝，长度≥1m；交叉部位及椭圆形封头与筒体连接处的环缝由检测确定。

② 需要 X 射线复检长度为 3.14m × 20% = 0.682m；复检部位在原检测部位中选取，复检时若有不合格，则应增加 10% 的复检长度。

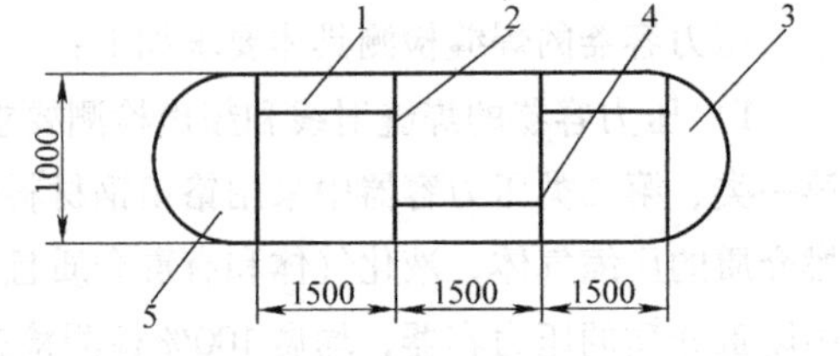

图 3-13　卧式压力容器
1—纵缝　2—环缝　3—椭圆形封头
4—丁字接头　5—球形封头

③ 检测的百分数达到 20% 后，若发现超标缺陷，则应增加 10% 的检测长度，例如

缺陷在纵缝，则为4.5m×10% =0.45m。

④ 100%检测的要求：需要用X射线复检的长度为17.06m×20% =3.412m；复检时若有不合格的，应增加10%的复检长度，即17.06m×10% =1.7m；复检部位为纵缝或环缝，若仍有不合格，则应100%复检，即17.06m。

5）压力容器焊缝的检查。压力容器焊缝的表面质量检查要求如下：a. 焊缝的外观尺寸应符合技术标准和压力容器图样的规定，焊缝与母材应圆滑过渡，压力容器外观及几何尺寸检验报告。b. 焊缝和热影响区表面不允许有裂纹、气孔、弧坑和肉眼可见的夹渣等缺陷。c. 焊缝的局部咬边深度不得大于0.5mm，对任何咬边缺陷应进行修磨或焊补磨光，并进行表面无损检测，经修复部位的厚度不应小于设计厚度。

五、压力容器规范管理要求

1）近年来我国颁发的压力容器管理规范文件（节选）见表3-20。

表3-20　近年来我国颁发的压力容器管理规范文件（节选）

序号	文件名称及颁布情况	实施日期
1	TSG 21—2016《固定式压力容器安全技术监察规程》	2016年10月1日
2	GB 12337—2014《钢制球形储罐》	2015年12月11日
3	NB/T 47042—2014《卧式容器》	2014年11月1日
4	NB/T 47041—2014《塔式容器》	2014年11月1日
5	TSG R0005—2011《移动式压力容器安全技术监察规程》	2012年6月1日
6	TSG R0005—2011/XG1—2014《〈移动式压力容器安全技术监察规程〉第1号修改单》	2015年4月1日
7	TSG R0005—2011/XG2—2017《〈移动式压力容器安全技术监察规程〉第2号修改单》	2017年6月1日
8	GB/T 151—2014《热交换器》	2015年5月1日
9	GB/T 12337—2014《钢制球形储罐》	2015年2月1日
10	GB/T 24510—2017《低温压力容器用镍合金钢板》	2018年9月1日
11	GB/T 24511—2017《承压设备用不锈钢和耐热钢钢板和钢带》	2018年9月1日
12	NB/T 47015—2011《压力容器焊接规程》	2011年10月1日
13	NB/T 47013.1—2015《承压设备无损检测　第1部分：通用要求》	2015年9月1日
14	NB/T 47013.2—2015《承压设备无损检测　第2部分：射线检测》	2015年9月1日
15	NB/T 47013.3—2015《承压设备无损检测　第3部分：超声检测》	2015年9月1日

（续）

序号	文件名称及颁布情况	实施日期
16	NB/T 47013.3—2015/XG1－2018《承压设备无损检测　第 3 部分：超声检测》（第 1 号修改单）	2018 年 7 月 1 日
17	NB/T 47013.4—2015《承压设备无损检测　第 4 部分：磁粉检测》	2015 年 9 月 1 日
18	NB/T 47013.5—2015《承压设备无损检测　第 5 部分：渗透检测》	2015 年 9 月 1 日
19	NB/T 47013.6—2015《承压设备无损检测　第 6 部分：涡流检测》	2015 年 9 月 1 日
20	NB/T 47013.7—2012《承压设备无损检测　第 7 部分：目视检测》	2012 年 3 月 1 日
21	NB/T 47013.8—2012《承压设备无损检测　第 8 部分：泄漏检测》	2012 年 3 月 1 日

2）为了实施新修订的《特种设备目录》若干问题的意见，原国家质检总局颁发国质检特［2014］679 号文件，已于 2014 年 12 月 24 日生效的《特种设备目录》压力容器部分，见表 3-21。

表 3-21　《特种设备目录》——压力容器部分一览表（节选）

代码	种类	类别	品种
2000	压力容器	压力容器，是指盛装气体或者液体，承载一定压力的密闭设备，其范围规定为最高工作压力大于或者等于 0.1MPa（表压）的气体、液化气体和最高工作温度高于或者等于标准沸点的液体、容积大于或者等于 30L 且内直径（非圆形截面指截面内边界最大几何尺寸）大于或者等于 150mm 的固定式容器和移动式容器；盛装公称工作压力大于或者等于 0.2MPa（表压）、且压力与容积的乘积大于或者等于 1.0MPa · L 的气体、液化气体和标准沸点等于或者低于 60℃液体的气瓶；氧舱	
2100		固定式压力容器	
2110			超高压容器
2130			第三类压力容器
2150			第二类压力容器
2170			第一类压力容器
2200		移动式压力容器	
2210			铁路罐车
2220			汽车罐车
2230			长管拖车
2240			罐式集装箱
2250			管束式集装箱

第二节　压力容器安装管理与监督检验

压力容器的安装管理与监督检验都是十分重要的。

一、压力容器的安装管理与安装监督检验

1. 压力容器的安装管理

1）从事压力容器安装的单位必须是已取得相应的制造资格的单位或者是经安装单位所在地的省级安全监察机构的安装单位。从事压力容器安装监理的监理工程师应具备压力容器专业知识，并通过国家特种设备安全监察机构认可的培训和考核，持证上岗。

2）下列压力容器在安装前，安装单位或使用单位应向压力容器使用登记所在地的安全监察机构申报压力容器名称、数量、制造单位、使用单位、安装单位及安装地点，办理报装手续：a. 第三类压力容器。b. 容积大于等于 $10m^3$ 的压力容器。c. 蒸球。d. 成套生产装置中同时安装的各类压力容器。e. 液化石油气贮存容器。f. 医用氧舱。

3）安装压力容器应注意的安全事项如下：a. 在室外、室内的压力容器都应符合国家建筑设计防火规范要求。b. 在室外安装的压力容器通风条件好，但要考虑防日晒和防冰冻措施；安装在室内的压力容器，室内必须宽敞、明亮、干燥，并保持正常温度和良好的通风。c. 室内各压力容器之间距离不得小于 0.75m，而设备和墙柱间距离不得小于 0.5m。d. 室内标高决定于室内安装压力容器的高度及吊装要求高度，一般不应低于 3.2m。e. 对室内可能形成燃烧爆炸气体时，电气装置要达到防爆的要求，要可靠接地；存在有毒气体时，应有通风装置，以排除积聚的有毒气体，有的特殊场所还要考虑介质渗漏的中和处理设施。

4）安装高压和超高压的容器时还应考虑到：a. 必须用防火墙把它与生产厂房隔开。b. 尽可能采用轻质屋顶。c. 装置有几台压力容器的场所，要根据容量分别安装在用防火墙隔开的单间内。d. 压力容器应建造单独基础，并且不要与墙柱及其他设备的基础相连。

2. 压力容器的安装监督检验

【案例 3-6】 河北某造纸有限公司的 1 台蒸球压力容器设备发生爆炸，造成 3 人死亡，3 人轻伤。事故原因：使用单位擅自使用压力容器，未按照有关规定进行压力容器的安装和检验，致使事故隐患未能及时发现；操作介质腐蚀性大，加之以蒸球内机械转动作用，致使容器局部严重腐蚀减薄，强度严重不足；该台设备及管路上无安全附件。

【案例 3-7】 河北某新型建材有限责任公司发生蒸压釜爆炸，造成 5 人死亡，2 人轻伤。事故原因：从现场其他运行的蒸压釜发现，每个釜盖与釜体的连接螺栓应上满 60 个，但发生爆炸蒸压釜经检查仅拧上 30 个，其余栓孔均无螺栓。因此，造成这次事故的根本原因是现场安装管理不严，施工人员责任心不强。

从上述案例可看出，如果经过严格的现场安装监督检验，那么这些恶性事故的发生是能够避免的。另外，在压力容器的安装现场，随意焊接垫板，压力表、液面计、温度

计的选型、安装不符合工艺、介质的要求，合金钢螺栓选型错误，螺栓装配未满扣、未做防锈处理，金属缠绕垫片改为石棉垫片等隐患也较多。

压力容器安装监督检验应采取控制措施如下所示。

1）安装之前应采取的质量控制措施见表3-22，主要是对压力容器安装项目的主体资格、质保体系、安装设备及零部件的原材料符合性进行检查。

表3-22 压力容器安装前的质量控制措施

项目与环节		质量控制内容与注意事项
1	安装手续	施工单位安装前应办理好安装告知、监督检验手续；安装单位与建设单位签订的合同应明确划分职责；不得整体转包、分包
2	安装单位相关文件审查	安装单位：应具有法定资格；具有相应的压力容器安装/制造许可资格或GC1管道安装资格、锅炉2级以上安装资格；具有相应的专业技术人员和技术工人（焊工、电工、起重工）
3		安装单位的质保体系文件、责任人员任命文件审查：质保体系文件、表格卡片应齐全，责任人员明确，质量控制应符合工程实际需要
4		压力容器安装的技术要求应符合国家标准规范要求；施工方案、吊装方案和质量计划等内容检查应符合现场安装的实际情况
5	安装组成件的复验	逐台审核压力容器质量证明书、竣工图、设计计算书和铭牌拓印件等；重点检查设计、制造方资质；重要数据应一致；必须有产品合格证及制造监检证书原件；质量证明书主要内容应符合《固定式压力容器安全技术监察规程》等要求；进口压力容器还应有进口安全性能监督检验报告
6		螺栓、垫片、保温等原材料应提供质量证明书，其质保书内容符合有关标准及设计文件的要求；现场抽查部分零件的外观质量和外形尺寸，确认实物与资料的一致性
7		安全阀、爆破片、压力表、温度计、液位计等安全附件和计量器具的产品性能合格证应齐全；性能指标符合有关规定与实际需要；安全阀与压力表应提供在合格期内的校验证书
8		压力容器的基础应牢固，对于混凝土基础应有建设单位对基础验收的见证材料；对钢结构支承应调查其强度是否符合实际需要

2）安装现场应采取的质量控制措施见表3-23，主要是在现场能够观察、检查到的，且与安全性能紧密相关的内容。

3）在质量管理方面应采取的控制措施见表3-24，主要是压力容器安装质量管理资料检查，包括对一些测试项的记录、报告和对安装单位施工过程中质量管理体系运转情况的检查等。

表3-23　压力容器安装现场的质量控制措施

<table>
<tr><th colspan="2">项目与环节</th><th>质量控制内容与注意事项</th></tr>
<tr><td>1</td><td rowspan="5">外观检查</td><td>检查压力容器壳体、封头表面有无明显变形和碰撞划伤；现场安装时有无焊疤、工装卡具压痕；设备外表应有醒目的标识</td></tr>
<tr><td>2</td><td>铭牌表面不应被遮盖、污染，装设位置应便于观察</td></tr>
<tr><td>3</td><td>安全阀、压力表、液位计等安装应符合要求</td></tr>
<tr><td>4</td><td>静电接地、静电跨接方式检查</td></tr>
<tr><td>5</td><td>地脚螺栓、垫铁的布置，设备滑动支座安装应保证伸缩自由度</td></tr>
<tr><td>6</td><td rowspan="3">密封检查</td><td>法兰面密封结构、型式选用是否与设计要求一致；法兰密封面不应有贯穿性的整条划痕</td></tr>
<tr><td>7</td><td>密封垫片（金属垫片、石棉垫片、特殊的垫环等）的选用及规格应符合设计、工艺要求，并按要求放置</td></tr>
<tr><td>8</td><td>抽查螺栓材质、规格、表面质量；对合金钢设备主螺栓必要时进行表面无损检测；安装时螺栓数量应配齐、满扣，不应强力组装，必要时松开连接，检查法兰是否同轴</td></tr>
<tr><td>9</td><td>防腐、保温</td><td>压力容器防腐应按工艺操作，现场防腐层修补应符合要求；保温/保冷层的材料、规格应符合要求；保温层外壳搭接应符合要求</td></tr>
<tr><td>10</td><td>强度试验</td><td rowspan="2">① 是否按制订的方案执行，尤其设计文件有现场试验的要求时
② 计量仪表应符合《固定式压力容器安全技术监察规程》要求
③ 试验设备是否完好、安全防护措施要到位
④ 现场检查并确认试验结果，应符合《固定式压力容器安全技术监察规程》等要求
⑤ 审查试验报告的格式及签字手续</td></tr>
<tr><td>11</td><td>气密试验</td></tr>
</table>

表3-24　压力容器安装质量管理的控制措施

项目与环节		质量控制内容与注意事项
1	设备安装	标高偏差、中心线偏差、水平度/铅垂度等指标应合格
2	防腐保温	防腐记录，保温安装记录审查
3	其他记录	静电接地安装记录、系统吹扫记录、相关自动监测及安全联锁装置安装等记录审查
4	竣工资料	审查资料齐全性，内容完整性，签字相关及齐全性，在竣工资料中要注意区分压力容器的出厂编号与使用单位的设备编号
5	质保体系	按质量管理体系运转情况检查项目对施工单位在施工过程中的质量管理体系运转情况进行经常性检查

二、压力容器安全附件

1. 通用要求

1）制造安全阀、爆破片装置的单位应当持有相应的特种设备制造许可证。

2）安全阀、爆破片、紧急切断阀等需要型式试验的安全附件，应当经过国家市场监督管理总局核准的型式试验机构进行型式试验，并且取得型式试验证明文件。

3）安全附件的设计、制造应当符合相关安全技术规范的规定。

4）安全附件出厂时应当随带产品质量证明，并且在产品上装设牢固的金属铭牌。

5）安全附件实行定期检验制度，安全附件的定期检验按照相关安全技术规范的规定进行。

2. 安全附件装设要求

1）压力容器应当根据设计要求装设超压泄放装置（安全阀或者爆破片装置），压力源来自压力容器外部，并且得到可靠控制时，超压泄放装置可以不直接安装在压力容器上。

2）采用爆破片装置与安全阀装置组合结构时，应当符合 TSG ZF003—2011《爆破片装置安全技术监察规程》等有关规定，凡串联在组合结构中的爆破片在动作时不允许产生碎片。

3）对于盛装易爆介质或者毒性程度为极度、高度或者中度危害介质的压力容器，应当在安全阀或者爆破片的排出口装设导管，将排放介质引至安全地点，并且进行妥善处理，不得直接排入大气中。

4）压力容器工作压力低于压力源压力时，在通向压力容器进口的管道上应当装设减压阀，如因介质条件减压阀无法保证可靠工作时，可用调节阀代替减压阀，在减压阀或者调节阀的低压侧，应当装设安全阀和压力表。

3. 安全阀、爆破片

（1）安全阀、爆破片的排放能力　安全阀、爆破片的排放能力应当大于或者等于压力容器的安全泄放量。排放能力和安全泄放量按照 TSG ZF001—2006《安全阀安全技术监察规程》有关规定进行计算。对于充装处于饱和状态或者过热状态的气液混合介质的压力容器，设计爆破片装置应当计算泄放口径，确保不产生空间爆炸。

（2）安全阀的整定压力　安全阀的整定压力一般不大于该压力容器的设计压力。设计图样或者铭牌上标注有最高允许工作压力的，也可以采用最高允许工作压力确定安全阀的整定压力。

（3）爆破片的爆破压力　压力容器上装有爆破片装置时，爆破片的设计爆破压力不得大于该容器的设计压力，并且爆破片的最小设计爆破压力不得小于该容器的工作压力。当设计图样或者铭牌上标注有最高允许工作压力时，爆破片的设计爆破压力不得大于压力容器的最高允许工作压力。

（4）安全阀的动作机构　杠杆式安全阀应当有防止重锤自由移动的装置和限制杠杆越出的导架，弹簧式安全阀应当有防止随便拧动调整螺钉的铅封装置，静重式安全阀应当有防止重片飞脱的装置。

(5) 安全阀的安装要求

1) 安全阀应当铅直安装在压力容器液面以上的气相空间部分，或者装设在与压力容器气相空间相连的管道上。

2) 压力容器与安全阀之间的连接管和管件的通孔，其截面积不得小于安全阀的进口截面积，其接管应当尽量短而直。

3) 压力容器一个连接口上装设两个或者两个以上的安全阀时，则该连接口入口的截面积应当至少等于这些安全阀的进口截面积总和。

4) 安全阀与压力容器之间一般不宜装设截止阀；为实现安全阀的在线校验，可在安全阀与压力容器之间装设爆破片装置；对于盛装毒性程度为极度、高度、中度危害介质，易爆介质，腐蚀、黏性介质或者贵重介质的压力容器，为便于安全阀的清洗与更换，经过使用单位主管压力容器安全技术负责人批准，并且制定可靠的防范措施，方可在安全阀（爆破片装置）与压力容器之间装设截止阀，压力容器正常运行期间截止阀必须保证全开（加铅封或者锁定），截止阀的结构和通径不得妨碍安全阀的安全泄放。

5) 新安全阀应当校验合格后才能安装使用。

(6) 安全阀的校验单位　安全阀校验单位应当具有与校验工作相适应的校验技术人员、校验装置、仪器和场地，并且建立必要的规章制度。校验人员应当取得安全阀维修作业人员资格，校验合格后，校验单位应当出具校验报告书且对校验合格的安全阀加装铅封。

4. 压力表

(1) 压力表的选用

1) 选用的压力表应当与压力容器内的介质相适应。

2) 设计压力小于1.6MPa的压力容器使用的压力表的精度不得低于2.5级，设计压力大于或者等于1.6MPa压力容器使用的压力表的精度不得低于1.6级。

3) 压力表盘刻度极限值应当为最大允许工作压力的1.5~3.0倍，表盘直径不得小于100mm。

(2) 压力表的校验　压力表的校验和维护应当符合国家计量部门的有关规定，压力表安装前应当进行校验，在刻度盘上应当画出指示工作压力的红线，注明下次校验日期。压力表校验后应当加铅封。

(3) 压力表的安装要求

1) 装设位置应当便于操作人员观察和清洗，并且应当避免受到辐射热、冻结或者振动等不利影响。

2) 压力表与压力容器之间，应当装设三通旋塞或者针形阀（三通旋塞或者针形阀上应当有开启标记和锁紧装置），并且不得连接其他用途的任何配件或者接管。

3) 用于水蒸气介质的压力表，在压力表与压力容器之间应当装有存水弯管。

4) 用于具有腐蚀性或者高黏度介质的压力表，在压力表与压力容器之间应当装设能隔离介质的缓冲装置。

5. 液位计

(1) 液位计通用要求　压力容器用液位计应当符合以下要求：

1) 根据压力容器的介质、最大允许工作压力和温度选用。

2）在安装使用前，设计压力小于10MPa的压力容器用液位计进行1.5倍液位计公称压力的液压试验，设计压力大于或者等于10MPa的压力容器的液位计进行1.25倍液位计公称压力的液压试验。

3）贮存0℃以下介质的压力容器，选用防霜液位计。

4）寒冷地区室外使用的液位计选用夹套型或者保温型结构的液位计。

5）用于易爆、毒性程度为极度、高度危害介质的液化气体压力容器上，应有防止泄漏的保护装置。

6）要求液面指示平稳的，不允许采用浮子（标）式液位计。

（2）液位计的安装　液位计应当安装在便于观察的位置，否则应当增加其他辅助设施。大型压力容器还应当有集中控制的设施和警报装置。液位计上最高和最低安全液位应当做出明显的标志。

6. 壁温测试仪表

需要控制壁温的压力容器，应当装设测试壁温的测温仪表（或者温度计）。测温仪表应当定期校验。

7. 压力容器安全附件的校验

压力容器应分别装设安全阀、爆破片、压力表、液面计、温度计及切断阀等安全附件，要求其保持齐全、灵敏、可靠。压力容器使用单位应认真核定安全阀的开启压力，由具体主管部门负责定期核对安全阀的开启压力，并不得随意变动。如对安全阀开启压力要进行调整，应提前办理有关手续，并经公司领导批准后才能实施。压力容器安全附件校验记录见表3-25。

表3-25　压力容器安全附件校验记录

<table>
<tr><td colspan="14">压力容器安全附件校验记录</td></tr>
<tr><td rowspan="4">校验日期</td><td colspan="3">名　称</td><td colspan="3">名　称</td><td colspan="3">名　称</td><td colspan="3">名　称</td><td rowspan="4">填写人</td></tr>
<tr><td colspan="3"></td><td colspan="3"></td><td colspan="3"></td><td colspan="3"></td></tr>
<tr><td rowspan="2">数量</td><td colspan="2">结　果</td><td rowspan="2">数量</td><td colspan="2">结　果</td><td rowspan="2">数量</td><td colspan="2">结　果</td><td rowspan="2">数量</td><td colspan="2">结　果</td></tr>
<tr><td>合格</td><td>不合格</td><td>合格</td><td>不合格</td><td>合格</td><td>不合格</td><td>合格</td><td>不合格</td></tr>
<tr><td></td><td></td><td></td><td></td><td></td><td></td><td></td><td></td><td></td><td></td><td></td><td></td><td></td><td></td></tr>
<tr><td></td><td></td><td></td><td></td><td></td><td></td><td></td><td></td><td></td><td></td><td></td><td></td><td></td><td></td></tr>
<tr><td></td><td></td><td></td><td></td><td></td><td></td><td></td><td></td><td></td><td></td><td></td><td></td><td></td><td></td></tr>
<tr><td></td><td></td><td></td><td></td><td></td><td></td><td></td><td></td><td></td><td></td><td></td><td></td><td></td><td></td></tr>
<tr><td></td><td></td><td></td><td></td><td></td><td></td><td></td><td></td><td></td><td></td><td></td><td></td><td></td><td></td></tr>
<tr><td></td><td></td><td></td><td></td><td></td><td></td><td></td><td></td><td></td><td></td><td></td><td></td><td></td><td></td></tr>
</table>

注：附安全附件校验报告。

8. 压力容器压力表损坏时应采取相应的防范措施

【案例3-8】 山东某化工有限公司年检时，发现在全公司521只在用压力表，有14只压力表存在严重缺陷，其中6只压力表工作时指针不动，5只卸压后指针不回到零位，2只压力表指针越限到限止钉处，1只压力表指针发现已脱落，在用压力表损坏达2.7%，严重影响安全运行。

（1）压力表损坏的原因

1）泵工作性能影响：该公司压力容器种类多，运行参数不一，同时配套有各种泵，主要采用容积式滑片泵。生产运行时液体在出口管道内产生压力脉动，压力表的指针就会忽高忽低，并伴随着回流阀启闭时液力冲击，两个振源频率几乎相当而产生共振现象，对压力表产生破坏作用。

2）管路布置的影响：通过检查发现部分管路安装不规范，特别在最高点不设置放空阀，部分有放空阀的，其阀门也严重锈死无法开启。

3）气温影响：由于某种原因使泵的进口处压力，低于液态介质在该温度下的饱和蒸汽压力，运行时产生汽蚀现象，不但能损坏压力表，还会造成泵的性能下降。

4）操作影响：部分新上岗操作人员违反安全操作规程。

（2）防范措施 综上所述，泵出口压力表损坏的根源在于振动，要防范压力表的损坏，必须从减少振动着手。

1）合理选用泵并规范安装：选用泵时，不但要考虑泵的适应介质，还要考虑泵的扬程能否满足液体输送压力、高度及管路阻力等要求，以及泵的流量能否满足卸液和装液的要求。为了避免泵在工作时发生汽蚀现象，保证泵入口有一定的静压头，泵的安装高度要尽量低于储罐的高度，一般要求储罐液面与泵进口的垂直距离应大于0.6m。

2）管路要规范安装：请专业的设计单位整体设计，由具有安装资格的、有经验的安装单位安装。严格按照图样要求，合理布局。泵的入口管路长度不应大于5m，且呈水平略有下倾的与泵体连接，以保证入口管有足够的静压头，避免发生气阻和抽空。如入口管路大于5m，应提高储罐高度，用产生的静压力克服管道阻力。在最高点应设置防空阀，使用防空阀要规范操作。

3）适时调整安全回流阀：回流阀普遍都是露天布置，受温度影响是不可避免的，只要合理安装，精心管理，汽蚀和气阻现象可以降到最低限度。

4）操作人员必须熟练掌握烃泵安全操作规程和灌装安全操作规程。在夏季，起动泵前要打开放空阀，排除泵出口管道段内的气体，以降低汽蚀现象。若压力表指针晃动剧烈，应缓慢调整手动回流阀，避免安全回流阀频跳引起的液力冲击。

5）目前该公司普遍使用的都是一般压力表，其结构简单、价格低廉，抗振性能差。建议采用耐振压力表，并安装缓冲管。耐振压力表可在环境振动和介质脉动场合下正常工作，因为其壳体中充有阻尼液，用以缓解外部的环境振动，接口处设有阻尼器，以确保压力表正常运行。

9. 确保压力容器安全阀的密封性能

【案例3-9】 河北某化工有限公司，由于其公司1台关键的压力容器安全阀密封性能不好，造成有毒介质严重泄漏，使车间内23人操作人员发生严重中毒情况，其中3

人经医院抢救无效造成死亡。

（1）安全阀密封性能　安全阀作为压力容器、压力管道的安全附件，对设备系统的安全运行有非常重要的作用，安全阀的密封性能是安全阀性能的重要指标。安全阀除超压时必须开启泄压外，其他工作时间应能可靠地达到密封要求，不得出现泄漏现象。在正常工作状态下，安全阀的密封性不好是安全阀结构的一个很严重的缺陷。安全阀泄漏一方面会造成工作介质损耗，另一方面泄漏的有毒、易燃易爆介质还会严重污染环境和危及人员的生命财产。此外，安全阀的泄漏还会加速密封面的破坏与安全阀内件的腐蚀，最终导致安全阀的完全失效。

1）安全阀其密封性能指标一般应满足 TSG ZF001—2006《安全阀安全技术监察规程》的要求。该标准对安全阀密封性能的规定是：当整定压力≤0.3MPa 时，密封试验压力 = 整定压力 -0.03MPa；当整定压力 >0.3MPa 时，密封试验压力为 90% 整定压力或最低回座压力（取较小值）。

2）以弹簧式安全阀为例，由于安全阀的密封是靠弹簧的压力维持的，那么为建立密封需要一个力使密封面保持全面接触，这个加于密封面上的力叫比压。保持密封的最小比压取决于密封结构和密封面的材料、质量和宽度。当工作压力升高到一定程度，密封面上的比压减少，密封的可靠性降低；当密封面上的比压低于保证密封的最小比压时，虽然安全阀还未达到开启的条件（工作压力小于外部弹簧力），但安全阀已处于泄漏状态。

3）合格的安全阀产品保证密封的最少比压 p_{min} 是 0.03MPa 或 10% p_z（开启压力 p_z）。这意味着实际工作过程中设定的比压应该等于或高于这个规定值，否则安全阀的密封性能就没有了保证。

4）按《固定式压力容器安全技术监察规程》的要求，当固定式压力容器上只装一个安全阀时，安全阀的开启压力 p_z 不应大于压力容器的设计压力 p，且安全阀的密封试验压力 p_t 应大于压力容器的最高工作压力 p_w，即 $p_z \leqslant p$、$p_t > p_w$。

（2）结论意见　因此在用安全阀定期校验进行的密封试验应该是最高工作压力下的试验。

（3）具体措施　根据以上分析，为适应安全阀使用中由于生产工艺和安全要求产生的更小的 $p_z - p_w$（最高工作压力 p_w 和安全阀的开启压力 p_z 接近），应该采取措施：a. 安全阀设计、制造采用其他更加有效的密封材料、结构型式，降低安全阀产品的最小比压。b. 使用点如允许安全阀泄漏，应安装泄漏介质回收和应急保护装置，当压力容器最高工作压力 p_w 和安全阀的开启压力 p_z 接近时，安全阀产生泄漏不可避免，在使用过程中加强监测。c. 安全阀校验修理过程中提高研磨水平，提高安全阀密封性能等级。压力容器安全阀定期校验过程中的密封试验压力应该是压力容器的最高工作压力。

三、压力容器防腐

由于压力容器内部工作介质对容器内壁材料会产生腐蚀作用，因此在压力容器运行、日常维护、停用期间都要采取相应的防腐措施，才能确保压力容器完好运行和完好状况。

1）对压力容器进行防腐处理各种工艺有：a. 金属防腐层。采用耐介质腐蚀的金属，经喷镀、电镀与被保护的器壁表面金属牢固结合成一体，形成一层金属保护层。使在一定限度的机械压力、热压力作用下不会脱落或剥离。因此在覆盖保持层之前要用喷砂、钢丝刷或砂纸打磨等机械或手工方法，必要时可用酸洗或有机溶剂脱脂。b. 搪瓷或搪玻璃。当压力容器内介质具有强腐蚀性，必须采用搪瓷或搪玻璃作为内壁衬里。搪瓷衬里广泛用于石化行业、制药行业的反应锅、合成罐等。耐酸搪瓷衬涂工艺步骤为：先将干净的器壁喷涂一层底釉，然后搪瓷，在适当温度下烘烤、灼烧即可。c. 橡胶衬。采用含硫20% ~30%的硬橡胶作为器壁的衬里，不仅耐腐蚀而且有较高的强度，应用范围也较广泛。d. 涂漆衬。首先对器壁表面进行除锈和清洗，先涂红丹漆，再涂耐酸耐温清漆或生漆等。

由于压力容器的工作介质不同，其腐蚀性能也不相同，所以防腐措施也不一样。采用合理的防腐措施对压力容器的安全运行、延长压力容器使用寿命是十分重要的。

2）对于有腐蚀性介质的压力容器，必要时要通过做挂片试验确认其腐蚀的程度，即用与压力容器主体母材相同的材料挂片挂在压力容器内，定期测定其质量损失以确定腐蚀速率，并由此作为制定安全操作规程的依据。

3）压力容器防腐层和防腐衬里的维护应注意下列工作：a. 装入容器内固体物料特别要注意避免刮落或碰伤防腐层。b. 带搅拌器的压力容器应采取措施防止搅拌器叶片与容器器壁意外碰撞，避免损坏防腐层或防腐衬里。c. 内装填料的压力容器，其填料分布应尽量均匀，防止流体介质运动造成偏流磨损。d. 定期检查防腐涂层和衬里的完好情况，并做好详细记录。

4）压力容器的腐蚀监测。腐蚀监测是对压力容器的腐蚀性破坏进行系统的测量，其目的是了解腐蚀过程，了解腐蚀控制的应用情况及控制效果。多年来实践证明腐蚀监测是压力容器控制腐蚀一种安全可靠而有效的手段。

腐蚀监测技术最初是从工厂检测技术和实验室腐蚀试验技术两个不同的方面发展起来的。随着近年来电子学的发展和应用，腐蚀监测技术也有了很大的发展。常用腐蚀监测方法有以下几种。

1）电阻法。电阻法是应用平衡电桥测量在腐蚀过程中探针的电阻变化，从而确定腐蚀速度，所用的仪器为腐蚀计。腐蚀计的电阻探针结构如图3-14所示，包括两个部分：上部是裸露的金属试片；下部是密封的参考试片。测量时，电阻探针插入正在运转的设备中，裸露的金属试片在腐蚀介质中受腐蚀减薄，从而使其电阻增大。周期性地测量这种增加电阻，实际测量的是被测试片与不受腐蚀的参考试片之间电阻比的变化量，由此便可计算出腐蚀速度。

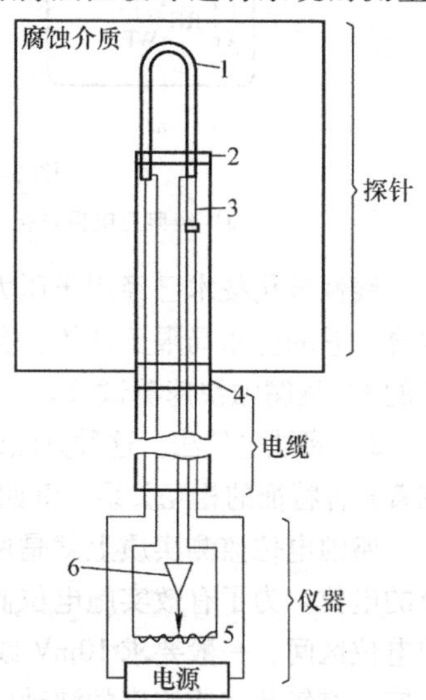

图3-14 腐蚀计的电阻探针结构示意图

1—暴露的测量电极 2—电极密封
3—保护的参比电极 4—探针密封
5—表盘指示 6—放大器

用于测量的金属试片可以用与被监测压力容器相同的材料制成，也可用不同材料制成。减小金属试片的横截面面积可以提高测量灵敏度，所以薄状试片用得较多。测量电阻比变化的电桥通常用开尔文电桥。

电阻法可用于液相或气相介质中对压力容器金属材料进行腐蚀监测，以确定介质的腐蚀性和介质中所含物质（如缓蚀剂）的作用。

2）线性极化法。线性极化法又称极化电阻法，是近年发展起来的一种快速测量电化学腐蚀速度的方法。其原理是：将试样通以外加电流，在自然腐蚀电位附近，当极化电位不超过±10mV时，外加电流ΔI与极化电位ΔE之间呈线性关系。

腐蚀电流I_C和极化电阻R_p之间存在着反比关系，即极化电阻越小，腐蚀电流越大；极化电阻越大，腐蚀电流越小。

根据法拉第定律，电化学腐蚀过程可用腐蚀电流表示腐蚀速度，测定了极化电阻R_p，并计算出腐蚀电流，就可以计算出腐蚀速度。

测量极化电阻的电路原理如图3-15所示，线性极化探针有三电极型和双电极型。三电极型探针有一极是参比电极，由于电位测量回路和电流测量回路是互相独立的，参比电极在电流回路之外，所测量的极化电位值中受到的电阻降影响显然要比双电极型小。

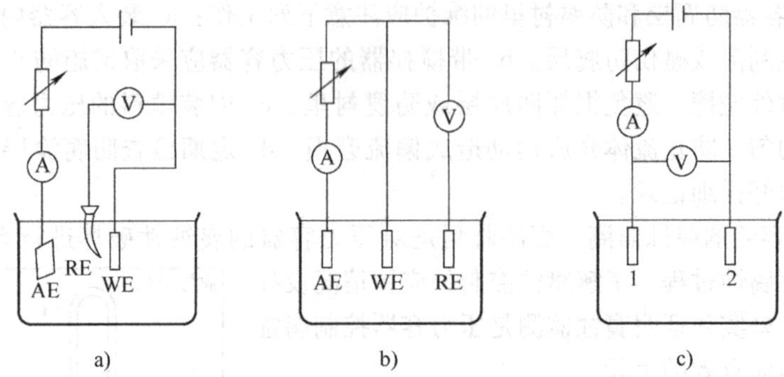

图3-15　测量极化电阻的电路原理图

a）经典三电极系统　b）同种材料三电极系统　c）同种材料双电极系统

线性极化技术已经用于压力容器的各种环境中，包括范围广泛的压力容器/电解液组合。它的应用局限于液体，且最好是在电阻率小的介质中使用。如国产仪器有上海生产的FC型腐蚀快速测试仪。

3）腐蚀电位法。这种方法的原理是压力容器金属的腐蚀电位与它的腐蚀状态之间存在着某种特征的相互关系。例如，金属是处于钝态还是活化态，可由腐蚀速率来鉴别。

腐蚀电位监测实质上就是用一个高阻伏特计测量压力容器金属材料相对于某参比电极的电位。为了有效实施电位监视，要求体系的不同腐蚀状态之间互相分开一个相当大的电位区间，一般要求10mV或更大一些的范围。这样，即使在工作状态下由于温度、流速、充气状态或浓度的波动使电位变动达几十毫伏或十几毫伏，仍然能比较清楚地识别由于腐蚀状态的变化所引起的电位移动。

对压力容器的腐蚀电位监测要比参比电极坚实耐用，尽可能减少维修，而且在所研究的环境中具有足够的电位稳定性。例如，在氧化还原体系，可采用不锈钢、铂、钛或钼等作为参比电极。

腐蚀电位监测是最简单易行的腐蚀监测方法之一。但这种方法只能给出定性的指示，而不能得到定量的腐蚀速度。

第三节 压力容器的破坏形式与定期检验

压力容器是工业生产中常用的，又是比较容易发生事故的特种设备。当压力容器发生事故时，不仅本身遭到破坏，而且还危及人身生命及破坏其他设备、房屋。为防止破坏事故的发生，首先必须了解它的破坏机理，掌握它发生破坏的规律，才能采取正确的防止措施和避免事故的办法。

一、压力容器的破坏形式

1. 压力容器的破坏形式及产生原因

压力容器破坏通常有下面几种形式：延性破坏、脆性破坏、疲劳破坏、蠕变破坏和腐蚀破坏，如图 3-16 所示。

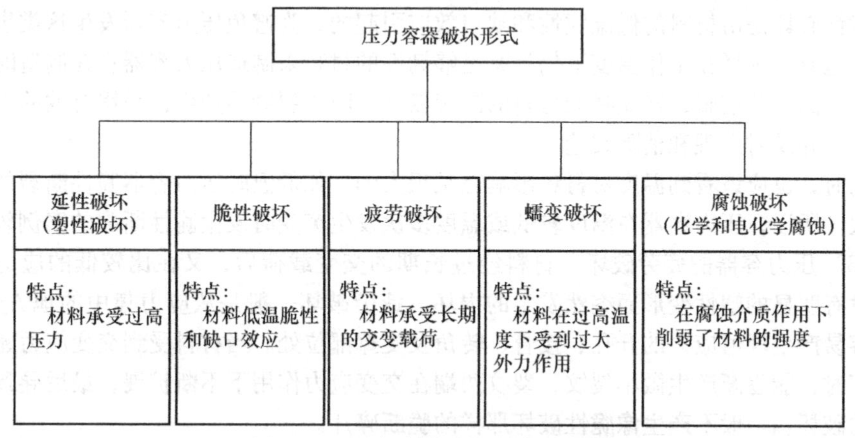

图 3-16 压力容器破坏形式示意图

（1）压力容器的延性破坏 又称为塑性破坏，是由于材料承受过高压力，以至超过了它的屈服强度和强度极限，因而使它产生较大的塑性变形，最后发生破裂的一种破坏的形式，一般事故大多属于这一类型。

1）由于圆筒形压力容器受力后的周向应力比轴向应力大 1 倍，并且压力容器端部受到封头的约束，所以压力容器的直径容易变大或周向发生较大的残余变形。破坏时，压力容器的断口多与轴向平行，呈撕断状态，断口不齐平，将破坏部分拼合时，沿断口线有间隙。压力容器破坏时不产生碎片或者仅有少量的碎块，爆破口的大小视压力容器爆破的膨胀能量而定，特别是液化气体容器，由于液体迅速汽化，体积膨胀，促使裂口进一步扩大。

2）压力容器延性破坏的主要产生原因如下：a. 盛装液化气体的气罐、气瓶，因充装过量，在温度升高的情况下，液体汽化体积迅速膨胀，使压力容器的内压大幅度升高。b. 压力容器的安全装置（安全阀、压力表等）不全、不灵，再加上操作失误，使压力容器压力急剧增高。c. 压力容器内有两种以上能相互起化学反应的气体发生化学爆炸，如用盛装氢气的气瓶充装氧气等。d. 压力容器长期放置不用、维护不良，致使压力容器发生大面积腐蚀、厚度减薄、强度减弱。

3）压力容器发生延性破裂是由于超压而引起的，那么压力容器在试压和使用过程中就应该严禁超压，要严格按照有关规定进行压力试验与操作。同时也应保证仪器仪表的状况良好与灵敏，按规定安装合适的安全泄压装置，并保证其灵敏可靠，严格防止液化气容器超量装载，加强对压力容器的维护与检查，发现器壁腐蚀、减薄、变形应立即停止使用。

（2）压力容器的脆性破坏　绝大多数脆性破坏发生在材料的屈服强度以下，破坏时没有或有很少的塑性变形，有的压力容器在脆裂后，将碎片拼接起来，测量其周长与原来相比没有明显的变化，破裂的断口齐平并与主应力方向垂直，断面呈晶粒状，在较厚的断面中，还常出现人字形纹路。当介质为气体或液化气体时，压力容器一般都裂成碎块或有碎块飞出，破坏大多数在温度较低的情况下或在进行水压试验时发生，脆性破坏往往在一瞬间发生断裂，并以极快的速度扩展。

脆性破坏是由材料的低温脆性和缺口效应引起的，为避免压力容器发生这类事故的主要措施有：选择在工作温度下仍具有足够韧性的材料来制造压力容器；在制造时，要采取严格的工艺措施，避免降低材料的断裂韧度，防止裂缝的产生；采用有效的无损检测方法，并及时发现和消除裂缝。

同时，也应该看到温度对材料影响还是很大的，如低温时压力容器脆性断裂的可能性很大。所以，压力容器在温度较低或温度多次发生突变时发生脆性断裂的案例较多。

（3）压力容器的疲劳破坏　材料经过长期的交变载荷后，又在比较低的应力状态下，没有明显的塑性变形而突然发生的损坏。疲劳破坏一般是从应力集中的地方开始，即在容易产生峰值应力的开孔、接管、转角及支撑部位处。当材料受到交变应力超过屈服强度时，能逐渐产生微小裂纹，裂纹两端在交变应力作用下不断扩展，最后导致压力容器的破坏。一般不产生像脆性破坏那样的脆断碎片。

防止产生疲劳破坏的措施：为防止压力容器产生疲劳破坏这类事故，除在运行中尽量避免不必要的频繁加压、卸压和悬殊的温度变化等不利因素外，更重要的还在于设计压力容器时应采取适当的措施，并应以材料的持久极限作为设计依据，合理选用这些压力容器的许用应力。大多数压力容器的载荷变化次数应有效控制（一般不超过 1000 次），使造成疲劳破坏的可能性尽量减少。

（4）压力容器的蠕变破坏　压力容器的蠕变破坏是材料在高于一定温度下受到外力作用，即使内部的应力小于屈服强度，也会随时间的增长而缓慢产生塑性的变形。产生蠕变的材料，其金相组织有明显的变化，如晶粒粗大、珠光体的球化等，有时还会出现蠕变的晶界裂纹。碳钢温度超过 300 ~ 350℃、低合金钢温度超过 300 ~ 400℃时就有可能发生蠕变。当压力容器发生蠕变破坏时，具有比较明显的塑性变形，变形量的大小视材料的塑性而定。

蠕变破坏的防止措施有：

1）设计时，要根据压力容器的使用温度来选用合适的材料。

2）制造中进行焊接及冷加工时，为不影响材料的抗蠕变性能，应采取措施防止材料产生晶间裂纹。

3）运行中必须防止压力容器局部过热。

压力容器蠕变破裂虽较少见，但对高温容器仍不可忽视，特别在选材和结构设计两个方面都需慎重考虑压力容器的蠕变破裂。在制造压力容器时，切不要降低材料抗蠕变性能来凑合迁就。在使用时，也应注意避免超温及局部过热。

（5）压力容器的腐蚀破坏　一般可分为化学腐蚀和电化学腐蚀两大类，从腐蚀的形式上则可分为均匀腐蚀、局部腐蚀（非均匀腐蚀）、晶间腐蚀、应力腐蚀、冲蚀、缝隙腐蚀、氢腐蚀等多种形式。腐蚀把金属壳体的强度削弱到一定程度时，就会造成压力容器腐蚀破坏，以致发生爆炸和火灾事故。

各种腐蚀的原因和形态虽不相同，但都是受腐蚀介质、应力、材料的影响所致，故防止腐蚀破坏的措施有：针对不同介质选用最佳耐蚀材料；在设计、制造过程中设法降低应力水平和应力集中；采取能降低介质腐蚀性的各种措施，使压力容器能够安全运行，确保生产正常进行。

2. 压力容器的应力腐蚀破裂事故

【案例 3-10】

（1）事故概况　某石化有限公司在用压力容器材质为奥氏体不锈钢，压力容器内为高温、高压氯溶液，由于应力腐蚀破裂造成高温、高压介质外泄，使现场员工 3 人死亡，12 人重伤（工业性中毒）。

（2）事故调查

1）断口判断：断口平齐，少部分呈塑料撕裂痕迹，破裂方向与主应力方向垂直，有明显看到裂纹源呈灰黑色，同时有明显裂纹扩展区，其断口呈人字纹，这是典型应力腐蚀开裂的结果。

2）断口的微观形态表现为晶间断裂形态，晶间上有撕裂脊，呈现干裂的泥塘花样，说明应力腐蚀时间已较长。

（3）事故分析

1）金属材料的腐蚀有多种，按腐蚀机理可分为化学腐蚀和电化学腐蚀；按腐蚀部位和破坏现象，可分为均匀腐蚀、点腐蚀、晶间腐蚀、应力腐蚀、腐蚀疲劳等。在锅炉压力容器的腐蚀中，应力腐蚀及其造成的破裂是最常见、危害最大的一种。

2）金属构件在应力和特定的腐蚀性介质共同作用下，被腐蚀并导致脆性破裂的现象，叫应力腐蚀破裂。金属构件发生应力腐蚀一般要具备两个条件：一是金属与环境介质的特殊组合，即某一种金属只有在某一类介质中，并且还必须在某些特定的条件下，如温度、压力、湿度、浓度等，才有可能产生应力腐蚀；二是承受拉伸应力，包括构件在运行过程中产生的拉伸应力和制造加工过程中所留下的残余应力、焊接应力、冷加工变形应力等。

3）产生应力腐蚀的环境总是存在特定腐蚀介质，这种腐蚀介质一般都很弱，每种材料只对某些介质敏感，而这种介质对其他材料可能没有明显作用，如黄铜在氨气氛中、不锈钢在具有氯离子的腐蚀介质中容易发生应力腐蚀，但反过来不锈钢对氨气、黄铜对氯离子就不敏感。常用工业材料容易产生应力腐蚀的介质见表 3-26，一般只有合金才产生应力腐蚀，纯金属不会产生这种现象。合金也只有在拉伸应力与特定腐蚀介质联合作用下才会产生应力。应力腐蚀是一个电化学腐蚀过程，包括应力腐蚀裂纹萌生、稳定扩展、失稳扩展等阶段，失稳扩展即造成应力腐蚀破裂。

表 3-26　合金产生应力腐蚀的特定腐蚀介质表

材料	特定腐蚀介质
碳钢合金	荷性钠溶液、氯溶液、硝酸盐水溶液、H_2S 水溶液、海水、海洋大气与工业大气
奥氏体不锈钢	氯化物水溶液、海水、海洋大气、高温水、潮湿空气（湿度 90%）、热 NaCl、H_2S 水溶液、严重污染的工业大气
马氏体不锈钢	海水、工业大气、酸性硫化物
航空用高强度合金钢	海洋大气、氯化物、硫酸、硝酸、磷酸
铜合金	水蒸气、湿 H_2S、氨溶液
铝合金	湿空气、NaCl 水溶液、海水、工业大气、海洋大气

4）氯离子对奥氏体不锈钢容器的应力腐蚀：无论是高浓度的氯离子，还是高温、高压水中微量的氯离子，均可对奥氏体不锈钢造成应力腐蚀。应力腐蚀裂纹常产生在焊缝附近，最终造成容器破裂。

（4）结论意见　该压力容器长期在拉伸应力、残余应力、焊接应用作用下存装高温、高压氯溶液，最终导致发生应力腐蚀破裂事故。

（5）预防措施

1）选用合适的材料，尽量避开材料与敏感介质的匹配，如不用奥氏体不锈钢材质制作接触海水及氯化物的压力容器。

2）在结构设计及布置中避免过大的局部应力产生。

3）采用涂层或衬里，把腐蚀性介质与容器承压壳体隔离，并防止涂层或衬里在使用中被损坏。

4）制造中采用成熟合理的焊接工艺及装配成形工艺，并进行必要合理的热处理，消除焊接残余应力及其他内应力。

3. 压力容器常见缺陷

压力容器在运行过程中，由于使用条件、管理不善、违章作业等因素，产生很多缺陷，它将直接威胁到压力容器安全运行。常见缺陷有裂缝、材质劣化、变形、腐蚀等，具体介绍如下。

（1）裂缝　裂缝是在用压力容器常见缺陷之一，更是最危险的一种缺陷，更是造成压力容器发生脆性破坏的主要因素。压力容器使用过程中产生的裂缝有疲劳裂缝和腐蚀裂缝，特别是用低合金高强度钢制造的压力容器更容易产生表面裂缝。

（2）材质劣化　在压力容器使用过程中，钢材的化学成分可能发生某些变化，如表面脱碳、增碳、氮化、氧化等。在内部组织结构方面，在一定的温度下钢材的内部组织结构可能发生时效、珠光体球化、石墨化、过热下的组织粗化，从而影响压力容器的安全可靠运行。

(3) 变形　变形是容器整体或局部地方发生几何形状的改变，是压力容器使用过程中出现的主要缺陷之一。压力容器的变形一般有凹陷、鼓包，以及整体膨胀和整体扁瘪等几种形式。

(4) 腐蚀　腐蚀是物质由于与环境、与外界条件作用引起的破坏或变质，是压力容器在使用过程中普遍产生的一种缺陷。严重的腐蚀会使压力容器发生安全事故和爆炸现象。常见腐蚀形态有孔蚀、缝隙腐蚀、晶间腐蚀、磨损腐蚀、应力（腐蚀）破裂、均匀腐蚀等。

1）孔蚀。集中在金属表面个别点上深度较大的腐蚀称为孔蚀。孔蚀是破坏性和隐患最大的腐蚀形态之一。不锈钢制造的压力容器在含氯离子介质中使用时，非常容易遭受孔蚀破坏。

2）缝隙腐蚀。浸在腐蚀介质中的金属表面，在缝隙和其他隐蔽域常常发生强烈的局部腐蚀，这种腐蚀形态称为缝隙腐蚀。

3）晶间腐蚀。晶间腐蚀是由晶界的杂质而引起的，它会造成晶粒脱落，使材料的机械强度和伸长率显著下降，造成压力容器会突然损坏。用铬镍奥氏体不锈钢制成的压力容器最容易产生晶间腐蚀，要采取措施防止发生事故。

4）磨损腐蚀。由于腐蚀介质和金属表面之间的相对运动而使腐蚀过程加速的现象称为磨损腐蚀。

5）应力（腐蚀）破裂。应力（腐蚀）破裂是受拉应力的材料和特定的腐蚀介质的共同作用而产生的一种脆性破坏。往往一些高韧性的金属材料，如低碳钢、铬镍奥氏体不锈钢等容易产生这样的脆性破坏。

6）均匀腐蚀。在金属全部暴露的表面或在部分面积上产生基本均匀的化学或电化学反应，称为均匀腐蚀，均匀腐蚀是最常见的腐蚀形态。

7）腐蚀疲劳。金属受腐蚀介质和交变应力同时作用而产生的破裂，称为腐蚀疲劳。腐蚀疲劳断口和一般的疲劳断口的基本区别是疲劳裂纹扩展区有腐蚀产物。

8）氢损伤。由于氢渗入金属内部而造成金属性能的恶化称为氢损伤。氢损伤包括四种破坏形态：氢脆、氢鼓包、脱碳和氢腐蚀。氢损伤会使材料力学性能急剧降低，可能造成突发性事故。

二、压力容器的检验项目

1. 压力容器的检验分类

压力容器检验可以分为破坏性（试验）检验和非破坏性（试验）检验两大类，采用何种试验、检验方法要根据生产工艺、技术要求和有关标准规范来进行综合确定，如图 3-17 所示。

(1) 破坏性（试验）检验　包括力学性能试验、化学性能试验、金相试验、焊接性试验及其他试验等。

1）力学性能试验。主要检验压力容器所用材料的质量及规格是否符合相应的国家

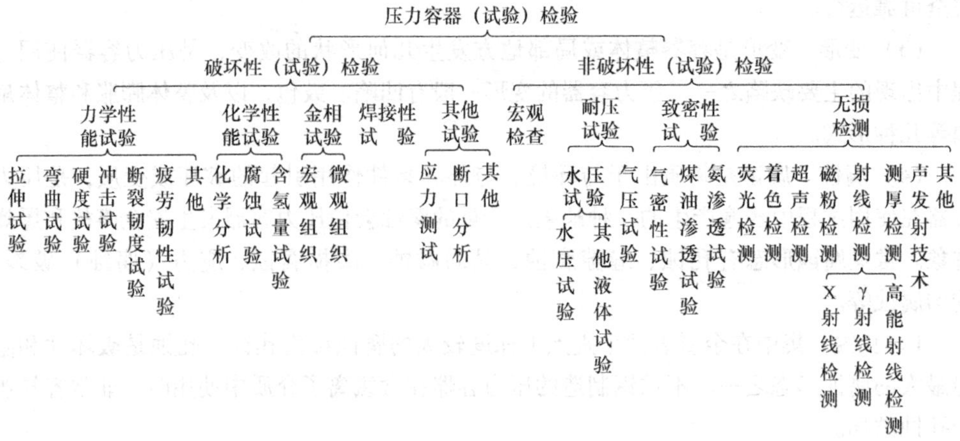

- 压力容器（试验）检验
  - 破坏性（试验）检验
    - 力学性能试验
      - 拉伸试验
      - 弯曲试验
      - 硬度试验
      - 冲击试验
      - 断裂韧度试验
      - 疲劳韧性试验
      - 其他
    - 化学性能试验
      - 化学分析
      - 腐蚀试验
      - 含氢量试验
    - 金相试验
      - 宏观组织
      - 微观组织
    - 焊接性试验
    - 其他试验
      - 应力测试
      - 断口分析
      - 其他
  - 非破坏性（试验）检验
    - 宏观检查
    - 耐压试验
      - 水压试验
        - 水压试验
        - 其他液体试验
      - 气压试验
    - 致密性试验
      - 气密性试验
      - 煤油渗透试验
      - 氨渗透试验
    - 无损检测
      - 荧光检测
      - 着色检测
      - 超声检测
      - 磁粉检测
      - 射线检测
        - X射线检测
        - γ射线检测
        - 高能射线检测
      - 测厚检测
      - 声发射技术
      - 其他

图3-17 压力容器（试验）检验分类示意图

标准、行业标准的规定。常用的试验有拉伸试验、弯曲试验、冲击试验、焊接接头的力学性能试验等。力学性能试验在压力容器检验时，常用硬度测试来间接评价材料的力学性能及力学性能的均匀性。

2）化学性能试验、金相试验和焊接性试验。材料和焊接接头的化学成分分析和金相组织检验是压力容器检验中经常采用的方法。化学分析的目的主要在于鉴定材质是否符合标准规定及运行一段时间后是否发生了变化。金相检验的目的主要是为了检查压力容器运行后受温度、介质和应力等因素的影响，其材质的组织结构是否发生了变化。

3）其他试验。

① 应力测试。压力容器的应力分析通常采用理论分析和试验应力分析两种方法，目的是进行强度校核或绘制应力分布曲线图。试验方法可测出压力容器受载后表面的或内部各点的真实应力状态，目前广泛应用的有电阻应变测量法。

② 断口分析。断口分析是指人们通过肉眼或使用仪器观察分析金属材料或金属构件损坏后的断口截面来探讨其材料或构件损坏的一种技术。断口分析是断裂理论研究中的重要组成部分和断裂事故分析的重要手段。断口分析的主要目的有两个：一是在无损检测的基础上，判断各种典型缺陷的性质，为安全分析和制订合理的修理方案提供准确的资料；二是检查一些严重缺陷在压力容器使用过程中的变化情况。

（2）非破坏性（试验）检验 包括宏观检查、耐压试验、致密性试验和无损检测等，宏观检查又可分为直观检查和量具检查。

1）直观检查。主要是凭借检验人员、操作人员的感觉器官，对压力容器内外表面进行检查，以判别是否存在缺陷。通过直观检查可以直接发现和检验压力容器内外表面比较明显的缺陷，为利用其他方法进一步做详细检验提供线索和依据。

2）量具检查。量具检查是用简单的工具和量具对直观检查所发现的缺陷进行测定和测量，以确定缺陷的严重程度，是直观检查的补充手段，也为进一步详细检验提供初步数据，是正确判断压力容器缺陷最原始的依据。

3）耐压试验。耐压试验即通常所说的水压试验和气压试验，是一种验证性的综合试验，它不仅是产品竣工验收时必须进行的试验项目，也是内外部检验的主要项目。耐压试验主要目的是检验压力容器承受静压强度的能力。

2. 开展压力容器检验检测

加强压力容器产品安全性能监督检验（以下简称监检）工作，是为了确保压力容器的产品质量和安全使用，保障人身和财产安全，促进经济发展和社会稳定。具体实施如下：

1）压力容器产品性能监检工作由企业所在地的省级质监部门特种设备安全监察机构（以下简称省级安全监察机构）授权有相应资格的检验单位（以下简称监检单位）承担；境外压力容器制造企业的压力容器产品安全性能监检工作，由国家市场监督管理总局特种设备安全监察机构（以下简称总局安全监察机构）授权的监检单位承担。监检单位所监检的产品应当符合其资格认可批准的范围。

2）接受监检的压力容器制造企业（以下简称受检企业）必须持有压力容器制造许可证或者经过省级以上安全监察机构对试制产品的批准。

压力容器产品的监检工作应当在压力容器制造现场，且在制造过程中进行。监检是在受检企业质量检验（以下简称自检）合格的基础上，对压力容器产品安全性能进行的监督验证。

3）在监检过程中，受检企业与监检单位发生争议时，境内受检企业应当提请所在地的地市级以上安全监察机构处理，必要时，可向上级安全监察机构申诉；境外受检企业向总局安全监察机构提请处理。

4）压力容器产品安全性能监检项目和要求见《锅炉压力容器产品安全性能监督检验规则》（以下简称《规则》）中有关压力容器的内容，以及《锅炉压力容器产品安全性能监督检验项目表》（以下简称《项目表》）中有关压力容器的内容。

5）受检单位企业发生质量体系运转和产品安全性能违反有关规定的一般问题时，监检员应当向受检企业发出《锅炉压力容器产品安全性能监督检验工作联络单》（以下简称《监检工作联络单》）；发生违反有关规定的严重问题时，监检单位应当向受检企业签发《锅炉压力容器产品安全性能监督检验意见通知书》（以下简称《监检意见通知书》）。对境内受检企业发出《监检意见通知书》时，监检单位应当报告所在地的地市级（或以上）安全监察机构；对境外受检企业发出《监检意见通知书》时，监检单位应当报告总局安全监察机构。受检企业对提出的监检意见拒不接受的，监检单位应当及时向上级安全监察机构反映。

6）经监检合格的产品，监检单位应当及时汇总并审核见证材料，按台（气瓶按批）出具《锅炉压力容器产品安全性能监督检验证书》（见表3-27，以下简称《监检证书》），并在产品铭牌或气瓶的瓶肩（护罩）上打监检钢印。

表 3-27　锅炉压力容器产品安全性能监督检验证书

编号：

制造单位：________________许可证级别及编号：____________

产品名称：________________产品型号：____________

产品编号：________________制造完成日期：____________

按照《特种设备安全监察条例》的规定，该台（批）产品经我单位监督检验，安全性能符合（填写监督检验依据的相关规程）的规定。特发此证，并在产品铭牌或气瓶的瓶肩（护罩）上打有如下监检钢印：

监检员：

审核：　　　　　　　　　　　　监检单位　　　　　　　　　　（监检专用章）

批准：　　　　　　　　　　　　　　　　　　　　　　　　　　年　　月　　日

注：此证书一式三份，正本一份随出厂资料交使用单位，副本两份，由监检单位和受检企业分别存档。

三、压力容器的定期检验

压力容器广泛应用于各工厂企业，一旦损坏爆炸，会造成经济损失和人员伤亡。加强对压力容器的检验是防止爆炸、保证安全运行的重要措施之一。压力容器的检验包括年度检查和定期检验，如图 3-18 所示。

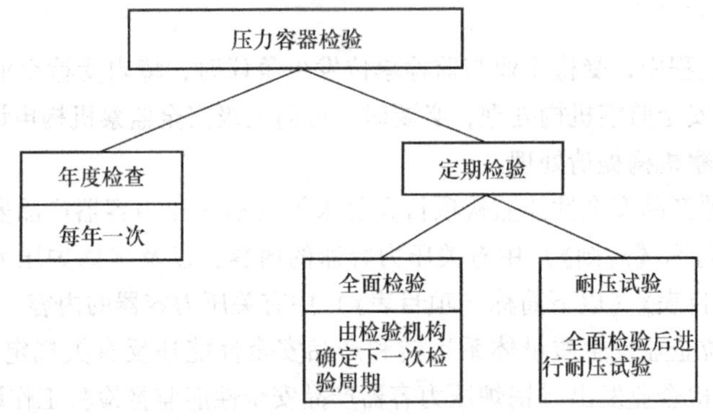

图 3-18　压力容器检验要求示意图

1. 开展定期检验的原因

1）压力容器使用温度和压力波动变化大，同时，频繁加载使压力容器器壁受到较大的交变应力，导致压力容器应力集中处产生疲劳裂纹，通过定期检验可以及时发现这些裂纹。

2）压力容器内的工作介质有许多是具有腐蚀性的，腐蚀可以使压力容器器壁减薄或使压力容器的材料组织遭到破坏，降低原有的力学性能，以致压力容器不能承受规定的工作压力，进行定期检验可以及时发现这些腐蚀现象。

3）压力容器停用时，封存维护保养不当，同时制造中的一些加工缺陷和残余应力都会产生隐患，进行定期检验可以及时发现并消除这些隐患。

4）由于种种因素，制造质量符合规范的压力容器使用一段时间后，都会产生缺陷，这些缺陷如不及时消除将有可能酿成事故。只有通过对压力容器进行定期检验，才能及早发现并消除缺陷。

5）通过定期检验判断压力容器是否能安全可靠地使用到下一个检验周期，如果发现存在某些潜在危险的缺陷和问题，则应设法消除，或采取一定措施改善压力容器的安全状况。

总之，压力容器定期检验的实质就是掌握每台压力容器存在的缺陷，了解压力容器的安全技术状况，保证安全可靠运行。

2. 定期检验

（1）报检　使用单位应当于压力容器定期检验有效期届满前1个月向特种设备检验机构提出定期检验要求。检验机构接到定期检验要求后，应当及时进行检验。

（2）检验机构与人员　检验机构应当严格按照核准的检验范围从事压力容器的定期检验工作，检验检测人员应当取得相应的特种设备检验检测人员证书。检验机构应当接受质监部门的监督，并且对压力容器定期检验结论的正确性负责。

（3）定期检验周期　定期检验是指在压力容器停机时进行的检验和安全状况等级评定。压力容器一般应当于投用后3年内进行首次定期检验。下次的检验周期由检验机构根据压力容器的安全状况等级，按照以下要求确定：

1）安全状况等级为1级、2级的，一般每6年一次。

2）安全状况等级为3级的，一般3~6年一次。

3）安全状况等级为4级的，应当监控使用，其检验周期由检验机构确定，累计监控使用时间不得超过3年。

4）安全状况等级为5级的，应当对缺陷进行处理，否则不得继续使用。

5）压力容器安全状况等级的评定按照相关规定进行，符合其规定条件的，可以适当缩短或者延长检验周期。

6）应用基于风险评估的检验技术（RBI）检验的压力容器，按照相关要求确定检验周期。

（4）定期检验的内容　检验人员应当根据压力容器的使用情况、失效模式制订检验方案。定期检验的方法以宏观检查、壁厚测定、表面无损检测为主，必要时可以采用超声检测、射线检测、硬度测定、金相检验、材质分析、涡流检测、强度校核或者应力测定、耐压试验、声发射检测、气密性试验等。

（5）定期检验中的耐压试验　有以下情况之一的压力容器，定期检验时应当进行耐压试验：

1）用焊接方法更换主要受压元件的。

2）主要受压元件补焊深度大于二分之一厚度的。

3）改变使用条件，超过原设计参数并且经过强度校核合格的。

4）需要更换衬里的（耐压试验在更换衬里前进行）。

5）停止使用 2 年后重新复用的。

6）从外单位移装或者本单位移装的。

7）使用单位或者检验机构对压力容器的安全状况有怀疑，认为应当进行耐压试验的。

（6）特殊检验情况的处理

1）设计图样已经注明无法进行定期检验的压力容器，由使用单位提出书面说明，报使用登记机关备案。

2）因情况特殊不能按期进行定期检验的压力容器，由使用单位提出申请且经过使用单位主要负责人批准，征得原检验机构同意，向使用登记机关备案后，可延期检验，或者由使用单位提出申请。

3）对无法进行定期检验或者不能按期进行定期检验的压力容器，均应当制定可靠的安全保障措施。

（7）使用评价　安全状况等级定为 4 级且监控期满的压力容器，或者定期检验发现严重缺陷可能导致停止使用的压力容器，应当对缺陷进行处理。缺陷处理的方式包括采用修理的方法消除缺陷，或者进行使用评价。使用评价工作应当符合以下要求：

1）承担压力容器使用评价的检验机构必须经过国家市场监督管理总局批准。

2）压力容器使用单位向批准的检验机构提出进行使用评价的申请，同时将需评定的压力容器基本情况书面告知使用登记机关。

3）压力容器的使用评价按照 GB/T 19624—2019《在用含缺陷压力容器安全评定》的要求进行，承担压力容器使用评价的检验机构，根据缺陷的性质、缺陷产生的原因，以及缺陷的发展预测在评价报告中给出明确的评定结论，说明缺陷对压力容器安全使用的影响。

4）压力容器使用评价报告由具有相应经验的评价人员出具，并且经过检验机构法定代表人或者技术负责人批准，承担压力容器使用评价的检验机构对缺陷评定结论性负责。

5）负责压力容器定期检验的检验机构根据使用评价报告的结论和其他检验项目的检验结果确定压力容器的安全状况等级、允许运行参数和下次检验日期，并且出具检验报告。

6）使用单位将压力容器使用评价的结论报使用登记机关备案，并且严格按照检验报告的要求控制压力容器的运行参数，加强年度检查。

（8）基于风险评估的检验技术（RBI）

1）应用条件：使用满足以下条件的大型成套装置的使用单位，可以向国家市场监督管理总局提出应用基于风险评估的检验技术（以下简称 RBI）申请：a. 具有完善的管理体系和较高的管理水平。b. 建立健全应对各种突发情况的应急预案，并且定期进行演练。c. 压力容器、压力管道等设备运行良好，能够按照有关规定进行检验和维护。

d. 生产装置及其重要设备资料齐全、完整。e. 工艺操作稳定。f. 生产装置采用数字集散控制系统，并且有可靠的安全联锁保护系统。

2）RBI 的实施：a. 承担 RBI 的检验机构必须经过国家市场监督管理总局核准。b. 经过国家市场监督管理总局同意进行 RBI 应用的压力容器使用单位，可以向核准的 RBI 检验机构提出申请，同时将该情况书面告知使用登记机关。c. 承担 RBI 的检验机构，应当根据设备状况、失效模式、失效后果、管理情况等评估装置和压力容器的风险水平。d. 检验机构应当根据风险分析结果，以压力容器的风险处于可接受水平为前提制订检验方案，包括制定检验时间、检验内容和检验方法。e. 使用单位应当根据检验方案，制订压力容器的检验计划，由检验机构实施检验。f. 对于装置运行期间风险位于可接受水平之上的压力容器，应当采用在线检验等方法降低其风险。g. 应用 RBI 的压力容器使用单位应当将 RBI 结论报使用登记机关备案，使用单位应当落实保证压力容器安全运行的各项措施，承担安全主体责任。

3）实施 RBI 的压力容器可以采用以下方法确定其检验周期：a. 按照《压力容器定期检验规则》的规定，确定压力容器的安全状况等级和检验周期，可以根据压力容器风险水平延长或者缩短检验周期，但最长不得超过 9 年。b. 以压力容器的剩余使用年限为依据，检验周期最长不超过压力容器剩余使用年限的一半，并且不得超过 9 年。

（9）做好压力容器定期检验记录　压力容器定期检验记录见表 3-28。

表 3-28　压力容器定期检验记录

压力容器定期检验记录												
日期	检验内容、结果及处理意见：											填写人
	外部检验	内外部表面检查	壁厚测定	无损检测	化学成分分析	硬度测定	金相分析	安全附件	耐压试验	气密性试验	安全等级	

注：附检验方案、检验记录（检验单位签章）。

3. 压力容器的年度检查

压力容器的年度检查包括使用单位压力容器安全管理情况检查、压力容器本体及运行状况检查和压力容器安全附件检查等。检查方法以宏观检查为主，必要时进行测厚、壁温检查和腐蚀介质含量测定、真空度测试等。

1）年度检查前，使用单位应当做好以下各项准备工作：a. 压力容器外表面和环境的清理。b. 根据现场检查的需要，做好现场照明、登高防护、局部拆除保温层等配合工作，必要时配备合格的防噪声、防尘、防有毒有害气体等防护用品。c. 准备好压力容器技术档案资料、运行记录、使用介质中有害杂质记录。d. 准备好压力容器安全管理规章制度和安全操作规范，操作人员的资格证。e. 检查时，使用单位压力容器管理人员和相关人员到场配合，协助检查工作，及时提供检查人员需要的其他资料。

2）检查前，检查人员应当首先全面了解被检压力容器的使用情况、管理情况，认真查阅压力容器技术档案资料和管理资料，做好有关记录。

压力容器安全管理情况检查的主要内容如下：a. 压力容器的安全管理规章制度和安全操作规程，运行记录是否齐全、真实，查阅压力容器台账（或者账册）与实际是否相符。b. 压力容器图样、使用登记证、产品质量证明书、使用说明书、监督检验证书、历年检验报告及维修、改造资料等建档资料是否齐全且符合要求。c. 压力容器作业人员是否持证上岗。d. 上次检验、检查报告中所提出的问题是否解决。e. 进行压力容器本体及运行状况检查时，除非检查人员认为必要，一般可以不拆保温层。

3）压力容器本体及运行状况的检查主要包括以下内容：a. 压力容器的铭牌、漆色、标志及喷涂的使用证号码是否符合有关规定。b. 压力容器的本体、接口（阀门、管路）部位、焊接接头等是否有裂纹、过热、变形、泄漏、损伤等。c. 外表面有无腐蚀，有无异常结霜、结露等。d. 保温层有无破损、脱落、潮湿、跑冷。e. 检漏孔、信号孔有无漏液、漏气，检漏孔是否畅通。f. 压力容器与相邻管道或者构件有无异常振动、响声或者相互摩擦。g. 支撑或者支座有无损坏，基础有无下沉、倾斜、开裂，紧固螺栓是否齐全、完好。h. 排放（疏水、排污）装置是否完好。i. 运行期间是否有超压、超温、超量等现象。j. 罐体有接地装置的，检查接地装置是否符合要求。k. 安全状况等级为4级的压力容器的监控措施执行情况和有无异常情况。l. 快开门式压力容器安全联锁装置是否符合要求。

4）爆破片装置年度检查的具体内容如下：a. 检查爆破片是否超过产品说明书规定的使用期限。b. 检查爆破片的安装方向是否正确，核实铭牌上的爆破压力和温度是否符合运行要求。c. 爆破片单独使用时，如图3-19所示，检查爆破片和压力容器间的截止阀是否处于全开状态，铅封是否完好。d. 爆破片和安全阀串联使用时，如果爆破片装在安全阀的进口侧，如图3-20所示，应当检查爆破片和安全阀之间装设的压力表有无压力显示，打开截止阀检查有无气体排出。e. 爆破片和安全阀串联使用时，如果爆破片装在安全阀的出口侧，如图3-21所示，应当检查爆破片和安全阀之间装设的压力表有无压力显示，如果有压力显示应当打开截止阀，检查能否顺利疏水、排气。f. 爆破片和安全阀并联使用时，如图3-22所示，检查爆破片与压力容器间装设的截止阀是否处于全开状态，以及铅封是否完好。g. 年度检查时，凡发现以下情况之一的，要求使用单位限期更换爆破片装置并且采取有效措施确保更换期的安全，如果过期仍未更换则该压力容器暂停使用。具体情况如：爆破片超过规定使用期限的，爆破片安装方向错误的，爆破片装置标定的爆破压力、温度和运行要求不符合的，使用中超过标定爆破压力而未爆破的，爆破片装在安全阀进口侧与安全阀串联使用时爆破片和安全阀之间的压力表有压力显示或者截止阀打开后有气体漏出的，爆破片装置泄漏的。h. 爆破片单独做泄压装置或者爆破片与安全阀并联使用的压力容器进行年度检查时，如果发现爆破片和容器间的截止阀未处于全开状态或者铅封损坏，应要求使用单位限期改正且采取有效措施确保改正期间的安全；如果逾期仍未改正则该压力容器暂停使用。

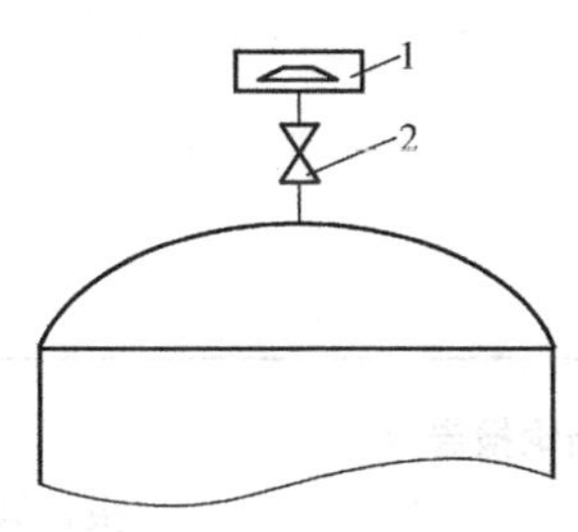

图 3-19 爆破片单独使用

1—爆破片 2—截止阀

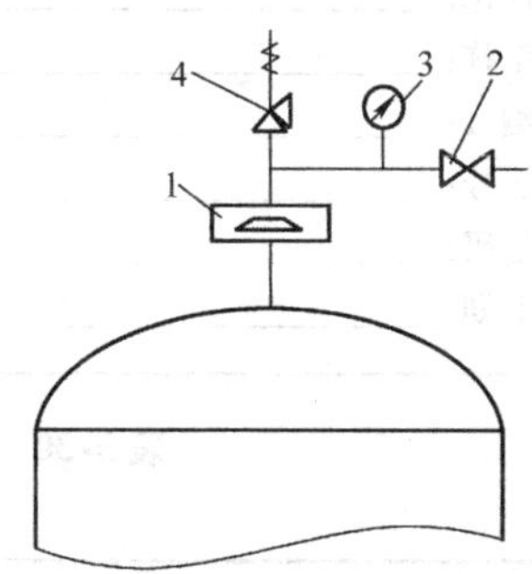

图 3-20 安全阀和爆破片串联使用

（爆破片装在安全阀进口侧）

1—爆破片 2—截止阀 3—压力表 4—安全阀

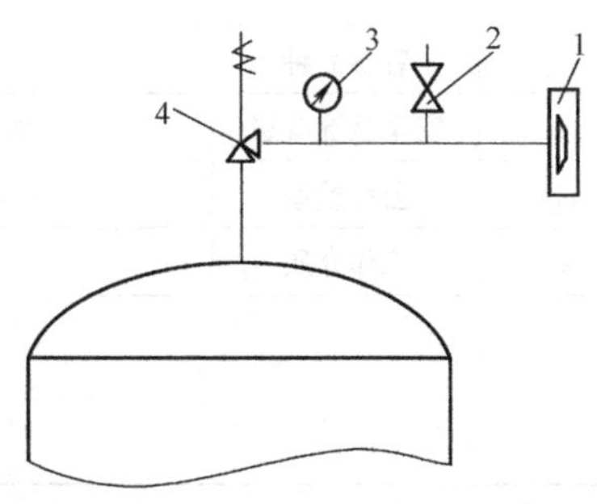

图 3-21 安全阀和爆破片串联使用

（爆破片装在安全阀出口侧）

1—爆破片 2—截止阀 3—压力表 4—安全阀

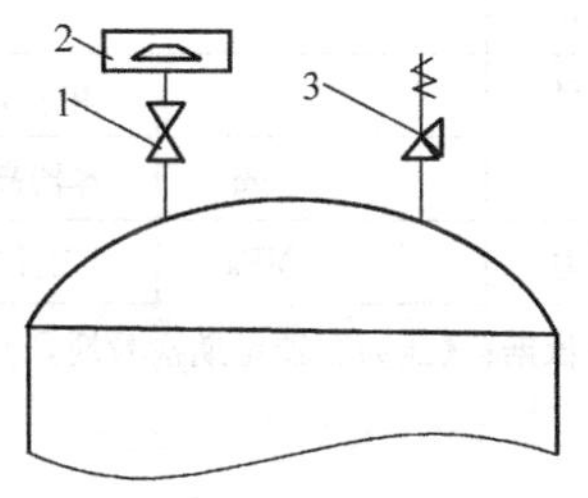

图 3-22 安全阀和爆破片并联使用

1—截止阀 2—爆破片 3—安全阀

5）年度检查工作完成后，检查人员应根据实际检查情况出具检查报告，做出下述结论：a. 允许运行，指未发现或者只有轻度不影响安全的缺陷。b. 监督运行，指发现一般缺陷，经过使用单位采取措施后能保证安全运行，结论中应当注明监督运行需解决的问题及完成期限。c. 暂停运行，仅指安全附件的问题过期仍未解决的情况。问题解决且经过确认后，允许恢复运行。d. 停止运行，指发现严重缺陷，不能保证压力容器安全运行的情况，应当停止运行或者由检验机构持证的压力容器检验人员做进一步检验。

6）年度检查一般不对压力容器安全状况等级进行评定，但如果发现严重问题，应当由检验机构持证的压力容器检验人员按规定进行评定，适当降低压力容器安全状况等级。压力容器年度检查报告见表 3-29、表 3-30。

表 3-29　压力容器年度检查报告

报告编号：

压力容器年度检查报告

使 用 单 位：________________

容 器 名 称：________________

单位内编号：________________

使 用 证 号：________________

设 备 代 码：________________

检 验 日 期：________________

表 3-30　压力容器年度检查结论报告

报告编号：

使用单位					
单位地址				单位代码	
管理人员		联系电话		邮政编码	
容器名称					
设备代码				容器品种	
使用证号		单位内编号		安全状况等级	级
容器内径	mm	容器高（长）	mm	公称壁厚	mm
工作压力	MPa	工作温度	℃	工作介质	

主要检查依据：《压力容器定期检验规则》

检查发现的缺陷位置、程度、性质及处理意见（必要时附图或附页）：

检查结论	□ 允许运行 □ 监督运行 □ 暂停运行 □ 停止运行	允许/ 监督 运行 参数	压力：　　MPa 温度：　　℃ 介质： 其他：

监督运行需解决的问题及完成期限（暂停/停止运行说明）：

下次年度检查日期　　　　年　月　日	（检查单位检查专用章） 年　月　日
检　查：　　　　日期：	
审　批：　　　　日期：	

第　页　共　页

4. 压力容器的全面检验

全面检验是指压力容器停机时的检验，全面检验应当由特种设备检验机构进行，具体内容如下所示。

1）检验前应当审查相关资料。

2）全面检验前，使用单位应做好以下准备工作：a. 需要进行检验的表面，特别是腐蚀部位和可能产生裂纹性缺陷的部位，必须彻底清理干净，母材表面应当露出金属本体，进行磁粉检测、渗透检测的表面应当露出金属光泽。b. 被检压力容器内部介质必须排放、清理干净，用盲板从被检压力容器的第一道法兰处隔断所有液体、气体或者蒸汽的来源，同时设置明显的隔离标志。禁止用关闭阀门代替盲板隔断。c. 切断与压力容器有关的电源，设置明显的安全标志。检验照明用电不超过24V，引入压力容器内的电缆应当绝缘良好且接地可靠。d. 检验时，使用单位压力容器管理人员和相关人员到场配合，协助检验工作，负责安全监护。

3）检验人员认真执行使用单位有关动火、用电、高处作业、罐内作业、安全防护、安全监护等规定，确保检验工作安全。

4）检验用的设备和器具应当在有效的检定或者校准期内。在易燃、易爆场所进行检验时，应当采用防爆、防火花型设备、器具。

5）检验的一般程序包括检验前准备、全面检验、缺陷及问题的处理、检验结果汇总、结论和出具检验报告等常规要求，如图3-23所示。检验人员可以根据实际情况，确定检验项目，进行检验工作。

6）压力容器全面检验工作中的表面无损检测的具体内容如下：a. 有以下情况之一的，对压力容器内表面对接焊缝进行磁粉检测或者渗透检测，检测长度不少于每条对接焊缝长度的20%，即首次进行全面检验的第三类压力容器、盛装介质有明显应力腐蚀倾向的压力容器、Cr-Mo钢制压力容器、标准抗拉强度下限 $R_m \geqslant 540$MPa钢制压力容器。在检测中发现裂纹，检验人员应当根据可能存在的潜在缺陷，确定扩大表面无损检测的比例；如果扩检中仍发现裂纹，则应当进行全部焊接接头的表面无损检测。内表面的焊接接头已有裂纹的部位，对其相应外表面的焊接接头应当进行抽查。如果内表面无法进行检测，可以在外表面采用其他方法进行检测。b. 对应力集中部位、变形部位，异种钢焊接部位、奥氏体不锈钢堆焊层、T形焊接接头，其他有怀疑的焊接接头，补焊区，工卡具焊迹、电弧损伤处和易产生裂纹部位，应当重点检查。对焊接裂纹敏感的材料，注意检查可能发生的焊趾裂纹。c. 有晶间腐蚀倾向的，可以采用金相检验检查。d. 绕带式压力容器的钢带始、末端焊接接头，应当进行表面无损检测，不得有裂纹。e. 铁磁性材料的表面无损检测优先选用磁粉检测。f. 标准抗拉强度下限 $R_m \geqslant 540$MPa的钢制压力容器，耐压试验后应当进行表面无损检测抽查。

7）全面检验工作完成后，检验人员根据实际检验情况，结合耐压试验结果，按规定评定压力容器的安全状况等级，出具检验报告，给出允许运行的参数及下次全面检验的日期。

压力容器全面检验报告见表3-31，一式两份，由检验机构和使用单位分别保存。受检单位对压力容器全面检验报告的结论如有异议，应在收到报告之日起15天内，向检验机构提出书面意见。

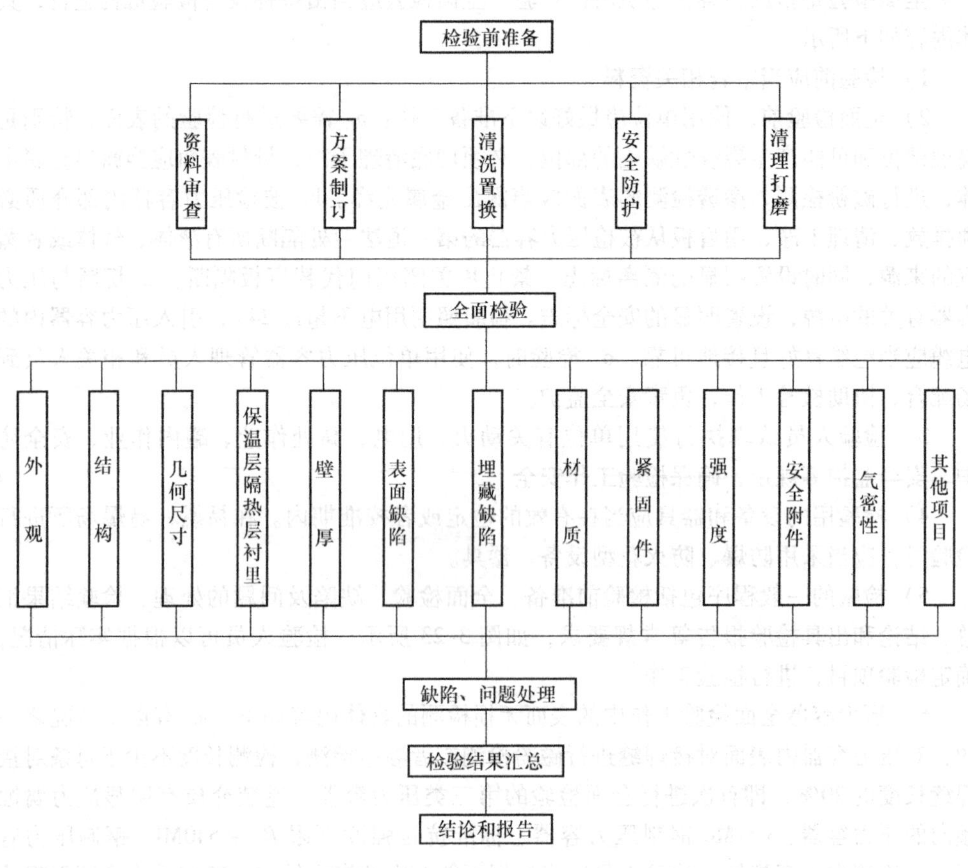

图3-23 全面检验的一般程序

表3-31 压力容器全面检验报告

报告编号：

使用单位：______

容器名称：______

单位内编号：______

使用证号：______

设备代码：______

检验日期：______

压力容器全面检验报告具体内容见表3-32～表3-34。

表 3-32 压力容器全面检验结论报告

<table>
<tr><td colspan="6" align="right">报告编号：</td></tr>
<tr><td>使用单位</td><td colspan="5"></td></tr>
<tr><td>单位地址</td><td colspan="3"></td><td>单位代码</td><td></td></tr>
<tr><td>管理人员</td><td></td><td>联系电话</td><td></td><td>邮政编码</td><td></td></tr>
<tr><td>容器名称</td><td colspan="5"></td></tr>
<tr><td>设备代码</td><td colspan="3"></td><td>容器品种</td><td></td></tr>
<tr><td>使用证号</td><td></td><td>单位内编号</td><td></td><td>结构型式</td><td></td></tr>
<tr><td colspan="6">主要检验依据《压力容器定期检验规则》</td></tr>
<tr><td colspan="6">检验发现的缺陷位置、程度、性质及处理意见（必要时附图或附页）：</td></tr>
<tr><td colspan="6">经检验本台压力容器的安全状况等级评定为　　级。</td></tr>
<tr><td>允许/监控运行参数（监控或报废依据）：</td><td colspan="5">压力：　　MPa
温度：　　℃
介质：
其他：</td></tr>
<tr><td colspan="4">下次全面检验日期　　年　月　日</td><td colspan="2" rowspan="4">机构核准证号：
（机构检验专用章）
年　月　日</td></tr>
<tr><td colspan="4">检　验：　　日期：</td></tr>
<tr><td colspan="4">审　核：　　日期：</td></tr>
<tr><td colspan="4">审　批：　　日期：</td></tr>
<tr><td colspan="6" align="center">第　页　共　页</td></tr>
</table>

表 3-33 压力容器资料审查报告

<table>
<tr><td colspan="3">单位内编号/设备代码：</td><td colspan="3" align="right">报告编号：</td></tr>
<tr><td colspan="2">设计单位</td><td></td><td colspan="2">设计日期</td><td></td></tr>
<tr><td colspan="2">设计规范</td><td></td><td colspan="2">容器图号</td><td></td></tr>
<tr><td colspan="2">制造单位</td><td></td><td colspan="2">出厂编号</td><td></td></tr>
<tr><td colspan="2">制造规范</td><td></td><td colspan="2">制造日期</td><td></td></tr>
<tr><td colspan="2">安装单位</td><td></td><td colspan="2">投用日期</td><td></td></tr>
<tr><td colspan="2">容器内径</td><td>mm</td><td colspan="2">容器高/长</td><td>mm</td></tr>
<tr><td colspan="2">容积（热换面积）</td><td>m^3（m^2）</td><td colspan="2">充装质量/系数</td><td></td></tr>
<tr><td colspan="2">封头形式</td><td></td><td colspan="2">支座形式</td><td></td></tr>
<tr><td rowspan="4">主体材质</td><td>筒体</td><td></td><td rowspan="4">主体厚度</td><td>筒体</td><td></td></tr>
<tr><td>封头</td><td></td><td>封头</td><td>mm</td></tr>
<tr><td>夹套（换热管）</td><td></td><td>夹套（换热管）</td><td>mm</td></tr>
<tr><td>内衬</td><td></td><td>内衬</td><td>mm</td></tr>
<tr><td rowspan="2">设计压力</td><td>壳程（内筒）</td><td>MPa</td><td rowspan="2">实际操作压力</td><td>壳程（内筒）</td><td>MPa</td></tr>
<tr><td>管程（夹套）</td><td>MPa</td><td>管程（夹套）</td><td>MPa</td></tr>
<tr><td rowspan="2">设计温度</td><td>壳程（内筒）</td><td>℃</td><td rowspan="2">实际操作温度</td><td>壳程（内筒）</td><td>℃</td></tr>
<tr><td>管程（夹套）</td><td>℃</td><td>管程（夹套）</td><td>℃</td></tr>
<tr><td rowspan="2">腐蚀裕度</td><td>筒体</td><td></td><td rowspan="2">工作介质</td><td>壳程（内筒）</td><td></td></tr>
<tr><td>封头</td><td></td><td>管程（夹套）</td><td></td></tr>
<tr><td>资料审查问题记载</td><td colspan="5"></td></tr>
<tr><td>上次全面检验问题记载</td><td colspan="5">上次全面检验安全状况等级评为：　　级。</td></tr>
<tr><td colspan="3">检验：　　日期：</td><td colspan="3">审核：　　日期：</td></tr>
<tr><td colspan="6" align="center">第　页　共　页</td></tr>
</table>

表 3-34 气密性试验报告

单位内编号/注册代码：			报告编号：
设计压力	MPa	最高工作压力	MPa
耐压试验压力	MPa	气密性试验压力	MPa
试验介质		介质温度	℃
环境温度	℃	容积	m^3
压缩机型号		安全阀型号	
压力表	量程 MPa；精度 级	试验部位	
试验程序记录			
缓慢升至试验压力：________MPa，保压________min； 检查容器及连接部位：________泄漏，________异常现象。			
实际试验曲线： p/MPa t/min			
试验结果：			
检测： 日期：		审核： 日期：	
第 页 共 页			

5. 移动式压力容器检验的附加要求

移动式压力容器是指汽车罐车、铁路罐车和罐式集装箱架（以下统一简称罐车）。由于罐车的特殊性，对其检验提出如下所示的附加要求。

1）附加要求适用于运输最高工作压力大于等于 0.1MPa、设计温度不高于 50℃ 的液化气体、低温液体的钢制罐体（罐体为裸式、保温层或绝热层形式）在用罐车的检验。

2）在用罐车的检验分为年度检验、全面检验和耐压试验。年度检验每年至少一次。全面检验的周期见表 3-35。同时，有以下情况之一的罐车应该做全面检验：新罐车使用 1 年后的首次检验；罐体发生重大事故或停用 1 年后重新投用的；罐体经重大修理或改造的。耐压试验每 6 年至少进行一次。

表 3-35 罐车全面检验的周期

安全状况等级	罐车名称		
	汽车罐车	铁路罐车	罐式集装箱
1 级、2 级	5 年	4 年	5 年
3 级	3 年	2 年	2.5 年

3）常温型（裸式）罐车罐体年度检验的要求检验：a. 安全阀、爆破片装置、紧急切断装置、液位计、压力表、温度计、导静电装置、装卸软管和其他附件。b. 罐体与底盘（车架或框架）、遮阳罩、操作台、连接紧固件、导静电装置等。c. 罐内防波板与

罐体连接结构型式，以及防波板与罐体、气相管与罐体连接处的裂纹、脱落等。

4）低温、深冷型罐车罐体年度检验的要求检验：a. 常温型（裸式）罐车罐体年度检验的全部内容。b. 保温层的损坏、松脱、潮湿、跑冷等。

5）首次检验时应该对资料全面审查；非首次检验时，重点审查新增和变更的部分。

6）具有易燃、易爆、助燃、毒性或窒息性介质的罐车应该进行残液处理、抽残、中和消毒、蒸汽吹扫、通风置换、清洗。检验前应该取样分析，要求罐内气体分析测试结果达到有关标准规定、残液排放指标达到有关环保标准。

7）设有人孔的罐车必须开罐进行以下表面检查：a. 罐体的变形、泄漏、机械损伤，罐体接口部位焊缝的裂纹等。b. 罐内防波板与罐体的连接情况，连接焊缝处的裂纹、连接固定螺栓的松脱，防波板裂纹、裂开或脱落等。c. 罐内气相管、液位计固定导架与罐体固定连接处的裂纹、裂开或松脱等。d. 对深冷型罐车还要进行真空度测试（常温下），见表3-36。

表3-36 真空度测试（常温下）

绝热方式	夹层真空度/Pa	结　论
真空多层	≤1.33	继续使用
	>1.33	重抽真空
真空粉末	≤13.3	继续使用

8）罐体与底盘（底架或框架）连接紧固装置的检查是对罐体支座以上部分的检查（包括紧固连接螺栓）。即：a. 罐体与底盘是否连接牢固，紧固连接螺栓是否有腐蚀、松动、弯曲变形，螺母、垫片是否齐全、完好。b. 罐体支座与底盘之间连接缓冲胶垫是否错位、变形、老化等。c. 罐体支座（靠车头端）前端过渡区是否存在裂纹；支座与卡码是否连接牢固。d. 铁路罐车的拉紧带、鞍座、中间支座检查。

9）罐体管路、阀门和车辆底盘之间的导静电导线连接是否牢固可靠，罐体管路阀门与导静电带接地端的电阻不应当超过10Ω；连接罐体与地面设备的接地导线，截面面积应当不小于5.5mm^2。导静电带必须安装且接地可靠，严禁使用铁链。

10）盛装食用二氧化碳的罐车应当对罐体内表面进行洁净化处理；盛装氧气的罐车应当对各拆装接口及有油脂接触过的部位进行脱脂处理后，方可组装。组装完毕后应当进行整车的气密性试验。

11）全面检验的附加要求。全面检验包括罐车罐体年度检验的全部内容、外表面除锈喷漆、壁厚测定、无损检测和强度校核等。具体包括：a. 首次全面检验时，应该进行结构检查和几何尺寸检查，以后的检验仅对运行中可能发生变化的内容进行复查（绝热层式不设人孔的低温深冷型罐车除外）。b. 按罐体设计压力的1.5倍，对紧急切断阀受介质直接作用的部件进行耐压试验，保压时间应当不少于10min；耐压试验前后，分别以0.1MPa和罐体的设计压力进行气密性试验，保压时间应当不少于5min。c. 避厚的测定应该优先选择以下具有代表性的部位，并且有足够的测点数，测定后标图记录。d. 罐体角焊缝和内表面对接焊缝应该做100%表面无损检测，凡罐车存在以下情况之一时，还应该对焊缝进行射线检测或超声检测抽查。e. 进行罐体外表面油漆检查。f. 经检查发现罐体存在大面积腐蚀、壁厚明显减薄或变更工作介质的，应该进行强度校核。g. 全面检验工作完成后，检验人员应该根据检验结果，按 TSG R2005《移动式压力容器安全技术监察规程》的规定评定罐车的安全状况等级及下次全面检验的周期，并出具检验报告。

12）耐压试验的附加要求。

① 罐体耐压试验一般应当采用液压试验，液压试验压力为罐体设计压力的 1.5 倍。液压试验时，罐体的薄膜应力不得超过试验压力温度下材料屈服强度的 90%。低温深冷型罐车罐体的耐压试验可以按照设计图样的规定要求进行。

② 由于结构或介质原因，不允许向罐内充灌液体或运行条件不允许残留试验液体的罐体，可以按照图样要求采用气压试验，气压试验压力为罐体设计压力的 1.15 倍。气压试验时，罐体的薄膜应力不得超过试验温度下材料屈服强度的 80%。

6. 压力容器检查检验时的安全措施

压力容器检查检验时应采取以下安全措施：

1）应将压力容器内外部介质排净，并用盲板切断压力容器与其他设备连接的管道。

2）不允许在压力容器带压情况下拆卸紧固件。

3）对盛装易燃、易爆、有毒或窒息性介质的压力容器，应进行置换、中和、消毒、清洗等措施。

4）拆除妨碍检查的内部（可拆）装置，并清除压力容器内壁上的油污等杂物。

5）专人负责切断有关电气设备的电源，并要挂牌标志；进入压力容器要用 12V 的低压安全灯，检验仪器和修理工具的电源电压超过 36V 时，必须保证导线的绝缘良好，接地可靠。

6）进入压力容器检验时，外部必须有监护人员，并不得擅自离开。

7）介质对压力容器材料的腐蚀情况不明，材料焊接性能差或制造时曾产生过多次裂纹的，投产使用 1 年应立即进行内部检验。

8）对外部有保温层的压力容器进行全面检验时，应根据缺陷情况拆除保温层。

7. 压力容器的无损检测

压力容器进行无损检测工作的具体内容如下所示。

1）无损检测人员应按照 TSG Z8001—2019《特种设备无损检测人员考核规则》进行考核，取得资格证书后方能承担与资格证书的种类和技术等级相应的无损检测工作。

2）压力容器的焊接接头应先进行形状尺寸和外观质量的检查，合格后才能进行无损检测。有延迟裂纹倾向的材料应在焊接完成 24h 后进行无损检测，有再热裂纹倾向的材料应在热处理后再增加一次无损检测。

3）压力容器的无损检测方法包括射线、超声、磁粉、渗透和涡流检测等。压力容器制造单位应根据设计图样和有关标准的规定选择检测方法和检测长度。

4）压力容器的对接接头的无损检测比例一般分为全部（100%）和局部（大于等于 20%）两种。对铁素体钢制低温容器，局部无损检测的比例应大于等于 50%。

5）符合下列情况之一时，压力容器的对接接头，必须进行全部射线或超声检测：a. 按照压力容器及 GB 151《管壳式换热器》等标准中规定进行全部射线或超声检测的压力容器。b. 第三类压力容器。c. 第二类压力容器中易燃介质的反应压力容器和贮存压力容器。d. 设计压力大于 5.0MPa 的压力容器。e. 设计压力大于等于 0.6MPa 的管壳式余热锅炉。f. 设计选用焊缝系数为1.0的压力容器（无缝管制筒体除外）。g. 疲劳分析设计的压力容器。h. 采用电渣焊的压力容器。i. 使用后无法进行内外部检验或耐压试验的压力容器。

6）压力容器焊接接头检测方法的选择要求如下：a. 压力容器壁厚≤38mm时，其对接接头应采用射线检测；由于结构等原因不能采用射线检测时，允许采用可记录的超声检测。b. 压力容器壁厚>38mm(或≤38mm，但>20mm且使用材料抗拉强度规定值下限≥540MPa)时，其对接接头如采用射线检测，则每条焊缝还应附加局部超声检测；如采用超声检测，则每条焊缝还应附加局部射线检测。无法进行射线检测或超声检测时，应采用其他检测方法进行附加局部无损检测。附加局部检测应包括所有的焊缝交叉部位，附加局部检测的比例为原无损检测比例的20%。c. 对有无损检测要求的角接接头、T形接头，不能进行射线检测或超声检测时，应做100%表面检测。d. 铁磁性材料压力容器的表面检测应优先选用磁粉检测。e. 有色金属制压力容器对接接头应尽量采用射线检测。

7）除上述6)中第e. 条规定之外的其他压力容器，其对接接头应做局部无损检测。即：a. 局部无损检测的部位由制造单位检验部门根据实际情况指定。但对所有的焊缝交叉部位及开孔区将被其他元件覆盖的焊缝部分必须进行射线检测，拼接封头（不含先成形后组焊的拼接封头）、拼接管板的对接接头必须进行100%无损检测。拼接补强圈的对接接头必须进行100%超声检测或射线检测，其合格级别与压力容器壳体相应的对接接头一致。b. 拼接封头应在成形后进行无损检测，若成形前进行无损检测，则成形后应在圆弧过渡区再做无损检测。c. 经过局部射线检测或超声检测的焊接接头，若在检测部位发现超标缺陷时，则应进行不少于该条焊接接头长度10%的补充局部检测；如仍不合格，则应对该条焊接接头全部检测。

8）现场组装焊接的压力容器，在耐压试验前，应按标准规定对现场焊接的焊接接头进行表面无损检测；在耐压试验后，应按有关标准规定进行局部表面无损检测，若发现裂纹等超标缺陷，则应按标准规定进行补充检测；若仍不合格，则应对该焊接接头做全部表面无损检测。

9）制造单位必须认真做好无损检测的原始记录，检测部位图应清晰、准确地反映实际检测的方位（如射线照相位置、编号、方向等），正确填写报告，妥善保管好无损检测档案和底片（包括原缺陷的底片）或超声自动记录资料，保存期限不应少于七年。七年后若用户需要可转交用户保管。

8. 渗透检测在无损检测中的应用

渗透检测在压力容器无损检测中应用比较广泛，主要分为荧光渗透检测和着色渗透检测两种。渗透检测是用绿色的荧光渗透液或者红色的着色渗透液来显示放大了的缺陷图像的迹痕，从而能够用肉眼检查出试件表面上的开裂缺陷。使用荧光渗透液的称为荧光渗透检测法，使用红色着色渗透液的称为着色渗透检测法。渗透检测的基本使用程序如下：

1）渗透。将试件浸渍于渗透液中，或者用喷雾器或刷子把渗透液涂在试件表面上，如果试件有裂纹、孔隙和其他开裂处，渗透液就渗入其中，这个过程称渗透。荧光检测采用的渗透剂是荧光液，而检查时用紫外线照射。

2）清洗。待渗透液充分地渗透到缺陷内之后，用清洗剂或水把试件表面的渗透液洗掉，这个过程称为清洗。由于清洗剂不能渗入到留有渗透液的裂纹和孔隙中，故裂纹和孔隙中的渗透液得以保留下来。

3）显像。把显像剂喷洒到试件表面上，残留在裂纹、孔隙中的渗透液就会被显像剂吸出到表面上，形成放大的黄绿色荧光或者红色的显示痕迹，这个过程就叫显像。

4）观察。用荧光渗透液的显示痕迹在紫外线照射下能发出强的荧光，用着色渗透液的显示痕迹在自然光线下呈红色，所以很容易识别，用肉眼观察就可以发现很微细的缺陷。痕迹有三种：连续线表示裂纹、点线表示狭窄的裂纹、分散的点痕表示孔隙。

实际上除了上述的基本过程外，有时为了使渗透容易进行，还要进行预处理。另外，为了进行显像，有时还要进行干燥处理；为了使渗透液容易洗掉，对某些渗透液有时还要做乳化处理。

渗透检测能探测出的最小尺寸是由检测剂的性能、检测方法、检测操作的好坏和试件的表面粗糙度等因素决定的，一般约为深0.02mm、宽0.001mm。另外，在荧光渗透检测时，若使用荧光辉度高的渗透液，在检测的同时把交变应力加在试件上，则可进一步提高检测灵敏度。渗透检测报告见表3-37。

表3-37　渗透检测报告

工件	部件名称		材料牌号	
	部件编号		表面状态	
	检测部位			
器材及参数	渗透剂种类		检测方法	
	渗透剂		乳化剂	
	清洗剂		显像剂	
	渗透剂施加方法	□喷□刷□浸□浇	渗透时间	min
	乳化剂施加方法	□喷□刷□浸□浇	乳化时间	min
	显像剂施加方法	□喷□刷□浸□浇	显像时间	min
	工件温度	℃	对比试块类型	□铝合金□镀铬
技术要求	检测比例		合格级别	级
	检测标准		检测工艺编号	

	序号	焊缝（工件）部位编号	缺陷编号	缺陷类型	缺陷痕迹尺寸/mm	缺陷处理方式及结果				最终评级/级
						打磨后复检缺陷		补焊后复检缺陷		
						性质	痕迹尺寸/mm	性质	痕迹尺寸/mm	
检测部位缺陷情况										

检测结论：
1. 本产品符合相关标准①的要求，评定为合格。
2. 检验部位及缺陷位置详见检测部位示意图（另附）。

报告人（资格） 年　月　日	审核人（资格） 年　月　日	无损检测专用章 年　月　日

① 视具体情况标出标准编号。

9. 磁粉检测在无损检测中的应用

磁粉检测是一种检测钢铁材料的裂纹等表面缺陷的重要方法，在压力容器无损检测中应用较广泛。

1）磁粉检测的原理：将磁场加到试件上后，钢铁等强磁性材料能被磁场强烈地磁化。如果试件上有裂纹，且裂纹方向与磁化方向呈直角，则在裂纹处呈现磁极，并产生漏磁磁场。当磁粉的细粒进入漏磁场时，它们被吸住而留下。由于漏磁场比裂纹宽，积聚的磁粉可由肉眼很容易地看出。当磁化强度足够高时，即使裂纹很微细，也能形成清晰可见的漏磁场。如果使用荧光磁化液，那么在紫外线照射下，试件上的微小裂纹、褶皱、孔隙、夹渣等表面缺陷，便以黄绿色的线条或点线显现出来。

2）磁粉检测操作包括预处理、磁化、施加磁粉、观察记录及后处理（包括退磁）等。磁化试件时应该考虑所检测裂纹的方向，要把磁场加在同裂纹方向相垂直的方向。实际应用的磁化方法如图3-24所示，图上用磁力线（虚线）表示磁场方向。由于裂纹的方向往往难以预料，所以实践中常采用能取得互相垂直的磁场的复合磁化方法。

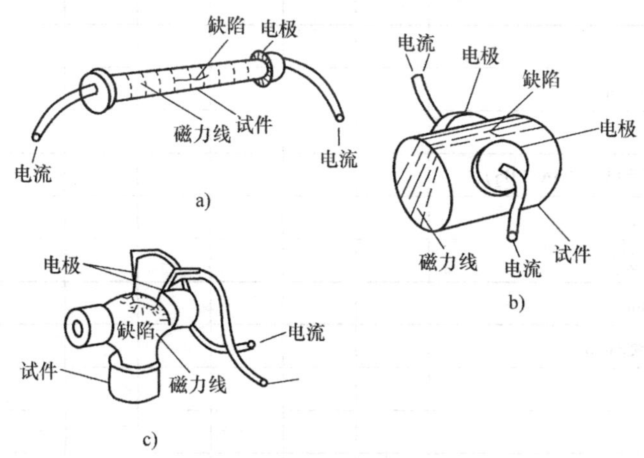

图3-24 磁化的方法

a）轴向通电法 b）直流通电法 c）电极刺入法

3）表面磁场强度可以由试件尺寸和电流值的计算求得。

4）磁粉检测的准确度很高，它能确定表面开口裂纹和表面下深度很浅的其他缺陷，但不能确定缺陷的深度，也不能用来探测内部缺陷。

5）磁化方法很多，有轴向通电法、直流通电法、电极刺入法、线圈法、极间法、磁通贯通法等。

10. 射线检测在无损检测中的应用

射线检测方法是一种射线穿透检查，被检零部件、钢板材料等处于静止、被动状态，而射线按一定途径穿透试件。当有裂纹、间隙等情况会得到不同信号，然后进行确定有焊缝的钢板、焊接件是否有裂纹。射线检测在压力容器无损检测中的应用是最广泛的，主要采用X射线检测、γ射线检测、高能射线检测等方法。一般用X射线检测较为普遍。

焊缝射线检测报告见表 3-38，焊缝射线检测底片评定表见表 3-39。

表 3-38　焊缝射线检测报告

产品编号：

工件	材料牌号								
检测条件及工艺参数	源种类	□X□Ir192□Co60			设备型号				
	焦点尺寸	mm			胶片牌号				
	增感方式	□Pb□Fe 前屏　后屏			胶片规格		mm		
	像质计型号				冲洗条件	□自动　□手工			
	显影液配方				显影条件	时间__min；温度__℃			
	照相质量等级	□AB　□B			底片黑度	____ ~ ____			
	焊缝编号								
	板厚/mm								
	透照方式								
	L1（焦距）/mm								
	能量/kV								
	管电流（源活度）/mA（Bq）								
	曝光时间/min								
	要求像质指数								
	焊缝长度/mm								
	一次透照长度/mm								
合格级别/级									
要求检测比例（%）									
实际检测比例（%）									
检测标准					检测工艺编号				

合格片数	A 类焊缝/张	B 类焊缝/张	相交焊缝/张	共计/张	最终评定结果	Ⅰ级/张	Ⅱ级/张	Ⅲ级/张	Ⅳ级/张

缺陷及返修情况说明	检 测 结 果
1. 本台产品返修共计____处，最高返修次数__次。 2. 超标缺陷部位返修后经复验合格。 3. 返修部位原缺陷情况见焊缝射线检测底片评定表。	1. 本台产品焊缝质量符合__级的要求，结果合格。 2. 检测位置及底片情况详见焊缝射线底片评定表及射线检测位置示意图（另附）。

报告人（资格）	审核人（资格）	无损检测专用章
年　月　日	年　月　日	年　月　日

表 3-39　焊缝射线检测底片评定表

产品编号：

序号	焊缝编号	底片编号	相交焊缝接头	底片黑度/D	像质指数	板厚/mm	缺陷性质及数量	评定级别/级	一次透照长度/mm	备注
初评人（资格）：　年　月　日					复评人（资格）：　年　月　日					

由于 X 射线对缺陷和金属本体的穿透率不同，因此造成材料背面的照相胶片的感光程度不同。则胶片显影后，呈现出明暗不同的图像，能直观地反映焊缝的气孔，夹渣等体积性缺陷。但对裂缝或间隙很小的未焊透焊缝，即使深度较深，由于方向或宽度的影响，往往还不能客观地反映出来，需要采取其他检测方法进行。

常见焊缝缺陷在底片上的影像特征如下：a. 未焊透呈连续或间断的黑直线，但直线的黑度可能深浅不一致。b. 夹渣呈现形状不规则的黑（块）或条纹。c. 气孔一般呈圆形或椭圆形黑点。d. 裂纹呈现黑色较深的细曲线。

11. 探漏在压力容器检验中的应用

探漏是指气体或液体从裂缝、孔眼或空隙逸出（或进入）且达到了可测量的程度。对于压力容器而言，从安全和经济这两个方面来说，检查和修理泄漏部位都是非常重要的。

目前已经有各种不同的泄漏检测方法，比较常用的有皂液检漏法、声学法、示踪气体法、红外分光仪检漏法等。

1）皂液检漏法是气体泄漏检测法中最常用，也是最廉价的一种方法。操作者只需将少量皂液抹到怀疑泄漏的部位上，然后观察有无皂泡即可识别有无泄漏。泄漏的程度可由皂泡的大小和皂泡的形成速度直接判定。如果很快生成很大的皂泡，即表明泄漏量很大；反之亦然。检测的灵敏度取决于流体的性质、环境的照明度和操作者的观察能力。这种方法的灵敏度约为$10^{-4}cm^3/s$。

这种方法的缺点是：被怀疑的泄漏部位必须能很方便地接触到，而且压力容器或管道会被弄湿，从而有可能吸入皂液和生成污染物。此外，能否有效地使用皂液要受温度的制约，一般皂液适合于温度为 -5 ~ 60℃的环境中使用。

2）声学法是靠捕捉（感受）气体和液体从压力容器、管道、阀或其他部件上的孔或裂缝逸出和扩散时所发出的声信号（或超声信号）来检查泄漏部位的。随检测装置性能的不同，可测信号的范围在 10 ~ 100kHz 之间。信号经转换、放大之后，可以用仪表显示，或者通过耳机或扬声器听出，这种手持式仪器由电池供电，灵敏度约为$10^{-3}cm^3/s$。

① 声学检测器使用的测头有接触式和扫描式两种，这两种测头都装有压电晶体拾波器，存在超声信号时它们会发生振荡。通常接触式测头用于查找凝气压力容器、管道、阀的泄漏处，扫描式测头主要用来接收通过大气传输的信号，可用来监测和检查压力容器和安全装置及压力系统和真空系统中的少量泄漏处。

② 声学检测器装上专用的发声附件后，可检测非压力设备上的泄漏部位。它的作用原理如下：将由电池供电的超声波发生器直接放到所需测试的部件上，整个被测区域内即充满它所发出的高频声波。这种声信号的频率约为40kHz，它能进入到孔隙内，故可用测头检测出泄漏处。利用这种发生器，可检查空的管道、压力容器、热交换器、冷凝器、密封装置和焊缝。

③ 声学检测法的一个主要特点是在某些应用场合下不能滤除同泄漏声响混杂在一起的环境噪声。这种特点不但限制了这类仪器的使用范围，而且还降低了灵敏度。采用排除噪声干扰技术，可以在一定程度上消除这一缺陷。

3）示踪气体法是将示踪气体充入待检测的系统，然后用测头检查有无这种气体的泄漏，从而确定泄漏部位和泄漏量。工业上应用的氦质谱仪就是其中的一种。它是将氦作为示踪气体，主要零部件有质谱仪管、真空系统、机械泵、阀、放大器、读数装置及同待测部位连接用的快速可拆装附件。氦质谱仪是所有工业应用泄漏检测仪器中灵敏度最高的一种，可达$10^{-11}mm^3/s$。

检测时可以采用压力式或抽真空式两种方式。采用压力方式时，在管道、压力容器或其他设备内充入一定压力的氦气，然后用吸气测头检查有无氦气泄漏。采用真空方式时，使被测设备内部形成真空，然后在怀疑有泄漏的部位外围喷上氦气，如果有泄漏处，氦气就会进入到系统内中仪表测出。

这种仪器的可靠性非常高，而且检测的时间不超过2s，但是这种装置只能通过它所适应并能定量测出的示踪气体（氦）来指示泄漏量。采用氦做示踪气体，是因为它比较便宜、无毒、渗透能力强，且在大气中的存在量只需够示踪用。

小型便携式氦质谱仪的原理图如图3-25所示。这种仪器约重22.5kg，便于携带到各处使用。但这种泄漏检测器价格高，质谱仪管内的钨丝必须定期更换，真空系统冷凝阀中的液氦必须经常补充，才能确保正常使用。

4）红外分光仪检漏器是一种较新的仪器，它以选定的红外线波长测定气体量。这种仪器主要包括一个单向的红外分光仪和一个气体取样室，如图3-26所示。

空气由泵抽到取样室内，由一些可拆换的过滤器对各种气体加以鉴别和测定。吸收的红外线量被换算成分数，并通过仪表读出。这种仪器能检测出300种以上的气体和蒸气，并可用相应的过滤器——标尺装置来测定数量。例如三氯乙烯、聚氯乙烯、氯甲烷等一些常用的去油剂，都具有很强的吸收红外线能力，因此，能够很容易地将它们检测出来。

取样测头装有一根3m长的软管，故可达到较远的部位。仪器的作用时间约为15s，灵敏度为1×10^{-6}，总重约9kg，既可由蓄电池供电，也可由线路供电。

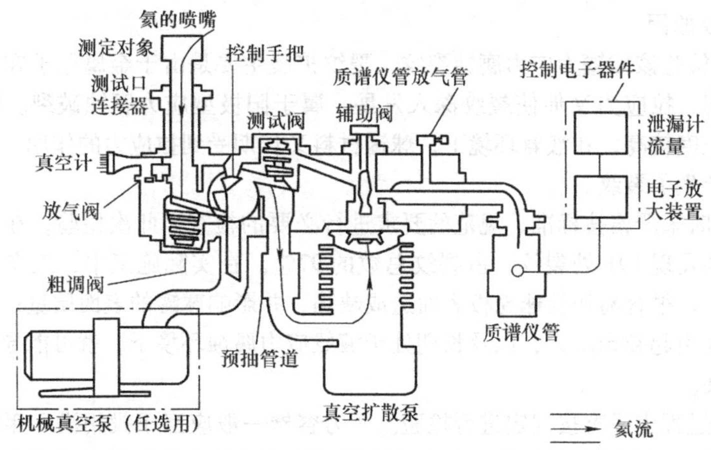

图 3-25　小型便携式氦质谱仪的原理图

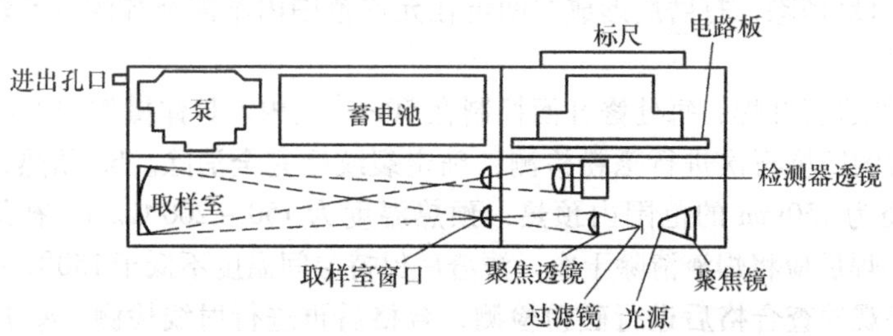

图 3-26　红外分光仪泄漏检测器原理图

此外，还有一些适用于一定场合的泄漏检测器。例如，火焰电离器、光化电离检测器、触媒燃烧器、卤族气体泄漏检测器等，可根据使用目的加以选用。

12. 强化检测检验，确保球罐安全运行

【案例 3-11】

（1）具体情况　山东某化工公司 400m³ 液氨球罐，具体见表 3-40。当时现场组焊完成立即投入使用，未进行开罐检验。对该罐进行了首次开罐检验，经磁粉检测共发现表面裂纹 196 处，其中球壳对接焊缝上有 5 处，其余 191 处裂纹均位于球壳板去除吊耳、工夹具后焊接痕迹及热影响区。裂纹呈细长状、树枝状，长度在 20～60mm，深度在 1～6mm 之间。

表 3-40　山东某化工公司液氨球罐的设计运行参数

设计压力	2.26MPa	工作压力	2.155MPa
设计温度	30℃	工作温度	30℃
主体材质	16MnR	介　质	液氨
公称厚度	38mm	腐蚀裕度	1.5mm
直径	9200mm	容　积	400m³

（2）裂纹原因

1）通过检验该球罐为应力腐蚀裂纹，裂纹扩展主要是由于金属原子在裂纹尖端的快速阳极溶解，拉应力又促使裂纹深入发展，属于阳极型应力腐蚀破裂。16MnR对应力腐蚀敏感程度较高，在液氨环境下，球罐材料又长期受到拉应力的作用，在这三者的共同作用下产生了裂纹。

2）制造时未严格按标准、规范的要求进行必要的检查。此次检验，在工夹具焊接打磨后部位共发现191处裂纹，占裂纹总数的97%。在实际施工中，工夹具在焊接和拆除的过程中，很容易伤及球壳板表面造成缺陷，并影响球罐的表面质量；加上焊接工艺不当等原因引起裂余应力，以及长期处于液氨应力腐蚀环境下，就可能导致裂纹的产生并促使扩展。

3）使用过程中没有按规定进行检验。压力容器一般应当于投用满3年时进行首次全面检验。下次的全面检验周期，应由检验机构根据本次全面检验结果确定。

（3）具体处理措施

1）首先对裂纹打磨消除，打磨后形成的凹坑在允许范围内不需补焊的，不影响定级；否则，进行补焊。

2）需补焊的凹坑进行补焊，每处修补面控制在50cm^{2}之内，具体操作如下：a. 缺陷的消除，对打磨后的凹坑再次进行磁粉检测，确定裂纹已完全消除。b. 预热，以修补处为中心，在半径为150mm的范围内预热，预热温度为150～200℃。c. 补焊，用J507焊条施焊，每层焊后应将焊渣清除干净，清渣后保持层间温度不低于150℃。d. 焊后检查，对补焊处外观检查合格后进行磁粉检测，合格后再进行射线检测。e. 局部热处理，对补焊处加热，温度为625℃靠近加热区的部位采取保温措施。f. 按照GB 50094《球形储罐施工规范》的规定，对球罐整体进行水压试验。

（4）做好重点检验工作　通过对球罐检验，在球壳的对接焊缝上发现的裂纹很少，大量的裂纹出现在球壳板去除吊耳、工夹具后焊接痕迹及热影响区，从中可以吸取教训。今后应该做到：在球罐现场组焊时，施工单位要加强管理，严格执行国家有关标准、规范及设计图样的要求，务必做到不漏检；监检人员也应增强责任心，认真审查无损检测报告，并根据现场检验情况，进行必要的抽查确认；球罐的使用单位应重视定期检验工作，以便能及早发现设备的缺陷并及时处理。

13. 做好定期检验，确保医用氧舱安全运行

【案例3-12】

（1）事故情况　南方某医院发生一起医用氧舱火灾事故，造成1人死亡，2人重伤。

（2）调查

1）该医用氧舱为多人舱，2011年制造，2014年曾对医用氧舱部分进行改造。事故发生上午，医院按规定严格做了有关开舱前准备工作，并按常规开舱，10点左右关闭供氧阀门开始减压。当减压至表压为0.03MPa时，舱内突然着火。

2）调查发现，事故发生在多人舱的过渡舱内。该舱除钢制舱体外，舱内有一相对密封的装饰层，相当于夹套，而绝大部分供、排氧管道等置于夹层之中。

（3）事故发生原因　经过调查发现，本次事故的发生是由于该氧舱空调室外机压

缩机绕组对机壳绝缘失效，且机壳在移位时未接地，致使整个室外机外壳和整个制冷管路带电。该管路经绝缘穿舱件进入氧舱，与氧舱室内机构成一个循环制冷系统。该管路在连接室内机处有一段裸露未保温（由装饰层内引出），室内机铁框架与舱体确认是可靠接地的。该舱整个装饰层基本是密封的，形成了一个夹层空间，在该空间下部供氧管道的角焊缝有轻微泄漏，致使夹层内氧浓度逐渐增高。当带电制冷铜管与接地良好的机壳边缘接触时产生放电打火，并击穿薄壁铜管形成一小孔，管内的空调压缩机油和制冷剂喷射到夹层内。在较高浓度氧、火花、木条和空调压缩机油和制冷剂同时存在的环境下，导致在夹层内上部产生了剧烈燃烧，从而酿成重大事故。

（4）定期检验重点

1）严查可燃物质。氧舱改造、使用过程中应严格执行有关标准、规定要求，杜绝可燃物入舱。

2）严查测氧仪。氧舱内氧浓度控制在25%以下可以防止剧烈燃烧和爆炸。只要控制了引起氧舱爆燃的首要条件——高浓度氧，空气加压舱的安全就可以得到保障。

3）严查火源。空气加压舱的火源只有两种：人为带入和电器导入。

四、压力容器的耐压试验

1. 耐压试验

耐压试验是压力容器进行超过最高工作压力的液压试验或者气压试验，每两次全面检验期间内，原则上应当进行一次耐压试验，具体内容如下。

1）全面检验合格后方允许进行耐压试验。耐压试验前，压力容器各连接部位的紧固螺栓必须装配齐全且紧固妥当。耐压试验场地应当有可靠的安全防护设施，并且经过使用单位技术负责人和安全部门检查认可。

2）耐压试验时至少采用两个量程相同的并且经过检定合格的压力表，压力表安装在压力容器顶部便于观察的部位。压力表的选用应当符合如下要求：a. 低压容器使用的压力表精度不低于2.5级，中压及高压容器使用的压力表精度不低于1.6级。b. 压力表的量程应当为试验压力的1.5~3.0倍，表盘直径不小于100mm。

3）耐压试验的压力应当符合设计图样要求，并且不小于下式计算值：

$$p_T = \eta p \frac{[\sigma]}{[\sigma]_t}$$

式中，p 为本次检验时核定的最高工作压力（MPa）；p_T 为耐压试验压力（MPa）；η 为耐压试验的压力系数，按表3-41选用；$[\sigma]$ 为试验温度下材料的许用应力（MPa）；$[\sigma]_t$ 为设计温度下材料的许用应力（MPa）。

4）耐压试验优先选择液压试验，其试验介质应当符合如下要求：a. 凡在试验时不会导致发生危险的液体，在低于其沸点的温度下，都可以作为液压试验介质，一般采用水。当采用可燃性液体进行液压试验时，试验温度必须低于可燃性液体的闪点，试验场地附近不得有火源，并且配备适用的消防器材。b. 以水为介质进行液压试验时，所用的水必须是洁净的。奥氏体不锈钢制压力容器用水进行液压试验时，控制水的氯离子含量不超过25mg/L。

表 3-41　耐压试验的压力系数 η

压力容器形式	压力容器的材料	压力等级	耐压试验压力系数	
			液（水）压	气　压
固定式	钢和有色金属	低压	1.25	1.15
		中压	1.25	1.15
		高压	1.25	1.15
	铸铁	—	2.00	—
	搪玻璃	—	1.25	—
移动式	—	中压、低压	1.50	1.15

5）液压试验时，试验介质的温度应当符合如下要求：碳素钢、16MnR、15MnNbR和正火15MnVR钢制压力容器在液压试验时，液体温度不得低于5℃；其他低合金钢制压力容器，液体温度不得低于15℃；如果由于板厚等因素造成材料无延性转变温度升高，则需相应提高液体温度。

6）压力容器液压试验后，符合以下条件为合格：a. 无渗漏。b. 无可见的变形。c. 试验过程中无异常的响声。d. 标准抗拉强度下限 $R_m \geqslant 540$MPa 钢制压力容器，试验后经过表面无损检测未发现裂纹。

7）压力容器气压试验应当符合下列规定要求：a. 由于结构或者支撑原因，压力容器内不能充灌液体的，以及运行条件不允许残留试验液体的压力容器，可以按设计图样规定采用气压试验。b. 盛装易燃介质的压力容器，在气压试验前，必须采用蒸汽或者其他有效的手段进行彻底的清洗、置换并且取样分析合格，否则严禁用空气作为试验介质。c. 试验所用气体为干燥洁净的空气、氮气或者其他惰性气体。d. 碳素钢和低合金钢制压力容器的试验用气体温度不得低于15℃。其他材料制压力容器，其试验用气体温度应当符合设计图样规定。e. 气压试验过程中，符合压力容器无异常响声、经过肥皂液或者其他检漏液检查无漏气、无可见的变形条件为合格。

8）对盛装易燃介质的压力容器，如果以氮气或者其他惰性气体进行气压试验，试验后，应当保留0.05～0.1MPa的余压，且保持密封。

2. 水压试验工艺

（1）压力容器水压试验存在的问题

1）缺乏水压试验专用工艺文件，导致水压试验的符合程度下降。

2）缺乏规定试验部件的摆放高度、摆放方位、摆放角度。

3）缺乏对水压试验辅助工具的规定要求。

4）缺乏对试验场地、环境规定要求。

（2）常用水压试验工艺

1）简易的进水、排气方法。如图3-27所示，设备最高点的压力表连接管旁边，接一个支管和阀门，作为设备充水时的排气口。空气排放完了就会有水流出，通过一段软管将水引到排水地点而不会打湿试验设备，让水流一段时间后关闭排气阀门，就完成了充水排气工作。

2）利用分气缸进行水压试验。分气缸的管座较多，每个管座分别进行充水排气比较麻烦，而且往往不能将空气排净。如果将分气缸翻过来放置，情况就不一样了。如图3-28所示，由于下部排水管是插入式内平齐（或是骑座式）的，正好可以朝上作为排气口，而原来朝上的数个管座向下放置自然存不了空气。工艺文件中应该规定放置高度的范围，以便于试验检查。

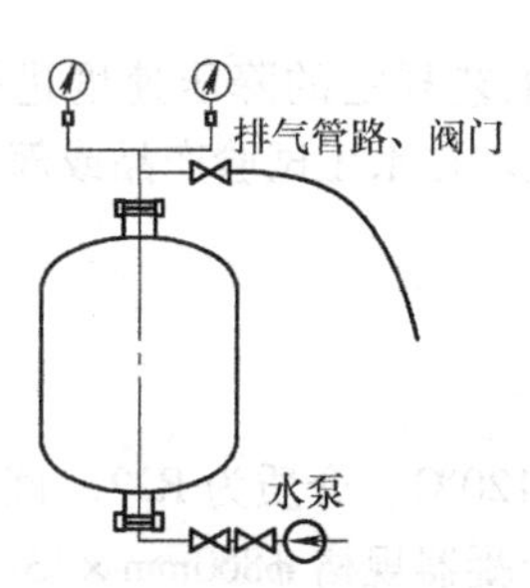

图3-27　最高点压力表连接管旁边接支管和阀门

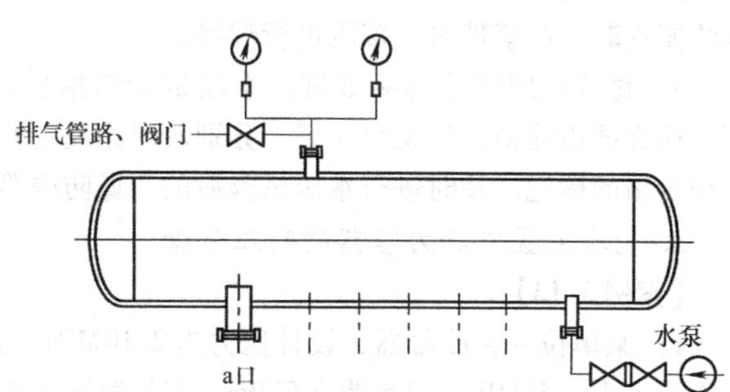

图3-28　分气缸翻过来放置

3）有夹套压力容器进行水压试验。常见夹层锅的1#角焊缝部位是很难排净空气的，如图3-29所示。如果可能的话，翻过来放置进行试验就解决问题了。如果由于产品过大、过重或稳定性等因素不能翻过来放置，则有必要在水压试验完成后，对1#焊缝部位参照气压试验的方式涂肥皂水进行检查。

4）管板式换热压力容器进行水压试验。有些管板式换热器某个回程的最上方没有可以排气的管口（或管口不在最上方），使得水压试验时不能排净空气，如图3-30所示。如果有可能将产品部件竖起来，把可以用来排气的管口朝上放置，问题就可以得到解决。如果不能够竖立放置，则要考虑其他的排气方式，例如采用垂直充水法（竖置充水、水平试验）、插管排气法等方法，保证满足水压试验工艺文件的规定要求。

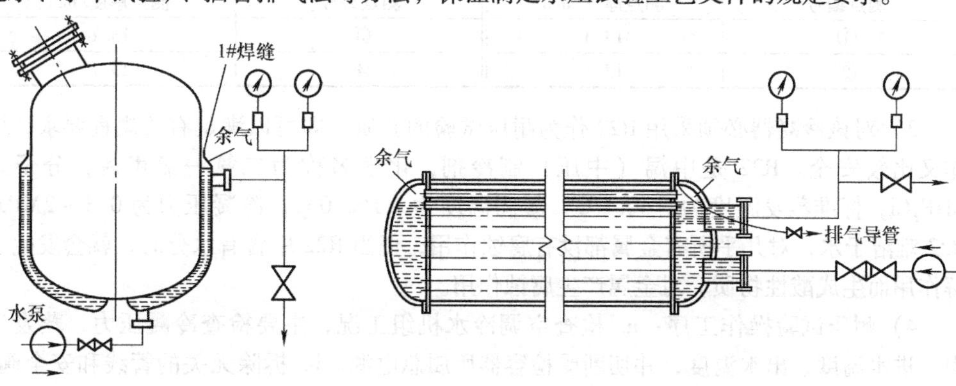

图3-29　常见夹层锅的1#角焊缝部位

图3-30　最上方没有可以排气的管口

(3) 加强水压试验工艺管理

1) 进一步规范水压试验操作及试验记录。

2) 加强水压试验缺陷管理，对水压试验不合格部件或产品必须认真查找原因。元件材料渗漏，必须检查做出判断原因。焊缝渗漏应该准确标出缺陷部位、检查缺陷程度、分析缺陷原因。水压试验发现有残余变形，必须进一步检查、分析原因。采用焊接方法修理时，严禁带水、带压进行焊接。

3) 做好水压试验善后处理。水压试验结束后，应按工艺规定的降压速度进行降压。检查试验辅助工具是否完好，分别放回原规定的存放处。在水压试验产品或部件上标识合格的标记。及时进行水压试验后的干燥防腐等处理。

3. 制冷装置中压力容器的耐压试验

【案例 3-13】

1) 某单位一台冷凝器，设计压力为 2.10MPa，温度为 120℃，介质为 R22。该设备工作压力为 1.50MPa，管系为 0.8MPa，工作温度为 50℃，冷凝器规格 ϕ860mm × 13mm × 3600mm，对该容器进行常规检验、内外部检验、几何尺寸检查（见图 3-31）、超声测厚（结果见表 3-42）、安全附件检查，结果均符合要求。

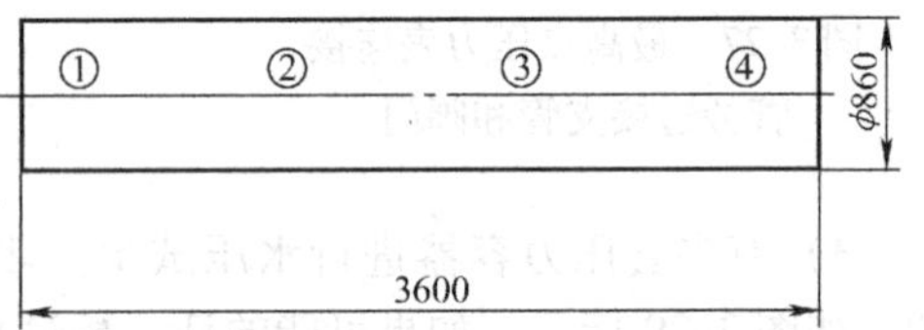

图 3-31 几何尺寸检查图

注：①～④为测点

2) 压力容器的定期检验分为外部检查、内外部检验、耐压试验。耐压试验又分为液压耐压试验、气压耐压试验，而液压耐压试验所采用的介质大部分为水。对于大部分的压力容器来说，采用水作为耐压试验的介质既安全又经济；而对于某些不能进水的压力容器，诸如中央空调装置中的冷凝器、蒸发器，就不能直接采用水作为耐压试验的介质。

表 3-42 超声测厚结果表

测点编号	测点厚度/mm	测点编号	测点厚度/mm
①	13.3	③	13.1
②	13.1	④	13.1

3) 对该冷凝器必须采用 R22 作为耐压试验的介质，即可以满足有关规程要求，操作又比较安全。R22 是中温（中压）制冷剂，化学名称为二氟一氯甲烷，分子式 CHF_2Cl，标准蒸发温度为 -40.8℃，凝固温度为 -160.0℃，冷凝压力为 0.3～2MPa，R22 难溶于水，对几乎所有金属都没有腐蚀作用，但当 R22 中含有水分时，就会发生水解作用而生成酸性物质，对金属产生腐蚀作用。

4) 耐压试验操作工序：a. 检查空调冷水机组工况，主要检查冷凝压力、蒸发压力、进水温度、出水温度，并切断受检容器所属总电源。b. 拆除无关的管线和安全阀，并建议加装截止阀，以便日后安全阀定期检验。c. 容器进出口用盲板隔离，容器装上排气阀、试验介质进出阀、压力表。d. 在介质进出阀装上试压管、灌入试验介质，加压至 1.88MPa，保压 30min，降压至 1.50MPa 进行检查。e. 耐压试验合格后，在排气管接上氮气，用氮气（压力小于 0.30MPa）将试验介质排出。f. 排清试压介质后，拆除盲板和试验介质进出阀，各管线复位，装上安全阀。g. 充入1.00MPa氮气，用肥皂水对复位后的管口接头进行检漏，接上真空泵抽真空大于720mmHg（1mmHg = 133.322Pa），并保持20min，真空度不下降为合格。h. 同时对所有复位接口用卤素灯进行检漏，火焰颜色不变为合格。

5）耐压试验应注意事项：a. 由于R22无色、无味，即使泄漏也很难觉察，而中央空调多数都安装在室内，容易对人体造成窒息性伤害，所以试验现场应配备检漏仪。b. R22虽然不燃烧、不爆炸，毒性程度属5a级（有一定危害），但其蒸气遇明火时会分解出剧毒光气，所以试验现场应严禁明火。c. 回收与加装R22时，应避免与润滑油、水和空气接触，防止其热稳定性变坏。

第四节　压力容器的事故分析与预防

做好压力容器事故分析及处理，通过吸取教训和总结经验，切切实实落实预防措施和做好应急预案，确保人身安全，减少财产损失，使企业生产安全正常运行。

一、压力容器发生事故的原因

压力容器在运行过程中发生事故原因主要可以归纳为以下几点。

1）压力容器在设计、制造、安装不符合有关规定和要求，或选用材料上不符合有关规定，致使压力容器强度达不到图样上技术要求，加上制造焊接上未达到要求及安装上不规范等，造成压力容器运行中先天性的隐患。

2）对作业人员未进行安全教育培训，造成下列违反安全操作规程现象。

① 操作失误。包括操作工艺顺序错误；操作时开错阀门；开关阀门操作不及时，引起介质倒流或超压；投料过快或加料不均匀；投错物料，引起压力容器受热分解爆炸等。

② 违章作业。包括采用可燃气体进行试压或试漏；未办理动火手续就进行动火作业，引起异常闪光、着火现象；打开人孔就进行焊接检修，造成空气进入容器内形成爆炸性混合物而发生爆炸；在带压情况下进行紧固阀门和法兰螺栓；盲目追求产量，超压、超负荷运行；不按工艺规范操作，造成运行中发生异常情况，且未及时进行处理，以至造成事故发生。

③ 维护、维修不到位。包括接管维护修理不到位又继续发生漏气，加上阀门密封不严引起部分可燃气体发生泄漏；未开展定期检验，而维修时又不到位，造成年久失修；仪器仪表失灵未及时修复，造成指示数据偏差；安全装置维修不到位，致使安全动作延误，造成压力容器发生异常情况导致事故发生。

二、压力容器的事故分析

1. 压力容器事故调查

当压力容器事故发生后，首先要认真保护事故现场，然后对事故现场尽快进行周密的观察、检查，同时根据现场迹象和残留物进行必要的技术检验或者技术鉴定，一般调查内容有如下。

1）对压力容器安全附件中泄压装置进行检查和检验，如检查压力表、检查安全阀、检查及检验泄压装置（爆破片）等。

2）对焊缝裂缝进行检查、检验。

3）对本体破裂处进行检查、检验。包括了解断裂面断口形状、颜色、表面粗糙度及其一些特征，进行认真的观察并记录，了解容器变形情况，估算容器的材料伸长率及壁厚变化率；根据容器破裂或变形估算发生事故一瞬间的爆炸能量，同时通过碎片的质量、飞出的距离进行估算验证；通过检查压力容器内外表面材料的金属光泽、颜色、光洁程度、局部腐蚀、磨损及其他伤痕等情况，判断介质的腐蚀情况及其产生后果；通过燃烧痕迹、残留物的检查，了解或判断非正常状态下生成新的反应物；也可根据可燃性气体不完全燃烧而残留的游离碳，判断和估算发生事故当时高温温度、着火位置等。

4）现场破坏情况勘查。由于压力容器爆炸时往往造成周围设施或建筑物损坏及现场人员的伤亡，因此可以根据被损坏的设施或建筑物，了解其距离、方位等情况，同时了解被破坏砖墙结构、建筑年代、厚度及玻璃门窗材料、结构等情况；对人员伤亡情况进行调查了解，通过对伤亡原因可以分析当时人员距离、方位等情况。这些有利于对事故发生原因分析和判断。

5）发生事故的详细过程调查。

① 调查事故发生前压力容器运行情况，包括工艺条件有否变化，运行仪器仪表数据是否有变化，有否泄漏现象、异常声响等。

② 调查事故发生瞬间情况，包括出现异常情况迹象，有否采取措施，安全附件是否动作，有关作业人员的位置，相邻岗位操作人员反映的情况，事故当时是否发生闪光、冒浓烟、着火、异常响声（声强、次数）等现象。

③ 查阅设备操作运行记录，了解压力容器制造工厂和设计图样、材质使用等情况，包括历年运行时间、近年的维修记录和检验检测有关资料；查阅近年安全附件及安全装置更换或定期维护记录，特别是最后一次的检验日期和有关资料。

④ 着重调查发生事故当时压力容器压力、温度变化情况及其他异常情况等。

6）在事故调查中，应根据现场情况、残留物等开展技术检验和分析，通过采取专用仪器和分析手段，确认事故的性质和原因，或委托专门机构采取特殊手段进行专题分析，对事故的性质、发生的原因确定提供有力的依据。

2. 安全事故分析报告

做好压力容器安全事故分析是十分重要的。下面通过三个事故分析报告来说明这点。

【案例 3-14】　球罐放空管断裂事故

（1）事故概况　东北某市磷肥厂一台 400m^3 氮气球罐因检修需要要降压放空排气，当时球罐压力为 1.9MPa。在排放时，球罐顶部的放空管与人孔盖封头连接处突然断裂，断开后的放空管从两名操作人员之间飞过并坠落地面。当时无人员伤亡，但造成氮气供应中断，影响了工厂正常生产。

（2）事故调查

1）现场检查。该球罐的设计压力为 3.06MPa，设计温度为常温，使用介质为氮气，容器类别为第二类，容积为400m^3。球罐顶部设有一个直径为500mm的人孔，人孔盖为椭圆形封头结构，盖子顶部开孔与一个ϕ108mm×5mm的钢管焊接连接，另一端与Z41H型DN100的截止阀法兰连接，再外连一根90°的弯管，放空管总高约3m。管件的断裂部位在人孔与管子的角焊缝热影响区。事故发生时DN100截止阀的开启度为60mm左右，超过了阀门公称直径的一半。管件断裂飞出的方向与90°弯管排气的方向正好相反。

2）技术鉴定。

① 审查与放空管结构有关文件。同时检查人孔盖封头与放空管组焊件制造情况，并经检验单位检验，结果为合格。

② 接管与封头焊接是插入式结构，按图样要求封头内外均开坡口，为全焊透结构；封头内表面焊缝宽均为15mm，焊高为6mm；接管长度约为100mm，另一端与高颈法兰焊接；接管断口宏观检查，封头侧断口边缘距角焊缝顶部距离为2～20mm，断口大部分呈45°斜角，管子侧断口存在明显的塑性变形。经对封头与接管的内外角焊缝表面进行磁粉检测和着色检测，未发现表面裂纹及其他缺陷显示。

③ 对接管进行壁厚测定，除断口变形区为4.9～5.2mm，其他位置接管壁厚均为5mm，经取样复验化学成分和力学性能均符合GB 3087—2008《低中压锅炉用无缝钢管》要求。

④ 管子断口经微观金相检查，其显微组织为铁素体+珠光体，非金属夹杂物为1级，晶粒度级别6～8级，基本符合材料标准要求。断口沿边缘部位组织变形明显，并产生与变形方向相同的二次裂纹，其断口的变形部位硬度值为240～248HV，其平均值为245HV，其基本的未变形部位硬度值为183～186HV。

技术鉴定表明，放空管与封头出厂资料齐全，符合国家有关技术标准的规定，选材及尺寸复验均符合设计图样要求，角焊缝结构经表面检测检查未发现超标缺陷，断口宏观检查塑性变形严重，断口呈灰暗色。微观金相检查断口边缘部分组织滑移较为明显，基本认定为一起典型的塑性破裂事故。

（3）受力计算　在排放氮气时，流体在出口处突然转角90°，从而流体的横向冲力与放空管总长力臂构成了一个力矩，最大弯矩正好在放空管与人孔盖封头的结合部。弯曲强度的条件为

$$M \leqslant [\sigma] W_z$$

式中，M为在受力危险截面的最大弯矩（kN·m）；［σ］为材料的许用应力（MPa）；W_z为抗弯截面模量（m^3）。

① 抗弯强度计算公式为

$$[\sigma] = R_m / n_b$$

根据有关资料，20无缝钢管抗拉强度R_m=392～588MPa，取安全系数n_b为3，故［σ］=392MPa/3=131MPa。

放空连接管采用ϕ108mm×5mm的20无缝钢管，根据有关资料提供，该管子抗弯截面模量W_z为0.428m^3，故［σ］W_z=131MPa×0.428m^3=56.06kN·m。

② 流体在放空时，管子与封头连接处承受的最大弯矩的计算公式为

$$M=\pi d^2L\left[P+\rho V^2(1-\cos\theta)\right]/4$$

式中，d 为管子的内径（m）；L 为放空管的总高度（m）；P 为流体的压强（Pa）；ρ 为氮气在 1.9MPa 时的密度（kg/m^3）；V 为流体的流速（m/s）；θ 为排气管弯管角度。

从式中可以看出，M 值随着 d 值增大而增大，同时当弯管角度为 90°时，$\cos\theta=0$，则 M 值达到最大值。

本例中，$L=3\text{m}$，$P=1.9\text{MPa}$，$\rho=22.22\text{kg/m}^3$，$V=600\text{m/s}$，θ 取 80°～90°，经过计算所得 M 值见表 3-43。

以上计算表明，当阀门开启过大时，会带来安全隐患。

表 3-43　最大弯矩计算表

d 值	M 值	结　果
0.1m（阀门全开启）	233.24kN · m	> [σ] · W_z（56.06kN · m），不安全
0.03m（阀门开启 1/3）	20.99kN · m	< [σ] · W_z（56.06kN · m），安全

（4）结论意见　经技术调查分析，该球罐顶部放空管的断裂事故是由于罐内氮气排放时，放空管与人孔盖封头的连接处承受了较大的外部载荷，管壁上的平均应力超过了管子材料的屈服强度和强度极限，从而导致了塑性断裂的突然发生。技术鉴定排除了放空管用材和焊缝质量不良的可能性，管子断裂事故与排气操作时在较短时间内一次性开启阀门过大有关，同时还存在一些设计不合理的因素。

（5）建议

1）操作时，作业人员必须缓慢开启阀门，开启度不能超过阀门直径的 1/3。

2）放空管设计应尽量避免气流出口处采用 90°弯管，一般选用 120°～135°，以减少流体的横向冲力。

3）对压力容器加强定期检验，特别是材料应力集中处要重点进行检查，同时检查相应的焊缝及母材是否存在表面疲劳裂纹或变形泄漏，一旦发现应及时进行加固或更换修理。

4）做好压力容器事故分析，以便不断地总结经验和教训，压力容器事故记录见表 3-44。

表 3-44　压力容器事故记录

压力容器事故记录		
日　期	事故原因、损坏程度、伤亡情况、经济损失、处理结果、防止措施等	填写人

【案例 3-15】　蒸压釜爆炸事故

（1）事故概况　广西某市某企业一台用于加工蛋白饲料的蒸压釜突然发生爆炸，釜盖冲破厂房顶部水泥瓦楞板腾空飞出，坠落在距蒸压釜地面约 30mm 处。爆炸造成现

场正在紧固螺栓的操作工当场死亡；另一名操作工被倒塌的龙门吊支架压伤，在送往医院途中死亡；还有一名在场人员手、脚被严重砸伤。

（2）事故调查

1）现场检查：该蒸压釜属自行改造的慢开式压力容器，门盖上16根吊环螺栓，7根被拉断，其中6根的断裂点在吊环与螺栓的焊接处，从断裂面观察，3根属于旧断裂痕迹，3根属于新断裂痕迹。另1根的断裂点在螺纹与光杆的过渡处平齐断裂，从断裂面观察属于新断裂痕迹。同时椭圆封头门盖严重翘曲变形。

2）技术鉴定：蒸压釜长度约4200mm，直径1800mm，筒体厚度10mm，封盖为标准椭圆形，厚度12mm。筒体与下封头装配质量较好，外观几何成形质量好，未发现制造超标缺陷，下封头为标准椭圆形封头。主焊缝采用埋弧焊，焊缝外观成形质量好。在制造的规定部位上钢印标记尚清晰可见，筒体和封头的材质为Q235-B。射线检测中心标记及搭接标记都很清楚。

从上述情况判断，该蒸压釜为有制造许可证的制造商生产的压力容器。

蒸压釜的门盖为慢开式开启，法兰厚度35mm，法兰上均布16个U形槽，采用吊环、螺栓锁紧门盖。吊环尺寸为ϕ80mm/ϕ35mm×50mm（外径/内径×厚度），从加工件残留的键槽判断，吊环是用废轴加工而成，经火花初步鉴别材质为中碳钢。销轴为ϕ40mm×201mm/ϕ35mm×100mm（台阶外径×长度/光杆直径×长度），螺栓为T40×4×100，材质经火花初步鉴定为低碳钢。吊环与螺杆连接采用角接（无开设坡口），焊接存在着严重的咬边、未熔合、焊瘤、飞溅等缺陷。从断裂口看，熔深很浅，存在着严重的未焊透情况。

经判断其吊环与螺杆均属自行加工的受压元件，却未按设计要求进行规范制造。

（3）结论意见

1）供应蒸汽压力高于使用设备最高工作压力，蒸压釜工作时是由一台（压力为0.7MPa）锅炉供汽。蒸压釜最高工作压力为0.4MPa，未经减压直接供蒸汽是潜在发生事故的原因之一。供蒸汽、停蒸汽均由司炉工和容器作业人员口头通知传递信息，压力的调整靠供汽的截止阀开启高度控制，这种供蒸汽和调压方式本身就潜伏着严重的隐患。

2）主要受压元件强度不足是造成事故的主要原因，且问题出在自行改造的门盖的法兰和连接件上。改造的门盖存在两个严重的隐患：一是实际情况与设计要求存在严重的偏差，设计要求法兰外径为ϕ2045mm，厚度为84mm，螺栓中径ϕ1970mm，由均布的44根M36螺栓锁紧，而实际法兰外径为2020mm，厚度为35mm，螺栓中径ϕ1920mm，由16根T40×4螺栓锁紧，在操作状态下，实际需要最小螺栓面积远大于改造后的螺栓面积；换言之，实际使用的螺栓在预紧状态下承受的载荷大于改造后螺栓承受的载荷。二是实际使用的吊环螺栓按照设计技术要求，应采用整体锻件加工而成，而改造时采用可焊性较差的中碳钢组焊件且焊接质量差，组焊时又没有按照焊接规范开设坡口，使受力部件强度不能满足工作载荷的条件。

3）该厂未建立特种设备安全管理制度和岗位安全责任制度，作业人员未经培训持证上岗，不按操作规程操作，带压进行紧固螺栓作业。

因此，事故发生的原因是：由于法兰的密封面的预紧力不足，无法达到工作压力下的密封要求，因此升压时发生泄漏，而作业人员企图通过紧固螺栓的方法加以解决，但因为存在不合理的密封结构和焊接质量低劣，所以导致事故的发生。

【案例3-16】 硫化罐裂纹事故

某企业生产轮胎用多台硫化罐，检验了9台硫化罐，发现有4条封头连接管的角焊缝部位开裂，检测18台，仍发现有11台在同样部位角焊缝开裂，最严重的一条裂纹已扩展到180mm，具体如图3-32所示，硫化罐主要技术参数见表3-45。

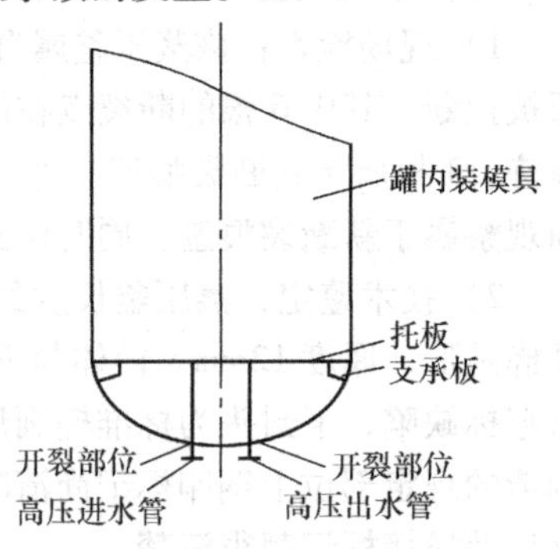

图3-32　开裂部位示意图

1）裂纹特征：开裂部位无明显宏观变形，均是穿晶、穿透性，裂纹长30～180mm，开口宽度0.5～2mm，单条、无分叉，尾部尖细；裂纹起源在焊缝与母材的熔合线上，沿环缝周向扩展，或先沿环缝周向扩展又向母材扩展。

表3-45　硫化罐主要技术参数表

项　目	特性及参数	项　目	特性及参数
设计压力/MPa	0.6	介质	饱和水蒸气
设计温度/℃	164	类别	1类
最高工作压力/MPa	0.5	内径/mm	1700
实际操作压力/MPa	0.4	壁厚/mm	筒体10、封头10
实际操作温度/℃	151.11	容积/m^3	9.48
设计、制造标准	GB 150.1～4	主体材质	筒体Q235B、封头Q235B

2）工艺作业：该硫化罐是轮胎定型重要设备，属反应容器。首先将所需硫化的水胎放入钢轮胎模具内，然后用起重机将模具依次放入罐内，每罐装10～12个模具（根据轮胎型号而定），每个模具重约1000kg，固定好模具，关好盖，通入蒸汽，升压运行；同时打开高压进、出水管阀门，使水在模具内循环。

3）开裂部位应力分析：a. 该接管部位属于应力集中部位，加上焊接条件差就十分容易产生微裂纹等焊接缺陷，同时接管还有外载荷的作用，所以该部位是硫化罐的主要薄弱环节。b. 该部位开裂主要是由于交变应力引起的，最主要的是冲击力。冲击力在焊缝部位会产生很大的应力。冲击力的大小与模具的重量和下落的速度有关，模具越重，速度越大，则冲击力就越大，产生的应力也就越大。每放一个模具就对焊缝冲击一次，每昼夜装罐5次，就冲击50余次；如此反复循环，使焊缝有缺陷的部位或焊缝薄弱部位很短时间就产生裂纹，直到裂纹扩展，呈现低周疲劳。例如，该厂某年投用一批新罐，有两个罐仅使用两个月此焊缝就开裂，且穿透泄漏。后经该厂人员打磨补焊修理，但使用半年又开裂了。其次影响较大的是模具重力产生的应力，模具重达10000kg，尽管放在托板上，但仍有一部分重力通过接管作用在焊缝上，使焊缝、壳体承受向下的拉力。

上述两交变载荷有时同时存在，共同作用，这就是焊缝开裂的主要原因。

4）改进措施：a. 接管角焊缝处多次开裂，主要是设计上有缺陷，与企业生产工艺不相适应。对检出接管角焊缝开裂的硫化罐进行修理改造，将接管位置改在筒体下部如图3-33所示，使后来的刚性结构改为弹性结构，冲击力得到缓冲。改造后的硫化罐使用多年也未出现开裂现象。b. 在对开裂出现缺陷硫化罐进行修复前，应对产生开裂的原因进行详细分析，采取正确和可行的修理措施。

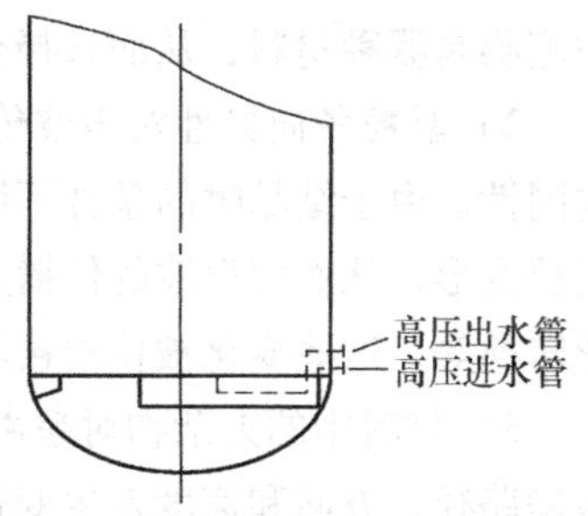

图3-33　接管位置改变示意图

3. 做好测厚值异常情况分析

容器壁厚在使用一定年限以后必然会减薄，当壁厚减薄到一定程度时，就会给安全生产造成威胁。如果是盛装易燃、易爆或者是有毒介质的压力容器，其危害性就更大。因此，厚度测量是在用压力容器检验中最常见的检测项目。

超声波测厚仪是最常用的厚度测量仪器，其示值是判断压力容器壁厚腐蚀状态的主要依据。在实际检验中，厚度测量值波动较大，经常出现异常值，造成错误的结论和处理。所以，测厚异常值的判断及处理对于正确诊断在用压力容器使用状况具有十分重大的意义。

（1）超声测厚值异常案例

1）某厂低压加热器安装前的测厚检验中，发现1个筒体短节有大面积厚度减薄现象。该容器壁厚设计值为30mm，但绝大多数测点示值为14～15mm。由于该容器还未投入运行，排除了腐蚀和冲刷等因素，用双晶片探头进行了超声检测复核，未发现有较大面积夹层的存在。

2）某厂检修对低压加热器进行壁厚检验时，发现容器气室封头有一面积为500mm×300mm的厚度减薄区。该容器的设计厚度为12mm，实测最小壁厚3.45mm，小于最小理论计算壁厚，不能满足该容器的安全运行要求。用双晶片探头进行超声检测复核，确定该处壁厚确实减薄。割开封头进一步观察，发现减薄处内壁平滑均匀，经查阅图样知，该封头壁厚减薄区正对疏水口，减薄为长时间疏水冲刷所致。

3）某厂除氧器进行测厚检验时，发现容器壁厚普遍小于设计壁厚值。容器的设计厚度为30mm，而测点示值均为20mm左右。查看资料后发现，该容器为复合材料制作，由于声波在不同材料中的传播速度不一样，从而对测厚示值产生了影响。

（2）测厚值异常原因分析　超声测厚的工作原理是根据超声脉冲反射原理来进行厚度测量的，当探头发射的超声波脉冲通过被测物体到达材料分界面时，脉冲被反射回探头，通过精确测量超声在材料中传播的时间来确定被测材料的厚度。

容器中的宏观、微观缺陷一旦达到一定面积（尺寸），足以使反射信号被仪器接受并显示时，就会反映出缺陷所在部位的厚度（深度）。由于超声在传播过程中路径发生变化，如折射或产生波形变换，有时就会产生“增值”或其他变化，从而引起失真。

根据分析有下列因素会造成测厚值异常，在测定时要采取措施防止测厚值失真。

1）材料传播声速的不同会产生不同的结果。声波在不同的材料中传播速度是不一样的，根据超声测厚原理可知，其显示的结果必然不一样。因此，在测量前一定要查清被测物是哪种材料，从而选择合适的声速进行测量。

2）晶粒各向异性对声波传播的影响。正常结晶状态下，金属材料具有统计性的各向同性。由于结晶时的条件不同，也有可能使结晶方向有序和定向，或在压延拉伸时使晶粒变形，从而使声波的传播速度、路径及方向发生变化，产生散射、折射、绕射及波形转换等，这些变化被仪器接收并放大，即产生示值的变化和异常显示。

3）材料中的夹杂物对超声传播的影响。被测材料中的夹杂物、非金属也会使声波传播路径、方向和速度发生变化，如硫化物、氮化物或其他类型夹渣等。这些夹杂物在钢材轧制时被碾平，极易使声波产生反射和折射，从而使测厚值发生变化。

4）铸件、奥氏体钢因组织不均匀或晶粒粗大，超声在其中穿过时产生严重的散射衰减，被散射的超声沿着复杂的路径传播，有可能使回波淹没，造成不显示或异常显示。因此，可选用频率较低的粗晶专用探头（2.5MHz）。

5）金属表面氧化物或油漆覆盖层的影响。金属表面产生的致密氧化物或油漆防腐层，虽与基体材料结合紧密，无明显界面，但声速在两种物质中的传播速度是不同的，从而造成误差，且随覆盖物厚度不同，误差大小也不同。

6）温度的影响。一般固体材料中的声速随其温度升高而降低，有试验数据表明，热态材料每增加100℃，声速下降1%。高温在用设备常常碰到这种情况。

7）层叠材料、复合（非均质）材料的影响。要测量未经耦合的层叠材料是不可能的，因超声无法穿透未经耦合的空间，而且不能在复合（非均质）材料中匀速传播。对于由复合材料包扎制成的设备，测厚时要特别注意的是，测厚仪的示值仅表示与探头接触的那层材料厚度。

8）被测压力容器内有沉积物，当沉积物与容器声阻抗相差不大时，测厚仪显示值为壁厚加沉积物厚度。

9）材料合金成分的偏析对超声性能的影响。液态金属结晶时所产生的化学成分和非金属夹杂物的不均匀现象统称为偏析，如区域偏析、晶内偏析等。而所有偏析均会使声波在材料中的传播发生变化，从而使测厚值发生变化。

10）耦合剂的影响。耦合剂是用来排除探头和被测物体之间的空气，使超声能有效地穿入工件达到检测目的。如果选择种类或使用方法不当，将造成误差或耦合标志闪烁，无法测量。应根据使用情况选择合适的种类，当使用在光滑材料表面时，可以使用低黏度的耦合剂；当使用在粗糙表面、垂直表面及顶表面时，应使用黏度高的耦合剂。高温工件应选用高温耦合剂。其次，耦合剂应适量使用，涂抹均匀，一般应将耦合剂涂在被测材料的表面，但当测量温度较高时，耦合剂应涂在探头上。

11）工件内部有氢腐蚀。在测定临氢介质的压力容器壁厚时，如果发现壁厚“增值”，应考虑氢腐蚀的可能性。氢腐蚀是指高温下氢和钢中的渗碳体发生还原反应生成甲烷而导致沿晶界的腐蚀。甲烷的形成使晶界产生大量的微裂纹，并有明显地脱碳，使超声的衰减、声速受到影响，晶粒与晶粒间的缝隙会迫使超声的传播路线改变、声程加大，从而使测厚仪上的显示值大于实际厚度。

12）被测物背面有大量腐蚀坑。由于被测物另一面有锈斑、腐蚀凹坑，造成声波衰减，导致读数无规则变化，在极端情况下甚至无读数。因此应增加测点数量或者观察被测物背面的腐蚀状况。

13）测厚仪性能对超声在某些材料中传播的影响。当测厚仪的灵敏度较高或探测频率较高时，内应力较大、冷变形硬化及未经回火的淬火钢，都会引起超声的异常反射，影响示值。这类似于超声检测时的簇射波、鳞状波、应力波等。

在实际检验中，情况千变万化，声波在介质中的传播理论也比较复杂。只有结合实际情况分析原因，才能得到正确可靠的测厚数据。

三、压力容器的事故预防

做好压力容器事故预防是十分重要的。

1. 压力容器介质燃烧、爆炸机理

不少压力容器中的工作介质都具有易燃、易爆的特性，且多以气体和液体状态存在，极易泄漏和挥发，一旦出现管理不善、设计不当、操作不慎或设备故障等情况，就可能导致发生火灾及爆炸事故。

（1）燃烧的种类

1）燃烧的三个特征：放热、发光、生成新物质。

2）燃烧的三个必要条件：可燃物、助燃物（可燃物和助燃物都有一定的含量和数量要求）和点火能源。由此可见，所有的防火措施都在于防止这三个条件同时存在，所有的灭火措施都在于消除其中的任一条件。

3）燃烧的种类：燃烧现象按形成的条件和瞬间发生的特点，分为闪燃、着火、自燃、爆燃四类。

① 闪燃是在一定的温度下，易燃、可燃液体表面上的蒸气和空气的混合气与火焰接触时，闪出火花但随即熄灭的瞬间燃烧过程。

② 着火是可燃物受外界火源直接作用而开始的持续燃烧现象。

③ 自燃是可燃物质没有外界火源的直接作用，因受热或自身发热使温度上升，当达到一定温度时发生的自行燃烧现象。

④ 爆燃是可燃物质和空气或氧气的混合物由火源点燃，火焰立即从火源处以不断扩大的同心球形式自动扩展到混合物的全部空间的燃烧现象。

（2）爆炸及其影响

1）爆炸是物质由一种状态迅速转变成另一种状态，并在瞬间以声、光、热、机械功等形式释放大量能量的现象。实质上爆炸是一种极为迅速的物理或化学的能量释放过程。

2）可燃气体、可燃蒸气或粉尘和空气构成的混合物，只有在一定的含量范围内遇到火源才能发生燃烧爆炸，这个含量范围称为爆炸极限。

在压力容器或管道中，如果可燃气含量在爆炸上限以上，当压力容器有焊接裂纹或

其他原因产生缝隙时，空气会立即渗漏进去，则随时有燃烧、爆炸的危险，所以对于含量在上限以上的混合气体，随时要密切关注，以防止事故发生。部分可燃气体和蒸气的爆炸极限见表 3-46。

表 3-46　部分可燃气体和蒸气的爆炸极限

分类		可燃气体或蒸气	化学式	相对分子质量	爆炸极限 %		爆炸极限 mg/L	
					下限 L_1	上限 L_2	下限 Y_1	上限 Y_2
无机物		氢	H_2	2.0	4.0	75.6	3.3	63
		二硫化碳	CS_2	76.1	1.25	44	40	1400
		硫化氢	H_2S	34.1	4.3	45	61	640
		氰化氢	HCN	27.1	6.0	41	68	460
		氨	NH_3	17.0	15.0	28	106	200
		一氧化碳	CO	28.0	12.5	74	146	860
		氧硫化碳	COS	60.1	12.0	29	300	725
碳氢化合物	不饱和烃	乙炔	C_2H_2	26.0	2.5	81	27	880
		乙烯	C_2H_4	28.0	3.1	32	36	370
		丙烯	C_3H_6	42	2.4	10.3	42	180
	饱和烃	甲烷	CH_4	16.0	5.3	14	35	93
		乙烷	C_2H_6	30.1	3.0	12.5	38	156
		丙烷	C_3H_8	44.1	2.2	9.5	40	174
		丁烷	C_4H_{10}	58.1	1.9	8.5	46	206
		戊烷	C_5H_{12}	72.1	1.5	7.8	45	234
		己烷	C_6H_{14}	86.1	1.2	7.5	43	270
		庚烷	C_7H_{16}	100.1	1.2	6.7	50	280
		辛烷	C_8H_{18}	114.1	1.0	—	48	—
	环状烃	苯	C_6H_{16}	78.1	1.4	7.1	46	230
		甲苯	C_7H_8	92.1	1.4	6.7	54	260
其他有机化合物	含氧衍生物	环氧乙烷	C_2H_4O	44.1	3.0	80	55	1467
		乙醚	$(C_2H_5)_2O$	74.1	1.9	48	59	1480
		乙醛	CH_3CHO	44.1	4.1	55	75	1000
		丙酮	$(CH_3)_2CO$	58.1	3.0	11	72	270
		乙醇	C_2H_5OH	46.1	4.3	19	82	360
		甲醇	CH_3OH	32.0	5.5	36	97	480
		醋酸戊酯	$C_7H_{14}O_2$	130	1.1	—	60	—
		醋酸乙酯	$C_4H_8O_2$	88.1	2.5	9	92	330

3）爆炸极限的影响因素。爆炸极限一般是在常温常压条件下测定出来的数据，它随着温度、压力、含氧量、惰性气体含量、火源强度等因素变化而变化，具体如下：a. 初始温度。混合气着火前的初始温度升高，会使分子的反应活性增加，导致爆炸范围扩大，即爆炸下限降低，上限提高，从而增加了混合物的爆炸危险性。b. 初始压力。混合气的初始压力增加（降低），爆炸范围随之扩大（缩小）。初始压力对爆炸上限的影响十分显著，对下限的影响较小。c. 含氧量。混合气中增加氧含量，一般情况下对下限影响不大，但会使上限显著增高，爆炸范围扩大。d. 惰性气体含量。混合气体中增加惰性气体含量，会使爆炸上限显著降低，爆炸范围缩小。e. 点火源与最小点火能量。点火源的强度高，会使爆炸范围扩大，增加爆炸的危险性。最小点火能量是指能引起一定含量可燃物燃烧或爆炸所需要的最小能量。f. 消焰距离。实验证明，通道尺寸越小，通道内混合气体的爆炸含量范围越小。当通道小到一定程度时，火焰就不能通过，火焰蔓延不下去的最大通道尺寸称为消焰距离。

2. 预防易燃、易爆介质发生爆炸事故的措施

预防易燃、易爆介质发生燃烧爆炸事故，主要从两个方面着手：一是防止可燃物、助燃物形成燃烧爆炸系统；二是清除和严格控制一切足以导致着火燃烧爆炸的着火源。具体内容如下。

（1）控制或消除燃烧爆炸条件的形成

1）设计要符合规范。设计要充分考虑火灾爆炸的危险性，要符合防火防爆的安全技术要求，采用先进的工艺技术和可靠的防火防爆措施，以减少促成燃烧爆炸的因素，实现本质安全。

2）正确操作，严格控制和执行工艺。在生产工艺控制上，应重点把好以下几个环节：控制温度，严防超温；控制压力，严防超压；控制原料的纯度；控制好加料速度、加料比例和加料顺序；严禁超量贮存，超量充装。

3）加强设备维护，确保设备完好。火灾爆炸事故能否发生，其中一条重要的因素是设备状况的好坏。设备状况好，运转周期长，不发生“跑冒滴漏”，就能避免或减少事故的发生。

4）加强通风排气，防止可燃气体积聚。有爆炸危险的生产岗位要充分利用自然通风，采用局部或全面的机械通风装置，及时将泄漏出来的可燃气体排出，防止积聚引起爆炸。

5）采用自动控制和安全防护装置。火灾爆炸危险性大的生产现场应设置可燃气体、有毒有害气体含量自动报警器，以便及时发现和消除险情。

6）使用惰性气体保护。向易燃易爆设备中加入惰性气体，可稀释可燃气体含量，使设备中的氧含量降到安全值，破坏其燃烧爆炸条件。

（2）阻止火灾蔓延措施　采取阻止火灾蔓延到盛装可燃气体的设备或生产系统中的各种措施，对于减少事故损失是非常重要的。常用的阻火设施主要有切断阀、止回

阀、安全水封、阻水器等。此外，设置防火门、防火墙、防火堤及保持防火安全距离等，都是防止火灾蔓延扩大的措施。

（3）防爆泄压措施 工艺装置都必须设置防爆泄压设施，常用的泄压设施有安全阀、爆破片、防爆门、放空管等。有爆炸危险的厂房还应有足够的泄压面积。

（4）加强火源的控制和管理 企业中可能遇到的火源，除生产过程中本身具有的加热炉火，反应热、电火花等以外，还有维修用火、机械摩擦热、撞击火星等。这些火源经常是引起易燃易爆物着火爆炸的原因。控制这些火源的使用范围，严格用火管理。

（5）加强易燃易爆物质的管理 了解生产中所使用的原料、中间产品和成品的物理化学性质及其火灾爆炸危险程度，了解生产中所用物料的数量。

3. 压力容器爆炸事故预防措施

（1）压力容器爆炸事故的危害 压力容器爆炸危害主要有两个方面：一是冲击波破坏作用；二是爆破碎片的破坏作用。

1）冲击波及其破坏作用。冲击波超压大于 0.10MPa 时，在其直接冲击下大部分人员会死亡：0.05～0.10MPa 的超压可严重损伤人的内脏或引起死亡；0.03～0.05MPa 的超压会损伤人的听觉器官或产生骨折；超压 0.02～0.03MPa 也可使人体受到轻微伤害。

2）爆破碎片的破坏作用。锅炉压力容器破裂爆炸时，具有较高速度或较大质量的碎片，在飞出过程中具有较大的动能，可以造成较大的危害。

碎片对人的伤害程度取决于其动能，碎片的动能正比于其质量及速度的平方。碎片在脱离壳体时常具有 80～120m/s 的初速度，即使飞离爆炸中心较远时也常有 20～30m/s的速度，在此速度下，质量为 1kg 的碎片动能即可达 200～450J，足可致人重伤或死亡。

（2）压力容器爆炸事故的预防措施 为防止压力容器发生爆炸，应采取以下措施。

1）在设计上应采用合理的结构，例如采用全焊透结构，能自由膨胀，避免应力集中及几何突变；针对设备使用工况，选用塑性、韧性较好的材料；强度计算及安全阀排量计算符合标准。

2）制造、修理、安装、改造时，加强焊接管理，提高焊接质量，并按规范要求进行热处理和无损检测；加强材料管理，避免采用有缺陷的材料或用错钢材和焊接材料。

3）在锅炉使用过程中，加强锅炉运行管理，保证安全附件和保护装置灵活、齐全；加强水质管理，防止产生腐蚀、结垢、相对碱度过高等现象；提高司炉工人素质，防止产生缺水，误判、误操作等现象。

4）在压力容器使用中，加强使用管理，避免操作失误，杜绝超温、超压、超负荷运行，防止失检、失修、安全装置失灵等现象。

5）加强检验工作，及时发现缺陷并采取有效措施。

（3）压力容器防爆装置应用范围 压力容器防爆装置应用于下列情况：a. 压力容

器内的介质易于结晶、聚合或带有较多的黏性物质，容易堵塞安全阀，使安全阀的阀芯和阀座粘住。b. 压力容器内的压力由于化学反应或其他原因迅猛上升，安全阀难以及时排除过高的压力。c. 压力容器内介质为剧毒或有其他方面的因素，使安全阀难以达到防爆的要求。

爆破片厚度一般应由试验来确定，也可先按理论公式进行初步计算，然后做爆破压力试验。

第四章　气瓶的安全使用与管理

随着工业经济迅速发展，我国的气瓶数量迅速增加，种类越来越多。由于管理上的缺陷，导致气瓶事故不断发生。加强气瓶的安全使用是十分重要的。

第一节　气瓶的使用与储运

一、气瓶的一般规定

按照国家颁布的TSG 23—2021《气瓶安全技术规程》，气瓶的一般规定内容如下。

1）适用于正常环境温度（-40～60℃）下使用、公称容积为0.4～3000L、公称工作压力为0.2～35MPa（表压，下同）且压力与容积的乘积大于或者等于1.0MPa·L，盛装压缩气体、高（低）压液化气体、低温液化气体、溶解气体、吸附气体、标准沸点等于或者低于60℃的液体及混合气体（两种或者两种以上气体）的无缝气瓶、焊接气瓶、焊接绝热气瓶、缠绕气瓶、内部装有填料的气瓶及气瓶附件。

2）瓶装气体介质分为以下几种：

① 压缩气体，是指在-50℃时加压后完全是气态的气体，包括临界温度（T_c）低于或者等于-50℃的气体，也称永久气体。

② 高（低）压液化气体，是指在温度高于-50℃时加压后部分是液态的气体，包括临界温度（T_c）在-50～65℃的高压液化气体和临界温度（T_c）高于65℃的低压液化气体。

③ 低温液化气体，是指在运输过程中由于深冷低温而部分呈液态的气体，临界温度（T_c）一般低于或者等于-50℃，也称为深冷液化气体或者冷冻液化气体。

④ 溶解气体，在压力下溶解于溶剂中的气体。

⑤ 吸附气体，在压力下吸附于吸附剂中的气体。

3）气瓶公称工作压力要求如下：

① 盛装压缩气体气瓶的公称工作压力，是指在基准温度（20℃）下，瓶内气体达到完全均匀状态时的限定（充）压力。

② 盛装液化气体气瓶的公称工作压力，是指温度为60℃时瓶内气体压力的上限值。

③ 盛装溶解气体气瓶的公称工作压力，是指瓶内气体达到化学、热量及扩散平衡条件下的静置压力（15℃时）。

④ 焊接绝热气瓶的公称工作压力，是指在气瓶正常工作状态下，内胆顶部气相空间可能达到的最高压力。

⑤ 盛装标准沸点等于或者低于60℃的液体及混合气体气瓶的公称工作压力，按照相应标准规定。

4）气瓶按照公称工作压力分为高压气瓶、低压气瓶：

① 高压气瓶是指公称工作压力大于或者等于10MPa的气瓶。

② 低压气瓶是指公称工作压力小于10MPa的气瓶。

5）气瓶按照公称容积分为小容积、中容积、大容积气瓶：

① 小容积气瓶是指公称容积小于或者等于12L的气瓶。

② 中容积气瓶是指公称容积大于12L且小于或者等于150L的气瓶。

③ 大容积气瓶是指公称容积大于150L的气瓶。

6）气瓶标志包括制造标志和定期检验标志。制造标志通常有制造钢印标记（含铭牌上的标记）、标签标记（粘贴于瓶体上或者透明的保护层下）、印刷标记（印刷在瓶体上）及气瓶颜色标志等；定期检验标志通常有检验钢印标记、标签标记、检验标志环及检验色标等。在用于出租车车用燃料的气瓶上，应当有永久性的出租车识别标志。

对用于出租车车用燃料的气瓶，气瓶制造单位、安装单位或者定期检验机构在确认气瓶用途后，应当在气瓶标志的显著位置做出永久性的代表出租汽车的“TAXI”标志（钢质气瓶采用打钢印，缠绕气瓶采用树脂覆盖的标签粘贴等方法）。

7）气瓶的钢印标记、标签标记或者印刷标记。气瓶的制造标志是识别气瓶的依据，标记的排列方式和内容应当符合规程相应标准的规定，其中，制造单位代号（如字母、图案等标记）应当报中国气瓶标准化机构备查。

制造单位应当按照相应标准的规定，在每只气瓶上做出永久性制造标志。钢质气瓶或者铝合金气瓶采用钢印，缠绕气瓶采用塑封标签，非重复充装焊接气瓶采用瓶体印字，焊接绝热气瓶（含车用焊接绝热气瓶）、液化石油气钢瓶采用压印凸字或者封焊铭牌等方法进行标记。

8）气瓶外表面的颜色标志、字样和色环。气瓶外表面的颜色标志、字样和色环，应当符合GB 7144《气瓶颜色标志》的规定；对颜色标志、字样和色环有特殊要求的，应当符合相应气瓶产品标准的规定。盛装未列入国家标准的气体和混合气体的气瓶的颜色、字样和色环由全国气瓶标准化技术机构负责明确，并按照相关规定执行。

9）气瓶定期检验标志。气瓶的定期检验钢印标记、标签标记、检验标志环和检验色标，应当符合相关的规定。气瓶定期检验机构应当在检验合格的气瓶上逐只打印检验合格钢印或者在气瓶上做出永久性的检验合格标志。

10）监督管理：

① 国家市场监督管理总局和各级特种设备安全监督部门负责气瓶安全监察工作，监督本规程的执行。

② 气瓶（含气瓶附件）的设计、制造、充装、检验、使用等，均应当严格执行相关规定。

③ 气瓶制造、充装单位和检验机构等，应当按照安全技术规范及相应标准的规定，及时将有关制造、使用登记、充装、检验等数据输入有关特种设备信息化管理系统。

④ 气瓶的公称工作压力：对于盛装永久气体的气瓶，是指在基准温度时（一般为20℃）所盛装气体的限定充装压力；对于盛装液化气体的气瓶，是指温度为60℃时瓶

内气体压力的上限值，见表4-1。

表4-1 盛装常用气体气瓶的公称工作压力

气体类别	公称工作压力/MPa	常用气体
压缩气体 $T_c \leqslant -50℃$	35	空气、氢、氮、氩、氦、氖等
	30	空气、氢、氮、氩、氦、氖、甲烷、天然气等
	20	空气、氧、氢、氮、氩、氦、氖、甲烷、天然气等
	15	空气、氧、氢、氮、氩、氦、氖、甲烷、一氧化碳、一氧化氮、氪、氘（重氢）、氟、二氟化氧等
高压液化气体 $-50℃ < T_c \leqslant 65℃$	20	二氧化碳（碳酸气）、乙烷、乙烯
	15	二氧化碳（碳酸气）、一氧化二氮（笑气、氧化亚氮）、乙烷、乙烯、硅烷（四氢化硅）、磷烷（磷化氢）、乙硼烷（二硼烷）等
	12.5	氙、一氧化二氮（笑气、氧化亚氮）、六氟化硫、氯化氢（无水氢氯酸）、乙烷、乙烯、三氟甲烷（R23）、六氟乙烷（R116）、1，1－二氟乙烯（偏二氟乙烯、R1132a）、氟乙烯（乙烯基氟、R1141）、三氟化氮等
低压液化气体及混合气体 $T_c > 65℃$	5	溴化氢（无水氯溴酸）、硫化氢、碳酰二氯（光气）、硫酰氟等
	4	二氟甲烷（R32）、五氟乙烷（R125）、溴三氟甲烷（R13B1）、R410A等
	3	氨、氯二氟甲烷（R22）、1，1，1－氟烷（R143a）、R407C、R404A、R507A等
	2.5	丙烯
	2.2	丙烷
	2.1	液化石油气
	2	氯、二氧化硫、二氧化氮（四氧化二氮）、氟化氢（无水氢氟酸）、环丙烷、六氟丙烯（R1216）、偏二氟乙烷（R152a）、氯三氟乙烯（R1113）、氯甲烷（甲基氯）、溴甲烷（甲基溴）、1，1，1，2－四氟乙烷（R134a）、七氟丙烷（R227e）、2，3，3，3－四氟丙烯（R1234yf）、R406A、R401A等
	1.6	二甲醚
	1	正丁烷（丁烷）、异丁烷、异丁烯、1－丁烯、1，3－丁二烯（联丁烯）、二氯氟甲烷（R21）、氯二氟乙烷（R142b）、溴氯二氟甲烷（R12B1）、氯乙烷（乙基氯）、氯乙烯、溴乙烯（乙烯基溴）、甲胺、二甲胺、三甲胺、乙胺（氨基乙烷）、甲基乙烯基醚（乙烯基甲醚）、环氧乙烷（氧化乙烯）、（顺）2－丁烯、（反）2－丁烯、八氟环丁烷（RC318）、三氯化硼（氯化硼）、甲硫醇（硫氢甲烷）、氯三氟乙烷（R133a）等
低温液化气体 $T_c \leqslant -50℃$	—	液化空气、液氩、液氦、液氖、液氮、液氧、液氢、液化天然气

二、气瓶的结构

按照国家颁布的《气瓶安全技术规程》，气瓶是指设计压力为0.1～29.4MPa（1～300kgf/cm^2），容积不大于1m^{3}的盛装压缩空气和液化气体的钢质气瓶。设计压力大于或等于12.3MPa（125kgf/cm^2）的气瓶称为高压气瓶，应采用无缝结构。气瓶的主体材料必须采用镇静钢，高压气瓶必须采用合金钢或优质碳素钢。制造焊接气瓶的材料必须具有良好的焊接性。

1）无缝钢瓶的主要结构。工业用钢瓶中无缝钢瓶占很大比例，其公称容积为40L，外径为219mm。此外液化石油气瓶容积装重有10kg、15kg、20kg、50kg四种。溶解乙炔气瓶有四种结构：公称容积≤25L，外径为200mm；公称容积＝40L，外径为250mm；公称容积＝50L，外径为250mm；公称容积＝60L，外径为300mm。还有公称容积为400L、800L，盛装液氯0.5t、1t的焊接气瓶等。

企业中使用的大部分气瓶是40L的无缝钢瓶，它由瓶体、瓶阀、瓶帽、防振圈组成，如图4-1所示。气瓶瓶体多数用碳素钢或合金钢坯冲压拉深或用钢管旋压制成。由于瓶底收口的形式不同，气瓶底部有凹形、凸形等不同形状，如图4-2所示。为了便于平稳直立，凸形底部常用热套方法加装筒状或四角状底座。容积大于12L的钢瓶，瓶口有瓶颈，颈上有螺纹，每英寸11牙（1in＝0.0254m）。瓶颈外圆一般为ϕ80mm，以便拧上瓶帽。瓶口有内锥螺纹，其锥度为3/25，每英寸14牙，供安装瓶阀用。

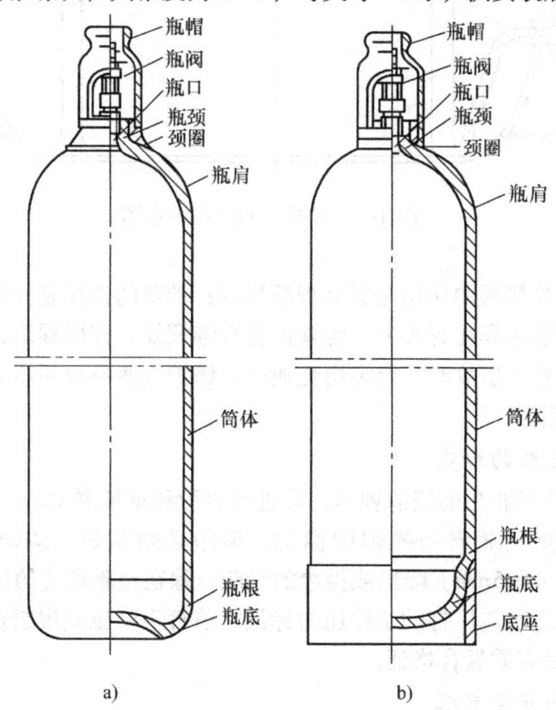

图4-1　无缝气瓶示意图

a）凹形底气瓶　b）带底座凸形底气瓶

气瓶瓶帽的主要作用是保护瓶阀免受损伤。为了不使瓶帽承受压力，瓶帽上开有排气孔，瓶阀漏气时可从排气孔逸出。

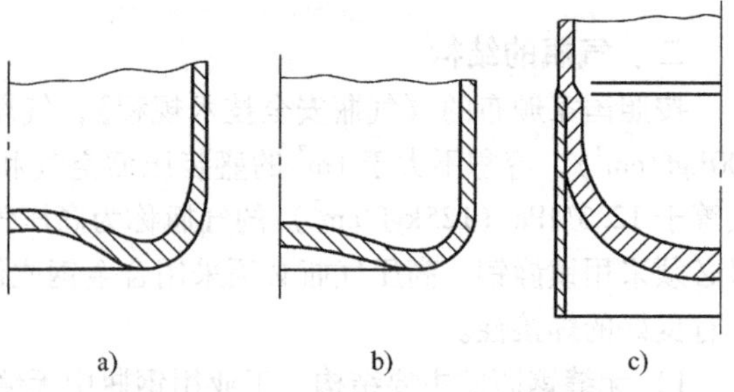

图4-2 无缝气瓶瓶底收口形式示意图

a)、b) 凹形底气瓶 c) 带底座凸形底气瓶

防振圈用橡胶或塑料制成，厚度一般为25～30mm，富有弹性，一个瓶上套用两个。当气瓶受到撞击时，防振圈能吸收能量，减少振动，同时还有保护瓶体漆层标记的作用。

2）焊接钢瓶的结构。焊接钢瓶是公称直径较大的气瓶，如图4-3、图4-4所示。一般由两个封头和一个筒体及其他附件组成。

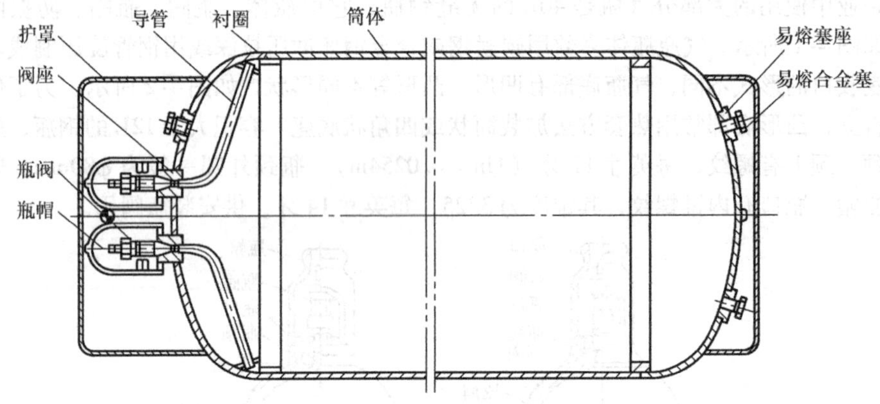

图4-3 焊接气瓶结构示意图

焊接气瓶单面焊垫板的作用是提高焊缝强度；护罩的作用是保护钢瓶，同时使钢瓶能直立；螺塞和螺塞座焊在封头上，螺塞内孔有锥螺纹，拧以螺塞；螺塞内灌有易熔合金，当发生火灾等意外事故时，合金熔化泄压，保护气瓶不致超压。

三、气瓶的管理

1. 对新购置气瓶的检查

1）对新购置的气瓶在彻底清理后，应进行容积和重量测定。

2）按要求检查气瓶肩部的钢印标记，钢印必须明显、清晰，字体高度为7～10mm，深度为0.3～0.5mm。降压或报废的气瓶，除在检验单位的后面打上降压或报废标志外，还应在气瓶制造厂打的工作压力标记之前打上降压或报废标志。

3）气瓶必须附有质量合格证。

2. 气瓶附件的安全要求

1）瓶阀材料必须根据气瓶所装气体的性质选用，特别要防止将可燃气体瓶与非可燃气体瓶的瓶阀相互错装。

2）瓶阀应有防护装置，如果气瓶要配瓶帽，那么瓶帽上必须有泄气孔。

3）气瓶上应配两个防振圈。

4）氧气瓶（包括强氧化剂气瓶）的瓶阀密封填料必须采用不燃烧和无油脂的材料。

3. 气瓶的漆色要求

1）各种气瓶必须按照表4-2的规定漆色、标注气体名称或色环。气瓶不论盛装何种气体，一律在其肩部刻钢印的位置上涂上清漆，如图4-5所示。字样一律采用仿宋体，书写在气瓶肩部下1/3高度处，字体高度为80mm，色环宽度一般为40mm。

2）气瓶漆色后，不得任意涂改或增添其他图案或标记。

3）气瓶上的漆色必须保持完好，如有脱落应及时补漆。

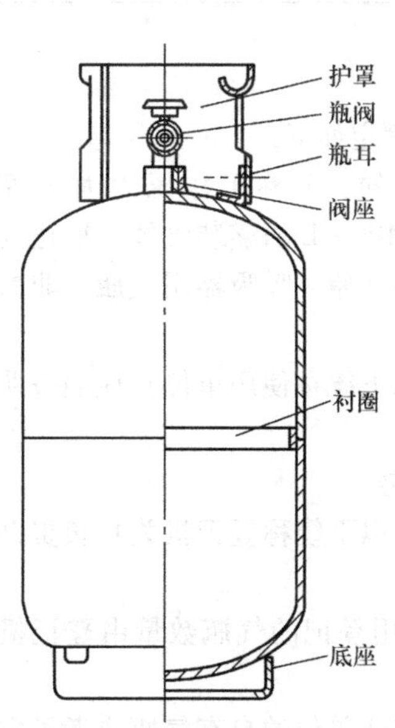

图4-4　液化石油气钢瓶结构示意图（焊接气瓶）

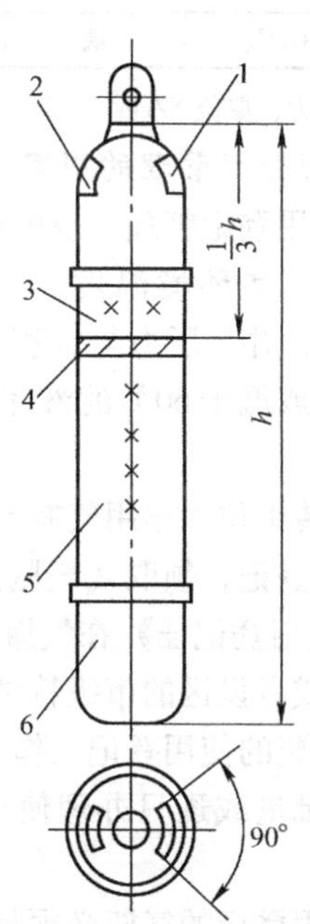

图4-5　气瓶的漆色、标志示意图

1—检验钢印（涂清漆）　2—制造钢印（涂清漆）　3—气体名称　4—色环　5—所属单位名称　6—整体漆色（包括瓶帽）

表4-2　常用气瓶漆色

气瓶名称	化学式	外表面颜色	字样	字样颜色	色环
氢	H_2	深绿	氢	红	$p=150$ 不加色环
氧	O_2	天蓝	氧	黑	$p=150$ 不加色环
氨	NH_3	黄	液氨	黑	

（续）

气瓶名称	化学式	外表面颜色	字样	字样颜色	色环
空气		黑	空气	白	
氯	Cl_2	草绿	液氯	白	
二氧化碳	CO_2	铝白	液化二氧化碳	黑	$p=150$ 不加色环
氩	Ar	灰	氩	绿	$p=150$ 不加色环
二氯二氟甲烷	CF_2Cl_2	铝白	液化氟氯烷-12	黑	
二氟氯甲烷	CHF_2Cl	铝白	液化氟氯烷-22	黑	
硫化氢	H_2S	白	液化硫化氢	红	
氮	N_2	黑	氮	黄	$p=150$ 不加色环
甲烷	CH_4	褐	甲烷	白	$p=150$ 不加色环
丙烯	C_3H_6	褐	液化丙烯	黄	

注：p 为设计压力，单位 N/cm^2。

4. 气瓶使用登记管理的规定

加强气瓶使用登记管理，规范使用登记行为的具体规定如下：

1）适用于正常环境温度（-40～60℃）下使用的、公称工作压力大于等于0.2MPa（表压），并且压力与容积的乘积大于等于1.0MPa·L的盛装气体、液化气体和标准沸点等于或低于60℃的液体的气瓶（不含灭火用气瓶、呼吸器用气瓶、非重复充装气瓶等）。

2）气瓶充装单位、车用气瓶产权单位或者个人（以下统称使用单位）应当按照规定办理气瓶使用登记，领取《气瓶使用登记证》。

3）《气瓶使用登记证》在气瓶定期检验合格期内有效。

4）直辖市或者设区的市级特种设备安全监督部门（以下统称登记机关）负责办理本行政区域内气瓶的使用登记工作。

5）气瓶按批量或逐只办理使用登记。批量办理使用登记的气瓶数量由登记机关确定。

6）办理使用登记的气瓶必须是取得充装许可证的充装单位的自有气瓶或者经省级特种设备安全监督部门批准的其他在用气瓶。

7）使用单位办理使用登记时，应当向登记机关提交以下文件：a. 气瓶使用登记表。b. 气瓶产品质量证明书或者合格证（复印件）。c. 气瓶产品安全质量监督检验证明书（复印件）。d. 气瓶产权证明和检验合格证明。e. 气瓶使用单位代码。

8）登记机关接到使用单位提交的文件后，应当按照以下规定及时审核、办理使用登记：a. 当场或者在5个工作日内向使用单位出具文件受理凭证。b. 对允许登记的气瓶，按照《气瓶使用登记代码和使用登记证编号规定》编写气瓶使用登记代码和使用登记证编号。c. 自文件受理之日起15个工作日内完成审查登记、办理使用登记证。一次登记数量较大的，登记机关可以到使用单位现场办理登记，在30个工作日内完成审查发证手续。d. 使用单位按照通知时间持文件受理凭证领取使用登记证或者不予受理决定书。登记机关发证时应当返回使用单位提交的文件和一份由登记机关盖章的《气瓶使用登记表》。e. 使用单位应当建立气瓶安全技术档案，将使用登记证、登记文件妥善保存，并将有关资料输入计算机。f. 使用单位应当在每只气瓶的明显部位标注气瓶使用登记代码永久性标记。

9）登记机关对有下列情况的气瓶不予登记：a. 无制造许可证单位制造的气瓶。b. 擅自变更使用条件或者进行过违规修理、改造的气瓶。c. 超过规定使用年限的气瓶。d. 无法确定产权关系的气瓶。e. 超过定期检验周期或者经检验不合格的气瓶。f. 其他不符合有关安全技术规范或国家标准规定的气瓶。

10）登记机关应当对气瓶使用登记实施年度监督检查，并且及时更新气瓶使用登记数据库。

11）对于定期检验不合格的气瓶，气瓶检验机构应当书面告知气瓶使用单位和登记机关。登记机关收到报告后，应当注销其气瓶使用登记。

12）气瓶报废时，使用单位应当持《气瓶使用登记证》和“气瓶使用登记表”到登记机关办理报废、使用登记注销手续。

5. 气瓶钢印标记

（1）基本要求

1）钢印标记应当准确、清晰、完整，打印在瓶肩或者铭牌、护罩等不可拆卸附件上。

2）应当采用机械打印或者激光刻字等可以形成永久性标记的方法。

（2）标记方式

1）钢印标记位置。气瓶的钢印标记，包括制造钢印标记和定期检验钢印标记。钢印标记打在瓶肩上时，其位置如图4-6a所示；打在护罩上时，如图4-6b所示；打在铭牌上时，如图4-6c所示。

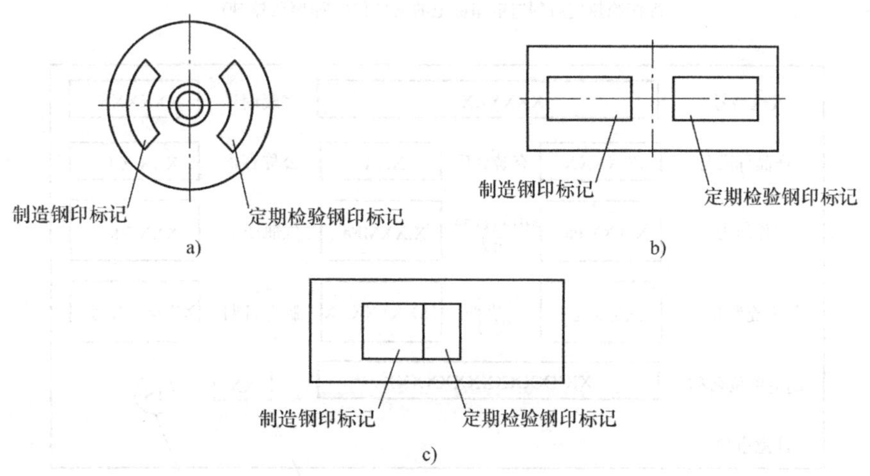

图4-6　钢印标记位置示意图

2）钢印标记的项目和排列。制造钢印标记的项目和排列，如图4-7所示，其具体形式和含义分别见表4-3、表4-4。

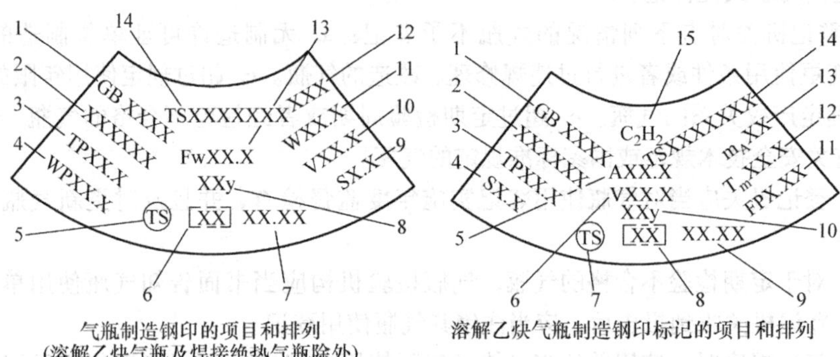

气瓶制造钢印的项目和排列
(溶解乙炔气瓶及焊接绝热气瓶除外)

溶解乙炔气瓶制造钢印标记的项目和排列

XXXXXXXXXXXXXXX	
DPXXXX-XX-X.XX	
GB XXXX	XXXXXX
VXX.X	WXXX.X
WPX.XX	TPX.XX
XXX	FwXXX.X
TSXXXXXXXX	XX
XX 年 XX 月	TS

焊接绝热气瓶制造钢印标记的项目和排列(竖版铭牌)

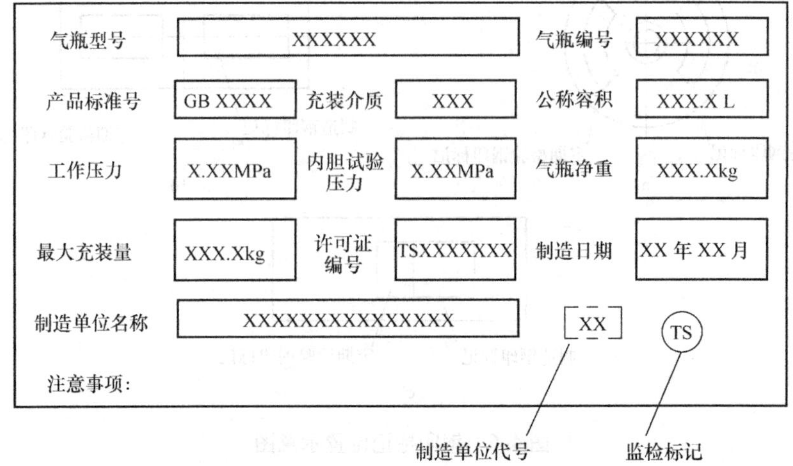

焊接绝热气瓶制造钢印标记的项目和排列(横版铭牌)

图 4-7　制造钢印标记的项目和排列

表 4-3 气瓶制造钢印标记的形式和含义

编号	钢印形式（例）	含 义
1	GB XXXX	产品标准号
2	XXXXXX	气瓶编号
3	TPXX. X	水压试验压力/MPa
4	WPXX. X	公称工作压力/MPa
5	(TS)	监检标记
6	[XX]	制造单位代号
7	XX. XX	制造日期
8	XXy	设计使用年限/a
9	SX. X	瓶体设计壁厚/mm
10	VXX. X	实际容积/L
11	WXX. X	实际重量/kg
12	XXX	充装气体名称或者化学分子式
13	FwXX. X	液化气体最大充装量/kg
14	TSXXXXXXX	气瓶制造许可证编号

3）对焊接气瓶、液化石油气钢瓶、液化二甲醚钢瓶，实际重量和实际容积可以用理论重量和公称容积代替；对无缝气瓶，实际容积可以用公称容积代替；对充装液化气体的气瓶，应当打印液化气体最大充装量，车用液化石油气钢瓶和车用液化二甲醚钢瓶最大充装量以瓶体水容积的 80% 表示。

表 4-4 溶解乙炔气瓶制造钢印标记的形式和含义

编号	钢印形式（例）	含 义
1	GB XXXX	产品标准号
2	XXXXXX	气瓶编号
3	TPXX. X	瓶体水压试验压力/MPa
4	SX. X	瓶体设计壁厚/mm
5	AXX. X	丙酮标志及丙酮规定充装量/kg
6	VXX. X	瓶体实际容积/L
7	(TS)	监检标记
8	[XX]	制造单位代号
9	XX. XX	制造日期
10	XXy	设计使用年限/a
11	FPX. XX	在基准温度 15℃时的限定压力/MPa
12	T_mXX. X	皮重/kg
13	m_AXX	最大乙炔量/kg
14	TSXXXXXXX	气瓶制造许可证编号
15	C_2H_2	乙炔化学分子式

4）进口气瓶的安全性能应依据强制性国家标准进行检验，其中涉及气瓶安全质量的关键项目，如环境温度、水压试验压力、瓶体力学性能、无损检测、水压爆破试验和各项型式试验等，均不得低于相应国家标准的规定。

进口气瓶检验合格后，由检验单位逐只打检验钢印，涂检验色标。气瓶表面的颜色、字样和色环应符合 GB/T 7144—2016《气瓶颜色标志》的规定。

四、气瓶的使用、运输要求

1）企业（事业单位）气瓶库的安全要求是：a. 气瓶库受日光直射方向的玻璃窗应涂白色（库内温度一般不得超过35℃），库内应整洁无油垢，严禁利用楼梯间或多层建筑的底层和地下室贮存气瓶。b. 气瓶库与周围建筑物的安全距离应符合表4-5的要求。c. 对于盛装易燃、易爆气体的气瓶，气瓶库必须要有良好通风条件，同时气瓶库用照明、通风机插座、开关等一切电气装置必须采用防爆型元器件。

表4-5　气瓶库与周围建筑物的安全距离

贮存量/瓶	建筑物名称	距离/m	贮存量/瓶	建筑物名称	距离/m
<500	生产厂房	20	气瓶库	住宅、厂外铁路	50
500～1500		25		厂外公路	15
>1500		30		厂内铁路	10
				厂内干道	5

2）气瓶的经销使用。为确保气瓶安全使用，在《气瓶安全监察规程》中对气瓶的运输、贮存、经销和使用等方面做了如下规定：a. 有掌握气瓶安全知识的专人负责气瓶安全工作。b. 根据本规程和有关规定，制定相应的安全管理制度。c. 制定事故应急处理措施，配备必要的防护用品。

3）运输和装卸气瓶时应遵守下列要求：a. 运输工具上应有明显的安全标志。b. 必须配好瓶帽（有防护罩的气瓶除外）、防振圈（集装气瓶除外），轻装轻卸，严禁抛、滑、滚、碰。c. 吊装时严禁使用电磁起重机和金属链绳。d. 瓶内气体相互接触可引起燃烧、爆炸、产生毒物的气瓶，不得同车（厢）运输；易燃、易爆、腐蚀性物品或与瓶内气体起化学反应的物品，不得与气瓶一起运输。e. 采用车辆运输时，气瓶应妥善固定。立放时，车厢高度应在瓶高的2/3以上；卧放时，瓶阀端应朝向一方，垛高不得超过5层且不得超过车厢高度。f. 夏季运输应有遮阳设施，避免暴晒；在城市的繁华地区应避免白天运输。g. 运输可燃气体气瓶时，严禁烟火。运输工具上应备有灭火器材。h. 运输气瓶的车、船不得在繁华市区、人员密集的学校、剧场、大商店等附近停靠；车、船停靠时，驾驶与押运人员不得同时离开。i. 装有液化石油气的气瓶，严禁运输距离超过50km。

4）贮存气瓶时应遵守下列要求：a. 应置于专用仓库贮存，气瓶仓库应符合 GB 50016《建筑设计防火规范》的有关规定。b. 仓库内不得有地沟、暗道，严禁明火和其他热源；仓库内应通风、干燥，避免阳光直射。c. 盛装易起聚合反应或分解反应气体的气瓶，必须根据气体的性质控制仓库内的最高温度，规定贮存期限，并应避开放射线源。d. 空瓶与实瓶应分开放置，并有明显标志；毒性气体气瓶和瓶内气体相互接触能引起燃烧、爆炸、产生毒物的气瓶，应分室存放，并在附近设置防毒用具或灭火器材。e. 气瓶放置应整齐，配好瓶帽。立放时，要妥善固定；横放时，头部朝同一方向。

5）使用气瓶应遵守下列规定：a. 采购和使用有制造许可证企业的合格产品，不使用超期未检的气瓶。b. 使用者必须到已办理充装注册的单位或经销注册的单位购气。c. 气瓶使用前应进行安全状况检查，对盛装气体进行确认，不符合安全技术要求的气瓶严禁入库和使用；使用时必须严格按照使用说明书的要求使用气瓶。d. 气瓶的放置地点，不得靠近热源和明火，应保证气瓶瓶体干燥。盛装易起聚合反应或分解反应气体的气瓶，应避开放射线源。e. 气瓶立放时，应采取防止倾倒的措施。f. 严禁在气瓶上进行电焊引弧。g. 严禁用温度超过40℃的热源对气瓶加热。h. 瓶内气体不得用尽，必须留有剩余压力或质量。永久气体气瓶的剩余压力应不小于0.05MPa；液化气体气瓶应留有不少于0.5% ~1.0%规定充装量的剩余气体。i. 严禁液化石油气瓶用户及经销者将气瓶内的气体向其他气瓶倒装，严禁自行处理气瓶内的残液。j. 气瓶投入使用后，不得对瓶体进行挖补、焊接修理。k. 严禁擅自更改气瓶的钢印和颜色标记。l. 禁止敲击、碰撞气瓶。

6）气瓶发生事故时，发生事故单位必须按照压力容器特种设备事故处理规定及时报告和处理。

五、气瓶的附件

1. 气瓶瓶阀的安全作用

气瓶的瓶阀是气瓶的主要附件，它是控制气瓶内气体进出的装置，因此要求瓶阀体积小、强度高、气密性好、经久耐用和安全可靠。

1）气瓶装配何种材质的瓶阀与瓶内气体性质有关，一般瓶阀的材料是用黄铜或碳素钢制造。氧气瓶多用黄铜制造的瓶阀，主要是因为黄铜耐氧化、导热性好，燃烧时不发生火花。液氯容易与铜产生化学反应，因此液氯瓶的瓶阀要选用钢制瓶阀。因为铜可能会与乙炔形成爆炸性的乙炔铜，所以乙炔瓶要选用钢制瓶阀。

2）瓶阀主要由阀体、阀杆、阀瓣、密封件，压紧螺母、手轮，以及易熔合金塞等组成。阀体的侧面有一个带外螺纹或内螺纹的出气口，用以连接充装设备或减压器，阀体的另一侧装有易熔塞。

3）当瓶内温度、压力上升超过规定时，易熔塞熔化而泄压，以保护气瓶安全。

4）瓶阀的种类较多，目前低压液氯、液氨、乙炔钢瓶等采用密封填料式瓶阀，氧、氮、氩等高压气体钢瓶采用活瓣式瓶阀。

2. 氧气瓶阀通用技术条件

由于氧气瓶使用广泛，除一般工矿企业使用以外，医疗机构、试验场所、运动场所、高原铁路及事业单位都需要使用，而氧气瓶阀是氧气瓶特别重要的安全附件，因此掌握氧气瓶阀通用技术显得更加重要，具体内容如下。

（1）基本结构

1）氧气瓶阀（以下简称阀）分为带安全装置和不带安全装置两种。

2）阀分带手轮（见图4-8）和不带手轮（见图4-9）两种。阀均应具有启闭方向的标志。

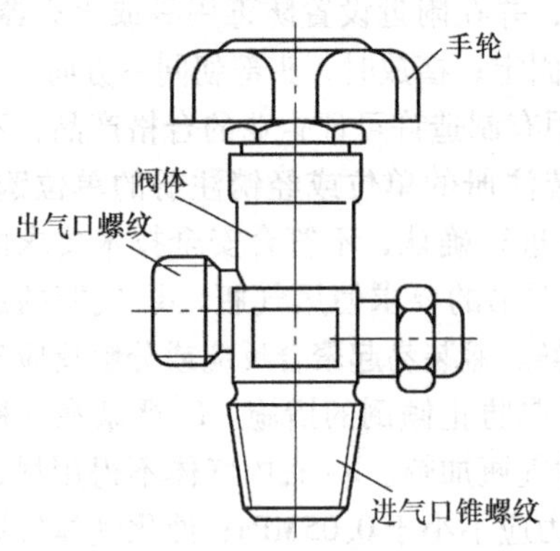

图4-8　带手轮的氧气瓶阀

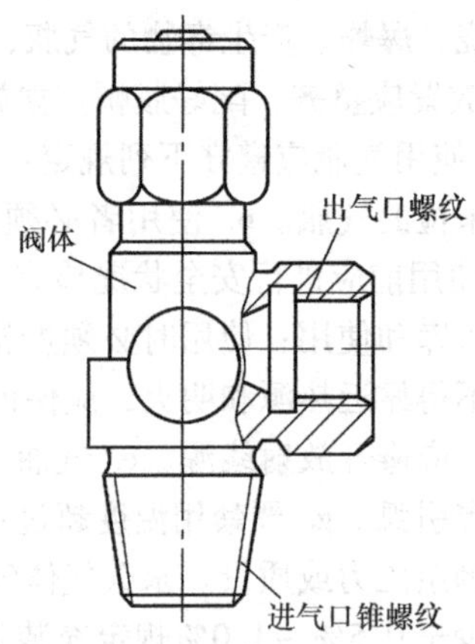

图4-9　不带手轮的氧气瓶阀

3）阀的进气口螺纹为锥螺纹。螺纹规格为PZ19.2和PZ27.8两种，其形式和尺寸应符合GB/T 8335《气瓶专用螺纹》的规定。

4）阀的出气口螺纹连接形式和尺寸应分别符合下列三种规定：a. 内螺纹连接，锥面密封（见图4-10、表4-6）。b. 外螺纹连接，锥面密封（见图4-11、表4-7）。c. 外螺纹连接，平面密封（见图4-12、表4-8）。

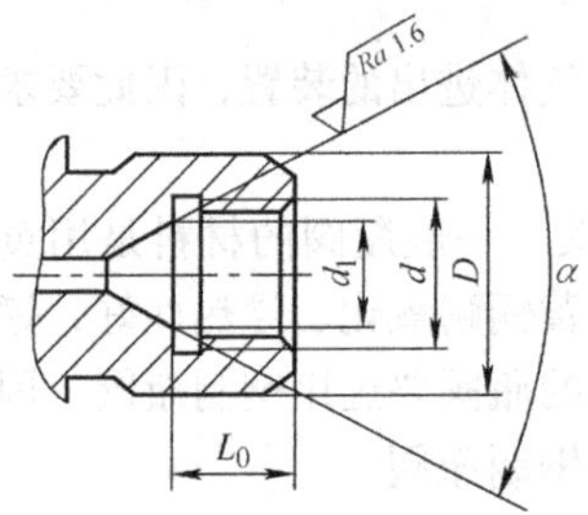
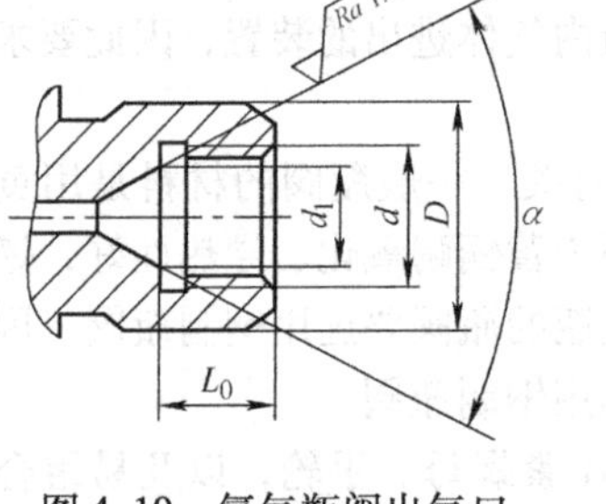

图4-10　氧气瓶阀出气口内螺纹连接（锥面密封）

表4-6　氧气瓶阀出气口内螺纹连接（锥面密封）尺寸

d/in	d_1	D	L_0	α
	mm			
G5/8	18	35	17	60°
		32	16	(90°)

注：带括号尽可能不用。

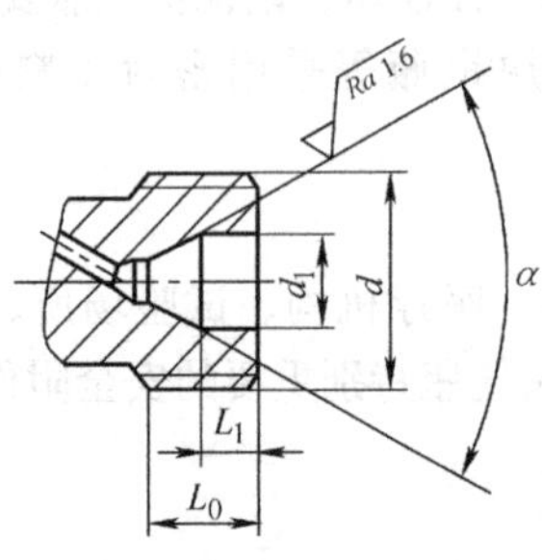

图4-11　氧气瓶阀出气口外螺纹连接（锥面密封）

表4-7　氧气瓶阀出气口外螺纹连接（锥面密封）尺寸

d/in	d_1	L_0	L_1	α
	mm			
(G1/2)	13	13	4	60°
G5/8	15	14	6	
(G3/4)				
W21.8-14	13			

注：带括号尽可能不用。

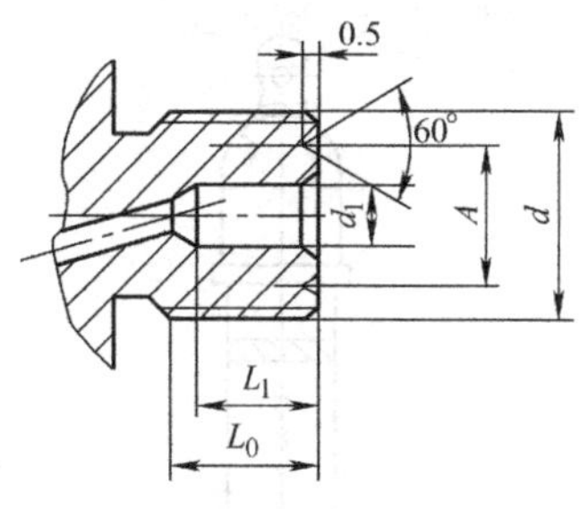

图 4-12 氧气瓶阀出气口外螺纹连接（平面密封）

表 4-8 氧气瓶阀出气口外螺纹连接（平面密封）尺寸

d/in	d_1	A	L_1	L_0
	mm			
W21.8-14	13	17	9	11
G5/8	14	18	6	14
（G3/4）		20	7	

注：不带括号为优先采用，带括号为尽可能不用。

（2）加工要求

1）阀体应锻压成形。

2）阀体及阀的零部件表面不得有裂纹、折皱、夹杂物、未充满等有损阀性能的缺陷，手轮上不应有锐利的棱边。

3）阀的所有零部件在装配前须经脱脂处理，阀在装配、试验和验收过程中均不得沾染可燃性的油脂。

（3）性能要求

1）启闭力矩：在公称压力下，阀的启闭所需的最大力矩应不超过 6N · m。

2）气密性：在 1.1 倍公称压力下，阀处于关闭和任意开启状态下应无泄漏。

3）耐用性：在公称压力下，阀的结构为隔膜式结构时，全行程开闭 1000 次，其他结构的阀全行程开闭 4000 次，应无泄漏和其他异常现象。

（4）安全装置动作试验　将带有安全装置的阀装在专用装置上，逐渐增加压力，压力升至安全膜片爆破为止，此爆破压力范围应符合规定。

（5）出厂检验

1）凡与氧气直接接触的部位，都不得涂有可燃润滑剂。

2）外观检查。凡属下列情况之一的阀为不合格品：a. 零部件缺少或装配不妥。b. 阀严重碰伤，有影响阀性能的缺陷。c. 进气口、出气口可见的螺纹缺陷。d. 手轮不符合规定要求。

3. 气瓶的瓶帽与防振圈的安全作用

瓶帽和防振圈是气瓶重要的安全附件。

1）瓶帽：保护瓶阀用的帽罩式安全附件的统称。按其结构型式可分为固定式瓶帽和拆卸式瓶帽，如图 4-13 所示。

气瓶的瓶帽主要用于保护瓶阀免受损伤。瓶帽一般用钢管、可锻铸铁、铸铁制造。当瓶阀漏气时，为防止瓶帽承受压力，瓶帽上开有排气孔，排气孔位置对称，避免气体由一侧排出时的反作用力使气瓶倾倒。

2）防振圈：防振圈用橡胶或塑料制成，厚度一般为 25 ~ 30mm，富有弹性，一个气瓶上套两个。当气瓶受到撞击时，能吸收能量，减少振动，同时还有保护瓶体漆层标记的作用。气瓶防振圈标志示意图如图 4-14 所示。

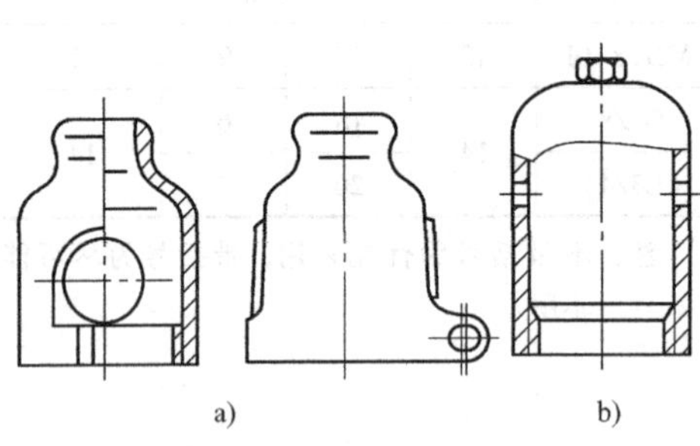

图 4-13 瓶帽形状示意图

a）固定式 b）拆卸式

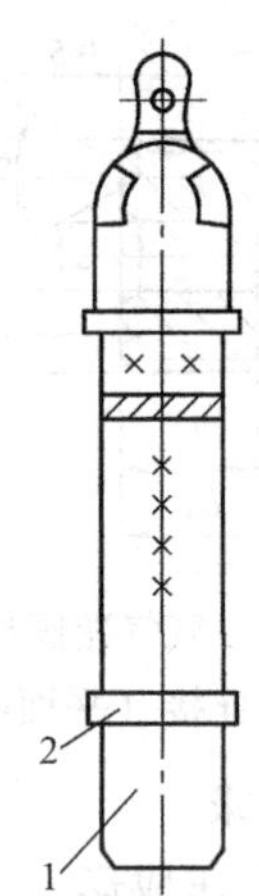

图 4-14 气瓶防振圈标志示意图

1—整体漆色（包括瓶帽） 2—防振圈

4. 气瓶防振圈技术条件

1）通用技术条件：

① 材料应用天然橡胶或合成橡胶按规定配方压制成型。

② 气瓶防振圈的断面形状应符合有关规定。

③ 用于无缝气瓶的防振圈，其规格尺寸及公差应符合有关规定。

④ 用于焊接气瓶的防振圈，其规格尺寸及公差应符合下列规定：a. 用于容积 10 ~ 100L 气瓶的防振圈，其内径应比气瓶外径小 6mm，公差 ±1.0mm（下同），断面尺寸（$H_1 \times H_2$，下同）为 30mm×30mm（YSP-10 型和 YSP-15 型液化石油气气瓶为 20mm×20mm），公差为 ±0.5mm（下同）。b. 用于容积 150 ~ 200L 气瓶的防振圈，其内径应比气瓶外径小 8mm，断面尺寸为 30mm×30mm。c. 用于容积 400 ~ 1000L 气瓶的防振圈，其内径应比气瓶外径小 10mm，断面尺寸为 50mm×50mm。

2）气瓶防振圈用胶料半成品的物理力学性能应符合有关规定。

3）气瓶防振圈的外观质量应符合下列规定：a. 表面不得有明显的杂质和污点。b. 表面不得有裂纹和不超过 1mm 的凸凹缺陷五处。c. 表面不允许有欠硫及喷霜现象。d. 表面上的名义质量值和制造厂名称或代号的标记应清晰。

六、气瓶规范管理要求

1）近年来，我国颁发气瓶管理文件，见表 4-9。

表 4-9 近年来气瓶管理文件一览表

序号	文件名称及颁布情况	实施日期
1	国家市场监督管理总局颁发 TSG 07—2019《特种设备生产和充装单位许可规则》	2019 年 6 月 1 日
2	TSG R0009—2009《车用气瓶安全技术监察规程》	2009 年 8 月 1 日
3	TSG R7003—2011《气瓶制造监督检验规则》	2011 年 11 月 1 日
4	TSG 23—2019《气瓶安全技术规程》	2021 年 1 月 4 日

2）为了实施新修订的《特种设备目录》若干问题的意见，原国家质检总局颁发国质特检特［2014］679号文件，已于2014年12月24日生效的《特种设备目录》——气瓶部分，见表4-10。

表4-10　《特种设备目录》——气瓶部分一览表

代码	种类	类别	品种
2300		气瓶	
2310			无缝气瓶
2320			焊接气瓶
2370			特种气瓶（内装填料气瓶、纤维缠绕气瓶、低温绝热气瓶）
2400		氧舱	
2410			医用氧舱
2420			高气压舱

第二节　气瓶定期检验与爆炸事故原因分析

开展气瓶定期检验工作和做好气瓶爆炸事故原因分析，是确保气瓶安全可靠运行的重要措施。

一、气瓶定期检验及相关规定

1. 气瓶定期检验

1）承担气瓶定期检验的单位应符合国家《气瓶定期检验站技术条件》的规定，经省级以上（含省级）质监部门锅炉压力容器安全监察机构核准，取得资格证书。气瓶定期检验资格证书有效期为5年，气瓶定期检验单位有效期满当年2月底前向原发证机构提出换证申请。逾期不申请者，视为自动放弃，有效期满后不得从事气瓶定期检验工作。

从事气瓶定期检验工作的人员，应按《锅炉压力容器压力管道及特种设备检验人员资格考核规则》进行资格考核，并取得气瓶定期检验资格证书。

2）气瓶检验单位的主要职责：a. 对气瓶进行定期检验，出具检验报告，并对其正确性负责。b. 对气瓶附件进行更换。c. 进行气瓶表面的涂敷。d. 对报废气瓶进行破坏性处理。

3）各类气瓶的检验周期不得超过下列规定：a. 盛装腐蚀性气体的气瓶、潜水气瓶及常与海水接触的气瓶每2年检验一次。b. 盛装一般性气体的气瓶每3年检验一次。c. 盛装惰性气体的气瓶每5年检验一次。d. 液化石油气钢瓶按GB 8334《液化石油气钢瓶定期检验与评定》的规定。e. 低温绝热气瓶每3年检验一次。f. 车用液化石油气钢瓶每5年检验一次，车用压缩天然气钢瓶每3年检验一次。汽车报废时，车用气瓶同时报废。g. 气瓶在使用过程中，发现有严重腐蚀、损伤或对其安全可靠性有怀疑时，应提前进行检验。h. 库存和停用时间超过一个检验周期的气瓶，启用前应进行检验。i. 发生交通事故后，应对车用气瓶、瓶阀及其他附件进行检验，检验合格后方可重新使用。

4）检验气瓶前应对气瓶进行处理，达到下列要求方可检验：a. 确认气瓶内压力降为零后，方可卸下瓶阀。b. 毒性、易燃气体气瓶内的残余气体应回收，不得向大气排放。c. 易燃气体气瓶必须经置换，液化石油气瓶必须经蒸汽吹扫达到规定的要求。否则，严禁用压缩空气进行气密性试验。

5）气瓶定期检验必须逐只进行，各类气瓶定期检验的项目和要求应符合相应国家标准的规定。

6）气瓶的报废处理应包括：a. 由气瓶检验员填写《气瓶判废通知书》，见表4-11，并通知气瓶充装单位。b. 由气瓶检验单位对报废气瓶进行破坏性处理，报废气瓶的破坏性处理为压扁或将瓶体解剖。经地、市级质监部门锅炉压力容器安全监察机构同意，可指定检验单位集中进行破坏性处理。

表4-11 气瓶判废通知书

（ ）字 第 号

根据《气瓶安全技术规程》和国家标准（GB ）的规定，经检验，你单位________气瓶共________只已判废，对其中的________只已做破坏性处理。特此通知。

检验员：（签字或盖章）

单位技术负责人：（签字或盖章） （检验单位章）

年 月 日

瓶　号	制造单位	公称容积	判废原因	处理结果

注：本表一式两份，检验单位存档一份，气瓶产权单位或所有者一份。

7）气瓶附件包括气瓶专用爆破片、安全阀、易熔合金塞、瓶阀、瓶帽、液位计、防振圈、紧急切断和充装限位装置等。根据原国家质量监督检验检疫总局公布的目录，列入制造许可证范围的安全附件需取得国家市场监督管理总局颁发的制造许可证，未列入制造许可证范围的安全附件，除瓶帽和防振圈外，需在锅炉压力容器安全监察局办理安全注册。

8）气瓶附件制造企业应保证其产品至少安全使用到下一个检验日期。

2. 气瓶安全质量基本要求

气瓶安全质量基本要求主要内容包括各类气瓶必须按照国家标准进行设计、制造。型式试验前，设计文件需经鉴定。暂时没有国家标准时，应将所依据的制造标准和相关技术文件报国家市场监督管理总局安全监察机构审批。其中涉及气瓶安全质量的关键项目，如设计温度、设计压力、爆破试验、无损检测、力学性能等，均不得低于相应国家标准的规定。各类进口气瓶的颜色标志应按照GB/T 7144—2016《气瓶颜色标志》的规定执行。

3. 气瓶型式试验技术评定

1）气瓶正式投产前，应按有关标准进行型式试验。气瓶型式试验技术评定内容和要求如下：a. 审查气瓶设计文件。b. 审查主要生产工艺和技术参数。c. 考查生产设备、检测能力对批量生产的适应性和稳定性。d. 检测产品质量。e. 评定时用于检测产品质量的气瓶，由评定组从试制的产品中抽取，抽取数量不得少于20只。

2）产品质量的检测项目和检测的数量应遵守有关产品标准的规定。检测的方法和结果的评判应符合相应的国家标准要求。对于标准中未明确型式试验具体项目和数量时，可由技术评定组提出方案报压力容器安全监察部门核准。

3）各项检测和试验结果应有完整记录，型式试验技术评定组应做出书面的评定结论。

4. 气瓶产品安全性能监督检验

气瓶产品安全性能监督检验具体规定如下：

1）监检内容：a. 对气瓶制造过程中涉及产品安全性能的项目进行监督检验。b. 对受检企业质量体系运转情况进行监督检查。

2）监检项目和方法：a. 检查气瓶产品企业标准备案、审批情况；确认气瓶产品设计文件已按有关规定审批，总图应有审批标记；检查气瓶型式试验的试验结果。b. 检查确认该气瓶瓶体材料有质量合格证明书，确认各项数据符合规程、相应标准和设计文件的规定。c. 检查瓶体材料，按炉号验证化学成分，并审查验证结果，必要时由监督检验单位进行验证。以钢坯做原材料的，应确认低倍组织验证结果；以无缝管作为原材料的，应确认其逐根无损检测情况和结果。d. 检查经验证合格的材料所做标记和分割材料后所做标记移植。e. 审查焊接工艺评定及记录，确认产品施焊所采用的焊接工艺符合相关标准、规范。审查无缝瓶热处理工艺验证试验报告。

3）监检员应现场逐只监督气瓶水压试验，检查受检企业是否逐只记录试验压力、保压时间、试验结果和气瓶钢印编号。

4）中、小容积试样瓶由监检员到现场抽选并做标记，记录样瓶瓶号。试样瓶的外观和产品标准中规定的逐只检验项目，其检验结果应符合有关规程和相应标准的规定。

5）检查大容积气瓶的产品焊接试板材料应与瓶体材料相一致，在焊接试板从瓶体纵焊缝割下之前，监检员应在试板上打监检钢印予以确认，并检查试板上应有瓶号和焊工代号。

6）现场监督力学性能试验过程和试验结果应符合有关规定。

7）监检员按规定抽取压扁试验的气瓶，试验前应检查准备工作，并现场监督试验。在负荷作用下，检查压头间距、压扁量，并检查压扁处有无裂纹。

8）检查金相组织分析报告，必要时，检查金相照片。对重新热处理的气瓶，应检查试验样品和金相照片。检查底部解剖试样的截取和制备，审查其低倍组织分析结果，测量底部结构形状和尺寸。

9）监检员从每批产品中抽选一只试样瓶，现场监督水压爆破试验。试验报告前应检查试验设备、仪表、安全防范措施，应对试验记录和试验结果进行确认。

10）检查瓶体外观、钢印标记、气瓶颜色和色环，应与标准色卡相符。

11）检查出厂气瓶批量检验报告，应逐只出具产品合格证，并在合格证上加盖监检员章，由监检单位人员逐只打监检钢印标记。

12）监检数量：a. 每批气瓶必须完成“监检项目表”中规定的该品种气瓶的全部监检项目。b. 监检中，若发现不合格项目，应对该项目再增加检验数量，增加的数量应符合标准的规定；标准中未规定的，可由监检单位做出规定。必要时，监检单位可在“监检项目表”之外增加监检项目。

5. 气瓶的水压试验

气瓶的水压试验压力为设计压力的1.5倍。对气瓶进行水压试验应注意以下各点：

1）气瓶灌满水后要排除瓶内残余气体；试验时的环境温度与水温应不低于5℃；操作人员与试验气瓶之间应设置防护设施；试压系统不得有渗漏现象和存留气体。

2）试压时，应先升压至设计压力，随后卸压，如此反复进行数次以排除水中气体，然后再缓慢升压至试验压力，保持试验压力的时间见表4-12。

表4-12　试验压力的持续时间

瓶　　类	新制造的	定期检验
高压气瓶	≥1min	1～2min
低压气瓶	≥3min	≥5min

3）不应连续对同一气瓶重复做超压试验。

4）气瓶在进行水压试验前，必须彻底清理内部，同时进行内、外部检查。

5）试验系统压力表的精度不低于1.5级，气瓶称重衡器最大刻度值应为称重的1.5～3倍。压力表和衡器的校验期限不应超过3个月，以保证试验数据的准确。

二、气瓶爆炸原因

1. 简易方法来计算气瓶内气体的贮存量

气瓶内气体的贮存量一般采用下面简易公式来计算：

$$V = 10V'p$$

式中，V为气体的储存量（L）；V'为气瓶的容积（L），一般取40L；p为气瓶内压力（MPa）。

实际应用中可采用更简单的计算方法，即计算氧气瓶内氧气的贮存量时，只需将容积乘上压力。例如，钢瓶的容积为40L，氧气压力是15MPa，则钢瓶内氧气的贮存量是40L×150＝6000L，即6m^3；如果用过后压力降至5MPa，则瓶内氧气的贮存量是40L×50＝2000L，即2m^3。

其他压缩气体钢瓶内的气体贮存量也可以按上述办法进行计算。

2. 影响气瓶爆炸的因素

已充气的气瓶由于管理不善等因素，可能引起漏气或爆炸。

1）由于使用或保管中受到阳光、明火或其他热辐射作用，瓶中气体受热，压力急剧增加直至超过气瓶钢材强度，而使气瓶产生永久变形，甚至爆炸。

$$p = p_0 + p_0\frac{T - T_0}{273}$$

式中，p 为受热后气瓶内最终压力；p_0 为瓶内流体最初压力；T_0 为瓶内流体最初温度（℃）；T 为瓶内流体受热的最终温度（℃）。

2）气瓶搬运中未戴瓶帽或碰击等原因使瓶颈上或阀体上的螺纹损坏，瓶阀可能被瓶内压力冲脱瓶颈，在这种情况下气瓶将高速地向排放气体相反方向飞行，造成严重事故。

3）气瓶在搬运、使用过程中发生坠落而造成事故。

4）氧气瓶与易燃、易爆气瓶充装时未辨别或辨别后未严格清洗，以致可能产生燃烧的混合气体导致气瓶爆炸。

5）未按规定进行技术检验，由于锈蚀使气瓶壁变薄及气瓶的裂纹等原因导致事故。

6）过量充装和充装速度过快，引起过度发热而造成事故；放气速度太快，阀门处容易产生静电火花，引起氧气或易燃气体燃烧爆炸。

7）充气气源压力超过气瓶最高允许压力，在没有减压装置或减压装置失灵的情况下，使气瓶超压爆炸。

因此，气瓶的爆炸有的是由于承受不了介质的压力而发生的物理性爆炸，有的是由于瓶内介质产生化学反应而发生的化学性爆炸。气瓶爆炸往往伴随着燃烧，有的甚至散发有毒气体。如一只 40L、压力为 15MPa 的气瓶发生爆炸，爆炸功达 154000kgf·m（1kgf·m = 9.80665N·m），如果爆炸时间为 0.1s，则相当于 20530 马力（1 马力 = 735.499W）。

三、气瓶爆炸事故分析报告

做好气瓶安全事故分析是十分重要的，通过分析事故报告，从中吸取事故教训并尽快整改，才能确保气瓶安全可靠地使用。

1. 氧气瓶爆炸事故分析报告

【案例 4-1】

（1）事故概况　一只由上海某厂制造的氧气瓶，材质为 40Mn2，公称壁厚 6mm，公称容积 41.2L，内径 210mm。使用 10 年后，按 13.5MPa 压力进行充装，充装完毕后半小时内发生了爆炸，氧气瓶炸裂成 3 块。

（2）检查检验

1）氧气瓶炸裂成 3 块，爆炸导致局部瓶壁内外反卷，瓶壁内表面严重锈蚀导致瓶壁厚薄不均。断面已生锈，但仍可分辨出爆炸过程中裂纹发展的几个区域：纤维区、放射区、剪切唇区。

2）用精度为 0.1mm 的 DM4 测厚仪从外表面对钢瓶碎片进行抽查测厚，共抽查 18 点，测得厚度值范围为 3.0～5.9mm，见表 4-13。

表 4-13　测厚结果　（单位：mm）

编号	1	2	3	4	5	6	7	8	9
厚度	3.0	3.1	3.0	5.7	4.5	5.3	3.6	3.2	3.0
编号	10	11	12	13	14	15	16	17	18
厚度	4.6	5.4	5.9	5.7	4.9	5.0	4.3	5.6	5.9

3）断口分析、断口经稀盐酸清洗去锈后进行电镜显微分析。电镜分析表明：纤维区呈塑性断裂韧窝状，放射区呈准解理花纹，剪切唇呈抛物线状的韧窝。显微特征与宏观分析相符。

4）金相分析。取试样打磨后用3%的硝酸酒精溶液清洗表面，测得钢中硫化物A1.5级，氧化物B1.5级。从金相磨面上测得断口最薄处厚度为1.28mm。金相组织观察结果为：钢瓶壁薄处、厚处组织均无明显变形，组织均为珠光体+铁素体，但外壁表面含碳量偏低。

5）碎片的氧含量测定。用电子探针和能谱仪对氧气瓶碎片中的氧含量进行了测定，氧含量为0.0023%，说明该气瓶选用材料的韧性较好。

6）从3块碎片中各取1个试样进行化学成分分析，结果见表4-14。从化学成分分析结果看，该氧气瓶的材质为40Mn2。

表4-14 碎片试样的化学成分分析

元素	Si	Mn	P	Nb	V	N	C	S
质量分数（%）	0.50	1.72	0.022	<0.005	<0.005	0.0057	0.419	0.010

7）碎片的强度校核。根据使用单位提供的氧气瓶使用日期，决定按“65规程”对该气瓶进行强度计算，计算公式为

$$p=\frac{230[\sigma]S}{D_1+S}$$

查GB/T 8162—2018《结构用无缝钢管》得 $R_m=885\text{MPa}$，故 $[\sigma]=R_m/3=30.07\text{kgf/mm}^2$（$1\text{kgf/mm}^2=9.81\text{MPa}$），$S=S_{min}=3.0\text{mm}$，计算得 $p=97.41\text{kgf/mm}^2=9.6\text{MPa}$，而充装压力 $p_{完}=13.5\text{MPa}$，$p<p_{完}$，强度校核不合格。

（3）原因分析及建议

1）从以上检验分析结果来看，氧气瓶发生爆炸的主要原因为：钢瓶内壁受腐蚀严重，导致壁厚减薄不均，最大腐蚀坑深为2.9mm，最大蚀坑直径为4.0mm，使得钢瓶局部有效承载面积大大变小，从而使钢瓶承载能力下降，不能满足气瓶的充装压力而引起的爆炸。

2）由于氧气瓶只有一个瓶口，单凭肉眼是不可能检查到瓶内情况的，为搞清楚瓶内状况，建议增加视屏内窥镜检验项目，借助视屏内窥镜，可以观察到瓶内腐蚀状况。

3）应对使用年限较长的气瓶增加测厚点，尽可能测出最小剩余厚度。

2. 丁烷气瓶爆炸事故分析报告

【案例4-2】

（1）事故概况　浙江某公司一作业人员在丁烷气瓶瓶组间用氮气瓶的氮气把液态丁烷从丁烷气瓶内压送完毕后，在排出丁烷气瓶中的气体时，该丁烷气瓶发生爆炸，致使作业人员被炸身亡。该瓶组间系钢架彩板屋顶结构的简易厂房，彩板屋顶部分被掀翻，钢架部分损坏。事故气瓶下封头从底座处整圈裂断。

（2）事故调查

1）事故气瓶为江苏某厂生产的丁烷气瓶，出厂编号为42577，设计压力为

1.0MPa，工作压力为1.0MPa，设计壁厚为3.5mm，容积为400L，瓶重为249kg，未见到检验标志。从现场的其他丁烷气瓶的底座检验标志看，该公司所用丁烷气瓶均属超期未检验的气瓶。

2）该瓶组间的生产工艺流程为：氮气瓶的氮气压力经减压至1.0～1.2MPa后导入丁烷气瓶内，将液态丁烷从丁烷气瓶中压送至丁烷分配缸，再由丁烷泵抽送至发泡工序使用。丁烷气瓶中的液态丁烷压送完毕后，丁烷空瓶内的氮气、丁烷混合气体直接排放大气中，排空瓶内余压以备再次充装使用。

3）气瓶、分配缸、丁烷泵之间均采用橡胶软管连接，且均无连接导静电的接地装置，也无测量气瓶质量的测量装置；液态丁烷的压送情况仅依据操作人员凭经验判断。该事故气瓶在生产过程中导入过两瓶氮气，第一瓶氮气导入用完后，该事故气瓶内的丁烷未能压送完而又导入第二瓶氮气。

4）事故气瓶的下封头从底座处整圈裂断分离，裂断口为脆性断口，断口断面与壁厚方向呈45°角，没有明显壁厚减薄段；断口距离座与下封头连接焊缝5～27mm不等，即在焊接热影响区。瓶体下部700mm长段有不同程度的直径胀粗，最大周长为2183mm，正常周长为2042mm，计算得出最大变形率为6.9%。

（3）技术鉴定

1）壁厚测定。气瓶内、外表面未见腐蚀现象，经壁厚测定，该事故气瓶最大壁厚位于上封头，为8.4mm，下封头最大壁厚为8.2mm，断口处最小壁厚为6.7mm，判断壁厚正常。

2）材质分析。为验证该事故气瓶的材质是否存在质量问题，切除爆炸后的下封头的部分为样品进行光谱分析、金相分析。

光谱分析结果显示：该样品的材料成分除硅含量稍有超标外，其他成分均合格。据文献介绍，金属材料当硅的质量分数超过0.6%后才对冲击韧度不利，使脆性转变温度提高。该样品硅的质量分数为0.438%，对材质的冲击韧度影响甚微。金相分析结果显示该样品的金相组织未见异常。

3）减压器试验和压力表测试。为验证减压器上压力表的准确性，将减压器上的两个压力表送检。测试结果显示压力表的准确性合格。

为验证减压器的有效性，当日下午在事故现场对减压器进行模拟试验。模拟试验结果显示该减压器工作正常，减压效果稳定。

4）气体分析。为验证事故所用氮气、丁烷质量是否合格，将事故丁烷气瓶导入过的两瓶氮气和事故现场所封存的一瓶丁烷抽样送权威机构检验。检验结论显示：前一瓶氮气质量严重不合格，氧含量高达93.5%；后一瓶氮气质量合格，丁烷质量合格。

（4）事故技术原因分析

1）非超压爆炸的分析。该丁烷气瓶发生爆炸时处于空瓶状态，因此，可以排除超装引起超压的可能性。

2）丁烷是一种易燃、易爆、无色，容易被液化的气体，与空气形成爆炸混合物，在空气中的爆炸极限为1.8%～8.4%，在氧气中的爆炸极限为1.8%～40%，是一种易燃、易爆的危险化学品。由于它的爆炸极限低，一旦混入空气或氧气，极容易达到爆炸极限范围，形成爆炸混合物。丁烷爆炸混合物遇到明火或静电电荷的作用就会产生爆炸。

3）由于该事故丁烷气瓶在使用中导入过氧含量高达93.5%的严重不合格氮气，极容易形成丁烷爆炸混合物；压送过程、排空余压过程中，丁烷在气瓶、管道内流动都会产生静电电荷，而该生产设备和丁烷气瓶均无连接导静电的接地装置，静电电荷势必在气瓶中积累。

4）该生产工艺流程无测量气瓶质量的测量装置，液态丁烷的压送情况仅依据操作人员凭经验判断，气瓶内的液态丁烷残余量无法准确控制。而压送管与气瓶内壁有一定的间隙，液态丁烷无法完全排净。当有空气或氧气混入时，更易在空瓶状态下与残留的丁烷形成处于爆炸极限范围的丁烷爆炸混合物。

（5）结论意见 综上所述，该爆炸事故的直接原因是丁烷爆炸混合物在静电电荷作用下在气瓶内产生的化学爆炸。

1）由于化学爆炸瞬间即产生巨大的化学能量，在密闭气瓶中瞬间全部为气瓶壁所承受，当内应力大于气瓶材质的强度极限时，即在其最薄弱处发生脆性裂断，产生气瓶爆炸事故。

2）该事故丁烷气瓶的裂断口为脆性断口，裂断口位于焊接热影响区，又是曲率不连续处的制造工艺减薄段，正是气瓶的最薄弱处。该断裂口的形状、位置的典型特征，也验证了该爆炸事故是化学爆炸的技术分析的正确性。

（6）事故教训

1）该公司发生的丁烷气瓶爆炸事故是因该生产工艺、生产装置不完善，操作过程中导入过严重不合格的“氮气”（其实质是不合格的氧气），所产生的丁烷爆炸混合物在静电电荷作用下导致气瓶内产生化学爆炸而引发的气瓶爆炸事故。

2）该公司安全管理的不善表现为两点：一是对易燃易爆介质使用、处理时的安全措施不到位；二是管理不到位。

（7）防范措施

1）熟悉本岗位的操作工艺，完善安全操作规程。

2）加强巡回检查安全制度的落实。

3）做好气瓶事故记录，以便不断地总结经验和教训。

3. CO_2混合气体气瓶腐蚀破坏爆炸事故分析报告

【案例4-3】

（1）事故概况 南方某省先后发生4次在用的含CO_2混合气体（含CO_2气体7.6%~8.4%）气瓶的爆炸事故，这些气瓶使用时间为1~3年。

（2）检查检验

1）瓶体材料的金相组织、钢瓶的制造质量、瓶内的混合气体比例均符合相关要求，尚未爆炸的同种气瓶内壁存在大量裂纹。

2）瓶壁内表面点腐蚀：对气体成分分析，气体中含有达$80\times10^{-4}\%$的水分；经EDS分析，断口表面存在的腐蚀产物中含有O、S、Cl、Na等元素，这些元素及其化合物的存在都会对气瓶材料造成腐蚀。尤其是CO_2-H_2O环境下气瓶内壁腐蚀明显。

3）腐蚀坑底出现启裂源：在应力作用下工作的气瓶随着点腐蚀逐渐加深，造成应力集中，腐蚀坑底部开始产生启裂裂纹，形成应力腐蚀的初期，裂纹呈放射状向外壁扩展。

4）二次裂纹产生：随着裂纹呈放射状向外壁扩展，在扩展过程中衍生多处二次裂纹，且有的二次裂纹表现出穿晶断裂的形态，这是应力腐蚀开裂的典型特征。

5）瓶体破坏：在应力作用下工作的气瓶随着点腐蚀逐渐加深穿透瓶壁出现泄漏。

6）在应力作用下工作的气瓶随着裂纹向外壁的扩展，瓶壁剩余的有效承载截面不足以承受内压，因此发生破裂或爆炸。

7）由于气瓶中的混合气体含有一定量的水分，且气瓶长期竖直放置（使用），使所含水分逐渐向气瓶下部聚集，在气瓶下部生成含 CO_2+H_2O、Cl、S、Na、O 的腐蚀性溶液，对瓶体材料产生腐蚀，其腐蚀机理如下：$Fe \rightarrow Fe^{2+}+2e^-$；$Fe+HCO_3^- \rightarrow FeCO_3+2e^-+H^+$；$Fe+CO_3^{2-} \rightarrow FeCO_3+2e^-$。

（3）爆炸原因　含 CO_2 的混合气体中，由于含水量不能严格控制，造成气瓶应力腐蚀。随着应力腐蚀裂纹的产生和不断扩展达到一定深度后，剩余有效承载气瓶壁厚不足以承受内压，导致气瓶发生爆炸事故。

（4）措施　国内各行业使用含 CO_2 混合气体的气瓶越来越多，为保证安全使用，应采取如下措施：

1）对在用的此类气瓶进行全面检查，如果无法确定瓶内气体的含水率，应对已连续使用 2 年以上的气瓶做暂时性撤换；对撤换下的气瓶逐只进行以超声检测和耐压试验为主的技术检验，确认其可靠性。

2）气瓶充装前必须对瓶内进行干燥处理，充装的混合气体的含水量应严格控制在相应气体技术标准规定的范围内。

3）加强对气瓶、安全附件的定期技术检验工作。

第三节　乙炔气瓶的安全使用

乙炔气瓶在工矿企业使用十分广泛，根据 GB 11638《溶解乙炔气瓶》的规定，乙炔气瓶应称为溶解乙炔气瓶（以下简称乙炔瓶）。

一、乙炔瓶的结构

乙炔瓶的焊接瓶体是依据 GB/T 5100—2020《钢质焊接气瓶》设计制造的。我国在市场上销售的乙炔瓶均为公称容积 40L 的三件组装形式。而国外（美国）多为无缝或两件组装形式。乙炔瓶典型结构型式如图 4-15 所示。

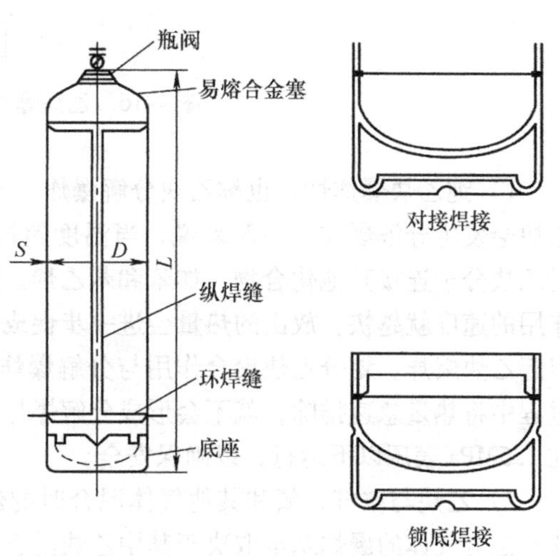

图 4-15　乙炔瓶典型结构型式

乙炔瓶的颈圈用低碳圆钢加工而成，是瓶帽与瓶体、瓶阀与瓶体连接的零件。易熔合金塞座也是圆钢车削加工而成，它是易熔合金与瓶体连接的零件，简称易熔塞座。

上封头、筒体和下封头是乙炔瓶的主要受压元件，其材质应符合 GB/T 5100—2020《钢质焊接气瓶》和 GB/T 6653—2017《焊接气瓶用钢板和钢带》的要求。

筒体纵焊缝一般采用双面埋弧焊，而环焊缝有的是双面对接埋弧焊，也有的是单面焊双面成形的气体保护焊，还有的采用缩口形式，用单面埋弧焊施焊完成。

底座是非受压元件，与下封头焊接连接，但相接的焊缝不属于主体焊缝。

乙炔瓶是贮存和运输乙炔的容器，其外形与氧气瓶相似，但构造要比氧气瓶复杂，这是因为乙炔不能以高压压入普通钢瓶，必须利用乙炔的特性，采取必要的措施，才能将乙炔压入钢瓶内。乙炔瓶的瓶体是圆柱形，其外表面漆成白色，并用红漆写明“乙炔”字样。乙炔瓶的主体部分是由优质碳素钢或低合金钢轧制成的圆柱形无缝瓶体，下面装有瓶座。

乙炔瓶的工作压力为 1.47MPa（$15kgf/cm^2$），水压试验的压力为 2.94MPa（$30kgf/cm^2$），水压试验合格后才能出厂使用。

二、乙炔的爆炸分类

乙炔是一种不稳定气体，它本身是吸热化合物，分解时要放出它生成时所吸收的全部热量。乙炔的爆炸特性大致可分为三类（见图 4-16）。

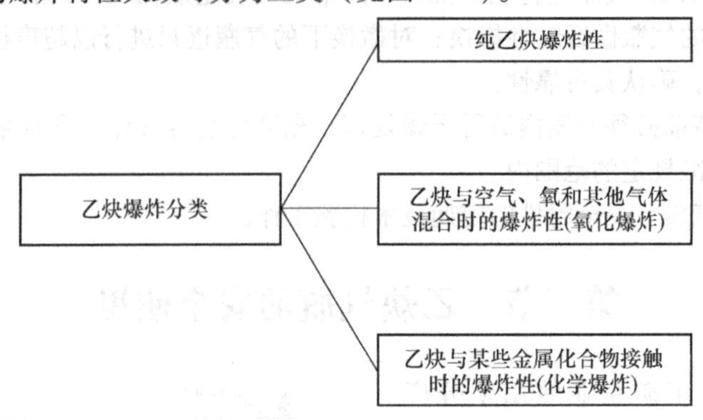

图 4-16 乙炔爆炸分类示意图

1）纯乙炔爆炸性，也称乙炔分解爆炸。当气体温度为580℃、压力为0.15MPa时，乙炔会发生分解爆炸。一般来说，当温度超过200～300℃时就开始发生聚合作用，此时乙炔分子连接其他化合物，如苯和苯乙烯。聚合作用是放热的，气体温度越高，聚合作用的速度就越快，放出的热量会进一步促成聚合。这种过程继续增强和加快，就可能引起乙炔爆炸。划分乙炔聚合作用与分解爆炸区域的曲线如图 4-17 所示。如果在聚合过程中将热量急速排除，就不会形成分解爆炸。根据以上特点，现行的乙炔发生器只准在1.5MPa表压以下运行，以确保安全。

2）乙炔与空气、氧和其他气体混合时的爆炸性称为氧化爆炸，其范围见表 4-15。这些混合气体的爆炸基本取决于其中乙炔的含量。加大压力实际上提高了混合气体爆炸性；含有7%～13%乙炔的空气混合气体和含有约30%乙炔的氧气混合气体最易爆炸；爆炸波的传播速度可达100m/s，爆炸力可达3～4MPa。

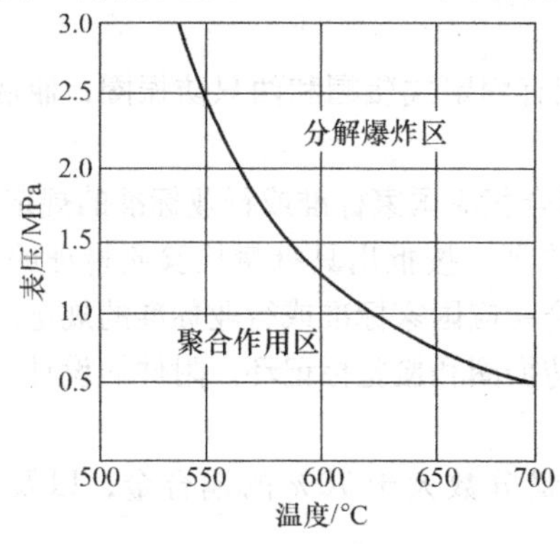

图4-17　乙炔聚合作用与分解爆炸的范围

表4-15　氧化爆炸范围

可燃气体	在混合气体中含有量（体积分数,%）	
	空气中	氧气中
乙炔	2.5～82.0	2.8～93.0
一氧化碳	11.4～77.5	15.5～93.9
煤气	3.8～24.0	10.0～73.6
天然气	4.8～14.0	—
石油气	3.5～16.3	—

乙炔中混入与其不发生化学反应的气体，如氮气、一氧化碳等，能降低乙炔的爆炸性。如果把乙炔溶解在某种液体内（丙酮），也对乙炔产生同样影响。这是由于乙炔分子之间被其他流体的微粒所隔离，使发生爆炸的连锁反应条件破坏。乙炔溶解于丙酮，利用乙炔的这一特性，可安全地制造、贮存、使用乙炔瓶。

3）乙炔与某些金属化合物接触时产生的爆炸称为化学爆炸。

① 乙炔与铜、银金属等长期接触会生成乙炔铜、乙炔银等易爆炸物质。因此，凡提供给乙炔使用的器材，都不能采用银和含铜量为70%（质量分数）以上的合金。

② 乙炔与氯、次氯酸盐等混合就会发生燃烧和爆炸，故发生与乙炔有关的火灾时，绝对禁止使用四氯化碳灭火器。

③ 乙炔瓶和氧气应尽量避免放在一起。乙炔瓶用途广泛，多数场合是与氧气瓶同时使用的。乙炔是易燃易爆气体，氧气是助燃气体，这两种气瓶如果放在一起，一旦同时发生泄漏，氧与乙炔混合很容易发生爆炸燃烧事故。如果使用地点固定，使用的氧气瓶和乙炔瓶应放在分建两处的贮存间内；如果是野外现场临时使用或使用地点不固定，氧气瓶和乙炔瓶可以分别放在专用小车上，但这两辆专用小车不能停放在一起，以确保气焊安全运行。

三、乙炔瓶的安全监察

1. 乙炔瓶安全监察规程的主要内容

1）乙炔瓶实行设计文件审批制度。

钢瓶的设计和材料选用应符合TSG 23—2021《气瓶安全技术规程》的有关规定，但钢瓶的规格、水压试验压力和气密性试验压力，应符合GB 11638《溶解乙炔气瓶》或相应行业标准的规定。

2）乙炔瓶的钢印必须准确、清晰和排列整齐。钢印标记的内容和位置，应符合《溶解乙炔气瓶的钢印标记和检验色标》的规定。

3）乙炔瓶外表面为白色，并在“制造钢印标记”一侧的瓶体上环向横写“乙炔”，轴向竖写“不可近火”。其瓶色、字色、字样及排列，应符合 GB/T 7144—2016《气瓶颜色标志》的规定。

4）乙炔瓶的公称容积大于等于 10L 时，应配有固定式瓶帽和两只防振圈；瓶底不能自行直立的，应装配底座。

5）乙炔瓶出厂时应配齐附件，所配附件应符合相应国家标准或行业标准的规定。

乙炔瓶出厂时，制造单位应逐只出具产品合格证，按批出具批量检验质量证明书。产品合格证、批量检验质量证明书的内容，应符合相应国家标准或行业标准的规定。

乙炔瓶附件包括瓶阀、易熔合金塞、瓶帽、防振圈和检验标记环。附件的设计、制造，应符合相应国家标准或行业标准的规定。

6）凡与乙炔接触的附件，严禁选用铜的质量分数大于 70% 的铜合金，以及银、锌、镉及其合金材料。

7）应逐只对乙炔瓶的瓶体外观进行检验。存在下列缺陷之一的乙炔瓶，应予以报废。

① 瓶壁有裂纹和（或）鼓包，底座拼接焊缝开裂。

② 瓶壁划伤处的实测剩余壁厚小于 0.8δ（δ 为瓶壁厚）。

③ 瓶壁凹陷深度超过其短径的 1/10 或最大深度大于 6mm，其测量方法按规定进行。

④ 瓶壁上存在深度小于 6mm 的凹陷，凹陷内划伤处的实测剩余壁厚小于 δ。

⑤ 瓶体烧损、变形，涂层烧毁（漆皮鼓包除外），瓶阀或易熔合金塞上易熔合金熔化。

8）各种腐蚀处的实测剩余壁厚应小于表 4-16 的规定。

表 4-16　乙炔瓶腐蚀处实测剩余壁厚

腐蚀种类	腐蚀处实测剩余壁厚
点状腐蚀	$<0.6\delta$
线状腐蚀	$<0.8\delta$
大面积均匀腐蚀	

9）检验周期：乙炔瓶每三年进行一次定期检验和评定。

10）乙炔瓶在使用过程中若发现下列情况之一的，应随时进行检验：a. 瓶体外观有严重损伤。b. 充气时瓶壁温度超过 40℃。c. 对填料和溶剂的质量有怀疑时。d. 瓶阀侧接嘴有乙炔回火迹象。

2. 乙炔瓶充装的特殊要求

1）乙炔瓶充装单位应向省级锅炉压力容器安全监察机构提出充装注册登记书面申请。经审查符合条件的，发给充装注册登记证。未办理注册登记的不得从事乙炔瓶充装工作。

2）乙炔瓶充装单位必须保证乙炔瓶充装安全和充装质量。

3）乙炔瓶实行固定充装单位制度。档案不在本充装单位的乙炔瓶，不得回收和充装。

4）乙炔瓶充装单位应列出固定在本单位充装的乙炔瓶用户名单，报送所在地的地、市级锅炉压力容器安全监察机构备案，以后每年 11 月 1 日前将当年的变动情况报送一次。

5）乙炔瓶充装单位对固定在本单位充装的乙炔瓶，应逐只建立档案。档案内容包括乙炔瓶编号、产品合格证、质量证明书、定期检验记录、充装记录等。

乙炔瓶充装单位要保证对固定在本单位充装的乙炔瓶定期进行检验，及时补加溶剂，保证充装质量和充装安全，做好用户服务工作。

6）乙炔瓶用户要就地就近选择充装单位，不购买、不使用违反规定充装的、质量不符合标准的、不安全的乙炔瓶。

严禁违反规定充装乙炔瓶，严禁销售质量不合格的乙炔瓶。

7）乙炔瓶有下列情况之一的，不得进行充装：a. 无制造许可证的单位制造的乙炔瓶。b. 不符合规定的进口乙炔瓶。c. 档案不在本充装单位保存的乙炔瓶（临时改变充装单位的除外）。

8）乙炔瓶充装前，充装单位应有专职人员对乙炔瓶进行检查，检查结果应填写在充装记录中，并由检查人签字。属于下列情况之一的，应先进行处理或检验，否则严禁充装。

① 钢印标记不全或不能识别的。

② 超过检验期限的。

③ 颜色标记不符合规定的或表面漆色脱落严重的。

④ 附件不全、损坏或不符合规定的。

⑤ 瓶内无剩余压力或怀疑混入其他气体的。

⑥ 瓶内溶剂质量不符合 GB 13591《溶解乙炔气瓶充装规定》规定要求的。

⑦ 经外观检查存在明显损伤，需进一步进行检验的。

⑧ 首次充装或经装卸瓶阀、易熔合金塞后，未经置换合格的。

9）乙炔瓶充装前，必须按 GB 13591 的规定测定溶剂补加量。乙炔瓶补加溶剂后，必须对瓶内溶剂量进行复核。

10）乙炔瓶的充装操作：a. 充装容积流速应进行适当控制，一般应小于 $0.015m^3/(h \cdot L)$。b. 瓶壁温度不得超过 40℃。充装时可以用自来水喷淋冷却，也可以强制冷却。c. 一般分两次充装，中间的间隔时间不少于 8h。

11）乙炔瓶充装后，应符合下列要求：a. 乙炔充装量和静置 8h 后的瓶内压力应符合相应国家标准的规定。b. 不得有泄漏或其他异常现象。c. 不符合上述要求的乙炔瓶严禁出厂，并应妥善处理。

12）乙炔瓶充装单位应逐只认真填写充装记录，其内容应包括充装前检查结果、充装日期、充装间室温、乙炔瓶编号、皮重、实重、剩余压力、剩余乙炔量、溶剂补加量、乙炔充装量、静置后压力、发生的问题及处理结果、操作者签字等。乙炔瓶充装记录应至少保存 12 个月。

乙炔瓶的充装单位应负责保护好乙炔瓶的外表面颜色标记，并应做好使用中受损漆层的修复工作。

乙炔瓶充装单位所在地的地、市级锅炉压力容器安全监察机构，应加强对充装单位的监督检查。每年至少抽查一次，抽查的重点包括固定充装制度执行情况、充装安全与充装质量、安全制度的落实情况。对发现的问题应采取有效措施加以解决，抽查结果应书面报告省级锅炉压力容器安全监察机构。

13）乙炔瓶充装单位违反规定由锅炉压力容器安全监察机构提出批评，令其改正；对屡犯不改的，由省级部门撤销其充装注册登记证。

14）乙炔瓶充装单位不遵守、不执行国家标准或行业标准规定，致使发生事故，后果严重的，应依照法律的规定追究其经济责任和刑事责任。

四、运输、贮存、使用乙炔瓶应遵守的安全要求

1）乙炔瓶的运输、贮存和使用必须严格执行国务院颁发的《化学危险物品安全管理条例》的有关规定。

2）运输、贮存和使用乙炔瓶的单位，必须加强对运输、贮存和使用乙炔瓶的安全管理，并做到：a. 有专职人员负责乙炔瓶的安全工作。b. 根据《气瓶安全技术规程》的有关规定，制定相应的安全管理制度。c. 制定事故应急处理措施。

3）运输乙炔瓶的车、船和贮存、使用乙炔瓶的场所，应符合公安和交通部门的规定。汽车运输乙炔瓶时，还应遵守JT 617《汽车运输危险货物规则》的规定。贮存、使用乙炔瓶的场所还应按照GB 50140—2019《建筑灭火器配置设计规范》的要求配置灭火器材，但不得配置和使用化学泡沫灭火器。乙炔瓶瓶库的设计和建造应符合GB 50016《建筑设计防火规范》和GB 50031《乙炔站设计规范》的规定。

4）运输、贮存和使用乙炔瓶时，应避免烘烤和暴晒，环境温度一般不超过40℃。不能保证时，应采取遮阳或喷淋措施降温。

5）运输和装卸乙炔瓶，应遵守下列规定：a. 运输车、船要有明显的危险物品运输标志；严禁无关人员搭乘；必须经过市区时，应按照当地公安机关规定的路线和时间行驶。b. 运输车、船严禁停靠在人口稠密区、重要机关和有明火的场所；中途停靠时，驾驶人和押运人员不得同时离开。c. 不应长途运输装有乙炔气的乙炔瓶。d. 应轻装轻卸，严禁抛、滑、滚、碰和倒置。e. 吊装乙炔瓶应使用专用夹具，严禁使用电磁起重机和用链绳捆扎。f. 应戴好瓶帽。立放时，应妥善固定，且厢体高度不得低于瓶高的三分之二；横放时，乙炔瓶头部应方向一致，且堆放高度不得超过厢体高度。g. 装卸现场严禁烟火，必须配备灭火器。

6）贮存乙炔瓶应遵守下列规定：a. 使用乙炔瓶的现场，乙炔气的贮存量不得超过$30m^3$（相当于5瓶公称容积为40L的乙炔瓶）。b. 乙炔气的贮存量超过$30m^3$时，应用非燃烧体或难燃烧体隔离出单独的贮存间，其中一面应为固定墙壁；乙炔气的贮存量超过$240m^3$（相当40瓶公称容积为40L的乙炔瓶）时，应建造耐火等级不低于二级的贮瓶仓库，与建筑物的防火间距不应小于10m，否则应以防火墙隔开。c. 乙炔瓶的贮存仓库或贮存间应避免阳光直射，并应避开放射性射线源，与明火或散发火花地点的距离不得小于15m。d. 乙炔瓶的贮存仓库或储存间应有良好的通风、降温等设施，不得有地沟、暗道和底部通风孔，并且严禁任何管线穿过。e. 空瓶与实瓶应分开、整齐放置，并有明显标志。f. 乙炔瓶储存时应保持直立位置，且应有防止倾倒的措施。g. 乙炔瓶不得贮存在地下室或半地下室内。

7）乙炔瓶的管理应遵守下列规定：a. 使用前应对钢印标记、颜色标记及状况进行检查，凡是不符合规定的乙炔瓶不准使用。b. 乙炔瓶的放置地点不得靠近热源和电气设备，与明火的距离不得小于10m（高空作业时，此距离为在地面的垂直投影距离）。c. 乙炔瓶使用时必须直立，并应采取措施防止倾倒，严禁卧放使用。d. 乙炔瓶严禁放置在通风不良或有放射性射线源的场所使用。e. 乙炔瓶严禁敲击、碰撞，严禁在瓶体上引弧，严禁将乙炔瓶放置在电绝缘体上使用。f. 应采取措施防止乙炔瓶受暴晒或受烘烤，严禁用40℃以上的热水或其他热源对乙炔瓶进行加热。g. 移动作业时应采用专用小车搬运，如需乙炔瓶和氧气瓶放在同一小车上搬运时，必须用非燃材料隔板隔开。h. 瓶阀出口处必须配置专用的减压器和回火防止器。正常使用时，减压器指示的放气压力不得超过0.15MPa，放气流量不得超过0.05m^3/(h·L)。如需较大流量时，应采用多只乙炔瓶汇流供气。i. 乙炔瓶的使用过程中，开闭乙炔瓶瓶阀的专用扳手应始终装在阀上。暂时中断使用时，必须关闭焊、割工具的阀门和乙炔瓶瓶阀。严禁手持点燃的焊、割工具调节减压器或开、闭乙炔瓶瓶阀。j. 乙炔瓶使用过程中，发现泄漏要及时处理，严禁在泄漏的情况下使用。k. 乙炔瓶内气体严禁用尽，必须留有不低于0.05MPa的剩余压力。l. 使用乙炔瓶的单位和个人不得自行对瓶阀、易熔合金塞等附件进行修理或更换，严禁对在用乙炔瓶瓶体和底座等进行焊接修理。

8）乙炔瓶安全附件的安全要求：a. 瓶阀材料应选用碳素结构钢或低合金钢，如果选用铜合金，铜的质量分数必须小于70%。b. 钢瓶的肩部至少应设置一个易熔塞，易熔合金的熔点为100℃±5℃。c. 同一规格、型号、商标的瓶阀和瓶帽成品质量应相等，瓶阀质量误差为5%，瓶帽质量误差为5%。

9）安全使用乙炔瓶必须严格遵守下列规定：a. 乙炔瓶不应遭受剧烈的振动或撞击，以免瓶内的多孔性填料下沉而形成空穴，影响乙炔的安全贮存。b. 乙炔瓶工作时应直立放置，卧放会使丙酮流出，甚至会通过减压器流入乙炔胶管和焊、割炬内，这是非常危险的。c. 乙炔瓶瓶体的表面温度不应超过40℃，因为乙炔气瓶温度过高会降低丙酮对乙炔的溶解度，从而使瓶内的乙炔压力急剧增高。同时，乙炔瓶不得靠近热源和电气设备，与明火距离一般不小于10m，夏季还要防止暴晒。严禁把乙炔瓶放置在通风不良及有放射线的场所。d. 乙炔瓶必须装设专用的乙炔减压器和乙炔回火防止器，使用压力不得超过0.15MPa（1.5kgf/cm^2），输出流速不应超过2.0m/h。乙炔减压器与乙炔瓶瓶阀的连接必须可靠，严禁在漏气状态下使用，否则会形成乙炔和空气的混合气体，有发生爆炸的危险。e. 瓶内气体严禁用尽，必须留有不低于表4-17所规定的剩余压力。f. 乙炔瓶严禁与氯气瓶、氧气瓶及易燃品同车运输、同室贮存。g. 在使用乙炔瓶的现场，乙炔瓶贮存量不得超过5瓶。如果有5～20只乙炔瓶，则应建立单独的贮存间，超过20只乙炔瓶，则应设置乙炔瓶库。贮存间与明火或散发火花地点的距离不得小于15m，同时要备有消防用干黄沙或二氧化碳灭火器。h. 贮存间应有专人管理，并在醒目位置上设置“乙炔危险”“严禁烟火”的标志。

表 4-17　乙炔瓶内剩余压力与环境温度的关系

环境温度/℃	<0	0~15	15~25	25~40
剩余压力/MPa (kgf/cm^2)	0.049 (0.5)	0.098 (1)	0.19 (2)	0.29 (3)

10）乙炔安全附件管理。

① 乙炔表。乙炔可用乙炔表来测量和显示压力大小，乙炔表应在环境温度为 -40~60℃和相对湿度不大于80%的条件下使用。乙炔表的主要技术数据见表4-18。

表 4-18　乙炔表的主要技术数据

型号	表盘公称 直径/mm	测量下限 /(kgf/cm^2)	精度等级	连接螺纹
YI-36I	ϕ36	2.5	2.5	M8×1
YI-70	ϕ70	2.5	2.5	M1/4×18 牙
YA6	ϕ70	2.5	2.5	KM1/4×18 牙
YCH-60	ϕ60	1.6，2.5，4	2.5	M14×1.5

② 防爆膜的使用。在乙炔回火防止器的适当部位应设有一定面积的卸压孔。一旦发生爆炸，爆炸冲击波冲破卸压孔的膜而迅速卸压，以确保装置安全。由于乙炔的混合气体爆炸冲击波的主要方向是沿着装置的主轴线，故卸压孔最好设置在装置主轴线的上方。

卸压孔的膜片也称为安全膜或防爆膜，当乙炔工作时，卸压孔膜片要承受一定的工作压力、温度及气体腐蚀，还要保证其可靠的气密性；当遇到爆炸增压时，膜片要能迅速破裂，排出瞬时膨胀的气体，从而保证装置的安全。通常选用铝薄片作为安全膜材料，它的弹性小、易脆裂，但又有足够的强度，可使用较长时间不漏气，直径为100mm、厚度为0.15mm的铝片一般能承受0.25MPa（2.5kgf/cm^2）的静压力。

有些企业采用橡胶材料作为防爆膜片。由于其弹性过大，从增压到膜片破裂需要的时间过长，以致设备早已发生破裂而膜片仍未破裂，故应禁止使用橡胶材料做防爆膜的膜片。

防爆膜的膜片厚度可按下列公式计算：

$$\delta = \frac{p_n d}{\sigma}$$

式中，δ 为防爆膜膜片厚度（mm）；p_n 为膜片破裂时的压力（kgf/cm^2），一般为容器工作压力的1.25倍；d 为卸压孔直径（mm）；σ 为膜片材料的抗剪强度（kgf/cm^2），一般有色金属取 σ =（0.6~0.8）R_m；R_m 为膜片材料的抗拉强度（kgf/cm^2）。

当乙炔发生设备采用薄铝片做防爆膜时，其厚度 δ（单位为mm）可按下式计算：

$$\delta = (0.33 \sim 0.38) \times 10^{-3} p_n d$$

③ 乙炔回火防止器的安全使用。乙炔回火防止器是采用乙炔管道必不可少的安全装置。它的作用是防止焊炬和割炬回火时燃烧的混合气体从胶管倒入管道而引起爆炸。

回火是指可燃混合气体在焊炬或割炬内发生燃烧，并向可燃气体导管内扩散的一种现象。

乙炔回火防止器按作用来分有水封式（也称为湿式）及干式；按用途来分有集中式（也称为中央安全水封）及岗位式。

岗位式乙炔回火防止器的使用比较普遍，使用乙炔管道的都要配备这种回火防止器。这种回火防止器的特点是安全可靠，体积小、重量轻，结构简单，便于制造。

第四节　液化气、天然气和低温气瓶的使用

近年来，随着国民经济持续发展，液化石油气钢瓶和汽车用压缩天然气钢瓶的应用越来越广泛，不但在工业上，而且在民用上都被广泛使用。

一、液化石油气钢瓶的安全使用

1. 液化石油气钢瓶的主要规格

1）液化石油气钢瓶的主要规格见表4-19。

表4-19　液化石油气钢瓶规格

参　　数	YSP-10	YSP-15	YSP-50
钢瓶内直径/mm	314	314	400
公称容积/L	23.5	35.5	118
底座外直径/mm	300	300	400
护罩外直径/mm	190	190	190
钢瓶高度/mm	535	680	1215
充装质量/kg	≤10	≤15	≤50

2）液化石油气钢瓶如图4-18所示。

3）筒体：液化石油气钢瓶的筒体由钢板卷焊而成时，钢瓶的轧制方向应和筒体的环向一致。

4）封头：液化石油气钢瓶的封头应用整块钢板制成。

5）拉伸试验：液化石油气钢瓶母材的拉伸试验根据GB/T 228.1《金属材料　拉伸试验　第1部分：室温试验方法》进行。实际抗拉强度R_m不得低于母材标准规定值的下限，短试样的伸长率A值应符合相关规定的要求。

6）每只出厂的钢瓶均应有产品合格证，合格证的格式见表4-20。产品合格证所记入的内容应和制造厂保存的生产检验记录相符。

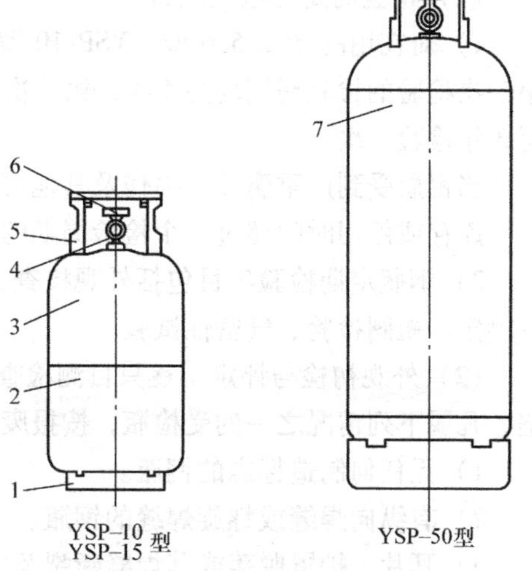

图4-18　液化石油气钢瓶

1—底座　2—下封头　3—上封头　4—瓶阀座　5—护罩　6—瓶阀　7—筒体

2. 液化石油气钢瓶的定期检验

液化石油气钢瓶是钢焊接气瓶，它的定期检验与安全使用和钢质气瓶有相同之处。由于液化石油气钢瓶使用的特殊性，所以液化石油气钢瓶的主要特点（部分内容与要求和钢质无缝气瓶相同）如下。

表 4-20　液化石油气钢瓶产品合格证

××××××××厂

液化石油气钢瓶

产品合格证

钢瓶名称＿＿＿＿＿＿＿＿

出厂编号＿＿＿＿＿＿＿＿

出厂批号＿＿＿＿＿＿＿＿

出厂日期＿＿＿＿＿＿＿＿

制造许可证号＿＿＿＿＿＿＿＿

本产品的制造符合 GB 5842—2006 和设计图样要求，经检验合格。

检验科长（章）　　　　质量检验专用章

年　　月

注：规格要统一，表心尺寸为 150mm × 100mm。

（1）检验周期与检验项目

1）对在用的 YSP-5.0 型、YSP-10 型和 YSP-15 型钢瓶，自制造日期起，第一次至第三次检验的检验周期均为 4 年，第四次检验有效期为 3 年；对在用的 YSP-50 型钢瓶，每 3 年检验一次。

当钢瓶受到严重腐蚀、损伤及其他可能影响安全使用的缺陷时，应提前进行检验。

库存或停用时间超过一个检验周期的钢瓶，启用前应进行检验。

2）钢瓶定期检验项目包括外观检查、壁厚测定、容积测定、水压试验或残余变形率测定、瓶阀检验、气密性试验。

（2）外观初检与评定　逐只目测检查（需要专用工具）易于发现和评定的外观缺陷，凡属下列情况之一的受检瓶，按报废处理。

1）无任何制造标志的钢瓶。

2）有纵向焊缝或螺旋焊缝的钢瓶。

3）耳片、护罩脱落或其焊缝断裂及主焊缝出现裂纹的钢瓶。

4）因底座脱落、变形、腐蚀、破裂、磨损及其他缺陷影响直立的钢瓶。

5）底座支撑面与瓶底中心的间距小于表 4-21 规定尺寸的钢瓶。

表 4-21　底座支撑面与瓶底中心的间距　（单位：mm）

型　　号	YSP-0.5，YSP-2.0，YSP-5.0	YSP-10，YSP-15	YSP-50
间　　距	4	6	8

6）局部或全面遭受火焰或电弧（制造焊缝除外）烧伤的钢瓶。

7）磕伤、划伤或凹坑深度大于规定或腐蚀部位深度大于规定的钢瓶。

8）主焊缝上及其两边各 50mm 范围内凹陷深度在 6mm 以上或其他部位凹陷深度大于规定的钢瓶。

9）瓶体倾斜、变形或封头直边存在纵向皱褶深度大于钢瓶外径 0.25% 的钢瓶。

二、汽车用压缩天然气钢瓶

用天然气替代汽油作为燃料的方法，为汽车用油开辟了一个新的途径。由于我国成品油严重短缺，采用天然气替代汽油具有重大意义，而管理天然气钢瓶显得十分重要。汽车用压缩天然气钢瓶（以下简称钢瓶）通用技术条件（部分内容与要求和钢质无缝气瓶相同，本书不再重复）如下。

（1）钢瓶技术条件　设计、制造公称工作压力为 16～20MPa（标准压力均指表压），公称容积为 30～120L，工作温度为 -50～60℃。

按标准制造的钢瓶只允许充装符合有关标准的，且经脱水、脱硫和脱轻油处理后，每标准立方米水分含量不超过 8mg 和硫化氢含量不超过 20mg 的作为燃料的天然气。

（2）结构型式和参数　钢瓶瓶体结构型式如图 4-19 所示，参数如下。

1）钢瓶的公称工作压力应为 16MPa 或 20MPa。公称水容积和公称外径一般应符合表 4-22 的规定。

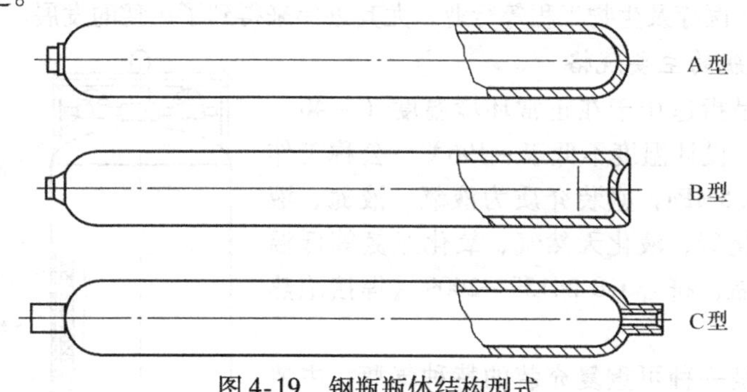

图 4-19　钢瓶瓶体结构型式

表 4-22　钢瓶的公称水容积和公称外径

项　　目	数　　值	允许偏差（%）
公称水容积 V/L	30，40，50，60，70，80，90，100，120	+5 0
公称外径 D_0/mm	219，229，232，245，267，273，335，425	±1

2）钢瓶型号由以下部分组成：

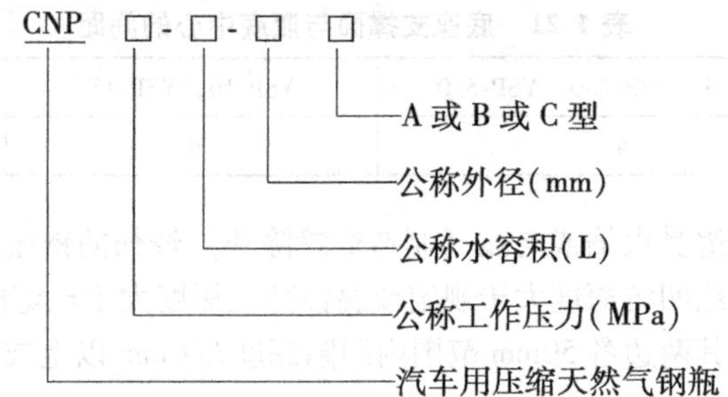

型号示例：公称工作压力为20MPa，公称水容积为60L，公称外径为229mm，结构型式为A的钢瓶，其型号标记为“CNP20-60-229A”。

（3）瓶体材料一般规定　瓶体材料应是碱性平炉、电炉或吹氧碱性转炉冶炼的无时效性镇静钢。

三、焊接绝热气瓶的推广使用

工业气体气瓶在工业企业已得到广泛应用。随着我国科学技术和工业经济持续发展，工业气体气瓶在应用中逐渐暴露出安全可靠性差、使用效率低等一系列问题。

20世纪90年代后，美国、欧盟等发达国家开始应用第二代工业气体气瓶——焊接绝热气瓶（以下简称“低温气瓶”），比原来的工业气体气瓶安全可靠性提高了85%，使用效率提高了500%，一只低温气瓶在工业企业可代替35只永久气体气瓶的使用。21世纪初，我国引进了低温气瓶生产制造技术。由于低温气瓶贮存、使用、运输深冷介质具有独特的技术优势和节能、节材、效能等价值，所以被广泛应用于机械、电子、冶金、航空航天、医疗及生物工程等行业，尤其近年来得到了迅猛的发展。

1. 低温气瓶的主要规格

低温气瓶是指适用于在正常环境温度（-40～60℃）下使用，设计温度不低于-196℃、公称工作压力为0.2～3.5MPa，盛装介质为液氧、液氮、液氩、液态二氧化碳、液化天然气、氧化亚氮等低温液化气体的气瓶，符合GB 24159—2009《焊接绝热气瓶》。

低温气瓶是一种可重复充装的特种气瓶，主要用于贮存液氮、液氧、液氩、液化天然气等低温气体。该气瓶由奥氏体不锈钢内胆、外壳、连接内胆的支撑系统和内蒸发器及管路阀门等组成，并采用高真空多层绝热方式，具有安全可靠、使用方便、装载率高、气体纯度高等特点，已被广泛应用，并有巨大的市场潜力。

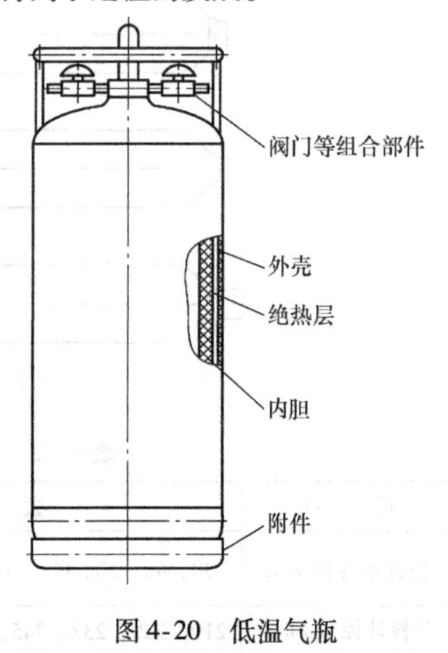

图4-20　低温气瓶结构型式

1）低温气瓶的结构型式为立式，如图4-20所示。

2）低温气瓶的产品型号，表示方法如下：

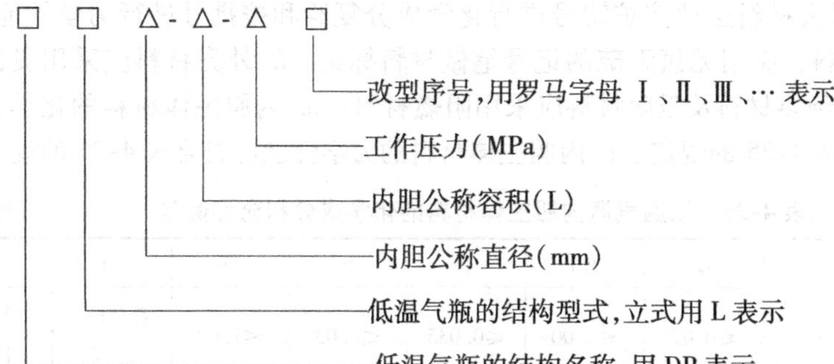

型号应用示例：DPL450-175-1.4Ⅱ，表示公称容积为175L、工作压力为1.4MPa、内胆公称直径为450mm、第二次改型的立式低温气瓶。

3）低温气瓶公称容积 V 和内胆公称直径 D 应符合表4-23的规定。

表4-23 低温气瓶主要参数

公称容积 V/L	10～25	25～50	50～150	150～200	200～450
内胆公称直径 D/mm	220～300	300～350	350～400	400～460	460～800

4）工作压力为1.0～1.6MPa的低温气瓶的静态蒸发率应符合表4-24的规定，其他工作压力的气瓶静态蒸发率应符合设计图样的规定。

表4-24 低温气瓶静态蒸发率

公称容积 V/L	10	25	50	100	150	175	200	300	450
静态蒸发率 η /[(%)/d]≤	5.45	4.2	3.0	2.8	2.5	2.1	2.0	1.9	1.8
真空夹层漏率 /(Pa·m³/s)	$\leqslant 2\times10^{-8}$			$\leqslant 6\times10^{-8}$					
漏放气速率 /(Pa·m³/s)	$\leqslant 2\times10^{-7}$			$\leqslant 6\times10^{-7}$					

注：1. 公称容积为推荐参考值。
2. 静态蒸发率指液氮的静态蒸发率。

5）气瓶内胆的壁厚计算压力为工作压力的2倍，压力试验压力为工作压力的2倍。

6）材料的一般规定：a. 低温气瓶的内胆材料应采用奥氏体型不锈钢，且应符合GB/T 3280或GB/T 4237等相应材料标准的规定。若采用国外材料时，应符合国外相应规范和标准的规定，力学性能不得低于国内标准相应材料的技术指标。b. 焊在内胆上所有的零部件应采用与内胆材料性质相适应的奥氏体型不锈钢材料，并应符合相应技术标准的规定。c. 所采用的不锈钢焊接材料焊成的焊缝，其熔敷金属化学成分应与母材相同或相近，且抗拉强度不得低于母材抗拉强度规定值的下限。d. 材料（包括焊接材料）应具有材料生产单位提供的质量证明书原件。从非材料生产单位获得材料时，应同时取得材料质量证明书原件或加盖供材单位检验公章和经办人章的有效复印件。e. 内胆筒体和封头材料必须按炉罐号进行化学成分复验和按批号进行力学性能复验，经复验合格的材料，应用无氯无硫的记号笔做材料标记。f. 外壳材料应采用奥氏体不锈钢或碳钢。g. 绝热材料及吸附材料应采用阻燃材料。h. 内胆主体材料的化学成分及允许偏差应符合表4-25的规定。i. 内胆主体材料的力学性能应符合表4-26的规定。

表4-25　低温气瓶内胆主体材料的化学成分和允许偏差　　（%）

化学成分	C	Mn	P	S	Si	Ni	Cr
含量（质量分数）	≤0.07	≤2.00	≤0.035	≤0.03	≤1.00	8.00～11.0	17.00～19.00
允许偏差	±0.01	±0.04	+0.005	+0.005	±0.05	±0.10	±0.20

表4-26　低温气瓶内胆主体材料的力学性能

抗拉强度 R_m	规定非比例延伸强度 $R_{p0.2}$	断后伸长率 A
≥520MPa	≥205MPa	≥40%

2. 积极开展低温气瓶定期检验

现有低温气瓶的使用问题

1）大量低温气瓶未经检验合格超期使用，存在不同程度的安全隐患。

2）部分低温气瓶绝热性能下降，静态蒸发率严重超标，不符合节能要求。

3）部分低温气瓶安全部件或附件失灵或缺失，气瓶安全性能得不到保障。

4）少数使用单位擅自改装低温气瓶，封堵部分管路，严重影响低温气瓶安全运行。

5）少量低温气瓶由于绝热性能下降且使用频繁，在冷热应力交替作用下，内筒已出现贯穿性裂纹。

第五章　压力管道定期检验与维护

特种设备是企业的“心脏”，而压力管道则是企业的“动脉”。压力管道一旦发生故障，就会导致生产停顿，甚至发生事故，使企业生产经营无法安全、可靠、正常运行。为了加强压力管道的管理，原国家质检总局颁布了 TSG D7005—2009《压力管道使用登记管理规则》，并于2009 年 12 月 1 日起施行；颁布了 TSG D7005—2018《压力管道定期检验规则——工业管道》，并于2018 年 5 月 1 日起施行。

第一节　压力管道使用登记

压力管道使用单位、产权单位、个人业主（以下统称使用单位）应当按照规定办理使用登记。

一、压力管道使用登记的管理

1）使用单位根据压力管道的类别，按照以下原则，分别填写一个或者若干个“压力管道使用登记表”（以下简称“使用登记表”），见表5-1。

① 长输（油气）管道按照管辖部门的不同填写。

② 公用管道按照区域的不同填写。

③ 工业管道、动力管道按照工艺管道、公用工程管道等形式填写。

2）“使用登记表”按照压力管道名称（即登记单元）填写。工业管道、动力管道、公用管道中的热力管道、门站和阀站内的压力管道的登记单元确定原则如下：a. 按设计管线表编号：从始端至终端的所有管段为登记单元。b. 按物流输送的形式：以物流从流出设备至流入设备之间的每条管道为登记单元。c. 按装置、系统形式：以装置和系统内、外进行划分，以装置和系统内（或者装置和系统外）每条管道为登记单元，见表5-2。

3）使用登记程序包括申请、受理、审查和发证。

新建、扩建、改建压力管道在投入使用前或者使用后 30 个工作日内，使用单位应当填写《使用登记表》（一式两份，附电子文档），携同以下资料向登记机关申请办理使用登记：a. 压力管道使用安全管理制度。b. 事故应急预案（适用于输送易燃、易爆、有毒介质或者介质温度大于 200℃的压力管道）。c. 压力管道安全管理人员和操作人员名录，需要列出姓名、身份证号、特种设备作业人员证件编号及其持证种类、类别和项目（下同）。d. 安装监督检验机构出具的压力管道安装监督检验报告。

4）登记机关在收到使用单位的申请资料后，对压力管道登记单元数量较少、能当场审核的，应当当场审核，符合 TSG D5001 规定的当场办理使用登记并发放《压力管道使用登记证》（以下简称“《使用登记证》”）；不符合规定的，应当出具不予受理决定书。不能当场审核的，应当在5 个工作日内将不予受理的决定书面通知使用单位，并且说明理由；需要进行现场核查的，现场核查的时间除外。

表 5-1　压力管道使用登记表

编号：

使用单位：　　　　（公章）　　使用单位地址：　　　　省市区（县）　　　　主管部门：

行业：　　　　联系电话：　　安全管理部门：　　　　安全管理人员：　　　　经办人：

压力管道类别：　　　　　　工程（装置）名称：　　　　　　　　　　　　共　页　第　页

序号	管道名称（登记单元）	管道编号	管道级别	设计单位	安装单位	安装年月	投用年月	管道规格			设计/工作条件			管道级别	检验结论	检验机构	压力管道代码	下次检验日期	固定资产值/万元	备注
								公称直径/mm	公称壁厚/mm	管道长度/km	压力/MPa	温度/℃	介质							
											—	—	—							
											—	—	—							
											—	—	—							
											—	—	—							
											—	—	—							
											—	—	—							
											—	—	—							

审核日期：　　年　月　日　登记意见：　　　　登记日期：　　年　月　日　登记人员：　　　登记机关：（盖章）

年　　月　　日

表 5-2 压力管道数据表

管线号	公称直径	管道等级	介质		起止点		设计参数		工作参数				内外防护				试压介质	清洗介质	流程图尾号	管道类别
			名称	状态	起点	终点	温度/℃	压力/MPa	温度/℃		压力/MPa		代号	隔热材料	隔热厚度/mm	内外防护				
									正常	最高	正常	最大								

共 页 第 页

登记机关应当自受理之日起15个工作日内完成登记，一次登记数量较多的可以在30个工作日内完成登记。

5）监督检验、定期检验或者基于风险检验的结论意见应符合安全技术规范及其相应标准要求。满足使用登记要求的压力管道，登记机关应当对《使用登记表》中的每个登记单元编制压力管道代码（同一登记单元压力管道代码不变）。压力管道代码如图5-1所示。

6）定期检验或者基于风险检验结论意见为监控使用的压力管道，登记机关在《使用登记表》中的每个登记单元只编制（临时）压力管道代码，所颁发的《使用登记证》上注明有效期，此类压力管道应当严格在限制条件下监控使用。

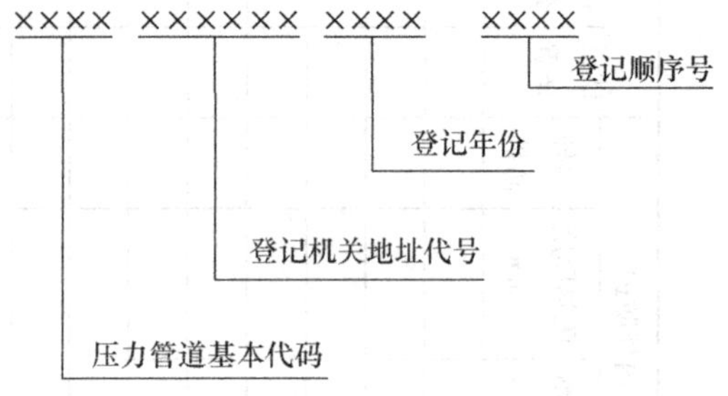

图5-1　压力管道代码示意图

7）压力管道代码编制。

① 压力管道基本代码应符合《特种设备目录》的规定，如长输管道为8100，公用管道为8200，工业管道为8300，动力管道为8400。

② 登记机关地址代号由6位阿拉伯数字表示，其含义参考GB/T 2260—2007《中华人民共和国行政区划代码》的规定，如北京市丰台区为110106。

8）《使用登记证》编号，如图5-2所示。

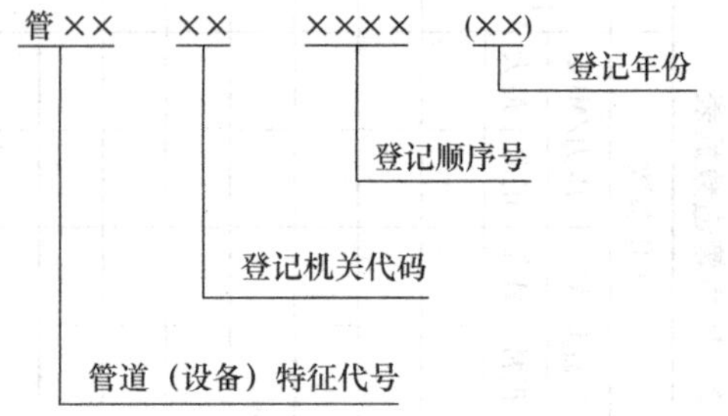

图5-2　《使用登记证》编号示意图

例如，北方某市开发区某公司2015年到该市技术监督局办理《使用登记证》，登记机关颁发该类别压力管道，使用登记证总的顺序号排到718，则登记证编号为：管GC辽B0718（15）。

9）《使用登记证》应注明有效期，到期需要换证的，应当在《使用登记证》有效期内完成定期检验工作，然后由使用单位填写“使用登记表”（一式两份、附电子文档），携同以下资料向登记机关申请换证：a. 原《使用登记证》。b. 压力管道运行和事故记录。c. 压力管道安全管理人员和操作人员名录。d. 压力管道定期检验报告或者基于风险的检验评价报告。

10）使用单位对压力管道使用登记情况进行管理，有条件的使用单位应当建立压力管道使用登记信息管理系统。

11）各级特种设备安全监督部门负责对使用单位的执行情况进行监督检查，每年对以下重要压力管道进行重点监督检查：a. 存在可能造成特大事故隐患的压力管道。b. 关系重大经济安全的压力管道。c. 可能造成严重社会影响的压力管道。d. 重要地区和场所使用的压力管道。e. 人员密集地区经检验为监控使用的压力管道。

二、压力管道级别的划分

1. GC1 级

符合下列条件之一的压力管道为 GC1 级：

1）输送毒性程度为极度危害介质、高度危害气体介质和工作温度高于其标准沸点的高度危害的液体介质的压力管道。

2）输送火灾危险性为甲、乙类可燃气体或者甲类可燃液体（包括液化烃），并且设计压力大于等于 4.0MPa 的压力管道。

3）输送除前两项介质以外的流体介质且设计压力大于等于 10.0MPa 的压力管道，或者设计压力大于等于 4.0MPa 且设计温度高于 400℃（包含 400℃）的压力管道。

2. GC2 级

除了第 3 条规定的 GC3 级管道外，介质毒性程度、火灾危险性（可燃性）、设计压力和设计温度低于 GC1 级的压力管道。

3. GC3 级

输送无毒、非可燃流体介质，设计压力小于等于 1.0MPa，并且设计温度为 -20 ~ 185℃的压力管道。

三、介质毒性、腐蚀性和火灾危险性

1. 一般规定

1）压力管道中介质毒性程度、腐蚀性和火灾危险性的划分应当以介质的《化学品安全技术说明书》（CSDS）为依据进行确定。

2）介质同时具有毒性及火灾危险性时，应当按照毒性危害程度和火灾危险性的划分原则分别定级。

3）介质为混合物时，应当按照有毒化学品的组成比例及其急性毒性指标（LD_{50}、LC_{50}），采用加权平均法，获得混合物的急性毒性（LD_{50}、LC_{50}），然后按照毒性危害级别最高者确定混合物的毒性危害级别。

2. 毒性危害程度

1）压力管道中介质毒性程度的分级应当符合 GBZ 230《职业性接触毒物危害程度分级》的规定，以急性毒性、实际危害后果与愈后、致癌性等指标为基础的定级标准，见表 5-3。

表 5-3　介质毒性危害程度分级依据

指标		分级		
		Ⅰ（极度危害）	Ⅱ（高度危害）	Ⅲ（中度危害）
急性毒性	吸入 $LC_{50}^{①}$/(mg/m³)	50 ~ 100	100 ~ 500	500 ~ 10000
	经皮 LD_{50}/(mg/kg)	<50	50 ~ 200	200 ~ 1000
	经口 LD_{50}/(mg/kg)	<5	5 ~ 50	50 ~ 100
实际危害后果与愈后		职业中毒病死率 ≥10%	职业中毒病死率 <10%，或致残（不可逆损害）	器质性损害（可逆性重要脏器损害），脱离接触后可治愈
致癌性		人类致癌物	近似人类致癌物	可能人类致癌物

① 包括气体、蒸气、粉尘和烟雾。

2）压力管道中介质的毒性危害程度包括极度危害、高度危害及中度危害三个级别。

3）如果以实际危害后果与愈后和致癌性指标确定的介质毒性危害程度明显高于危害程度级别时，应当根据压力管道具体工况，综合分析、全面权衡，适当提高介质的毒性危害程度级别。

3. 腐蚀性

压力管道中的腐蚀性液体是指：与皮肤接触4h内出现可见坏死现象，或55℃时对20钢的腐蚀率大于6.25mm/a的流体。

4. 火灾危险性

1）压力管道中介质的火灾危险性包括GB 50160《石油化工企业设计防火规范》及GB 50016《建筑设计防火规范》中规定的甲类、乙类可燃气体、液化烃和甲类、乙类可燃液体。工作温度超过其闪点的丙类可燃液体，应当视为乙类可燃液体。

2）原国家安全生产监督管理总局颁布的《危险化学品名录》中的第1类爆炸品、第2类第2项易燃气体、第4类易燃固体、自燃物品和遇湿易燃物品及第5类氧化剂和有机过氧化物，应当根据其爆炸或者燃烧危险性、闪点和介质的状态（气体、液体）视为甲类、乙类可燃气体、液化烃或者甲类、乙类可燃液体。

3）甲类可燃气体指可燃气体与空气混合物的爆炸下限小于10%（体积分数）；乙类可燃气体指可燃气体与空气混合物的爆炸下限大于或者等于10%（体积分数）；液化烃指15℃时的蒸气压力大于0.1MPa的烃类液体和类似液体；甲类可燃液体指闪点小于28℃的可燃液体，乙类可燃液体指闪点高于或者等于28℃但小于60℃的可燃液体；工作温度超过闪点的丙类可燃液体（闪点高于或者等于60℃），应当视为乙类可燃液体。

四、压力管道技术管理

1. 管道图管理的要求

为加强各种管道的管理，确保安全运行，应按要求整顿各类管道和绘制压力管道图，并责成有关部门指定专人管理。

各种管道图应统一以全厂建筑物平面布置图为底图进行绘制。全厂平面图的绘制应符合GB/T 50001《房屋建筑制图统一标准》的规定，并采用建筑坐标进行标注，各管线应对建筑物标注距离尺寸或用建筑坐标标注其方位。

管道图中各管道口径（公称直径）一般用DN表示，以mm为单位，其余尺寸一律以m为单位，并精确到小数点后两位进行标注，原有的建筑物和各种管线可放宽到小数点后一位进行标注。各类管道图可分类、分片进行绘制，也可合画在一张平面图上。

2. 管道图绘制规定

1）各类压力管道中的管件符号应按GB/T 6567.1～5的规定绘制。

2）输送液体与气体管路符号的规定：输送各种液体与气体的管路一律用实线表示，为了区别各种不同的管路，在线的中间必须注上汉语拼音字母的规定符号。

符号共划分若干大类，每大类采用同一个字母或两个字母，其右下方则注以数字，表示不同性质的液体、气体的管路。

3）给水管的规定符号为“S”，具体规定如下：S 为给水管（不分类型）；S_1为生产水管；S_2为生活水管；S_3为生产、生活消防水管；S_4为生产消防水管；S_5为生活消防水管；S_6为消防水管；S_7为高压供水管；S_8为软化水管；S_9为冲洗水管；S_{10}为低温水管；S_{11}为城市水管；S_{12}为原有水管（利用）；S_{13}为原有水管（废除）。

4）循环水管的规定符号为“XH”。

5）化工管的规定符号为“H”。

6）热水管的规定符号为“R”，具体规定如下：R 为热水管（不分类型）；R_1为生产热水管（循环自流）；R_2为生产热水管（循环压力）；R_3为生活热水管；R_4为热水回水管；R_5为采暖温水送水管；R_6为采暖温水回水管。

7）凝结水管的规定符号为“N”，具体规定如下：N_1为凝结水管；N_2为凝结回水管（自流）；N_3为凝结回水管（压力）。

8）冷冻水管的规定符号为“L”，具体规定如下：L_1为冷冻水管；L_2为冷冻回水管。

9）蒸汽管的规定符号为“Z”。

10）压缩空气管的规定符号为“YS_1”。

11）氧气管的规定符号为“YQ”。

12）氮气管的规定符号为“DQ”。

13）氢气管的规定符号为“QQ”。

14）乙炔管的规定符号为“YJ”。

15）油管的规定符号为“Y”，具体规定如下：Y_1为原油管；Y_3为车用汽油管；Y_5为燃料油管；Y_7为柴油管；Y_9为重油管；Y_{11}为润滑油管。

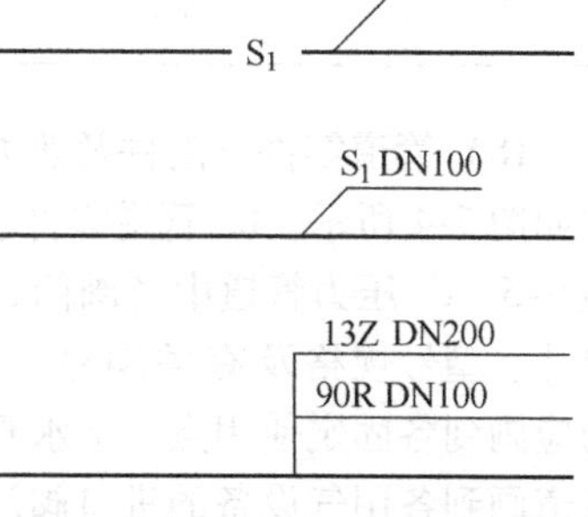

图 5-3　管道标注方法示意图

16）图上管路的直径尺寸、流体参数和代号可按图 5-3所示方法标注。管道的规定符号一般用汉语拼音字母表示。阿拉伯数字表示流体参数。例如 S_1DN100表示生产水管，其公称直径为 100mm；13ZDN200 表示 13 个绝对大气压的公称直径为 200mm 蒸汽管道；90RDN100 表示 90℃的公称直径为 100mm 热水管路。

17）图上同时出现地面和埋地管线时，埋地管线可用虚线表示，但表示时必须注上标高，每张管线图一般要列出所用规定符号的说明，同一图上的管道不论管子大小，必须用同等粗细的线条画出。压力管道的辅助图例及符号见表 5-4。

表 5-4　压力管道的辅助图例及符号

序　　号	名　　称	图　　例	备　　注
1	保湿管		全部的可用直线或文字说明
2	地沟管		全部的可用直线或文字说明
3	架空管		有了标高可不注符号

（续）

序　号	名　称	图　例	备　注
4	原有管	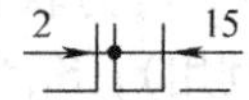 2　15	2、15 为线距及线段长度
5	埋地管	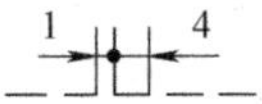 1　4	可用实线表示，但必须注上标高
6	管路坡度及方向	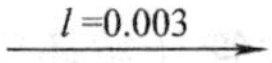 l=0.003	—
7	暖气管井	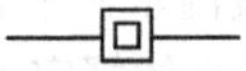	原有的井可用虚线表示
8	上水管井、下水管井、排水沟井	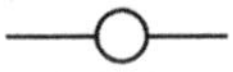	原有的井可用虚线表示
9	消火栓井		原有的井可用虚线表示
10	化粪池	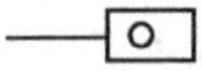	原有的池可用虚线表示
11	雨水井		原有的井可用虚线表示

18）管道零件、附件及热力工程的规定符号如下：a. 管道及其连接的一般符号规定如图5-4所示。b. 管道零件、附件及热力工程的规定符号见表5-5。c. 压力管道中各阀门、表针均应单独在图上标注方位尺寸、型号规格及有关编号。d. 压力管道图（厂区或车间）均应画到各固定使用点，给水管道画到各用户龙头，压缩空气管道画到各用气设备的进口阀门等。

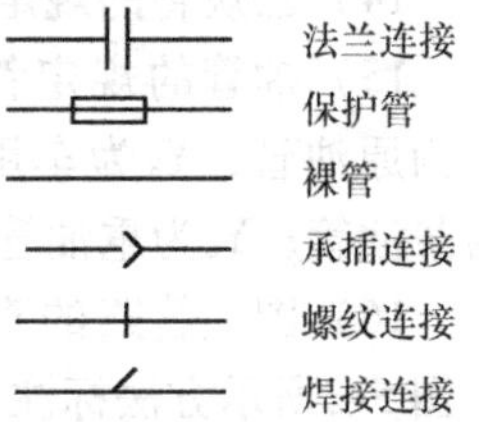

法兰连接
保护管
裸管
承插连接
螺纹连接
焊接连接

图5-4　管线及其连接的一般符号规定

3. 管道技术管理内容

（1）管道的直径　管道的直径通常指管子的公称直径，以mm为单位，用DN表示。公称直径既不等于管子内径，也不等于管子外径，一般接近于管子内径。常用无缝钢管按生产工艺不同分为热轧管和冷拔管，规格用外径乘壁厚表示。例如公称直径为150mm、壁厚为4.5mm、外径为159mm的无缝钢管，其公称直径表示法为DN150，管子表示法为$\phi 159\times 4.5$。

GB/T 1047—2005 规定的管道标准公称直径DN系列见表5-6。

表5-5　管道零件、附件及热力工程的规定符号

序号	名　称	连接时的规定符号		
		法兰连接	承插连接	螺纹连接
1	承接管			
2	带法兰的管			
3	带螺纹与管套的管			

（续）

序号	名　称	连接时的规定符号		
		法兰连接	承插连接	螺纹连接
4	有固定支点的管			
5	有活动支点的管			
6	有异动支点的管			
7	套管式伸缩器			
8	有固定点的套管式伸缩器			
9	波形伸缩器			
10	弧形伸缩器			
11	方形伸缩器			
12	折皱伸缩器			
13	管接头			
14	弯管			
15	直角弯头			
16	带座直角变弯头			
17	正三通			
18	斜三通			
19	单弯三通			
20	双弯三通			
21	叉形三通			

表 5-6　管道标准公称直径 DN 系列　　(单位：mm)

6	8	10	15	20	25	32	40	50	65	80	100	125	150	200	250	300	350	400
450	500	550	600	650	700	750	800	850	900	950	1000	1050	1100	1150	1200	1300	1400	1500
1600	1700	1800	2000	2100	2200	2300	2400	2500	2600	2700	2800	2900	3000	3200	3400	3600	3800	4000

(2) 管道的公称压力　管道的压力等级是以公称压力划分的，公称压力用 PN 表示，单位为 MPa。按公称压力大小可将管子分为低压 (0 < PN ≤ 1.6MPa)、中压 (1.6MPa < PN ≤ 10MPa)、高压 (PN > 10MPa) 三类。

GB/T 1048—2005 规定的管道公称压力与试验压力标准系列见表 5-7。

表 5-7　管道的公称压力与试验压力标准系列　　(单位：MPa)

公称压力	0.25	0.6	1.0	1.6	2.5	4	6.3	10	16	25	32	40
试验压力	0.4	0.9	1.5	2.4	3.2	6	9.6	15	24	38	48	56

碳钢管公称压力、温度等级和最大操作压力关系见表 5-8。

表 5-8　碳钢管公称压力、温度等级和最大操作压力关系

公称压力/MPa	介质工作温度/℃						
	≤200	250	300	350	400	425	500
	最大工作压力/MPa						
0.25	0.25	0.23	0.2	0.18	0.16	0.14	0.11
0.6	0.6	0.55	0.5	0.44	0.38	0.35	0.27
1.0	1.0	0.92	0.82	0.73	0.64	0.58	0.45
1.6	1.6	1.5	1.3	1.2	1.0	0.9	0.7
2.5	2.5	2.3	2.0	1.8	1.6	1.4	1.1
4.0	4.0	3.7	3.3	3.0	2.8	2.3	1.8
6.3	6.4	5.9	5.2	4.7	4.1	3.7	2.9
10	10	9.2	8.2	7.3	6.4	5.8	4.5
16	16	14.7	13.1	11.7	10.2	9.3	7.2
25	25	23	20.5	18.2	16	14.5	11.2
32	32	29.4	26.2	23.4	20.5	18.5	14.4
40	40	36.8	32.8	29.2	25.6	32	18

(3) 管道的分类　管道按其材质可分为钢管、有色金属管、铸铁管及非金属管。

1) 钢管。

① 一般无缝钢管，用于制作流体介质管道或制作结构管件等，标准为 GB/T 8163—2018《输送流体用无缝钢管》。常用规格为：冷拔 (轧) 管外径 6 ~ 200mm，壁厚 0.25 ~ 14mm；热轧管外径 32 ~ 630mm，壁厚 2.5 ~ 75mm。

② 化肥用高压无缝钢管，主要用于输送介质为合成氨原料气（氢与氮）及氨、甲醇、尿素等，压力为22MPa、32MPa。温度为 -40～400℃的化工原料介质的管道，标准为 GB 6479《高压化肥设备用无缝钢管》。

③ 石油裂化用无缝钢管，主要用于石油精炼厂的炉管、热交换管及其管道，标准为 GB 9948《石油裂化用无缝钢管》。

④ 不锈耐酸无缝钢管，主要用于化工、石油、机械用管道，尤其适用于输送强腐蚀性介质、低温或高温介质。标准为 GB/T 14976《流体输送用不锈钢无缝钢管》。

⑤ 焊接钢管，主要用于公称压力≤1.6MPa 的管道上，因其管壁纵向有一条焊缝，故称为焊接钢管。可分为低压流体输送用焊接钢管、螺旋缝电焊钢管、钢板卷制直缝电焊钢管。

2）有色金属管。

① 铝及铝合金管，主要用于输送脂肪酸、硫化氢、二氧化碳和硝酸、醋酸等管道。它一般采用拉制和挤压方法生产，具有质量轻、不锈蚀等特点，但其机械强度较差，不能承受较高压力。

② 铜及铜合金管，主要用于输送油类管道、保温伴管及空分氧气管道。一般采用拉制和挤制方法生产。

③ 钛管，常用于其他管材无法胜任的工艺部位。主要特点是质量轻、强度高、耐腐蚀、耐低温，适用温度范围为 -140～250℃，当温度 >250℃时，其力学性能将下降。

3）铸铁管。

① 高硅铸铁管，是由含碳量在0.5%～1.2%、含硅量在10%～17%（均为质量分数）的铁硅合金组成，具有很高的耐腐蚀性能。常用的高硅铸铁含硅量为14.5%（质量分数），随着含硅量的增加，耐腐蚀性能增大，但脆性也变大。一般使用压力为0.25MPa 以下。

② 普通铸铁管，普通承插铸铁管用于给水排水管道，按压力不同分为低压管（<0.45MPa）、中压管（0.45～0.75MPa）和高压管（0.75～1.0MPa）。将管与法兰铸成一体的普通法兰铸铁管拆卸方便，应用较广泛。

（4）压力管道的涂色　压力管道油漆色标应按表 5-9 的规定涂色，压力管道的色环宽度及间距应按表 5-10 的规定涂刷，管道示意图上的管道颜色与此一致。

石油、化工等行业由于工艺生产的特殊性，故专门制定行业工业管道的涂色规定和要求，请参照有关规定执行。

4. 压力管道的间距规定

为了确保企业内各种压力管道、工业管道和电力、电信线路安全可靠、经济合理地运行，特制定压力管道的间距规定，供企业在管线设计、安装及维修时参照执行。

表5-9 压力管道的涂色和色环颜色

管道名称	颜色		管道名称			颜色	
	基本色	色环				基本色	色环
过热蒸汽管	红	黄	天然气管			黄	黑
饱和蒸汽管	红		高热值煤气管			黄	—
压缩空气管	浅蓝	—	低热值煤气管			黄	褐
凝结水管	绿	红	氢气管			白	红
热水供水管	绿	黄	液化石油气管			黄	绿
热水回水管	绿	褐	制冷系统管道	氨管道	吸入管	蓝	—
工业用水管	黑	—			液体管	黄	—
工业用水管（和消防用水合用管道）	黑	橙黄			压出管	红	—
					油　管	淡黄	—
生活饮用水管	蓝	—			空气管	白	—
消防用水管	橙黄	—		盐水管道	压出管	绿	—
雨水管	绿	—			回流管	褐	—
油管	黄色	—					
乙炔管	白色	—		水管道	压出管	浅蓝	—
氧气管	深蓝	—			回流管	紫	—

注：1. 在管道交叉处、阀门操作管道弯头处等地方，应在管道上标示介质流动方向箭头。

2. 设备涂色的一般规定：暖气片、暖风机等用银白色；压缩空气储气罐用灰色；离子交换器用绿色或灰色；加热器、热交换器等用红色；水箱用绿色。

3. 考虑到企业现况，对室外的蒸汽管道（已采取保温措施）和煤气管道，管道交叉处、管道弯头处及阀门两边的管道均应明显涂刷长度2m的面色；在直管道上，每隔50m要明显涂刷长度2m的面色。

表5-10 压力管道的色环宽度及间距 （单位：mm）

管道保温层外径	色环宽度	色环间距
<150	50	5~10
150~300	70	10~20
>300	100	20~40

（1）固定支架及常用管道支架间距规定

1）固定支架最大间距见表5-11。

表5-11 固定支架最大间距

公称直径/mm	25	32	40	50	65	80	100	125	150	200	250	300
最大间距/m	30	35	45	50	55	60	65	70	80	90	100	115

2）常用管道支架最大间距见表5-12。

（2）厂区及车间架空管道间距规定　厂区及车间架空管道最小水平、交叉敷设净距见表5-13。

表 5-12 常用管道支架最大间距

公称直径/mm		15	20	25	32	40	50	65	80
管子规格尺寸/mm		D18×3	D25×3	D32×3.5	D38×3.5	D45×3.5	D57×3.5	D73×1	D89×4
支架间距/m	不保温	2.5	3	4	4.5	5	5	6	6
	保温	1.5	2	2	2.5	3	3	4	4
公称直径/mm		100	125	150	200	250	300	350	100
管子规格尺寸/mm		D108×4	D133×4	D157×4.5	D219×6	D273×8	D325×8	D377×9	D426×9
支架间距/m	不保温	6.5	7	8	9	10	10	11.5	12
	保温	4.5	5	6	7.5	9	9.5	10	10.5

表 5-13 厂区及车间架空管道最小水平、交叉敷设净距 （单位：m）

序号	管线名称	给水排水管道		热力管道		非燃气体管道		氧气管道		煤气管道		燃油管道		乙炔管道	
		平行	交叉	平行	交叉	平行	交叉	平行	交叉	平行	交叉	平行	交叉	平行	交叉
1	给水排水管道	—	—	0.1	0.1	0.15	0.1	0.25	0.1	0.25	0.1	0.25	0.1	0.25	0.25
2	热力管道	0.1	0.1	—	—	0.15	0.1	0.25	0.1	0.25	0.1	0.25	0.1	0.25	0.25
3	非燃气体管道①	0.1	0.1	0.1	0.1	—	—	0.25	0.1	0.25	0.1	0.15	0.1	0.25	0.25
4	氧气管道	0.25	0.1	0.25	0.1	0.25	0.1	—	—	0.5	0.25	0.5	0.3	0.25	0.25
5	乙炔管道	0.25	0.25	0.25	0.25	0.25	0.25	0.5	0.25	0.5	0.25	0.5	0.25	—	—
6	煤气管道	0.25	0.1	0.25	0.1	0.5	0.25	0.5	0.25	—	—	0.25	0.1	0.5	0.25
7	燃油管道	0.15	0.1	0.15	0.1	0.25	0.1	0.5	0.25	0.3	0.1	—	—	0.5	0.25
8	滑触线	1.0	0.5	1.0	0.5	1.0	0.5	1.5	0.5	1.5	0.5	1.5	0.5	3.0	0.5
9	裸导线	1.0	0.5	1.0	0.5	1.0	0.5	1.0	0.5	1.0	0.5	1.0	0.5	2.0	0.5
10	绝缘导线和电缆	0.2	0.1	1.0	0.3	0.5	0.5	0.5	0.3	1.0	0.3	1.0	0.3	1.0	0.5
11	穿有导线的电气管	0.1	0.1	1.0	0.3	0.1	0.1	0.5	0.1	0.1	0.1	0.1	0.1	1.0	0.25
12	插接式母线 悬挂式干线	0.2	0.1	1.0	0.3	1.0	0.5	1.5	0.5	2.0	0.5	2.0	0.5	3.0	1.0
13	非防爆型开关、插座、配电箱等	0.1	0.1	0.5	0.5	0.1	0.1	1.5	1.5	1.5	1.5	1.5	1.5	3.0	3.0

① 非燃气体管道是指压缩空气、二氧化碳、氮等不燃不爆气体管道。

（3）厂区地下管道与建、构筑物间距规定

1）厂区地下管道之间最小水平净距见表 5-14。

表 5-14 厂区地下管道之间最小水平净距 （单位：m）

管线名称	给水排水管道	热力管道或地沟	氧气、乙炔管道	煤气管道压力 p/MPa			非燃气体管道	电力或电信电缆
				$p<0.15$	$0.15<p<0.29$	$0.29<p<0.78$		
给水排水管道	—	1.5	1.5	1.0	1.5	2.0	1.5	1.0
热力管道或地沟	1.5	—	1.5	2.0	2.0	2.0	1.0	2.0
氧气、乙炔管道	1.5	1.5	—	1.0	1.5	2.0	1.5	1.0

（续）

管线名称		给水排水管道	热力管道或地沟	氧气、乙炔管道	煤气管道压力 p/MPa			非燃气体管道	电力或电信电缆
					$p<0.15$	$0.15<p<0.29$	$0.29<p<0.78$		
煤气管道压力 p/MPa	$p<0.15$	1.0	2.0	1.5	—	—	—	1.0	1.0
	$0.15<p<0.29$	1.5	2.0	1.5	—	—	—	1.5	1.0
	$0.29<p<0.78$	2.0	2.0	2.0	—	—	—	2.0	1.0
非燃气体管道		1.5	1.0	1.5	1.0	1.5	2.0	—	1.0
电力或电信电缆		1.0	2.0	1.0	1.0	1.0	1.0	1.0	—
排水暗渠		—	1.0	1.0	1.0	1.0	1.0	1.0	—
排水明渠（包括土沟）		—	1.0	1.0	1.0	1.0	1.0	1.0	—

2）厂区地下管道之间最小交叉净距见表5-15。

表5-15 厂区地下管道之间最小交叉净距 （单位：m）

管线名称		给水排水管道	热力管道或地沟	氧气、乙炔管道	煤气管道压力 p/MPa			非燃气体管道	电力或电信电缆
					$p<0.15$	$0.15<p<0.29$	$0.29<p<0.78$		
给水排水管道		—	0.15	0.25	0.15	0.25	0.25	0.15	0.5
热力管道或地沟		0.15	—	0.25	0.15	0.15	0.15	0.15	0.5
氧气、乙炔管道		0.25	0.25	—	0.25	0.25	0.25	0.25	0.5
煤气管道压力 p/MPa	$p<0.15$	0.15	0.15	0.25	—	—	—	0.15	0.5
	$0.15<p<0.29$	0.25	0.15	0.25	—	—	—	0.15	0.5
	$0.29<p<0.78$	0.25	0.15	0.25	—	—	—	0.15	0.5
非燃气体管道		0.15	0.15	0.25	0.15	0.15	0.15	—	0.5 (0.25)①
电力或电信电缆		0.5	0.5	0.5	0.5	0.5	0.5	0.5 (0.25)①	—
排水暗渠		0.5	0.5	0.5	0.5	0.5	0.5	0.15	0.5
排水明渠（包括土沟）		0.5	0.5	0.5	0.5	0.5	0.5	0.5	0.5

① 括号内的数字是电缆与管道交叉处1m范围内电缆用套管或隔板保护时的净距。

3）厂区埋地管道与建、构筑物之间的水平净距见表5-16。

表5-16 厂区埋地管道与建、构筑物之间的水平净距 （单位：m）

建、构筑物名称	氧气管道压力/MPa		乙炔管道	煤气管道	蒸汽管道	非燃气体管道
	>1.57	<1.57				
离有地下室的建筑物基础边和通行、半通行地沟沟边	3.0	5.0	3.0	2.0~6.0	1.5	1.0
离无地下室的建筑物的基础边	1.5	2.5	2.0	2.0~6.0	1.5	1.5
道路边缘	1.0		1.0	1.5	1.0	1.0

（续）

<table>
<tr><th rowspan="2">建、构筑物名称</th><th colspan="2">氧气管道压力/MPa</th><th rowspan="2">乙炔管道</th><th rowspan="2">煤气管道</th><th rowspan="2">蒸汽管道</th><th rowspan="2">非燃气体管道</th></tr>
<tr><th>>1.57</th><th><1.57</th></tr>
<tr><td>铁路、道路的边沟或单独的雨水明沟边</td><td colspan="2">1.0</td><td>1.0</td><td>1.0</td><td>1.0</td><td>1.0</td></tr>
<tr><td>通信、照明杆中心</td><td colspan="2">1.0</td><td>1.0</td><td>1.0</td><td>1.0</td><td>1.0</td></tr>
<tr><td>架空管架基础边缘</td><td colspan="2">1.5</td><td>1.5</td><td>1.5～2.0</td><td>1.5</td><td>1.0</td></tr>
<tr><td>围墙篱栅基础边缘</td><td colspan="2">1.0</td><td>1.0</td><td>1.5</td><td>1.0</td><td>1.0</td></tr>
<tr><td>乔木丛中心</td><td colspan="2">1.5</td><td>1.5</td><td>1.5</td><td>1.5</td><td>1.5</td></tr>
<tr><td>灌木丛中心</td><td colspan="2">1.0</td><td>1.0</td><td>1.5</td><td>1.5</td><td>1.5</td></tr>
<tr><td>铁路钢轨外侧边缘</td><td colspan="2">3.0</td><td>3.0</td><td>5.0</td><td>3.0</td><td>3.0</td></tr>
</table>

（4）厂区架空管道与建、构筑物间距规定

1）厂区架空管道与建、构筑物之间的水平净距见表5-17。

表5-17 厂区架空管道与建、构筑物之间的水平净距 （单位：m）

序号	建、构筑物名称	氧气管道	乙炔管道	煤气管道	蒸汽管道	非燃气体管道
1	一级、二级耐火等级车间（有爆炸危险的车间除外）	允许沿外墙	2.0	5.0	允许沿外墙	允许沿外墙
2	三级、四级耐火等级车间	3.0	3.0	3.0	—	—
3	有爆炸危险的车间	4.0	4.0	—	4.0	4.0
4	铁路钢轨外侧边缘	3.0	3.0	3.0	3.0	3.0
5	道路边缘	1.0	1.0	1.0	1.0	1.0
6	架空导线外侧边缘1kV以下	1.5	1.5	1.5	1.5	1.5
	1～10kV	2.0	2.0	2.0	2.0	2.0
	35～110kV	4.0	4.0	4.0	4.0	4.0
7	熔化金属地点和明火地点	10.0	10.0	10.0	—	—

注：表中第6项在开阔地区时最小水平净距不应小于最高电杆的高度。

2）厂区架空管道与铁路、导线之间的垂直交叉最小净距见表5-18。

表5-18 厂区架空管道与铁路、导线之间的垂直交叉最小净距 （单位：m）

<table>
<tr><th colspan="3">铁路、道路和导线名称</th><th>氧气管道</th><th>乙炔管道</th><th>煤气管道</th><th>蒸汽管道</th><th>非燃气体管道</th></tr>
<tr><td colspan="3">非电气化铁路钢轨面</td><td>5.5</td><td>5.5</td><td>5.5</td><td>5.5</td><td>5.5</td></tr>
<tr><td colspan="3">电气化铁路钢轨面</td><td>6.5</td><td>6.5</td><td>6.5</td><td>6.5</td><td>6.5</td></tr>
<tr><td colspan="3">道路路面</td><td>4.5</td><td>4.5</td><td>4.5</td><td>4.5</td><td>4.5</td></tr>
<tr><td colspan="3">人行道路面</td><td>2.2</td><td>2.2</td><td>2.2</td><td>2.2</td><td>2.2</td></tr>
<tr><td rowspan="2">架空</td><td rowspan="2">1kV以下
导线在上面</td><td>管道下有人通过</td><td>2.5</td><td>2.5</td><td>2.5</td><td>2.5</td><td>2.5</td></tr>
<tr><td>管道下无人通过</td><td>1.5</td><td>1.5</td><td>1.5</td><td>1.5</td><td>1.5</td></tr>
<tr><td rowspan="2">导线</td><td colspan="2">1～10kV导线在上面</td><td>3.0</td><td>3.0</td><td>3.0</td><td>2.0</td><td>2.0</td></tr>
<tr><td colspan="2">35～110kV导线在下面</td><td>4.0</td><td>4.0</td><td>4.0</td><td>3.0</td><td>3.0</td></tr>
</table>

第二节　压力管道的运行与定期检验

一、压力管道的管理范围及要求

1）此要求适用于同时具备下列条件的工艺装置、辅助装置及界区内公用工程所属的压力管道（以下简称管道）：a. 最高工作压力大于等于0.1MPa（表压，下同）。b. 公称直径>25mm。c. 输送介质为气体、蒸汽、液化气体、最高工作温度大于等于其标准沸点的液体或者可燃、易爆、有毒、有腐蚀性的液体。

2）管道管理范围如下：a. 管道元件，包括管道组成件和管道支承件。b. 管道元件间的连接接头，管道与设备或者装置连接的第一道连接接头（焊缝、法兰、密封件及紧固件等），管道与非受压元件的连接接头。c. 管道所用的安全阀、爆破片装置、阻火器、紧急切断装置等安全保护装置。

3）管道组成件的材料选用应当满足以下各项基本要求，设计时应根据特定使用条件和介质选择合适的材料。

① 符合相应材料标准的规定，其使用方面的要求符合管道有关安全技术规范的规定。

② 金属材料的伸长率不低于14%，材料在最低使用温度下具备足够的抗脆断能力；由于特殊原因必须使用伸长率低于14%的金属材料时，能够采取必要的防护措施。

③ 在预期的寿命内，材料在使用条件下具有足够的稳定性，包括物理性能、化学性能、力学性能、耐蚀性能及应力腐蚀破裂的敏感性等。

④ 考虑材料在可能发生火灾和灭火条件下的适用性及由此带来的材料性能变化和次生灾害。

⑤ 材料适合相应制造、制作加工（包括锻造、铸造、焊接、冷热成形加工、热处理等）的要求，用于焊接的碳钢、低合金钢的碳质量分数应当小于等于0.30%。

⑥ 几种不同的材料组合使用时，应当注意其可能出现的不利影响。

⑦ 选用国外压力管道规范允许使用且已有使用实例的材料，该材料性能不得低于国内类似材料的有关安全技术规范及其标准要求，其使用范围符合有关安全技术规范及其标准的规定；首次使用前，应对化学成分、力学性能进行复验，并且进行焊接工艺评定，符合规定要求时，方可投入制造。

⑧ 铸铁（灰铸铁、可锻铸铁、球墨铸铁）不得应用于GC1级管道，灰铸铁和可锻铸铁不得应用于剧烈循环工况。

4）灰铸铁和可锻铸铁管道组成件可以在下列条件下使用，但是必须采取防止过热、急冷急热、振动及误操作等安全防护措施。

① 灰铸铁的使用温度范围为-10~230℃，设计压力小于等于2.0MPa。

② 可锻铸铁的使用温度范围为-20~300℃，设计压力小于等于2.0MPa。

③ 灰铸铁和可锻铸铁用于可燃介质时，使用温度大于等于150℃，设计压力小于等于1.0MPa。

5）碳素结构钢管道组成件（受压元件）的使用除符合有关规定外，还应当符合以下规定：a. 碳素结构钢不得用于GC1级管道。b. 沸腾钢和半镇静钢不得用于有毒、可燃介质管道，设计压力小于等于1.6MPa，使用温度小于等于200℃，并且不低于0℃。c. Q215A、Q235A等A级镇静钢不得用于有毒、可燃介质管道，设计压力小于等于1.6MPa，使用温度小于等于350℃，最低使用温度按照GB/T 20801.1—2020《压力管道规范 工业管道 第1部分：总则》的规定。d. Q215B、Q235B等B级镇静钢不得用于极度、高度危害有毒介质管道，设计压力小于等于3.0MPa，使用温度小于等于350℃。

6）管道的设计单位应当取得相应的设计许可证书。

管道工程设计应当符合有关规定及GB/T 20801.1～6的要求（包括使用单位规定的附加要求），保证所设计的管道能够安全、持续、稳定、正常地生产运行。

管道设计文件一般包括图样目录和管道材料等级表、管道数据表和设备布置图、管道平面布置图、轴测图、强度计算书、管道应力分析书，必要时还应当包括施工安装说明书。

7）管道工程规定至少应当包括以下内容：a. 管道材料等级表、防腐处理、隔热要求、吹扫与清洗要求、管道涂色要求。b. 管道元件技术条件。c. 工程设计选用管道元件时，应当考虑工程设计寿命的要求。d. 管道制作与安装（包括焊接）技术条件。e. 试验和检验要求。

8）管道图样目录和管道平面布置图上应当加盖设计单位设计许可印章。

① 管道设计应当有足够的腐蚀裕量。腐蚀裕量应当根据预期的管道使用寿命和介质对材料的腐蚀速率确定，并且还应当考虑介质流动时对管道或者受压元件的冲蚀量和局部腐蚀，以及应力腐蚀对管道的影响，以满足管道安全运行的要求。

② 管道组成件的最小厚度应当考虑腐蚀、冲蚀、螺纹深度或者沟槽深度所需的裕量。为了防止由于支承、结冰、回填、运输、装卸或者其他原因引起附加载荷而产生超载应力，造成损坏、垮塌或者失稳，必要时应当增加管壁厚度。

③ 可燃、有毒或者腐蚀性有害介质的排放处理应当符合国家有关规定。

9）管道安装单位应当取得特种设备安装许可，安装单位应当对管道的安装质量负责。

① 管道施工前，安装单位应当填写《特种设备安装改造维修告知书》，向管道安装工程所在地负责管道使用登记的质监部门（以下简称“使用登记机关”）书面告知，并且按照规定接受监督检验。

② 无损检测机构虽然不隶属于安装单位，并且不是由安装单位直接委托的，但也应当在检测前书面告知管道安装工程所在地的使用登记机关，并且按照规定接受监督检验。

③ 管道安装施工前，安装单位应当编制管道安装的工艺文件，如施工组织设计、施工方案等，经使用单位（或者其委托方技术负责人）批准后方可进行管道安装工作。管道的安装质量应当符合GB/T 20801.1～6及设计文件的规定。

10）特种设备监督检验机构应当按照压力管道安装监督检验规则的规定进行监督检验。管道安装完工后，监督检验机构应当及时出具安装监督检验证书和报告，作为管道安装工程竣工验收和办理使用登记的依据。

11）管道安装工程竣工后，安装单位及无损检测单位应当将工程项目中的管道安装及检测资料单独组卷，向管道使用单位（或者其委托方技术负责人）提交安装质量证明文件，并且由管道使用单位在管道使用寿命期内保存。

安装质量证明文件至少应当包括下列内容：a. 管道安装质量证明书。b. 管道安装竣工图，至少包括管道轴测图、设计修改文件和材料代用单等。c. 管道轴测图上标明管道受压元件的材质和规格、焊缝位置、焊缝编号（区别现场固定焊的焊缝和预制焊缝）、焊工代号、无损检测方法、局部或者抽样无损检测焊缝的位置、焊缝补焊位置、热处理焊缝位置等，并且能够清楚地反映和追溯管道组成件和支承件。d. 管道元件的产品合格证、质量证明书或者复验、试验报告（由使用单位或其委托方采购的管道元件除外）。e. 管道施工检查记录、无损检测报告、检验和试验报告。

提交安装质量证明文件时，同时还需要提交安装监督检验报告。

12）所有管道受压元件的焊接及受压元件与非受压元件之间的焊接，必须采用经评定合格的焊接工艺，施焊单位必须对焊接工艺严格管理。

管道受压元件的焊接工艺评定应当符合有关安全技术规范及其相关标准的规定。焊接工艺评定完成后，焊接工艺评定报告和焊接工艺指导书应当经过施焊单位焊接责任工程师审核，质量保证工程师批准，并且存入技术档案。

13）用于管道受压元件焊接的焊接材料应当符合有关安全技术规范及其相关标准的规定。焊接材料应当有质量证明文件和相应标志，使用前应当进行检查和验收，不合格者不得使用。施焊单位应当建立焊接材料的保管、烘干、清洗、发放和回收管理制度。

14）焊接设备的电流表、电压表等仪器仪表，以及规范参数调节装置应当定期检定和校验，否则不得用于管道受压元件的焊接。

15）对施工现场的焊接环境应当进行严格控制。焊接的环境温度应当保证焊件焊接所需的足够温度和焊工技能操作不受影响。焊件表面潮湿，或者在下雨、下雪、刮风期间，焊工及焊件无保护措施时，不得进行焊接。

二、压力管道的使用要求

1）管道的使用单位负责本单位管道的安全工作，保证管道的安全使用，对管道的安全性能负责。

使用单位应当按照 TSG D0001 的有关规定，配备必要的资源和具备相应资格的人员从事压力管道的安全管理、安全检查、操作、维护保养和一般改造、维修工作。

2）压力管道使用单位应当使用符合 TSG D0001 要求的压力管道。管道操作工况超过设计条件时，应当符合 GB/T 20801. 1 ~6 关于允许超压的规定。新压力管道投入使用前，使用单位应当核对是否具有 TSG D0001 要求的安装质量证明文件。

3）使用单位的管理层应当配备一名人员负责压力管道安全管理工作。管道数量较多的使用单位应当设置安全管理机构或者配备专职的安全管理人员，使用管道的车间（分厂）、装置均应当有管道的专职或者兼职安全管理人员；其他使用单位应当根据情况设置压力管道安全管理机构或者配备专职、兼职的安全管理人员。管道的安全管理人员应当具备管道的专业知识，熟悉国家相关法规标准，经过管道安全教育和培训，取得

《特种设备作业人员证》后，方可从事管道的安全管理工作。

4）管道使用单位应当建立管道安全技术档案且妥善保管。管道安全技术档案应当包括以下内容：a. 管道元件产品质量证明、管道设计文件（包括平面布置图、轴测图等图样）、管道安装质量证明、安装技术文件和资料、安装质量监督检验证书、使用维护说明等文件。b. 管道定期检验和定期自行检查的记录。c. 管道日常使用状况记录。d. 管道安全保护装置、测量调控装置及相关附属仪器仪表的日常维护保养记录。e. 管道运行故障和事故记录。

5）使用单位应当按照管道有关法规、安全技术规范及其相应标准，建立管道安全管理制度且有效实施。管道安全管理制度至少包括以下内容：a. 管道安全管理机构及安全管理人员的管理。b. 管道元件订购、进厂验收和使用的管理。c. 管道安装、试运行及竣工验收的管理。d. 管道运行中的日常检查、维修和安全保护装置校验的管理。e. 管道的检验（包括制订年度定期检验计划、确立组织实施的方法、在线检验的组织方法）、修理、改造和报废的管理。f. 向负责管道使用登记的登记机关报送年度定期检验计划及实施情况、存在的主要问题及处理方法。g. 管道事故的抢救、报告、协助调查和善后处理。h. 检验、操作人员的安全技术培训管理。i. 管道技术档案的管理。j. 管道使用登记、使用登记变更的管理。

6）管道使用单位应当在工艺操作规程和岗位操作规程中，明确提出管道的安全操作要求。管道的安全操作要求至少包括以下内容：a. 管道操作工艺指标，包括最高工作压力、最高工作温度或者最低工作温度。b. 管道操作方法，包括起动、停车的操作方法和注意事项。c. 管道运行中重点检查的项目和部位，运行中可能出现的异常现象和防止措施，以及紧急情况的处置和报告程序。

7）使用单位应当对管道操作人员进行管道安全教育和培训，保证其具备必要的管道安全作业知识。

管道操作人员应当在取得《特种设备作业人员证》后，方可从事管道的操作工作。管道操作人员在作业中应当严格执行压力管道的操作规程和有关的安全规章制度。操作人员在作业过程中发现事故隐患或者其他不安全因素，应当及时向现场安全管理人员和单位有关负责人报告。

8）管道发生事故有可能造成严重后果或者产生重大社会影响的使用单位，应当制订应急救援预案，建立相应的应急救援组织机构，配置与之适应的救援装备，并且适时演练。

9）管道使用单位应当按照《压力管道使用登记管理规则》的要求，办理管道使用登记，登记标志置于或者附着于管道的显著位置。

10）使用单位应当建立定期自行检查制度，检查后应当做出书面记录，书面记录至少保存3年。发现异常情况时，应当及时报告使用单位相关部门处理。

11）在用管道发生故障、异常情况，使用单位应当查明原因。对于故障、异常情况及检查、定期检验中发现的事故隐患或者缺陷，应当及时采取措施，消除隐患后方可重新投入使用。

12）不能达到使用要求的管道，使用单位应当及时予以报废，并且及时办理管道使用登记注销手续。

13）使用单位应当对停用或者报废的管道采取必要的安全措施。

14）管道发生事故时，使用单位应当按照《特种设备事故报告和调查处理规定》及时向质监部门等有关部门报告。

三、压力管道的检验

1. 压力管道的定期检验

1）管道定期检验分为在线检验和全面检验，如图5-5所示。

在线检验是在运行条件下对在用管道进行的检验，在线检验每年至少1次（也可称为年度检验）；全面检验是按一定的检验周期在管道停车期间进行的较为全面的检验。

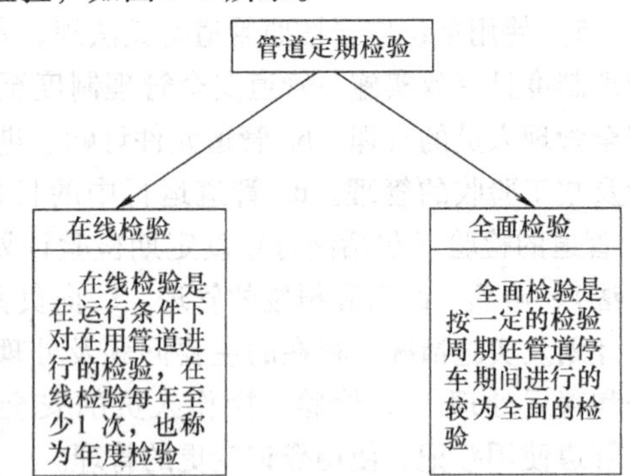

图5-5 管道定期检验示意图

GC1级、GC2级压力管道的全面检验周期按照以下原则之一确定：a. 检验周期一般不超过6年。b. 按照基于风险检验（RBI）的结果确定的检验周期，一般不超过9年。GC3级管道的全面检验周期一般不超过9年。

2）属于下列情况之一的管道，应当适当缩短检验周期：a. 新投用的GC1、GC2级压力管道（首次检验周期一般不超过3年）。b. 发现应力腐蚀或者严重局部腐蚀的压力管道。c. 承受交变载荷，可能导致疲劳失效的压力管道。d. 材质产生劣化的压力管道。e. 在线检验中发现存在严重问题的压力管道。f. 检验人员和使用单位认为需要缩短检验周期的压力管道。

3）使用单位应当及时安排管道的定期检验工作，并且将管道全面检验的年度检验计划上报使用登记机关与承担相应检验工作任务的检验机构。全面检验到期时，由使用单位向检验机构申报全面检验。

在线检验的时间由使用单位根据生产情况安排。

4）在线检验工作由使用单位进行，使用单位从事在线检验的人员应当取得《特种设备作业人员证》，使用单位也可将在线检验工作委托给具有压力管道检验资格的机构；全面检验工作由国家市场监督管理总局核准的具有压力管道检验资格的检验机构进行，基于风险的检验（RBI）由国家市场监督管理总局批准的技术机构承担。

5）在线检验主要检查管道在运行条件下是否有影响安全的异常情况，一般以外观检查和安全保护装置检查为主，必要时进行壁厚测定和电阻值测量。

在线检验后应当填写在线检验报告，做出检验结论。

6）全面检验一般包括外观检查、壁厚测定、耐压试验和泄漏试验，并且根据管道的具体情况，采取无损检测、理化检验、应力分析、强度校验、电阻值测量等方法。

全面检验时，检验机构还应当对使用单位的管道安全管理情况进行检查和评价。检验工作完成后，检验机构应当及时向使用单位出具全面检验报告。

7）在全面检验发现管道有严重缺陷，使用单位应当制订修复方案。修复后，检验机构应当对修复部位进行检查确认；对不易修复的严重缺陷，也可以采用安全评定的方法，确认缺陷是否影响管道安全运行到下一个全面检验周期。

8）管道缺陷的安全评定由国家市场监督管理总局批准的技术机构进行，负责进行安全评定的机构应当根据与使用单位签订的在用管道缺陷安全评定合同和检验机构的检验报告进行评定。

9）在用管道的定期检验按照工业管道定期检验的要求进行。使用单位应当将检验报告、评定报告存入压力管道档案，长期保存，直至管道报废。

2. 管道的耐压试验和泄漏试验

1）管道的耐压试验应当在热处理、无损检测合格后进行。耐压试验一般采用液压试验，或者按照设计文件的规定进行气压试验。如果不能进行液压试验，经过设计单位同意可采用气压试验或者液压－气压试验代替。脆性材料严禁使用气体进行耐压试验。

对于 GC3 级管道，经过使用单位或者设计单位同意，可以在采取有效的安全保障条件下，结合试运行，按照 GB/T 20801 的规定，用管道输送的流体进行初始运行试验代替耐压试验。

2）液压试验应当符合以下要求：

① 一般使用洁净水，当对奥氏体不锈钢管道或者对连有奥氏体不锈钢管道或设备的管道进行液压试验时，水中氯离子含量（体积分数）不得超过 0.005%。如果水对管道或者工艺有不良影响，可以使用其他合适的无毒液体。当采用可燃液体介质进行试验时，其闪点不得低于 50℃。

② 试验时的液体温度不得低于 5℃，并且高于相应金属材料的脆性转变温度。

③ 承受内压的管道系统中任何一处的液压试验压力均不低于 1.5 倍设计压力，当管道的设计温度高于试验温度时，试验压力不得低于式（5-1）的计算值，当 p_T 在试验温度下产生超过管道材料屈服强度的应力时，应当将试验压力 p_T 降至不超过屈服强度时的最大压力。

$$p_T = 1.5p\frac{s_1}{s_2} \tag{5-1}$$

式中，p_T 为试验压力（MPa）；p 为设计压力（MPa）；s_1 为试验温度下管子的许用应力（MPa）；s_2 为设计温度下管子的许用应力（MPa）。

式（5-1）中，当 $\frac{s_1}{s_2}$ 大于 6.5 时，取 6.5。

④ 承受外压的管道，其试验压力应当为设计内、外压差的 1.5 倍，并且不得低于 0.2MPa。

⑤ 如果管道与容器作为一个系统统一进行液压试验，当管道试验压力小于等于容器的试验压力时，应当按照管道的试验压力进行试验；当管道试验压力大于容器的试验压力，并且无法将管道与容器隔开，同时容器的试验压力大于等于按第 2）中③项计算的管道试验压力的 77% 时，经过设计单位同意，可以按容器的试验压力进行试验。

⑥ 夹套管内管的试验压力按照内部或者外部设计压力的高者确定，夹套管外管的

试验压力按第2）中③项确定。

⑦ 试验缓慢升压，待达到试验压力后，稳压10min，再将试验压力降至设计压力，保压30min，以压力不降、无渗漏为合格。

⑧ 试验时必须排净管道内的气体，试验过程中发现泄漏时不得带压处理，试验结束排液时需要防止形成负压。

3）气压试验应当符合以下要求：a. 试验所用的气体为干燥洁净的空气、氮气或者其他不易燃和无毒的气体。b. 严禁使试验温度接近金属的脆性转变温度。c. 试验时装有超压泄放装置，其设定压力不得高于1.1倍试验压力或者试验压力加上0.345MPa（取其较低值）。d. 承受内压钢管及有色金属管道的试验压力为设计压力的1.15倍。e. 试验前必须用试验气体进行预试验，试验压力为0.2MPa。f. 试验时，应当逐步缓慢增加压力，当压力升至试验压力的50%时，如果未发现异常或泄漏现象，则继续按试验压力的10%逐级升压，直至试验压力，然后将压力降至设计压力进行检查，以发泡剂检验不泄漏为合格。试验过程中严禁带压紧固螺栓。

4）液压—气压试验应当满足1）的要求，并且被液体充填部分管道的压力应当不大于2）中③项的规定。

5）现场条件不允许使用液体或者气体进行耐压试验的管道，在征得设计单位同意后，可以采取替代性试验。替代性试验应当同时满足以下要求：a. 凡未经过液压或者气压试验的管道受压元件焊接接头，包括制造管道和管件的焊接接头、纵向焊接接头及螺旋焊焊接接头，均进行100%的射线检测或者100%超声检测合格，其他未包括的焊接接头进行100%的渗透检测或者磁粉检测合格。b. 按照GB/T 20801的规定进行管道系统的柔性分析。c. 管道系统采用敏感气体或者浸入液体的方法进行泄漏试验，试验要求应在设计文件中明确规定。

6）输送极度危害、高度危害流体及可燃流体的管道应当进行泄漏试验。泄漏试验应当符合以下要求：a. 试验在耐压试验合格后进行，试验介质宜采用空气，也可以按照设计文件或者相关标准的规定，采用卤素、氦气、氨气或者其他敏感气体进行较低试验压力的敏感性泄漏试验。b. 泄漏试验检查重点是阀门填料函、法兰或者螺纹连接处、放空阀、排气阀、排水阀管。c. 泄漏试验时，压力逐级缓慢上升，当达到试验压力，并且停压10min后，用涂刷中性发泡剂的方法，巡回检查所有密封点，以不泄漏为合格。

7）管道耐压试验合格后，应当按照GB/T 20801和设计文件的规定进行吹扫或者清洗，吹扫时应当设置禁区。清洗排放的污水和废液不得污染环境，排放标准应当符合国家有关法规、标准的规定。

8）管道耐压试验和泄漏试验合格，方可按照设计文件的要求和相关规定进行管道的防腐、绝热、标记及竣工验收。

3. 安全保护装置

1）管道所用的安全阀、爆破片装置、阻火器、紧急切断装置等安全保护装置及附属仪器仪表应当符合TSG D0001的规定。制造安全泄放装置（安全阀、爆破片装置）、阻火器和紧急切断装置用紧急切断阀等安全保护装置的单位必须取得相应的《特种设备制造许可证》。

2）安全保护装置及附属仪器仪表的设计、制造和检验应当符合有关安全技术规程及其相应标准的要求。

安全泄放装置用于防止管道系统发生超压事故时，其控制仪器仪表和事故联锁装置不能代替安全泄放装置作为系统的保护设施。在不允许安装安全泄放装置的情况下，如果控制仪器仪表和事故联锁装置的可靠性不低于安全泄放装置，那么控制仪器仪表和事故联锁装置可以代替安全泄放装置作为系统的保护设施。

3）凡有以下情况之一者，应当设置安全泄放装置：a. 设计压力小于系统外部压力源的压力，出口可能被关断或者堵塞的容器和管道系统。b. 出口可能被关断的容积式泵和压缩机的出口管道。c. 因冷却水回流中断，或者再沸器输入热量过多引起超压的蒸馏塔顶气相管道系统。d. 因不凝气积聚产生超压的容器和管道系统。e. 出口管道设有切断阀或者调节阀的加热炉与切断阀或者调节阀之间的管道。f. 因两端切断阀关闭，受环境温度、阳光辐射或者伴热影响产生热膨胀或者汽化的管道系统。g. 放热反应可能失控的反应器出口切断阀上游的管道。h. 凝汽式汽轮机的蒸汽出口管道。i. 蒸汽发生器等产汽设备的出口管道系统。j. 低沸点液体（液化气等）容器出口管道系统。k. 管程可能破裂的热交换器低压侧出口管道。l. 减压阀组的低压侧管道。m. 设计认为可能产生超压的其他管道系统。

4）当采用安全阀不能可靠工作时，应当改用爆破片装置，或者采用爆破片与安全阀组合装置。采用组合装置时，应当符合 GB 150（系列）的有关规定。爆破片与安全阀串联使用时，爆破片在动作中不允许产生碎片。

5）以下放空或者排气管道上应当设置放空阻火器：a. 闪点小于等于43℃，或者物料最高工作温度大于等于物料闪点的储罐的直接放空管（包括带有呼吸阀的放空管道）。b. 可燃气体在线分析设备的放空总管。c. 爆炸危险场所内的内燃发动机的排气管道。

6）凡有以下情况之一者，一般应当在管道系统的指定位置设置管道阻火器：a. 输送有可能产生爆燃或者爆轰的混合气体管道。b. 输送能自行分解导致爆炸，并且引起火焰蔓延的气体管道。c. 与明火设备连接的可燃气体减压后的管道（特殊情况可设置水封装置）。d. 进入火炬头前的排放气管道。

7）可燃液化气或者可燃压缩气储运和装卸设施重要的气相或者液相管道应当设置紧急切断装置。紧急切断装置包括紧急切断阀、远程控制系统和易熔塞自动切断装置。远程控制系统的关闭装置应当装在人员易于操作的位置，易熔塞自动切断装置应当设在环境温度升高至设定温度时，能自动关闭紧急切断阀的位置。

8）安全泄放装置（包括安全阀和爆破片装置）的设计、制造和检验应当分别符合 TSG ZF001《安全阀安全技术监察规程》等有关安全技术规范和 GB 150 的规定。

9）安全泄放装置（安全阀和爆破片装置）相关压力的确定应当符合 GB/T 20801（系列）的要求。安全阀的泄漏（密封）试验压力应当大于管道系统的最大工作压力，爆破片装置的最小标定爆破压力应当大于 1.05 倍的管道系统最大工作压力。所选用安全阀或者爆破片装置的额定泄放面积应当大于安全泄放量计算得到的最小泄放面积。

10）爆破片的爆破压力误差应符合 GB 567《爆破片安全装置》的规定，或者按照设计技术要求的规定。爆破片的检查、抽样及其爆破试验应当符合 GB 567 的要求。

11）可燃、有毒介质的管道应当在安全阀或者爆破片装置的排出口装设导管，将排放介质引至集中地点进行妥善安全处理，不得直接排入大气。

12）爆破片装置产品上应当标有永久性标志，永久性标志至少包括以下内容：a. 制造单位名称、制造许可证编号和特种设备制造许可标志。b. 爆破片的批次编号、型号、类型、规格（泄放口公称直径）、材质、适用介质、爆破温度、标定爆破压力或者设计爆破压力、泄放侧方向。c. 夹持器型号、规格、材质以及流动方向。d. 检验合格标志、监检标志。e. 制造日期。

13）爆破片产品必须附产品合格证和产品质量证明书，产品质量证明书除符合一般要求（适用的）外，还应当包括下列内容：a. 永久性标志的内容。b. 制造依据的标准。c. 制造范围和爆破压力允许误差。d. 检验报告（包括爆破试验报告）。e. 其他特殊要求。

14）紧急切断阀产品的阀体上应当设置金属铭牌，金属铭牌至少包括以下内容：a. 制造单位名称、制造许可证编号和特种设备制造许可标志。b. 型号。c. 公称压力、公称直径。d. 产品编号。e. 适用介质、温度。f. 额定流量、关闭响应时间。g. 易熔塞熔融温度。h. 检验合格标志、监检标志。i. 制造日期。

15）紧急切断阀产品必须附产品合格证和产品质量证明书，产品质量证明书除符合一般要求（适用的）外，还应当包括下列内容：a. 铭牌上的内容。b. 制造依据的标准。c. 检验报告。d. 其他的特殊要求。

16）安全阀安装时，应当满足《安全阀安全技术监察规程》的规定，并且符合以下要求：a. 压力管道与安全阀之间的连接管和管件的通孔，其横截面积不得小于安全阀的进口横截面积，其接管应当短而直，安全阀入口管道的压力降小于安全阀设定压力的3%。b. 安全阀出口管道设计需要考虑各种形式安全阀的背压限制规定，防止背压对安全阀开启性能和泄放量的影响。c. 往复压缩机排出管道上安装安全阀（爆破片装置）时，需要在紧靠压缩机处设置脉动阻尼器或者孔板，脉动阻尼器或者孔板至安全阀（爆破片装置）的直管段距离至少应为10倍的管道公称直径。d. 安全阀入口、出口管道和支架的设计与安装需要考虑安全阀自重、泄放反作用力、热应力、机械应力、振动应力及其他外部载荷的作用，安装时需要将应力减少至最低的程度。e. 考虑低沸点液体（液化气等）降压闪蒸导致骤冷而引起管道材料低温脆裂的作用。f. 管道与安全阀（爆破片装置）之间一般不宜设置切断阀。

四、压力管道规范管理要求

1）近年来我国颁发的压力管道管理文件，见表5-19。

表5-19 近年来压力管道管理规范文件一览表（节选）

序号	文件名称及颁布情况	实施日期
1	TSG D7006—2020《压力管道监督检验规则》	2020年9月1日

（续）

序号	文件名称及颁布情况	实施日期
2	国质检特联［2016］560 号《质检总局国资委能源局关于规范和推荐油气输送管道法定检验工作的通知》	2016 年 11 月 23 日
3	GB/T 8163—2018《输送流体用无缝钢管》	2019 年 2 月 1 日
4	CJJ 63—2018《聚乙烯燃气管道工程技术标准》	2019 年 3 月 1 日
5	GB 50424—2015《油气输送管道穿越工程施工规范》	2016 年 6 月 1 日
6	TSG D7005—2018《压力管道定期检验规则——工业管道》	2018 年 5 月 1 日
7	GB/T 12459—2017《钢制对焊管件　类型与参数》	2017 年 9 月 1 日
8	GB/T 13401—2017《钢制对焊管件　技术规范》	2017 年 9 月 1 日
9	GB 50369—2014《油气长输管道工程施工及验收规范》	2015 年 3 月 1 日
10	GB/T 36701—2018《埋地钢质管道管体缺陷修复指南》	2019 年 3 月 1 日
11	GB/T 34275—2017《压力管道规范　长输管道》	2018 年 4 月 1 日
12	SY/T 4208—2016《石油天然气建设工程施工质量验收规范长输管道线路工程》	2017 年 5 月 1 日
13	CJJ 28—2014《城镇供热管网工程施工及验收规范》	2014 年 10 月 1 日

2）为了实施新修订的《特种设备目录》若干问题的意见，原国家质检总局颁发国质检特［2014］679 号文件，已于 2014 年 12 月 24 日生效的《特种设备目录》——压力管道部分，见表 5-20。

表 5-20　《特种设备目录》——压力管道部分一览表（节选）

代码	种类	类别	品种
8000	压力管道	压力管道，是指利用一定的压力，用于输送气体或者液体的管状设备，其范围规定为最高工作压力大于或者等于 0.1MPa（表压），介质为气体、液化气体、蒸汽或者可燃、易爆、有毒、有腐蚀性、最高工作温度高于或者等于标准沸点的液体，且公称直径大于或者等于 50mm 的管道。公称直径小于 150mm，且其最高工作压力小于 1.6MPa（表压）的输送无毒、不可燃、无腐蚀性气体的管道和设备本体所属管道除外。其中，石油天然气管道的安全监督管理还应按照《安全生产法》《石油天然气管道保护法》等法律法规实施。	
8100		长输管道	
8110			输油管道
8120			输气管道
8200		公用管通	
8210			燃气管道
8220			热力管道
8300		工业管道	

（续）

代码	种类	类别	品种
8310			工艺管道
8320			动力管道
8330			制冷管道
7000	压力管道元件		
7100		压力管道管子	
7110			无缝钢管
7120			焊接钢管
7130			有色金属管
7140			球墨铸铁管
7150			复合管
71F0			非金属材料管
7200		压力管道管件	
7210			非焊接管件（无缝管件）
7220			焊接管件（有缝管件）
7230			锻制管件
7270			复合管件
72F0			非金属管件
7300		压力管道阀门	
7320			金属阀门
73F0			非金属阀门
73T0			特种阀门
7400		压力管通法兰	
7410			钢制锻造法兰
7420			非金属法兰
7500		补偿器	
7510			金属波纹膨胀节
7530			旋转补偿器
75F0			非金属膨胀节
7700		压力管道密封元件	
7710			金属密封元件

第三节 压力管道的维修与改造

为了确保管道运行有条不紊，动能供应经济安全，必须对各种管道在投入运行前进行一系列的检查和试验，同时对已投入运行的管道进行定期维修。管道维修主要包括下列内容：管道修理顺序、修理内容、一般维修及管道大修和检修竣工验收等。

一、压力管道安装、维修、改造的一般规定

1）使用单位应当对管道进行经常性维护保养，并且做出记录，存入管道技术档案，发现异常情况应当及时处理。

2）管道的维修分为一般维修和重大维修。

重大维修是指对管道不可机械拆卸部分受压元件的维修，以及采用挪接方法更换管段及阀门、管子矫形、受压元件挖补与补焊、带压密封堵漏等。带压密封堵漏还应当符合有关安全技术规范及标准的规定。

除重大维修外的其他维修为一般维修。

3）管道的重大维修应当由有资格的安装单位进行施工。使用单位和安装单位在施工前应当制订重大维修方案，重大维修方案应当经过使用单位技术负责人批准。对于GC1级管道采用焊接方法更换管段与阀门时，安装单位应当在施工前，将拟进行的维修情况书面告知管道使用登记机关，并且向监督检验机构申请监督检验后，方可进行重大维修施工。

重大维修施工结束后，安装单位应当向使用单位提供施工质量证明文件；监督检验机构在监督检验后，应当提供监督检验报告。

管道的维修应当参照相关标准进行，维修后的管道安全性能必须满足安全使用要求。

4）管道内部有压力时，一般不得对受压元件进行重大维修。对于生产工艺过程特殊，需要带温、带压紧固螺栓或者出现紧急情况需要采用带压密封堵漏作业时，使用单位应当制定有效的操作要求和防护措施；经技术负责人批准后，在安全管理人员现场监督下实施。实施带压密封堵漏的操作人员应当经过专业培训，持有相应项目的《特种设备作业人员证》。

使用单位应当严格控制带压密封堵漏技术的使用频次，每条管道上使用带压密封堵漏的部位不得超过两处。管道停机检修时，带压密封堵漏的卡具应予拆除，必要时重新进行维修。

5）管道改造是指改变管道受压部分结构（如改变受压元件的规格、材质，改变管道的结构布置，改变支吊架位置等），致使管道性能参数或者管道特性发生变更的活动。管道改造应当由管道设计单位和安装单位进行设计和施工。安装单位应当在施工前将拟进行改造的情况书面告知使用登记机关后，方可施工。改造施工结束后，安装单位应当向使用单位提供施工质量证明文件。对于GC1级管道或者改造长度大于500m的管道，还应当实施监督检验，检验机构应当提供监督检验报告。

6）不改变受压元件结构而进行管道的设计压力、设计温度和介质的改变时，必须由压力管道设计单位进行设计验证，出具书面设计验证文件，并且由检验机构进行全面检验后方可进行改变。

7）需要在现场制作的管道元件应当按照GB/T 20801的有关规定进行加工制作、焊接、热处理、检验和试验。

8）管道元件在安装前应当按照设计文件和GB/T 20801的规定进行材质复检、阀

门试验、无损检测或者其他的产品性能复验，不合格者不得使用。

9）夹套管的内管必须使用无缝钢管，内管管件应当使用无缝或者压制对焊管件，不得使用斜接弯头。当内管有环向焊接接头时，该焊接接头应当经100%射线检测合格，并且经耐压合格后方可封入夹套。

10）管道元件在施工过程中应当妥善保管，不得混淆或者损坏，其标记应当明显清晰。材质为不锈钢、有色金属的管道元件，在贮存期间不得与碳钢接触。管子在切割和加工前应当做好标记移植。

11）管道连接时，不得用强力对口、加热管子、加偏垫或者加多层垫等方法来消除接口端面的空隙、偏斜、错口或者不同心等缺陷。法兰接头的安装应当符合有关安全技术规范及标准的规定。管子与设备的连接应当在设备安装定位紧固地脚螺栓后自然地进行。

12）埋地管道的回填必须在耐压试验、泄漏试验和防腐层检测合格后进行，并且按照隐蔽工程进行验收。

13）管道支、吊架及管道补偿装置的安装和调整应当按照GB/T 20801.1～6和设计文件的规定进行。补偿装置应当按照设计文件的规定进行预拉伸或者预压缩，固定支架应当在补偿装置预拉伸或者预压缩前进行固定。

14）有静电接地要求的管道，应当测量各连接接头间的电阻值和管道系统的对地电阻值。当电阻值超过GB/T 20801.1～6或者设计文件的规定时，应当设置跨接导线（在法兰或者螺纹接头间）和接地引线。对于不锈钢管道和钛管道，跨接导线或者接地引线不得与钛管道和不锈钢管道直接连接，应当采用钛板及不锈钢板过渡。

15）不锈钢和有色金属管道的制作和安装应当按照GB/T 20801.1～6、相关专业标准和设计文件的规定进行。

二、焊接接头的外观检查和无损检测

1）所有管道的焊接接头应当先进行外观检查，合格后才能进行无损检测。焊接接头外观检查的检查等级和合格标准应当符合GB/T 20801.1～6的规定。

2）有延迟裂纹倾向的材料应当在焊接完成24h后进行无损检测。有再热裂纹倾向的焊接接头，当规定需要进行表面无损检测（磁粉检测或者渗透检测，下同）时，应当在焊后和热处理后各进行1次。

3）管道受压元件焊接接头表面无损检测的检测等级、检测范围和部位、检测数量、检测方法、合格要求应当不低于GB/T 20801.1～6和JB/T 4730.1～6《承压设备无损检测》的要求。被检焊接接头的选择应当包括每个焊工所焊的焊接接头，并且固定焊的焊接接头不得少于检测数量的40%。

4）管道受压元件焊接接头射线检测和超声检测的等级、范围和部位、数量、方法等应当符合以下要求：a. 名义厚度小于等于30mm的管道，对接接头采用射线检测，如果采用超声检测代替射线检测，需要取得设计单位的认可，并且其检测数量应当与射线检测相同；管道名义厚度大于30mm的对接接头可以采用超声检测代替射线检测。b. 公称直径大于等于500mm的管道，对每个环向焊接接头进行局部检测；公称直径小于500mm的管道可以根据环向焊接接头的数量按照规定的检测比例进行抽样检测，抽样检测中，固定焊焊接接头的检测数量不得少于其数量的40%。c. 进行抽样检测的环向焊接接头，其检测长度包括其整个圆周长度；进行局部检测的焊接接头，最小检测长度不低于152mm。d. 被检焊接接头的选择包括每个焊工所焊的焊接接头，并且在最大范围内包括与纵向焊接接头的交叉点；当环向焊接接头与纵向焊接接头相交时，最少检测38mm长的相邻纵向焊接接头。

无损检测的合格要求应当不低于GB/T 20801.1～6和JB/T 4730.1～6的规定。

5）无损检测发现超标缺陷时必须进行返修，返修后应当仍然按照原规定的无损检测方法进行检测。对规定进行抽样或者局部无损检测的焊接接头，当发现不允许缺陷时，应当用原规定的无损检测方法，按照GB/T 20801.1～6的规定进行累进检查。

未进行无损检测的管道焊接接头，安装单位也应当对其质量负责。

6）实施无损检测的检验检测机构必须认真做好无损检测记录，正确填写检测报告，妥善保管无损检测档案和底片（包括原缺陷的底片）、超声自动记录资料，无损检测档案、底片和超声自动记录资料的保存期限不得少于7年。7年后如果使用单位需要，可以转交使用单位保管。

三、压力管道修理的工作内容

1. 管道的工作程序

1）管道的一般维修程序如图5-6所示。

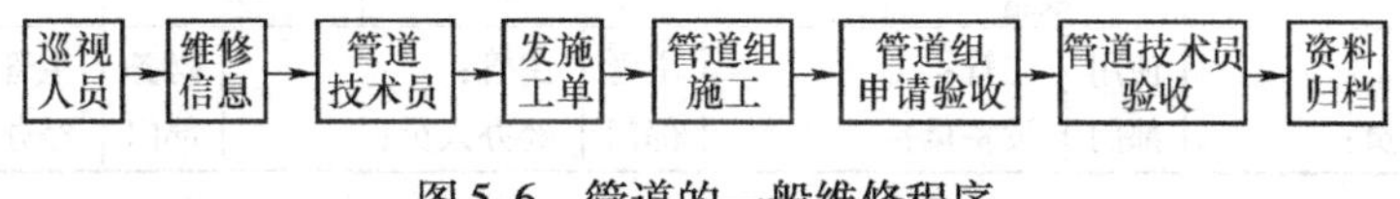

图5-6　管道的一般维修程序

2）管道的重大维修程序如图5-7所示。

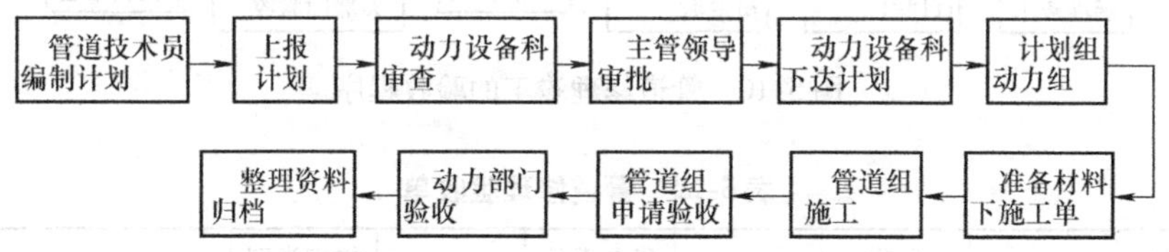

图5-7　管道的重大维修程序

3）管道新装工程的工作程序如图5-8所示。

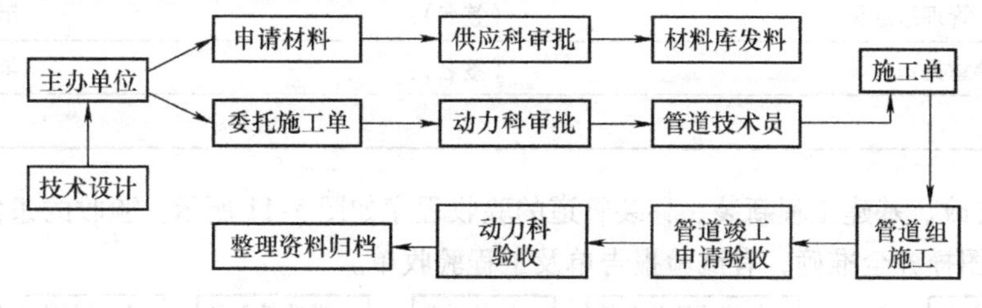

图5-8　管道新装工程的工作程序

4）管道移装工程的工作程序如图 5-9 所示。

图 5-9　管道移装工程的工作程序

企业在更新、改装和加装压力管线时，均应由主管部门签发管道（改）装施工单。施工完毕后，绘制竣工图交专管部门验收并归档保存，以便定期修改管道图时使用。未经专管部门批准，不准擅自拆除（事故处理除外）管道。

企业动力部门在基建及技改项目联合验收时，应按有关规定接收施工单位的竣工管道图和有关技术资料，管道新装验收单见表 5-21。

表 5-21　管道新装验收单

<table>
<tr><td>单元编号</td><td>名称</td><td>安装位置</td><td>施工单位</td><td>管理单位</td><td>工程图号</td><td>备　注</td></tr>
<tr><td></td><td></td><td></td><td></td><td></td><td></td><td></td></tr>
<tr><td colspan="3">管道材料</td><td colspan="4">管道位置</td></tr>
<tr><td rowspan="5">主要参数</td><td colspan="2">管径</td><td></td><td></td><td></td><td></td></tr>
<tr><td colspan="2">管长</td><td></td><td></td><td></td><td></td></tr>
<tr><td colspan="2">管子附件</td><td></td><td></td><td></td><td></td></tr>
<tr><td rowspan="2">阀　门</td><td>规格</td><td></td><td></td><td></td><td></td></tr>
<tr><td>数量</td><td></td><td></td><td></td><td></td></tr>
<tr><td>移交部门</td><td>主管：
移交人员：</td><td>使用部门</td><td>主管：
设备员：</td><td>主管部门</td><td>主管：
经办人员：</td><td>财务部门</td><td>主管：
经办人员：</td></tr>
</table>

5）管道修理竣工的验收程序如图 5-10 所示，管道修理验收单见表 5-22。

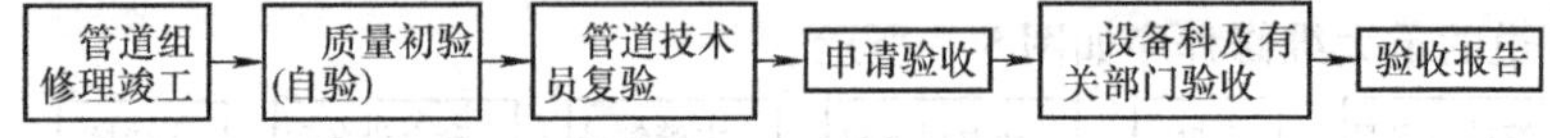

图 5-10　管道修理竣工的验收程序

表 5-22　管道修理验收单

<table>
<tr><td>设备编号</td><td></td><td>名称</td><td></td><td>复杂系数</td><td></td><td>修理类别</td><td></td></tr>
<tr><td>工程图号</td><td></td><td>承修小组</td><td></td><td>验收日期</td><td colspan="3"></td></tr>
<tr><td colspan="8">管道技术员意见：　　（签名）：　　年　月　日</td></tr>
<tr><td colspan="8">动力科技术管理组意见：　　（签名）：　　年　月　日</td></tr>
<tr><td colspan="8">动力科领导意见：　　（签名）：　　年　月　日</td></tr>
<tr><td>备注</td><td colspan="7"></td></tr>
</table>

6）技改、基建工程新装、移装管道的验收程序如图 5-11 所示。验收的条件是：资料完整，图样齐全准确，有试验报告单及工程验收单。

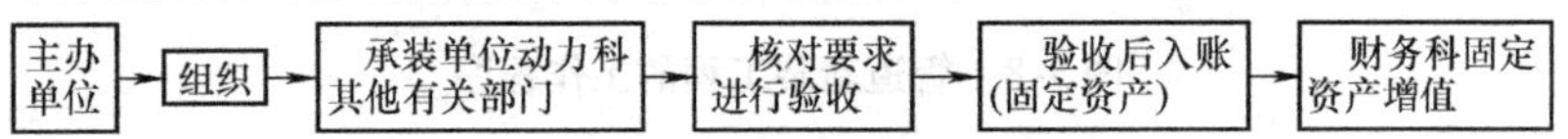

图 5-11　管道新装、移装的验收程序

7）管道图的验收归档程序如图5-12所示。

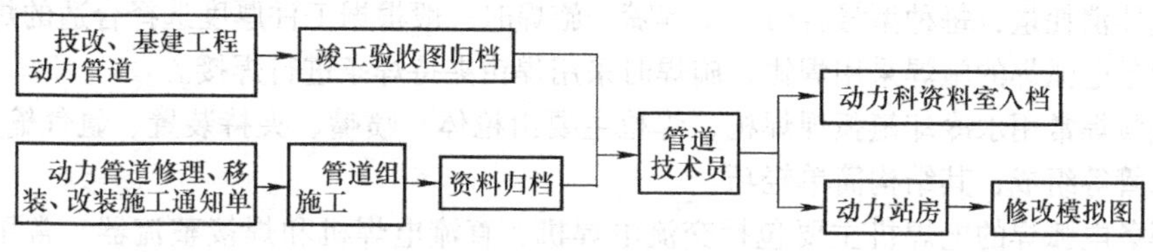

图5-12　管道图的验收归档程序

2. 管道的修理内容

（1）管道重大维修的内容

1）拆换已坏管道。

2）修理阀门、研磨阀座或更换阀门。

3）修理或更换部分动力接头箱。

4）清洗修理明管（指架空及地上管道）的内外壁和埋地管道的内壁。

5）给支架和管道刷涂面漆。

6）检修蒸汽管保温层及保温外壳。

7）清洗和修理管道各种附件及部件（如气水分离器等），并进行涂漆。

8）对管道的修理部分必须按规定要求进行强度试验和气密性试验。

（2）管道一般维修的内容

1）清理管道（明管）的外表。

2）更换已损坏的法兰衬垫及管件。

3）检修阀门的密封件及填料。

（3）管道的修理周期　管道的修理周期见表5-23。

表5-23　管道的修理周期

名称	修理周期	备　注
蒸汽管道	2年大修1次	对运行状态较好，维修保养较好的可以每3～4年大修1次
采暖管道	1年大修1次	
乙炔管道	2年大修1次	
压缩空气管道	4年大修1次	室外管道每2～4年油漆1次
给水管道	4年大修1次	1～2年进行1次清理
燃油管道	1年大修1次	半年进行1次清理
氧气管道	1～2年大修1次	
煤气管道	1～2年大修1次	
制冷管道	1年大修1次	

注：大修指重大维修。

3. 常用修理工具

修理管道的工具包括焊接工具、起重工具、安装检测工具、切断工具、攻螺纹工具和坡口机，以及其他专用工具。

（1）焊接工具 气焊的施焊采用气焊焊枪，焊枪有大、中、小三种型号，根据每小时气体消耗量，每种型号各带7个焊嘴。施焊时一般根据工件厚度选择合适的焊嘴。

焊条电弧焊的施焊采用焊钳，施焊时采用焊钳夹持焊条进行焊接。

氩弧焊常用水冷却氩弧焊焊枪，焊枪主要由枪体、喷嘴、夹持装置、氩气输入管、冷却水管等组成，其结构简单轻巧。

焊条电弧焊的电焊机主要包括交流电焊机、直流电焊机和焊接整流器。常用的有BX1—300型、BX—500型交流电焊机，AX—320型、AX—165型直流电焊机，ZXG型和ZXG3—150型焊接整流器。交流电焊机没有极性；直流电焊机有极性，工件接正极，焊条接负极叫正接，反之叫反接。不同种类的焊条要求不同的焊接方法。此外还有逆变焊机，它同时具有交流、直流电焊机的优点，技术工艺先进，特别适于工地使用。

（2）坡口机 坡口机是用来加工管端坡口的工具，根据管子是否转动可分为两大类。这里介绍管子不转动而刀具绕管口旋转切削的坡口机使用方法：先将管子按需要尺寸划好线，送入坡口机上支架，并用卡盘夹紧、找正；根据所加工坡口的角度磨好刀具安装在刀架上，同时调整好刀具位置；开动电动机，通过进给螺母调节刀具的吃刀量，即可加工出所要求的坡口。

4. 管道的疏通

管道疏通是采用高压强力水射流清洗技术来进行的。这种方法能达到采用化学、机械等传统方法所不能达到的目的。它能清除各种结垢和堵塞，并且清洗彻底，无腐蚀、无破坏、无污染，工期短、速度快，是清洗超长管道及地上、地下管道的理想清洗技术，广泛适用于化工、石油、电力、冶金、纺织、印染、食品、交通、市政等行业的清洗工程。

（1）工作原理 高压强力水射流清洗技术是以水为介质，通过专用设备把水增压至138MPa（1406kgf/cm^2），形成强力水射流，再配以各种先进的专用清洗机具，对被清洗管道内部的堵塞物及结垢施行快速地切割、破碎、挤压、冲刷，从而达到清洗疏通的目的。由于该技术采用水清洗，故对管道无损伤，对环境也不产生污染；又因该技术使用的枪管有柔性，可弯曲，故也能清洗弯曲的管道，对现场施工带来极大方便。

（2）装置的组成 高压水射流清洗装置主要由产生动力源的柱塞泵、高压枪管及高压喷嘴组成。

由电动机或柴油机经传动带或减速器带动的高压柱塞泵，使输送的液体（水）产生很高的压力，经高压枪管、高压喷嘴喷射出去。它的喷射力足可将结垢、锈疤等清除掉，其压力与流量可按现场实际情况进行调整。

高压枪管有刚性和柔性之分。对于清洗直管道可采用刚性枪管，而对于弯曲管道则采用柔性枪管。根据枪管的长度与需要，管道的一次清洗长度可达30～40m。

高压喷嘴采用硬质不锈钢制作。由于需清洗不同直径的管道，故高压喷嘴制成大于10mm的几十种不同的规格，使用时可按需要选用。喷嘴上开有许多成对的不同方向的小孔，加压时可喷向前、侧及侧后方向。向前及向侧方向的高压水射流能将管道内部的堵塞物、结垢迅速切割、破碎并冲刷掉，向侧后方向的高压水射流能将被切割、破碎的堵塞物、结垢不断地清洗排除到管外，它的反作用力还可使高压清洗枪身向前推进。

(3) 清洗施工步骤

1) 首先了解被清洗疏通管道的直径、结垢介质及管道腐蚀等状况，管道是直的还是弯曲的。

2) 根据现场状况制订清洗疏通方案，选择合适的清洗疏通压力，选择喷嘴规格及相应的高压枪管。

3) 穿戴好专用的工作服、防护帽等护具。

4) 接上水源、电源，调试好需要的压力及流量。

5) 开始工作，不断地由外至内进行清洗疏通，直至完全清除疏通为止。

5. 管道的连接

(1) 管道的连接形式 常用的连接形式有法兰连接、螺纹连接、焊接、卡套连接、卡箍连接与承插连接。

1) 法兰连接。法兰连接适用于大管径、密封性要求高及真空管道连接，也适用于玻璃管件、塑料管件的连接。为了便于阀门的更换，较大口径、较高压力的阀门大都采用法兰连接。

2) 螺纹连接。螺纹连接适用于管径≤50mm（室内明敷上水管可≤150mm）、压力<1.0MPa、温度≤100℃的焊接钢管、镀锌焊管、硬聚氯乙烯塑料管或带螺纹的阀门、管件的连接。密封填料的选用；输水管道采用白铅油与麻丝，蒸汽管道采用一氧化铅，煤气、液化石油气管道采用聚氟乙烯。

3) 焊接。所有的压力管道，如蒸汽、空气、真空等管道均可采用焊接。除因维修及更换零部件采用法兰连接、螺纹连接外，应尽可能采用焊接。

4) 卡套连接。适用于管径≤42mm的金属管、非金属管及阀门的连接，多用于仪表控制系统等。

5) 卡箍连接。适用于临时装置或要求经常拆洗的洁净管连接，如金属管插入非金属管时，在插入口处，用金属箍箍紧。

6) 承插连接。按密封形式分黏接密封连接与填料密封连接。黏接密封连接适用于各种塑料管件，它是采用黏结剂涂敷于插入管外表面后插入承口，固化后即成一体。填料密封连接是在承插处加入油麻、石棉水泥等，干燥后即连接为一体。

(2) 管道的焊接 管道的连接中以焊接最普遍。它具有施工简便、成本低、可靠性好等特性。焊接质量的好坏主要取决于焊接材料、坡口形式、焊接方法、热处理、焊工技术等。

1) 焊接的影响因素。

① 在焊接的四种位置中，平焊比较容易，立焊、横焊次之，仰焊比较困难。施焊中应尽可能转动管子，以平焊施焊。

② 对管壁<6mm的管子可焊2层，对>6mm的管子应焊3层以上。焊层之间要很好清理，将飞溅熔滴、焊渣除净，各层接头应相互错开。最后的表层焊接应避免大电流，防止咬边。1个焊口应1次焊完，中途不宜停焊。

③ 为减小焊接应力和变形，应采取合理的施工方法和顺序。

2) 焊接的热处理。

① 焊前预热。其作用在于减少焊缝金属与母材间温差，即提高焊接接头初始温度，从而减少收缩应力，防止裂纹，有利排气、排渣。在焊接重要结构、厚壁管、塑性差及淬火倾向很强的管道时，一般应进行预热。管道采用局部预热时，其长度为焊口中心两侧各3倍壁厚以上，对于有淬硬倾向或易产生延伸裂纹的管道为两侧各100mm以上。

② 焊后热处理。其作用在于能够改善焊缝的金相组织，消除残余应力，提高焊缝韧性，保证强度。一般管道采用局部焊后热处理，其长度为焊口中心两侧各3倍焊缝宽度以上。

加热速率：升温至300℃后，加热速率应$\leqslant 220\times\frac{25.4}{S}$（℃/h），且≤220℃/h，$S$为壁厚，单位为mm。

恒温时间：碳钢每mm壁厚为2～2.5min；合金钢每mm壁厚为3min，且≥30min。

冷却速率：恒温后的降温速率应$\leqslant 275\times\frac{25.4}{S}$℃/h，且≤275℃/h，300℃以下自然冷却。

焊后热处理一般应在焊后及时进行。热处理后如有返修，则返修后应重新热处理。

常用管子、管件焊前预热及焊后热处理要求见表5-24。

表5-24 管子、管件焊前预热与焊后热处理要求

材料牌号	焊前预热		焊后热处理	
	壁厚/mm	温度/℃	壁厚/mm	温度/℃
10、20、ZG 230-450	≥26	100～200	>36	600～650
Q345 Q390 12CrMo	≥15	150～200	>20	600～650 520～570 650～700
15CrMo ZG20CrMo	≥10 ≥6	150～200 200～300	>10	670～700
12Cr1MoV ZG20CrMoV ZG15Cr1Mo1V	≥6	200～300 250～300	>6	720～750
12Cr2MoWVB 12Cr3MoWVSiTiB Cr5Mo	≥6	250～350	任意	750～780
铝及铝合金 铜及铜合金	任意	150～200 350～550	—	—

3）焊接检验。焊口检验除进行表面检验外，还应按一定比例做射线检测、超声检测、磁粉检测或渗透检测的内部和表面检验，以及硬度测定、强度与气密性试验。

6. 管道的防腐

压力管道防腐技术示意图如图 5-13 所示。

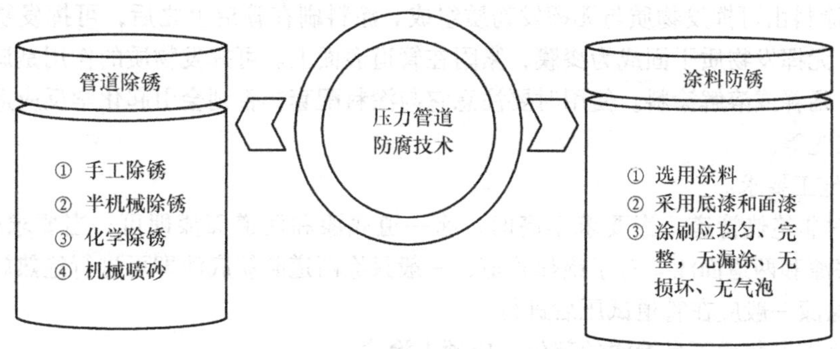

图 5-13　压力管道防腐技术示意图

（1）管道除锈

1）锈蚀的分类。

① 微锈：氧化皮完全紧附，仅有少量锈点。

② 轻锈：部分氧化皮开始破裂脱落，红锈开始发生。

③ 中锈：氧化皮部分破裂脱落，呈堆粉状，除锈后肉眼可见腐蚀小凹点。

④ 重锈：氧化皮大部分脱落，呈片状锈层或凸起的锈斑，除锈后出现麻点或麻坑。

2）除锈目的。

① 去除金属表面上锈蚀及杂质。

② 增加金属表面粗糙度。

③ 增强漆膜或防腐蚀层与金属表面的黏接强度。

3）常用的除锈方法。

① 手工除锈：采用砂布、铲刀、手把钢丝刷及锤子等简单工具，以擦磨、铲、刷、敲的方式将金属表面锈蚀及杂质去除掉。它施工简单，适用于管道外表面及无法采用机械除锈部位。

② 半机械除锈：采用电动刷轮或除锈机进行的除锈。它比手工除锈好，一般用于不易使用喷砂的地方。

③ 化学除锈：又叫酸洗除锈，是将浓度较低的无机酸刷涂或喷涂在金属的表面上，使锈及油脂等杂质被酸液腐蚀掉而达到去除锈蚀的目的。它适用于小面积或结构复杂无法机械除锈的地方。

④ 机械喷砂：采用手用机械的方法，以压缩空气为动力，将干燥的石英砂、河砂或金刚砂喷射到金属表面去除锈蚀。它适用于大面积管道且工艺要求较高的地方。

（2）涂料防锈

1）涂料的作用。

① 保护作用。涂料涂刷或喷涂在管道表面上会形成一种漆膜，将被涂物体与空气、日光、水分及外界腐蚀介质隔开，保护被涂物体不受侵蚀，从而延长使用寿命。

② 标志作用。将特定颜色漆涂在管道表面上，可帮助人们或操作者识别和进行安全操作。

2）涂料由可挥发物质与无挥发物质组成。涂料刷在管道上之后，可挥发物质逐渐逸发出，无挥发物质干固成为漆膜，紧附在管道表面上。可挥发物质的作用是调节涂料的稠度、稀释或溶解涂料。使用时要注意它与涂料配套，否则会引起化学反应造成沉淀析出、失光等。

3）施工要求。

① 对非绝热管道，当要求不高时，涂一道底漆和两道面漆即可；当要求较高时，涂两道底漆和两道面漆。对于绝热管道，一般只涂两道防锈底漆即可进行绝热施工。

② 涂漆一般应在管道试压后进行。

③ 管道安装后不易涂漆的部位，应预先涂漆。

④ 施工时应有防火、防冻、防雨措施。

⑤ 涂刷应均匀、完整、无漏涂、无损坏、无气泡。

7. 管道的带压堵漏

带压堵漏是工业管道维修的新技术。当生产装置中的设备管道、阀门、法兰某部位泄漏时，它可在不停车、不影响生产的情况下，带压、带温迅速地堵住泄漏，从而确保生产的稳定进行，使设备系统长周期地运转，提高经济效益。带压堵漏的应用范围为真空至20MPa，温度为-20～450℃。由于它适用性大、操作简便、效果好，故近些年发展很快，被广泛地应用于石油、化工、电力、冶金、医药等各种流程的工业部门。

(1) 堵漏原理　管道带压堵漏是当管道运行时，在泄漏部位上装上专用的卡具，用高压液压泵做动力源(压力可达60MPa)，推动高压注射枪中的柱塞推料杆，将专用密封剂压注到泄漏的部位上去，密封剂中的润滑脂被迅速炭化使石棉纤维固化，并建立起新的密封结构，从而快速地消除管道上的泄漏，达到密封目的，如图5-14所示。

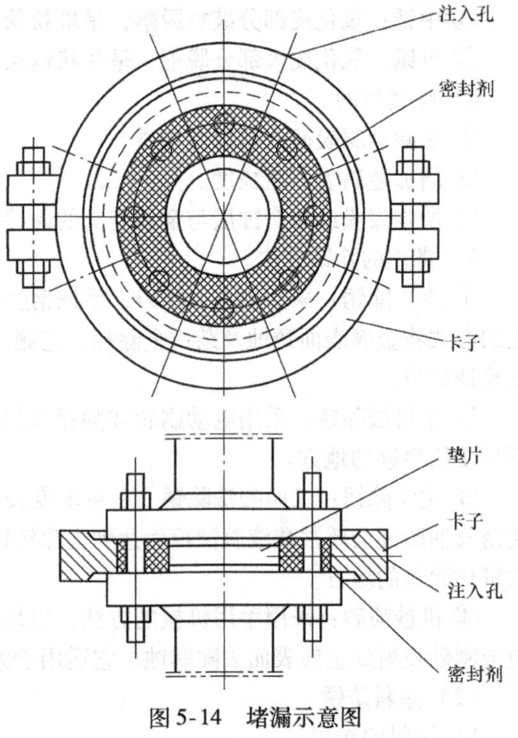

图5-14　堵漏示意图

(2) 专用工具　专用工具是由产生动力源的液压泵、注射密封剂的高压注射枪、高压软管、压力表和连接件等组成，如图5-15所示。

专用工具中最主要的是高压注射枪。高压注射枪由液压缸、柱塞推料杆、连接螺母、注射筒等主要件组成，如图5-16所示。

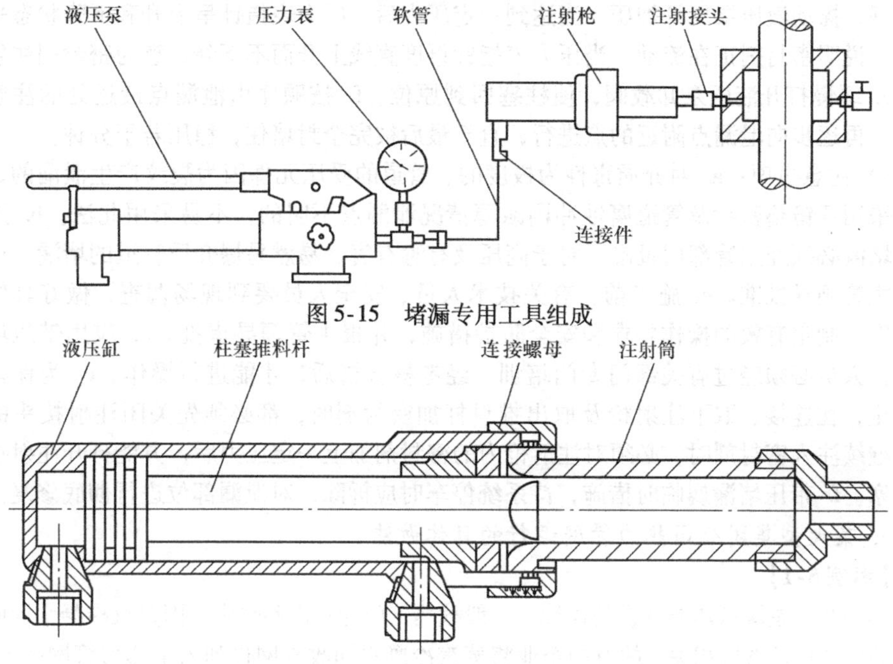

图 5-15　堵漏专用工具组成

图 5-16　高压注射枪结构型式

来自液压泵的压力油作用于高压注射枪的柱塞推料杆，产生很高的推动力，将装在注射筒内的密封剂经专用夹具上的注入孔，挤入泄漏部位。

（3）专用夹具　专用夹具是根据泄漏部位形状而专门制造的装在泄漏部位上用来包容密封剂且承受泄漏介质压力及注射密封剂压力的受压元件。

当压力 <2MPa 时，可用钢带捆扎代替专用夹具。夹具一般制成两个半圆，并根据需要留有数个注射密封剂的注入孔。

专用夹具的选材、设计、制造等必须符合《压力容器安全技术监察规程》的要求。

（4）密封剂　密封剂对被封堵介质应具有足够的耐溶胀性、耐蚀性、耐温性、抗水溶性、不透气性及良好的流动性和高低温固化的适应性，同时还必须无毒、无腐蚀、不易燃易爆。其形状可根据注射枪的规格大小来制造，例如：18mm×75（95）mm、24mm×95mm 等。

（5）堵漏过程

1）准备工作：a. 先确定泄漏部位组件的材质和尺寸，了解该系统介质的压力、温度等参数，仔细检查泄漏部位连接件是否有裂纹和严重腐蚀，必要时应测厚，然后制订堵漏方案。b. 根据现场实际，设计、制作合适的密封用夹具，选择相应的密封剂。c. 安装好施工需要的脚手架。d. 穿戴好专用的工作服、安全帽、手套、防护眼镜等。

2）堵漏施工：a. 将夹具对好泄漏位置并紧固。b. 将圆柱密封剂装入注射筒，用连接螺母把液压缸、柱塞推料杆、注射筒连接好。c. 用连接接头将液压泵、高压软管、注射枪、压力表连接在一起、关紧液压泵卸载阀。d. 将注射枪的接头与夹具上的注入孔接好，摇动液压泵压杆加压。当达到一定压力后，压力表指针呈上升和下降状态来回摆动，说明密封剂正在流动。当压力表指针再度直线上升而不下降，意为密封剂注射完毕。e. 缓慢打开液压泵卸载阀，使柱塞回到原位。f. 按顺序由泄漏点最远处的注射孔注入，再逐步向泄漏点附近的点进行，直至最后被完全封堵住，稳压若干分钟。

3）注意事项：a. 对介质毒性为极度的、管道的受压元件因为裂纹产生泄漏的、原设计采用透镜垫密封及管道腐蚀冲刷减薄情况泄漏点不明的，不易采用此法。b. 进行带压堵漏必须经主管部门批准。对于高压及有毒有害、易燃易爆介质管道的堵漏，还必须经主管领导批准。c. 施工前，有关技术人员、安全人员要到现场调查，做好具体施工方案、制定有效的操作要求和安全防护措施，并报主管领导审批。d. 应用带压堵漏的操作人员必须经过有关部门专门培训，经考核合格后，才能进行操作。e. 为保证操作安全，在连接、取下注射枪及取出推料杆加密封剂时，都必须先关闭注射接头的施塞。继续注入密封剂时，必须对注射枪内的密封剂加上一定压力后，方能打开注射接头的施塞。f. 带压堵漏属临时措施，待系统停车时应拆除，对泄漏部位进行彻底修复。

8. 某大型集团公司热力管网运行的具体做法

【案例5-1】

热力管网是输送热能管道的通称，一般载热工质为蒸汽和热水。因蒸汽冷凝水回收与蒸汽的生产输送密切相关，故有的企业将蒸汽冷凝水回收管网也列入了热力管网范围内。热力管网运行主要包括热力管网的基础管理、运行检查、系统调整、试压验收等内容。

（1）热力管网的基础管理　加强热力管网的基础管理对于确保热力系统安全及经济运行是十分重要的。

1）热力管网的基础技术资料如下：a. 竣工后的系统图与平面布置图。b. 关键阀门与流量计的出厂合格证、管理及支架等图样及金属材料质量保证书、水压试验记录、焊接记录等。c. 水力计算书、热应力（补偿）计算书和保温计算书等。d. 用户用汽的参数及不同季节的负荷，凝结水回收水量及水质记录。e. 热力管网腐蚀情况检查记录等。

2）热力管网管理制度的主要内容包括：a. 热力管网归属的分界线，热力站（锅炉房）送出蒸汽的参数或热水的参数及其波动范围。b. 各用户的用热参数和管网负荷的波动范围，有关参数测量和流量计量办法。c. 用户开始与停止用汽（热）时与热力站的联系办法、调整方法及允许增减负荷的速度和热量，蒸汽凝结水回收的质量指标及检验办法，凝结水回收的数量指标及波动范围。d. 热力站与用户的结算办法，新增用户提出用热申请、原有用户提出增容或变更用热参数申请的审批办法及实施办法。e. 生活用汽（采暖、浴室及蒸饭用汽等）的供应起止时间。

（2）热力管网运行及维护　热力管网在投入运行前必须进行一系列的检查和试验，只有符合规程及规范时才允许投入运行。

1）热力管网投入运行后要立即对系统进行全面调整，使热力管网在最佳供热方式下运行。所谓最佳供热方式，除应满足供热要求外，还必须满足以下各方面要求：热力管网的压力损失要小；热力管网散热损失要小；用户开始和停止用热（汽）或出现事故时易于切换及调整；凝结水回收不受污染，水量损失小、水温高。

2）最佳供热方式确定后，热力管网在运行过程中还要及时进行维护保养，其内容如下：a. 及时消除“跑冒滴漏”现象。b. 每隔半个月到一个月对裸露在室外的阀门丝杠加油、活动一次，以防生锈咬住。c. 脱落的保温层要及时进行补修。d. 每三个月到半年检查一次热膨胀情况。e. 每半年校验一次压力表，检查一次滑动、滚动支架锈蚀情况。

3）热力管网停运检修时，应在冷却后将其中的积水全部放尽，并尽可能检查其腐蚀情况。对长期停用的热力管网，要采取适当防腐措施。

由于热力管网不允许经常停用，故检修过程中对有怀疑的阀门应尽量研磨检修。

4）热力管网在正常运行期间，每天应做一次核算，确定锅炉房（热力站）的供汽量和用户的用汽量、热力管网损失的汽量之间的差值。核算时要注意气压、气温的波动对蒸汽流量的修正。在核算中，对热力管网损失及用户用气的任何较大变化均应查出原因，并做适当处理。

9. 某企业化工设备与管道检修的具体做法

【案例 5-2】

（1）检修中抽插盲板作业的安全措施　在和检修设备相连的管道法兰连接处插入盲板的隔绝方法操作方便，安全可靠，广为采用。抽插盲板属于危险作业，应办理《抽插盲板作业许可证》，并同时落实以下各项安全措施。

1）应绘制抽插盲板作业图，按图进行抽插作业，并做好记录和检查。加入盲板的部位要有明显的挂牌标志，严防漏插、漏抽。拆除法兰螺栓时要逐步缓慢松开，防止管道内余压或残余物料喷出而发生意外事故。加盲板的位置一般在来料阀后部法兰处，盲板两侧均应加垫片并用螺栓紧固，做到无泄漏。

2）盲板必须符合安全要求并进行编号。根据现场实际情况制作合适的盲板：盲板的尺寸应符合阀门或管道的口径；盲板的厚度需通过计算确定，原则上盲板厚度不得低于管壁厚度。盲板及垫片的材质，要根据介质特性、温度、压力选定。盲板应有大的突耳并涂上特别颜色，用于挂牌编号和识别。

3）抽插盲板现场的安全措施包括：确认系统物料排尽，压力、温度降至规定要求；要注意防火、防爆，凡在禁火区抽插易燃、易爆介质窗口或管道盲板时，应使用防爆工具和防爆灯具，在规定范围内严禁用火，作业中应有专人巡回检查和监护；在室内抽插盲板时，必须打开窗户或采用符合安全要求的通风设备强制通风；抽插有毒介质管路盲板时，作业人员应按规定佩戴合适的个体防护用品，防止中毒；在高处抽插盲板作业时，应同时满足高处作业安全要求，并佩戴安全帽、安全带；危险性特别大的作业，应有抢救后备措施及气防站，医务人员、救护车应在现场；操作人员在抽插盲板连续作业中，时间不宜过长，应轮换休息。

（2）化工设备检修中置换作业的安全注意事项

1）对设备和管道中的易燃及易爆、有毒及有害气体进行置换作业时，大多采用蒸汽、氮气等惰性气体作为置换介质，也可采用注水排气法。设备经置换后，若需要进入其内部工作，则还必须再用新鲜空气置换惰性气体，以防发生缺氧窒息。

2）置换作业的安全注意事项：a. 被置换的设备、管道等必须与系统进行可靠隔绝。b. 若置换介质的密度大于被置换介质的密度时，应由设备或管道最低点送入置换介质，由最高点排出被置换介质，取样点宜在顶部位置及易产生死角的部位；反之，置换介质的密度低于被置换介质时，从设备最高点送入置换介质，由最低点排出被置换介质，取样点宜放在设备的底部位置和可能成为死角的位置，确保置换彻底。c. 置换要求。用水作为置换介质时，一定要保证设备内注满水，且在设备顶部最高处溢流口有水溢出，并持续一段时间，严禁注水未满。用惰性气体作为置换介质时，必须保证惰性气体用量（一般为被置换介质容积的3倍以上）。

3）置换作业排出的气体应引入安全场所。如需检修动火，则置换用惰性气体中氧含量一般应为1%～2%（体积分数）。

（3）化工设备检修中清洗和铲除作业的安全注意事项　清洗一般有蒸煮和化学清洗两种。

1）蒸煮。一般说来，较大的设备和容器在清除物料后，都应用蒸汽、高压热水喷扫或用碱液（氢氧化钠溶液）通入蒸汽煮沸，采用蒸汽宜用低压饱和蒸汽；被喷扫设备应有静电接地，防止产生静电火花引起燃烧、爆炸事故，防止烫伤及碱液灼伤。

2）化学清洗。常用碱洗法、酸洗法、碱洗与酸洗交替使用等方法。

铲除作业主要靠人工铲刮的方法予以清除。进行此项作业时，应符合进入设备作业的安全规定，特别应注意的是，对于可燃物的沉积物的铲刮应使用铜质、木质等不产生火花的工具，并对铲刮下来的沉积物妥善处理。

（4）化工设备检修中动火作业的安全注意事项

1）固定动火区与禁火区。划定固定动火区，固定动火区以外一律为禁火区。

2）动火作业及分类。在禁火区进行焊接与切割作业及在易燃易爆场所使用喷灯、电钻、砂轮等进行可能产生火焰、火花或赤热表面的临时性作业均属动火作业。

动火作业分为特殊动火、一级动火和二级动火三类。

动火作业必须经动火分析，合格后方可进行。

3）动火安全作业证制度如下：a. 在禁火区进行动火作业应办理《动火安全作业证》，严格履行申请、审核和批准手续。《动火安全作业证》上应清楚标明动火等级、动火有效日期、动火详细位置、工作内容（含动火手段）、安全防火、动火监护人措施及动火分析的取样时间、地点、结果，审批签发动火证负责人必须确认无误方可签字。b. 动火作业人员在接到动火证后，要详细核对各项内容，如发现不符合动火安全规定，有权拒绝动火，并向单位防火部门报告。动火人要随身携带动火证，严禁无证作业及手续不全作业。c. 动火前，动火作业人员应将动火证交现场负责人检查，确认安全措施已落实无误后，方可按规定时间、地点、内容进行动火作业。d. 动火地点或内容变更时，应重新办理审证手续，否则不得动火。e. 高处进行动火作业和设备内动火作业时，除办理《动火安全作业证》外，还必须办理《高处安全作业证》和《设备内安全作业证》。

（5）化工设备检修中设备内作业的安全注意事项

1）设备内作业及其危险性。凡进入石油及化工生产区域的罐、塔、釜、槽、球、炉膛、锅筒、管道、容器等设备，以及地下室、阴井、地坑、下水道或其他封闭场所内进行的作业称为设备内作业。

2）设备内作业的安全要点：a. 设备内作业必须办理《设备内安全作业证》，并要严格履行审批手续。b. 进设备内作业前，必须将该设备与其他设备进行安全隔离（加盲板或拆除一段管线，不允许采用其他方法代替），并清洗、置换干净。c. 在进入设备前30min必须取样分析，严格控制可燃气体、有毒气体浓度及氧含量在安全指标范围内，分析合格后才允许进入设备内作业。如在设备内作业时间长，至少每隔2h各分析一次，如发现超标，应立即停止作业，迅速撤出人员。d. 采取适当的通风措施，确保设备内空气良好流通。e. 应有足够的照明，设备内照明电压应不大于36V，在潮湿容器、狭小容器内作业应小于等于12V，灯具及电动工具必须符合防潮、防爆等安全要求。f. 进入有腐蚀、窒息、易燃易爆、有毒物料的设备内作业时，必须按规定佩戴合适的个体防护用品、器具。g. 在设备内动火，必须按规定办理动火证和履行规定的手续。h. 设备内作业必须设专人监护，并与设备内作业人员保持有效的联系。i. 在检修作业条件发生变化，并有可能危及作业人员安全时，必须立即撤出人员；若需继续作业，必须重新办理进入设备内作业审批手续。j. 作业完工后，经检修人、监护人与使用部门负责人共同检查设备内部，确认设备内无人员和工具、杂物后，方可封闭设备孔。

第六章　起重机械的运行与维护

起重机械是工业、交通、建筑企业实现生产过程机械化、自动化，减轻繁重体力劳动，提高劳动生产率的重要工具和设备，我国已拥有大量各式各样的起重机械。

第一节　起重机械制造许可

起重机械是一种以间歇作业方式对物料进行起升、下降和水平移动的搬运机械，起重机械的作业通常带有重复循环的性质。随着科学技术和生产的发展，起重机械在不断地完善和发展之中，先进的电气、光学、计算机技术在起重机械上得到应用，其趋向是增进自动化程度，提高工作效率和使用性能，使操作更简化、省力和更安全可靠。

一、起重机械的分类

起重机械可分为三个基本类型如图 6-1 所示。

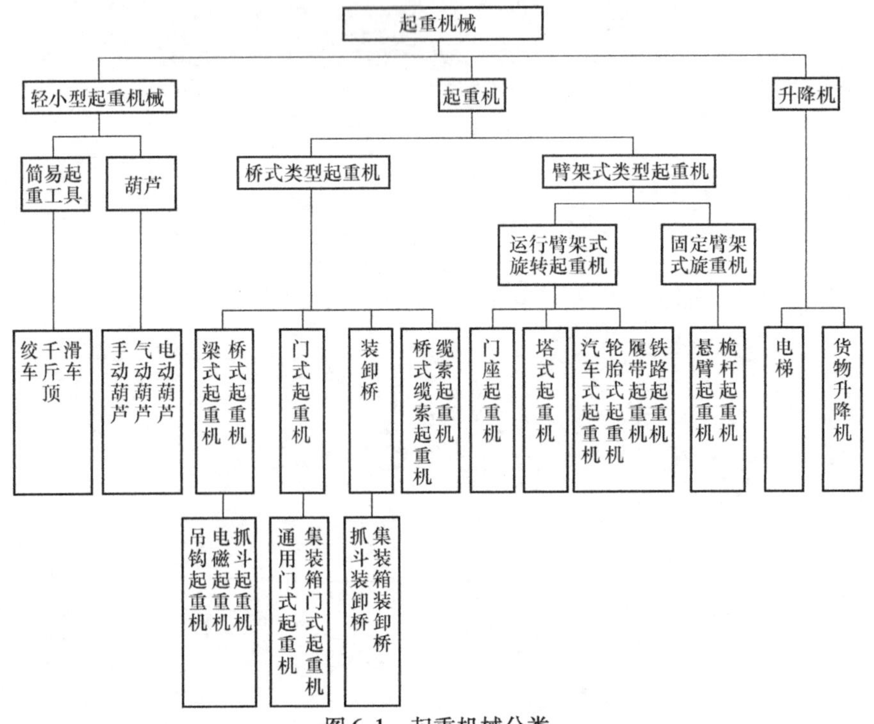

图 6-1　起重机械分类

1. 轻小型起重机械

包括千斤顶、滑车、绞车、手动葫芦、气动葫芦和电动葫芦，其特点是构造比较简单，一般只有一个升降机构，使重物做单一升降运动。

2. 起重机

（1）桥式类型起重机　包括桥式起重机、梁式起重机、桥式缆索起重机、缆索起重机、门式起重机、装卸桥。桥式类型起重机设有起升机构、大小车运行机构，重物除升降运动外，还能做前后和左右的水平运动，三种运动的配合，可使重物在一定的立方形空间内起重与搬运。

（2）臂架式类型起重机　包括汽车式起重机、轮胎式起重机、履带式起重机、塔式起重机、门座式起重机、浮式起重机、铁路起重机、悬臂起重机和桅杆起重机。臂架式类型起重机设有起升机构、变幅机构、旋转机构和行走机构，依靠这些机构的配合动作可使重物在一定的圆柱形或椭圆柱形空间内起重和搬动。

3. 升降机

升降机是重物或取物装置沿着导轨升降的起重机械。它包括载人或载货电梯和货物升降机。升降机虽然只有一个升降动作，但机构很复杂，特别是载人的升降机，要求有完善的安全装置和其他附属装置。

二、起重机械的基本参数

起重机械的基本参数是说明起重机械的性能和规格的数据，是选择使用起重机械的主要依据。

1. 额定起重量（Q）

起重机械在正常工作时允许起吊物品的最大重量称为额定起重量。如使用其他辅助取物装置和吊具（电磁吸盘、夹钳等），这些装置的自重也包括在起重量内，起重量系列标准见表6-1。

表6-1　起重量系列标准（节选自GB/T 783）　　（单位：t）

0.1	0.25	0.5	0.8	1.0	1.25	1.6	2	2.5	3.2
4	5	6.3	8	10	12.5	16	20	25	32
40	50	63	80	100	125	160	200	250	320
400	500	630	800						

对于幅度可变的起重机械，可根据规定的幅度来确定额定起重量。

2. 起升高度（H）

起升高度是指从起重机工作场地面或起重机械运行轨道顶面到取物装置上极限位置的高度。取物装置可放到地面以下，其下放距离为下放深度。起升高度和下放深度之和称为总起升高度，起重机起升高度系列见表6-2。

表6-2　起重机起升高度系列（节选自GB/T 14405）　　（单位：m）

起重量（主钩）/t		≤50		>50～125		>125～320	
起升高度	主钩	12	16	20	30	22	32
	副钩	14	18	22	32	24	34

3. 跨度和轨距（L）

跨度是指起重机械大车两端车轮中心线之间的距离。起重机跨度系列见表6-3。轨距是指起重机械的小车轨道中心线之间的距离，或臂架式起重机的运行轨道中心线（或起重机械行走轮或履带中心线）之间的水平距离。

表 6-3　起重机跨度系列（节选自 GB/T 14405）　　（单位：m）

厂房跨度			12	15	18	21	24	27	30	33	36	39	42
起重机跨度	$Q \leqslant 50t$	无通道	10.5	13.5	16.5	19.5	22.5	25.5	28.5	31.5	34.5	37.5	40.5
		有通道	10	13	16	19	22	25	28	31	34	37	40
	$Q > 50 \sim 125t$		—	—	16	19	22	25	28	31	34	37	46
	$Q > 125 \sim 320t$		—	—	15.5	18.5	21.5	24.5	27.5	30.5	33.5	36.5	39.5

4. 幅度（R）

幅度是指臂架式起重机旋转中心线与取物装置铅垂线之间的距离。有效幅度是指臂架所在平面内的起重机内侧轮线与取物装置铅垂线之间的距离，单位为 m。

5. 额定工作速度

1）额定起升速度是指起升机构电动机在额定转速时，取物装置的上升速度。

2）额定运行速度是指运行机构电动机在额定转速时，起重机或小车的运行速度。

3）变幅速度是指臂架式起重机的取物装置从最大幅度到最小幅度水平位移的平均速度。

4）额定回转速度是指旋转机构电动机在额定转速时，起重机绕其旋转中心的旋转速度。

转速常用单位为 r/min；起升、运行、变幅速度常用单位为 m/min，无轨运行起重机的运行速度以 km/h 表示，浮式起重机的运行速度以 n mile/h 表示（1n mile = 1.85km）。

6. 起重机械的利用等级

起重机械是一种循环、间隙运动的机械，具有重复而短时性动作的特征。由于使用场所和服务对象不同，对起重机械的利用程度也不同。对起重机械的使用频繁程度，按起重机械设计寿命期内的工作循环次数来划分为 10 组，称为起重机械的利用等级，见表 6-4。

表 6-4　起重机械的利用等级

利用等级	总的工作循环次数	附　注	利用等级	总的工作循环次数	附　注
U_0	1.6×10^4	不经常使用	U_5	5×10^5	经常中等地使用
U_1	3.2×10^4		U_6	1×10^6	不经常繁忙地使用
U_2	6.3×10^4		U_7	2×10^6	繁忙地使用
U_3	12.5×10^4		U_8	4×10^6	
U_4	2.5×10^5	经常轻闲地使用	U_9	$>4 \times 10^6$	

7. 起重机械的载荷状态

在实际使用中，起重机械所起重的物品重量一般小于额定起重量，由于使用场所和服务对象不同，有的经常轻载，有的频繁满载，这种受载的轻重程度称为起重机的载荷状态，见表6-5。

表6-5　起重机械载荷状态

载荷状态	名义载荷谱系数 K_P	说　明
Q_1（轻）	0.125	很少起升额定载荷，一般起升轻微载荷
Q_2（中）	0.25	有时起升额定载荷，一般起升中等载荷
Q_3（重）	0.5	经常起升额定载荷，一般起升较重载荷
Q_4（特重）	1.0	频繁地起升额定载荷

起重机械的载荷状态与下面两个因素有关。

1）所起升的载荷与额定载荷之比，即 $P_i : P_{max}$。

2）各个起升载荷 P_i 的作用次数 n_i 与总的工作循环次数之比，即 $n_i : N$。

起重机械名义载荷谱系数计算公式为

$$K_P = \sum\left[\frac{n_i}{N}\left(\frac{P_i}{P_{max}}\right)\right]$$

式中，K_P 为载荷谱系数；n_i 为载荷 P_i 的作用次数；N 为总的工作循环次数，$N=\sum n_i$；P_i 为第 i 个起升载荷，$P_i = P_1, P_2, \cdots, P_n$；$P_{max}$为最大起升载荷。

8. 起重机械的工作级别

按起重机械的利用等级和载荷状态，把起重机械的工作级别分为 8 个级别，见表6-6。各工业企业根据起重机械的类型和用途，也可根据表6-7 直接确定工作级别。

表6-6　起重机械工作级别的划分

载荷状态	利用等级									
	U_0	U_1	U_2	U_3	U_4	U_5	U_6	U_7	U_8	U_9
Q_1（轻）	—	—	A_1	A_2	A_3	A_4	A_5	A_6	A_7	A_8
Q_2（中）	—	A_1	A_2	A_3	A_4	A_5	A_6	A_7	A_8	—
Q_3（重）	A_1	A_2	A_3	A_4	A_5	A_6	A_7	A_8	—	—
Q_4（特重）	A_2	A_3	A_4	A_5	A_6	A_7	A_8	—	—	—

表6-7　起重机工作级别的使用

起重机类型		用　途	工作级别	起重机类型	用　途	工作级别
桥式起重机	吊钩式	电站安装及检修用 车间及仓库用 繁重工作车间及仓库用	$A_1 \sim A_3$ $A_4 \sim A_5$ $A_6 \sim A_7$	门式起重机	一般用途吊钩式 装卸用抓斗式 电站用吊钩式 造船安装用吊钩式 装卸集装箱用	$A_5 \sim A_6$ $A_7 \sim A_8$ $A_2 \sim A_3$ $A_4 \sim A_5$ $A_6 \sim A_8$
	抓斗式	间断装卸用 连续装卸用	$A_6 \sim A_7$ A_8	装卸桥	料场装卸用抓斗式 港口装卸用抓斗式 港口装卸集装箱用	$A_7 \sim A_8$ A_8 $A_5 \sim A_8$

三、起重机械的主要结构

起重机械一般由金属结构、运行机构、提升机构、动力装置和电控装置等组成。由于起重机械功能不同，各部分组成情况也有很大区别。

1. 起重机械的运行机构

起重机械的运行机构一般由电动机、制动器、减速器、联轴器、传动轴、轴承箱、车轮等组成。起重机械运行机构形式很多，以达到各自不同的用途。桥式类型起重机运行机构的驱动方式有以下三种。

（1）集中低速驱动　这种起重机械的电动机和减速器放在桥架走台中间，由低速轴通过联轴器传动大车车轮转动。这种方式仅用于起重量和跨度不大的桥式起重机上。

（2）集中高速驱动　这种起重机械的电动机装在桥架走台中间，通过联轴器带动高速传动轴与装在走台两端的减速器相连接，经过减速器的低速轴与车轮轴连接。其优点是传递的转矩小，不足之处是需要两只减速器，而且传动轴必须具有较高的加工精度，以减少因偏心误差在高速旋转时所引起的剧烈振动。

（3）分别驱动　这种起重机械是在走台的两端各有一套驱动装置，对称布置。每套装置由电动机通过联轴器、减速器与大车车轮连接。分别驱动的优点是省去了很长的传动轴，减轻了自重，且安装与维修方便，但要求两套驱动装置的运行必须同步。

2. 起重机械的卷扬提升机构

起重机械的卷扬提升机构一般由电动机、制动器、减速器、卷筒、钢丝绳、滑轮和取物装置等组成。现将主要部件做简要介绍。

（1）取物装置　取物装置是起重机械上的主要部件，为确保作业安全，取物装置必须工作可靠，操作简便。取物装置用于提升成件货物时，主要有吊钩、夹钳等；用于散装物料时，有料斗、抓斗、起重电磁铁等。下面介绍几种通用取物装置。

1）吊钩：是起重机械安全作业的三个重要构件之一。

2）抓斗：按其操作特点分为单索抓斗、双索抓斗、液压抓斗和电动抓斗四种，其中双索抓斗使用最为广泛。抓斗刃口板磨损严重或有较大变形时，应及时进行修理或更换。抓斗闭合时，两水平刃和垂直刃口的错位差及斗口接触处的间隙≤3mm，最大间隙处的长度≤20mm，抓斗的铰接部位的轴、销、钢丝绳套环等必须经常检查，发现裂纹、松动应及时更换。

3）起重电磁铁：采用起重电磁铁可以大大缩短装卸时间和减轻装卸人员的劳动强度。每班必须检查起重电磁铁电源接线部位和电源线的绝缘状况是否良好，如有破损应立即修复或更换。不准用起重电磁铁吊运温度≥200℃的钢铁物件。

电磁吸盘的吸重能力不得小于额定值，同时要检查保护接地是否完好。

4）吊夹钳：属于专用取物装置，按其夹紧力产生方式不同，可分为杠杆夹钳、偏心夹钳和传动夹钳三类。其裂纹检验可用20倍放大镜对受力部位重点检查。新使用的吊夹具也应进行负荷试验，经检验合格后方可使用。

（2）滑轮　滑轮是起重机械中的承载零件，按用途可分为定滑轮和动滑轮。滑轮一般由HT150或QT450-10铸造；对载荷较大的滑轮用ZG230-450、ZG270-500或ZG35Mn等铸造而成。对滑轮来讲首先应检查其转动情况，还要观察是否有侧向摆动；

应用20倍放大镜检查滑轮上是否有裂纹，如有裂纹应予更换，不允许焊补后继续使用；滑轮绳槽的径向磨损不得超过绳径的30%；槽壁的磨损不得超过原壁的15%，滑轮轴的磨损不得超过其直径的2%～3%，超过规定应予以更换，滑轮轮槽的不均匀磨损量应≤2mm。

动滑轮不应有碎边等损坏，平衡滑轮允许有轻微的碎边，但不得超过两处，轮缘损坏深度应≤5mm，长度应≤10mm；滑轮槽表面对滑轮孔中心径向圆跳动误差应<1mm，滑轮中心线与轮槽中心线的偏差≤2mm。铸铁滑轮的任何缺陷严禁补焊。

滑轮组应转动灵活，轴向圆跳动误差不得超过滑轮名义直径的1/1000。

（3）卷筒　卷筒是用来绕钢丝绳的，可以把原动机的驱动力传递给钢丝绳，并实现钢丝绳的直线运动。卷筒用HT200或球墨铸铁制造，也有用ZG230-450铸钢制造。钢丝绳的末端应牢固定在卷筒上，保证工作安全可靠，还要求便于检查和更换钢丝绳。作业人员每季度都要检查滑轮和卷筒一次并做好记录：首先要检查卷筒有无变形和裂纹，若出现裂纹，则应报废；其次应检查卷筒轴，若有裂纹或磨损严重，则应报废；再检查卷筒绳槽磨损情况，若卷筒壁磨损超过原壁厚的13%，也应报废；最后检查固定钢丝绳末端用的压板与压板螺栓是否松动，并用扳手拧紧。

卷筒的工作面不允许有气孔和砂眼存在，卷筒不得出现明显的失圆现象。卷筒槽磨损应≤2mm，卷筒轴中心线与小车架支承面要平行，其偏差为在长度方向上≤1mm/m，卷筒安装后两轴端中心线偏差≤0.15mm。卷筒组装后应转动灵活，其径向圆跳动误差≤0.25mm，轴向圆跳动误差≤0.4mm。

（4）制动器　起重机械各机构的制动装置主要用来阻止悬吊重物下落、实现停车，以及某些特殊情况下按工作需要实现降低或调节机构运动速度。

（5）减速器　减速器是起重机的重要部件，通过选用一定速比的减速器，可使电动机的额定转速和转矩转变为作业需要的机构工作速度和力矩。

起重机械常用的减速器有卧式减速器和立式减速器两类。卧式减速器有两种型号：ZQ型减速器（渐开线齿轮）和ZQH型减速器（圆弧齿轮）。减速器的噪声应≤85dB，密封性要好，不得漏油。减速器的效率≥94%。

（6）钢丝绳　钢丝绳是起重机械中应用最广泛的挠性构件，也是起重机械安全生产的三个重要构件（即制动器、钢丝绳和吊钩）之一。钢丝绳的绳芯分麻芯、棉芯、石棉芯、钢丝芯四种。

3. 起重机械的电气装置

（1）电气操纵装置

1）凸轮控制器。它是起重机械的电气操纵装置，主要用途是控制各电动机的起动、停止、正转、反转及安全保护等。凸轮控制器线路简单，维护方便，应用广泛，其定子回路和转子回路是可逆对称线路。在控制绕线转子电动机时，转子可串接不对称电阻，以减少转子触头的数量；控制起升机构电动机时，由于是位能负载，下降时电动机处于再生制动状态，下降稳定速度大于同步速度，无法实现稳定低速，如需要准确停车，只能靠点动操纵来实现。

凸轮控制器能适应起重机械上安装的绕线转子电动机起动频繁的特性，与其他电器配合能防止机构发生越位事故；同时与总接触器配合使其有零压保护（即零位保护）的功能。

2）主令控制器与控制柜（屏）。主令控制器与控制柜相配合，用来操纵控制电动机频繁起动、调速、换向和制动。主令控制器能实现多位控制，这对于工作机构多、操作频繁的起重机械是至关重要的。控制柜分为交流起重机控制柜和直流起重机控制柜两类。

3）保护配电柜。为了保护起重机械上的电气装置，应设置保护配电柜，用于起重机械短路保护、零压保护、隔离保护和总过电流保护。

保护配电柜的电气元件包括三相刀开关、交流线路主接触器、熔断器、过电流继电器、按钮和信号指示灯等。

（2）电动机　起重机械上的电动机要求具有较高的机械强度和过载能力，要能承受经常的机械冲击和振动，转动惯量要小，适应于频繁快速起动、制动和逆转等。

起重机械主要采用交流传动，电动机可选用 YZR、YZ 等系列，见表 6-8。因此，起重电动机与一般工业电动机有着明显差异。在安装电动机时必须按铭牌规定的额定电压、额定功率和运行方式接线和运动，确保电动机使用合理。

表 6-8　起重机械专用的交流三相异步电动机系列

系列型号	电动机名称	基准工作制	系列容量	极数	备　注
YZR	起重及冶金用绕线转子感应电动机	S3—40%	1.5～2000kW	6、8、10	—
YZ	起重及冶金用电动机	S3—40%	1.5～30kW	6、8	—
YZR—Z	起重专用绕线转子感应电动机	S3—25%	1.8～150kW	6、8、10	—
YXRW	起重及冶金用涡流制动绕线转子感应电动机	S3—40%	1.5～75kW	6、8、10	电动机带涡流制动器
WZ	起重及冶金用涡流制动器	S3—25%	64～2250N · m	—	容量为额定制动力矩
YZD	起重用多速电动机	高速 S3—25%	0.75～22kW	4/16、6/16、8/20	—
		低速 S3—15%	0.2～6.3kW		
YZRE	起重及冶金用绕线转子电磁制动电动机	S3—40%	0.8～30kW	4、6、8	电动机带制动器

（3）制动电磁铁　制动电磁铁与制动器联合使用，目的是使电动机带动的运行机构和提升机构能准确停车。这是因为电磁铁与电动机实行电气联锁，它随着电动机停电而停止工作，随着电动机供电而开动工作。

在起重设备上常用的电磁铁制动器有单相制动电磁铁和三相制动电磁铁，还有直流电磁制动器、液压推杆式制动器和交流直推式制动电磁铁。

ZDZ 型单相交流直推式制动电磁铁是 MZD、MZS 型单相、三相制动电磁铁及 YT 型液压推杆式制动器的理想替代产品。该产品能方便地与各种上置弹簧式制动器相配套，无须更换制动器架。该产品耗电少，使用寿命长，维护工作量少，操作灵敏度高，操作频率可达1500～1800次/h，其型号见表6-9。

表6-9　ZDZ型单相交流直推式制动电磁铁产品型号

ZDZ型电磁铁型号	可替代产品	可配用制动架
ZDZ－100	MZD－100，MZS－7，YT－18	TJ－100，JCZ，YWZ－100
ZDZ－200	MZD－200，MZS－15（H），YT－25	TJ－200，JCZ，YWZ－200
ZDZ－300	MZD－300，MZS－25（H），YT－45	TJ－300，JCZ，YWZ－300
ZDZ－400	MZS－45（H），YT－90	JCZ－400，ZYWZ－400

三相电磁铁的线圈应按铭牌所示的电压及接线方式接在电路上。

（4）总受电箱　采用主令控制器操纵的大型起重机械和冶金起重机械上广泛使用总受电箱对起重机械进行保护和控制。总受电箱由总低压断路器和总接能器组成，总低压断路器作为隔离开关、短路保护和紧急开关之用，一般情况下，分合总电源由总接触器完成。

（5）移动供电装置

1）起重机械使用的电线、电缆宜选用橡胶绝缘导线、电缆和塑料绝缘导线，小截面的导线可用塑料绝缘导线，港口起重机械宜选用船用电缆。考虑到起重机械使用的特点，为保证其机械强度，一般只采用铜芯多股电线电缆，且必须采用截面面积≥$1.5mm^2$的多股单芯导线，以及截面面积≥$1mm^2$的多股多芯导线。起重设备上的电线和一部分电缆应用电线槽或钢管加以保护。电缆固定敷设弯曲半径应≥5倍电缆外径，移动敷设电缆的弯曲半径≥8倍电缆外径。

2）对通用桥式和门式起重机的小车运行机构宜用悬挂式软电缆供电，其导线截面面积≤$16mm^2$时推荐用扁电缆；其大车运行机构宜用钢质滑线供电。近年来推广使用安全滑接输电装置，它具有安全、可靠、节能、电压损失小等特点。电动葫芦的电源引入器有软电缆式和滑块式。对于塔式、门式、门座式起重机，常用卷筒式软电缆供电。卷筒式供电有摩擦片型和液力偶合型等。

（6）起重机械的自动控制　起重机械的电气控制，已逐步采用程控、数控、遥控、群控、自动称量及计算机管理等新技术，提高了起重机械的操作性能和管理水平。起重机械电气控制采用继电器逻辑控制系统、无触点逻辑控制系统、顺序控制系统、微机控制系统、可编程序逻辑控制（PLC）系统。PLC系统主要用于大型起重机械和堆垛起重机械及部分低速电梯等。PLC系统的特点有：

1）能在工业环境条件较差的情况下可靠地运行，降低了故障率，同时编程简单，调试容易，使用方便。

2）当生产工艺发生变化时，仅需改变软件设计而不必更动硬件，即能达到新的要求。

3）与继电器逻辑控制系统相比有很多新的功能，如有存储器、断电记忆功能等。

4）有自诊断能力，能判断CPU通信等故障，并有故障信号显示等。

四、起重机械制造许可要求

为了规范机电类特种设备制造许可工作，确保机电类特种设备的制造质量和安全技术性能，根据《特种设备安全监察条例》的要求，生产起重机械的厂家必须取得制造许可后方可正式销售。

1）制造许可分为两种方式：a. 产品型式试验。b. 制造单位许可。

2）国家市场监督管理总局负责全国特种设备制造许可工作的统一管理，型式试验的检验检测机构由国家市场监督管理总局特种设备安全监察局核准和确定，并予以公布。

3）生产厂家必须有一批能够保证正常生产和产品质量的专业技术人员、检验人员。应任命至少一名技术负责人负责本单位起重机械制造和检验中的技术审核工作。

4）制造许可方式为制造单位许可的，制造许可的程序为申请、受理、型式试验、制造条件评审、审查发证、公告。制造单位取得“特种设备制造许可证”后，即可正式制造、销售取得许可的特种设备。

5）制造许可方式为产品型式试验的，制造许可的程序为申请、受理、型式试验、备案、公告。完成规定程序中的备案后，申请单位即可正式销售取得许可的特种设备。

6）取得“特种设备制造许可证”的单位必须在产品包装、质量证明书或产品合格证上标明制造许可证编号及有效日期。制造许可证自批准之日起，有效期为 4 年。

7）同一单位同时申请多种形式特种设备制造许可证的，可以按《特种设备制造许可目录》的规定分别向国家市场监督管理总局或省局特种设备安全监察机构申请，由国家市场监督管理总局特种设备安全监察局统一受理和办理。

8）制造单位拟承担制造许可证范围内相同种类、类型、形式特种设备的安装、改造、维修与保养业务时，可以与制造许可证同时提出申请，由符合相应规定的评审机构按规定进行评审。

9）《特种设备制造许可目录》中起重机械的有关要求见表 6-10。

表 6-10 《特种设备制造许可目录》中起重机械的有关要求（节选）

设备种类	设备类型	等级	设备形式	参　数	许可方式	受理机构	覆盖范围原则
起重机械	桥式起重机	A	通用桥式起重机	320t≥G>50t	制造许可	国家	按额定起重量向下覆盖；有防爆性能的，按防爆等级向下覆盖
			电站桥式起重机	320t≥G≥1t			
			防爆桥式起重机				
			绝缘桥式起重机				
			冶金桥式起重机				
			架桥机	G≥1t			
		B	通用桥式起重机	50t≥G>20t	制造许可	省级	
			电动单梁起重机	G>10t			
			电动单梁悬挂起重机				
			电动葫芦桥式起重机				
			防爆梁式起重机	G≥1t			

（续）

设备种类	设备类型	等级	设备形式	参数	许可方式	受理机构	覆盖范围原则
起重机械	桥式起重机	C	通用桥式起重机	20t≥G≥1t	制造许可	省级	按额定起重量向下覆盖；有防爆性能的，按防爆等级向下覆盖
			电动单梁起重机	10t≥G≥1t			
			电动单梁悬挂起重机				
			电动葫芦桥式起重机				
	门式起重机	A	通用门式起重机	320t≥G>50t S≤50m；H≤16m	制造许可	国家	按额定起重量、跨度、高度向下覆盖
			电站门式起重机	320t≥G≥1t			
			装卸桥	G≥1t			按额定生产率向下覆盖
		B	通用门式起重机	50t≥G>20t S≤50m；H≤16m	制造许可	省级	按额定起重量、跨度、高度向下覆盖
		C	通用门式起重机	20t≥G≥1t S≤50m；H≤16m			
	塔式起重机	A	普通塔式起重机	315t·m≥$G·R$>63t·m	制造许可	国家	按额定起重力矩向下覆盖
			电站塔式起重机	$G·R$≤4000t·m			
			塔式皮带布料机	—			按额定生产率向下覆盖
		B	普通塔式起重机	63t·m≥$G·R$>40t·m	制造许可	省级	按额定起重力矩向下覆盖
		C	普通塔式起重机	$G·R$≤40t·m			
	流动式起重机	A	轮胎起重机	900t·m≥$G·R$> 200t·m　60t≥G>20t	制造许可	国家	按额定起重量、额定起重力矩向下覆盖
			履带起重机	1200t·m≥$G·R$> 300t·m　100t≥G>40t			
		B	轮胎起重机	$G·R$≤200t·m G≤20t	制造许可	省级	
			履带起重机	$G·R$≤300t·m G≤40t			
			汽车起重机	G≥1t	型式试验	国家	
			随车起重机				
	铁路起重机	A	蒸汽铁路起重机	320t≥G>60t	制造许可	国家	按额定起重量向下覆盖
			内燃铁路起重机				
			电力铁路起重机	G≥1t	制造许可	省级	
		B	蒸汽铁路起重机	60t≥G>1t	制造许可	省级	
			内燃铁路起重机				

（续）

设备种类	设备类型	等级	设备形式	参数	许可方式	受理机构	覆盖范围原则
起重机械	门座起重机	A	门座式起重机	$60t \geqslant G > 1t$	制造许可	国家	按额定起重量、额定起重力矩向下覆盖
			电站门座起重机	$G \cdot R \leqslant 2000t \cdot m$			
		B	港口台架起重机	$G \geqslant 1t$	制造许可	省级	
			固定式起重机				
	升降机	A	曲线施工升降机	$G \geqslant 0.5t$	制造许可	国家	按额定起重量向下覆盖
			锅炉炉膛检修平台				
			钢索式液压提升装置				
			电站提滑模装置				
			升船机				
		B	施工升降机		制造许可	省级	按额定速度向下覆盖
			简易升降机				按额定起重量向下覆盖
			升降作业平台				
			高空作业车		型式试验	国家	
	缆索起重机	A	固定式缆索起重机	$G \geqslant 1t$	制造许可	国家	按额定起重量向下覆盖
			摇摆式缆索起重机				
			平移式缆索起重机				
			辐射式缆索起重机				
	桅杆起重机	B	固定式桅杆起重机		制造许可	省级	
			移动式桅杆起重机				
	旋臂式起重机	C	柱式旋臂式起重机				
			壁式旋臂式起重机				
			平衡悬臂式起重机				
	轻小型起重设备	A	输变电施工用抱杆		制造许可	国家	
			电站牵张设备				
			内燃平衡重式叉车				按额定提升能力向下覆盖
			蓄电池平衡重式叉车				
			内燃侧面叉车				
			插腿式叉车				
			前移式叉车				
			三向堆垛叉车				

五、起重机械的发展趋势

1. 国际起重机械的发展方向

（1）简化设备结构，减轻自重　芬兰Kone公司为某火力发电厂生产的起重机，其起升机构减速器的外壳与小车架一端梁合二为一，卷筒一端与减速器相连，另一端支撑于小车架的另一端梁上。定滑轮组与卷筒组连成一体，省去了支撑定滑轮组的支承梁，简化了小车架的整体结构。同时，小车运行机构采用三合一驱动装置，减轻了小车架和小车的自重。副起升机构为电动葫芦，置一台车上，由主起升小车牵引。小车自重的减轻使起重机主梁截面亦随之减小，因而整机自重大幅度减轻。国内生产的75t/20t、31.5m跨度起重机自重94t，而Kone公司生产的80t/20t、29.4m跨度起重机自重只有60t。法国Patain公司采用了一种以板材为基本构件的小车架结构，其重量轻，加工方便，适用于中、轻级中小吨位的起重机。该结构要求起升机构采用行星—锥齿轮减速器，不直接与车架相连接，以此来降低小车架的刚度要求，简化小车架结构，减轻自重。Patain公司的起重机大小车运行机构采用三合一驱动装置，结构较紧凑，自重较轻，简化了总体布置。此外，由于运行机构与起重机走台没有联系，走台的振动也不会影响传动机构。

（2）更新零部件，提高整机性能　法国Patain公司采用窄偏轨箱形梁作为主梁，其高、宽比为3.5~4，大筋板间距为梁高的2倍，不用小筋板。主梁与端梁的连接采用搭接方式，使垂直力直接作用于端梁上盖板，由此可降低端梁的高度，便于运输。

在电控系统上该公司采用涡流联轴器和涡流制动器多电动机调速系统，可实现有载及空载的有级或无级调速，其工作原理如图6-2所示。

变频调速在国外起重机械上（如ABB公司、日本富士、奥地利伊林公司生产的起重机械）已广泛采用。该调速方案具有高调速比，可达到无级调速，并具有节能等优点。另外，遥控装置用于起重机械在国外也已普遍化，特别是在大型钢铁厂已广泛使用。

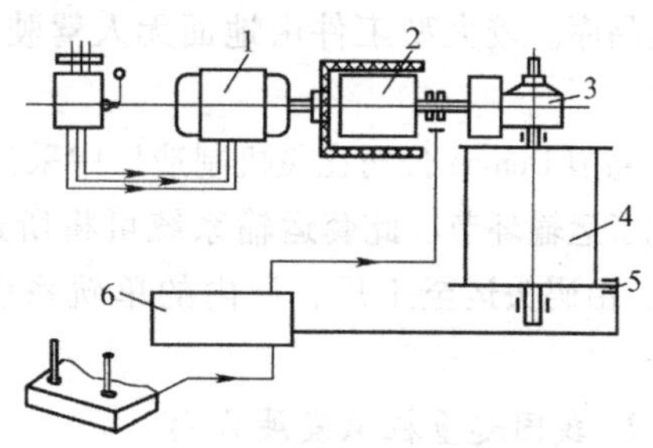

图6-2　涡流离合器工作原理

1—起升电动机　2—涡流离合器　3—减速器　4—卷筒　5—制动器　6—控制屏

（3）设备大型化　随着世界经济的发展，起重机械设备的体积和重量越来越趋于大型化，起重量和吊运幅度也有所增大，为节省生产和使用费用，其服务场地和使用范围也随之增大。如新加坡裕廊船厂要求岸边的修船门座起重机能为并排的两条大油轮服务，其吊运幅度为105m，且在70m幅度时能起吊100t；我国三峡工程中使用的1250t桥式起重机由于对调速要求很高，为三维坐标动态控制。

目前世界上最大的起重机（流动式）所在国家见表6-11。

表 6-11　世界上最大的起重机（流动式）所在国家

起重机型号	起重量/t	国家（公司）
MSG100	4400	荷兰（玛姆特）
XGC88000-4000	4000	中国（徐工集团）
LR13000	3750	德国（利勃海尔）
ZCC3200NP	3200	中国（中联重科）
CC8800-1	3200	美国（特雷克斯-德玛格）
TC-36000	2500	美国（深南）
LTL-2600B	2358	美国（兰普森）
M-31000	2300	美国（马尼托瓦克）
Demag PC9600	2000	比利时（Sarens）

注：仅供参考。

（4）机械化运输系统的组合应用　国外一些公司为了提高生产率，降低生产成本，把起重运输机械有机地组合在一起，构成先进的机械化运输系统。日本村田株式会社尤山工厂在车间中部建造了一个存放半成品的主体仓库，巷道式堆垛机按计算机系统规定的程序向生产线上发送工件。堆垛机把要加工的工件送到发货台，然后由单轨起重小车吊起，按计算机的指令发送到指定工位进行加工。被加工好的工件再由单轨起重小车送到成品库。较大型工件由地面无人驾驶车运送，车间内只有几个人管理，生产效率很高。

德国 Demag 公司在飞机制造厂中采用了一套先进的单轨或悬挂式运输系统，大大简化了运输环节。此套运输系统可将所运物品装入专用集装箱内（有单轨系统的轨道），由码头运至工厂，厂内的单轨系统与集装箱内的轨道对接，物品可直接进入厂房。

2. 我国起重机械发展方向

（1）改进起重机械的结构，减轻自重　国内起重机械多已采用计算机优化设计，以此提高整机的技术性能和减轻自重，并在此前提下尽量采用新结构，如 5～50t 通用桥式起重机中采用半偏轨的主要结构，与正轨箱形梁相比，可减少或取消主梁中的小加筋板，取消短加筋板，减少结构重量，节省加工工时。目前通用桥式起重机桥架采用四根分体式不等高结构，使它在与普通桥式起重机同样的起升高度时，厂房的牛腿标高可下降 1.5m；两根主梁的端部置于端梁上，用高强度螺栓连接；车轮踏面高度因此下降，也就使厂房牛腿标高下降。在垂直轮压的作用下，柱子的计算高度降低，使厂房基建费用减少，厂房寿命增加。

（2）充分吸收利用国外先进技术　桥式起重机大小车运行机构采用了德国 Demag 公司的三合一驱动装置，吊挂于端梁内侧，使其不受主梁下挠和振动的影响，提高了运行机构性能与寿命，并使结构紧凑，外观美观，安装维修方便。

随着国内机械加工能力的提高，使大车端梁和小车架整体镗孔成为可能，因用圆柱形的轴承箱代替角形轴承箱装在车轮轴上，使车轮轴孔中心线与端梁中心线构成标准的90°，于是车轮的水平和垂直偏斜即可严格控制在规定范围内，避免发生啃轨现象。由于小车架为焊后一次镗孔成形，使四个车轮孔的中心线在同一平面内，故成功地解决了三点落地的问题。

起升机构采用中硬齿面或硬齿面的减速器，齿轮精度达到7级，齿面硬度达到320HBW，因而提高了承载能力，延长了使用寿命。

电气控制方面吸收消化了国外的先进技术，采用了新颖的节能调速系统，如晶闸管串级开环或闭环系统，调整比可达1:30。随着对调速要求的提高，变频调速系统也将使用于起重机械上。同时，微机控制也在起重机械上得到应用，如三峡工程600t坝顶门式起重机要求采用变频调速系统、微机自动纠偏以及大扬程高精度微机监测系统。

遥控起重机械随着生产发展需要量也越来越大。

（3）向大型化发展　由于国家对能源工业的重视和资助，因此建造了许多大中型水电站，发电机组也越来越大，对大型起重机的需要量迅速上升，如长江三峡工程左岸电站主厂房安装了两台1250/125t桥式起重机，配备了2000t大型塔式起重机。

目前在建设中的大、中型水电站有很多，还有很多核电站和大、中型火力发电厂正在建设中，可以预计大吨位高性能起重机械的需要量是非常大的，前景广阔。

第二节　起重机械风险因素与安全监督管理

由于起重机械具有种类繁多、作业环境复杂、设备管理状况参差不齐等特点，起重机械在使用、维修改造、检验中面临着诸多风险因素。加强安全监督管理，做好起重机械故障分析及事故预防是十分重要的。

一、风险因素分析与控制

1. 风险因素分析

（1）起重机械固有的风险　由于使用起重机械起升或运移的物件一般是较重的物件，而且起重机械都有较大的自重，在安装、维修、作业及检验时，稍有疏忽和不慎，就很容易发生倾翻、坍塌或重物坠落事故。例如，2005年某厂新安装的50t吊钩桥式起重机的验收检验过程中，进行额定载荷试验时，钢丝绳突然断裂，吊钩及50t重的砝码坠落，险些造成人身伤害事故。

大多数起重机械的操作都属于高空作业，高空作业本身就属于危险作业。以塔式起重机为例，塔式起重机的高度一般为25~40m，有些小高层和高层建筑物使用的塔机高度可达50~100m，甚至更高，作业人员检查时多从地面开始向上爬，上到驾驶室和平衡臂处进行检验，在向上爬的过程中，必须小心谨慎及全神贯注，不能有一点疏忽和大意，否则将面临高空坠落的危险。

（2）设计、制造、安装时产生的风险　有些起重机械因设计时没有考虑到操作的安全性、方便性，不便于操作和维修，如制动器制动力矩不足、电动机容量不够等；有些起重机械未按照国家标准制造，偷工减料，以次充好，如用普通螺栓代替高强螺栓、用Q235A钢板代替Q235B钢板等；还有些在安装时由于安装单位良莠不齐，有的安装队伍擅自更改设计、安装图样，或责任心不强，敷衍行事等，造成起重机械存在诸多严重隐患，这些都给作业工作带来了困难，增加了危险因素。其中尤其以塔机最为严重。

1）没有休息平台，在向上攀爬的过程中，累了时没有地方可供休息。

2）在回转处没有登机把手，人爬到这里时，梯子已经到了尽头，上面回转齿圈处又没有可供手抓住的地方，从这里进出司机室非常危险，最容易发生坠落事故。

3）塔帽上的弦杆间距过小，人员进出驾驶室既不安全，也不方便。

4）走台长度、宽度不够，栏杆高度不够，固定不牢；需加护圈的直梯没有加护圈，需加围护板的没有加围护板。

5）本应预埋固定基础的地脚螺栓采用预埋的钢筋与螺栓焊接，螺栓连接没有防松措施或长度不够，连接螺栓松动等现象均会增加塔机在吊运载荷时发生倾翻的危险，造成机毁人亡的事故。

6）安装时力矩限制器接线方式不对，只单独控制变幅机构或起升机构，或力矩调得太大，造成力矩限制器失效，不能起到超载保护作用。

7）经常发现塔身上下到处都有油污，有的是设备漏油造成的，有的是加油时洒到外面的，尤其是甘油洒在梯级踏板上打滑，上下塔机时很容易发生坠落危险。

8）多数塔式起重机的驾驶室到控制柜之间的电线电缆不在金属管槽内，有的老化破损裸露，很易造成触电事故。

（3）作业环境产生的风险　起重机械作业环境复杂，有的作业场所有尘、毒、噪声、辐射等危害，如炼钢车间里粉尘使人张不开嘴，高温辐射对皮肤造成伤害，同时让人一活动就一身汗，难以忍受，容易造成心情烦躁，工作出差错；涂装车间的有毒、有害化学物质对身体健康有影响；机加工车间里现场物品摆放混乱，占用了安全通道，人不得不在作业区里通行，有时让人下脚都困难；锻造、机加工、钢结构车间里噪声特别大，超过90dB，在这种环境里待上几个小时，就会造成人耳的暂时性耳聋；有的车间里危险程度较高，割伤、碰伤、摔伤、砸伤、电伤都有可能发生；有的起重设备与固定物，如房顶、房梁、承重架距离太近，安全距离难以保证，容易碰撞昏迷造成坠落危害。

（4）作业人员水平参差不齐而产生的风险　起重机械操作人员水平参差不齐，如有些作业人员未经培训就上岗，对起重机械常识性知识一知半解，对各种安全限位装置的作用也不清楚就上岗操作起重机械，这是很危险的；有的作业人员操作特别莽撞，如吊钩上升时，一下就打到高速档位，很容易造成吊钩冲顶、钢丝绳断裂和重物坠落；还有的作业人员操作不熟练，缺乏操作经验，与地面指挥人员配合不协调等。所有这些都可能成为事故发生的原因。

(5) 设备管理状况不同而产生的风险 设备管理状况差的起重机械上乱放东西，容易坠落伤人；走台上乱放杂物，既绊脚不安全，又影响通行；冬季驾驶室里乱拉乱设取暖设施，容易导致火灾事故；有的减速器漏油严重，如漏在小车架上、走台上，很容易使人滑倒；有的生产现临临时电缆线乱接、乱架，不按规范走线且没有标志，电缆外皮破损、内芯裸露；各种安全限位开关不好用，电气设施不按规范架设使用，有的未采用安全电压；有的爬梯、栏杆、走台腐蚀很严重；有的电气设备未接地，防护罩缺失等。以上各种设备管理状况都可能造成事故。

(6) 天气状况产生的风险 天气状况对起重机械检验的影响也很大，如大风天气对露天工作的起重机械影响很大，一般风力大于六级时就应停止工作，但在现场作业时经常因为风力大小不易判断而继续运行，这时如果有阵强风吹来就很危险，在塔式起重机上会明显感到塔身摇晃，门式起重机会被风吹跑；雾天、霜天时，起重机械上会结一层水珠或霜，使梯子打滑，操作人员上去时也很危险；冬天时天气寒冷，北风呼啸，如果再下点小雪，室外检验会更危险和困难；夏天时骄阳似火，车间里更是闷热，尤其是在有高温作业的场所，站着不动汗水就顺着脸颊直流，全身衣服都会湿透工作起来就更加严重；如果身体状况不好，在操作时出现虚脱现象，就更加危险了。

(7) 劳动防护用品不全而产生的危险 作业人员到现场时必须遵守使用单位的相关要求，穿戴好个人防护用品，避免工作时出现意外。如进到工地要戴好安全帽，扎好领口、袖口和上衣的下摆，有的场所必须戴耳塞、防尘口罩、防毒面具，穿防静电服、防砸鞋、绝缘鞋等，冬天应穿防寒服、棉鞋等；工作服的式样应能方便作业。

2. 做好风险控制

如果针对以上各种危险因素采取相应的防范措施和解决办法，就可以大大降低起重机械作业的危险性，减少事故发生的概率，使作业人员的安全得到进一步保障。

(1) 本身固有风险的控制 控制起重机械本身固有危险因素的风险，需要对其有充分的认识，对各种起重机械的结构、电气设备、零部件及运行特点等有所了解和掌握，能够识别出作业时的危险因素。作业人员应该严格按照作业指导书的要求运行，遵守高空作业的相关规定，调整好自己的体力和情绪。

(2) 设计、制造、安装风险的控制 上下起重机械时，将需要工具装入工具箱或口袋中，手扶好抓牢把手，穿软底工作鞋，尽量避开有油污的地方攀爬；不要将身体靠在栏杆上；在做载荷试验时，选择在地面上安全的地方站立，尽量不要站在起重机械上；发现起重量限制器失效或金属结构的连接不牢固时，停止做载荷检验。

(3) 复杂环境风险的控制 要对设备周围的环境进行确认，有尘、毒、噪声、辐射等职业危害时要穿戴好劳动防护用品，如防尘口罩、防毒面具、耳塞、防辐射服等，长时间工作时中间应适当安排时间休息；身体如有不适的感觉，应停止登高作业；夏季高温天气中检验时要防止中暑；在潮湿环境下检验时，还要注意防止触电；在进行起重机械功能试验时，应选择安全的地方站立，防止被房梁、支撑架等设备刮碰等。

(4) 作业人员水平参差不齐风险的控制 管理人员必须了解作业人员的技术水平、

熟练程度，必要时应提醒其操作的注意事项。

(5) 设备管理状况风险的控制　在作业前对设备状况进行确认，在保证作业人员的人身安全的前提下，再进行起重设备的运行。

(6) 天气状况风险的控制　室外检验时要考虑风力的影响，检验前用综合气象仪等仪器测试风力、温度等气象参数，如超过检验允许条件，就要中止检验；夏季做好防暑降温，冬季做好防寒防冻；遇到雨雪天气时，应停止室外起重机械的检验。

(7) 劳动防护用品不全风险的控制　应为作业人员配齐劳动防护用品，如安全帽、绝缘鞋、防尘口罩、耳塞、防寒服、棉鞋、手套等；绝缘鞋除按期更换外，还应做到每次使用前做绝缘性能的检查和每半年做一次绝缘性能复测，耐电压和泄漏电流值应符合标准要求，否则不能使用；每次预防性检验结果有效期限不超过6个月；应注意在有效期内使用安全帽，安全帽的使用期从产品制造完成之日计算，塑料安全帽的有效期限为两年半，玻璃钢（包括维纶钢）和胶质安全帽的有效期限为3年半，超过有效期的安全帽应报废。

通过认真分析风险因素产生的原因，才能有针对性地采取防范措施，做好自身的安全防护工作。

二、起重机械安全监督管理

近年来起重机械安全形势严峻，起重机械事故呈高发态势，重大事故时有发生。2007年4月在辽宁铁岭清河特殊钢有限责任公司发生了钢液包倾翻事故，造成31人死亡，再次给特种设备安全管理工作敲响了警钟。为此国家特种设备管理部门特别加强了对起重机械的安全监管，颁布了《关于开展特种设备隐患排查和起重机械专项整治行动的通知》《起重机械安全监察规定》《关于冶金起重机械整治工作有关意见的通知》和《关于印发起重机械专项治理攻坚战实施方案的通知》等文件。

1. 某集团公司开展起重机械安全监督管理

【案例6-1】

某集团公司开展起重机械安全监督管理，10年来未发生一起伤亡事故，取得了显著的效果，具体管理措施如下。

(1) 加强使用单位的监督管理　加强对起重机械使用单位的监督管理，落实使用单位的主体责任，在使用环节实现安全管理。任何设备都有特定的使用环境和条件，只有按标准和规范正确使用才能保证安全生产。起重机械的安装、改造、维修、使用、检验检测五个环节中，使用是最重要也是最容易发生安全事故的环节。

1) 加强安全监督的执法力度。加强起重机械使用环节安全检查的执法力度，提高起重机的定期检验率，特别是对冶金和熔融金属的起重机、码头固定式起重机及简易升降机的整治工作，任务艰巨、责任重大。目前大部分使用单位都能做到安全使用，但也有些单位存有侥幸心理，对已投入使用的起重机械不按规定进行强制性检验检测，甚至存在作业人员无证上岗、起重机械无人管理的情况，起重机械长期处于带病运行状态，直至发生安全事故后才意识到事情的严重性。因此要求安全检查人员必须进一步增强责任感和紧迫感，充分认识到安全监督的重要性。

2）加强宣传工作。加强对起重机械管理的宣传工作，充分发挥舆论导向作用，大力宣传、普及起重机械法规及安全知识，增强作业人员和管理人员的安全意识，对典型事故和严重事故隐患进行曝光，及时报道重点整治行动。

3）建立安全技术档案。使用单位应自觉建立起重机械的安全技术档案、安全管理制度，制订起重机械事故应急救援预案等。起重机械安全技术档案应包括：

① 出厂设计文件（包括总图、主要受力结构件图、机械和电气图等）、产品质量合格证明、监督检验证明、安装技术文件和资料、使用和维护说明、各类试验合格证明等文件。

② 日常使用状况、维护保养以及运行故障和事故等记录。

③ 定期检验报告和定期自行检查记录以及使用登记证明等。

安全技术档案是起重机械安全状况的第一手资料，是管理部门制定“安全操作规程”等各项规章制度、分析设备安全状态等不可缺少的资料，是起重机械安全管理的基础性工作和对其进行监控的有效依据。企业安全管理部门应将每台起重机械的资料逐一归档，做到一机一档。

4）加强培训工作。加强对作业人员的安全技术培训工作，使其掌握操作技能和预防事故的知识，增强安全意识。安全管理应以人为本，培训不仅是作业人员的取证，还应包括对作业人员的操作技能、故障诊断及安全知识等方面的培训。事实证明，能否正确使用起重设备，很大程度上取决于作业人员技术水平的高低。据调查，目前部分作业人员的技术水平相对较低，一些企业的作业人员没经过系统的技术培训，技术水平低、责任心不强，不具备预防事故、发现隐患和排除故障的能力，造成机械部件的早期损坏和设备故障的不断发生。因此，加强对作业人员进行正规的职业技能和安全方面的培训尤为重要。

5）设置专（兼）职安全员。使用单位要设置安全管理机构，配备专（兼）职安全管理人员（简称安全员）。起重机械的合理使用和正确操作是保证起重机械作业安全的最基本要求。为了达到这个要求，使用单位应聘请经验丰富人员作为安全员。安全员既是基层的安全管理者，也是上级主管部门获取设备运行状况及有关信息的提供者，遇有突发事故应立即解决，不能解决的要立即报告上级部门。

（2）加强制造单位的监督管理

1）加强资质管理。对起重机械制造单位的资质要严格把关，提高制造许可的准入标准。对其生产加工能力，管理人员、技术人员的专业水平和数量都要严格规定。

2）加强质量管理。个别企业为追求利润、降低成本，在进行起重机械的招标过程中以低价中标，在供货过程中则采取以旧代新、以次充好等方式来获取利润。对此，质量技术监督部门要从严处罚，为起重机械的制造提供竞争有序的环境。

3）加强制造环节的监检。起重机械的安全事故有些是制造环节的问题造成的，因此必须加强对制造环节的监检。如设备出厂时不提供足够的随机文件，选用了不合格的产品部件等。

（3）加强安装和维修单位的监督管理　加强对安装、改造和维修单位的监督管理，实现对安装、改造和维修环节的安全管理。根据国家市场监督管理总局及省级质监部门的相关规定，对起重机械的安装过程应实施监督检验。安装过程的监督检验包括对起重机械技术资料的审查，安装过程的监督及质量管理体系实施等内容。首次检验时，还应检查起重机械重要受力构件焊缝的外观质量，查验焊缝检测报告，检查作业人员的资质证明、现场的安全警示标志、相关的检查记录，论证施工的可行性方案等。在进行定期检验时，对维修单位的资质要严格审查，杜绝无资质维修及超资质维修行为，确保人身和设备的安全，防止和减少事故的发生。

2. 某集团制定起重机械危险危害警示

【案例 6-2】

某集团制定起重机械危险危害警示标志，对全车间人员起到安全教育好的效果。起重机岗位危险危害警示图如图 6-3 所示，压轧车间危险危害警示图如图 6-4 所示。

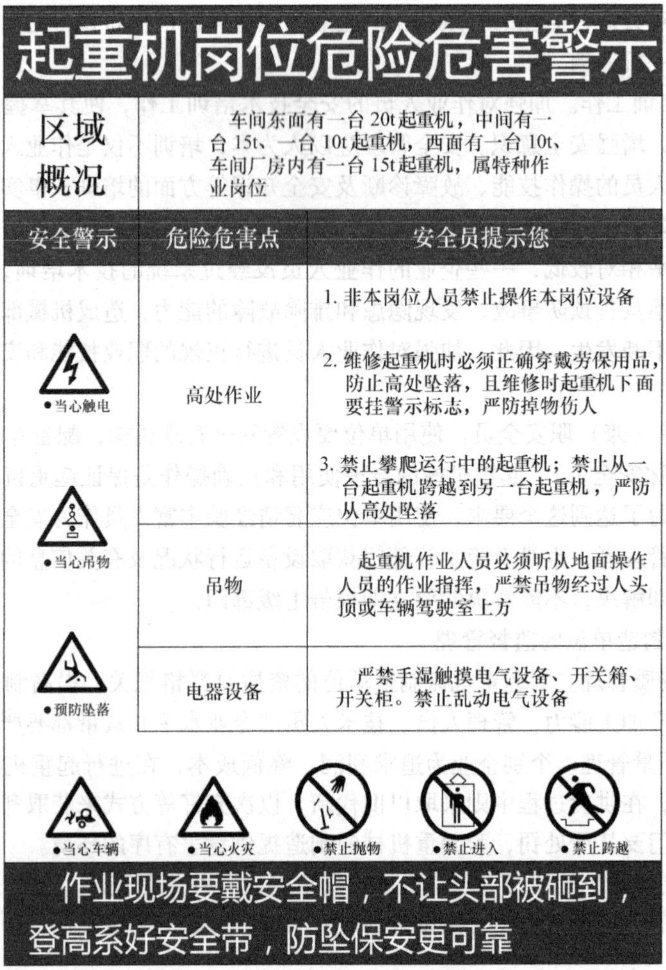

起重机岗位危险危害警示

区域概况	车间东面有一台 20t 起重机，中间有一台 15t、一台 10t 起重机，西面有一台 10t、车间厂房内有一台 15t 起重机，属特种作业岗位	
安全警示	**危险危害点**	**安全员提示您**
●当心触电 ●当心吊物	高处作业	1. 非本岗位人员禁止操作本岗位设备 2. 维修起重机时必须正确穿戴劳保用品，防止高处坠落，且维修时起重机下面要挂警示标志，严防掉物伤人 3. 禁止攀爬运行中的起重机；禁止从一台起重机跨越到另一台起重机，严防从高处坠落
	吊物	起重机作业人员必须听从地面操作人员的作业指挥，严禁吊物经过人头顶或车辆驾驶室上方
●预防坠落	电器设备	严禁手湿触摸电气设备、开关箱、开关柜。禁止乱动电气设备

●当心车辆 ●当心火灾 ●禁止抛物 ●禁止进入 ●禁止跨越

作业现场要戴安全帽，不让头部被砸到，
登高系好安全带，防坠保安更可靠

图 6-3 起重机岗位危险危害警示图

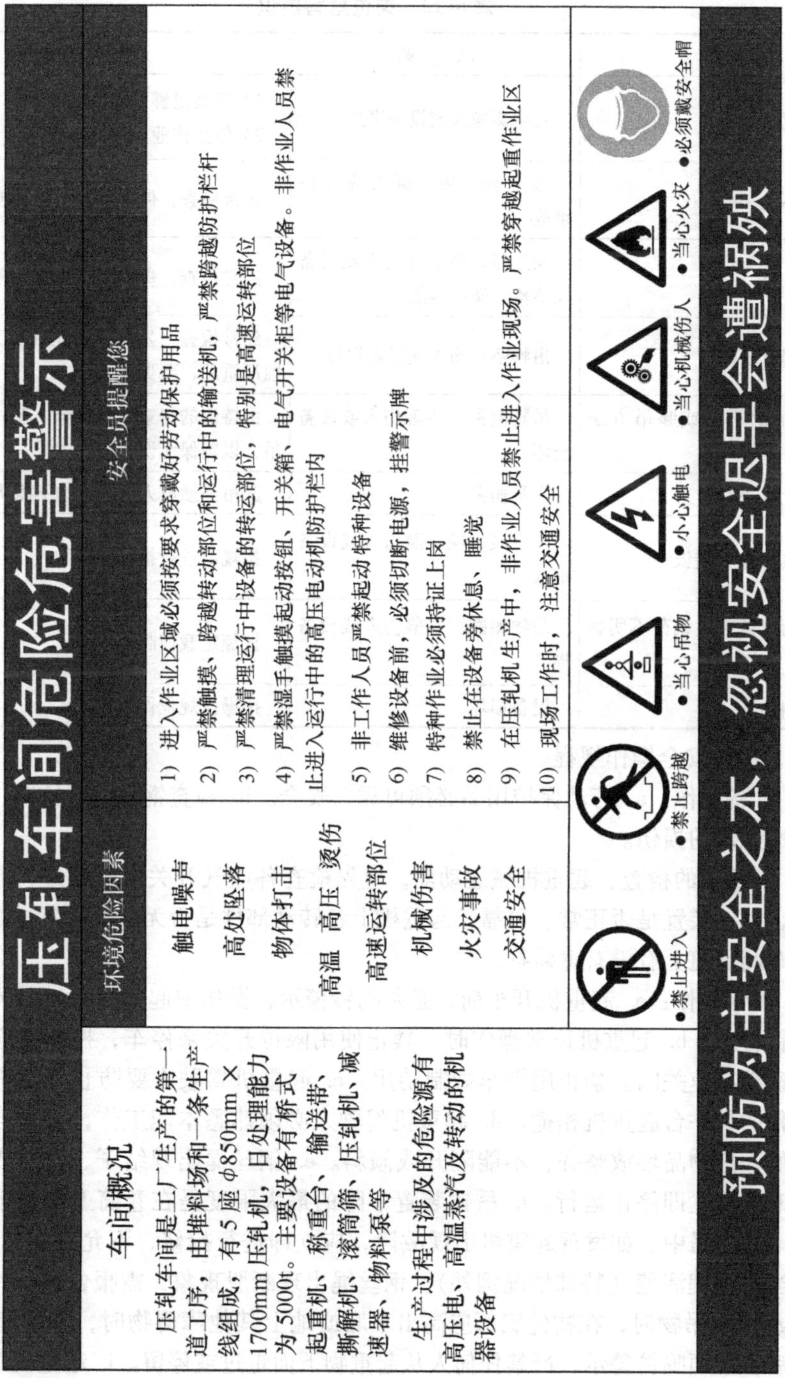

压轧车间危险危害警示

车间概况	环境危险因素	安全员提醒您
压轧车间是工厂生产的第一道工序，由堆料场和一条生产线组成，有5座 ϕ850mm × 1700mm压轧机，日处理能力为5000t。主要设备有桥式起重机、称重台、输送带、撕解机、滚筒筛、压轧机、减速器、物料泵等 生产过程中涉及的危险源有高压电、高温蒸汽及转动的机器设备	触电噪声 高处坠落 物体打击 高温　高压　烫伤 高速运转部位 机械伤害 火灾事故 交通安全	1）进入作业区域必须按要求穿戴好劳动保护用品 2）严禁触摸、跨越转动部位和运行中的输送机，严禁跨越防护栏杆 3）严禁清理运行中设备的转运部位，特别是高速运转部位 4）严禁湿手触摸起动按钮、开关箱、电气开关柜等电气设备。非作业人员禁止进入运行中的高压电动机防护栏内 5）非工作人员严禁起动特种设备 6）维修设备前，必须切断电源，挂警示牌 7）特种作业必须持证上岗 8）禁止在设备旁休息、睡觉 9）在压轧机生产中，非作业人员禁止进入作业现场。严禁穿越起重作业区 10）现场工作时，注意交通安全
	●禁止进入　●禁止跨越　●当心吊物　●小心触电　●当心机械伤人　●当心火灾　●必须戴安全帽	

预防为主安全之本，忽视安全迟早会遭祸殃

图6-4　压轧车间危险危害警示图

该集团下属工厂桥式起重机岗位安全操作规程如下。

（1）岗位危害辨识（见表6-12）

表6-12　岗位危害辨识

危害因素	风　险	控制措施
能见度不足	发生碰撞人或设备事故	1）安装足够的照明灯 2）停止作业
制动不灵	发生碰、撞、砸人或设备事故	经常检查，保持制动装置灵活有效
限位失灵	发生碰、撞、砸伤人或设备及坠落、碰撞事故	经常检查，保持限位装置灵活有效
钢丝绳有缺陷	吊物坠落伤人或设备损坏	经常检查，发现有断丝（股）、扭折、锈蚀严重的，要更换
吊物捆绑不牢或起吊方法错误	吊物侧翻、坠落伤人或设备损坏	由持证的司索人员操作，起吊时先进行试吊，以确保无误
吊物上（下）有人	人员伤害	起吊前撤离人员，吊物不能从人上方通过
指挥（操作）错误	发生碰、撞、砸伤人或设备事故	按规范进行指挥和操作
超载荷（或起吊载荷不明物品）	吊物侧翻、坠落伤人或设备损坏	按额定载荷起吊
歪拉斜吊	设备损坏	按操作规程作业

（2）岗位安全操作规程

1）准备工作：a. 劳动保护用品必须可靠、安全。b. 检查钢丝绳、铁链、吊钩有无超过标准规定的损伤。

2）开机前的检查。起重机械起动前，应先检查各电气开关是否完好，电铃信号是否正常，制动装置是否正常、可靠，起重机上各转动部件是否无损坏，各加油点是否加足油，车间通道上有没有障碍物。

3）正常操作：a. 起重机开车前，必须鸣铃警示；操作中起重机要接近人时，也应持续鸣铃警示。b. 起重机正常操作时，禁止使用限位开关来停车，控制器应逐档开动加速或逐档减速关闭。禁止用倒车做制动用。c. 起重机驾驶人要防止起重机与同一轨道上工作的另一台起重机相撞。d. 起重机驾驶人必须熟悉本职工作，必须与脱挂钩人员配合好，把物品堆放整齐，不能隔开或倾斜。e. 钢丝绳出现结子、回圈或落入其他装备上时，应立即停止运行。f. 吊钩装置下降的最大限度是在卷筒上保持至少两圈的钢丝绳。在起吊中，如发现起重机出现故障，应立即进行抢修，不允许设备带病工作，故障要当班处理清楚（特殊情况例外）。钢丝绳出现断股现象，需报告班长并及时组织更换。g. 起重吊物时，在物件底部应高出车厢或地上其他障碍物时，方能起动。h. 起吊物件后，必须鸣铃警示，严禁任何人从起重物下面走过或停留。i. 起重机工作时不得进行检查和维修，不得在有载荷的情况下调整起升变速机构的制动器。有主、副钩两套起升机构的起重机，主、副钩不得同时开动。j. 起重机驾驶人工作时要绝对集中精力，保证安全吊物，严禁起吊超重或重量不明货物。k. 按润滑图表要求给各转动部件润滑点加油。

4）停机操作：a. 如因停机或因事需要离开驾驶室，要把电源全部断开，并关闭好驾驶室窗门。b. 起重作业人员进行维护保养时，要切断电源，并挂上标志牌或加锁，如有未消除的故障应通知接班人员。c. 车辆停在定点位置，并做好安全防护措施。

（3）操作程序及标准（见表6-13）

表6-13　操作程序及标准

操作程序	操作内容	操 作 标 准
运行前准备	检查	1）检查起重机大小跑车轨道是否有障碍物 2）检查起重机安全装置是否灵活可靠 3）检查起重机各制动系统是否灵活可靠 4）检查起重机钢丝绳、吊钢是否有超过规定的损伤情况
正常运行	开机操作	1）把所有的控制器打到“0”位 2）合上电源总开关，再合上起动（应急）开关，按起动按钮 3）起吊重物时，先打铃示警，重物高出车厢或地面障碍物后，才能开动大小跑车。对有可能超重物件必须试吊 4）拉出钢丝绳时，必须把大钩长到起重机大梁处，才能开动大跑车，并打铃示警 5）吊运重物时不准从人头顶和车辆驾驶室顶上经过，并打铃示警
操作结束	停机	1）把起重机停在指定位置 2）把所有的控制器打到“0”位，拉下起动（应急）开关，再拉电源开关 3）关闭所有门窗

三、起重机械的故障分析

起重机械使用一定时间后，由于零件的磨损和疲劳等原因，会导致机构发生故障，甚至引起重大事故，因此必须重视对起重机械故障的分析、诊断与排除。

作业人员必须学会正确判断起重机械的常见故障，根据运行中的异常现象，判断故障所在，查清原因并及时修理，以确保起重机械安全运行。

1. 机械故障分析与排除

起重机械故障主要来自于制动器、减速器、卷筒、滑轮组、吊钩、联轴器、车轮等主要零部件，如图6-5所示。在使用过程中，它们之间由于相对运动产生磨损和疲劳，待损伤到一定程度就会发生故障。

（1）制动器故障　传动系统动作不灵活、销轴卡住、易损零件损坏、制动瓦块与制动轮间隙不当和电磁铁线圈烧坏以及制动器规格选择不符合要求，这些都会造成制动器失灵或工作不可靠。

（2）减速器故障　主要表现为齿轮齿面因疲劳点蚀和磨损而引起异常噪声，并出现传动不平稳，有振动、发热等现象，严重的磨损和振动可能导致断齿。

（3）联轴器故障　起重机械上常用齿式联轴器，在使用中齿轮常发生严重磨损，

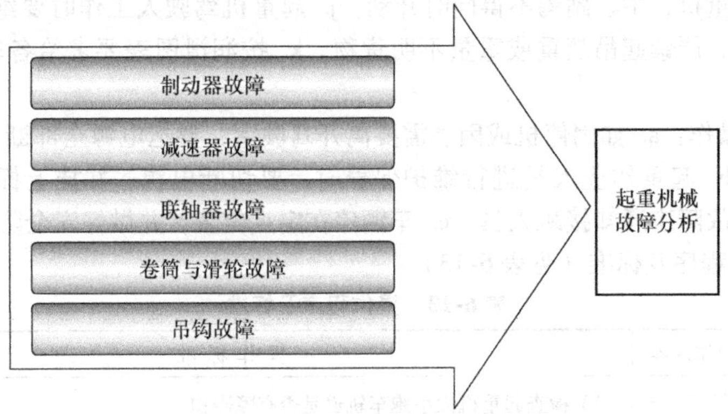

图6-5　起重机械故障分析示意图

其主要原因是润滑不当及安装精度差，在被连接的两轴之间有较大的偏移量，造成齿圈上齿被磨尖、磨秃，以至达到报废标准。特别是起升机构制动轮的齿式联轴器，常因制动轮摩擦发热产生较高的温度，使齿的润滑遭到破坏，齿的磨损特别严重。

（4）卷筒与滑轮故障　卷筒与滑轮常见的损坏形式是绳槽的磨损。主要原因是空载时，钢丝绳在绳槽中处于松弛状态，而有负载时，钢丝绳则被拉紧，钢丝绳与卷筒或滑轮间产生相对的滑动。另外，由于钢丝绳对绳槽的偏斜作用，使卷筒绳槽尖峰部被磨损。对有裂纹或轮槽磨损尺寸达到报废标准的卷筒和滑轮均不准继续使用。这是因为卷筒绳槽严重磨损易使钢丝绳脱槽跑偏，而滑轮轮缘破损易造成钢丝绳拉毛或脱槽卡住，最后被拉断而导致故障发生。

（5）吊钩故障　吊钩在作业中常受到冲击载荷的作用，因此要经常检查有无裂纹。吊钩钩口磨损要引起注意。它是由于在吊运中，钢丝绳在钩口处产生滑动摩擦而造成的。当磨损量超过报废标准时，禁止继续使用。吊钩的转动部位必须经常检查与润滑。

起重机械常见故障的分析与排除见表6-14。

表6-14　起重机械常见故障的分析与排除

序号	故　障	产生原因	排除方法
1	减速器有周期性的齿轮振动声音	齿节距误差过大，齿侧间隙超过标准	修理并重新安装
2	减速器有剧烈的金属锉擦声，引起减速器振动	传动齿轮的间隙过小，轮未对正中心，齿顶上具有尖锐边缘，齿面严重磨损	修整并重新安装或更新
3	减速器齿轮啮合时有不均匀连续的敲击声，引起减速器机壳振动	齿侧面有缺陷	更换新齿轮
4	蜗杆传动减速器有敲击声，有与齿轮转数吻合的周期性声响	蜗杆轴向游隙过大或蜗轮齿磨损严重，齿轮节圆与轴偏心，组合齿轮的周节有积累误差	修理并重新安装或更新

（续）

序号	故　障	产 生 原 因	排 除 方 法
5	减速器发热	润滑油过多	油面应保持在油针两刻度之间，圆柱齿轮及锥齿轮减速器内油温应 <60℃，蜗轮减速器内油温应 <75℃
6	滚动轴承有过热现象	缺乏润滑脂，轴承中有污物	给轴承加足润滑脂，用煤油清洗轴承并注入润滑脂
7	滚动轴承运行中有异响	装配不良，轴承偏斜或拧得过紧，轴承配件发生毁坏或磨损现象	检查装配的情况并进行调整或更换轴承
8	制动器制动失灵	杠杆系统中活动关节被卡住，制动轮上有油，制动闸瓦带磨损严重，主弹簧损坏或松动，杠杆锁紧螺母松动，杠杆窜动	清洗制动轮，对活动关节加油，用煤油清洗制动轮和闸瓦带，更换闸瓦带，调换弹簧或调节螺母使之弹簧张力适当
9	制动器不能打开	线圈中有断线或烧毁，制动器的主弹簧张力过大或重锤过分拉紧	更换线圈，调整弹簧或重锤
10	电磁铁发热或发出响声	衔铁不正确地贴附在铁心上，杠杆系统被卡住，主弹簧的张力过大（指短行程制动器）	调整衔铁的行程，在短行程电磁铁上必须刮平电枢对铁心的贴附面，调整弹簧
11	在闸区上发生焦味，闸带很快磨损	闸轮和闸带间隙不均匀，离开时产生摩擦，辅助弹簧发生损坏或弯曲现象	调整间隙使闸带均匀离开，更换辅助弹簧
12	制动器易脱开调整位置	调整螺母或背帽没有拧紧，螺母的螺纹发生损坏	调整制动器，拧紧螺母和背帽，更换缺陷螺母
13	小车运行中产生打滑现象或小车出现“一轮悬空”现象	小车轨道上有油或水，轮压不匀，车轮直径不等，车轮安装不符合要求，起动过快，轨道铺设误差大	去掉油或水，调整轮压，改变电动机起动方法，修复或调整车轮安装精度达到标准要求，火焰矫正，校正轨道
14	大车运行中有“啃道”现象	车轮安装偏差，轨道铺设偏差，轨道上有油或水（冬季露天轨道结冰），制动系统偏差过大或车架变形	调整车轮水平度、垂直度和对角线偏差，调整轨道标高，清理轨道，检修制动器，火焰矫正车架
15	锻制品钩尾部表面产生疲劳裂纹	超期使用，超载，材质缺陷，吊钩开口处的危险断面磨损严重，超过断面尺寸的有关规定	每年检查一至三次，发现疲劳裂纹或危险断面磨损超过标准时应及时更换，可以渐加静载荷做负荷试验，确定新的使用载荷
16	起重钢丝绳磨损或经常破裂	滑轮和筒的直径及卷筒上绳槽的槽距与钢丝绳不匹配，有脏物，没有润滑油，上升限制器的挡板安装不正确	正确选用滑轮和卷筒的直径及卷筒上绳槽的槽距，装上标准直径钢丝绳，清扫与润滑，检查、改装或调整挡板
17	滑轮不转	轴承损坏或轴与轴套间没有润滑油	更换轴承或清洗并注入润滑油

2. 电气故障分析与排除

根据起重机械的工作特点，电动机在运转中不应有异常噪声，发现异常应及时停车检查。电动机故障主要有不能起动、温升过高或功率达不到额定值等。

电气设备的工作环境比较恶劣，要承受冲击、振动、高温、灰尘和潮湿，容易发生故障。起重机械常见电气故障的分析与排除见表 6-15。

表 6-15　起重机械常见电气故障的分析与排除

序号	故　障	产 生 原 因	清 除 方 法
1	电动机发热超过规定	由于通电时间超过规定值或过载，电压过低下运转	降低起重机工作的繁忙程度或检查机械状态，消除卡位现象，测量电压，当低于额定电压 10% 时，应停止工作
2	当控制器合上后，电动机不转	一相断电，控制器触头未接触，集电器发生故障	找出断电处，接好线，用电笔检查有无电压，检查并修理控制器、集电器并消除故障，检视转子电路是否完整
3	电动机工作时发出不正常的噪声	定子相位错移，定子铁心未压紧，滚珠轴承磨损	查接线系统并改正，查定子并修理、更换轴承
4	电动机电刷冒火花，集电环被烧焦	电刷研磨不好，电刷接触太紧，电刷和集电环脏污，集电环不平造成电刷跳动，电刷压力不够，电刷间电流分布不均匀	将电刷磨合，调整或更换的电刷，检查刷架，使馈电线正常
5	电动机发生异常振动	轴承磨损，转子变形	检查并修理或更换轴承，检查或更换转子
6	电动机运转时转子与定子摩擦	定子或转子铁心变形，定子绕组的线圈连接不对	修整定子铁心或转子铁心上的飞边，检查线圈的连接线路
7	定子局部过热	个别硅钢片之间局部短路	除去引起短路的飞边，用绝缘漆涂刷修理过的地方
8	转子绕组局部过热	三角形或星形联结错误，有某一相绕组与外壳短路	检查每一相的电流，消除错接线路和损伤
9	转子发热过高	接头接触不良	重新进行接头
10	电磁铁线圈过热	电磁铁吸力过载，磁流通路的固定部分与活动部分之间存在间隙，线圈电压与电网电压不相等，制动器的工作条件与线圈的特性不符合	调整弹簧，消除固定与活动部分之间的间隙，更换线圈或改变接法，换上符合工件条件的线圈
11	电磁铁产生“嗡嗡”声	电磁铁过载，磁流通路的工作表面上有污垢，断路环断裂	调整弹簧，消除污垢，调整机械部分消除偏斜
12	电磁铁无法克服弹簧的作用力	电磁铁过载，电网中的电压低	调整制动器机械部分，暂停工作并查清电压下降原因

（续）

序号	故　障	产生原因	清除方法
13	接触器线圈过热	线圈过载，磁流通路的活动部分接触不到固定部分，所用线圈的电压低于线圈电压	减少活动触头对固定触头压力，消除偏斜卡塞，清除污垢，更换线圈
14	接触器线圈断电后延时释放	铁心工作表面上有脏污，接触器触头烧损溶化	消除铁心污垢，清理触头
15	触头过热或烧损	触头压力不足，触头脏污	调整压力，消除脏污
16	主接触器不能接通	刀开关未合上，紧急开关未合上，仓口开关未闭上，控制电路的熔断器烧断，线路无电，控制器手柄未放回零位	合上开关，检查并更换熔断器，用电笔检查线路有无电压，将控制器手柄放回零位
17	起重机运行中接触器经常掉闸	触头压力不足，触头烧坏，触头脏污，超载造成电流过大，轨道不平影响滑触线接触	调整触头压力，修光触头，更换触头，减载，修理轨道
18	当控制器合上后电动机仅能往单方向转动	控制器反向触头接触不良，控制器转动机构有毛病，配电线路或限位开关发生故障	检修控制器并调整触头，用短接法找出故障并清除，检查限位器并恢复接触
19	控制器工作时发生卡塞和冲击	定位机构发生故障，触头撑位于弧形分支中	清除故障，调整触头位置
20	运行中控制器扳不动	定位机构有毛病或卡住，触头烧损	拉闸停车修理控制器触头
21	触头烧坏	触头压力不足，触头污染	调整压力，清洗触头
22	液压电磁铁通电后推杆不动作或行程小	推杆卡住，网路电压低于额定电压的10%，延时继电器延时过短或常开触头不动作，整流装置损坏，严重漏油，油量不足	消除卡塞，提高电压，调正修理继电器延时应为0.5s，修复或更新整流装置，补充油，修理密封，补充油液，排除气体

3. 金属结构故障分析与排除

起重机械的金属结构质量可直接影响起重机械的安全。为此，起重机械的金属结构必须同时满足强度、刚度、稳定性的要求。

起重机械主梁是金属结构中的主要受力部件，为了保证使用，主梁在空载时有一定上拱度。但是起重机械在使用过程中，常因超载、热辐射的影响及修理不合格等因素造成主梁上拱度的消失，这会引起大车、小车运行机构的故障，造成车轮歪斜、跨度尺寸误差增大、小车轨距发生变化，从而影响小车安全平稳运行，严重时会发生大车及小车“啃道”现象。主梁严重下挠就会产生水平旁弯，腹板波浪变形增加，使起重机械在负载情况下失去稳定，甚至在主梁受力恶化情况下，腹板下部和下盖板之间焊缝会产生较大的裂纹，引起起重机械不能正常运行。起重机械常见金属结构故障的分析与排除见表6-16。

表6-16 起重机械常见金属结构故障的分析与排除

故　障	产生原因	消除方法
主梁严重下挠，影响起重机械正常运行	制造质量差或运输存放违规，经常超载使用或在热辐射环境下作业	选用合格金属，制定正确主梁腹板落料工艺与焊接工艺，按规定要求做好运输存放工作，正确合理维护使用，主梁下面设有反热幅的装置，主梁矫正与加固等措施
金属结构重要部位焊缝产生裂纹（如主端梁、车轮角轴承架走台连接部位及主梁下盖板等）	局部应力集中，剧烈振动，经常超载造成主梁严重下挠引起下盖板产生裂纹	每年对金属结构检查一次或两次，每2年进行载荷试验一次，进行安全技术鉴定，严禁超载

四、起重机械的事故预防

起重机械事故预防示意图如图6-6所示。

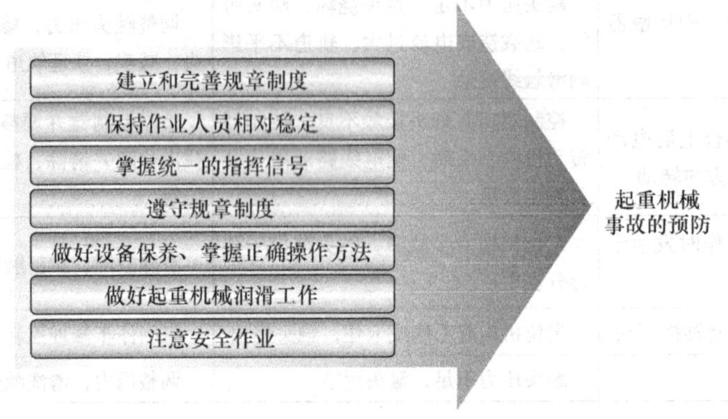

图6-6 起重机械事故预防示意图

1. 事故原因分析

起重机械发生事故的原因如下。

（1）规章制度不健全

1）安全意识差，缺乏安全教育制度。

2）安全操作与检修规程不健全，缺乏上岗培训与考核制度。

（2）设备管理与维修存在隐患

1）缺乏对起重机械重要零部件的检查与修理、更换。

2）起重机械上缺乏必要的防护装置与安全措施。

3）由于维护不及时，造成各限位装置失灵。

（3）违反操作规程

1）起吊物体的重量已经大大超过额定起重量。

2）采用斜吊，使钢丝绳受力大大超过允许的数值。

3）在吊运物体时不走规定的路径，使重物从人或装备上方经过。

4）在起吊物体上载人。

5）在使用轮式起重机时，未使用支腿，或因吊重过大、幅度过大造成翻车事故。

6）未采取防风措施，当大风来临时，塔式起重机或门座起重机被大风吹翻。

2. 事故预防

（1）建立和完善规章制度

1）建立起重机械使用维护制度。作业人员、维修工必须经过培训、考试，取得操作证方可上岗。使用中要严格遵守操作规程和安全注意事项。

2）认真执行交接班制度，做好运行记录，及时排除故障。

3）定期进行保养与检查，发现隐患及时处理，按计划进行检修。

4）对违反操作规程的人要批评教育及相应处罚，对不负责任又造成重大事故的还应严肃处理，必要时依法惩处。

（2）保持作业人员相对稳定　作业人员必须熟悉所操纵的起重机械的结构与性能，掌握保养与检查的基本要求，熟练操作技能，并要有较强的责任心。

（3）掌握统一的指挥信号　起重作业人员和专职或兼职起重工（挂钩工）都应认真学习和执行 GB/T 5082《起重机　手势信号》，按统一的手势信号、旗语信号和音响信号进行指挥与作业。

（4）遵守规章制度　起重机械作业人员必须遵守有关规章制度和操作要求，集中精力，保障安全运行，必须做到“十不吊”，即：a. 超过额定载荷不吊；b. 指挥信号不明，重量不明，光线昏暗不吊；c. 吊索和附件捆缚不牢，不符合安全要求不吊；d. 吊挂重物直接进行加工时不吊；e. 歪拉斜挂不吊；f. 工件上站人或工件上浮放有活动物的不吊；g. 对具有爆炸性物品不吊；h. 带棱角的物体未垫好（可能造成钢丝绳磨损或割断）不吊；i. 埋在地下的物体不拔吊；j. 违章指挥时不吊。

（5）做好设备保养，掌握正确操作方法

1）认真进行定期保养。起重机械应在规定日期内进行维护、保养和修理，防止起重机械过度磨损或意外损坏引起事故。对起重机械的保养包括检查、调整、润滑、紧固、清洗等工作。起重机械定期保养分为日常保养、一级保养和二级保养。

① 日常保养。包括清扫驾驶室和机身上的灰尘和油污，检查制动器间隙是否合适，检查联轴器上的键及连接螺栓是否紧固，检查各种安全装置是否灵敏可靠，检查制动带及钢丝绳的磨损情况，检查控制器的触头是否密贴吻合。

② 一级保养（每月进行一次）。包括滚动轴承加油润滑，检查控制屏、保护盘、控制器、电阻器及各接线座、接线螺钉是否紧固，检查所有电气设备的绝缘情况，检查减速器和液压制动装置的油量及润滑情况。

③ 二级保养（每半年进行一次）。除一级保养内容，还包括去除润滑脂表面脏污，清洗滚动轴承，加润滑脂；减速器和液压制动装置的油质若变坏时应予以更换，若油量不足则加油至规定标志；检查钢丝绳的磨损情况及在卷筒上的固定情况。

2）做好交接班工作。交接班制度是非常重要的，作业者必须认真填写当班工作记录，包括设备运行情况与检查情况，并注意做到：a. 交班的作业人员应在起重机械工作完毕后，将空钩起升到接近上限位置，小车停在驾驶室一边，各控制器手柄应扳到零位，断开刀开关；交班前应有 15 ~ 20min 的清扫和检查时间，检查设备的机械和电气部分是否完好；详细论述当班设备运行情况及存在问题或需要立即排除的故障等。b. 接班的作业人员应认真听取上一班作业人员的工作情况介绍和查阅交班记录；检查起重机械操纵系统是否灵活可靠和制动器的制动性能是否良好；钢丝绳固定是否牢靠，卷筒钢丝绳排列是否正确；进行空载运行检查，特别是限位开关、紧急开关、行程开关等是否安全可靠，如有问题必须修复后方可使用。

3）对作业人员的基本要求。

① 稳：在操纵起重机械过程中必须做到起动、制动平稳，吊钩与负载物体不摇晃。

② 准：在稳的基础上，吊钩与重物应正确地停放在所指定的位置上。

③ 快：在稳、准的基础上，协调各机构动作，缩短工作循环时间。

④ 安全：对设备进行预检预修，确保起重机械安全运行，在发生意外故障时，能机动灵活采取措施制止事故发生或使损失减少到最低程度。

同时要求作业人员掌握基本的操作方法：稳钩的操作方法；物体翻身的操作方法，主要指常用的地面翻转、游翻、带翻和空中翻转四种。

(6) 做好起重机械的润滑工作　起重机械的润滑工作应按起重机械说明书规定周期和润滑油牌号进行，并经常检查润滑情况是否良好。

起重机械各机构的润滑方式有集中润滑和分散润滑两种。集中润滑用于大型起重机械，采用手动泵供油和电动泵供油集中润滑两种方式；分散润滑用于中小型的起重机械，润滑时使用油枪或油杯对各润滑点分别注油。

润滑工作的注意事项：润滑材料必须保持清洁，不同牌号的润滑脂不可混合使用；经常检查润滑系统的密封情况；选用适宜的润滑材料和按规定时间进行润滑工作；对没有注油点的转动部位，应定期用油壶点注在各转动缝隙中，以减少机件中的磨损和防止锈蚀；采用油池润滑的应定期检查润滑油的质量，加油到油尺规定的刻度，如没有油尺，加到齿轮最低的齿能浸到油处；润滑工作应在起重机械完全断电时进行。

(7) 注意安全作业　为了确保作业人员的安全，应经常对电气设备进行清扫，避免污物或粉尘在线路上沉积而引起的污闪。作业人员要定期地检查起重机械电气装置的绝缘状况，如发现问题应及时修理。

起重机械的供电滑触线应当有鲜明的颜色和信号灯，为了防止触电，应设置防护挡板。起重设备的上下平台不要设在大车的供电滑触线同侧。为了防止钢丝绳摆动时碰着供电滑触线，起重机械应在靠近滑触线的一边设置防护架。起重机的金属构架、驾驶室、轨道、电气设备的金属外壳和其他不带电的金属部分，必须根据技术条件进行保护接地或接零。

桥式、门式起重机在驾驶室或走台进出桥架的门上要有自动的联锁装置，以保证有人进入桥架时，能自动断电。在驾驶室或操纵开关处必须装有紧急开关。

起重机械的电气主回路与操纵回路的对地绝缘电阻值应≥0.4MΩ（用500V绝缘电阻表在冷态下测量），如在潮湿的环境中，其绝缘电阻值可降低到0.2MΩ。起重机械应对接地进行严格检查，使起重机械轨道和起重机械上任何一点的接地电阻≤4Ω。

(8) 执行起重机械的完好标准　贯彻执行完好标准，对确保起重机械安全、可靠地运行十分重要。

1）桥式起重机的完好标准（见第一章第二节）。

2）单梁起重机的完好标准。该标准适用于单梁起重机，对单梁起重机的完好程度采用评分方法进行评定，见表6-17。总分达到85分及以上，并且主要项目均合格者即为完好设备。

3）门式起重机的完好标准。该标准适用于通用门式起重机，其他类型门式起重机可以参照执行。对门式起重机的完好程度采用评分方法进行评定，见表6-18。总分达到85分及以上，并且主要项目均合格者即为完好设备。

表6-17　单梁起重机完好标准

项目	分　类	检 查 内 容	定分
设备（90分）	起重能力（6分）	起重能力应在设计范围内或企业主管部门验收合格批准起重负荷内使用，在起重机明显部位应标志起重吨位、设备编号等	3
		应根据使用情况，每2年做一次载荷试验并有档案资料	3
	主梁（10分）	主梁下挠不超过规定值，并有记录可查①（额定起重量作用下，电动单梁起重机主梁从水平线下挠≤$S/500$，手动单梁起重机主梁从水平线下挠≤$S/400$，S为跨度，单位为m）	10
	行走系统及轨道（17分）	轨道平直，接缝处两轨道位差≤2mm，接头平整，压接牢固	4
		车轮无严重啃道现象，与路轨有良好接触	5
		行走系统各零部件完好齐全，运转平稳，无异常窜动、冲击、振动、噪声和松动现象，车架无扭动现象，制动装置安全可靠	5
		传动装置润滑良好，无漏油	3
	起吊装置（22分）	起吊制动器在额定载荷内制动灵敏、可靠①	3
		钢丝绳符合使用技术要求①	5
		吊钩、吊环符合使用技术要求①	5
		滑轮、卷筒符合使用技术要求	2
		吊钩升降时，传动装置无异常窜动、冲击、噪声和松动现象	5
		起吊装置润滑良好，无漏油	2
	电气与安全装置（35分）	电气装置安全可靠，各部分元件、部件运行达到规定要求	5
		动力线（电缆线）敷设整齐，固定可靠、安全	5
		电气回路接地绝缘电阻值≥0.5MΩ，轨道和起重机上任何一点的接地电阻应≤4Ω，有保护接地或接零措施，每2年进行一次测试，并有记录	5
		安全装置、限位开关齐全可靠，起重机的起升、大车行走与相邻起重机靠近时应有行程限位开关，小车两端应有缓冲装置，轨道末端应有挡架①	10
		地面操纵悬挂按钮（一般应有总停），动作可靠并有明显标志	10
使用与管理（10分）		设备内外整洁，油漆良好，无锈蚀	5
		技术档案齐全（档案应包括产品合格证，使用说明书、大修记录等）	5

① 为主要项目，如该项不合格，则为不完好设备。

表 6-18 门式起重机完好标准

项目	分类	检查内容	定分
设备（90分）	起重能力（6分）	起重能力应在设计范围内或企业主管部批准起重负荷内使用，在设备明显部位应标志出起重吨位、设备编号等	3
		根据使用情况，每2年做一次静动负荷试验，档案资料齐全	3
	主梁（7分）	主梁及主要结构件表面不得有腐蚀现象	2
		主梁下挠不超过规定值，并应有记录可查（空载下主梁从水平线下挠≤S/1500；额定载荷下主梁从水平线下挠≤S/700，S为起重机跨度，单位为m）	5
	操作系统（10分）	各运行部位操作灵敏可靠，各档变速齐全，控制器触头良好	5
		驾驶室连接牢固、防风、不漏雨，门销、电铃或信号装置、紧停开关齐全、可靠	5
	行起系统及轨道（12分）	车轮无严重啃道现象，与路轨有良好的接触	6
		轨道平直，接缝处两轨道位差≤2mm接头平整，压接牢固，行走起动及制动时无扭摆现象	6
	起吊系统（21分）	传动时无异常窜动、冲击、振动、杂声、松动现象	4
		起吊制动器，在起吊额定负荷时应灵敏，制动可靠①	5
		钢丝绳符合使用技术要求①	5
		吊钩符合使用技术要求①	5
		滑轮、卷筒符合使用技术要求	2
	制动装置（6分）	制动装置安全可靠，性能良好，不应有异常响声与松动现象	3
		制动器摩擦衬垫厚度磨损≤2mm，且铆钉头不得外露，制动轮磨损≤2mm，小轴及心轴磨损不超过原直径的5%，制动轮与摩擦衬垫之间隙要均匀，闸瓦开度≤1mm	3
	润滑（6分）	润滑装置齐全，润滑良好，无漏油现象	6
	电气及安全装置（22分）	电气装置齐全可靠，顶部电气箱安装牢固，能防雨防风。导电滑触线与滑轮接触良好，并有垂弧。电气主回路和操纵回路绝缘电阻应≥0.5MΩ，起重机及轨道上任意一点接地电阻应≤4Ω。驾驶室内单项电源不允许直接接地，每2年做一次测试，并有记录①	10
		各安全装置齐全可靠，通往顶部扶梯应装有电气限位开关，并灵敏可靠；防翻装置牢固、可靠、有效；起重机必须装有锚定装置或夹轨器，并可靠、有效	10
		路轨两端止挡装置应牢固、可靠	2
使用与管理（10分）		设备内外整洁，基本无锈蚀	5
		技术档案齐全（包括产品合格证、使用说明书，检修和大修记录及预防性试验报告等）	5

① 为主要项目，如该项不合格，则为不完好设备。

完好标准的有关说明。

1）对下列内容要进行检查，如未达到，应立即整改或不准使用。

① 定人定机，严格执行安全操作规程，对有驾驶室的起重机械，必须设有专职司机（凭证操作）。严禁非司机操作。

② 有安全操作规程及交接班制度（指二班或三班工作制）。

2）对带有驾驶室的单梁起重机，应检查下列内容（括号内为定分）：

① 各运行部位操作符合技术要求，灵敏可靠（5分）。

② 驾驶室或操纵开关处应装切断电源的紧急开关，电扇、照明、音响装置等电源回路不允许直接接地，检修用手提灯电源电压应＜36V，操纵控制系统要有零位保护（5分）。

3）对用供电滑触线的单梁起重机，应检查下列内容：供电滑触线应有鲜明的颜色和信号灯；起重机上、下平台不设在大车的供电滑触线同侧，靠近滑触线的一边应设置防护架；设有警铃等信号装置。

五、起重机械规范管理要求

1）近年来，我国颁发起重机械管理规范文件，见表6-19。

表6-19　近年来起重机械管理规范文件一览表（节选）

序号	文件名称及颁布情况	实施日期
1	TSG Q7002—2019《起重机械型式试验规则》	2020年3月1日
2	JB/T 5897—2014《防爆桥式起重机》	2014年10月1日
3	TSG Q0002—2008《起重机械安全技术监察规程——桥式起重机》	2008年2月21日
4	TSG Q7015—2016《起重机械定期检验规则》	2016年7月1日
5	TSG Q7016—2016《起重机械安装改造重大维修监督检验规则》	2016年7月1日
6	GB 6067.1—2010《起重机械安全规程　第1部分：总则》	2011年6月1日
7	GB/T 14405—2011《通用桥式起重机》	2011年12月1日
8	GB/T 14406—2011《通用门式起重机》	2011年12月1日
9	GB 10054—2014《货用施工升降机》（所有部分）	2014年12月1日
10	GB/T 5031—2019《塔式起重机》	2009年2月1日
11	GB 17907—2010《机械式停车设备　通用安全要求》	2011年12月1日
12	GB/T 5972—2016《起重机　钢丝绳　保养、维护、检验和报废》	2016年6月1日
13	GB/T 6067.5—2014《起重机械安全规程　第5部分：桥式和门式起重机》	2015年2月1日
14	GB/T 28264—2017《起重机械　安全监控管理系统》	2018年5月1日
15	GB/T 23724.1—2016《起重机　检查　第1部分：总则》	2016年9月1日
16	GB/T 31052.1—2014《起重机械　检查与维护规程　第1部分：总则》	2015年6月1日
17	GB/T 31052.5—2015《起重机械　检查与维护规程　第5部分：桥式和门式起重机》	2016年7月1日
18	JB/T 9008.1—2014《钢丝绳电动葫芦　第1部分：型式和基本参数、技术条件》	2014年10月1日
19	JB/T 9738—2015《汽车起重机》	2016年3月1日

2）为了实施新修订的《特种设备目录》若干问题的意见，原国家质检总局颁发国

质检特［2014］679号文件，已于2014年12月24日生效的《特种设备目录》——起重机械部分，见表6-20。

表6-20 《特种设备目录》——起重机械部分一览表

代码	种类	类别	品种
4000	起重机械	起重机械，是指用于垂直升降或者垂直升降并水平移动重物的机电设备，其范围规定为额定起重量大于或者等于0.5t的升降机；额定起重量大于或者等于3t（或额定起重力矩大于或者等于40t·m的塔式起重机，或生产率大于或者等于300t/h的装卸桥），且提升高度大于或者等于2m的起重机；层数大于或者等于2层的机械式停车设备	
4100		桥式起重机	
4110			通用桥式起重机
4130			防爆桥式起重机
4140			绝缘桥式起重机
4150			冶金桥式起重机
4170			电动单梁起重机
4190			电动葫芦桥式起重机
4200		门式起重机	
4210			通用门式起重机
4220			防爆门式起重机
4230			轨道式集装箱门式起重机
4240			轮式集装箱门式起重机
4250			岸边集装箱起重机
4260			造船门式起重机
4270			电动葫芦门式起重机
4280			装卸桥
4290			架桥机
4300		塔式起重机	
4310			普通塔式起重机
4320			电站塔式起重机
4400		流动式起重机	
4410			轮式起重机
4420			履带起重机
4440			集装箱正面吊运起重机
4450			铁路起重机
4700		门座式起重机	

第三节　起重机械安全附件与装置

加强对起重机械安全附件与安全装置的管理，在起重机械安全运行中起到十分重要的作用，也是特种设备管理的基础工作。

一、起重机械安全附件

1. 吊钩

吊钩是起重机械安全作业的三个重要构件之一，如图 6-7 所示。

吊钩常用在各类起重机械上，用其钩挂设备或重物。起重机械通过吊钩才能发挥其功能，因而吊钩是重要的起重部件。

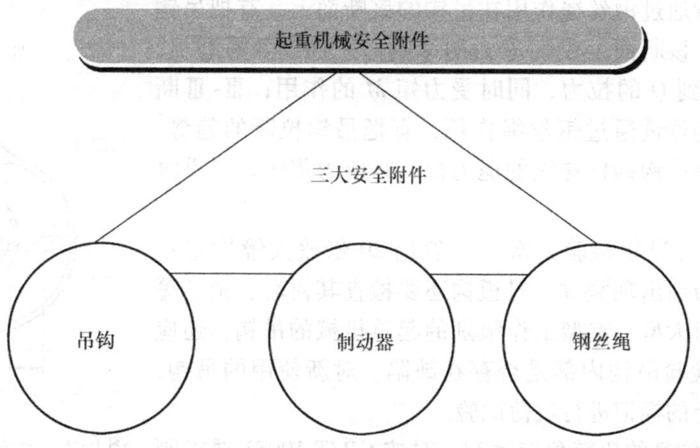

图 6-7　起重机械的三大安全附件

吊钩有单钩和双钩两种，一般用锻造方法制成，也有用多片钢板经铆接成整体的叠板式吊钩，如图 6-8 所示。

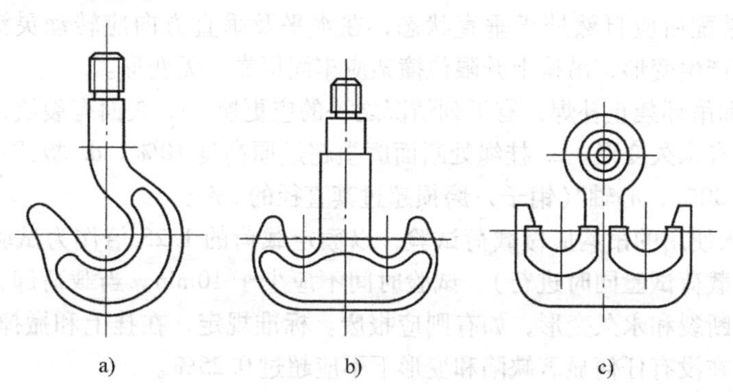

图 6-8　吊钩

a）锻造单钩　b）锻造双钩　c）双钩

一般单钩用于起重量小于 80t 的中小型起重机械中，双钩用于起重量大于 80t 的大型起重机械中，双钩有受力均匀的优点。吊钩应由国家定点的工厂制造，如需自制时，其材质和制造工艺均应符合有关要求，如锻造吊钩材质通常都用20钢、20SiMn、36Mn2Si；而板式吊钩用厚度不小于20mm的Q235A、20钢板制成，轴套用35钢、40钢、45钢，垫板用ZG270-500制造。板式双钩用于100t及以上的起重机械上。

吊钩的技术条件如下。

1）锻造吊钩应选用20优质碳素结构钢等材料，经锻造、冲压之后进行退火热处理，使吊钩表面硬度达到95～135HBW；板钩应选用Q235、Q345等材料制造。锻打吊钩应在低应力区打印额定起重量、厂标、检验标志、日期编号标记，由制造厂进行表面检验及载荷试验后提供合格证明文件。

2）吊钩的危险断面有3个，如图6-9所示。Ⅰ-Ⅰ断面，由于货物重量通过钢丝绳作用在吊钩的该断面上，有把吊钩切断的趋势，该断面上受切应力的影响，并且该处易磨损；Ⅱ-Ⅱ断面受到Q的拉力，同时受力矩M的作用；Ⅲ-Ⅲ断面，由于货物重量通过钢丝绳作用，有把吊钩拉断的趋势，这个断面就是吊钩钩住螺纹的退力槽，且应力集中，严重时易产生裂纹。

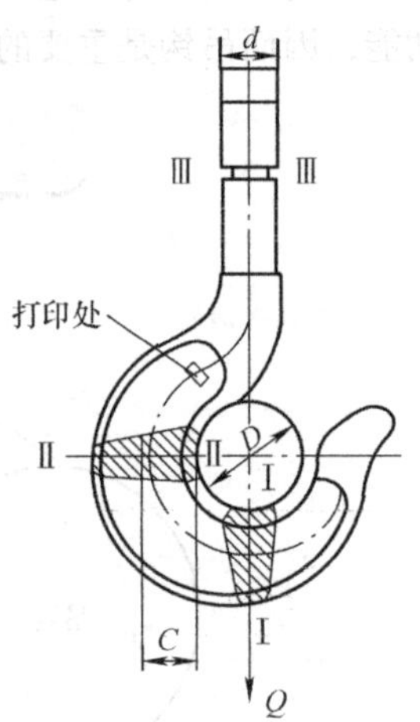

图6-9 吊钩的危险断面

3）吊钩每半年检验一次（一般用20倍放大镜检查），以免由于疲劳而出现裂纹。对板钩还要检查其衬套、销子等磨损情况。对大型、重型工作级别的起重机械的吊钩，还应用无损检测检验吊钩内部是否存在缺陷。对新使用的吊钩，应根据吊钩上的标记进行负荷试验。

4）吊钩钩身的扭转角应≤7°。对按GB/T 10051要求制造的吊钩，其危险断面的磨损量不得超过原尺寸的3%～4%，吊钩开口度增加量不得超过原尺寸的7%；吊钩变形后不允许用校正手段来恢复原有形状或尺寸。

5）吊钩装配后应自然处于垂直状态，在水平及垂直方向应转动灵活，无卡阻现象。钩罩不应产生变形，吊钩上升限位撞架应牢固可靠，无变形。

6）吊钩和吊环禁止补焊，有下列情况之一的应更换：a. 表面有裂纹，破口。b. 危险断面及钩颈有永久变形。c. 挂绳处断面磨损超过原高度10%。d. 板式吊钩衬套磨损超过原尺寸的30%，心轴（销子）磨损超过其直径的3%。

7）新投入使用的吊钩应做载荷试验，以额定载荷的1.25倍作为试验载荷（可与起重机动、静载荷试验同时进行），试验时间不应少于10min。当载荷卸去后，吊钩上不得有裂纹、断裂和永久变形，如有则应报废。标准规定，在挂上和撤掉试验载荷后，吊钩的开口度在没有任何显著缺陷和变形下不应超过0.25%。

2. 制动器

(1) 制动器的分类

1）短行程电磁铁制动器。该制动器松闸、抱闸动作迅速，制动器重量轻、外形尺寸小；由于制动瓦块与制动臂之间是铰链连接，所以瓦块与制动轮的接触均匀、磨损均匀，也便于调整。但由于电磁铁吸力的限制，一般应用在制动力矩较小及制动轮直径≤300mm的机构上，短行程电磁铁块式制动器可分交流电磁铁和直流电磁铁块式制动器。

2）长行程电磁块式制动器。对制动力矩大的机构多采用长行程电磁块式制动器，它是依靠主弹簧抱闸，电磁铁松闸。电磁块式制动器的特点是结构简单，能与电动机的操纵电路联锁。所以当电动机工作停止或事故断电后，电磁铁能自动断电，制动器便自动抱闸，工作安全可靠。但是由于磁铁冲击力很大，对机构产生猛烈的制动作用会引起传动机构的机械振动。同时由于机构的频繁起动、制动，电磁铁会产生碰撞，电磁铁使用期限较短，要经常修理更换。

3）液压瓦块制动器。它的松闸动作采用液压松闸器，其特点是制动器起动、制动平稳，没有声响，每小时操作次数可达720次。目前使用较多的是液压电磁推杆瓦块式制动器。

（2）制动器的技术检验　制动器要经常检查运转是否正常，有无卡塞现象，闸块是否贴在制动轮上，制动轮表面是否良好，调整螺母是否紧固，每周应润滑一次。每次起吊时要先将重物吊起离地面150～200mm，检验制动器是否可靠，确认灵活、可靠后方可起吊。制动器的检查要求如下。

1）制动衬垫磨损达原厚度的20%时应更换。

2）制动轮表面硬度为45～55HRC，淬火深度为2～3mm；小轴及心轴要表面淬火，其硬度应≥40HRC。磨损量超过原直径的2%，圆度误差超过1mm时应更换。杠杆和弹簧发现裂纹要及时更换。

3）制动轮与磨损衬垫的间隙要均匀，闸瓦开度应≤1mm，闸带开度应≤1.5mm。

（3）制动器的调整

1）短行程制动器主要调整主弹簧工作长度、电磁铁行程和制动瓦块与制动轮的间隙，达到表6-21的规定。

表6-21　短行程制动器制动瓦块与制动轮间允许间隙（单侧）

（单位：mm）

制动轮直径	100	200/100	200	300/200	300
允许间隙	0.6	0.6	0.8	1	1

2）长行程制动器主要调整主弹簧工作长度、电磁铁行程和制动瓦块与制动轮的间隙，达到表6-22的规定，且两侧均等。

表6-22　长行程制动器制动瓦块与制动轮间允许间隙（单侧）

（单位：mm）

制动轮直径	200	300	400	500	600
允许间隙	0.7	0.7	0.8	0.8	0.8

（4）起重机械制动器安全使用要求

1）动作灵活、可靠，调整应松紧适度，无裂纹。

2）制动轮松开时，制动闸瓦与制动轮各处间隙应基本相等，制动带最大开度（单侧）应不大于1mm，升降机应不大于0.7mm。

3）制动轮的制动摩擦面不得有妨碍制动性能的缺陷。

4）轮面平面度误差应小于1.5mm，起升、变幅机构制动轮缘厚度磨损量应小于原厚度的40%，其他机构制动轮轮缘磨损厚度小于原厚度的50%。

5）吊运炽热金属、易燃易爆危险品或发生溜钩后有可能导致重大危险或损失的起重机械，其升降机构应装设两套制动器。

3. 钢丝绳

桥式、门式起重机用的钢丝绳多数是麻芯的，它具有较好的挠性和弹性，特点是麻芯能贮存一定的润滑油，当钢丝绳受力时，润滑油被挤到钢丝间，从而起到润滑作用。

（1）钢丝绳的安全系数 钢丝绳能承受的最大拉力与钢丝总载面积和钢丝的公称抗拉强度有密切的联系。当载荷超过其所能承受的最大拉力时，钢丝就会被拉断。在实际起重作业中钢丝绳的受力情况很复杂，除了承受吊物重量和本身自重在内的静载荷外，还受到因为弯曲、摩擦、工作速度变化而产生的较大的动载荷。因此在选择钢丝绳时，必须考虑到钢丝受力不均匀、载荷不准确等因素，给予钢丝绳一定的储备能力，这个储备能力就是安全系数。

安全系数的选择与机构工作级别、使用场合、作业环境及滑轮与卷筒的直径对钢丝绳直径的比值等因素有关。钢丝绳的安全系数不应小于表6-23、表6-24的要求。当钢丝绳拉伸、弯曲的次数超过一定数值后，会产生“金属疲劳”现象，造成钢丝绳的损坏；同时，因钢丝绳受力伸长时钢丝之间产生摩擦，导致出现磨损、断丝现象。此外，由于使用、贮存不当，造成钢丝绳的扭结、退火、变形、锈蚀、表面硬化等，均能引起钢丝绳损坏。

表6-23 机构工作级别与钢丝绳安全系数

机构工作级别	M_1、M_2、M_3	M_4	M_5	M_6	M_7	M_8
安全系数	4	4.5	5	6	7	9

表6-24 钢丝绳安全系数

用　　途	安全系数	用　　途	安全系数
支承动臂用	4	缆绳	3.5
起重机械自身安装用	2.5	吊挂和捆绑用	6

（2）钢丝绳的维护保养与使用

1）钢丝绳的维护保养。钢丝绳的安全使用在很大程度上取决于良好的维护，定期的检验。钢丝绳在使用时，每月要润滑一次。润滑的方法是：先用钢丝刷子刷去绳上的污物，并用煤油清洗，然后将加热到80℃的润滑油（钢丝绳麻芯脂）蘸浸钢丝绳，使润滑油浸到绳芯中去。对起重机上的钢丝绳每天都要检查，包括对端部的连接部位，特别是定滑轮附近的钢丝绳的检验。

2）钢丝绳的使用。钢丝绳在卷筒上应能按顺序整齐排列或设排绳装置；多根绳支承时，应有各根绳受力均衡的装置或措施；吊运熔化或灼热金属的钢丝绳，应设有防止钢丝绳被高温损害的措施；当吊钩处于最低工作位置时，钢丝绳在筒上的缠绕圈数，除用来起升所需长度的钢丝绳的圈数外，还应留有≥2 圈的减载圈。

（3）钢丝绳的报废　根据 GB/T 5972—2016 的规定，钢丝绳有下列情况之一者应当报废：

1）钢丝绳被烧坏或者断了一股。

2）钢丝绳的表面钢丝被腐蚀、磨损达到钢丝直径的 40% 以上。

3）受过死角拧扭，部分受压变形。

4）钢丝绳在一个捻距（节）内的断丝根数达到表 6-25 所列数值。

表 6-25　钢丝绳报废断丝数

安全系数	钢丝绳类型			
	6×19+1 交互捻制	6×37+1 交互捻制	6×19+1 同向捻制	6×37+1 同向捻制
<6	12	22	6	11
6~7	14	26	7	13
>7	16	30	8	15

注：上述值指一个节距中断丝数。

5）吊运灼热金属或危险品的钢丝绳的报废断丝数，取一般起重机用钢丝绳报废断丝数的 1/2。

6）局部外层钢丝绳伸长呈“笼”形。

（4）钢丝绳安全使用要求

1）钢丝绳在使用时，每月至少要润滑两次。润滑前先用钢丝刷子刷去钢丝绳上的污物并用煤油清洗，然后将加热到 80℃以上的润滑油蘸浸钢丝绳，使润滑油浸到绳芯。

2）钢丝绳应无扭结、死角、硬弯、塑性变形、麻芯脱出等严重变形，润滑状况良好。

3）钢丝绳长度必须保证吊钩降到最低位置（含地坑）时，余留在卷筒上的钢丝绳应≥2 圈。

4）钢丝绳末端固定压板应不少于 2 个。

（5）**【案例 6-3】**某公司规范起重机械钢丝绳的使用

钢丝绳在正常工作条件下不会发生突然破断，但随着其磨损和疲劳等的加剧，也会发生断绳事故。

1）使用要求：a. 更换的新绳应与原安装的钢丝绳同类型、同规格，若采用不同类型，应保证新绳不低于旧绳的性能，并能与卷筒和滑轮的槽形相配。钢丝绳捻向应与卷筒绳槽螺旋方向一致，单层卷绕时应设导绳器以防乱绳。b. 更换钢丝绳时，从卷轴或钢丝绳卷上抽出钢丝绳应防止其打环、扭结、弯折或粘上杂物。截断钢丝绳应在断位两侧用细钢丝扎结牢固，以防切断后绳股松散。c. 钢丝绳与机器某部位发生摩擦时，应在接触部位加保护措施；捆绑绳与吊载物棱角接触时，应在棱角处加垫木或铜板等，以防钢丝被割伤。起升重物时，钢丝绳不准斜吊，以防乱绳出现故障。d. 严禁超载起吊，应安装超载限制器或力矩限制器，并尽量避免使用中突然的冲击振动。应安装起升限位器，以防过卷拉断钢丝绳。

2）安全检查。

① 检查周期。起重机司机每日应对钢丝绳全部可见部位做全面检查，查看其是否有损坏与变形，并每月进行一次安全检查。

② 检查部位。检查部位主要有钢丝绳运动和固定的始末端，通过或绕过滑轮组的绳段，平衡滑轮的绳段，与机器某部位可能引起磨损的绳段，有锈蚀等腐蚀及疲劳部分的绳段。

③ 绳端部位检查应注意：从固接端引出的那段钢丝绳如果发生疲劳断丝或腐蚀会极其危险；固定装置是否变形或磨损，绳端绳箍是否有裂纹及绳箍与钢丝绳之间是否滑动；绳端内及其可拆卸的楔形接头、绳夹、压板等有否断丝与腐蚀；编制环状插口式绳头尾部是否有突出的钢丝伤手；若有明显断丝或腐蚀可将钢丝绳截短再重新装到绳端固定装置上，但钢丝绳的长度应满足在卷筒上≥2 圈缠绕的要求。

3）维护保养。日常保养最有效的措施是勤检查，对使用的钢丝绳进行清洗和涂抹润滑油（脂）。当出现锈迹或凝集着大量污物时，应拆除后清洗除污；最好将洗净的钢丝绳盘好放到 80～100℃的润滑油（脂）中泡至饱和（浸透绳芯）；如果钢丝绳上污物不多，可在其与滑轮、卷筒接触部位和绳端固定部位的绳段涂抹润滑油（脂）；卷筒或滑轮的绳槽应经常清理污物，若有损伤，应及时修整或更换。

二、起重机械的安全装置

为了保护起重机械和防止发生人身事故，起重机械必须安装安全装置，主要有位置限位器、起重量限制器、起重力矩限制器、防冲撞装置和防风装置等，如图 6-10 所示。

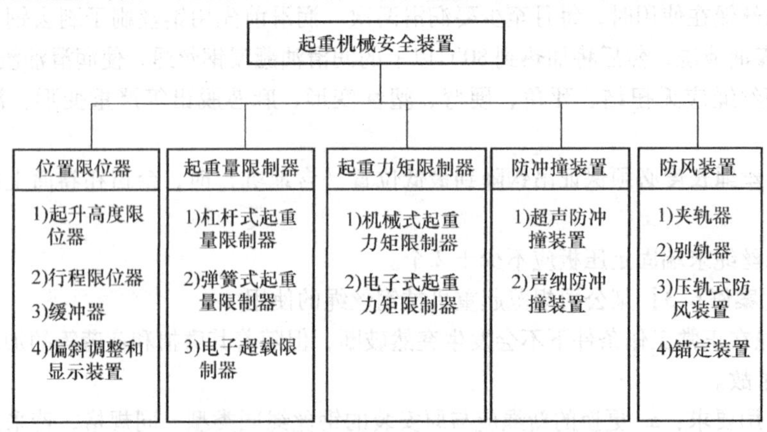

图 6-10 起重机械安全装置示意图

1. 位置限位器

（1）起升高度限位器 用来限制重物起升高度。当取物装置起升到上极限位置时，限位器发生作用使重物停止上升，防止机构损坏。

起升高度限位器分为重锤式、蜗轮蜗杆式和螺杆式。重锤式起升限位器使用方便，但因钢丝绳有时会与重锤发生摩擦，使用时要注意；螺杆式限位器不但可以限制起升高度，还可以限制下降深度。吊运灼热的金属液体的起重机应分别设置两套不同形式的起升高度限位器，并分别设有不同的断路器。

（2）行程限位器　由顶杆和限位开关组成，用于限制运行、回转和变幅等终端极限位置，当顶杆触动限位开关转柄时，即可以切断电源，使机构停止工作。

（3）缓冲器　为了防止因行程限位器失灵和作业人员疏忽，致使起重机的运行机构或臂架式起重机的变幅机构与设在终端的挡板相撞，应装有缓冲器吸收碰撞能量，以保证起重机运行机构能平稳地停住。常用缓冲器有橡胶缓冲器、弹簧缓冲器和液压缓冲器。

（4）偏斜调整和显示装置　为确保起重机械的安全稳定运行，避免偏斜过大造成起重机金属结构损坏或使起重机产生啃轨，对跨距≥40m 的门式起重机和装卸桥等，应装偏斜调整和显示装置。

2. 起重量限制器

起重量限制器主要用来防止起重量超过起重机的负载能力，避免钢丝绳断裂和起重机损坏。电动机过电流保护装置并不能保护起重机过载，因此，GB 6067.1 规定 >20t 的桥式起重机和 >10t 的门式起重机应装超载限制器，其他吨位的桥式起重机及电动葫芦视情安装超载限制器。

起重量限制器的类型较多，常用的有杠杆式起重量限制器、弹簧式起重量限制器和电子超载限制器。电子超载限制器一般由电阻应变式传感器和电气控制装置两部分组成，主要用于起重设备的超载保护，它可事先把报警起重量调节为 90% 额定起重量，而把自动切断电源的起重量调节为 110% 额定起重量。电子超载限制器由载荷传感器、电子仪表、控制元件及显示装置等组成，通用性较好、精度高、结构紧密、工作稳定、有显示功能，应用广泛。

3. 起重力矩限制器

对于起重机来讲，起重力矩是一个重要参数。如果起重量不变，工作幅度越大，则起重力矩就越大；如果起重力矩不变，工作幅度减小，则起重量可以增加。为此在设计起重机时得出一条起重机特性曲线，即是起重量与工作幅度之间的关系曲线，并以此为依据来设计、制造起重力矩限制器。

常用的起重力矩限制器有机械式起重力矩限制器和电子式起重力矩限制器。电子式起重力矩限制器由起重量检测器、起重臂仰角检测器和起重臂长度检测器来测出有关数值，并显示在仪表盘上，引起作业人员的注意，并能发生报警信号，以及切断电源，使起重机停止作业。

4. 防冲撞装置

为防止在一条轨道上安置的几台起重机工作时相撞，可在起重机上安装防止冲撞的装置。当起重机运行到危险距离范围时，防冲撞装置便发生报警，进而切断电路使起重机停止运行。一般报警设定距离为 8～20m，减速和停止设定距离为 6～15m。

目前，已利用超声、声呐技术等来制造防止冲撞的装置。

5. 防风装置

露天工作的起重机需装设防止被大风吹动的防风装置，常用的防风装置有夹轨器、别轨器、压轨式防风装置和锚定装置等。

(1) 夹轨器 当运行机构停止运行时，夹轨器自动起作用。夹轨器有手动和电动两类：

① 手动螺杆夹轨器是利用丝杠产生夹紧力夹住轨道来阻止起重机的滑动，其价格便宜，操作和维修都比较方便，但夹紧力及其安全可靠性能受到限制。作业人员应经常检查磨损情况，以免夹紧力不足。

② 电动弹簧式夹轨器是由电动机通过螺杆推动夹钳产生夹紧力。

此外，还有电动重锤式夹轨器和液动弹簧式夹轨器。

(2) 别轨器 这是一种自锁式防滑装置，钳口宽度略大于轨顶宽度。起重机停止工作时放下卡钳，在大风作用下，若起重机沿轨道滑动，由于杠杆作用卡钳口卡在轨道上起自锁作用。这种别轨器分手动和手/电动两用两种，结构简单，使用方便，安全可靠。

(3) 压轨式防风装置 该装置是利用起重机的一部分重力压在轨顶上，通过摩擦力达到止动作用的。压轨式防风装置有手动和电动两种。

(4) 锚定装置 这是自动防风装置的补充装置，一般与上述各种自动防风装置并用，当风力超过最大工作风压或起重机暂时不使用时开到指定地点，采用插销、链条或顶杆等锁紧件将起重机锚定，其强度必须满足最大非工作风压的安全要求。

三、起重机械运行的安全技术要求

由于各企业、各行业对起重机械的使用要求不同，作业环境也不一样，所以做好起重机械的安全运行应遵守各种安全技术要求。

1. 某大型集团制定起重机械运行技术要求

【案例6-4】

(1) 起重机械停车保护装置的安全技术要求

1) 各种开关接触良好、动作可靠、操作方便。在紧急情况下可迅速切断电源（地面操作的电动葫芦按钮盒也应装紧停开关）。

2) 起重机大车、小车运行机构，轨道终端立柱四端的侧面，升降机（或电梯）的行程底部极限位置均应安装缓冲器。

3) 各类缓冲器应安装牢固。采用橡胶缓冲器时，小车用的厚度为50~60mm，大车用的为100~200mm；如采用硬质木块，则木块表面应装有橡胶。

4) 轨道终端缓冲器（止挡器）应能承受起重机在满负荷运行时的冲击。50t及以上的起重机宜安装超负荷限制器。电梯应安装负荷限制器及超速和失控保护装置。

5) 桥式起重机零位保护应完好。

(2) 起重机械信号与照明安全技术要求

1) 除地面操作的电动葫芦外，其余各类起重机、升降机（含电梯）均应安装音响信号装置，载人电梯应设音响报警装置。

2) 起重机主滑触线三相都应设指示灯，颜色为黄、绿、红。当轨长大于50m时，滑触线两端应设指示灯，在电源主开关下方应设驾驶室送电指示灯。

3）起重机驾驶室照明应采用24V和36V安全电压。桥架下照明灯应采用防振动的深碗灯罩，灯罩下应安装10mm×10mm的耐热防护网。

4）照明电源应为独立电源。

（3）起重机PE线与电气设备安全技术要求

1）起重机供电宜采用TN—S（三相五线制）或TN—C（三相四线制）系统，将电网的PE线与起重机轨道紧密相连。

2）起重机上各种电气设备设施的金属外壳应与整机金属结构有良好的连接，否则应增设连接线。

3）起重机轨道应采用重复接地措施，轨长大于150m时应在轨道对角线设置两处接地。但在距工作地点不大于50m内已有电网重复接地时可不要求。

4）起重机两条轨道之间应用连接线牢固相连。同端轨道的连接处应用跨接线焊接（钢梁架上的轨道除外）。连接线、跨接线的截面要求：圆钢不小于$30mm^2$（$\phi6$～$\phi8$mm），扁钢不小于$150mm^2$（3mm×50mm或4mm×40mm）。

5）升降机（电梯）的PE线应直接接到机房的总地线上，不允许串联。

6）电气设备与线路的安装符合规范要求，无老化、无破损、无电气裸点、无临时线。

（4）起重机滑轮报废标准　滑轮轮槽不均匀磨损量达3mm，壁厚磨损量达原厚度的15%，或轮槽底部直径减小量达钢丝绳直径的30%时，滑轮应报废。

（5）起重机械防护罩栏、护板安全技术要求

1）起重机上外露的、有伤人可能的活动零部件，如联轴器、链轮与链条、传动带、带轮、凸出的销键等，均应安装防护罩。

2）起重机上有可能造成人员坠落的外侧均应装设防护栏杆，护栏高度应不小于1050mm，立柱间距应不大于100mm，横杆间距为350～380mm，底部应装底围板（踢脚板）。

3）桥式起重机大车滑线端梁下应设置滑线护板，防止吊索具触及（已采用安全封闭的安全滑触线的除外）。

4）起重机车轮前沿应装设扫轨板，距轨面不大于10mm。

5）起重机走道板应采用厚度不小于4mm的花纹钢板焊接，不应有曲翘、扭斜、严重腐蚀、脱焊现象。室内不应留有预留孔，如无小物体坠落可能时。孔径应不大于50mm。

（6）起重机械安全标志、消防器材安全技术要求　应在醒目位置挂有额定起重量的吨位标示牌。流动式起重机的外伸支腿、起重臂端、回转的配重、吊钩滑轮的侧板等，应涂以安全标志色。

驾驶室、电梯机房应配备小型干粉灭火器，且在有效期内，置放位置安全可靠。

（7）起重机械需要装设极限限位器　常用的极限限位器是过卷扬限位器，也叫上极限限位器，应能保证吊钩上升到极限位置时（电动葫芦大于0.3m，双梁起重机大于0.5m），自动切断电源。新装起重机还应有下极限限位器。需要装设极限位置限位器

的是：

1）在轨道上运行的各种起重机应装设行程限位器和防冲撞装置，保证两台起重机相互行驶在相距0.5m或起重机行驶在距极限端0.5～3m（视吨位定）时自动切断电源。

2）升降机（或电梯）的吊笼（轿厢）越过上下端站30～100mm时，越程开关应切断控制电路；当越过端站平层位置130～250mm时，极限开关应切断主电源并不能自动复位。极限开关不允许选用刀开关。

3）变幅类型的起重机应安装最大、最小幅度时防止臂架前倾后倾的限制装置。当幅度达到最大或最小极限时，吊臂根部应触及限位开关，切断电源。

（8）起重机械联锁装置 需要安装起重机械联锁装置的是：

1）桥式起重机司机室门外、通向桥架的仓口及起重机两侧的端梁门上应安装门舱联锁保护装置。

2）升降机（或电梯）的层门必须装有机械电气联锁装置，轿门应装电气联锁装置。

3）载人电梯轿厢顶部安全舱门必须装联锁保护装置。

4）载人电梯轿门应装动作灵敏的安全触板。

（9）起重作业安全操作技术

1）驾驶人应严格按指挥信号操作，对紧急停止信号，无论何人发出，都必须立即执行。

2）驾驶人在正常操作过程中，不得进行下列行为：a. 利用极限位置限制器停车。b. 利用打反车进行制动。c. 起重作业过程中进行检查和维修。d. 带载调整起升、变幅机构的制动器，或带载增大作业幅度。e. 吊物从人头顶上通过，吊物和起重臂下站人。

3）吊载接近或达到额定值，或起吊危险器（液态金属、有害物、易燃易爆物）时，吊运前认真检查制动器，并用小高度、短行程试吊，确认没有问题后再吊运。

4）露天作业的轨道起重机，当风力大于6级时，应停止作业；当工作结束时，应锚定住起重机。

（10）司索工安全操作要求

1）准备吊具。对吊物的重量和重心估计不准的，应增大20%来选择吊具，每次吊装前对吊具进行认真检查，不用报废的吊具。

2）捆绑吊物。对吊物进行必要的归类、清理和检查，切断与周围管、线的一切联系；清除吊物表面或空腔内的杂物，将可移动的零部件锁紧或捆牢，形状或尺寸不同的物品不经特殊捆绑不得混吊，防止坠落伤人；吊物捆扎部位的飞边要打磨平滑，尖棱利角应加垫物，防止起吊吃力后损坏吊索；表面光滑的吊物应采取措施来防止起吊后吊索滑动或吊物滑脱；吊运大而重的物体应加诱导绳，诱导绳长应能使司索工既可握住绳头，同时又能避开吊物正下方，以便发生意外时司索工可利用该绳控制吊物。应做到起重或吊物重量不明不挂，重心位置不清楚不挂，尖棱利角和易滑工件、无衬垫物不挂，吊具及配套工具不合格或报废不挂，包装松散、捆绑不良不挂等。

3）挂钩起钩。在确认吊挂完备，所有人员都离开站在安全位置以后，才可发出起钩信号。起钩时，地面人员不应站在吊物可能倾翻、坠落可波及的地方；如果作业场地为斜面，则应站在斜面上方（不可在死角），防止吊物坠落后继续沿斜面滚移伤人。

2. 起重机械制动器的控制和调试

【案例 6-5】

制动器是起重机械的重要安全装置，它的设置、控制和调试的正确与否至关重要，如有不当，便会造成设备事故和人员伤亡事故。如 2008 年 5 月江苏省某船厂新装一台 32t 龙门式起重机，投入使用后不久，便发生一起船体分段坠落事故，原因是控制制动器的接触器因铁心极面附着油污而延时释放，导致制动器未能及时闭闸而发生重大安全事故，造成了巨大的经济损失。

根据 TSG Q0002 规定："起重机动力驱动的起升机构和运行机构应当设置制动器，人力驱动的起升机构应当设置制动器或者停止器。吊运熔融金属或发生事故后可能造成重大危险或者损失的起重机的起升机构，其每套驱动系统必须设置两套独立的工作制动器"。两套独立的工作制动器不仅是每只制动器能够独立制动额定载荷，更重要的是在电气上也应保证独立控制，即一套制动控制系统失效，另一套控制系统也能够立即动作支持额定载荷，这才能真正实现制动双保险。

（1）通用起重机制动器设置　对于通用起重机起升机构制动器的设置虽没有特殊要求，但目前常用的单接触器控制方式有一定的安全隐患，如果日常维保不到位，造成此接触器粘连无法正常打开，此时重物将失去支持自由下滑。尤其是大型起重机，一旦发生事故，后果不堪设想。起重机尽管设有较多安全装置，但最终都归属于制动保护，所以起重机制动系统可靠与否将直接影响其使用安全性。将制动系统主电路用两只接触器串联进行控制，如图 6-11 所示。此时指令信号同时控制接触器 K1 和 K2，这样即可提高制动系统的可靠性，防止因接触主触头不释放故障而发生事故，而且实现容易，成本也很低廉，但其安全性却大大增加。

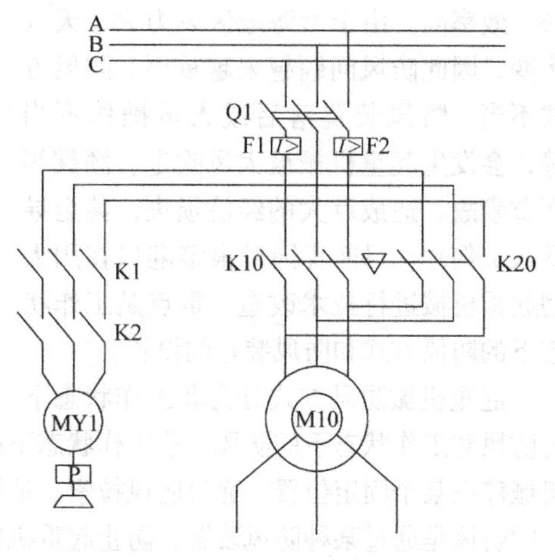

图 6-11　两只串联接触器控制

（2）吊运熔融金属起重机制动器的设置　如图 6-12 所示，虽然吊运熔融金属起重机起升机构的每套驱动系统设置了两套工作制动器，但是忽视了两套制动器的合理控制和正确调试，当制动器接触器发生故障（如机械可动部位卡阻、触头弹簧反力压力过小、触头熔焊、铁心极面附着油污或尘埃、铁心剩磁较大等）时，主触头不能释放，此时控制电路虽已断开失电，但两套制动器仍受同一套接触器控制，同时处于通电松闸状态，从而会造成严重的坠落事故，这就失去了两套制动器设置的实际意义，而且两套制动器合用一只接触器并不利于制动器制动力矩的调整。

后来改为在制动器主电路上将两套制动器各用一只接触器进行控制，两只接触器的指令信号为同一个，如图6-13所示。当一套制动系统发生故障时，另一套仍能起到保护作用，达到了两套制动器的设置目的，而两只接触器K1、K2在同一时间内发生故障的概率极小。采用此电路，便于分别测试两个制动器的制动力矩，即都能单独支持起重机吊起的额定载荷。测试时，可将一只接触器（K1或K2）人为吸合，此时一套制动器松闸，看另一套制动器是否能支持住额定载荷，同样方法再调试另一个制动器，调试步骤大大简化，更重要的是安全得到可靠保证。

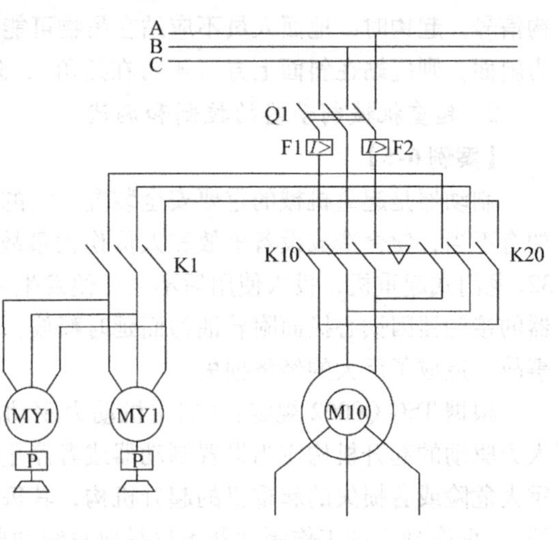

图6-12　两套制动器设置错误示意图

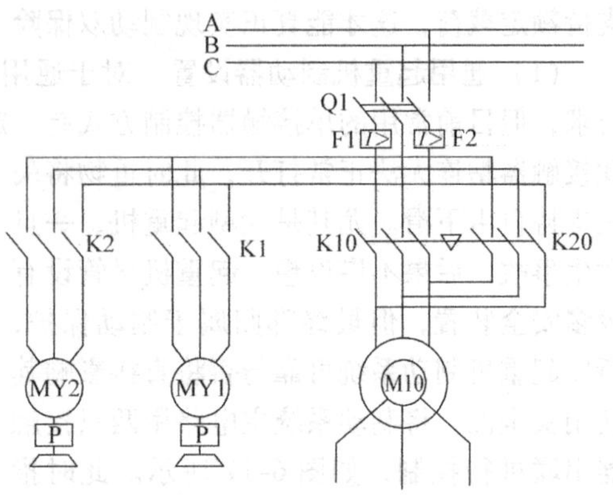

图6-13　一只接触器控制两套制动器的方案

3. 大型露天起重机械防风装置的应用

【案例6-6】

近年来，港口起重发展迅速，其特点是技术先进、设备大型化、造价高、速度快、效率高。由于沿海地区风力大，天气多变，因此防风问题越来越重要。防风方式不当、防风装置落后或人员操作不当等，会发生起重机械被大风吹走、倾翻等严重事故，造成巨大的经济损失，甚至导致人员伤亡。目前我国对很多港口在用大型起重机械进行技术改造，重点是工作状态下的防风方式和防风装置的设置。

起重机械防风方式分为非工作状态下的防风和工作状态下的防风。非工作状态下的防风问题是比较容易解决的，一般是将起重机械停在某个固定位置，通过防风拉索、地锚等装置将起重机械固定在码头上。工作状态下的防风是通过某种防风装置，防止起重机械在工作状态下因受到突发性大风作用产生意外滑移而导致事故发生。工作状态下的防风不可能采用非工作状态下的那种固定措施，一般只能通过起重机械自身的某些装置使起重机械与轨道之间产生一定的阻力来抵抗风力的作用，而这种阻力往往是有限的，所以工作状态下的防风要困难和复杂得多。

（1）工作状态下常用的防风装置　工作状态下防风装置的作用主要是为了防止起重机械在作业过程中受到突发性阵风的作用而沿轨道爬行。工作状态下常用的防风装置及其特点如下。

1）夹轨器。这是一种传统的防风装置。当起重机械在很大风力的冲击作用下产生振摆时，夹轨器容易因钳体滑动而失效，同时，由于其夹持面比较小且在轨道侧面，轨道挠曲可能对夹持效果产生严重影响，从而导致其防风可靠性差。夹轨器防风能力较小的原因是其作用点少，每台车只能装两台（海陆侧各一台）。目前常用夹轨器的夹紧力一般在440kN以下，每台夹轨器理想状态下的摩擦阻力只有264kN。

2）顶（压）轨器。这是目前使用较多的一种防风装置。顶轨器直接顶定在轨道踏面上，其作用是比较可靠的，但轨道垂直方向挠曲对顶轨力会产生影响，所以如何减少轨道挠曲对其影响非常重要。除改善轨道铺设质量外，最重要的措施是选好安装位置，应尽量安装在门腿下的主平衡梁下面，使顶轨器两侧车轮支点之间的距离最短。顶轨器的作用点也是较少的，每台车一般只能装4台（海陆侧各2台）。目前最大顶轨器的顶轨力是400kN，每台顶轨器理想状态下产生的摩擦阻力可达160kN。

3）防风铁楔。防风铁楔结构简单、成本低廉，但可靠性较差，防风能力有限，对于大型自动控制的起重机械来说，运行故障很高。在大型起重机械中，尤其是在PLC系统控制的起重机械中不宜采用。

（2）新型液压轮边制动器的作用　轮边制动器的作用原理是：当机构减速停车后，通过对车轮施加一个足够的制动力矩，使得起重机械在风力的作用下，车轮的滚动阻力增大（直至车轮打滑），从而产生与风力作用相反的滚动摩擦（静态或动态）阻力或滑动摩擦阻力（车轮打滑时变成滑动摩擦阻力），达到抵抗风力的作用。当机构要起动（开车）时，轮边制动器通过PLC系统控制提前进行驱动释放（开闸），使制动器的制动衬垫脱离车轮制动覆面，消除制动力矩。轮边制动器一般只用于大车运行机构的被动车轮的制动，具有结构紧凑、功能齐全、少维护的优点，但必须与液压系统配套使用。

轮边制动器的显著特点如下。

1）体积小，结构紧凑、安装简易，无须较大的安装支架，可降低整机质量。

2）轮边制动器是通过复合材料制成的摩擦衬垫与轮缘侧面形成摩擦副，而不是钢对钢摩擦，所以具有非常稳定的摩擦性能和防风（维持）制动效果。

3）一台车上可设置多台轮边制动器，使整机具有较高的抗台风能力。

4）在紧急状态下可实施动态紧急制动，这是夹轨器等都无法实现的。

（3）应用计算　如某港一台60t岸桥起重机，由于设备庞大对起重机的防风提出了较高的要求，即要求起重机在工作状态下能够抵抗短时35m/s风速强台风的能力。

1）起重机的主要参数：吊具下额定起重量最大为60t；悬臂为45m；轨距为22m；最大起升高度为轨面上40m；大车车轮数量为32；工作状态的最大大车轮压为40t；大车驱动轮高速轴制动力矩为120N·m，总传动比为102。

2）起重机的风载参数：总迎风面积 $A = 1000\text{m}^2$；风速 $v = 35\text{m/s}$；风力系数 $C = 1.3$；起重机在工作状态下可能承受的最大风载 $F_W = CqA = 0.613Cv^2A = (0.613 \times 1.3 \times 35^2 \times 1000)\text{N} = 976202.5\text{N}$。

该起重机共有车轮32个，车轮直径为800mm；大车驱动采用了16点驱动方式，即驱动轮16个，被动轮16个。为满足这种高等级的防台风要求，该车采用了全部大车行走轮制动方案。即全部驱动轮在高速轴上采用了外置式制动器，用于起重机运行过程中的正常减速制动和辅助防风制动；全部被动轮采用了专业厂家生产的轮边制动器，用于工作状态下的防风制动（同时作为非工作状态下的辅助防风制动）。

3）轮边制动器规格的选定：轮边制动器的规格主要根据起重机大车行走轮来确

定；在本例中，选择 WB70 规格的轮边制动器（规格中 70 表示适配的夹紧力，在此夹紧力下，制动器的制动力矩可保证车轮在外力的作用下不能产生滚动而只能打滑）。

4）防风能力计算：由轮边制动器产生的抗风阻力 F_{RL} 和由驱动轮高速轴制动产生的抗风阻力 F_{RB} 的计算公式为

$$F_{RL}=n_{ZL}P\mu$$

式中，n_{ZL} 为轮边制动的制动点数量；P 为平均轮压（N）；μ 为车轮与轨道之间的滑动摩擦因数，一般取 0.12。

$$F_{RB}=n_{ZB}\frac{2M_Bi}{D}$$

式中，n_{ZB} 为驱动轮高速轴制动的制动点数量；D 为车轮踏面直径（m）；M_B 为驱动轮高速轴制动力矩（N · m）；i 为驱动轮总传动比。

本例中，$n_{ZL}=16$，$P=400000\text{N}$，$n_{ZB}=16$，$D=0.8\text{m}$，$M_B=120\text{N}\cdot\text{m}$，$i=102$，由上述公式可得

$$F_{RL}=16\times400000\text{N}\times0.12=768000\text{N}$$

$$F_{RB}=16\times\frac{2\times102\times120\text{N}\cdot\text{m}}{0.8\text{m}}=489600\text{N}$$

所以，总的抗风阻力为 $F_R=F_{RL}+F_{RB}=768000\text{N}+489600\text{N}=1257600\text{N}>976202.5\text{N}$，可完全满足 35m/s 风速下的抗风要求；实际可抵抗风速为 $v=\sqrt{\frac{F_R}{0.613CA}}=\sqrt{\frac{1257600}{0.613\times1.3\times1000}}\text{m/s}=39.73\text{m/s}$。

5）比较结果可看出，对于大型起重机采用轮边制动器完全可以满足 35m/s 强台风的防风要求，而采用夹轨器则很难满足这一要求。

6）可靠性比较：夹轨器的夹持效果容易受到轨道不平、弯曲及轨道沟异物等的影响。此外，由于夹轨器的夹持面较小，力学稳定性较差，当受到外力时（如起重机在风力等作用下产生振摆或起重机作业产生较强振动）容易失效。而现在码头多为回填式码头，轨道下沉大，并且两边轨道下沉量不一样，这就造成夹轨器极易失效。轮边制动器是利用轮压及车轮与轨道之间的摩擦产生抗风阻力，轮压和摩擦因数都是非常稳定的参数，所以采用轮边制动器进行防风具有很好的稳定性和很高的可靠性，并且可与风速仪相连，实现实时自动控制，避免人为操作带来的弊端。

7）突发性大风对工作状态下的起重机具有极大的破坏性，因此有效的、工作状态下的防风装置对大型港口起重装卸机械的安全起着重要的保护作用。

对在工作状态下各种防风装置的比较表明，采用轮边制动器是目前最可靠和效果良好的装置，它可对起重机的全部车轮进行有效制动，确保每个车轮不会发生滚动。

第四节 桥式起重机的运行与维修

一、桥式起重机的构造

桥式起重机的构造如图 6-14 所示。

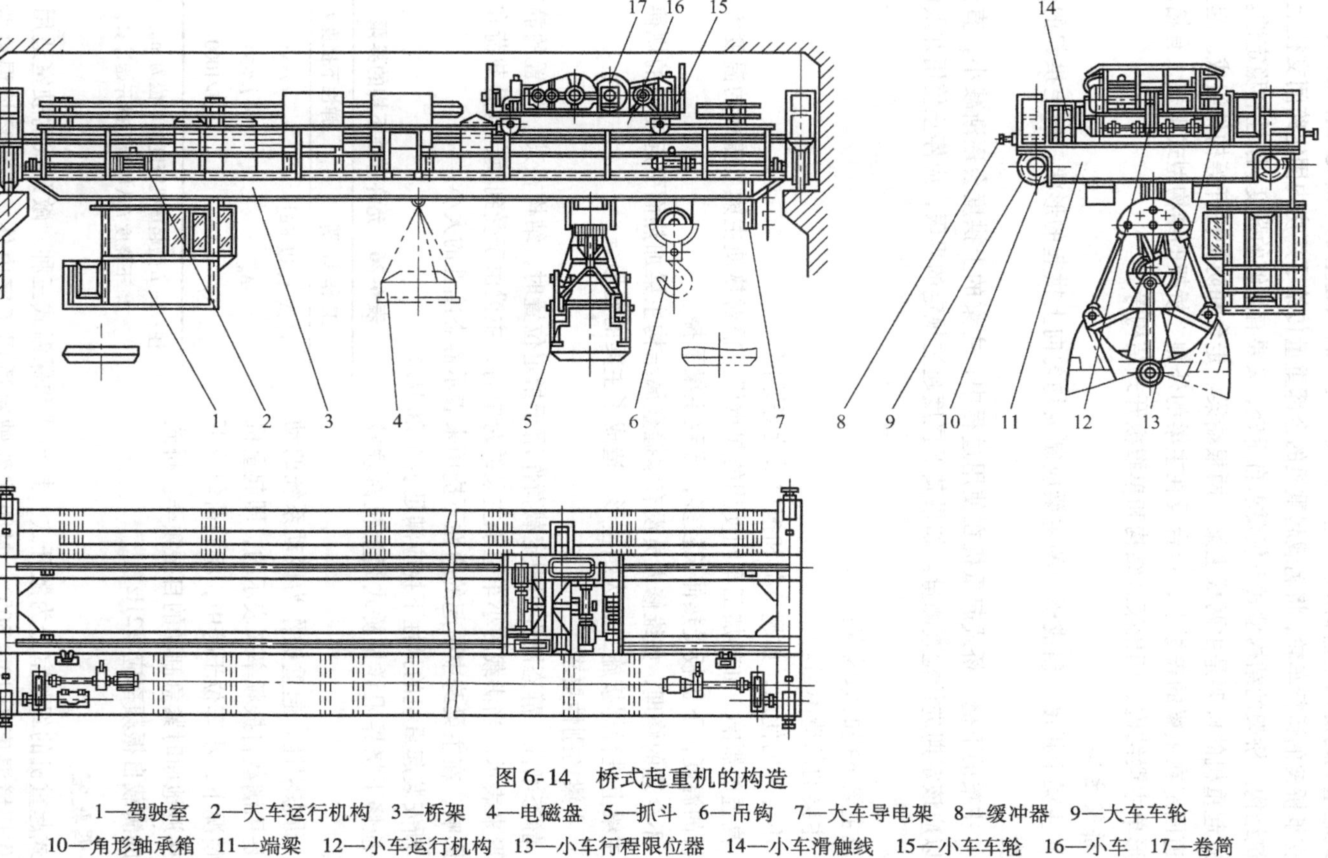

图 6-14　桥式起重机的构造

1—驾驶室　2—大车运行机构　3—桥架　4—电磁盘　5—抓斗　6—吊钩　7—大车导电架　8—缓冲器　9—大车车轮
10—角形轴承箱　11—端梁　12—小车运行机构　13—小车行程限位器　14—小车滑触线　15—小车车轮　16—小车　17—卷筒

1. 桥架

桥式起重机的桥架是金属结构，它一方面承受着满载起重小车的轮压作用，另一方面又通过支承桥架的运行车轮，将满载起重机的全部重量传给了厂房内固定跨间支柱上的轨道和建筑结构。桥架的结构型式不仅要求自重轻，又要有足够的强度、刚性和稳定性。

桥式起重机的桥架是由两根主梁、两根端梁、走台和防护栏杆等构件组成。起重小车的轨道固定在主梁的盖板上，走台设在主梁的外侧。桥架的结构型式很多，有箱形结构、箱形单主梁结构、四桁架式结构和单腹板开式结构等。

2. 桥架主梁

（1）主梁上拱度　组成桥架的主梁应制成均匀向上拱起的形状，向上拱起的数值称上拱度。

（2）主梁的下挠　桥式起重机在使用过程中，主梁的上拱度会逐渐减小，直至消失，所以应该定期进行检查测量。如果其下挠度超过规定的界限，应停止使用并及时予以修复。

造成主梁下挠的原因有：

1）主梁的制造不当。

2）不合理的使用，如超负荷和拖拉重物等原因。

3）高温的影响，如热加工车间使用的起重机，辐射热使主梁下盖板的温度大大超过上盖板的温度，下盖板受热伸长较多，导致主梁下挠。

4）不合理的修理，如维修人员没有掌握金属结构主梁加热而引起变形的规律，轻率地在主梁上进行焊接施工或火焰整形，造成了主梁的变形。

（3）主梁的刚性要求

1）静态刚性。静态刚性用规定载荷作用于指定位置时，结构在某一位置的静态性弹性变形来表示。当满载的小车位于主梁的跨中时，主梁由于受到额定起升载荷和小车自重的影响，在主梁跨中引起的弹性下挠用来表示静态刚性的大小。

① 新安装起重机的弹性下挠应满足表6-26要求。

② 应修下挠界限详见桥式起重机修理技术标准。

2）动态刚性。起重机作为振动系统的动态刚性是用满载自振频率来表示的，即起重机在满载情况下，小车位于跨中，将载荷匀速下降，在接近地面时紧急制动的自振频率。桥式起重机的满载自振频率应≥2Hz。

表6-26　允许弹性下挠的界限

工作级别	弹性下挠度f
A_5 或 A_5 以下时	$L/700$
A_6	$L/800$
A_7、A_8	$L/1000$

注：1. L是起重机跨度，单位为m。
2. 下挠度f从原始上拱开始计算。

3. 驾驶室

桥式起重机的驾驶室分为敞开式、封闭式和保温式三种。敞开式驾驶室适用于室内，工作环境温度为10～30℃；封闭式驾驶室适用于室内外，工作环境温度为5～35℃；保温式驾驶室适用于高温或低温及有害气体和尘埃等场所，工作环境温度为-25～40℃。驾驶室必须具有良好的视野，水平视野≥230°。一般情况下，驾驶室底部面积≥$2m^2$，净高度≥2m。

4. 大车运行机构

大车运行机构的作用是驱动桥架上的车轮转动，使起重机沿着轨道做纵向水平运动。

5. 起重小车

起重小车是桥式起重机的一个重要组成部分，它包括小车架、起升机构和运行机构三个部分，其构造特点是所有机构都是由一些独立组装的部件所组成，如电动机、减速器、制动器、卷筒、定滑轮组件及小车车轮组等。

6. 车轮

车轮又称走轮，用来支承起重机自重和载荷并将其传递到轨道上，同时使起重机在轨道上行驶。车轮按轮缘形式可以分为双轮缘、单轮缘和无轮缘三种。

7. 轨道

轨道是用作承受起重机车轮的轮压并引导车轮运行的机构。所有起重机的轨道都是标准的或特殊的型钢或钢轨，它们既应符合车轮的要求，同时也应考虑到固定的方法。

桥式起重机常用的轨道有起重机专用轨、铁路轨和方钢三种。

二、桥式起重机的性能检查

1. 大车机构的检查

（1）起重机跨度差

1）起重机跨度允许误差为±5mm，且两侧跨度 L_1 和 L_2 的相对差≤5mm。

2）测量方法：为测量方便起见，以车轮的端面为基准，在一对车轮中，从一个车轮的端面用钢卷尺量至另一个车轮的相应端面。如果在同一对车轮的两个端面测得的数值不同，则可取两者的平均值。按上述方法测得的主、被动车轮两侧跨度，其差值即为两侧跨度 L_1 和 L_2 相对差。

（2）起重机车轮垂直偏斜和水平偏斜　参考桥式起重机修理技术相关标准。

（3）起重机主梁下挠的测量　测量主梁下挠有以下两种方法：

1）水准仪法。测量时把水准仪放在适当位置，转动水准仪，可以找出一条水平线，根据这条水平线来测量上拱或下挠数值。

2）拉钢丝法。通常使用 $\phi0.49 \sim \phi0.52$mm 的细钢丝，一端固定，另一端绕过滑轮挂上重锤（一般取15kg），然后将两根等高的测量棒分别置于端梁的中心处将钢丝架起，测量主梁跨中上盖板与钢丝之间的距离。一般拱度与挠度可用下列公式进行计算：

$$f = H - (h_1 + h_2)$$

式中，f 为拱度值，负数即为下挠值（mm）；H 为测量棒长度（mm）；h_1 为测量值（mm）；h_2 为钢丝自重影响的修正值，见表6-27。

表6-27　钢丝自重影响的修正值

起重机跨度/m	10.5±0.5	13.5±0.5	16.5±0.5	19.5±0.5	22.5±0.5	25.5±0.5	28.5±0.5	31.5±0.5
修正值/mm	1.5	2.5	3.5	4.5	6	8	10	12

2. 桥式起重机的性能试验

(1) 试验前的准备工作

1) 检查各机构的安装是否正确，连接处是否牢固可靠。

2) 检查钢丝绳在卷筒上和滑轮中穿绕是否正确。

3) 润滑系统应畅通，各润滑点应按规定加入润滑油。

4) 凡能用于转动的机构，都应用手试转，不得有卡滞现象。

5) 制动器应调整得松紧适度，灵敏可靠，其他安全部件和防护装置都应齐全可靠。

6) 电气线路应符合图样要求，电气元件的动作应准确可靠。

7) 整个电气线路的绝缘电阻应≥0.4MΩ。

8) 减速器没有漏油现象，运转时无异常声响。

9) 金属结构件的焊缝质量应全部符合技术规定。

10) 准备好符合规定的砝码或重物。

(2) 空负荷试验

1) 分别开动各机构的电动机，应都能正常运转，没有冲击和振动现象。各机构应沿各自的行程往返运行2次或3次，起升机构和运行机构的运行时间均应≥10min，如发现存在不正常现象，必须调整好，直到正常为止。

2) 小车在运行时，其主动轮应在轨道全长上接触，从动轮与轨道面的接触在全长运行中，累计间隙≤2m，其间隙≤1mm。

3) 所有电气开关，包括吊钩上升限位开关、大车行程终点开关、小车行程终点开关、舱口盖开关、护栏门开关及驾驶人紧急开关，均应灵敏可靠。

空负荷试验合格后，方可进行静负荷试验。

(3) 静负荷试验和动负荷试验　参考桥式起重机修理技术相关标准。

(4) 动刚度试验　将小车开至跨中，起升额定载荷，使载荷离开地面100～200mm处，把测振仪触头与主梁下盖板接触，然后开动起升机构至额定起升高度的2/3处，停稳后，匀速下降，在接近地面时紧急制动，此时测振仪就记录下振动频率，自振频率应≥2Hz。

三、桥式类型起重机的构造

1. 通用门式起重机

通用门式起重机一般在露天仓库、码头等地方应用。通用门式起重机可以分成单主梁门式起重机和双梁门式起重机两类，如图6-15、图6-16所示。起重机的起升范围一般不超过表6-28的规定。

2. 手动单梁起重机

手动单梁起重机由大梁桥架、传动机构、手动单轨小车、手拉葫芦等主要部件组成，其结构的技术参数与尺寸见表6-29。

3. 电动单梁起重机

我国生产的电动单梁起重机由金属结构、电动葫芦、运行机构等组成，如图6-17所示。

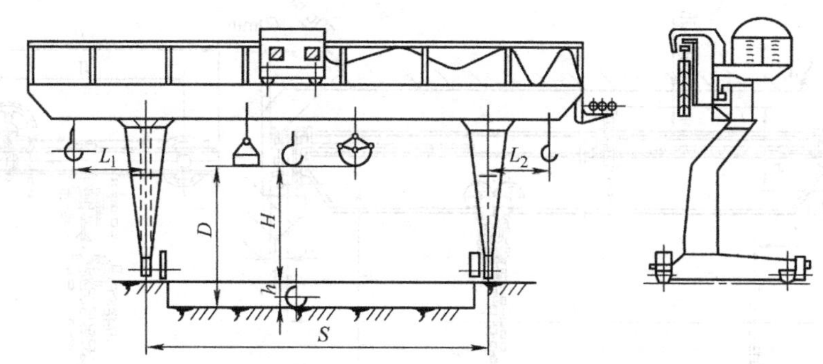

图 6-15　单主梁门式起重机

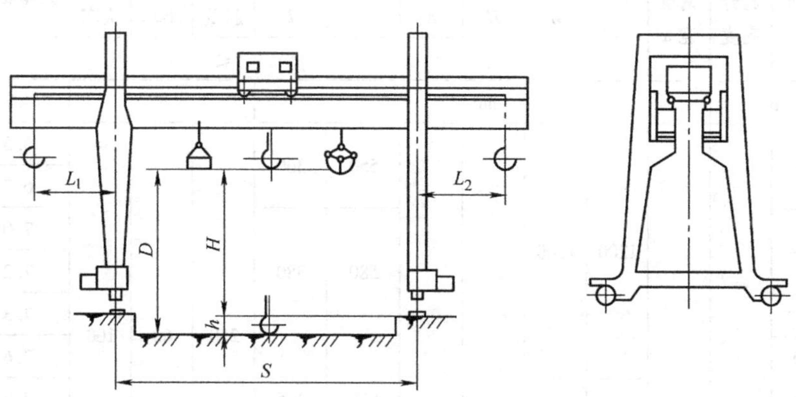

图 6-16　双梁门式起重机

表 6-28　起重机的起升范围

起重量 G_n /t	跨度 S/m	吊钩起重机起升高度 H/m	起升范围 D			
			抓斗起重机		电磁起重机	
			起升高度 H/m	下降深度 h/m	起升高度 H/m	下降深度 h/m
5 ~ 50	10 ~ 26	12	8	4	10	2
	30 ~ 50		10	2		
63 ~ 125	18 ~ 50	14	—	—	—	—
160 ~ 250	18 ~ 50	16	—	—	—	—

注：表中所列为最大起升范围，用户在订货时应提出实际需要的起升高度和下降深度，实际值应以 6m 开始每增加 2m 为一档，取偶数。

表 6-29　手动单梁起重机的技术参数与尺寸

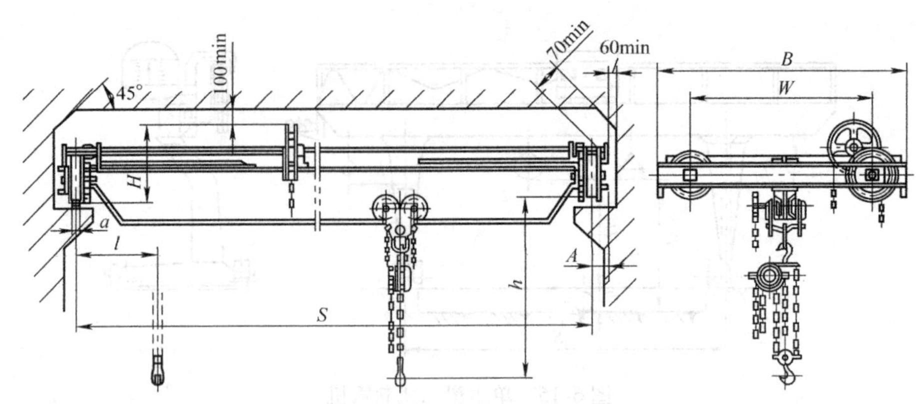

<table>
<tr><th rowspan="3">起重量</th><th rowspan="3">跨度 S</th><th rowspan="3">起升高度</th><th rowspan="3">钢轨宽 a</th><th colspan="4">基 本 尺 寸</th><th colspan="2">吊钩极限尺寸</th><th colspan="3">曳引力</th><th rowspan="3">大车轮压</th><th rowspan="3">总重</th></tr>
<tr><th rowspan="2">W</th><th>B</th><th>H</th><th>A</th><th>h</th><th>l</th><th>起重</th><th>小车</th><th>大车</th></tr>
<tr><th colspan="9">≤</th></tr>
<tr><td>t</td><td colspan="3">m</td><td colspan="6">mm</td><td colspan="3">N</td><td>kN</td><td>t</td></tr>
<tr><td rowspan="10">1</td><td>5</td><td rowspan="20">3 ~ 12</td><td rowspan="20">40，50</td><td rowspan="6">1200</td><td rowspan="6">1800</td><td rowspan="20">520</td><td rowspan="20">145</td><td rowspan="2">550</td><td rowspan="2">360</td><td rowspan="10">210</td><td rowspan="10">60</td><td rowspan="10">100</td><td>6. 5</td><td>0. 65</td></tr>
<tr><td>6</td><td>6. 7</td><td>0. 68</td></tr>
<tr><td>7</td><td rowspan="3">580</td><td rowspan="3">380</td><td>7. 0</td><td>0. 76</td></tr>
<tr><td>8</td><td>7. 2</td><td>0. 81</td></tr>
<tr><td>9</td><td>7. 3</td><td>0. 85</td></tr>
<tr><td>10</td><td rowspan="3">610</td><td rowspan="3">395</td><td>7. 6</td><td>0. 94</td></tr>
<tr><td>11</td><td rowspan="4">1600</td><td rowspan="4">2200</td><td>7. 9</td><td>1. 04</td></tr>
<tr><td>12</td><td>8. 1</td><td>1. 09</td></tr>
<tr><td>13</td><td rowspan="2">650</td><td rowspan="2">420</td><td>8. 5</td><td>1. 25</td></tr>
<tr><td>14</td><td>8. 6</td><td>1. 31</td></tr>
<tr><td rowspan="10">2</td><td>5</td><td rowspan="6">1200</td><td rowspan="6">1800</td><td rowspan="2">720</td><td rowspan="2">400</td><td rowspan="10">330</td><td rowspan="10">120</td><td rowspan="10">150</td><td>11</td><td>0. 70</td></tr>
<tr><td>6</td><td>11. 3</td><td>0. 74</td></tr>
<tr><td>7</td><td rowspan="2">750</td><td rowspan="2">415</td><td>11. 7</td><td>0. 82</td></tr>
<tr><td>8</td><td>11. 9</td><td>0. 87</td></tr>
<tr><td>9</td><td rowspan="3">790</td><td rowspan="3">440</td><td>12. 3</td><td>1. 00</td></tr>
<tr><td>10</td><td>12. 6</td><td>1. 06</td></tr>
<tr><td>11</td><td rowspan="4">1600</td><td rowspan="4">2200</td><td>12. 9</td><td>1. 16</td></tr>
<tr><td>12</td><td>830</td><td>465</td><td>13. 3</td><td>1. 32</td></tr>
<tr><td>13</td><td rowspan="2">870</td><td rowspan="2">490</td><td>13. 8</td><td>1. 48</td></tr>
<tr><td>14</td><td>14. 0</td><td>1. 55</td></tr>
</table>

（续）

起重量	跨度 S	起升高度	钢轨宽 a	基本尺寸 W	B	H	A	吊钩极限尺寸 h	l	曳引力 起重	小车	大车	大车轮压	总重
										≤				
t	m		mm							N			kN	t
3	5	3~12	40，50	1200	1800	520	145	900	460	350	140	200	16.1	0.81
	6												16.4	0.87
	7							940	485				17.0	0.98
	8												17.3	1.05
	9												17.6	1.13
	10												17.9	1.20
	11			1600	2200			980	510				18.4	1.39
	12												18.7	1.46
	13							1030	540				19.4	1.72
	14												19.7	1.80
5	5			1200	1800	600	150	1210	520	380	200	250	25.0	0.96
	6												25.7	1.03
	7							1250	560				26.5	1.19
	8												27.0	1.28
	9												27.5	1.36
	10							1300	585				28.1	1.60
	11			1600	2200								28.6	1.73
	12							1360	625				29.5	1.98
	13												29.8	2.09
	14												30.1	2.21

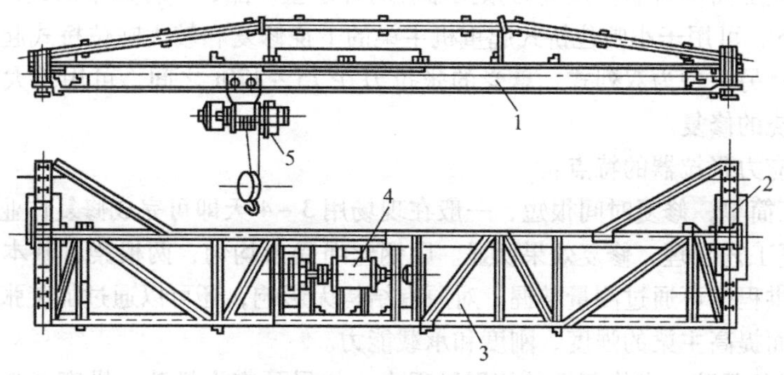

图6-17　电动单梁起重机

1—主梁　2—端梁　3—水平桁架　4—大车运行机构　5—电动葫芦

四、桥式起重机的修理

1. 修理要求

1）桥式起重机在修理解体时，要对起重机主梁上拱度和旁弯度、跨度、啃轨情况、各部分磨损情况及有无扭动现象、过热现象等进行详细检查，并做好记录。更换的零部件、机构件应符合规定，不得有毛刺、砸伤痕迹、锈斑等。

2）桥式起重机的安全装置、信号装置、吨位标志必须配齐。各部分润滑的油孔应配有油堵、油管和注油嘴。

3）桥式起重机的涂漆颜色应符合相关规定，产品铭牌及零部件铭牌应齐全清晰。

2. 桥式起重机主梁下挠的修复

矫正桥式起重机主梁下挠的方法如下。

（1）火焰矫正法　火焰矫正法就是利用金属热塑变形的原理，在主梁下盖板和腹板局部区域用火焰加热。待主梁冷却收缩时产生向上拱起的永久变形，达到矫正桥式起重机主梁下挠的目的。

这种方法简单易行，而且还可灵活地选择加热点的位置，可以矫正桥架结构的各种复杂变形，如将不平滑的下挠曲线矫正为平滑的上拱曲线、把凹凸不平的腹板矫平等。但经过火焰矫正主梁的残余应力比较大，使用性能不可靠，仍有再次下挠的可能，而且如果操作不当，容易改变金属的金相组织和降低材料的屈服强度。因此，应在主梁下盖板加焊型钢进行加固。

（2）预应力矫正法　预应力矫正法是在主梁的下盖板两端焊上两个支架，然后把若干根两端带有螺纹的拉杆穿过支架的孔，拧紧螺母，使拉杆受到张拉，主梁偏心受压，使主梁向上拱起，从而达到矫正桥式起重机主梁下挠的目的。该方法容易控制主梁上拱的程度，也没有加固焊接时的变形，但对变形较复杂的桥架不易纠正。另外，预应力法矫正时主梁下盖板所受的压应力和上盖板所受的拉应力均不得超过许用应力，使可矫正的最大挠度受到限制。

（3）应用预应力张拉器　预应力张拉器与预应力矫正法的原理基本相似，不同的主要是用特制钢丝绳替代了带螺纹的拉杆，将逐根张拉方式变为张拉器成组收紧方式，使修复施工更加简单可靠。预应力张拉器有两种定型产品，一种是单列式，承受的张拉力在75t以下，可用于小吨位桥式起重机主梁的下挠修复和较大吨位桥式起重机主梁下挠前的防范；另一种为双列式，承受的张拉力在75～170t之间，可用于大吨位桥式起重机主梁下挠的修复。

应用预应力张拉器的特点：

1）施工简单，修复时间很短，一般在现场用3～4天即可完成修复作业。

2）修复工艺合理，修复效果明显。因钢丝绳受力均匀，两根梁可基本达到同步受力，恢复上拱程度可通过测量掌握。对原有结构无影响，还可以通过加装张拉器增大主梁截面，从而提高主梁的强度、刚度和承载能力。

3）可修复跟踪，在修复后的使用过程中，如果预应力松弛，拱度减少，则可调节张紧力实施再恢复。而对尚未出现下挠的桥式起重机，加装预应力张拉器后，可以预防出现主梁下挠现象，延长桥式起重机的使用寿命。

4）技术成熟，产品已标准化、商品化，投资少，见效快，但一次性投资较大。

5）应用操作安全，设计了安全装置，可防止钢丝绳意外拉断造成的伤亡事故。

3. 车轮啃轨的消除

桥式起重机在运行中，由于某种原因使桥架横向偏移，因而产生作用在轨道和轮缘之间的水平侧向推力，当轮缘紧靠轨道侧面时会发生摩擦，导致轮缘与轨道侧面磨损，这种现象称为啃轨。车轮啃轨不仅使桥式起重机运行机构的电动机和传动装置的载荷增加，而且车轮与轨道会很快磨损。此外，啃轨产生的水平侧向推力还严重恶化了桥式起重机桥架结构和厂房结构的受载条件。

（1）车轮啃轨的特征　桥式起重机在运行时，发现下列迹象并伴随着运行阻力增大、电气元件与电动机故障频繁的现象，即可判断为啃轨。

1）轨道侧面有条明亮的痕迹，严重时痕迹上常有毛刺。

2）车轮轮缘内侧有亮斑并有毛刺。

3）轨道顶面有亮斑。

4）短距离内轮缘与轨道间隙有明显的变化。

5）起动、制动时车体走偏、扭摆。

（2）车轮啃轨的原因分析　车轮啃轨的原因有：

1）车轮位置安装不准确。

2）桥架变形，影响到车轮跨距和对角线的改变。

3）车轮在使用中直径磨损不均。

4）传动机构某个环节松动。

5）制动器调节不当。

6）轨道铺设精度未达到规定等。

（3）啃轨的调整

1）车轮水平偏斜的调整。方法是调整角形轴承箱上垂直垫片的厚度，调整时可把垂直键板撬下来，待加好垫片，经过测量合格后再焊好，垫片的厚度≤2.5mm。

2）车轮垂直偏斜的调整。方法是调整角形轴承箱上水平键的垫片厚度。

3）车轮位置的调整。方法是卸下整个车轮组，把四块角形轴承箱定位键割掉，重新配置找正定位，再把车轮组装上去，经过测量合格后，把定位键焊上。

4）车轮跨距调整。较简便的方法是调整角形轴承箱的夹套。

5）对角线的调整。对角线的调整基本是指车轮位置调整与车轮跨距的调整。

4. 小车运行“车轮悬空”的修复

小车车轮在空载时，有时会产生三个车轮与轨道接触，另一个车轮悬空，这叫作“车轮悬空”或“三脚落地”。“车轮悬空”的一轮如果是主动轮，则在小车空载行驶时，可能使桥架产生振动。

“车轮悬空”的允许误差：两个主动轮必须与轨道接触，从动轮与轨道允许有<1mm的间隙。

产生“车轮悬空”的原因有小车变形、小车轨道弯曲、小车车轮直径磨损不均等。

小车变形的修理一般采用较简单的加垫片的方法：首先确定哪个轮子悬空，在较平整的轨道上测出轮子与轨道的间隙，松开固定轴承箱的螺钉，在水平键上插进与间隙一样厚的垫片，然后拧紧螺母。如果小车变形严重，则必须为小车整形。

5. 桥式起重机变频调速的应用

（1）桥式起重机变频调速的特点 随着电力电子技术的发展及具备微机技术、PWM（Pulse Width Modulation，脉冲宽度调制）技术、矢量变换技术和能量回馈技术的起重机专用变频器的出现，新一代桥式起重机变频器调速系统方案完全成熟。矢量变频器大大改善了电动机的机械特性（基本上为一族平行的直线，具有制动力矩大的机械特性），完全实现了宽范围的无级调速。

采用专用变频器调速系统改造后的桥式起重机，重载低速起动可靠、运行稳定，加减速时间的设定使各档起动、制动速度相当平稳，控制精度高；利用频率检测信号控制制动器开闭，彻底解决了溜钩问题；利用电源回馈技术把电动机的再生能量回馈电网，既提高了系统的效率，也提高了系统的安全性；PLC系统的控制，减少了故障点，使系统的可靠性进一步提高。所以说变频调速具有节能、维护工作量少、自动控制性能好等优点。

（2）变频调速对电动机的要求

1）随着高开关频率的IGBT（Insulated Gate Bipolar Transistor，绝缘栅双极型晶体管）等电力电子器件的使用和PWM调制、矢量控制、增强型v/f控制方法的应用，变频器输出波形的谐波成分、功率因数及使用效率得到很大的改善，有效地提高了变频控制电动机的低速区转矩，同时由于变频控制软件的优化使用，使电动机可以避开共振点，解决了系统在大调速区间可能发生的共振问题。目前，除非有超同步调速的要求、1∶20以上的大速比低调速要求或特低噪声要求，否则一般无须选用变频专用电动机作为变频系统的电动机。现在国内推出的变频专用电动机由普遍电动机加独立风扇组成，以解决电动机仅在低速转动过程中自冷风扇风量不足而引起的电动机过热问题。

2）桥式起重机起升和运行机构的调速比一般不大于1∶20，且为断续工作制，通电持续率在60%以下，负载多为大惯量系统。严格意义上的变频电动机转动惯量较小，响应速度较快，可工作在比额定转速高出很多的工况条件下，这些特性均非桥式起重机的特定要求。通过比较可以看出，普通电动机与变频电动机在不连续工作状态下特性基本一致；在连续工作时考虑到冷却效果限制了普通电动机转矩应用值，因此普通电动机仅在连续工作时的变频驱动特性比变频电动机稍差。

3）变频器在调速比为1∶20的范围内能确保桥式起重机上普通电动机有150%的过载力矩值。此外，桥式起重机电动机多用于大惯量短时工作制，通常不工作时间大于或略小于工作时间，电动机在起动过程中可承受2.5倍额定电流值，远大于变频起动要求的1.5倍值，在以额定速度运行时，运行机构的电动机常工作在额定功率以下，因此高频引起的1.1倍电流值可不予考虑。但若电动机要求在整个工作周期内在大于1∶4的速比下持续运行，则必须采用他冷式电动机。

4）在电流小、功率因数高、电缆截面小及电气配置容量小等方面，高速电动机比低速电动机占有优势。4极电动机在变频调速中使用有最好的功率因数和最高的工作效率，因此国外以4极电动机作为变频电动机首选极数。尽管Y型电动机在额定工作状态的效率大于 YZ 型电动机，但在加速过程中 YZ 型电动机的效率大于 Y 型电动机。目前，国内用于桥式起重的 4 极电动机有强迫通风冷却的 YZF××× —4 型电动机。

（3）桥式起重机变频调速系统电动机容量的选择　起重机运行机构的转动惯量较大，为了加速电动机，需有较大的起动转矩，故电动机容量需由负载功率 P_j 及加速功率 P_a 两部分组成。一般情况下，电动机容量 P 为

$$P \geqslant (P_a + P_j)/\lambda_{as}$$

式中，λ_{as}为电动机平均起动转矩倍数。

若使电动机在额定转速下接近满载运行，且能承受电网电压的波动，并通过 1.1 倍试验载荷，则要求电动机的过载力矩倍数 λ_M 大于 1.5 倍，或适当增加加速时间，减小加速功率。对每小时做 20 多个循环的桥式起重机来讲，运行机构的加速时间可在 5 ~ 10s 调整，有利于机构的平稳运行。

桥式起重机起升机构的负载特点是起动时间短（1 ~ 3s），只占等速运动时间的较小比例；转动惯量较小，占额定起升转矩的 10% ~ 20%，其电动机容量 P（单位为 kW）计算公式为

$$P = C_p gv/(1000\eta)$$

式中，C_p 为起重机额定提升负载（kg）；v 为额定起升速度（m/s）；g 为重力加速度，$g = 9.81\text{m/s}^2$；η 为机构总效率。

为了使电动机能提升 1.25 倍试验载荷和能承受电压波动的影响，其最大转矩值必须大于 2，否则必须让电动机放容，从而降低电动机在额定运行时的工作效率。

（4）桥式起重机变频调速系统变频器容量选择　起升机构平均起动转矩一般说来可为额定力矩的 1.3 ~ 1.6 倍。考虑到电源电压波动及需通过 125% 超载试验要求等因素，其最大转矩必须有 1.8 ~ 2 倍的负载力矩值，以确保其安全使用的要求。通常对普通笼型电动机来讲，等额变频器仅能提供小于 150% 的超载力矩值，为此可通过提高变频器容量（YZ 型电动机）或同时提高变频器和电动机容量（Y 型电动机）来获得 200% 的力矩值。此时变频器容量为

$$1.5P_{CN} \geqslant \frac{K}{\eta_M \cos\phi} \cdot \frac{C_p gv}{1000\eta} = \frac{K_1 P}{\eta_M \cos\phi}$$

式中，$\cos\phi$ 为电动机的功率因数，$\cos\phi = 0.75$；P 为起升额定载荷所需功率（kW）；η_M 为电动机效率，$\eta_M = 0.85$；P_{CN}为变频器容量（kVA）；K_1 为安全载荷系数，$K_1 = 2$。

起升机构变频器容量依据负载功率计算，并考虑 2 倍的安全力矩。若用在电动机额定功率选定的基础上提高一档的方法选择变频器的容量，则可能会造成不必要的放容损失。在变频器功率选定的基础上再做电流验证，公式为

$$I_{CN} > I_M$$

式中，I_{CN}为变频器额定电流（A）；I_M 为电动机额定电流（A）。

当运行机构电动机在 300s 内有小于 60s 的加速时间 t，并且起动电流不超过变频器额定值的 1.5 倍时，变频器容量可按下式计算：

$$1.5P_{CN} \geqslant \frac{K_2}{\eta_M \cos\phi}(P_j + P_a)$$

式中，K_2 为电流波形补偿系数，PWM 方式的 $K_2=1.05\sim1.1$。

当运行机构电动机在 300s 内有大于 60s 加速时间 t_A 时，变频器容量按下式计算：

$$P_{CN}\geqslant\frac{K_2}{\eta_M\cos\phi}(P_j+P_a)$$

当起重机各机构有速比要求时，对变频器则有放容要求，其放容量与机构接电持续率有关。

6. SC 型施工升降机使用寿命的提高

【案例 6-7】

SC 型施工升降机广泛用于建筑施工中，要提高施工升降机的使用寿命，除正确使用外，必须对施工升降机各部件进行正确调整和必要保养。以上置式驱动的施工升降机（以下简称升降机）为例，具体做法如下。

（1）压轮及滚轮的调整　安装前先将吊笼和驱动机构的全部偏心滚轮轴松开或将偏心距调至最大，分别将吊笼和驱动机构安装于导轨架中，并将两者连接。通电驱动吊笼上升至离地面 1m 或脱离地面缓冲弹簧（或支撑物）为止。从调整驱动机构开始，调整方法和顺序如下：

1）用专用扳手转动下双（单）摆轮偏心轴，以调整偏心距来控制驱动机构安装板面与水平面保持垂直，并使上、下摆轮同时均匀地接触导轨。

2）用专用扳手转动齿条背压轮偏心轴，以调整齿轮齿条啮合时的侧面间隙，用塞尺控制侧面间隙在 0.2～0.5mm 之间，同时各压轮应均匀压往齿条背面，导轨两侧的导向滚轮调整方法相同。

3）调整吊笼。若驱动机构与吊笼为一体的升降机，则应按调整驱动机构的方法和顺序调整吊笼。

4）通电运行试机。目测检查各滚轮的接触运转情况，同时用压铅法和着色法检查齿轮副的啮合情况。对不理想的部位进行细调，重点是齿轮副的啮合状态。应注意避免齿轮齿条的不正常啮合、滚轮的不均匀接触、导向滚轮呈对角接触、导向滚轮长时间同时接触等异常现象。这些异常现象会导致齿轮、齿条、滚轮和导轨的快速磨损乃至报废。若调整得当，对升降机的使用寿命极为有利。

（2）制动器的调整　制动力矩越大，制动时的冲击就越大，制动力矩过小时会造成吊笼下溜或撞击事故。对于有多个制动单元的驱动机构，其每个制动器之间制动力矩的误差应≤10N · m，否则会造成个别制动块（盘）烧损。

（3）防坠安全器制动距离的调整　按照 GB/T 10054 的规定，防坠安全器的制动距离应为 0.25～1.2m。但是并不是制动距离越短越好；相反，制动距离越短。所产生的冲击力就越大，对机构造成的破坏就越大，特别是高速升降机，其危害尤为严重。由于现行相关的国家标准尚未对高速升降机（目前最高速度达 96m/min）的制动距离做出新的规定，而套用普通升降机（38m/min）的制动距离显然不够合理。对于普通升降机，其制动距离最好控制在 0.6～1m 之间，以不超过 1.4m 为宜。现场调整制动距离必须遵循以下原则：

1）防坠安全器必须在有效的标定期内。

2）必须征得生产厂家的同意或在厂家专业人员的指导下调整。

3）调整后必须按坠落试验的条件重新试验确认。

防坠安全器的调整方法是在首次坠落试验后的“复原”过程中进行调整。通常“复原”的做法是用专用的“复原扳手”转动铜螺母，直至“标记销”的末端与安全器的后端平齐。当坠落试验中的制动距离达不到理想的数值时，可以通过转动铜螺母，以“标记销”末端高出或低于安全器端面的距离来控制制动距离，“标记销”每高出或低于安全器端面1mm，制动距离就增加或减少0.188mm。

（4）日常保养　日常保养内容有定期检查和定期润滑。对于齿轮齿条，当啮合面的接触面积≤60%或啮合侧隙达不到0.2～0.5mm时，可进行调整且应每周润滑一次。如发现滚轮及压轮不正常或不符合要求，应及时调整。对导轨应每两周润滑一次。

减速器第一次安装使用时，运行1～2周后必须更换新油，以后每6～7个月更换一次润滑油。定期检查蜗杆副的啮合情况及润滑情况。

第七章　电梯的运行与维护

电梯是通过动力驱动，利用沿刚性导轨运行的箱体或者沿固定线路运行的梯级（踏步），进行升降或者平行运送人和货物的机电设备，包括载人（货）电梯、自动扶梯、自动人行道等。

第一节　电梯概述

一、电梯的分类

1. 按用途分类

1）乘客电梯（TK）：为运送乘客而设计的电梯；具有完善舒适的设施和安全可靠的防护装置，用于运送人员及其携带的手提物件，必要时也可运送所允许的载重量和尺寸范围内的物件。

乘客电梯额定载重量为630kg、800kg、1000kg、1250kg、1600kg，可乘人数为8人、10人、13人、16人、21人。

2）住宅电梯（TZ）：为运送居民而设计的电梯，额定载重量为320kg、400kg、630kg、1000kg，可乘人数为4人、5人、8人、13人。

额定载重量为320kg和400kg的住宅电梯轿厢不允许残疾人乘轮椅进出。

额定载重量为630kg的住宅电梯轿厢允许运送童车和残疾人员乘坐的轮椅。

额定载重量为1000kg的住宅电梯轿厢还能运送家具和手把可拆卸的担架。

3）载货电梯（TH）：为运送通常有人伴随的货物而设计的电梯，结构牢固，载重量较大，有必备的安全防护装置。

额定载重量为630kg、1000kg、1600kg、2000kg、3000kg、5000kg，其中额定载重量为5000kg的轿厢，其最大尺寸为2500mm×3600mm。

4）客货（两用）电梯（TL）：主要为运送乘客，同时亦可运送货物而设计的电梯，具有完善的设施和安全可靠的防护装置，轿厢内部装饰结构不同于乘客电梯。

客货（两用）电梯的额定载重量为630～1600kg，可乘人数8～21人，与乘客电梯相同（乘客人数和货物总和不能超过额定载重量）。

5）病床电梯（TB）：为运送病床（包括病人）及医疗设备而设计的电梯，额定载重量为1600kg、2000kg、2500kg，可乘人数为21人、26人、33人。

额定载重量为1600kg和2000kg的病床电梯轿厢应能满足大部分疗养院和医院的需要。

额定载重量为2500kg的病床电梯轿厢应能将躺在病床上的人连同医疗救护设备一齐运送。

6）杂物电梯（TW）：服务于规定楼层站的固定式而设计的提升装置（电梯）：具有一个轿厢，由于结构方式和尺寸的关系，轿厢内不能进入。轿厢运行在两列刚性导轨之间，导轨是垂直的或垂直倾斜角小于15°。

为使人员不能进入轿厢，轿厢的尺寸应符合以下规定：a. 底面积不得超过1.0m²。b. 深度不得超过1.0m。c. 高度不得超过1.2m。

如果轿厢由几个固定间隔组成，而每一个间隔都满足上述要求，则轿厢总高度允许超过1.2m。

对于杂物电梯的最大额定载重量，GB/T 7025.3规定为250~500kg。

7）观光电梯（TG）：为乘客观光而设计的电梯，观光电梯的井道和轿厢壁至少有同一侧透明，供乘客可观看轿厢外景物。乘客在轿厢内有视野开阔和动态的感受。

8）船用电梯（TC）：为船舶上使用而设计的电梯，安装在大型船舶上，用于运送船员等，能在船舶摇晃中正常工作。

9）汽车用电梯（TQ）：为运送车辆而设计的电梯，具有结构牢固、面积较大的轿厢，有时无轿厢顶。

10）建筑施工电梯：为建筑施工与维修用而设计的电梯，运送建筑施工人员及材料用，可随施工中的建筑物层数而加高。

还有一些为了特殊用途设计的专用电梯，如运机梯、矿井梯、消防梯、冷库梯等防爆、耐热、防腐的专用电梯。

2. 按速度分类

1）低速电梯：电梯的速度不大于1m/s。

2）快速电梯：电梯的速度在1~1.75m/s范围之内。

3）高速电梯：电梯的速度大于2m/s（含2m/s）。

4）超高速电梯：电梯的速度超过5m/s，通常安装在楼层高度超过100m的建筑物内。由于这类建筑物称为“超高层”建筑，所以此种电梯也称为“超高速”电梯。

5）特高速电梯：电梯的速度随着系列的扩展和提高，目前已经达到10m/s和12.5m/s，速度最快的电梯已达到16.7m/s。速度为10m/s的电梯是美国洛克菲勒中心用的电梯，速度为16.7m/s的电梯是中国台北101层金融大厦建筑物用的电梯，该电梯由日本东芝公司承建。

3. 按拖动方式分类

1）交流电梯：曳引电动机是交流电动机的电梯。当电动机是单速时称交流单速电梯，速度一般不高于0.5m/s；当电动机是双速时称交流双速电梯，速度一般不高于1m/s；当电动机具有调压调速装置时称交流调速电梯，速度一般不高于1.75m/s；当电动机具有调压调频调速装置时称交流调频调压电梯，简称VVVF控制电梯，速度可达6m/s。

2）直流电梯：曳引电动机是直接电动机的电梯。当曳引机带有减速器时称直流有齿电梯，速度一般不高于1.75m/s；当曳引机无减速器由电动机直接带动曳引轮时称直流无齿电梯，速度一般高于2m/s。

3）液压电梯：靠液压传动的电梯，分为柱塞直顶式和柱塞侧置式两种。

柱塞直顶式液压电梯是液压缸柱塞直接支撑轿厢底部使轿厢升降的液压电梯，如图7-1所示。

柱塞侧置式液压电梯是液压缸柱塞设置在井道侧面，借助曳引绳，通过滑轮组与轿厢连接，使轿厢升降的液压电梯，如图 7-2 所示。

4）齿轮齿条式电梯：齿条固定在构架上，电动机－齿轮传动机构装在轿厢上（2 套或 3 套），靠齿轮在齿条上的爬行来驱动轿厢的电梯，如图 7-3 所示，一般为工程电梯。

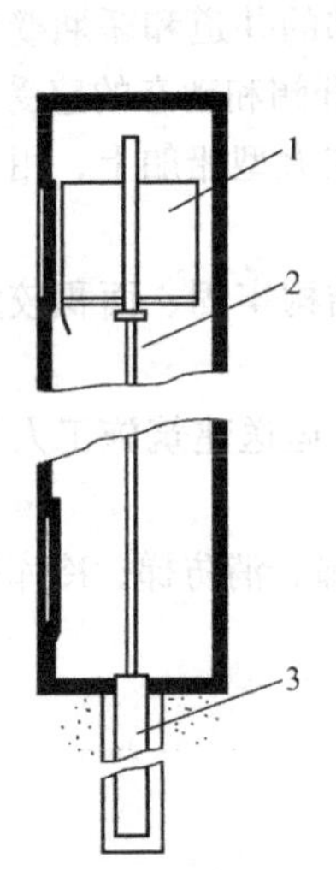

图 7-1　柱塞直顶式液压电梯
1—轿厢　2—柱塞
3—液压缸

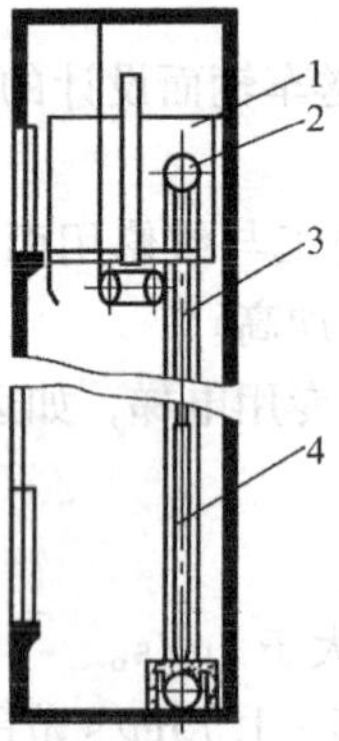

图 7-2　柱塞侧置式液压电梯
1—轿厢　2—绳轮
3—柱塞　4—液压缸

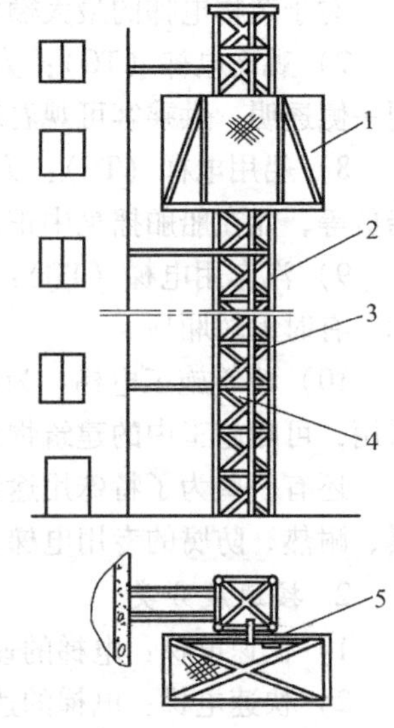

图 7-3　齿轮齿条式电梯
1—轿厢　2—构架　3—齿条
4—拉杆　5—电动机

4. 按控制方式分类

电梯的控制方式很多，但一般可综合为如下几种。

1）手柄操纵控制电梯：由驾驶人操纵轿厢内的手柄开关，实行轿厢运行控制的电梯。目前在我国已很少有这种形式。

2）按钮控制电梯：这是一种简单的自动控制方式的电梯，具有自动平层功能。工作原理为：电梯运行由轿厢内操纵盘上的选层按钮或层站呼梯按钮来操纵。某层站乘客将呼梯按钮按下，电梯就起动运行去应答。在电梯运行过程中，如果有其他层站呼梯按钮按下，控制系统只能把信号记存下来，不能去应答，而且也不能把电梯截住，直到电梯完成前应答运行层站之后，方可应答其他层站呼梯信号。

3）信号控制电梯：这是一种自动控制程度较高的有驾驶人电梯。工作原理为：把各层站呼梯信号集合起来，将与电梯运行方向一致的呼梯信号按先后顺序排列，电梯依次应答接送乘客。电梯运行取决于电梯驾驶人操纵，而电梯在何层站停靠由轿厢操纵盘上的选层按钮信号和层站呼梯按钮信号控制。电梯往复运行一周可以应答所有呼梯信号。

4）集选控制电梯：这是一种在信号控制基础上发展起来的高度自动控制的电梯，与信号控制电梯的主要区别在于能实现无驾驶人操纵。

除具有信号控制方面的功能外，还具有自动掌握停站时间、自动应召服务、自动换向应答反向厅外召唤等功能。乘客在进入轿厢后，只需按下层楼按钮，电梯在到达预定停站时间时，自动关门起动运行，在运行中逐一登记各层楼召唤信号，对符合运行方向的召唤信号，逐一自动停靠应答；在完成全部顺向指令后，自动换向应答反向召唤信号。当无召唤信号时，电梯自动关门停机，或自动驶回基站关门待命。当某一层有召唤信号时，再自动起动前往应答。由于是无司机操纵，轿厢需安装超载装置。

集选控制常用于宾馆、饭店、办公大楼的客梯。

5）并联控制电梯：共用一套呼梯信号系统，把2~5台规格相同的电梯并联起来控制，共用厅门外召唤信号的电梯。无乘客使用电梯时，经常有一台电梯停靠在基站待命称为基梯；另一台电梯则停靠在行程中间预先选定的层站称为自由梯。当基站有乘客使用电梯并起动后，自由梯即刻起动前往基站充当基梯待命。当有除基站外其他层站呼梯时，自由梯就近先行应答，并在运行过程中应答与其运行方向相同的所有呼梯信号。如果自由梯运行时、出现与其运行方向相反的呼梯信号，则在基站待命的电梯就起动前往应答。先完成应答任务的电梯就近返回基站或中间选下的层站待命。

6）梯群控制电梯：多台电梯共用厅外召唤按钮，适用于乘客流量大的高层建筑物中，把电梯分为若干组，每组4~6台电梯，将几台电梯控制连在一起，分区域进行有程序综合统一控制，对乘客需要电梯情况进行自动分析后，选派最适宜的电梯及时应答呼梯信号。

7）微机处理集选控制电梯：电梯的工作运行是根据乘客流量的情况，由微机处理，自动选择最佳运行的控制方式。

5. 自动扶梯分类

自动扶梯一般分为轻型和重型两类，也可按自动扶梯的装饰分为透明无支撑、全透明有支撑、半透明或不透明有支撑、室外用自动扶梯等种类。

按输送能力分为不同的梯级宽度、抬升高度和倾斜角度。输送能力以每小时运送乘客的数量划分。按 GB 16899 自动扶梯的理论输送能力见表7-1。

表7-1　自动扶梯的理论输送能力　（单位：人/h）

名义宽度/m	额定速度/(m/s)		
	0.50	0.65	0.75
0.6	4500	5850	6750
0.8	6750	8775	10125
1.0	9000	11700	13500

（1）目前自动扶梯最简单的分类方法

1）端部驱动的自动扶梯，或称链条式自动扶梯。

2）中间驱动的自动扶梯，或称齿条式自动扶梯。

自动人行道与自动扶梯最简单的分类方法相同。

（2）按扶梯的配列方式分类　常见的两种为复列形式和单列形式。复列形式中又分连续一线式和垂直重叠式。单列形式中又分单列连续式和单列重叠式。连续一线式占用楼面面积大。垂直重叠式应用较多，它又可分为：平行重叠式、平行连续式、十字交叉式。平行重叠式在旅馆、银行、地铁等地方采用较多；十字交叉式在百货商店采用较多。连续一线式配列如图7-4所示。各种配列形式如图7-5所示。自动扶梯各种配列形式的特点见表7-2。

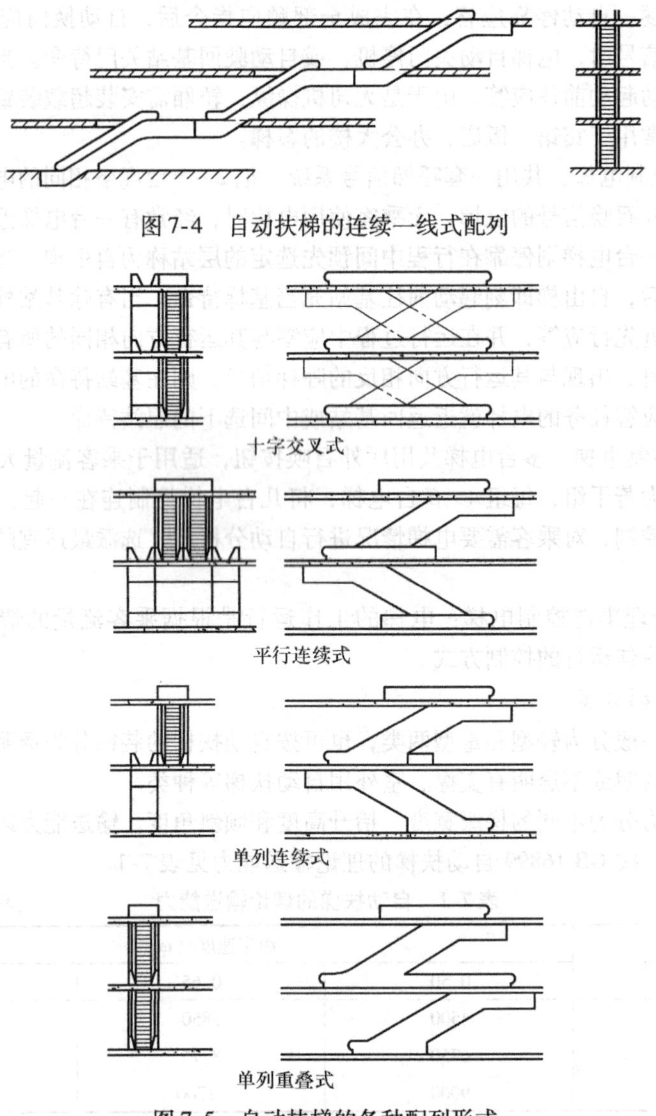

图7-4　自动扶梯的连续一线式配列

图7-5　自动扶梯的各种配列形式

表7-2　自动扶梯各种配列形式的特点

种类	优　点	缺　点
平行重叠式	扶梯的位置明确，顾客在扶梯的端部和侧面易于眺望各层	1）层与层之间的运输不连续 2）乘客只能上行或下行，向商店的一个方向流动 3）升降交通拥挤 4）占用面积大

（续）

种类	优　点	缺　点
平行连续式	1）升和降方向层与层之间的运输连续 2）能够明确区分升和降的交通 3）不妨碍顾客的视野 4）扶梯的位置明确 5）可看到全部售货场	占用面积大
十字交叉式	1）层与层之间升降方向的运输连续 2）升降交通相区别 3）可非常有效地利用扶梯下面的场所	1）减少买东西的顾客的视野 2）扶梯的位置不明确 3）由于侧面和端部相重合，所以遮住了顾客的视野

二、电梯的参数

电梯的参数主要包括额定载重量（kg）、可乘人数（人）、轿厢尺寸（mm）、井道尺寸（mm）、机房等及电梯平面图、电梯井道平面图等。

为了适应我国电梯产品技术迅速发展的需要，国家对电梯的制造、安装、试验、验收及电梯术语等都制定了标准并贯彻执行。如现行 GB/T 10058《电梯技术条件》，以及 TSG T7001《电梯监督检验和定期检验规则——曳引与强制驱动电梯》。

目前在用电梯的规格参数见表 7-3。

三、电梯的基本结构

电梯的结构按传统的方法分为机械部分和电气部分。

机械部分由曳引系统、导向系统、轿厢、门系统、重量平衡系统、机械安全保护系统等组成。

电气部分主要由电气控制系统、操纵箱等部件及分别装在各有关电梯部件上的电气元件等组成。

交流乘客（住宅）电梯和病床电梯机电系统的主要零部件安装在机房、井道、厅门、底坑中，如图 7-6 所示。

电梯的主要参数是电梯制造厂设计和制造电梯的依据。用户选用电梯时必须根据电梯的安装使用地点、载运对象等，按标准规定正确选择电梯的类别和有关参数，并根据这些参数设计和建造安装电梯的建筑物。

1. 电梯机房

电梯机房要有良好通风，机房内的环境温度保持在 5～40°C 之间。机房内的主要设施为曳引机和电气控制柜。

（1）曳引机　曳引机的作用是使轿厢上升或下降，并停靠在相应的楼层上。曳引机由电动机、制动器、减速器、槽轮等组成。曳引机分有齿轮曳引机（用于 $v\leqslant 2$m/s 的电梯）和无齿轮曳引机（用于 $v>2$m/s 的电梯）两种。有齿轮曳引机为使其运行平稳、噪声小、振动小，一般采用蜗杆传动；无齿轮曳引机无齿轮箱，其曳引轮常与制动轮铸成一体，安装在同一电动机轴上。

表 7-3 电梯的规格参数

名称		乘客电梯							载货电梯					病床电梯		杂物电梯	
额定载重量/kg		简易电梯		500	750	1000	1500	2000	500	1000	2000	3000	5000	1000	1500	100	200
		350	750														
可乘人数/人		5	10	7	10	14	21	28	—	—	—	—	—	14	21	—	—
额定速度/(m/s)		0.5	0.5	1,1.5,1.75	1,1.5,1.75,2,2.5,3			0.5,1	0.5,1		0.5,0.75	0.25,0.5,0.75	0.25	0.5,0.75,1		0.5	0.5
轿厢外廓尺寸(宽×深)/mm	中分式门	—	—	1500×1200	1800×1300	1800×1600	2100×1850	2400×2000	—	—	—	—	—	—	—	—	—
	双折式门	—	—	1500×1200	1800×1300	1800×1600	2100×1850	2400×2000	—	—	—	—	—	1600×2600	1600×2600	—	—
	栅栏门	—	1200×1900	—	—	—	—	—	1500×1500 1500×2000	2000×2000 2000×2500	2000×2500 2000×3000 2500×3500	2500×3000 2500×3500 3500×4000	3500×4000	—	—	—	—
	直分式门	—	—	—	—	—	—	—	—	—	2000×2500 2000×3000 2500×3500	2500×3000 2500×3500 3500×4000	3500×4000	—	—	—	—
	无门	1000×1200	—	—	—	—	—	—	—	—	—	—	—	—	—	750×750	1000×1000
井道形式		封闭式							封闭式空格式					封闭式		封闭式	
管理方式		无司机	有司机	有、无司机两用					有、无司机两用				有司机	有、无司机两用		无司机	

注：1. 额定载重量，不包括轿厢的自重，包括司机的重量。

2. 额定速度指轿厢在额定负载下，其提升和下降速度的平均值。

曳引机必须具有机－电式摩擦型制动器，并有足够的制动转矩。其要求是：当电梯轿厢载有125%额定载重量并以额定速度运行时，利用制动器能使电梯停止运行；当货梯轿厢停靠在底层端站进行静载试验时，轿厢内载有150%的额定载重量，历时10min，制动器闸瓦和制动轮之间应无打滑现象。

1）电动机是电梯的动力源，要正常工作必须满足下列要求：

① 能在各种负载情况下频繁起动和制动。

② 可以可逆运行（正反向运行），并且运行曲线特性要基本一致。

③ 有足够大的起动力矩，并且有较小的起动电流。

2）制动器采用闸块式闭合制动。

3）一般电梯都采用蜗轮蜗杆型减速器。

4）电梯的曳引轮一般采用摩擦槽轮形式，其材质应选用耐磨性能不低于QT600-3的球墨铸铁；绳轮槽表面硬度应均匀，在同一轮槽上硬度差值≤15HBW，摩擦槽轮的直径一般应大于钢丝绳直径的40倍；外缘有曳引钢丝绳用的绳槽，槽的形式有两种：高速电梯选用半圆槽，低速和快速电梯通常选用带切口的半圆槽。

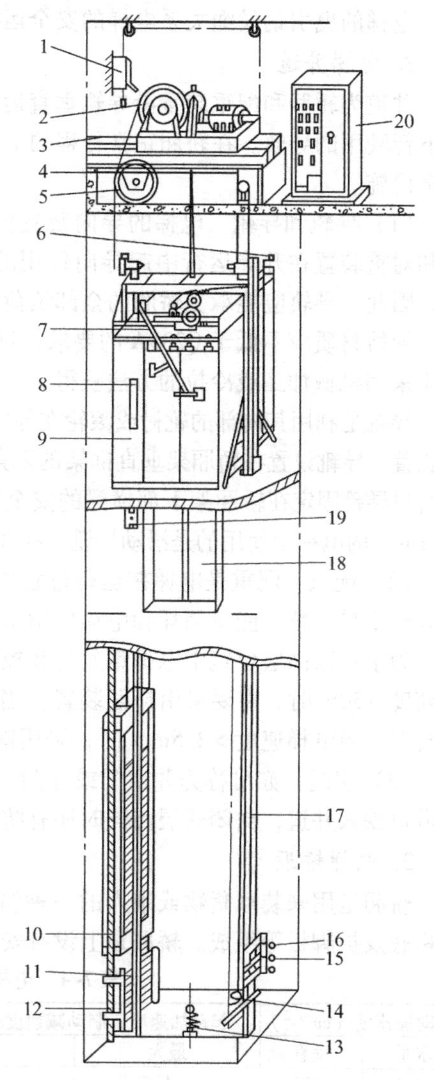

图7-6 交流乘客（住宅）电梯和病床电梯主要零部件安装位置示意图

1—极限开关 2—曳引机 3—承重梁 4—限速器 5—导向轮 6—换速平层传感器 7—开门机 8—操纵箱 9—轿厢 10—对重装置 11—防护栅栏 12—对重导轨 13—缓冲器 14—限速器涨紧装置 15—基站厅外开关门控制开关 16—限位开关 17—轿厢导轨 18—厅门 19—召唤按钮箱 20—控制柜

（2）电气控制柜 电气控制柜安装有控制轿厢运动的一切驱动、控制及保护的开关、熔断器、接触器、继电器、电阻器等电气装置。

（3）曳引绳 电梯曳引绳采用6×19S＋NF或8×19S＋NF专用钢丝绳。钢丝绳的长度、圆度、质量和试验方法等应符合GB 8903《电梯用钢丝绳》和YB/T 5198《电梯钢丝绳用钢丝》的具体规定。

曳引绳的直径$d \geq 8$mm；根数最少为两根，而且要求各自独立，还要充分考虑到安全系数，一般安全系数$k = 12 \sim 16$。为提高曳引绳的寿命，曳引轮、导向轮或及绳轮的节圆直径与曳引绳公称直径之比应≥40。

电梯的曳引钢丝绳关系电梯的安全运行，必须做好保养和维护工作。

2. 电梯井道

井道为轿厢和配重装置沿导轨垂直运行而设置的空间，其两侧安装有供轿厢、配重上下行驶用的导轨。在轿厢正常行程的上下两端安装有限位开关、越程开关、缓冲器等安全设施。

（1）导轨和导靴　电梯的导向装置由导轨、导靴和导轨支架等组成。导轨是供轿厢和对重装置在升降运行中起导向作用的组件。当轿厢发生危险时，安全钳会钳住导轨，因此，导轨应能承受轿厢的全部负荷。

导轨材质应不低于Q235A的要求，抗拉强度在375～550N/mm^2之间，导轨工作表面应采用机械加工或冷拉的方法获得。

导靴是利用其内部的靴衬或滚轮在导轨上滑动或滚动，使轿厢和对重沿导轨上下运动的装置。导靴设置在轿厢架垂直框架的四角上，其中两只导靴固定在轿厢架上部的梁上，另两只导靴固定在轿厢架下部横梁的安全钳座上。导靴有滑动导靴和滚轮导靴两种，在1～2m/s的电梯中使用的是滑动导靴，在2m/s以上的电梯中使用的是滚动导靴。

（2）配重　配重是电梯在运行过程中起平衡作用的装置，主要是用来平衡轿厢的部分载重量，减少能量消耗和电动机功率耗损，并使钢丝绳和摩擦轮槽保持足够的摩擦力。为了克服高层建筑中电梯钢丝绳和控制电缆的自重对平衡系统的影响，当电梯的提升高度>30m时，需要采用补偿装置。当电梯速度≤2.5m/s时，采用金属链构成的补偿装置；当电梯速度>2.5m/s时，采用钢丝绳和张力轮构成的补偿装置。

（3）层门　亦可称为井道门或厅门。设置层门的目的是为了防止人或物件从每层井道口跌入井道，封闭式层门同时还有防火隔离的作用。

3. 电梯轿厢

轿厢是用来装载货物或乘人的一种箱形容器，由轿厢架、轿厢顶、轿厢壁、轿门、轿相底及护脚板等组成。轿厢顶上设有安全窗。电梯轿厢的技术要求见表7-4。

表7-4　电梯轿厢的技术要求

振动加速度/(cm/s^2)		起动加速度、制动减速度/(cm/s^2)		噪声/dB		
水平	垂直	最大	平均	机房	运行中的轿厢内	开关门
≤15	≤25	≤1.5	≤0.5	≤80	≤55	≤65
平层准确度/mm						
v≤0.63m/s		0.63m/s<v≤1.0m/s		1.0m/s<v≤2m/s		
±15		±30		15		

注：本表适用于0.5m/s<v<2m/s的乘客电梯。

四、电梯制造许可规则

为了规范机电类特种设备制造许可工作，确保机电类特种设备的制造质量和安全技术性能，根据《特种设备安全法》的要求，生产电梯的厂家必须取得制造许可后方可正式销售。

1）制造许可分为两种方式：a. 产品型式试验。b. 制造单位许可。

2）国家市场监督管理总局负责全国特种设备制造许可工作的统一管理，型式试验的检验检测机构由国家市场监督管理总局特种设备安全监察局核准和确定，并予以公布。

3）生产厂家必须有一批能够保证正常生产和产品质量的专业技术人员，检验人员，应任命至少一名技术负责人，负责本单位电梯制造和检验中的技术审核工作。

4）制造许可方式为制造单位许可的，制造许可的程序为：申请、受理、型式试验、制造条件评审、审查发证、公告。制造单位取得《特种设备制造许可证》后，即可正式制造、销售取得许可的特种设备。

5）取得《特种设备制造许可证》的单位，必须在产品包装、质量证明书或产品合格证上标明制造许可证编号及有效日期。制造许可证自批准之日起，有效期为4年。

6）同一单位同时申请多种形式特种设备制造许可证的，按《特种设备制造许可目录》规定分别向国家市场监督管理总局或省局特种设备安全监察机构申请，由国家市场监督管理总局特种设备安全监察局统一受理和办理。

7）制造单位拟承担制造许可证范围内相同种类、类型、形式特种设备的安装、改造、维修与保养业务时，可以与制造许可证同时提出申请，由符合相应规定的评审机构按规定进行评审。

8）《特种设备制造许可目录》中电梯的有关要求见表7-5。

表7-5　《特种设备制造许可目录》中电梯的有关要求

设备种类	设备类型	等级	设备形式	参　数	许可方式	受理机构	覆盖范围原则
电梯	乘客电梯	A	曳引式客梯	$v>2.5\text{m/s}$	制造许可	国家	按额定速度向下覆盖
			强制式客梯	—			
			无机房客梯	—			
			消防电梯	$v>2.5\text{m/s}$			
			观光电梯	$v>1.75\text{m/s}$			
			防爆客梯	—			按防爆等级向下覆盖
		B	曳引式客梯	$2.5\text{m/s}\geqslant v>1.75\text{m/s}$			按额定速度向下覆盖
			消防电梯	$v\leqslant 2.5\text{m/s}$			
			观光电梯	$v\leqslant 1.75\text{m/s}$			
			病床电梯	—			
		C	曳引式客梯	$v\leqslant 1.75\text{m/s}$			
	载货电梯	B	曳引式货梯	$Q>3000\text{kg}$		省级	按额定载荷向下覆盖
			强制式货梯	—			
			无机房货梯	—			
			汽车电梯	—			
			防爆货梯	—			按防爆等级向下覆盖
		C	曳引式货梯	$Q\leqslant 3000\text{kg}$			按额定载荷向下覆盖

（续）

设备种类	设备类型	等级	设备形式	参　　数	许可方式	受理机构	覆盖范围原则
电梯	液压电梯	B	液压客梯	—	制造许可	国家	按额定速度向下覆盖
			防爆液压客梯	—			按防爆等级向下覆盖
		C	液压货梯	—		省级	按额定载荷向下覆盖
			防爆液压货梯	—			按防爆等级向下覆盖
	杂物电梯	C	杂物电梯	—			按额定载荷向下覆盖
	自动扶梯	B	自动扶梯	$H>6$m			按高度向下覆盖
		C		$H\leqslant 6$m			
	自动人行道	B	自动人行道	$L>30$m			按长度向下覆盖
		C		$L\leqslant 30$m			
	安全保护装置	—	限速器	—	型式试验	国家	按型号规格单独实施
			安全钳	—			
			缓冲器	—			
			门锁	—			
			控制柜	—			
			曳引机	—			
	特殊类型电梯	—	特殊形式	—			根据电梯具体情况，由国家特种设备安全监察机构确定
	进口各种类型电梯	—	各种形式	—			按所属类型、形式与等级电梯的覆盖范围原则执行

注：受理机构注“国家”的是指国家市场监督管理总局特种设备安全监察局，注“省级”的是指省局特种设备安全监察机构。

五、电梯管理要求

1）近年来，我国颁发电梯管理规范文件，见表 7-6。

表 7-6　我国颁发的电梯管理规范文件

序号	文件名称及颁布情况	实施日期
1	GB/T 31821—2015《电梯主要部件报废技术条件》	2016 年 2 月 1 日
2	质检特函［2013］14 号“关于进一步加强电梯安全工作的意见”	2013 年 1 月 7 日
3	质检办特函［2017］868 号“关于实施《电梯监督检验和定期检验规则》等 6 个安全技术规范第 2 号修改单若干问题的通知”	2017 年 6 月 27 日

（续）

序号	文件名称及颁布情况	实施日期
4	TSG T7001—2009《电梯监督检验和定期检验规则——曳引与强制驱动电梯》	2010 年 4 月 1 日
5	TSG T7005—2012《电梯监督检验和定期检验——自动扶梯与自动人行道》	2012 年 7 月 1 日
6	TSG T7005—2012/XG1—2013《电梯监督检验和定期检验——自动扶梯与自动人行道》（第 1 号修改单）	2014 年 3 月 1 日
7	TSG T5002—2017《电梯维护保养规则》	2017 年 8 月 1 日
8	GB/T 10060—2011《电梯安装验收规范》	2012 年 1 月 1 日
9	CB/T 24803. 1—2009《电梯安全要求　第 1 部分：电梯基本安全要求》	2010 年 9 月 1 日
10	GB/T 24803. 2—2013《电梯安全要求　第 2 部分：满足电梯基本安全要求的安全参数》	2014 年 7 月 1 日

2）为了实施新修订的《特种设备目录》若干问题的意见，原国家质检总局颁发国质检特［2014］679 号文件，已于 2014 年 12 月 24 日生效的《特种设备目录》——电梯部分，见表 7-7。

表 7-7　《特种设备目录》——电梯部分一览表

代码	种类	类别	品种
3000	电梯	电梯，是指动力驱动，利用沿刚性导轨运行的箱体或者沿固定线路运行的梯级（踏步），进行升降或者平行运送人、货物的机电设备，包括载人（货）电梯、自动扶梯、自动人行道等。非公共场所安装且仅供单一家庭使用的电梯除外	
3100		曳引与强制驱动电梯	
3110			曳引驱动乘客电梯
3120			曳引驱动载货电梯
3130			强制驱动载货电梯
3200		液压驱动电梯	
3210			液压乘客电梯
3220			液压载货电梯
3300		自动扶梯与自动人行道	
3310			自助扶梯
3320			自动人行道
3400		其他类型电梯	
3410			防爆电梯
3420			消防员电梯
3430			杂物电梯

第二节　电梯的技术维护

近年来我国电梯产销量平均增长率已达 12%，所以做好电梯的技术维护与监督管理是十分必要的。

一、电梯的技术条件

1. 整机性能

1）当电源为额定频率和额定电压时，载有 50% 额定载重量的轿厢向下运行至行程中段（除去加速段和减速段）时的速度，不应大于额定速度的 105%，并且不小于额定速度的 92%。

2）乘客电梯起动加速度和制动减速度最大值均不应大于 $1.5m/s^2$。

3）按 GB/T 24474 的要求测量，当乘客电梯额定速度为 $1.0m/s < v \leqslant 2.0m/s$ 时，A95 加、减速度不应小于 $0.50m/s^2$；当乘客电梯额定速度为 $2.0m/s < v \leqslant 6.0m/s$ 时，A95 加、减速度不应小于 $0.70m/s^2$。

4）乘客电梯的中分自动门和旁开自动门的开、关门时间不大于表 7-8 的规定值。

表 7-8　乘客电梯的开、关门时间　（单位：s）

开门方式	开门宽度 B/mm			
	$B \leqslant 800$	$800 < B \leqslant 1000$	$1000 < B \leqslant 1100$	$1100 < B \leqslant 1300$
中分自动门	3.2	4.0	4.3	4.9
旁开自动门	3.7	4.3	4.9	5.9

注：1. 开门宽度超过 1300mm 时，其开门时间由制造商与客户协商确定。

2. 开门时间是指从开门起动至达到开门宽度的时间；关门时间是从关门起动至证实层门锁紧装置、轿门锁紧装置以及层门、轿门关闭状态的电气安全装置触点全部接通的时间。

5）乘客电梯轿厢运行在恒加速度区域内的垂直（Z 轴）振动的最大峰峰值不应大于 $0.30m/s^2$，A95 峰峰值不应大于 $0.20m/s^2$。

乘客电梯轿厢运行期间水平（X 轴和 Y 轴）振动的最大峰 - 峰值不应大于 $0.20m/s^2$，A95 峰 - 峰值不应大于 $0.15m/s^2$。

6）电梯的各机构和电气设备在工作时不应有异常振动或撞击声响。乘客电梯的噪声值应符合表 7-9 的规定。

表 7-9　乘客电梯的噪声值　[单位：dB（A）]

额定速度 v/(m/s)	$v \leqslant 2.5$	$2.5 < v \leqslant 6.0$
额定速度运行时机房内平均噪声值	≤80	≤85
运行中轿厢内最大噪声值	≤55	≤60
开、关门过程最大噪声值	≤65	

注：无机房电梯的“机房内平均噪声值”是指距离曳引机 1m 处所测得的平均噪声值。

7）电梯轿厢的平层准确度宜在 ±10mm 内。平层保持精度宜在 ±20mm 内。

8）曳引式电梯的平衡系数应在 0.4 ~ 0.5 内。

9）电梯应具有以下安全装置或保护功能，并应能正常工作。即：a. 供电系统断相、错相保护装置或保护功能。电梯运行与相序无关时，可不设置错相保护装置。b. 限速器 - 安全钳系统联动超速保护装置，监测限速器或安全钳动作的电气安全装置，以及监测限速器绳断裂或松弛的电气安全装置。c. 终端缓冲装置（对于耗能型缓冲器还包括检查复位的电气安全装置）。d. 超越上下极限工作位置时的保护装置。e. 电梯正常运行时，应不能打开层门；如果一个层门开着，电梯应不能起动或继续运行（在开锁区域的平层和再平层除外）。因此应设置层门门锁装置及电气联锁装置。层门门锁装置及电气联锁装置包括验证层门锁紧的电气安全装置；证实层门关闭状态的电气安全装置；紧急开锁与层门的自动关闭装置。f. 动力操纵的自动门在关闭过程中，当人员通过入口被撞击或即将被撞击时，应有一个自动使门重新开启的保护装置。g. 轿厢上行超速保护装置。h. 紧急操作装置。i. 滑轮间、轿顶、底坑、检修控制装置、驱动主机和无机房电梯设置在井道外的紧急和测试操作装置上应设置双稳态的红色停止装置。如果距驱动主机 1m 以内或距无机房电梯设置在井道外的紧急和测试操作装置 1m 以内设有主开关或其他停止装置，则可不在驱动主机或紧急和测试操作装置上设置停止装置。j. 不应设置两个以上的检修控制装置。若设置两个检修控制装置，则它们之间的互锁系统应得到保证。k. 轿厢内及在井道中工作的人员存在被困危险处应设置紧急报警装置。当电梯行程大于 30m 或轿厢内与紧急操作地点之间不能直接对话时，轿厢内与紧急操作地点之间也应设置紧急报警装置。

2. 外观质量要求

1）轿门、层门及可见部分的表面及装饰应平整；涂漆部分应光洁、色泽均匀、美观，漆层不应出现漆膜脱落；黏接部位应有足够的黏接强度，不应出现开裂现象。

2）信号显示应清晰、正确，各种标志应清晰。

3）焊接部位的焊缝应均匀一致；铆接部位应牢固可靠。

4）所有紧固件不应脱落或松动。

3. 安全钳

1）轿厢应装有能在下行时动作的安全钳。在达到限速器动作速度时，甚至在悬挂装置断裂的情况下，安全钳应能夹紧导轨，使载有额定载重量的轿厢制停并保持静止状态。

2）安全钳的使用条件如下：a. 应根据电梯额定速度（v）选用轿厢安全钳，即 $v>0.63$m/s，应采用渐进式安全钳；$v\leqslant 0.63$m/s，可用瞬时式安全钳。b. 若轿厢装有数套安全钳，则均应是渐进式的。c. 若额定速度大于 1.0m/s，则对重（或平衡重）安全钳也应是渐进式的；其他情况下可以是瞬时式的。

3）不应采用电气、液压或气动操纵的装置来操纵安全钳。

4）在载有额定载荷的轿厢自由下落的情况下，渐进式安全钳制动时的平均减速度应为 $0.2\sim1.0g_n$。

5）轿厢空载或载荷均匀分布的情况下，安全钳动作后轿厢地板的倾斜度不应大于其正常位置的 5%。

4. 缓冲器

（1）适用范围

1）蓄能型缓冲器（包括线性和非线性）适用于额定速度 $v\leqslant 1.0$m/s 的电梯。

2）耗能型缓冲器适用于任何额定速度的电梯。

（2）蓄能型缓冲器

1）线性蓄能型缓冲器。

① 线性蓄能型缓冲器可能的总行程应至少等于相应于115% 额定速度的重力制停距离的 2 倍，即为$\frac{(1.15v)^2}{2g_n}\times 2\approx 0.135v^2$，单位为 m，且不应小于 65mm。

② 线性蓄能型缓冲器设计时，应能在静载荷为轿厢质量与额定载重量之和的 2.5 ~ 4 倍或为对重质量的 2.5 ~4 倍时达到规定的行程。

2）非线性蓄能型缓冲器。

当载有额定载重量的轿厢自由下落并以 115% 额定速度撞击轿厢缓冲器时，应满足下列要求：a. 缓冲器作用期间的平均减速度不应大于 $1g_n$。b. $2.5g_n$ 以上的减速度时间不大于 0.04s。c. 轿厢反弹的速度不应超过 1.0m/s。d. 缓冲器动作后，应无永久变形。

5. 悬挂装置

1）悬挂钢丝绳的特性应符合 GB/T 8903—2018《电梯用钢丝绳》的有关规定。

2）钢丝绳最少应有两根，每根钢丝绳应是独立的。

3）钢丝绳的公称直径不应小于 8mm。曳引轮或滑轮的节圆直径与钢丝绳公称直径之比不应小于 40。

4）钢丝绳的安全系数应符合 GB 7588《电梯制造与安装安全规范》中的规定。

5）钢丝绳与其端接装置的接合处（绳头组合）机械强度至少应能承受钢丝绳最小破断负荷的 80%。

6）钢丝绳曳引应满足以下三个条件：a. 轿厢装载至 GB 7588 中规定的额定载重量的 125% 的情况下，应保持平层状态不打滑。b. 应保证在任何紧急制动状态下，不管轿厢内是空载还是满载，其减速度的值不能超过缓冲器（包括减行程的缓冲器）作用时减速度的值。c. 当对重压在缓冲器上而曳引机按电梯上行方向旋转时，应不可能提升空载轿厢。

6. 对重和平衡重

对重和平衡重应符合 GB 7588 中的规定。

7. 导轨

导轨应符合 GB 7588 中的规定，T 形导轨还应符合 GB/T 22562《电梯 T 型导轨》的规定。

8. 控制柜及其他电气设备

1）控制柜及电梯的其他电气设备应符合 GB 7588 中的有关规定。

2）控制柜装配后应检查每个通电导体与地之间的绝缘电阻，绝缘电阻的最小值应符合表 7-10 的规定。

表 7-10　绝缘电阻的最小值

标称电压/V	测试电压（直流）/V	绝缘电阻/MΩ
安全电压	250	≥0.25
≤500	500	≥0.50
>500	1000	≥1.00

3）控制柜耐压试验（25V 以下的除外），导电部分对地之间施以电路最高电压的 2 倍，再加 1000V 交流电压，历时 1min，不能有击穿或闪络现象。

4）控制柜装配后应进行功能试验，全部功能应符合设计要求。

5）安全电路应符合 GB 7588 的规定。

6）紧急报警装置：a. 电梯轿厢内应设置乘客易于识别和触及的报警装置。b. 如果在井道中工作的人员存在被困危险，而又无法通过轿厢或井道逃脱，应在该危险处设置报警装置。c. 该装置应采用一个对讲系统能与救援服务人员保持联系。d. 该装置应由符合 GB 7588 要求的紧急电源或等效电源供电（轿内电话与公用电话网连接的情况除外）。e. 如果电梯行程大于 30m，在轿厢和机房（对无机房电梯为紧急操作地点）之间也应设置紧急电源供电的对讲系统或类似装置。

9. 抗震设计的基本要求

电梯的抗震设计应与建筑物抗震设防标准相适应。电梯的抗震设计应满足下列要求：

1）考虑电梯的抗震设计时，设计用的地震力和其他载荷的组合使设备承受的应力应小于所用材料相应的屈服极限值的 88%。

2）用来固定机房设备、导轨等的安装支撑件，应有措施防止被支撑物在地震时出现翻倒、脱离及导致危险的移位。

3）应采取措施防止对重块不会脱离对重架，且对重架及轿厢不会脱离导轨。

4）应采取措施防止曳引绳不会从绳轮上脱槽。

5）应采取措施避免随行电缆、补偿链（绳、缆）、限速器钢丝绳等因勾挂或缠绕到井道内凸出物上而造成损伤。井道内凸出物包括导轨支架、井道设备的安装支撑件、层门地坎等。

6）在地震活动较频繁的地区，可增配电梯的地震操作功能。

10. 交付使用前的运行考核

电梯安装后应进行运行试验，试验内容为轿厢分别在空载、额定载重量工况下，按产品设计规定的每小时起动次数和负载持续率各运行 1000 次（每天不少于 8h），电梯应运行平稳、制动可靠、连续运行无故障。

二、电梯的监督管理

电梯监督管理的内容如下：

1）电梯的安装、改造、重大维修过程必须经国务院特种设备安全监督管理部门核准的检验检测机构按照安全技术规范的要求进行监督检验；未经监督检验合格的不得出厂或者交付使用。

2）电梯的安装、改造、维修必须由电梯制造单位或者其通过合同委托、同意的取得许可的单位进行。电梯制造单位对电梯质量及安全运行涉及的质量问题负责。

3）安装、改造、维修电梯的施工单位应当在施工前将拟进行的电梯安装、改造、维修情况书面告知直辖市或者设区的市的特种设备安全监督管理部门，告知后才可施工。

4）电梯井道的土建工程必须符合建筑工程质量要求。电梯安装施工过程中，电梯安装单位应当遵守施工现场的安全生产要求，落实现场安全防护措施。电梯安装施工过程中，施工现场的安全生产监督由有关部门依照有关法律、行政法规的规定执行。

电梯安装施工过程中，电梯安装单位应当服从建筑施工总承包单位对施工现场的安全生产管理，并签订合同，明确各自的安全责任。

5）电梯的制造、安装、改造和维修活动必须严格遵守安全技术规范的要求。电梯制造单位委托或者同意其他单位进行电梯安装、改造、维修活动的，应当对其安装、改造、维修活动进行安全指导和监控。电梯的安装、改造、维修活动结束后，电梯制造单位应当按照安全技术规范的要求对电梯进行校验和调试，并对校验和调试的结果负责。

6）电梯的改造、维修竣工后，安装、改造、维修的施工单位应当在验收后30日内将有关技术资料移交使用单位，高耗能特种设备还应当按照安全技术规范的要求提交能效测试报告。使用单位应当将其存入该特种设备的安全技术档案。

7）电梯的日常维护保养必须由取得许可的安装、改造、维修单位或者电梯制造单位进行。电梯应当至少每15日进行一次清洁、润滑、调整和检查，这是电梯运行管理中十分重要的工作。电梯运行管理安全检查示意图如图7-7所示。

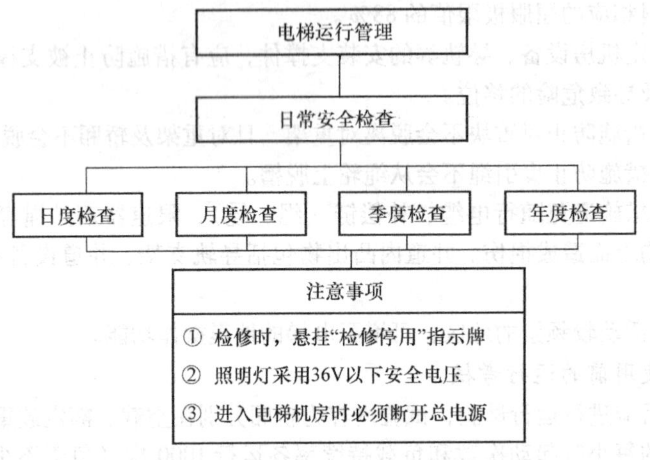

图7-7　电梯运行管理安全检查示意图

8）电梯的日常维护保养单位应当在维护保养中严格执行国家安全技术规范的要求，保证其维护保养的电梯的安全技术性能，并负责落实现场安全防护措施，保证施工安全。

电梯的日常维护保养单位应当对其维护保养的电梯的安全性能负责，接到故障通知后，应当立即赶赴现场，并采取必要的应急救援措施。

9）利用电梯为公众提供服务的特种设备运营使用单位。应当配备专职的安全管理人员，安全管理人员应当对电梯使用状况进行经常性检查，发现问题的应当立即处理；情况紧急时，可以决定停止使用电梯并及时报告本单位安全负责人。电梯的运营使用单位应当将电梯的安全注意事项和警示标志置于易于被乘客注意的显著位置。

10）使用电梯的乘客应当遵守使用安全注意事项的要求，服从工作人员的指挥。

11）电梯投入使用后，电梯制造单位应当对其制造电梯的安全运行情况进行跟踪调查和了解，对电梯的日常维护保养单位或者电梯的使用单位在安全运行方面存在的问题提出改进建议，并提供必要的技术帮助。发现电梯存在严重事故隐患的，应及时向特种设备安全监督管理部门报告。

12）当发生电梯轿厢滞留人员 2h 以上的情况时，应作为特种设备一般事故进行处理。

13）未经许可，擅自从事电梯的维修或者日常维护保养的，由特种设备安全监督管理部门予以取缔，处以 1 万元以上、5 万元以下罚款；有违法所得的，没收违法所得。

14）未经许可，擅自从事电梯的安全附件、安全保护装置的制造、安装、改造活动的，由特种设备安全监督管理部门予以取缔，没收非法制造的产品，已经实施安装、改造的，责令恢复原状或者责令限期由取得许可的单位重新安装、改造，并处以 10 万元以上、50 万元以下罚款。

15）电梯制造单位有下列情形之一的，由特种设备安全监督管理部门责令限期改正，逾期未改正的，予以通报批评。即：a. 未依照规定对电梯进行校验、调试的。b. 对电梯的安全运行情况进行跟踪调查和了解时，发现存在严重事故隐患，未及时向特种设备安全监督管理部门报告的。

三、电梯的技术维护

1. 电梯的技术维护内容

电梯的技术维护必须由取得许可的专业技术人员负责。具体如下：

（1）曳引电动机部分

1）电动机应用螺栓紧固于曳引机的底座上。应校正连接电动机与蜗杆的两个半联轴器的同轴度，以防径向圆跳动误差过大而造成曳引机整体振动。

2）电动机运转时应无大的噪声。检查定子与转子间隙是否均匀，在圆周各点测定值相差不超过算术平均值的 ±10%，当超过时，应调换轴承。电动机运转时，轴承温度不应超过规定的温度。

3）双速电动机必须用高速绕组起动。用 500V 绝缘电阻表测量的绕组对机壳的绝缘电阻应 >0.5MΩ。

（2）制动器部分

1）制动器必须灵活可靠，闸瓦与制动轮之间形成均匀间隙≤0.7mm。

2）制动器电磁线圈的接头应无松动，线圈外部应有良好的绝缘防止短路，用电阻法测量电磁线圈温升应≤85°C。

3）制动器的轴销必须能自由转动和润滑。电磁铁的铁心在铜套内应滑动轻便灵活。

4）当闸瓦的衬垫闸带片磨损间隙过大、使制动不正常并发出异常的撞击声时，应调节可动铁心与闸瓦臂的连接螺母来补偿磨损掉的厚度，使间隙达到规定要求。

5）制动器的弹簧应调节适当，在满载下降时应能提供足够的制动，使电梯轿厢迅速停住。

（3）减速器部分

1）蜗杆减速器的运转应平衡而无振动，蜗轮齿与蜗杆螺旋线间的啮合应保持良好，保证工作的可逆性而无撞击声。

2）减速器油池内必须有适量的机油（油面应保持在蜗轮齿根线以下），蜗杆减速器和其轴架上的滚动轴承应用钙基润滑脂，每月加一次，每年清洗换新一次。

3）减速器盖、窥视孔盖和轴承与外壳的连接应当紧密，不应漏油。

4）当减速器在正常运转下，如果轴承产生高热（温度 >80°C）或产生明显的不均匀噪声，甚至出现撞击声，轴承应予调换。

5）检查曳引轮和蜗轮与主轴套筒的螺栓连接，应紧固无松动。检查套筒与主轴配合连接应无松动。

（4）曳引轮与滑轮部分

1）曳引轮槽的工作表面应平滑。检查绳槽时，可用钢直尺横放在轮缘上，用另一把尺量槽内钢丝绳的水平，当其差距达到 1.5mm 时，应调换轮缘。

2）导向轮、轿顶反绳轮及配重反绳轮上的润滑装置应保持完整，加注钙基润滑脂，并要每周加一次，每年清洗换新一次。

（5）限速器和安全钳部分

1）限速器分水平轴传动和垂直轴传动的两种类型。电梯超速运行达到额定速度 115% 时，限速器开始动作；超速到额定速度的 120% ~140% 时，限速器操纵安全钳将轿厢制停在导轨上。

2）限速器的张绳轮装置应工作正常，张绳轮装置底面距底坑地平面的高度：当额定速度为 1m/s 及以下时，为(400 ±50)mm；当额定速度 1.5 ~1.75m/s 时，为(550 ±50)mm；当额定速度 2m/s 及以上时，为(750 ±50)mm。不符合上述高度，在检修时应予调整，以防张绳装置无效。

3）限速器动作速度不得小于下列值：除不可脱落滚柱式外的瞬时式安全钳为 0.8m/s；不可脱落滚柱式安全钳为 1m/s；用于具有缓冲作用的瞬时式安全钳和梯速 $v \leqslant$ 1m/s 的渐进式安全钳为 1.5m/s。

4）限速器钢丝绳的直径 $d \geqslant 6$mm，安全系数 $k \geqslant 8$，绳轮与钢丝绳直径之比 ≥30。限速器一般使用两年后，应拆下送生产厂进行一次校正，以防限速失误。

5）安全钳分瞬时式安全钳（用于速度 $v \leqslant 0.63$m/s 电梯）和渐进式安全钳（用于速度 $v > 0.63$m/s 电梯）。瞬时式安全钳又分为不可脱落滚柱式和楔块式。

当电梯超速运行达到限速器控制的速度或电梯曳引绳折断时，安全钳和限速器将会联合动作，将运行中的轿厢制停在导轨上，防止坠入井道底坑。

6）安全钳的动作应灵活可靠，能承受相应的冲击力。安全钳的传动杠杆动作方向要正确，其钳口和滚柱可用凡士林润滑防锈，同时检验 4 只安全楔块间隙是否相等，楔块与导轨侧面的间隙在 2 ~3mm 之间，再检验复位是否灵活可靠。当安全钳起作用时，安全钳联锁触头应立即起到断电作用。

（6）导轨与导靴部分

1）轿厢导轨和配重导轨应每周涂油一次，导轨的润滑应从上而下进行。

2）导轨应支撑牢固，保持导轨工作面和侧面的垂直度误差 ≤0.7mm/5000mm。导轨接头台阶平直度误差应 ≤0.05mm。

3）对滑动导靴及固定导靴应检查其衬垫磨损的情况，同时也应调节好滑动导靴的弹簧螺母，保持调节后的活动范围在2mm之内。

4）检查轿厢底下的导靴时，应检查导轨与安全钳楔块的间隙，该间隙应保持在2～3mm之间。

（7）曳引钢丝绳部分 曳引钢丝绳所受张力应保持均衡，如有不均衡现象，可用钢丝绳接头锥套上螺母来调节。检查钢丝绳有无机械性损伤、断丝、锈蚀和磨损程度是否超过规定，接头是否完好和有无松动现象等。钢丝绳应有适宜的润滑，以降低钢丝之间的摩擦损耗。

（8）缓冲器部分 缓冲器设置在轿厢和配重行程底部的极限位置。它可以安装在井道底坑底部，也可固定在轿厢和配重下部随之运行，此时称为随行缓冲器。使用随行缓冲器要在底坑底部安装一个与之位置相对应的支座，其高度≥0.5m。

（9）限位开关和机械极限开关部分

1）限位开关应灵敏可靠，当轿厢运行到达上下端站时，应能不借操纵装置的作用，在超越端站高度50～100mm之内将轿厢停止。

2）机械极限开关的作用应灵敏可靠，如电梯因限位开关失效不能在上下端站及时停止而继续行驶时，在超越最高层楼面上或最低层厅门下100～200mm处，机械极限开关应起作用，将电梯的总电源开关断开，迫使电动机停止运转。

（10）电器控制屏部分

1）控制屏上的电磁开关应动作灵活可靠，连接线头和接线端子应紧固无松动现象，动触头连接线（带状编织纯铜线）应无断裂现象。

2）检修时用软刷清除屏板和电磁开关的积灰，检查电磁开关触头的状态和接触情况，线圈外表的绝缘及机械联锁动作的可靠性。

3）电磁式时间继电器的延时可以用改变非磁性垫片的厚度和调节弹簧拉力来调整。

2. 电梯的维修检查要求

电梯的维修检查必须由取得许可的专业技术人员进行。

1）维修检查时应在电梯入口处悬挂检修停用的指示牌，使用照明灯必须采用36V以下的安全电压。

2）进入机房进行维修时必须断开总电源，严禁带电检修控制屏，以防触电事故。

3）进入井道底坑加油维修时，应预先测定底坑深度是否达到安全的越程距离。

4）维修检查和进行试车时均不得载客、载货，待试车完毕证实安全可靠后方可投入使用。

5）调整配重前要正确计算，如果必须少量增减，则应在轿厢顶与配重交会相平时装入或取出。拆卸配重时应采取必要的安全措施。

6）拆修蜗轮蜗杆时，应将轿厢开到最高层，用钢丝绳把轿厢吊在机房的承重梁上，同时将配重架底部用方木垫足越程间距后，方可拆修。

3. 客货电梯的完好标准和定期试验方法

客货电梯的完好标准和定期试验必须由取得许可的专业人员执行。

（1）客货电梯完好标准

1）企业使用的电梯，必须是取得电梯制造许可证的电梯制造厂的合格产品。

2）电梯的起重能力应能达到设计要求。每年按要求进行一次静、动负荷试验，并有记录资料可查。

3）对于电梯的主要性能、额定速度和平层正确度应定期进行试验，并符合技术要求。

4）电梯的安全装置（限速器、安全钳、电气联锁装置及越程极限保护）均处于正常状态，并有试验记录可查。

5）曳引机运行平稳，无异常振动或噪声，润滑良好，温升正常。

6）制动装置安全可靠，主要零部件无严重磨损，制动轮、瓦间隙均匀，且≤0.7mm。

7）钢丝绳不允许有断股、脆化和显著变细现象。一个节距的断丝不超过7根，变细量不超过原直径的15%。主钢丝绳在曳引轮槽中高低误差≤1mm，绳头在锥套中应牢固，无松动、脱出现象，绳头弹簧无疲劳或断裂现象。

8）电梯的导轨、导靴、轿厢、厅门、自动门机、平衡配重等机械部件应灵活可靠，润滑良好，符合相应的技术要求。

9）操作系统灵敏、可靠，各种电气元件无缺损、失灵现象。

10）电梯的机械、电气部件及机房内的装置应保持清洁整齐，零件齐全，维护良好。

上述各项有一项不合格即为不完好电梯。

（2）客货电梯定期试验方法　客货电梯定期试验方法见表7-11。

表7-11　客货电梯定期试验方法

试验内容	试验方法及技术要求	试验期限
静、动负荷定期试验	1）静负荷试验：将轿厢位于底层，陆续平稳地加入载荷，额定起重量≤2000kg的电梯，载以额定起重量的150%，历时10min。试验中各承重构件应无损坏，曳引绳在槽内应无滑移，制动器应可靠地制动 2）动负荷试验：a. 轿厢内应分别载以空载、额定起重的50%、额定起重量的100%，在通电持续率40%的情况下，往复升降各历时1.5h；b. 电梯起动、运行和停止时，轿厢内应无剧烈的振动和冲击，制动器的动作可靠。运行时制动器闸瓦不应与制动轮摩擦，制动器线圈温升应≤60°C，且温度应≤85°C	每年1次
电梯主要性能	1）交流双速电梯载以额定起重量时的实际升、降速度的平均值对额定速度的差值应≤±3% 2）实际升、降速度的平均值应按下式计算：$v_{平均}=\dfrac{\pi D\ (n_{上}+n_{下})}{2\times 60 I I_{曳}}$ 式中，$v_{平均}$为实际升、降速度的平均值（m/s）；D为曳引绳（钢丝绳）轮节径（m）；$n_{上}$、$n_{下}$为额定起重量升、降时电动机转速（r/min）；I为减速器速比；$I_{曳}$为轿厢的曳引速比，无轿顶轮速比为1，有轿顶轮速比为0.5。 3）电梯平层准确度试验应分别以空载、额定起重量做逐层上、下运行，分别测量平层准确度。应符合下列规定：额定速度1m/s时，平层准确度≤±30mm；额定速度0.5m/s时，平层准确度≤±15mm	每年1次

（续）

试验内容	试验方法及技术要求	试验期限
电梯安全装置	1）限速器、安全钳试验。试验时，应使轿厢在空载情况下，以检修速度下降，用手扳动限速器，安全钳应能可靠地动作，迫使轿厢停止运行，同时安全钳联动开关应切断控制回路 2）电气联锁装置试验。当打开厅门或轿厢门时，电梯应不能起动 3）越程极限保护试验。当切断位于电梯井道内上、下极限装置时，电梯应不能起动	每月1次

第三节　电梯的故障排除与事故分析

电梯的发展已有近170年历史，我国电梯发展速度很快，截至2019年底在用电梯已达709.75万台。由于电梯使用的特殊性，加强对电梯运行、检验、维修、改造等各环节的管理是十分必要的。同时，使用单位和乘客必须了解电梯使用规定和要求，特别是普及电梯安全使用的知识。

一、我国电梯的发展趋势

1. 我国电梯发展现状

1852年，德国制成人类历史上最早的用电动机拖动提升绳索使轿厢上下运行的电梯，它的结构简单、无导轨、无安全装置，仅供货物运送。1857年，美国人奥的斯研究升降梯的安全装置试验成功后，世界第一台载人电梯问世。1889年，美国奥的斯公司在纽约试制成功第一台电力拖动蜗轮蜗杆减速的电梯。这部电梯由直流电动机与蜗杆传动直接连接，通过卷筒使轿厢上下运行，速度为0.5m/s。1903年，美国奥的斯公司将卷筒式驱动的电梯改进为曳引轮驱动，为开发行程长、速度高的电梯奠定了基础。当时的电动机是直流的，在使用时具有控制速度困难、平层不准确等问题。为了消除这些缺点，采用发电机-电动机组的直流变压方式，从而实现了电梯的高速化。

由于交流感应电动机的出现，从1915年起开始使用交流式电梯。20世纪50年代电梯广泛使用了电子技术，设计制造出群控电梯，提高了电梯自动化程度，电梯的控制系统采用了小型计算机（真空管）。到了20世纪70年代电梯控制系统中应用了集成电路、微处理机（电脑），使电梯的电气控制进入一个新的发展时期。后来，用于控制电动机定子供电电压与频率的调速方法，即调压调频调速（VVVF）控制被应用在电梯控制系统上。

电梯发展到20世纪90年代，随着计算机技术和现场总线技术的发展，电梯控制系统由并行信号传输向以串行为主的信号传输方式过渡。串行通信仅需一对双绞线就能实现所有外呼，内选与主机的联系，既可提高整体系统可靠性，又为实现电梯的群控、智能化和远程监控提供条件。

我国从20世纪50年代开始生产电梯，生产的电梯产品装备了人民大会堂、北京饭店等；20世纪60年代开始生产自动扶梯和自动人行道，生产的自动扶梯装备了北京地铁车站，生产的自动人行道装备了北京首都机场。我国从20世纪80年代开始引进国外先进技术，电梯工业取得了更大的发展。

电梯一般多安装在高层楼内，如居民住宅、政府机关、商店、饭店、旅馆、医院、仓库等，以及机场、矿井、船舶、车站、施工场地、电厂等。

电梯应用范围很广，飞机场使用运机梯垂直将地下机库中的飞机提升到飞机场的跑道上；矿井下使用矿井梯供井内运送人员及货物；船舶上所用的电梯；施工现场使用施工梯运送建筑施工人员及材料；汽车场装运汽车的电梯；消防用电梯在发生火警时用来运送消防人员、消防器材及乘客等；还有防爆、耐热、防腐等特殊用途电梯及自动扶梯和自动人行道等现代建筑中必备的交通设备。

2. 现代电梯的特点

电梯属于起重机械，是一种间歇动作的升降机械，主要担负垂直方向的运输任务。自动扶梯和自动人行道则属于输送机械，是一种连续运输机，主要用于倾斜或水平方向的运输。

电梯的特点主要有：

1）安全可靠，只要使用得当，不会发生人身伤害事故。

2）乘坐舒适，电梯除了轿厢内部可以按要求进行修饰、布置美观外，它的运动速度曲线可以按舒适感要求设计和控制。

3）停层准确，轿厢与厅门槛的上下差甚少，几乎保持水平。

4）操作简便、自动化程度高。

5）输送效率高。

3. 电梯的新技术

1）在电气控制中大量使用微机。

2）在电梯操纵上出现了声控电梯。

3）在电梯速度上达到了16.7m/s的电梯。

4）在电梯导向方面正在研制无导轨电梯。

5）在电梯牵引方向出现了带状钢丝绳曳引及钢带曳引。

6）无机房电梯在各地稳步增长。

7）利用聚氨基甲酸酯减振器代替传统的弹簧及橡胶减振器。

8）电梯品种上出现了高效率的双层电梯。

4. 现代电梯的先进系统

随着各种电梯技术的不断发展，出现了许多先进的电梯系统。

1）奥的斯Odyssey电梯系统把目前驱动系统、电控系统所采用的水平和垂直运输技术与先进的计算机调度技术结合在一起，由一个计算机导航系统来控制的若干个轿厢可以在一个井道内上下移动，轿厢在一个楼层排队而不会发生碰撞；轿厢可以停放在电梯井道之外，供使用者上下，也可以使电梯进入建筑物以外的一个位置，如进入一个停车场；经过一段横向的移动，人员站在同一部电梯内便可到达建筑物内的顶部，横向运动的应用能够使电梯的轿厢相互错开，可以减少一座建筑物中所需电梯井道的数目，并且能够节省大量的空间。

2）迅达 Mobile 电梯系统是一种不需要悬挂钢丝绳的载客运输系统，也不需要机房，井道占用每层楼的面积很小，且能够在 2～3 天内安装完毕并交付使用。它具有一个轻质铝材轿厢、一个控制器、一个高效电动机。推动力来自电动机，它推动两对聚氨酯滚轮在两根中空圆柱的特制轨道上运行。每对滚轮由一个主动驱动轮和一个被动惰轮组成，用强力弹簧压紧在铝材轨道上，以提供足够的摩擦力来保证轿厢的起止和运行。为了防止自支撑铝材圆柱的横向位移，需要把它固定在井道壁上，但井道并不支撑整个系统的重量。对重被巧妙地隐藏在铝材圆柱内，使风格更简洁。

二、电梯的使用

目前，2019 年统计数据我国在用电梯有 709.75 万台，已是世界第三保有量国。我国持有电梯制造许可证的企业有 757 家，持有电梯安装、改造、维修许可证的企业达约 1.2 万余家。而一般住宅用快速电梯产品定位为环保型，要求具有节能模式、自动运行模式、变频运行模式等功能。

1. 电梯的运行管理

鉴于电梯的技术发展，多数电梯的操作已经很简便，无须专职司机操作，所以，电梯的运行管理主要指电梯的日常安全检查。

1）每日检查。电梯维修人员应在每日工作开始之前，对电梯做准备性试车，还应对机房内的机械和电气设备做巡视性检查。

2）月度检查。电梯维修人员应对电梯的主要设备机构每月做一次检查，核实其动作的可靠性和正确性，并进行必要的修整和润滑。

3）季度检查。电梯每运行 3 个月，维修人员应对其重要的机械设备和电气装置进行详细检查和修整。

4）年度检查。电梯每运行 1 年，应进行一次安全技术检验，详细检查电梯的各部设备情况，检查主要关键的零部件的磨损程度，以及修配或调换磨损量超过允许值和损坏的零部件等。

2. 电梯的安全管理措施

电梯是属于特种设备之一，因此，加强其质量与安全管理，要从全过程、全方位入手，即设计、制造、安装、使用、检验、维修保养和改造等每个环节都要严格遵循国家法规和标准的要求。例如设计单位应将设计总图、安全装置和主要受力构件的安全可靠性计算资料报送所在地区省级政府质监部门审查；制造单位应申请制造生产许可证和安全认定；安装和维修单位必须向所在地区省级政府管理部门申请资格认证，并领取认可资格证书；使用单位必须申请取得省级政府主管部门颁发的电梯检验合格证；操作人员必须经过专业培训考核合格，持有岗位操作资格证书；电梯设备的安全技术状况检验必须按照规定由法定资格认可的单位进行，在用电梯安全定期监督检验周期为一年。

3. 电梯的保护装置

（1）防超越行程的保护　防止越程的保护装置一般是由设在井道内上下端站附近

的强迫换速开关、限位开关和极限开关组成。这些开关或碰轮都安装在固定于导轨的支架上，由安装在轿厢上的打板（撞杆）触动而动作。

（2）防电梯超速和断绳的保护　防超速和断绳的保护装置是安全钳和限速器。安全钳是一种使轿厢（或对重）停止向下运动的机械装置，凡是由钢丝绳或链条悬挂的电梯轿厢均应设置安全钳。当地坑下有人能进入的空间时，对重也可设安全钳。安全钳一般都安装在轿架的底梁上，成对地同时作用在导轨上。

限速器是限制电梯运行速度的装置，一般安装在机房。轿厢上行或下行超速时是通过电气触点使电梯停止运行的。当下行超速、电气触点动作仍不能使电梯停止时，速度达到一定值后限速器机械动作，拉动安全钳夹住导轨将轿厢制停；当断绳造成轿厢（或对重）坠落时，也由限速的机械动作拉动安全钳，使轿厢制停在导轨上。安全钳和限速器动作后，必须将轿厢（或对重）提起，并经专业人员调整后方能恢复使用。

（3）防人员剪切和坠落的保护　防人员坠落和剪切的保护主要由门、门锁和门的电气安全触点联合承担，标准要求：

1）当轿门和层门中任一扇门未关好和门锁未啮合7mm以上时，电梯不能起动。

2）电梯运行时轿门和层门中任一扇门被打开，电梯应立即停止运行。

3）当轿厢不在层站时，在站层门外不能将层门打开。

4）紧急开锁的钥匙只能交给一个负责人员，只有紧急情况才能由专业人员使用。

（4）防止蹲底的缓冲装置　电梯由于控制失灵、曳引力不足或制动失灵等发生轿厢或对重蹲底时，缓冲器将吸收轿厢或对重的动能，提供最后的保护，以保证人员和电梯结构的安全。

（5）报警和救援装置　电梯必须安装应急照明和报警装置，并由应急电源供电。电梯应有从外部进行救援的装置。

（6）停止开关和检修运行装置

1）停止开关一般称急停开关，按要求在轿顶、底坑和滑轮间必须装设停止开关。停止开关应符合电气安全触点的要求，应是双稳态非自动复位的，误动作不能使其释放。停止开关要求是红色的，并标有“停止”和“运行”的位置；若是刀开关或拨杆式开关，应以把手或拨杆朝下为停止位置。

2）检修运行装置包括一个运行状态转换开关、操纵运行的方向按钮和停止开关。该装置也可以与能防止误动作的特殊开关一起跟从轿顶控制门机构的动作。

（7）消防功能　在火灾发生时，电梯停止应答召唤信号，直接返回撤离层站，即具有火灾自动返基站功能。

（8）防机械伤害的防护　在轿顶边缘与井道壁水平距离超过0.2m时，应在轿顶设护栏，护栏的安设应不影响人员安全和方便地通过入口进入轿顶。

（9）电气安全保护　按GB 7588要求，电梯应采取以下电气安全保护措施：

1）直接触电的防护。绝缘是防止发生直接触电和电气短路的基本措施。

2）间接触电的防护。在电源中性点直接接地的供电系统中，将故障时可能带电的电气设备外露可导电部分与供电变压器的中性点进行电气连接。

3）电气故障防护。直接与电源相连的电动机和照明电路应有短路保护，短路保护一般用自动空气断路器或熔断器。与电源直接相连的电动机还应有过载保护。

4）电气安全装置。电梯电气控制系统应有直接切断驱动主机电源接触器或中间继电器的安全触点、不直接切断上述接触器或中间继电器的安全触点和不满足安全触点要求的触点。

4. 电梯的安全使用

电梯是高层建筑物中不可缺少的垂直运输工具，其本身属于机电一体化的大型设备。电梯自发明以来，其安全性、舒适性已有了极大提高。近年来，随着我国经济建设的迅速发展，高层建筑的日益增多，电梯的数量也在快速增加，电梯事故也开始时常出现。

电梯故障发生的原因主要有电梯质量不合格，留下安全隐患；电梯管理使用、保养维护的规章制度不健全或不落实；有的电梯年久失修或“带病”运行；有的电梯操作员素质低，在操作电梯的过程中违章作业等。另外，由于一些乘坐者安全意识淡薄，不按乘梯须知去做，甚至人为破坏电梯设施，导致电梯损害严重。

（1）乘坐电梯的注意事项

1）要先看电梯外是否有“停梯检修”的标志，不要乘坐正在维修中的电梯。

2）进了电梯，要查看电梯内是否张贴有质量监督部门发放的安全检验合格证书。

3）如果电梯门没有关上就运行，说明电梯有故障，此时不要乘坐，应向维修人员报告。

4）发现电梯运行速度过快、过慢或者发现电梯内有焦煳味时，应按下红色急停按钮，使电梯停下，并通报维修人员。

5）电梯停稳后，应观察电梯轿厢地板和楼层是否在同一水平线上，如果不在同一水平线上，说明电梯存在故障，应及时通知维修人员进行检修。

（2）日常乘坐电梯的安全须知

1）等电梯时：在等候电梯时，有人总是反复按动上行或下行按钮，还有人喜欢倚靠在电梯门上休息，也有的人因为着急而拍打电梯门。这些做法都十分危险：反复按电梯按钮，会造成电梯误停，既耽误时间还可能造成按钮失灵；倚靠、手推、撞击、脚踢电梯门会影响电梯正常运行，甚至导致电梯坠入井道。

2）进出电梯：电梯门正在关闭时，有时外面的乘客为了进入电梯，强行用手、脚、棍棒等阻止电梯门关闭。遇到这种情况时，建议您最好等待下次乘坐或者请电梯内的乘客帮忙按动开门按钮使电梯门重新开启。此时电梯内的乘客也不要伸手伸脚、探头探脑，以防出现意外情况。

下雨天乘坐电梯时，请记住不要将滴着水的雨具带入电梯，否则不仅会弄湿地板，而且如果水顺着缝隙进入井道还可能造成电梯短路。

3）在电梯内：人们在乘坐电梯时，有时会不小心将硬币、果皮等物掉进电梯门和井道的缝隙中。遇到这种情况，应立即告知电梯管理人员，以免影响电梯运行安全。

另外，在电梯运行过程中，乘客不要用手扒电梯门，一旦扒开门缝，电梯会紧急制动，乘客将被困在电梯中。

乘坐电梯的安全警示如图 7-8 所示，乘坐自动扶梯的安全警示如图 7-9 所示。不安全的乘梯行为主要指携带危险品乘坐电梯、在电梯内扒门、撬门等行为，如图 7-10 所示。

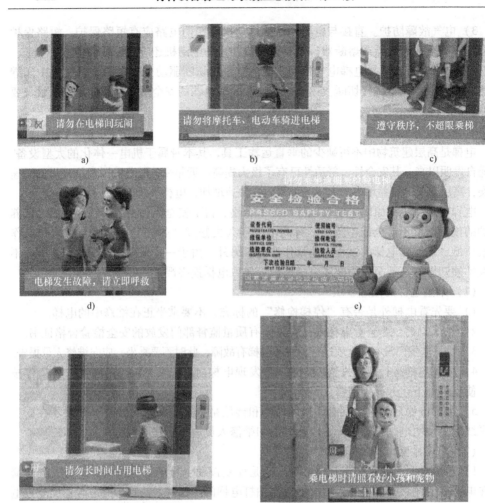

图7-8　乘坐电梯的安全警示

a）请勿在电梯间玩闹　b）请勿将摩托车、电动车骑进电梯　c）遵守秩序，不超限乘梯
d）电梯发生故障，请立即呼救　e）请勿乘坐逾期未检验电梯　f）请勿长时间占用电梯
g）乘电梯时请照看好小孩和宠物

a)

b)

c)

图7-9　乘坐自动扶梯的安全警示

a）请勿将身体探出扶梯外　b）请勿堵塞扶梯口　c）请勿接触扶手以外的部件

（3）电梯发生意外后的应对措施

1）突然停止。如果电梯在运行中突然停下来，一定不要慌乱，应通过电梯里的报警装置与电梯管理人员取得联系，等候维修人员赶到。此时切忌强行扒开电梯门。

图 7-10　不安全的乘梯行为

2）被困。乘客如被困在电梯内，不要担心连接轿厢的钢丝绳会断，一般电梯都安装有至少 3 根钢丝绳，电梯不会轻易掉到井道里。此时要听从维修人员的指挥，配合行动。另外，电梯内在一些连接的位置有很多活动的部件，而电梯轿壁、轿顶和这些部件之间都有缝隙，从这些缝隙透进来的氧气，一般来讲能够满足人们的呼吸需要，同时电梯顶部还设有通气孔。因此，乘客如果被困在了电梯内，不必担心缺氧窒息。此时，被困乘客要克服恐惧心理，保持冷静，切忌用力砸门、撬门和攀爬电梯。

3）停电。电梯在运行中突然遭遇停电或线路故障时，会自动停止运行。此时，乘客不要惊慌，应使用电梯中的报警装置告知电梯管理人员。

4）异常声响。如果在乘坐电梯时，感到电梯突然振动或听到电梯发出异常声响时，乘客不要抱着侥幸心理继续乘坐电梯，应首先就近撤离，然后通知维修人员前来修理。

5）失控下坠，即电梯的轿厢因控制系统完全失效而直接向下掉落到井道底坑情况。一般在这种情况下，由于有缓冲器的保护作用，电梯下滑的速度会比较慢，不会造成重大伤亡事故。同时，电梯还有一套防坠落系统，包括限速器、安全钳。一旦发现电梯突然下落，限速器首先会让电梯驱动主机停止运转，如果主机仍未停止，限速器会提升安全钳使之夹紧轨道，强制轿厢停在轨道上。如果电梯突然掉落时轿厢内有货物，乘客此时应将货物扶好，以免货物将人砸到。电梯掉落时，乘客应保持半蹲姿势，这样能避免身体受到伤害。电梯内如果有小孩，大人要把小孩抱在怀里。

6）火灾。大楼发生火灾时，电梯内的乘客应尽快从最近的楼层撤离。井道或电梯内突然失火时，乘客也应就近撤离。

三、电梯的故障排除

1. 电梯发生紧急事故的处理措施

1）电梯由于某种原因失去控制或发生超速而指示断开电源开关，但仍无法制止时，应将操纵手柄或按钮由顺向位置立即改为逆向位置，并再次切断电源，等待安全装置（极限开关）自动发生作用。

2）如果电梯在行驶中突然发生停车故障而停在井道内不能开门出去时，应先将电源开关切断，由检修人员设法将轿厢移至厅门处。当电梯因安全钳起作用轿厢不能移动时，则可打开轿顶安全窗退出，并通知有关检修人员进行检修。

2. 常见故障的原因和排除方法

常见故障的原因和排除方法见表7-12。

表7-12 电梯常见故障原因和排除方法

故 障	产生原因	排除方法
电源指示灯亮，电梯不能运转	三相交流电断开一相，使整流器直流输出电压≤80V，三相交流电相序颠倒，使相序继电器没有动作	接通或调整三相交流电源，防止电动机单相运转
	限速器张绳轮装置的断绳限位开关或限速器安全钳开关误动作	找出误动作原因，使误动作开关复位
	门联锁继电器无动作，门电联锁开关的触头接触不良	关严各层站厅门和轿门，检查修理开关触头
	起动开关损坏，触头不导电	拆下操作箱，检查修理开关触头
电梯起动时阻力很大	蜗杆减速器两端的滑动轴承因润滑不良而发生抱轴事故	必须拆开大修，滑动轴承修理后，再装配使用
	闸瓦式制动器没有开闸或直流电磁线圈回路断路	检修线路
	制动器闸瓦与制动轮的间隙不符合规定要求	调整制动轮与闸瓦的间隙
	电梯上升时阻力大，可能是轿厢超载；电梯下降时阻力大，可能是配重铁过重，电梯平衡系数过大	电梯不允许超载运行，客梯的平衡系数控制在0.4～0.5，货梯的平衡系数控制在0.45～0.55
	曳引电动机两端的轴承因失油而发生阻滞/制动	拆下检修后，再装配使用
电梯达不到额定起重量	曳引轮上的绳槽严重磨损，使摩擦因数降低致使曳引力达不到要求	调换曳引轮的绳槽达到规定要求
	曳引钢丝绳张力不均匀，按规定各绳之间张力的差值小于5%	调整绳头组合的螺母，使曳引钢丝绳的张力相近似
	电梯的平衡系数过小，配重太轻不能平衡50%的载重和轿厢自重	在配重架上增加平衡块，按平衡系数进行调整
电梯上行不能至预定的层数	上行方向继电器无动作，或操纵盘上选层按钮失灵，或电器控制屏上的层楼继电器无动作	检修上行方向继电器、选层按钮、层楼继电器及有关线路
	上行方向接触器无动作，或上行限位开关没有复位，或下行方向接触器没有释放	检修上、下行方向接触器及有关线路
电梯下行不能至预定的层数	下行方向继电器无动作，或操纵盘上选层按钮失灵，或电器控制屏上的层楼继电器无动作	检修下行方向继电器、选层按钮、层楼继电器及有关线路
	下行方向接触器无动作，或下行限位开关没有复位，或上行方向接触器没有释放	检修上、下行方向接触器及有关线路
电梯不能换速而无慢车	层楼感应开关与停层感应开关距离太近，即换速距离太短	运行速度1m/s的电梯换速距离为1.2～1.4m，运行速度0.5m/s的电梯换速距离为0.5～0.6m；运行速度0.25m/s的电梯换速距离为0.3～0.4m，如不符合应调整感应板

（续）

故　障	产生原因	排除方法
电梯不能换速而无慢车	层楼感应开关不动作，干簧管的触点不能闭合	调换干簧管
	层楼继电器和方向继电器没有释放，造成慢车接触器不动作	检修继电器及有关线路
	慢车接触器本身故障造成慢车不动作	修理或更换接触器
电梯不能平层	停层干簧传感器不能动作，干簧管触点不能断开	调换干簧管
	运行继电器没有释放，造成慢车接触器的不释放	检修运行继电器及有关线路
	方向接触器没有释放，造成慢车接触器不释放	检修方向接触器及有关线路
	闸瓦式制动器本身的故障或制动器调整不符合规定	按规定调整和检修闸瓦制动器
电梯不能自动开门	快车加速继电器没有动作，造成开门继电器没有动作；运行继电器没有释放；层站干簧传感器的触点没有断开；开门行程开关未复位；开门接触器本身故障造成开门接触器不能动作；开门电动机的故障	检修有关中间继电器、接触器、电动机和有关线路等
电梯不能自动关门	选层继电器不能动作，一级起动电器不能动作，关门限位开关没有复位；关门接触器本身故障造成了关门接触器不能动作；开门电动机故障	检查有关继电器、接触器、电动机及有关线路
电梯运行冲顶或冲底	停层干簧传感器的干簧管触点没有断开，由它控制的运行继电器、慢车接触器、方向接触器均没有释放	更换停层干簧管传感器，维修有关电气元件及线路
	强迫换速干簧传感器的干簧管触点没有断开，由它控制的快车接触器没释放	调换强迫换速干簧传感器的干簧管
	上、下限位开关与上、下越程开关失灵	调换失灵的限位开关和越程开关
	电梯平衡系数偏小时电梯超载下行容易冲底；平衡系数偏大时电梯空载上行容易冲顶	调整电梯的平衡系数
电梯超速	当电梯满载下行或空载上行时，闸瓦式制动失灵，轿厢就会溜车、超速	维修和调整闸瓦式制动器
电梯发生反方向运行	电梯驱动开关方向与标志方向相反	改变三相电源相位，任选两只交流接触器，改变输入或输出相位即可得正反运转
轿厢运行发生抖动或振动	曳引轮轮槽过小而绳的直径过大，当曳引轮运转时，绳沿轮缘槽压紧，当绳转出轮槽而强迫分离，造成轿厢体抖动	应适当修正槽的 R 公差
	振动是由于轿厢顶或配重架上的动滑轮轴承损坏，在运转时产生径向圆跳动，或者是由于导轨的平行度误差及台阶过大	调换动滑轮轴承或对导轨平行度进行检修校正

3. 江苏某市对老旧电梯进行改造

【案例7-1】

（1）老旧电梯概况

1）老旧电梯数量：目前全市按相关规定列为老旧电梯的电梯数量为1400余台。

2）老旧电梯的分布情况：大部分老旧电梯集中在企事业单位和老小区，其中货梯占65%。

（2）老旧电梯存在的问题

1）老旧电梯使用存在的安全隐患。大部分老旧电梯由于产品制造的问题，控制柜、曳引系统和安全部件都不符合目前的法规要求，因此，可靠性差、故障多、事故频发，存在严重安全隐患。

2）老旧电梯能耗严重超标。大部分老旧电梯多为继电器控制，大量使用开关、继电器、接触器等机械运动部件，造成能耗高、故障多、维修量大。

（3）老旧电梯节能降耗及安全性能改造情况

1）老旧电梯的安全性能改造。主要针对老旧的客梯，由该市特种设备检测研究院会同某电梯公司，开展了老旧电梯E型制动器改造。在改造前期，市特种设备检测研究院提供了E型制动器故障分析等数据，共同研讨了改造的可行性、安全性，为电梯公司进行E型制动器改造提供了有力的技术支持。

2）老旧电梯的节能降耗改造。

（4）典型个例——邮政枢纽大楼电梯改造

1）邮政枢纽大楼一台天津某电梯公司1990年出厂的9层9站交流双速电梯，由于使用年代较长，导致控制柜内电子元件频繁损坏，轿内操纵系统、厅外层站招呼系统经常失效。在用户提出改造要求后，市特种设备检测研究院会同某电梯公司针对历年检验情况，共同参与制订改造计划，提出了合理化建议。改造方案主要围绕节能的目的提出，内容有：a. 拖动方式由交流双速改为交流调压调频。b. 调整额定速度和层站数。c. 更换控制柜、限速器、安全钳、缓冲器等部件，增加夹绳器，把门机驱动方式改为变频驱动。

2）改造后的特点：采用变频驱动有较好的节能效果；控制柜内的接触器、继电器采用新型、低功能电子元件；采用新型LED照明系统。

改造后的效果：改造后的电梯快速便捷，无故障出现；通过对改造前后的能耗测试，能耗同比下降60%。

（5）老旧电梯改造中存在的问题

1）存在的问题有：a. 部分企事业单位、老小区中由于管理混乱，对老旧电梯改造不重视；社会宣传力不够，积极性不高。b. 改造资金匮乏是老旧电梯改造的主要困难。

由于大部分老旧电梯的使用单位资金匮乏，无力实施改造，特别是老小区，没有维修基金，使改造无法实施。

2）建议：a. 建议行政主管部门采取强制安全评估程序，依据技术评估结论，强制进行大修或改造。b. 给予必要资金支持，从物业管理维修基金拨专款专用，积极推进老旧电梯改造。c. 加强宣传力度，让使用单位和老百姓了解改造的重要性，支持老旧电梯改造。

4. 电梯改造轿厢坠落事故技术分析

【案例 7-2】

某鞋服有限公司在安装队对电梯加层改造、提升轿厢时发生坠落事件，两名安装人员当场死亡。

(1) 电梯基本情况、现场状况

1) 对旧电梯的改造要求是：把现有 5 层 5 站、提升高度 17.5m 的电梯，改造为 9 层 9 站、井道高度 41.8m 的电梯。电梯的制造单位及改造单位均为某电梯有限公司。电梯的基本参数是乘客电梯，型号为 TKJ1000，速度为 1.0m/s，底坑深度为 2.285m，井道宽度为 2.339m。事故发生前，现场轿厢、对重导轨已经架设完毕，机房曳引机已经吊装完毕，7~9 层层门已安装，6 层层门未安装，层门土建未完全封闭。

2) 事故发生后，轿厢坠落到底坑，轿厢严重变形。

3) 轿厢顶有一个手拉葫芦，轿厢上有一条钢丝绳（以下简称钢丝绳 1）呈圈状穿过轿架横梁，挂在手拉葫芦环链下的吊钩上（该钢丝绳后经判断为起吊轿厢的吊环），钢丝绳绳头用两个绳卡卡接，手拉葫芦头部固定吊钩未见钢丝绳或其他附件。

4) 有一根独立的钢丝绳（长度约为 29.4m，以下简称钢丝绳 2）悬挂在二楼处轿厢导轨左侧的支架上（对着厅门的方向），钢丝绳呈破断状态，该钢丝绳也是用两个绳卡将钢丝绳卡接成圈状（做为悬挂电动葫芦头部吊钩的吊环）。

5) 钢丝绳 1 及钢丝绳 2 后经查实均为拆下的限速器钢丝绳，该钢丝绳为瓦林吞型（W 型），其最大工作静拉力为 2521N，钢丝绳的破断拉力为 30746N；钢丝绳 2 上端采用两个绳卡做固定，该绳卡方向装反（绳卡方向装反使强度下降到 75%），绳卡卡接变形的钢丝绳不能承受拉力，而现场其绳卡卡住的两条钢丝绳同样承受提升轿厢的全部拉力，绳卡的错误固定方法使钢丝绳 2 在绳卡附近的破断拉力下降 50% 以上，即该处的破断力小于 15373N。钢丝绳 2 应主要承受以下三个拉力：a. 该电梯轿厢自重约 980kg，加上轿顶两个人的重量约 140kg，合计为 11200N。b. 起升载荷的动载系数为 1~1.3（起升速度小于 0.2m/s），提升额外的拉力（扣除自重）最大可达到 3360N。c. 提升时吊环悬挂点不能保持对中位置，轿厢沿导轨两侧受力不平衡，引起滑动导靴及安全钳楔块与导轨的摩擦力加大而产生的阻力达 900N。

以上三个拉力相加达 15460N，已大于钢丝绳 2 绳卡附近薄弱处（即破断处）的破断拉力，引起钢丝绳破断。钢丝绳的断口形状呈缩颈状，亦证实这一点。

6) 起吊用手拉葫芦为 HS2—A 型、1.5t、上海浦东某起重机机械制造有限公司制造，吊钩有防脱钩装置，其中除吊拉轿厢用吊钩的防脱钩装置坠落时被摔坏外，手拉葫芦基本是完好的。

7) 机房内曳引机底座横梁上有一道被钢丝绳压过的痕迹。

(2) 事故分析　从现场钢丝绳 2 绳卡卡接、钢丝绳 2 与机房曳引机机座槽钢的压痕、手动葫芦的收链及各层高度等情况分析，整个提升轿厢的过程为：轿厢在加层前已经在第 5 层位置，并用槽钢固定住，对重架固定在接近对重缓冲器适当的位置，安装人员拆除轿厢的钢丝绳，把曳引机按规定固定到第 10 层机房的机座上，拆除原第 6 层机房临时地板，搭好脚手架，架设轿厢、对重导轨，去除脚手架，做好了提升轿厢的准备；然后安装人员把钢丝绳2一侧，绕挂在曳引机机座槽钢的2.3m处，用两个绳卡卡住，钢丝绳2的另一侧挂在电动葫芦头部吊钩上，并用两个绳卡卡接，把钢丝绳1穿过轿架横梁，挂在手拉葫芦环链下的吊钩上，随后两名安装人员站在轿顶提升轿厢；轿厢被提升至6层到7层的位置时，两名安装人员固定好轿厢，调整钢丝绳2绳卡的位置，开始第二次提升，由于第一次提拉时已发生断丝断股现象，因此第二次提升时钢丝绳2的完全破断造成人员与轿厢同时坠落事故，事故的发生地在6层与7层之间。

（3）事故原因

1）违章操作是造成该起轿厢坠落的直接原因　用手拉葫芦做轿厢起升作业时，操作人员不应站在轿顶进行操作，这违反了起重机械安全规程，应尽量在机房内或在井道内搭建的临时工作台上进行操作，确实因条件限制而必须在轿顶上操作时，必须采取措施确保轿厢不会发生坠落。具体措施有：a. 悬挂手拉葫芦头部吊钩及吊升轿厢的钢丝绳的安全系数应提高，采用限速器绳作为吊重物的钢丝绳是绝对不允许的。b. 应有防止钢丝绳破断的双重保护，即用第二条钢丝绳进行保护。c. 钢丝绳端部连接采用的绳卡应严格遵守起重机械安全规程的要求，严禁在钢丝绳受力的中部采用绳卡。d. 第二次提拉前，应及时检查钢丝绳状况，发现出现断丝现象，应立即停止第二次提升轿厢。

2）未采取个人防护措施是造成死亡事故的直接原因。根据高空作业有关规定，作业人员在进行高空作业时，应使用生命绳和安全带，若此次提升轿厢作业采用以上措施，则当发生轿厢坠落时，因有生命绳和安全带的保护，就不会发生人员死亡事故。

3）电梯安装公司未提供电梯加层施工方案是安装人员违章操作的直接原因。电梯加层前，电梯安装公司未提供任何电梯加层施工方案或作业指导书，仅在电话对有关人员进行口头的交代，后因安装改造人员不能到位，工程又被转包给个人，并且三个作业人员均无特种设备作业资格证，严重违反了《特种设备质量监督与安全监察规定》，致使安装改造人员违章操作，造成事故。

5. 电梯电气线路接触不良故障的排除

电梯电气线路的导线间、触点间、导线和电气装置等连接处均存在接触电阻。正常情况下，接触电阻阻值一般是毫欧级，不会发生线路故障。环境温度、湿度、接触表面清洁程度、氧化程度、接触面积、压力等因素恶化会引起接触电阻阻值升高，线路就会出现接触不良的故障，导致电梯故障。保持电梯线路连接处清洁，减少污染物，确保触点压力和接触面积，注意表面氧化和积炭程度，可避免因线路接触不良造成的电梯故障。

第八章　场（厂）内专用机动车辆的运行与检验

《国务院关于修改〈特种设备安全监察条例〉的规定》已经2009年1月14日国务院第46次常务会议通过，自2009年5月1日起施行。在这次公布的《特种设备安全监察条例》中，特种设备管理范围内增加的场（厂）内专用机动车辆是指除道路交通、农用车辆以外仅在工厂厂区、旅游景区、游乐场所等特定区域使用的专用机动车辆。同时还增加“房屋建筑工地和市政工程工地用起重机械、场（厂）内专用机动车辆安装、使用的监督管理，由建设行政主管部门依照有关法律、法规的规定执行。”等条款。

到2019年底，我国场（厂）内专用机动车辆为111.69万辆，其中新增加场（厂）内专用机动车辆为17.57万辆。按特种设备事故类别划分，2019年场（厂）内专用机动车辆事故45起，造成死亡42人。从统计数据可以看到，加强场（厂）内专用机动车辆的管理和维修、强化定期检验工作是十分必要的。

第一节　场（厂）内专用机动车辆的特点、分类及制造许可规则

场（厂）内专用机动车辆主要用于运输作业、搬运作业及工程施工作业等，所以种类繁杂，而且企业自制、改装的机动车辆也很多。

一、场（厂）内专用机动车辆的特点

场（厂）内专用机动车辆往往兼有装卸与运输作业功能，并可配备各种可拆换的工作装置或专用属具，能机动灵活地适应多变的物料搬运作业场合，经济高效地满足各种短距离物料搬运作业的需要，在现代生产过程中已占据着越来越重要的地位。随着场（厂）内专用机动车辆应用范围的扩大和环境保护、劳动安全卫生要求的提高，对废气净化、作业视野、车辆的振动与噪声、易燃易爆场所的防爆等问题日益重视，相应的技术规范亦日益完善。

采用车辆搬运货物是伴随着人类生产生活的进步而发展的，具有悠久的历史。搬运机具的进步是由简单到复杂、从单一到系统、由零散到单元集装化的过程。随着现代社会文明的发展，场（厂）内专用机动车辆使用的普及率越来越高，已从港口、码头进入了整个社会，成为当今社会不可缺少的工具。

20世纪90年代后，随着工厂自动化（FA）、柔性加工系统（FMS）和计算机集成制造系统（CIMS）的兴起，自动导向车辆系统（AGVS）作为联系和调节离散型物流系统的关键设备，其技术和应用范围得到了迅速发展。AGVS车型的种类繁多，实现了利用计算机对车辆的控制和信息通信。自动导向车除自动导向运行、认址、避让等基本功能外，还可实现原地转向、横向侧移，且具有各种自动移载装置。

1. 场（厂）内专用机动车辆的特点

1）工作环境差异大，工况恶劣。场（厂）内专用机动车辆施工和作业的环境千差万别，不同环境的气候条件和地理地质条件相差悬殊，因此要求场（厂）内专用机动车辆的性能和质量必须具有广泛的环境适应性。

2）同类场（厂）内专用机动车辆的规格差别很大。履带式推土机的驱动功率为40～1000kW；单斗液压挖掘机容量为0.02～34m^3；平衡重式叉车起升重量为0.5～42t等。这是由于不同的工作对象和不同类型的工程对施工和作业的不同要求所决定的。

3）一机具有多种可换工作装置。为了降低产品成本并满足各种工程施工和作业的要求，在同一种底盘上更换不同的工作装置，以实现不同类型的施工和作业。如在同一台单斗液压挖掘机底盘上，可以更换正铲、反铲、抓斗、起重装置、破碎锤、桩锤、钻孔机等上百种不同的工作装置。又如，在叉车门架（货叉架）上可配备各种叉车专用属具，如吊钩、夹持器、旋转夹、圆木夹等。

有些类型车辆上，在同一种底盘上可以同时安装两种工作装置。如挖掘装载机即在轮式底盘后端安装反铲挖掘装置，在前端同时安装装载装置，既可做挖掘机使用，又可做装载机使用。

4）各类产品之间具有使用成套性。一般的工程施工和搬运作业均包含多道工艺程序，用一种车辆往往无法全部完成，必须使用相应的车辆，进行不同工序的连续作业，最后完成全部的工程施工和作业。只有各机种的功能和作业率科学地匹配，才能合理而又经济地进行连续施工和作业，达到提高工作效率、缩短生产周期、降低运营成本的目的。

2. 场（厂）内专用机动车辆的发展趋势

1）零部件专业化生产正在扩大和发展。场（厂）内专用机动车辆品种多，单一品种生产批量相对较少。通过优化设计，可提高主要零部件的通用化率，增大其生产批量，提高质量，降低生产成本，如液力变矩器、动力换档变速器和一般变速器、各种离合器和制动器。驱动桥和转向桥、履带总成、叉车门架和货叉、仪表盘及驾驶室等零部件各有独特的制造工艺，宜于组织专业生产厂进行专业化批量生产。场（厂）内专用机动车辆通用零部件市场正在日益扩大和发展，主机厂自制率正在逐步降低，一般在40%以下。

2）安全保护装置日臻完善。为保护驾驶人的人身安全，防翻滚驾驶室在推土机、装载机等行驶作业车辆上应用越来越普及。各种电子报警装置也在日益发展完善，利用远程控制和无人驾驶车辆进行特殊环境的施工和作业的技术也得到了发展。

3）产品向大型化和微型化两极发展。从提高经济效益出发，矿山、电站等工程规模越来越大；从减轻劳动强度和节约劳动力出发，城市、厂矿和农村等各种场所也需要各种类型车辆的施工和作业。这种情况决定了场（厂）内专用机动车辆，一方面向大型化发展，另一方面向微型化发展。

4）提高车辆的安全性，降低维修费用。如采用电子监视和故障诊断系统，使车辆在故障发生之前便可得到预警，提醒驾驶人停机检修，防止事态蔓延和恶化。

5）节约能源，提高作业效率。如采用自动负荷调节装置，以适应外载荷的变化，充分而有效地发挥发动机的输出功率。

6）降低车辆的噪声、振动和排气污染。

7）应用人机工程学原理，使车辆的操作安全、可靠、舒适。

8）发展专用车辆及属具，拓展使用领域；产品进一步向多样化、系列化方向发展。

场（厂）内专用机动车辆作为一种技术密集型的产品，随着科学技术的不断发展和新技术的应用，有广阔的发展空间。场（厂）内专用机动车辆虽已品种繁多，但仍需以市场需求为导向，按不同使用环境和用户要求发展新品种。产品的开发应融合各相关或新兴学科的机理，以综合与系统的观点和计算机辅助设计/制造一体化（CAD/CAM）的手段，采用新技术、新材料和新制造工艺方法，切实提高产品质量水平。

二、场（厂）内专用机动车辆的分类

场（厂）内专用机动车辆可按不同的特征进行分类。

1. 按照动力特点分类

按动力可分为手动车辆和机动车辆。手动车辆是靠人力运行的车辆，它比较简单，本书不再赘述。机动车辆是靠动力源供给能量，由原动机驱动实现运行的。根据原动机的不同可分为：

1）内燃车辆。由内燃机（包括柴油机、汽油机和代用燃料发动机）驱动。

2）电动车辆。由电动机驱动，由蓄电池供给能量或由电网供给能量。

3）内燃电动车辆。由内燃机带动发电机，再由电动机驱动。

2. 按照产品功能、结构特征分类

1）工业搬运车辆：由自行轮式底盘与工作装置或承载装置组成，主要用于码头、车站、仓库、各类企业的内部运输和装卸等工作，包括各类叉车、牵引车、搬运车、跨车等。

2）挖掘机械：用以开挖土方和装卸爆破后的石方。

3）铲土运输机械：通过行走装置与地面相互作用产生驱动力而对地面土壤进行铲掘、平整，并进行短距离运输，包括推土机、装载机、铲运机、平地机、翻斗车等。

4）工程起重机械：通过吊钩的垂直升降运动和水平运动的复合运动，按工程要求转换重物位置，包括汽车式起重机、轮胎式起重机、履带式起重机、塔式起重机等。

5）压实机械：用以强化介质（土壤和混合物料等）的密实程度，包括压路机和夯实机两大类。

6）桩工机械：用以完成桩基础工程，包括打夯机、钻孔机等。

7）装修车辆：用于对建筑物内部和外部进行装潢修饰，包括地面修整机、屋面施工机械、装修用升降平台等。

8）凿岩机械：对母岩和母矿凿孔供装药爆破用的机械，包括凿岩机、破碎锤等。

9）气动工具：在工业生产辅助作业过程中，用于取代手工操作并以压力空气为动力源的机械，包括回转类、冲击类及其他气动工具等。

10）路面机械：用于对公路稳定层和路面层进行修筑和维护保养，包括稳定层施

工机械、沥青路面施工机械、水泥路面施工机械、养护机械等。

3. 工业搬运车辆的分类和型号

工业搬运车辆按作业方式的分类如图 8-1 所示。

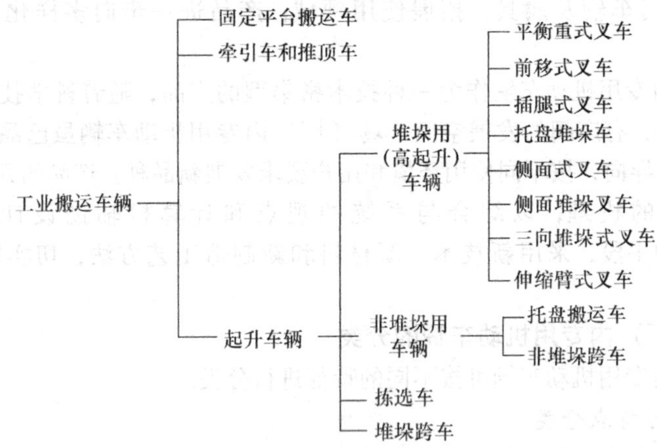

图 8-1　工业搬运车辆按作业方式的分类

（1）固定平台搬运车　固定平台搬运车是载货平台不能起升的搬运车辆，如图 8-2 所示。一般不设有装卸工作装置，主要用于货物的近距离搬运作业。

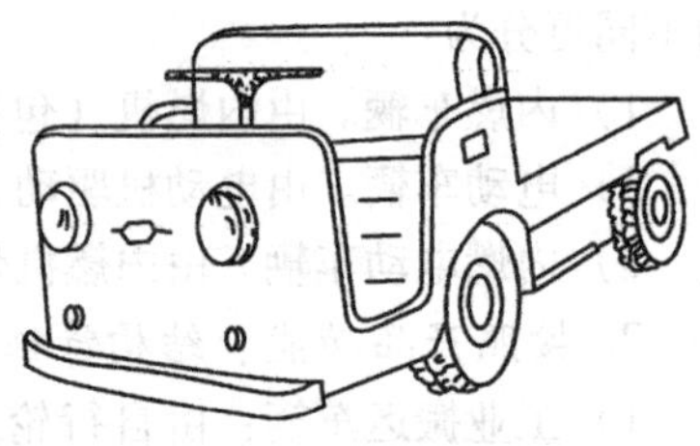

图 8-2　固定平台搬运车

（2）牵引车和推顶车　车辆后端装有牵引连接装置，用来在地面上牵引其他车辆的工业车辆称为牵引车，如图 8-3a 所示；车辆前端装有缓冲牵引板，用来在地面上作推顶其他车辆的工业车辆称为推顶车，如图 8-3b 所示。

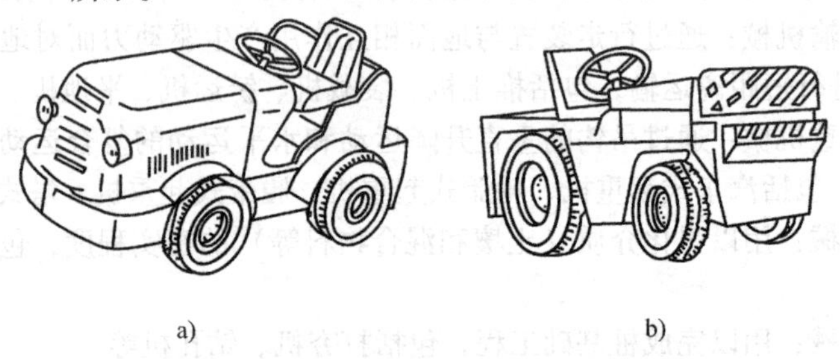

a)　b)

图 8-3　牵引车和推顶车
a）牵引车　b）推顶车

（3）平衡重式叉车　平衡重式叉车如图 8-4 所示，具有载货的货叉（或其他可更换的属具），货物相对于前轮呈悬臂状态，依靠车辆的重量来平衡车辆。

（4）侧面式叉车　侧面式叉车是进行侧面堆垛或拆垛作业的车辆，如图 8-5 所示。车辆的货叉架或门架可相对于车辆的运行方向横向伸出和缩回。

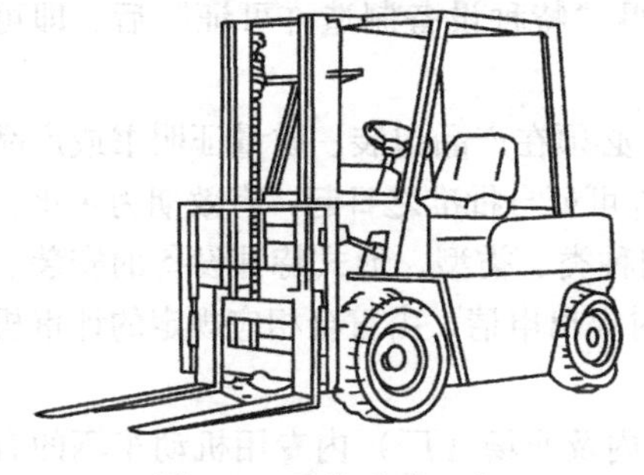

图 8-4　平衡重式叉车

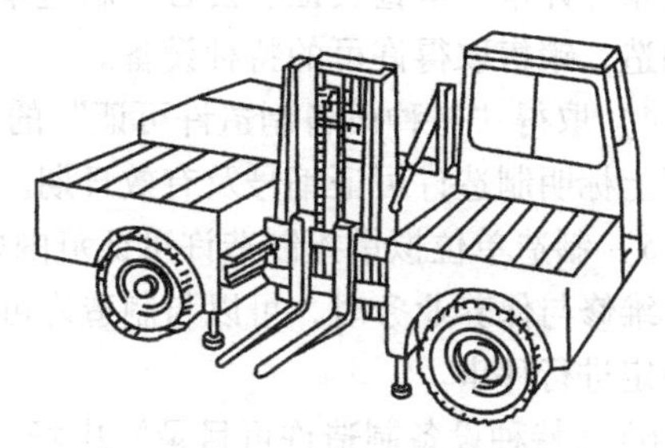

图 8-5　侧面式叉车

（5）三向堆垛式叉车　三向堆垛式叉车是门架正向布置、货叉能在车辆的运行方向及两侧进行堆垛及拆垛作业的车辆，如图 8-6 所示。

（6）前移式叉车　前移式叉车是具有前、后可移动的门架或货叉架的车辆，如图 8-7所示。当门架或货叉架处于外伸位置时，货叉上的货物则处于悬臂状态。

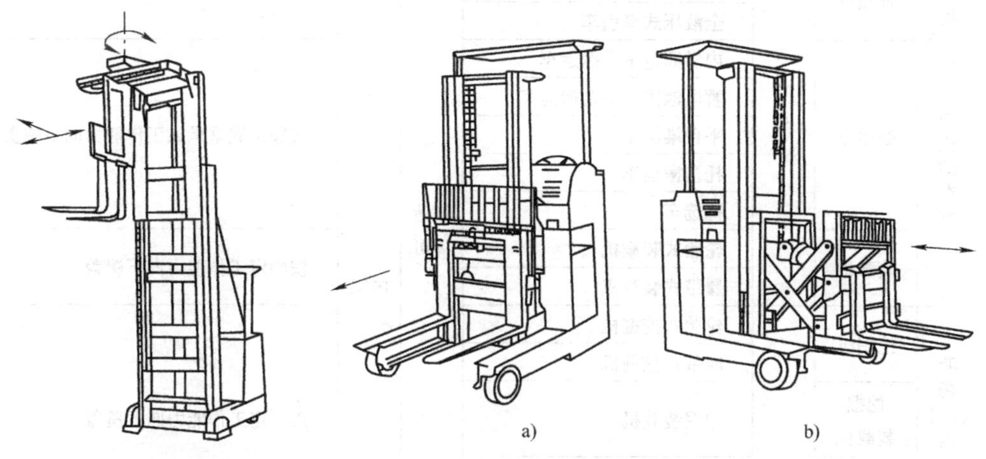

图 8-6　三向堆垛式叉车

图 8-7　前移式叉车
a）门架前移式　b）叉架前移式

三、场（厂）内专用机动车辆制造许可规则

为了规范机电类特种设备制造许可工作，确保机电类特种设备的制造质量和安全技术性能，根据《特种设备安全法》的要求，生产场（厂）内专用机动车辆的厂家必须取得制造许可后方可正式销售。

1）国家市场监督管理总局负责全国场（厂）内专用机动车辆制造许可工作的统一管理。

2）生产厂家必须有一批能够保证正常生产和产品质量的专业技术人员、检验人员，应任命至少一名技术负责人，负责本单位场内专用机动车辆制造和检验中的技术审核工作。

3）制造许可方式为制造单位许可的，制造许可的程序为申请、受理、型式试验、制造条件评审、审查发证、公告。制造单位取得“特种设备制造许可证”后，即可正式制造、销售取得许可的特种设备。

4）取得“特种设备制造许可证”的单位，必须在产品包装、质量证明书或产品合格证上标明制造许可证编号及有效日期。制造许可证自批准之日起，有效期为4年。

5）制造单位拟承担制造许可证范围内相同种类、类型、形式特种设备的安装、改造、维修与保养业务时，可以与制造许可证同时提出申请，由符合相应规定的评审机构按规定进行评审。

6）《特种设备制造许可目录》中场（厂）内及非场（厂）内专用机动车辆的有关要求见表8-1。

表8-1 《特种设备制造许可目录》中场（厂）内及非场（厂）内专用机动车辆的有关要求

设备种类	设备类型	等级	设备形式	许可方式	受理机构	覆盖范围原则
场（厂）内专用机动车辆	牵引车推顶车	A	内燃牵引车和推顶车	制造许可	国家	按额定推牵功率向下覆盖
			蓄电池牵引车和推顶车			
			全液压式牵引车			
	搬运车		内燃固定平台搬运车			按额定载重量或工作能力向下覆盖
			蓄电池固定平台搬运车			
			平台堆垛车			
			托盘搬运车			
			拣选车			
	装载机		轮胎式装载机			按额定工作能力向下覆盖
			履带式装载机			
非场（厂）内专用机动车辆	挖掘机	①	轮胎式挖掘机			按额定工作能力向下覆盖
			履带式挖掘机			
	挖掘装载机		挖掘装载机			
	铲运机		自行式铲运机			
			拖式铲运机			
	进口厂内机动车辆		各种形式的牵引车、推顶车、搬运车、装载机、挖掘机、铲运机	型式试验		按不同类型覆盖范围原则执行

注：受理机构注“国家”的是指国家市场监督管理总局特种设备安全监察局。

① 据质检办特〔2010〕200号文件指出，自2010年3月1日起，该类设备不再受理制造许可申请，即不再实施特种设备制造许可。

四、场（厂）内专用机动车辆管理要求

1）近年来我国颁发场（厂）内专用机动车辆规范管理文件，见表8-2。

2）《质检总局关于实施新修订的<特种设备目录>若干问题的意见》，（国质检特〔2014〕679号），已于2014年12月24日生效的《特种设备目录》——场（厂）内专用机动车辆部分，见表8-3。

表 8-2　近年来场（厂）内专用机动车辆规范管理文件一览表

序号	文件名称及颁布情况	实施日期
1	GB/T 16178—2011《场（厂）内机动车辆安全检查技术要求》	2012 年 5 月 1 日
2	质检办特函〔2017〕523 号《质检总局办公厅关于实施〈场（厂）内专用机动车辆安全技术监察规程〉若干问题的通知》	2017 年 5 月 18 日
3	TS N001—2017《场（厂）内专用机动车辆安全技术监察规程》	2017 年 6 月 1 日

表 8-3　《特种设备目录》——场（厂）内专用机动车辆部分一览表

代码	种类	类别	品种
5000	场（厂）内专用机动车辆	场（厂）内专用机动车辆，是指除道路交通、农用车辆以外仅在工厂厂区、旅游景区、游乐场所等特定区域使用的专用机动车辆	
5100		机动工业车辆	
5110			叉车
5200		非公路用旅游观光车辆	

第二节　场（厂）内专用机动车辆基本结构与运行

场（厂）内专用机动车辆种类很多，功能、结构及作业条件等相差很大，不同类型车辆的技术指标和参数也有很多不同之处，目前在工矿企业使用最多的是工业搬运车辆。

一、工业搬运车辆的性能

工业搬运车辆中，叉车的使用量大面广。叉车的性能主要包括装卸性能、运行性能和总体性能。各种性能一般用性能参数表示。

1. 装卸性能

装卸性能用来表征车辆的装卸能力和工作范围。表示叉车装卸性能的参数如下。

（1）额定起重量　额定起重量是指货叉上的货物重心位于规定的载荷中心距上时，允许起升的货物最大重量。额定起重量（单位为 t）系列规定为 0.50、0.75、1.00、1.25、1.50、1.75、2.00、2.25、2.50、2.75、3.00、3.50、4.00、4.50、5.00、6.00、7.00、8.00、10.00、12.00、14.00、16.00、18.00、20.00、25.00、28.00、32.00、37.00、42.00。

（2）载荷中心距　载荷中心距是指额定起重量货物的重心至货叉垂直段前表面的水平距离，以 mm 表示。载荷中心距与起重量有关，起重量大，载荷中心距也大。不同车型按照不同的额定起重量规定了相应的载荷中心距。平衡重式叉车的载荷中心距规定见表 8-4。

表8-4　平衡重式叉车的载荷中心距规定

额定起重量 Q/t	$Q \leqslant 1$	$1 \leqslant Q \leqslant 5$	$6 \leqslant Q \leqslant 10$	$12 \leqslant Q \leqslant 18$	$20 \leqslant Q \leqslant 42$
载荷中心距/mm	400	500	600	900	1250

（3）最大起升高度　最大起升高度是指叉车在平坦坚实地面、额定起重量、门架处于垂直状态下起升至最高位置，货叉水平段上表面至地面的垂直距离，以 mm 表示。

叉车最大起升高度作为叉车的一项重要性能参数在标准中做出明确规定，其系列为1500、2000、2500、2700、3000、3300、3600、4000、4500、5000、5500、6000、7000。

（4）自由起升高度　自由起升高度是指在无载状态、门架垂直、门架高度不变的条件下起升，货叉水平段上表面至地面最大的垂直距离。具有自由起升的叉车可改善其通过性。根据自由起升高度不同，分为部分自由起升和全自由起升两种。

1）部分自由起升。部分自由起升是指在叉车外形高度不变的条件下，能将货物起升300mm左右的高度，使叉车既便于行驶，又不增加外形高度，能方便地通过仓库和车间的门。

2）全自由起升。全自由起升是指在叉车外形高度不变的条件下，货叉充分地起升。全自由起升使得叉车在低净空场所（如船舱内、车厢内、集装箱内等）可进行低高度的堆码装卸作业，扩大叉车的使用范围。

（5）最大起升速度　最大起升速度是指叉车满载时货物起升的最大速度。最大起升速度直接影响叉车的作业效率。提高起升速度是国际上叉车行业的共同趋势。

（6）门架倾角　门架倾角是指无载叉车在平坦坚实路面上，门架相对其垂直位置向前和向后的最大倾角。门架倾角分为门架前倾角和门架后倾角。门架前倾角的作用是为了便于叉取和卸放货物，门架后倾角的作用是叉车带货行驶时，防止货物从货叉上滑落，增加叉车行驶的纵向稳定性。内燃叉车门架后倾角一般为12°，蓄电池叉车的门架后倾角一般为9°。

2. 运行性能

叉车运行性能用来表征叉车运行的各种能力及适于运行的场合。运行性能包括牵引性能、制动性能、机动性能、通过性能等。

（1）牵引性能　牵引性能也称为动力性能，表征叉车能克服各种运行阻力而以需要的速度运行的能力。表示牵引性能的主要参数是最大运行速度、最大爬坡度、最大挂钩牵引力及车辆的加速能力等。

1）最大行驶速度是指叉车在空载或满载运行状态所能实现的最大速度。严格来说，试验过程中测试仪器显示的是瞬时（或即时）最大行驶速度，所以最大行驶速度是测试过程所得到的最大行驶速度的平均值。

2）最大牵引力。牵引力大，则叉车起步快，加速能力强。由于叉车具有运送距离短，起步停车、转向频繁等作业特点，加速能力十分重要。

最大牵引力是指叉车在额定载荷状态和空载状态两种情况下的最大挂钩牵引力。叉车一般不作为牵引车使用，因此叉车的最大挂钩牵引力往往是从功率储备的角度表示叉车所具有的加速能力。

3）最大爬坡度。叉车的最大爬坡度是指叉车在无载和满载状态下，在坚实良好的路面上以低档等速行驶时能爬越的最大坡度，以度或百分数表示。

叉车满载行驶时的最大爬坡度一般由原动机的最大转矩和低速档总传动比决定。对于内燃叉车来说，空载行驶的最大爬坡度通常由驱动轮与地面的附着力决定。蓄电池叉车的最大爬坡度从本质上说取决于电动机的过转矩能力。叉车最大爬坡度应满足叉车作业的具体要求，例如在库房内作业的叉车，其最大爬坡度应大于库房门口坡度；在铁路部门的叉车，其最大爬坡度应大于货物站台两端的坡度。

（2）制动性能　制动性能是叉车迅速减速停车的能力，通常以紧急制动时的制动距离来衡量。目前逐渐以牵引杆拉力率表示叉车的制动性能。

（3）机动性能　叉车的机动性能表示其通过狭窄曲折通道及在最小面积内回转的能力。叉车主要在仓库、货场、车间、车厢内、船舱内及集装箱内进行堆垛或装卸作业，这些地方一般通道狭窄，供叉车作业的面积很小，所以叉车的机动性直接影响到它能否在这些地方工作或进行装卸作业的生产率。另一方面，叉车的机动性影响到仓库、货场有效面积的利用率。

衡量叉车机动性的主要指标有最小转弯半径、直角通道最小宽度、直角堆垛通道最小宽度、回转通道最小宽度。其中叉车最小转弯半径是叉车机动性的最基本指标，如图8-8所示。

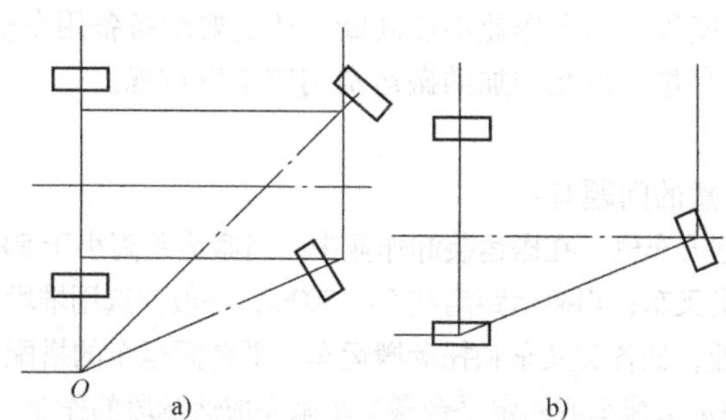

图8-8　叉车理论转向半径示意图

a）四支点叉车　b）三支点叉车

二、车辆评价与选型

场（厂）内专用机动车辆品种规格繁多，使用环境和作业要求各异，用户应在正确评价的基础上合理选择车型。首先根据用户的使用要求，如货流量、货物种类、搬运距离、堆垛高度等，进行性能、经济性和维修条件的综合评价。选型可根据评价的结果确定，如果物流中的货物种类单一或物流量较少，则选用单一车型少数几种搭配即可满足要求；反之，如果需要多种车辆协同作业，则必须进行多种搭配方案的比较与选择，才能最终确定合理且经济的选型。

1. 车辆的评价

（1）性能评价　性能评价需基于对下述使用条件和车型性能的了解。

1）作业场合。需要了解车辆是在室内、室外或室内外作业；环境状况，如是否存在易燃、易爆等；路面状况，如满载或空载时需通过的最大坡度和坡道长度，地面、楼层或楼梯的承载能力等；车辆通过的地方净空情况等。

2）装载的单元货物。需要了解货物、托盘或货箱的尺寸，单元质量及载荷中心距等，如装载多件桶时需要的夹持保护方式等。

3）仓储条件。需要了解货物在货架上的存储方式、最低层和最高层货物堆放的高度及通道的宽度。

4）作业状况。需要了解作业班次、搬运路程长度及每班搬运和装卸总量。

5）车辆的适配性能。需要了解车辆主要性能，如额定起重量、载荷中心距、起升高度、外形尺寸、运行速度、牵引力、爬坡度等；车辆使用的能源类型与能耗情况；车辆的视野、噪声、操作的难易度和属具配备的情况等。

6）售后服务质量。要了解供货方服务网点的配置，配件供应情况、服务质量及费用等。

（2）经济性评价　经济性评价主要是核算单机使用中发生的各项费用，如购置费、维护保养费和能源费等。多种车型搭配组成的搬运系统，其经济性需要在单机经济性评价的基础上进行综合评价。购置高性能的车辆或配备属具，虽然购置费增加了，但作业效率高，总的搬运成本将会降低。

（3）维修条件评价　维修条件的指标是用两次大修之间的总工作小时数中因维修而停机的小时数所占的比例来衡量。影响因素包括车辆的可靠性、维护保养、服务和备品配件供应的及时程度等。如果作业不能间断，还需要配备备用车辆，或因备品配件供应不及时需要增加库存量，由此增加的搬运费用应予以重视。

2. 选型

车辆选型中应注意的问题有：

（1）搬运车辆/起升车辆　在搬运装卸作业中，当搬运距离小于 50m 时，一般应选用堆垛用起升车辆，如各类叉车；当搬运距离在 50～300m，一般应选用堆垛用起升车辆和非堆垛用低起升车辆搭配作业，如各类叉车和托盘搬运车、平台搬运车的搭配作业；当搬运距离超过 300m 时，则应选用牵引拖车或固定平台搬运车来完成运输段的作业。

（2）电动车辆/内燃车辆　采用不同动力和能源的机动车辆在某些性能和用途方面的比较见表 8-5。

表 8-5　电动车辆与内燃车辆性能比较

项　目		电动车辆	内燃车辆	
			汽油车	柴油车
性能	机动性	○	○	○
	废气排放	○	×	△
	噪声振动	○	△	×
	操作的难易度	○	△	△
	燃料的补给	△	○	○
	购置费用	×	△	○
	维修费用	○	×	△

（续）

项目		电动车辆	内燃车辆	
			汽油车	柴油车
用途	长距离搬运	×	○	○
	连续作业	△	○	○
	难以通风的场所	○	△	△
	低噪声的场所	○	△	×
	拒异味的场所	○	×	×
	狭窄的场所	○	×	×
	低温（冷库）场所	○	×	×
	易燃的场所	○	×	×

注：○表示好（适用）；△表示一般；×表示差（不适用）。

以室内作业为主的场合一般应优选电动车辆。兼顾室内和室外作业时，可以选用液化石油气或带有废气净化装置的内燃车辆。柴油车辆排放废气中的气味和黑烟易被人察觉，而汽油车排放废气中无色无味的一氧化碳更危害人体健康。电动车辆在环境保护和卫生方面优于内燃车辆，虽然其购置费用较高，但流动费用较低，经济寿命较长，总的经济性良好。同内燃车辆比较，使用不到两年，电动车辆的年使用费用就低于内燃车辆。

(3) 平衡重式叉车/其他类型叉车　平衡重式叉车是最为常见、数量最多且用途最广泛的一种叉车。为适应不同的工作对象和提高作业效率，可配置其他的属具。但在某些作业场所，使用其他类型叉车更为适宜。例如如图8-9所示，在仓库内作业，为提高仓储面积有效利用率，即减少作业通道宽度，三向堆垛叉车、前移式叉车所需要的作业通道宽度分别为平衡重式叉车的50%和70%。在长物件堆垛作业中，采用侧面式叉车所需要的作业通道宽度远小于平衡重式叉车。

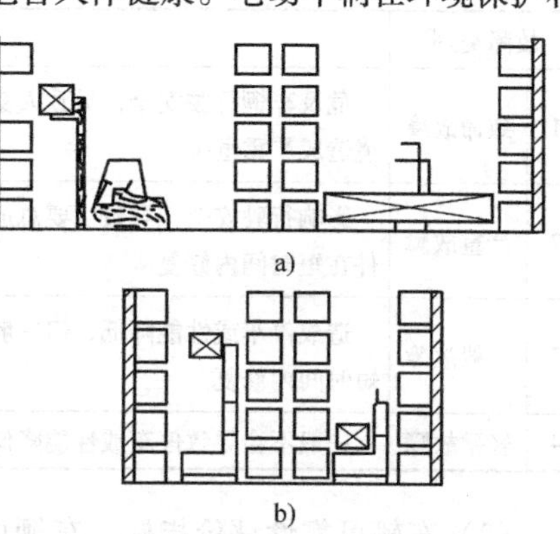

图8-9　不同车型叉车的长物件堆垛作业通道宽度比较

a）平衡重式叉车　b）侧面叉车

三、车辆作业安全与环境保护

各种类型的场（厂）内专用机动车辆日益增多，其应用范围也更加广泛。场（厂）内专用机动车辆作业特点是往复重复性较强的短途运输或装卸，其安全性往往容易被人们所忽视。加强场（厂）内专用机动车辆的安全管理和技术检验，不断提高场（厂）内专用机动车辆的安全技术状况，可以最大限度地减少车辆伤害事故的发生。

1. 场（厂）内专用机动车辆的作业安全要点

场（厂）内专用机动车辆作业安全主要有以下几个方面：

1）车辆的额定能力和产品标志。

2）车辆的稳定性和制动性能。

3）车辆的运行方向控制和控制符号。

4）车辆的动力系、起升倾斜和其他动作装置的要求。

5）车辆的保护装置。

6）车辆的操作和维护。

2. 车辆的可靠性

（1）车辆的可靠性定义及故障分类　车辆的可靠性是指车辆在规定的条件下、规定的时间内完成规定功能的能力，从这一定义出发，不能完成规定功能的事件便是故障，因此车辆故障的定义是：车辆的零部件及整车在规定条件下和规定时间内丧失其规定功能的现象。

按照导致车辆故障的原因，故障可分为本质故障和从属故障。由车辆零部件本身内在因素所导致的故障称为本质故障，它是车辆可靠性评定的依据；由车辆内在因素以外的原因所诱发的故障称为从属故障，如驾驶人违章操作等。按对人身安全的危险程度，车辆故障可分为4个等级，见表8-6。

表8-6　车辆故障类别分类原则

故障类别		分类原则
1	致命故障	危及车辆行驶安全，导致人身伤亡，引起主要总成报废，造成重大经济损失，或对周围环境造成严重危害
2	严重故障	影响行驶安全，导致主要总成、零部件损坏或性能显著降低，且不能用随车工具和易损备件在短时间内修复
3	一般故障	造成停车或性能降低，但一般不会导致主要总成、零部件损坏，并可用随车工具和备件在短时间内修复
4	轻微故障	一般不会导致停车或性能降低，不需更换零部件，用随车工具在短时间内能轻易排除

（2）车辆可靠性评价指标　车辆可靠性评价指标较多，目前在工业车辆应用较多的可靠性评价指标有以下三项。

1）平均首次故障时间 $MTTFF$。

2）平均故障间隔时间（或平均无故障工作时间）$MTBF$。

3）平均有效度 A，它是指车辆在特定时间内维持其规定功能的概率，即

$$A=\frac{\text{车辆能工作的时间}}{\text{车辆能工作的时间}+\text{车辆故障停机时间}}$$

叉车行业采用上述三项指标作为评定叉车优等品、一等品和合格品重要的指标之一。确定可靠性指标值主要考虑下列因素：a. 国内外同类产品的可靠性水平；b. 用户的要求或合同的规定；c. 技术和经济的权衡。可靠性的指标不是越高越好，要从技术可行性、研制开发周期、成本效益等几个方面进行综合分析和平衡。

3. 车辆的噪声

车辆的噪声属于环境物理污染范畴，其特点是：污染是局部性的，在污染源停止运

转后，污染也就立即消失。凡是干扰人们休息、学习和工作的声音，即不需要的杂乱无章的声音称为噪声。噪声的声级，在表示时常用 dB（A），加 A 表示噪声除声压外，还与频率有关。机动车辆噪声测定采用声级计，特点是简单易测，与主观感觉评价基本一致。

场（厂）内专用机动车辆噪声主要来自发动机、工作液压装置、传动系统及结构件（如门架）。噪声的强弱与机动车辆的类型、运动速度有关。各国制定的机动车辆允许标准有所不同。我国 0.5 ~ 10t 平衡重式叉车规定：内燃叉车的车外最大允许噪声级不大于 90dB（A），蓄电池叉车的车外最大允许噪声级不大于 80dB（A）；货车（8t≤载重量<15t）车外（7.5m 处）最大允许噪声级不大于 89dB（A）。通常，从保护人听力出发，绝对安全的标准应≤85dB（A），但在实际制定噪声标准时，还考虑可行性和经济性。随着经济发展及劳动保护要求的提高，对场（厂）内专用机动车辆噪声限制的标准或法规性要求将日益完善和提高。

4. 车辆废气净化

随着保护生态环境得到日益重视，造成环境污染的内燃车辆废气排放受到越来越严格的法规限制。内燃车辆排放的污染物主要有一氧化碳（CO）、碳氢化合物（HC）、氮氧化合物（NO_x）及微粒物（PM）等。

控制内燃车辆排放的技术措施一般可分为机内和机外两类。机内措施是通过改变发动机本身或附件来改变发动机的燃烧过程，以减少污染物的排放量；机外措施是通过安装某些装置来处理已经排至发动机排气管外或发动机外的污染物。此外，采用天然气、石油气等代用燃料也是降低内燃车辆排放物的措施之一。

5. 在危险环境使用的机动车辆

场（厂）内专用机动车辆不管是内燃的还是电动的，在危险区域内进行货物的装卸、搬运等作业，一旦出现点火源，其后果是不堪设想的。

因为在存在易燃气体和粉尘的作业场所会形成易爆混合物，所以在危险环境中使用的车辆必须遵守我国有关防爆安全法规，即由国务院颁布的防爆安全行政法规与国家技术监督局颁布实施的防爆安全技术标准。这些法规严格规定了爆炸危险区域划分、防爆规章制度、爆炸防护措施、爆炸性物质的种类、爆炸极限和发生的条件、防爆安全装置的使用、保养及危险环境作业人员的教育考核办法等。

四、车辆的基本结构

场（厂）内专用机动车辆构造一般由五个部分组成：动力装置、底盘、工作装置、液压系统和电气系统。平衡重式叉车的总体构造如图 8-10 所示。

1. 动力装置

目前场（厂）内专用机动车辆用动力装置主要有电动机和内燃机两类。内燃机又分柴油机和汽油机两种。内燃机一般由机体、曲柄连杆机构、配气机构、供给系统、润滑系统、冷却系统、点火系统（柴油机无）和起动系统等部分组成。

（1）机体　机体是发动机的基本骨架，它包括气缸体、气缸盖、气缸垫、缸套、上曲轴箱（大多与气缸体制成一体）、下曲轴箱（油底壳）等主要机件。

（2）曲柄连杆机构　包括活塞、活塞环、活塞销、连杆、曲轴、飞轮等机件。曲

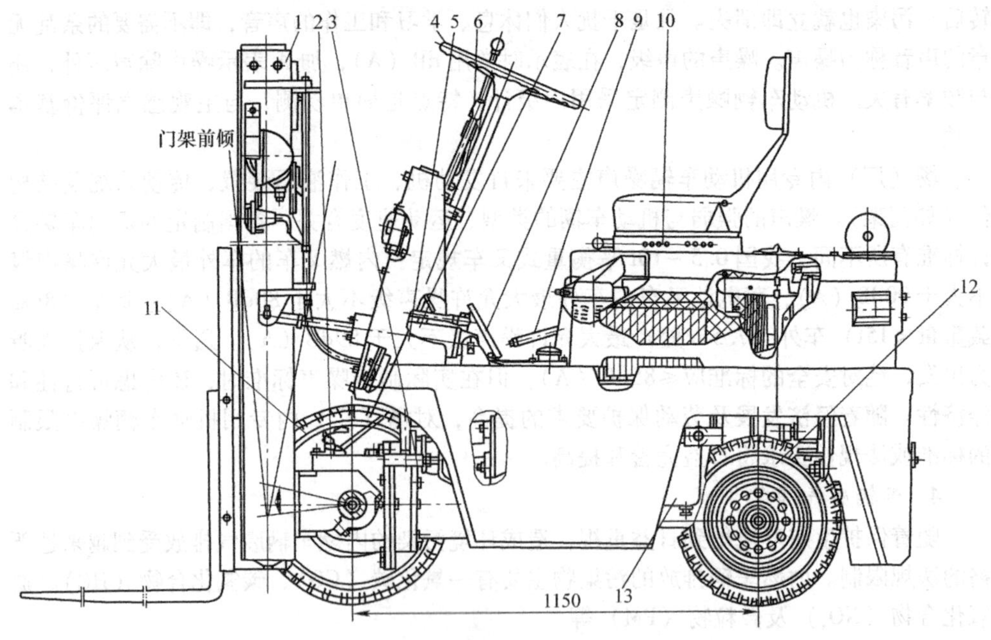

图 8-10 平衡重式叉车总体构造

1—门架 2—驱动桥 3—变速器 4—转向盘 5—倾斜液压缸 6—变速换向手柄 7—离合器和脚制动踏板 8—加速踏板 9—手制动杆 10—车身 11—前轮 12—后轮 13—发动机

柄连杆机构的主要作用是：气缸内燃料燃烧产生的高温高压气体推动直线运动的活塞，经连杆驱动曲轴做旋转运动，将燃料燃烧的化学能转化为以一定转矩和转速旋转的曲轴的机械能。

（3）配气机构　配气机构由进气门、排气门、气门弹簧及弹簧座、摇臂及摇臂轴、推杆、挺柱、凸轮轴及正时齿轮等机件组成。配气机构用来使进气门和排气门适时开启和关闭，以保证各气缸内进气、压缩、燃烧做功和排气过程的正常进行。

（4）供给系统　汽油机供给系统由汽油箱、汽油滤清器、汽油泵、空气滤清器、化油器、进气歧管、排气歧管、排气消声器等机件组成。汽油机供给系统用来将过滤清洁的空气与汽油按不同的比例进行混合，进入气缸燃烧做功，并排出燃烧过的废气。

柴油机的供给系统由空气滤清器，进气歧管、柴油箱、柴油滤清器（粗滤和细滤）、输油泵（发动机驱动及手动驱动）、喷油泵、喷油器、排气歧管及消声器等组成。柴油机供给系统用来使过滤清洁的空气进入气缸，并根据各气缸工作情况，按时将清洁的高压柴油喷入气缸、使之燃烧做功并排出燃烧过的废气。

（5）润滑系统　润滑系统包括机油泵、机油滤清器（集滤器、粗滤器及细滤器）、机油散热器等机件。润滑系统用来润滑发动机各摩擦表面，使其阻力减小，并对摩擦表面起冷却、清洁作用。

（6）冷却系统　水冷却系统包括风扇、水泵、水散热器（水箱）、节温器等机件。冷却系统用来冷却发动机，使其保持在最适宜的温度下工作。风冷却系统只需风扇来直接冷却气缸体及气缸盖外表面。

（7）起动系统　起动系统一般由起动电动机及其控制装置组成，用来使静止的发动机起动。

（8）点火系统　由于柴油机是压燃式发动机，因而没有点火系统。汽油机的点火系统由点火开关、点火线圈、分电器、火花塞等机件组成。点火系统用来将电源的低压电变成高压电，并分配给应当点火的气缸火花塞，点燃可燃混合气体。

2. 底盘

底盘是车辆的基体，用来在其上安装车辆的动力装置、工作装置及其各种附属设备，使车辆能够正常工作。底盘由传动系统、行驶系统、转向系统和制动系统四个部分组成。

（1）传动系统　传动系统将动力装置的动力按车辆行驶的要求传给驱动车轮。传统的机械传动系统由离合器、变速器、万向传动装置、主减速器、差速器、半轴和轮边减速器等机件组成。

（2）行驶系统　场（厂）内专用机动车辆一般采用轮式行驶系统。行驶系统一般由车架、车桥、车轮和悬架等组成。行驶系统是车辆的基体，它将车辆连成一个整体，承受和传递车辆与地面间的各种载荷，并保证车辆能在各种路面上平稳地行驶。

（3）转向系统　轮式车辆转向一般是由驾驶人通过转向系统机件改变转向车轮的偏转角来实现的。转向系统一般由转向盘、转向器和转向传动机构组成。

（4）制动系统　为了保证车辆行驶安全，车辆必须有性能良好的制动系统，以根据需要迅速减速或停车。制动系统一般由制动器和制动驱动机构两个部分组成。

3. 工作装置

工作装置是场（厂）内专用机动车辆进行各种作业的直接工作机构。货物的叉取、升降堆码都靠工作装置完成。常用的叉车工作装置的主要部分包括货叉、叉架（滑架）、门架、链条和滑轮等。起升液压缸是叉架的驱动部分，倾斜液压缸使门架前后倾斜，以满足工作需要。为了做到一机多用，提高机器效能。除货叉外，叉车还可配备多种工作属具。

4. 液压系统

场（厂）内专用机动车辆的液压系统主要用于工作装置及大型车辆的液压助力转向或全液压转向。一个完整的液压系统一般由以下四个部分组成。

1）动力机构：液压泵，将机械能转变为液体的压力能。

2）执行机构：包括液压缸或液压马达，把液体的压力能转换为直线运动或旋转运动的机械能。

3）操纵机构：又称控制调节装置，通过它们来控制和调节液流的压力、流量（速度）及方向，以满足车辆工作性能的要求，并实现各种不同的工作循环。该部分包括分配阀、节流阀和溢流阀等部件。

4）辅助装置：包括油箱、油管、管接头、滤清器等。

5. 电气系统

普通以内燃机为动力的车辆，其用电设备有起动电动机、点火系统（汽油机）（起动系统及点火系统应是发动机的电气设备）、照明及信号设备、空调设备、仪表设备等。以蓄电池为牵引动力的车辆，电气设备主要是牵引电动机及照明、信号设备等。

6. 行驶系统的功用与组成

行驶系统的主要功用是：支持整车的重量和载荷，并保证车辆行驶和进行各种作业。

场（厂）内专用机动车辆普遍采用轮式行驶系统。轮式行驶系统由车架、车桥、车轮和悬架等组成。车架通过悬架连接着车桥，而车轮则安装在车桥的两端，如图8-11所示。

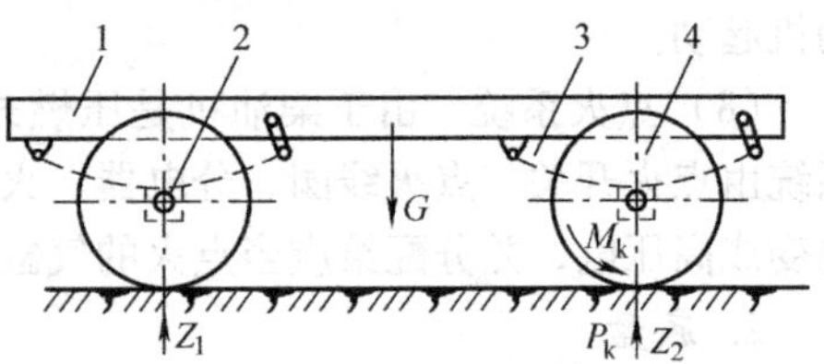

图8-11 轮式行驶系统的组成示意图

1—车架 2—车桥 3—悬架 4—车轮

对于行驶速度较低的各种作业车辆，为了保证其作业时的稳定性，一般不装悬架，而将车桥直接与车架连接，仅依靠低压橡胶轮胎缓冲减振，因此缓冲性能较装有弹性悬架的汽车为差。

7. 转向系统的功能与组成

车辆在行驶中经常改变行驶方向，转向系统的功能是：当左右转动转向盘时，通过转向联动机构带动转向轮，使车辆改变行驶方向。

场（厂）内专用机动车辆行驶方向的改变是通过转向轮（一般是后轮）在路面上偏转一定角度来实现的。而对于一般车辆来讲，还有偏转前轮转向方式、前后轮同时偏转转向方式、斜行转向方式、多桥转向方式、铰接车架转向方式和速差（滑移）转向方式等多种方式。按照转向系统能源的不同，转向系统又可分为机械转向系统（人力转向系统）、助力转向系统和全液压转向系统三种，下面以机械转向系统为例，说明转向系统的组成和工作原理，如图8-12所示。

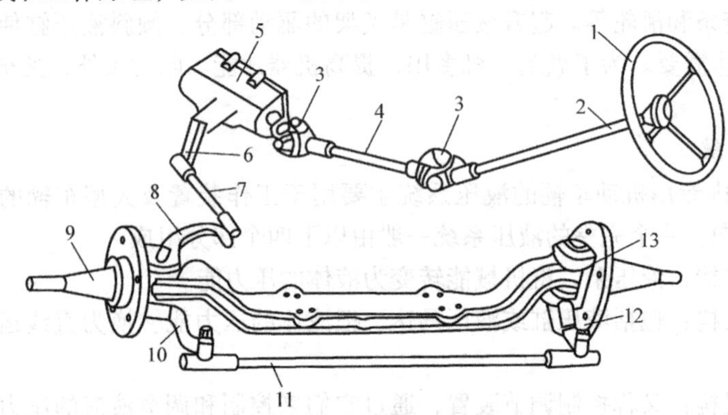

图8-12 机械转向系统示意图

1—转向盘 2—转向轴 3—万向节 4—转向传动轴 5—转向器 6—转向摇臂
7—转向主拉杆 8—万向节臂 9—左万向节 10、12—梯形臂
11—转向横拉杆 13—右万向节

转向系统由转向操纵机构、机械转向器和转向传动机构三个部分组成。驾驶人操纵转向器工作的机构叫作转向操纵机构，包括转向盘、转向轴、万向节、转向传动轴等机件；机械转向器是一个减速增扭机构，用来解决转向阻力矩很大而驾驶人体力小的矛盾；转向传动机构用来将转向器输出的力和运动传给两个万向节，从而使两侧转向轮按一定关系进行偏转的机构；转向传动机构包括转向摇臂、转向主（纵）拉杆、转向节臂、转向梯形臂和转向横拉杆等机件。

8. 制动系统的功能

（1）制动系统的作用　为了制约车辆的运动速度，车辆上装有制动装置。制动装置的功用有：a. 使车辆相当迅速地减速，以致停车；b. 防止车辆在下长坡时超过一定的速度；c. 使车辆稳定停放而不致溜滑。

（2）制动系统的工作原理　制动系统的基本组成和工作原理可用图 8-13 所示的简单液压制动系统来说明。固定在车轮轮壳上随车轮一起转动的制动鼓，其内圆柱面为工作表面。在固定不动的制动底板上，通过两个支承销，铰接支承着两个弧形制动蹄的下端。两个制动蹄上部的制动底板上还固定有两个活塞的制动轮缸。制动轮缸用油管与固定在车架上的制动主缸相连接。

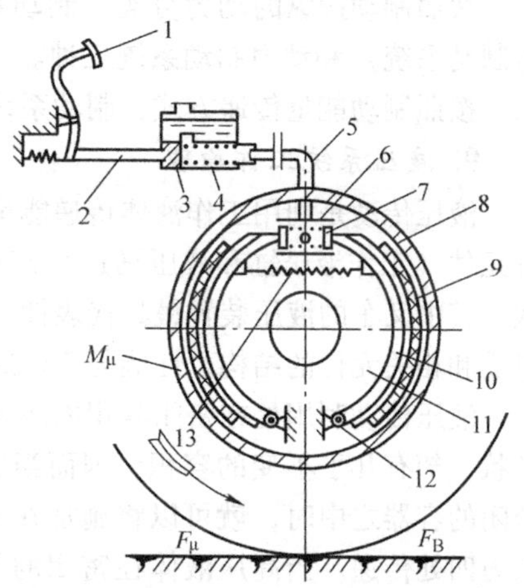

图 8-13　制动系统工作原理示意图
1—制动踏板　2—推杆　3—主缸活塞　4—制动主缸　5—油管　6—制动轮缸　7—轮缸活塞　8—制动鼓　9—摩擦片　10—制动蹄　11—制动底板　12—支承销　13—回位弹簧

在制动系统不工作时，回位弹簧 13 使制动鼓 8 的内圆柱面与制动蹄之间留有一定大小的间隙，车轮及制动鼓可以自由转动。

当驾驶人踏下制动踏板 1 时，通过推杆 2 推动主缸活塞 3 后移，制动主缸 4 将产生高压油液经油管 5 流入制动轮缸 6 中，推动两个轮缸活塞 7 外移而使两个制动蹄 10 绕各自的支承销转动，制动蹄上的摩擦片 9 将压紧在制动鼓的内圆柱面上。这时不转动的制动蹄对旋转的制动鼓作用一个与其转动方向相反的摩擦力矩（也叫制动力矩）M_μ。由于制动力矩 M_μ 的作用，使车轮对地面作用着一个向前的圆周推力 F_μ，同时地面也对车轮作用着一个向后的反作用推力 F_B。这个反作用推力 F_B 是使车辆制动的外力，叫作制动力。制动力经车轮、车桥、悬架传给车架、车身，迫使车辆减速。制动力越大，车辆的减速度也越大。但是，与车辆的牵引力类似，车辆制动力的大小不仅取决于制动力矩 M_μ 的大小，还受轮胎与地面附着条件的限制。

当驾驶人放松制动踏板时，回位弹簧 13 将制动蹄拉回原位，制动力矩 M_μ 和制动力 F_B 即行消失。

由以上分析可以看出，整个制动系统包括两个部分，即制动器和制动驱动机构。直接产生制动力矩（即摩擦力矩）M_μ 的部件称为制动器，一般车辆在全部车轮上都装有制动器；制动踏板、制动主缸和轮缸等总称为制动驱动机构，其作用是将来自驾驶人或其他动力装置的作用力传到制动器，使其中的摩擦副互相压紧，达到制动的目的。

（3）制动系统的分类　以上介绍的制动器是供车辆在行驶中减速使用的，故称行车制动系统。它只是当驾驶人踩下制动踏板时起作用，而在放开制动踏板后，制动作用即行消失。在车辆上还必须设有一套停车制动装置，用它来保证车辆停驶后，即使驾驶人离开，仍能保持原地，特别是能在坡道上原地停住。这套制动装置常用制动手柄操纵，并可锁止在制动位置，称为驻车制动装置。与此相应，前面所说的行车制动装置也称制动踏板装置。为了确保行驶安全，车辆上必须具有十分可靠的上述两套制动装置。

按照制动操纵的动力分类，制动系统又可分为人力制动系统、伺服制动系统（助力制动系统）和动力制动系统三种。

按照制动能量传递方式，制动系统又可分为机械式、液压式、气压式和电磁式等。

9. 液压系统工作原理

液压传动是利用工作液体传递能量的传动机构。各种车辆的液压传动是利用液压执行元件（工作液压缸和液压马达）产生的机械能，完成对货物的提升、装卸和搬运过程。其中叉车的液压装置最具代表性，因此以下通过叉车的液压传动，说明液压系统的组成和相关元件的结构、性能与工作原理。

液压传动利用处在密闭容积内液体的压力能来传递动力。液体虽然没有一定的几何形状，却有几乎不变的容积，因而当它被容纳于密闭的容器之中时，就可以将施加在液体表面的压力四处传递。当高压液体在密闭的几何容器内被迫移动时，就能推动负载产生位移，完成从液体压力能到机械能的转化，其原理如图8-14所示。

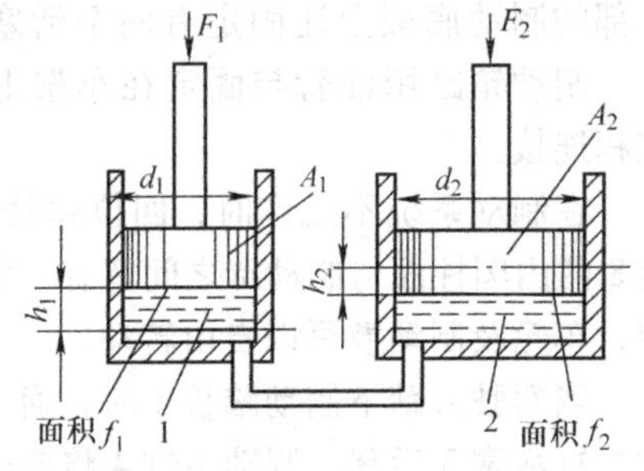

图8-14　液压传动原理
1、2—筒式容器

图8-14中有两个被活塞封闭并用导管连通的筒式容器1和2，活塞A_1为主动件，A_2为从动件。当活塞A_1受主动力F_1作用向下运动时，容器1的液体产生大小为F_1/f_1的压力，该压力通过导管不仅传递到容器2，而且大小保持不变，推动活塞A_2克服负载阻力F_2向上运动，即当活塞A_1向下移动距离h_1时，活塞A_2则向上移动一个确定的距离h_2。运动的位移和作用在活塞上的力均与两个活塞面积f_1、f_2大小密切相关。它们之间的关系为：$h_1f_1=h_2f_2$，$F_1/f_1=F_2/f_2$。可见，通过两个相互连通的密闭容积内的液体，便可实现将活塞A_1的作用力与位移传递到活塞A_2上去的目的。

任何液压传动都是通过这种处于密闭容器内的受压液体的流动来实现的。

液压传动装置具有结构紧凑、运动平稳、控制方便等一系列优点，所以广泛应用在各种机械传动中。叉车液压装置简图如图8-15所示。

10. 电气系统及原理

叉车等场（厂）内专用机动车辆的类型复杂，品种多。总体来看，电气系统主要与车辆的驱动方式有关。对于内燃发动机驱动，电气系统的作用主要是用于车辆起动和

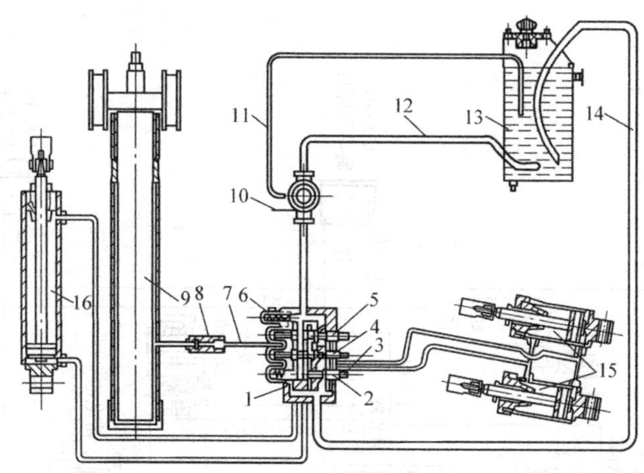

图 8-15　叉车液压装置简图

1—分配阀　2—属具液压缸滑阀　3、8—单向节流阀　4—倾斜液压缸阀杆　5—起升液压缸滑阀　6—溢流阀　7—油管　9—起升液压缸　10—液压泵　11、14—溢流油管　12—吸油管　13—油箱　15—倾斜液压缸　16—属具液压缸

照明，因此这类电气装置所用的电气元件较少，构造相对简单。而对于使用蓄电池驱动的车辆，如蓄电池叉车、蓄电池搬运车等，其电气系统是车辆作业的动力源和控制中心，因此涉及的电气元件多，构造复杂。

（1）内燃叉车电气系统　内燃叉车的电气设备主要围绕发动机的起动和信号照明组成。一般包括发电机、电压调节器、蓄电池、起动机及开关、仪表和照明装置等。这些电气元件采用单线制连接，常用的额定电压为直流 12V 或 24V。典型的电气组成原理图如图 8-16 所示。

主要组成部件的作用与要求如下。

1）发电机。发电机是车辆补给电能的重要部件。通常使用 JF 系列发电机，该发电机为硅整流交流发电机，工作时发出三相交流电，通过装在发电机内的 6 个硅二极管进行全波整流后输出直流电压。它必须与 FT 系列电压调节器配合使用。为保证发电机的正常工作，应特别注意两点，其一是发电机负极的搭铁绝对禁止正极搭铁，以免被烧毁；其二是发电机运转时，不允许正极输出线开路，以免空载电压击穿硅二极管。

2）电压调节器。电压调节器的作用是当发电机转速变化时，自动调节发电机输出电压在正常工作范围。调节器如需调整，应由专业人员操作。调整铁心间隙可改变轻载和重载时的调整电压差值，调整调节弹簧（即触头间隙）可变更调整电压的上下值。

3）蓄电池。蓄电池与发电机并联工作。在正常情况下，当发电机电压高于蓄电池电压时，蓄电池被充电，反之蓄电池放电供给整个电气系统。由于车辆起动会消耗蓄电池大量电能，使其电压降低，因此起动后蓄电池应能得到发电机的充电。若蓄电池电量补充不满，则必须检查发电机与调节器的工作状况，并对蓄电池进行外部充电；否则不但不能正常起动发动机，还会损坏蓄电池。

4）起动机。起动机为带有齿轮啮合机构的四极短时额定工作制串励直流电动机。

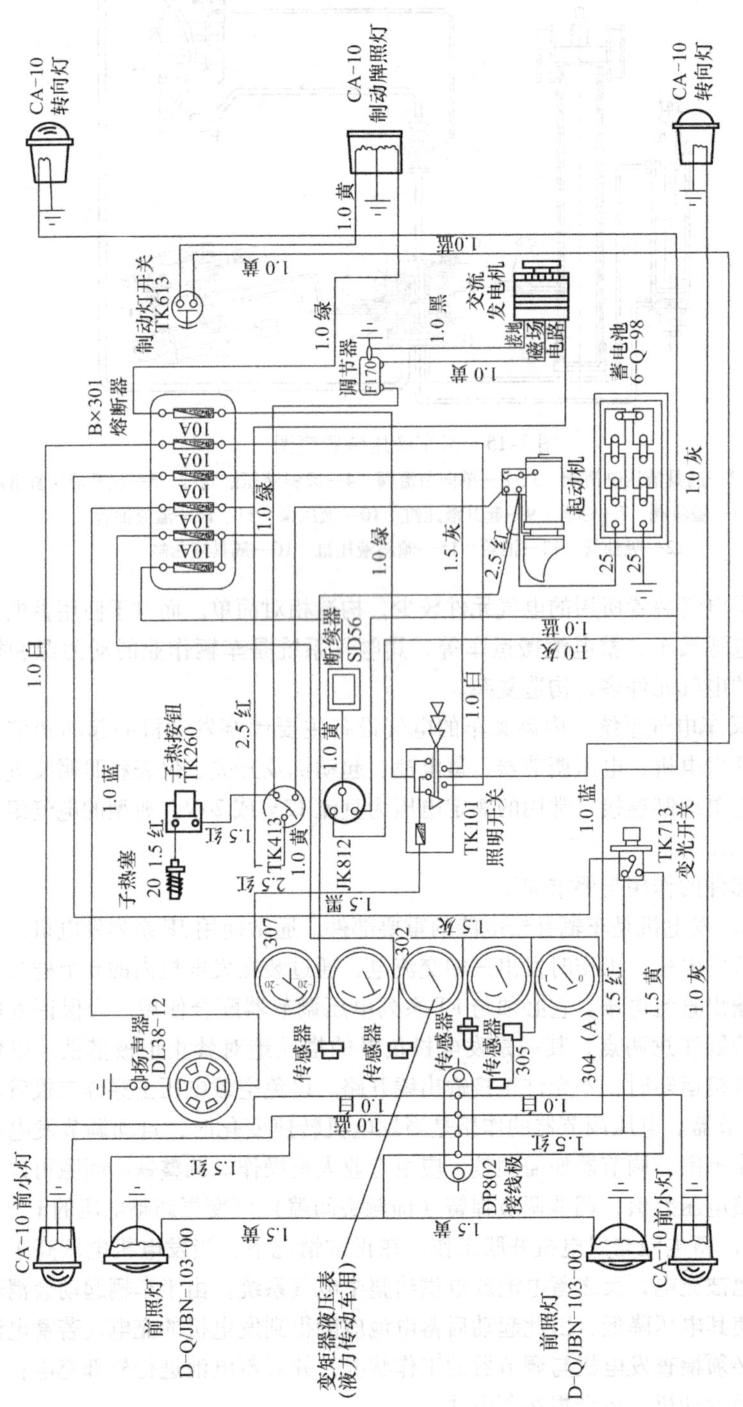

图 8-16　典型的电气组成原理图

起动机上装有电磁开关和多片式摩擦离合器。当装在仪表架上的起动开关使得电磁开关的继电器电源接通时，电磁开关动作带动有关机构推出齿轮与发动机齿圈啮合，从而起动机电枢转动起动发动机。

（2）蓄电池车电气系统　蓄电池车辆的动力和控制系统由直流电动机及各种电气元件（如接触器、主令控制器、熔断器、行程开关、电阻器等）组成。这些元件由导线连接起来成为一个完整的系统，以完成要求的工作任务。

虽然蓄电池车辆电气元器件多而杂，但从组织生产方面看，都是按照其作用组合成一定的功能模块，这样既便于成组连接装配，又方便维护检修。蓄电池叉车电气系统模块功能接线图，如图 8-17 所示，蓄电池叉车的电气系统由行走电动机、液压泵电动机、控制箱、配电箱、电阻箱、限位开关、蓄电池组等构成。

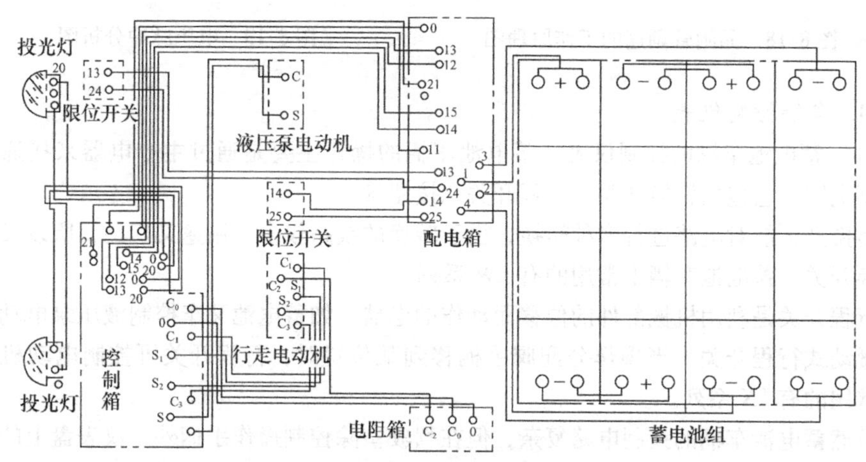

图 8-17　蓄电池叉车电气系统模块功能接线图

行走电动机和液压泵电动机是整车的动力驱动件，它们消耗蓄电池组的电能，产生车辆工作的机械能，使车辆以一定的速度运行，并实现门架系统的升降、装卸作业。

控制箱是车辆工作的指挥中心，可以根据作业需求，不断地控制电动机频繁起动、分断、调速与换向。

配电箱实现对供电电压的监测，并能对电路的短路和过载进行保护，紧急状态还可切断电源。另外通过配电箱可对蓄电池组充电。

电阻箱和限位开关分别用于直流电动机的调速与运动机构行程的控制。

（3）晶闸管调速的基本原理　晶闸管调速也是利用改变电动机端电压的原理，但它不是采用电阻降压，而是借晶闸管作为直流脉冲开关来控制电动机的端电压，以达到调速的目的。

晶闸管调速的工作原理图如图 8-18 所示。要使行走电动机 M 转动，除开关 S 接通外，还必须合上开关 Q，这个开关称为特殊开关，在起动和调速时它时断时通，即每隔 T 时间接通一次，接通持续时间为 τ，然后又断开；到第二次又通，然后又断。每一个“通”和“断”为一次工作循环。如图 8-19 所示，T 代表每次循环时间，叫工作周期，

改变工作周期 T，即可改变电动机端电压的平均值 UD（D 为占空比），从而达到调速的目的。

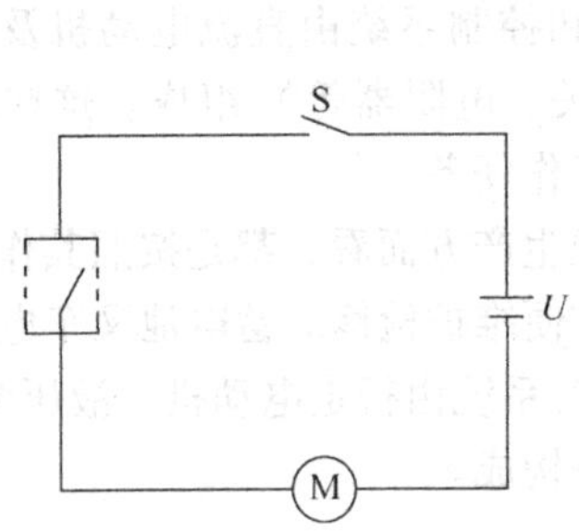

图 8-18　晶闸管调速的工作原理图

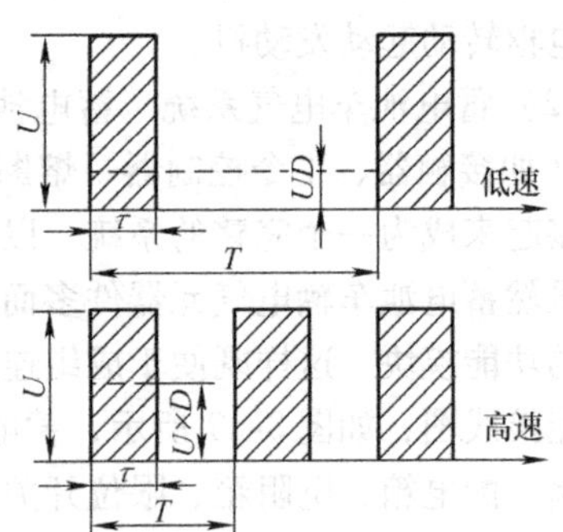

图 8-19　电压脉冲分析图

11. 车辆控制仪表

（1）蓄电池车辆的控制仪表　蓄电池车辆的操作主要是通过主令电器来接通和分断控制电路，它包括转换开关、行程开关和按钮等。

转换开关能对电路进行多种转换，由于转换的线路较多，用途又广泛，所以又叫万能转换开关。蓄电池车辆中常用的有 LW 系列。

行程开关是利用机械部件的位移而动作的电器，如蓄电池叉车控制液压泵电动机就采用微动式行程开关。当操作分配阀手柄移到某位置时，行程开关可控制电动机的工况，常用的有 LX 系列。

虽然蓄电池车辆的控制电路复杂，但在驾驶室除控制操作手柄外，仪表盘上的指示仪表相对内燃发动机驱动的车辆要少得多。因为依靠蓄电池驱动，所以主要有一个工作电压指示表和行驶速度表。电压表可表示蓄电池的充、放电过程。在目前蓄电池车辆使用的晶体管脉冲调速控制系统中，还设有电池过放电时自动切断电动机电路的放电指示器，以及电动机电刷磨损监控器。

车辆使用的灯具有大、小照明灯，制动指示灯，转向指示灯，倒退指示灯等。所使用的灯具型号与汽车灯具型号相同，一般有 XD、WD、D-Q、CA-10 等系列。

车辆安装的灯具要牢固，对灯泡要有保护装置，不得因为车辆的正常工作振动而松脱、损坏，失去作用。所用灯具开关要可靠，开启、关闭应自如，且不得因车辆的振动自行开启或关闭。

（2）内燃发动机驱动的控制仪表　该类车辆的控制指示仪表多而杂，有机油压力表、挂档压力表、水温表、油温表、电流表及车速里程表等。它们全部安装在仪表板上。操作手柄、仪表盘构成图如图 8-20 所示。

1）机油压力表。该表为直接感应式，用于测量发动机润滑系统的油压。车辆正常行驶过程中，必须保证发动机对机油压力的要求，这在发动机使用手册中有说明。

2）挂档压力表。直接感应式压力表，用于测量液力传动车辆的换档离合器操作油压。对于机械传动车辆不设此表。

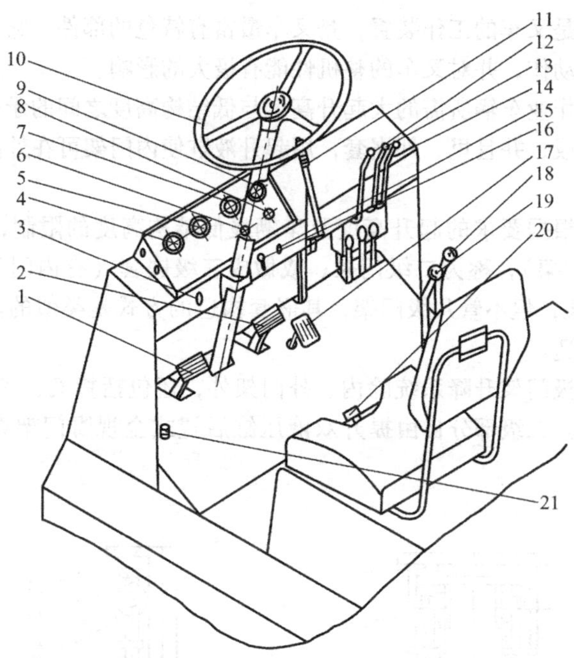

图8-20　操作手柄、仪表盘构成图

1—离合器踏板　2—制动踏板　3—照明开关　4—燃油量表　5—水温表　6—转向开关
7—机油压力表　8—熄火拉钮　9—电流表　10—转向盘　11—驻车制动手柄
12—起升操作手柄　13—门架倾斜手柄　14—使用属具手柄　15—预热按钮
16—起动开关　17—加速踏板　18—换向操作手柄　19—变速操纵手柄
20—座椅调节手柄　21—变光开关

3）水温表。该表为直接感应式，用于测量气缸水套的水温，正常水温应为80～90°C。

4）油温表。该表为直接感应式，用于测量液力传动变矩器的油温，正常油温应在100°C以内。

5）油量表。该表为电磁遥控式，由位于仪表板上的燃油指示表及装在燃油箱上的燃油传感器所组成。燃油表刻度盘上有0、1/2、4/4三个数，分别指示燃油箱的油量为“空”“半”“满”。该表能近似地表示燃油箱内燃油的存储量。为了使用户能准确地了解到燃油存储量，在燃油箱上特意增加了一条燃油量刻度尺。

6）电流表。该表为电磁式，其刻度盘为中央零点式。在表盘上有“+”“-”标记。该表串联在蓄电池的充电电路里，用以测量蓄电池的充电或放电电流值。表针指向“+”端表示充电，反之为放电。

7）车速里程表。机械传动式里程表用于标明叉车的行驶速度及累计车辆正行、倒车总里程。

8）开关与照明装置。

12. 门架升降系统

门架升降系统是叉车的工作装置，是叉车最富有特色的部件。它负责货物的起升及相应的装卸、堆垛动作，并对叉车的整机性能有极大的影响。

为了解决装卸作业车辆所需的大起升高度与低结构高度之间的矛盾，叉车的门架由内门架和外门架组成，并且里、外嵌套，用起升液缸使内门架可在外门架内移动，成为可伸缩的构造。

门架升降系统根据要求的起升高度及车辆最低结构高度的限制，可做成二级嵌套（只有内门架和外门架），称为二级门架；或做成三级嵌套（有内门架、中门架、外门架），称为三级门架，但不管几级门架，其嵌套构造的方式是类似的。因此，以下通过二级门架说明其构造。

一个完整的二极门架升降系统除内、外门架外，还包括货叉、叉架、起升液压缸、倾斜液压缸及链条。二级部分自由提升双液压缸后置式全视野门架系统的典型构造如图8-21所示。

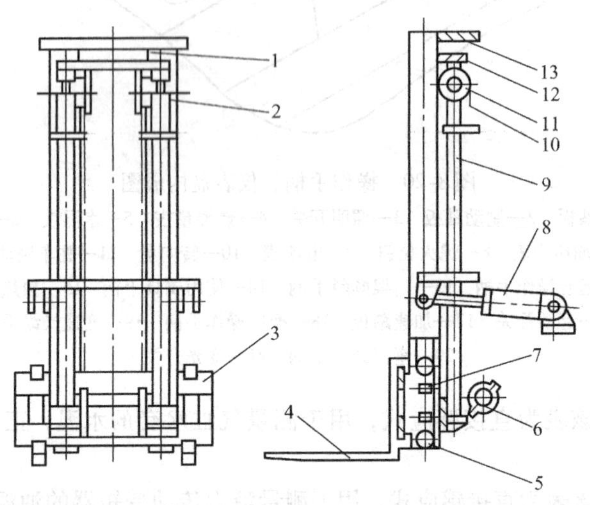

图8-21 二级部分自由提升双液压缸后置式全视野门架系统的典型构造

1—内门架 2—外门架 3—叉架 4—货叉 5—纵向滚轮 6—门架下铰座 7—侧向滚轮 8—倾斜液压缸 9—起升液压缸 10—起升链条 11—链轮 12—浮动横梁 13—内门架上横梁

自由提升要靠门架构造来实现，它是指在内门架顶端不伸出外门架顶端时，货叉提升，其水平上表面距地面的最大高度。具有自由提升的门架装置能改善叉车运行的通过性。

五、场（厂）内专用机动车辆完好标准

为了确保场（厂）内专用机动车辆安全可靠、经济合理地运行，场（厂）内专用机动车辆完好标准见表8-7，各单位可根据实际使用情况制定相应的各类车辆完好标准。

表8-7　场（厂）内专用机动车辆完好标准

序号	项　目	内　容	定分	考核得分
1	整车检查	1）车辆牌照、证件、技术资料及档案齐全	5	
		2）装载危险品或行驶危险场所符合要求	5	
2	动力系统	发动机等（电动机）运转正常	10	
3	灯光、电气系统	1）车辆设置转向灯、制动灯，灵敏可靠	4	
		2）电气系统运转正常，可靠	4	
4	传动装置	传动装置运转正常	10	
5	行驶系统	行驶系统操作动作正确，灵敏可靠	12	
6	车架装置	车架及前后桥结构合理，运行可靠	8	
7	转向系统	转向机构操作正确无误，灵敏可靠	12	
8	制动系统	1）车辆行车制动装置效能符合要求	4	
		2）点制动时无跑偏现象	4	
		3）手柄操作制动装置灵敏可靠	4	
9	工作辅助装置	工作传动装置齐全、使用可靠	10	
10	专用(车用)机械装置	专用机械装置使用可靠	8	
合　计			100	

第三节　场（厂）内专用机动车辆检验与故障排除

做好场（厂）内专用机动车辆检验和故障排除工作是十分重要的。

一、场（厂）内专用机动车辆监督检验规定

1）特种设备监督检验机构（以下简称检验机构）开展场（厂）内专用机动车辆的验收检验和定期检验（统称监督检验，下同）时，必须遵守国家有关标准的规定。

2）新增及经大修或者改造的场（厂）内专用机动车辆在投入使用前，应当按照国家有关标准规定的内容进行验收检验；在用场（厂）内专用机动车辆应当按照国家有关标准规定的内容，每年进行一次定期检验。遇可能影响其安全技术性能的自然灾害或者发生设备事故后的场（厂）内专用机动车辆，以及停止使用1年以上再次使用的场（厂）内专用机动车辆，进行大修后，应当按照国家有关标准规定的内容进行验收检验。

场（厂）内专用机动车辆验收检验和定期检验的内容相同，检验后均出具《场（厂）内专用机动车辆监督检验报告》（以下简称《检验报告》），见表8-8。

3）检验机构应当制定包括检验程序和检验流程图在内的检验实施细则，并对检验过程实施严格控制。检验人员如发现异常或特殊情况，经请示检验机构认可，可按照国家有关标准增加检验项目。

表8-8　场（厂）内专用机动车辆监督检验报告（样张）

No：（检验报告编号）

场（厂）内专用机动车辆监督检验报告

注册代码＿＿＿＿＿＿＿＿＿＿＿＿

使用单位＿＿＿＿＿＿＿＿＿＿＿＿

车辆牌号＿＿＿＿＿＿＿＿＿＿＿＿

检验机构＿＿＿＿＿＿＿＿（公章）

检验日期＿＿＿＿＿＿＿＿＿＿＿＿

（续）

场（厂）内专用机动车辆监督检验报告

№：

<table>
<tr><td>使用单位</td><td colspan="3"></td></tr>
<tr><td>设备注册代码</td><td></td><td>制造单位</td><td></td></tr>
<tr><td>车辆名称</td><td></td><td>厂牌型号</td><td></td></tr>
<tr><td>驱动</td><td></td><td>燃料种类</td><td></td></tr>
<tr><td>额定载重</td><td>kg</td><td>空车重量</td><td>kg</td></tr>
<tr><td>颜色</td><td></td><td>有滞拖挂车</td><td></td></tr>
<tr><td>底盘编号</td><td></td><td>发动机编号</td><td></td></tr>
<tr><td>最高时速</td><td>km/h</td><td>使用区域</td><td></td></tr>
<tr><td>检验依据</td><td colspan="3">1）场（厂）内专用机动车辆监督检验规程
2）《工业车辆　安全要求和验证　第1部分：自动式工业车辆（除无人驾驶车辆、伸缩臂式叉车和载运车）》（GB/T 10827.1）
3）《场（厂）内机动车辆安全检验技术要求》（GB/T 16178）</td></tr>
<tr><td>主要检验仪器设备及需要说明的检验环境</td><td colspan="3"></td></tr>
<tr><td>检验结论</td><td colspan="3">（检验机构检验专用章）
签发日期：　年　月　日</td></tr>
<tr><td>备　　注</td><td colspan="3"></td></tr>
</table>

批准：　　　　审核：　　　　检验：

（续）

序号	项类	项目编号	检验项目	检验结果	结论
1	1 整车检查	1.1※	车辆牌照、证件、技术资料及档案		
2		1.2	发动机、底盘的编号		
3		1.3	车容、车貌及各部机件完整性		
4		1.4	车辆后视镜、刮水器		
5		1.5	车轮的防护装置		
6		1.6	车辆的各种仪表		
7		1.7※	装载运输危险品的车辆或行驶于危险场所的车辆，特殊安全要求		
8		1.8	车辆污染物排放，车辆的车外噪声		
9	2 动力系统检验	2.1	发动机的安装及连接部位状况		
10		2.2※	发动机运转情况		
11		2.3	发动机各系统运转情况		
12	3 灯光电气检验	3.1	车辆灯光的配置		
13		3.2※	车辆设置转向灯、制动灯设置		
14		3.3	车辆喇叭		
15		3.4	车辆灯具灯泡防护装置及开关		
16		3.5	车辆电源开关		
17		3.6	电瓶车辆的蓄电池安装		
18		3.7	电瓶车辆总电源紧急断电装置及电动机控制电路电流保护装置		
19		3.8	电动机运转		
20	4 传动系统检验	4.1	离合器性能		
21		4.2	离合器踏板的自由行程		
22		4.3	变速器变速杆的位置，自锁、互锁可靠性		
23		4.4	传动系统运转情况		
24		4.5※	液压传动车辆起动发动机时的档位		
25		4.6	静压传动车辆起动发动机时的制动状态		
26	5 行驶系统检验	5.1※	车架及前后桥的检验		
27		5.2	同一桥上的车轮轮胎的一致性		
28		5.3	轮胎中心花纹、胎面和胎壁		
29		5.4	轮辋完整性及安装		
30		5.5	钢板弹簧片的完整性及安装		
31		5.6	减振器性能		

（续）

序号	项类	项目编号	检验项目	检验结果	结论
32	6 转向系统检验	6.1	转向盘位置		
33		6.2	转向性能		
34		6.3	转向盘转向力		
35		6.4※	转向机构状况		
36		6.5	侧滑量		
37		6.6	转向轮定位		
38	7 制动系统检验	7.1※	车辆行车制动和驻车制动装置性能及方式		
39		7.2※	制动装置制动效能		
40		7.3	行车制动器制动踏板的自由行程		
41		7.4	脚踏式制动器踏板力		
42		7.5	液压制动器制动系统状况		
43		7.6	电动车的制动联锁装置安装及制动时联锁开关作用		
44		7.7※	点制动跑偏现象		
45		7.8※	手柄操纵的制动器施加力		
46	8 工作装置检验	8.1	叉车门架限位装置		
47		8.2	货叉在叉架上的固定		
48		8.3	属具在叉架上的固定		
49		8.4	货叉架下降速度		
50		8.5	货叉的自然下滑量和门架倾角叉车的自然变化量		
51					
52		8.6※	货叉外观质量		
53		8.7	货叉两叉尖高度差		
		8.8	货叉磨损		
54	9 专用机械检验	9.1	升降倾斜液压缸密封及外观		
55		9.2	液压缸性能		
56		9.3	锁止机件		
57		9.4※	各类自行式专用机械的专用机具及结构件外观、磨损、连接及动作		
58		9.5	液压系统性能、密封		
59		9.6	液压分配器铭牌和功能指示牌		
60		9.7	操纵手柄（杆）		
61		9.8	溢流阀		
62		9.9	系统中的工作部件在额定速度范围内的性能		
63	10 其他				

注：※项为重要项目。

4）现场检验过程中，检验人员应当进行详细记录。现场检验原始记录（以下简称原始记录）中，应当详细记录各个项目的检测情况及检验结果。原始记录表格由检验机构统一制作。

5）完成检验工作后，检验机构必须在10个工作日内，根据原始记录中的数据和结果，填写并向受检单位出具《检验报告》。《检验报告》的结论必须有检验、审核、批准的人员签字和检验机构检验专用章。

6）场（厂）内专用机动车辆监督检验合格判定条件为：重要项目（《检验报告》注有※的项目）全部合格，一般项目（《检验报告》中未注有※的项目，下同）不合格不超过5项（含5项）。对不合格的一般项目，检验机构应当出具整改通知单，由使用、修理、改造等有关单位进行整改，或者由使用单位采取相应的安全措施，在整改情况报告上签署监护使用意见。

对判定为不合格的场（厂）内专用机动车辆，使用、修理、改造或制造单位进行整改、修理后可申请复检。

7）判定为“不合格”或“复检不合格”的场（厂）内专用机动车辆，检验机构应将检验结果报当地质量技术监督行政部门的特种设备安全监察机构，以便及时采取安全监察措施。

8）有条件的单位可以配备车辆检测检验的仪器仪表，见表8-9。

表8-9 场（厂）内专用机动车辆监督检验必备仪器

序号	仪器设备名称	精 度	备 注
1	转向参数测试仪	0.1N · m; 0.1°	
2	侧滑仪	0.1m/km	
3	转向轮定位测试仪	0.1°	
4	制动性能测试仪	0.01m	
5	液压踏板力计	0.1N	
6	声级计	0.1dB（A）	
7	秒表、塞尺等常用计量器具和检测工具	—	
8	便携式超声探伤仪	水平<1%；垂直<5%	选用
9	便携式磁粉探伤仪	A1试片	选用
10	烟度计、尾气分析仪等其他检测仪器	—	选用

二、场（厂）内专用机动车辆的使用和保养

1. 内燃平衡重式叉车的安全使用要求

1）首次使用叉车前，要认真阅读《叉车使用说明书》，严格按照说明书的有关规定操作，确保叉车的安全正常使用。

2）要特别注意《叉车使用说明书》中指出的注意事项、警告、警示、特别说明等。

3）要特别注意叉车上张贴的注意事项、警告标志及各种标识。

4）要明确各踏板、操纵杆、按钮、指示灯、开关的功用及如何使用。

5）一旦发生危险情况，能够正确处理。

6）经培训并持有驾驶执照的驾驶人方可开车。

7）在开车前检查各控制和报警装置，如发现损坏或有缺陷时，应在处理后操作。

8）搬运时载荷不应超过规定值，货叉须全插入货物下面，并使货物均匀地放在货叉上，不允许用单个叉尖挑物。

9）平稳地进行起动、转向、行驶、制动和停止，在潮湿或光滑的路面转向时需减速。

10）装物行驶应把货物尽量放低，门架后倾。

11）在坡道上行驶时，上坡应向前行驶，满载下坡应后退行驶；上、下坡忌转向；叉车在行驶时勿进行装卸作业。

12）行驶时应注意行人、障碍物和坑洼路面，并注意叉车上方的间隙。

13）不准站在货叉上，车上不准载人。

14）不准站在货叉下面或在货叉下行走。

15）不准在驾驶座以外的位置上操纵车辆和属具。

16）不要搬动未固定或松散堆垛的货物，搬运尺寸较大的货物时应特别小心。

17）起升高度大于3m的高起升叉车应防止上方货物掉下，必要时，采取防护措施。

18）高起升叉车工作时，应尽量使门架后倾，装卸作业应在最小范围内作前、后倾。

19）在码头或临时过渡板上行驶时，应倍加小心，缓慢行驶。

20）加燃油时，驾驶人不要在车上，并使发动机熄火；在检查蓄电池或油箱液位时，不能使用明火。

21）带属具叉车空车运行时，应当作有载叉车来操作。

22）离车时，将货叉下降着地，并将档位手柄置于空档，发动机熄火并断开电源。在坡道停车时，将驻车制动装置拉好，若停车时间较长，须将车轮垫起。

2. 操纵机构及仪表

如对3t叉车操纵机构和仪表使用情况检查，见表8-10。

表8-10　3t叉车操纵机构和仪表使用情况检查表

序号	名　　称	作　　用	使用状态
1	加速踏板	控制发动机燃油供给量	踩一下，增加发动机转速
2	制动踏板	推动制动总泵，制动车轮	踏下，车轮制动
3	离合器踏板	操纵离合器脱开和结合	起动时踏下踏板，然后渐松，起动车子
4	脚踏变光开关	变换前照灯远近灯光	踏下开关
5	机油压力表	表示发动机润滑油压力数值	见发动机说明书
6	点火开关	接通起动电源仪表电源	插入，顺时针转
7	水温表	表示发动机冷却水温度数值	见发动机说明书
8	电流表	表示蓄电池电流的方向	“+”号为充电，“-”号为放电
9	总灯开关	接通前照灯和小灯电流	一档小灯亮，二档前照灯亮

（续）

序号	名 称	作 用	使用状态
10	转向提示灯开关	表示转向方向	左拨左灯亮，右拨右灯亮
11	转向盘	操纵叉车转向	左旋左转向，右旋右转向
12	制动手柄	操纵两驱动轮上的制动器，使车子停车	手柄向后拉到最大位置
13	起升手柄	操纵手柄的行程，控制下降、起升的速度	手柄扳到最大位置，起升和下降最快
14	倾斜手柄	控制门架的倾角	向前扳，向前倾；向后扳，向后倾
15	变速器变速杆	改变车子速度	—
16	阻风门手柄	—	—

3. 制动系统

叉车制动系统定期维护要求时间表见表8-11。

表8-11 叉车制动系统定期维护要求时间表

维护项目	维护内容	工具	每天（8h）	每月（200h）	3个月（600h）	6个月（1200h）	每年（2400h）
制动踏板	空行程	—	○	○	○	○	○
	踏板行程	—	○	○	○	○	○
	操作情况	—	○	○	○	○	○
	制动管路是否有空气	—	○	○	○	○	○
停车制动操纵杆、拉索等	制动是否安全可靠并有足够行程	—	○	○	○	○	○
	操纵性能	—	○	○	○	○	○
	操纵性能	—	—	○	○	○	○
	连接是否松动	—	—	○	○	○	○
管路	损伤、渗漏、破裂	—	—	○	○	○	○
	连接、夹紧部位、松动情况	—	—	○	○	○	○
制动总泵分泵	渗漏情况	—	—	○	○	○	○
	检查油位、换油	—	○	○	○	×	×
	总泵、分泵动作情况	—	—	—	—	—	○
	总泵、分泵渗漏、损伤情况	—	—	—	—	—	○
	总泵、活塞皮碗、单向阀磨损损伤情况，更换	—	—	—	—	—	×
制动鼓及制动蹄	制动鼓安装零件是否松动	检测锤	—	○	○	○	○
	摩擦片磨损情况	游标卡尺	—	—	—	—	○
	制动蹄动作情况	—	—	—	—	—	○
	固定销是否锈蚀	—	—		—	—	○

（续）

维护项目	维护内容	工具	每天(8h)	每月(200h)	3个月(600h)	6个月(1200h)	每年(2400h)
制动鼓及制动蹄	回位弹簧损坏情况	刻度尺	—	—	—	—	○
	检查自调装置操作时间隙是否适当	—	—	—	—	—	○
	制动鼓磨损、损坏情况	—	—	—	—	—	○
制动器底板	底板是否变形	—	—	—	—	—	○
	是否开裂	无损检测	—	—	—	—	○
	安装是否松动	检测锤	—	—	—	—	○

注：○表示已检查完好，×表示检查不合格，需整改。

4. 液压系统

叉车液压系统定期维护要求时间表见表8-12。

表8-12　叉车液压系统定期维护要求时间表

维护项目	维护内容	工具	每天(8h)	每月(200h)	3个月(600h)	6个月(1200h)	每年(2400h)
液压油箱	油量检查、换油	—	○	○	○	○	○
	清理吸油滤芯	—	—	—	—	○	○
	排除异物	—	—	—	—	○	○
控制阀杆	连接是否松动	—	○	○	○	○	○
	操纵情况	—	○	○	○	○	○
多路阀	漏油	—	○	○	○	○	○
	溢流阀和倾斜自锁阀操作情况	—	—	○	○	○	○
	测量溢流阀压力	液压表	—	—	—	○	○
管路接头	渗漏、松动、破裂、变形、损伤情况	—	○	○	○	○	○
	更换管子	—	—	—	—	—	× 1~2年

注：○表示已检查完好，×表示检查不合格，需整改。

三、场（厂）内专用机动车辆的故障原因与排除

1）电瓶平衡重式叉车常见故障原因及排除方法见表8-13。

2）前移式叉车常见故障及排除方法见表8-14。

3）固定平台搬运车常见故障及排除方法见表8-15。

4）汽车使用中比较常见的故障及排除方法见表8-16。

表 8-13　电瓶平衡重式叉车常见故障原因及排除方法

序号	故障情况	产生原因	排除方法
1	操纵多路阀时，液压泵电动机不工作	液压泵电动机控制开关失灵；电压过低；电动机故障	更换行程开关；充电；检修电动机
2	行驶中不能停车	接触器触头损坏，动触头不复位	快速切断电源，更换触头
3	提升或倾斜速度太慢	油箱液面过低，压力不足；电压不足；液压泵故障	加液压油；充电；检修或更换液压泵
4	转向盘空档太大	转向器调节螺钉松动	调整调节螺钉
5	制动踏板失灵	制动皮碗损坏；制动器中蹄摩擦片与制动鼓间隙过大；油路堵塞	更换皮碗；调整制动蹄调节螺母；清洗管路
6	驻车制动失灵	制动钢丝断裂；调节螺钉松动	更换钢丝；拧紧调节螺钉
7	变速失灵	主令控制器发生故障	检修控制器
8	特殊噪声	电动机故障；前桥齿轮损坏；前、后桥轴承损坏	检修电动机；更换齿轮、轴承

表 8-14　前移式叉车常见故障及排除方法

序号	故障	产生原因	排除方法
1	电压表无指示，接触器不动作，工作灯不亮	熔断器熔丝断，蓄电池电源接触不良	排除故障点，调换熔丝，修复电源插头
2	接触器动作叉车不能行走	各电路接触点松动，静接触点不良，电动机电刷部位接触不良	修复各连接头，修复电动机
3	叉车前进、倒退失控	接触器电路板断路，倒顺开关失灵	检查电路板，调换倒顺开关
4	转向沉重	转向器压力偏低或损坏，传动座转向轴承损坏	调整转向器压力或调换检查轴承弹道，调换滚珠
5	制动失灵	制动带与制动轮间隙调整不当，或过度磨损	调整间隙适度，调换制动带
6	制动带分离不彻底	间隙调整过紧，回位弹簧失效	适当调松间隙，调换弹簧
7	制动发响	制动带摩擦面铆钉外露	更换制动带
8	传动器异常噪声	齿轮损坏或齿面剥落，齿轮啮合间隙过大，箱体内有异物，箱体内无油，轴承损坏	调整锥齿轮间隙，调换齿轮，清洗箱体，加油，修复箱体漏油，更换轴承
9	起重无力或不能起重	液压泵电动机故障，液压泵损坏，起升液压缸内泄，多路阀内泄	修复电动机，调换液压泵，调换YX密封圈，修复多路阀
10	液压系统发出异常噪声、门架有异常声音	吸油管进入空气，油箱液压油不足，门架零件磨损或间隙过松	检查油管接头密封情况，调换密封件，加足液压油，调换门架零部件，调整间隙

表 8-15　固定平台搬运车常见故障及排除方法

序号	故障现象	故障原因	排除方法
1	电动机不能起动	1）无电流 2）过载 3）电刷接触不良 4）串励磁场绕组接反	1）检查熔丝是否熔断，线路是否完好 2）减少负载 3）检查电刷能否在刷握中自由滑转 4）纠正接线
2	电动机转速不正常	1）电枢与磁场绕组短路 2）电刷不在中心位置 3）电动机端电压过低 4）气隙不均匀	1）检查是否有金属屑落入换向器与电阻器组内部，并给予清除 2）转动端盖，使电刷居中心位置 3）蓄电池充电，恢复电压至正常值 4）检查电动机装配质量或轴承磨损情况，并给予修复
3	电刷火花过大	1）电刷与换向器接触不良 2）刷握松动或装置不正 3）电刷与刷握配合太紧 4）电刷压力大小不当或不匀 5）换向器表面不光洁、不圆整 6）电刷片间云母凸出 7）电刷磨损过度或牌号不对 8）过载	1）研磨电刷接触 2）紧固与纠正刷握装置 3）微磨电刷尺寸 4）调整刷握弹簧压力或调刷握力 5）清洁或研磨换向器表面 6）换向器刻槽、倒角、再研磨 7）按制造厂规定牌号更换新电刷 8）减轻负载
4	箱体内噪声大	1）齿轮磨损 2）轴承磨损 3）轴承间隙过大 4）主、从动弧齿锥齿轮齿侧间隙不对	1）更换 2）更换 3）调整，一般轴承间隙为0.1～0.15mm 4）调整，一般为0.2～0.25mm
5	制动失灵	1）分泵漏油，制动鼓打滑 2）制动蹄片严重磨损 3）油路有气 4）制动总泵损坏 5）制动系统油路漏油 6）两侧驱动轮轮压不一致 7）驻车制动拉线调整不当	1）用汽油清洗摩擦面，并更换分泵 2）更换 3）从放气塞处排除 4）检修或更换 5）排除后，补充制动液 6）充气，达到一致 7）调整
6	转向过重	1）转向拉杆弯曲、干涉 2）轮胎亏气 3）销轴、球头缺油 4）转向器缺油 5）转向器齿轮间隙不当 6）前束不对	1）修理或更换 2）充气至正常气压 3）加润滑油 4）补充 5）调整 6）调整

（续）

序号	故障现象	故障原因	排除方法
7	转向盘抖动	1）轮胎气压不正常 2）销轴或轴套磨损 3）拉杆或球头过度磨损 4）转向器齿轮间隙不恰当 5）前束不恰当 6）转向器体松动	1）调整至正常气压 2）更换 3）调整或更换 4）调整 5）调整 6）拧紧

表8-16 汽车使用中常见故障及排除方法

故障特征	故障原因	排除方法
离合器踏板沉重	1）气路漏气 2）分泵助力缓慢	1）排除漏气部分 2）调整分泵调节螺栓
离合器打滑	离合器摩擦片和压紧弹簧失效	更换新的摩擦片和压紧弹簧
转向沉重	1）液压系统缺油使转向加力作用不足 2）液压系统内有空气进入，有漏油现象 3）液压泵内泄严重，压力不足 4）液压泵密封件损坏 5）液压泵溢流阀弹簧太软，开启压力过低 6）推力轴承损坏	1）检查油罐内液面高度，不够加油 2）排除系统内空气，排除漏油 3）检查液压泵排除故障或更换液压泵 4）更换 5）修理溢流阀，更换弹簧 6）更换
左右转向轻重不同	1）分配阀的滑阀与阀体预开间隙不等 2）滑阀内有脏物	1）更换或调试分配阀总成 2）清洗分配阀
转向盘自由间隙过大	1）转向传动杆件调整不当或磨损严重 2）转向支架松动 3）转向器间隙过大或磨损严重	1）调整间隙或更换元件 2）紧固 3）调整间隙或更换元件
前轮摆头	1）车轮松动 2）前悬架骑马螺栓松动 3）转向纵、横拉杆销间隙过大	1）紧固轮胎螺钉 2）紧固骑马螺栓 3）调整间隙
汽车在行驶中跑偏	1）滑阀不在中位 2）分配阀定心弹簧损坏或太软 3）两前轮轮胎气压不足 4）一个前轮处于制动状态 5）一个前轮轴承卡住	1）更换或调整分配阀总成 2）更换定心弹簧 3）充气并测量轮胎气压 4）检修制动器 5）调整轴承间隙或更换轴承
发动机停熄后，储气筒内气压迅速下降	制动总泵阀门密封不良： 1）阀门上有脏物 2）阀门弹簧压力小	1）猛踏猛松制动踏板，用空气吹掉阀门上的脏物 2）可在弹簧上加一垫片以增大其弹簧压力，或更换弹簧

（续）

故障特征	故障原因	排除方法
发动机停熄后踏下制动踏板，气压迅速下降	制动总放气阀上的鼓膜损坏	更换新件
放松制动踏板后，总泵解除制动迟缓	总泵活塞回位不灵	清除脏物
在不制动时仍有气流从制动阀放气口排出	制动阀的进气阀口密封不良	更换密封件
制动踏板踏下后，总泵工作正常，但制动效果不明显	1）制动器自由行程过大 2）快放阀阀片损坏，使压缩空气通大气	1）调整间隙 2）更换快放阀阀片

附录《中华人民共和国特种设备安全法》

目　　录

中华人民共和国特种设备安全法

（2013年6月29日第十二届全国人民代表大会
常务委员会第三次会议通过）

第一章　总　　则

第一条　为了加强特种设备安全工作，预防特种设备事故，保障人身和财产安全，促进经济社会发展，制定本法。

第二条　特种设备的生产（包括设计、制造、安装、改造、修理）、经营、使用、检验、检测和特种设备安全的监督管理，适用本法。

本法所称特种设备，是指对人身和财产安全有较大危险性的锅炉、压力容器（含气瓶）、压力管道、电梯、起重机械、客运索道、大型游乐设施、场（厂）内专用机动车辆，以及法律、行政法规规定适用本法的其他特种设备。

国家对特种设备实行目录管理。特种设备目录由国务院负责特种设备安全监督管理的部门制定，报国务院批准后执行。

第三条　特种设备安全工作应当坚持安全第一、预防为主、节能环保、综合治理的原则。

第四条　国家对特种设备的生产、经营、使用，实施分类的、全过程的安全监督管理。

第五条　国务院负责特种设备安全监督管理的部门对全国特种设备安全实施监督管理。县级以上地方各级人民政府负责特种设备安全监督管理的部门对本行政区域内特种设备安全实施监督管理。

第六条　国务院和地方各级人民政府应当加强对特种设备安全工作的领导，督促各有关部门依法履行监督管理职责。

县级以上地方各级人民政府应当建立协调机制，及时协调、解决特种设备安全监督管理中存在的问题。

第七条　特种设备生产、经营、使用单位应当遵守本法和其他有关法律、法规，建立、健全特种设备安全和节能责任制度，加强特种设备安全和节能管理，确保特种设备生产、经营、使用安全，符合节能要求。

第八条　特种设备生产、经营、使用、检验、检测应当遵守有关特种设备安全技术规范及相关标准。

特种设备安全技术规范由国务院负责特种设备安全监督管理的部门制定。

第九条　特种设备行业协会应当加强行业自律，推进行业诚信体系建设，提高特种设备安全管理水平。

第十条　国家支持有关特种设备安全的科学技术研究，鼓励先进技术和先进管理方法的推广应用，对做出突出贡献的单位和个人给予奖励。

第十一条　负责特种设备安全监督管理的部门应当加强特种设备安全宣传教育，普及特种设备安全知识，增强社会公众的特种设备安全意识。

第十二条　任何单位和个人有权向负责特种设备安全监督管理的部门和有关部门举报涉及特种设备安全的违法行为，接到举报的部门应当及时处理。

第二章　生产、经营、使用

第一节　一般规定

第十三条　特种设备生产、经营、使用单位及其主要负责人对其生产、经营、使用的特种设备安全负责。

特种设备生产、经营、使用单位应当按照国家有关规定配备特种设备安全管理人员、检测人员和作业人员，并对其进行必要的安全教育和技能培训。

第十四条　特种设备安全管理人员、检测人员和作业人员应当按照国家有关规定取得相应资格，方可从事相关工作。特种设备安全管理人员、检测人员和作业人员应当严格执行安全技术规范和管理制度，保证特种设备安全。

第十五条　特种设备生产、经营、使用单位对其生产、经营、使用的特种设备应当进行自行检测和维护保养，对国家规定实行检验的特种设备应当及时申报并接受检验。

第十六条　特种设备采用新材料、新技术、新工艺，与安全技术规范的要求不一致，或者安全技术规范未作要求、可能对安全性能有重大影响的，应当向国务院负责特种设备安全监督管理的部门申报，由国务院负责特种设备安全监督管理的部门及时委托安全技术咨询机构或者相关专业机构进行技术评审，评审结果经国务院负责特种设备安全监督管理的部门批准，方可投入生产、使用。

国务院负责特种设备安全监督管理的部门应当将允许使用的新材料、新技术、新工艺的有关技术要求，及时纳入安全技术规范。

第十七条　国家鼓励投保特种设备安全责任保险。

第二节　生　　产

第十八条　国家按照分类监督管理的原则对特种设备生产实行许可制度。特种设备生产单位应当具备下列条件，并经负责特种设备安全监督管理的部门许可，方可从事生产活动：

（一）有与生产相适应的专业技术人员；

（二）有与生产相适应的设备、设施和工作场所；

（三）有健全的质量保证、安全管理和岗位责任等制度。

第十九条　特种设备生产单位应当保证特种设备生产符合安全技术规范及相关标准的要求，对其生产的特种设备的安全性能负责。不得生产不符合安全性能要求和能效指标以及国家明令淘汰的特种设备。

第二十条　锅炉、气瓶、氧舱、客运索道、大型游乐设施的设计文件，应当经负责特种设备安全监督管理的部门核准的检验机构鉴定，方可用于制造。

特种设备产品、部件或者试制的特种设备新产品、新部件以及特种设备采用的新材料，按照安全技术规范的要求需要通过型式试验进行安全性验证的，应当经负责特种设备安全监督管理的部门核准的检验机构进行型式试验。

第二十一条 特种设备出厂时，应当随附安全技术规范要求的设计文件、产品质量合格证明、安装及使用维护保养说明、监督检验证明等相关技术资料和文件，并在特种设备显著位置设置产品铭牌、安全警示标志及其说明。

第二十二条 电梯的安装、改造、修理，必须由电梯制造单位或者其委托的依照本法取得相应许可的单位进行。电梯制造单位委托其他单位进行电梯安装、改造、修理的，应当对其安装、改造、修理进行安全指导和监控，并按照安全技术规范的要求进行校验和调试。电梯制造单位对电梯安全性能负责。

第二十三条 特种设备安装、改造、修理的施工单位应当在施工前将拟进行的特种设备安装、改造、修理情况书面告知直辖市或者设区的市级人民政府负责特种设备安全监督管理的部门。

第二十四条 特种设备安装、改造、修理竣工后，安装、改造、修理的施工单位应当在验收后三十日内将相关技术资料和文件移交特种设备使用单位。特种设备使用单位应当将其存入该特种设备的安全技术档案。

第二十五条 锅炉、压力容器、压力管道元件等特种设备的制造过程和锅炉、压力容器、压力管道、电梯、起重机械、客运索道、大型游乐设施的安装、改造、重大修理过程，应当经特种设备检验机构按照安全技术规范的要求进行监督检验；未经监督检验或者监督检验不合格的，不得出厂或者交付使用。

第二十六条 国家建立缺陷特种设备召回制度。因生产原因造成特种设备存在危及安全的同一性缺陷的，特种设备生产单位应当立即停止生产，主动召回。

国务院负责特种设备安全监督管理的部门发现特种设备存在应当召回而未召回的情形时，应当责令特种设备生产单位召回。

第三节 经　营

第二十七条 特种设备销售单位销售的特种设备，应当符合安全技术规范及相关标准的要求，其设计文件、产品质量合格证明、安装及使用维护保养说明、监督检验证明等相关技术资料和文件应当齐全。

特种设备销售单位应当建立特种设备检查验收和销售记录制度。

禁止销售未取得许可生产的特种设备，未经检验和检验不合格的特种设备，或者国家明令淘汰和已经报废的特种设备。

第二十八条 特种设备出租单位不得出租未取得许可生产的特种设备或者国家明令淘汰和已经报废的特种设备，以及未按照安全技术规范的要求进行维护保养和未经检验或者检验不合格的特种设备。

第二十九条 特种设备在出租期间的使用管理和维护保养义务由特种设备出租单位承担，法律另有规定或者当事人另有约定的除外。

第三十条 进口的特种设备应当符合我国安全技术规范的要求，并经检验合格；需要取得我国特种设备生产许可的，应当取得许可。

进口特种设备随附的技术资料和文件应当符合本法第二十一条的规定，其安装及使用维护保养说明、产品铭牌、安全警示标志及其说明应当采用中文。

特种设备的进出口检验，应当遵守有关进出口商品检验的法律、行政法规。

第三十一条　进口特种设备，应当向进口地负责特种设备安全监督管理的部门履行提前告知义务。

第四节　使　用

第三十二条　特种设备使用单位应当使用取得许可生产并经检验合格的特种设备。

禁止使用国家明令淘汰和已经报废的特种设备。

第三十三条　特种设备使用单位应当在特种设备投入使用前或者投入使用后三十日内，向负责特种设备安全监督管理的部门办理使用登记，取得使用登记证书。登记标志应当置于该特种设备的显著位置。

第三十四条　特种设备使用单位应当建立岗位责任、隐患治理、应急救援等安全管理制度，制定操作规程，保证特种设备安全运行。

第三十五条　特种设备使用单位应当建立特种设备安全技术档案。安全技术档案应当包括以下内容：

（一）特种设备的设计文件、产品质量合格证明、安装及使用维护保养说明、监督检验证明等相关技术资料和文件；

（二）特种设备的定期检验和定期自行检查记录；

（三）特种设备的日常使用状况记录；

（四）特种设备及其附属仪器仪表的维护保养记录；

（五）特种设备的运行故障和事故记录。

第三十六条　电梯、客运索道、大型游乐设施等为公众提供服务的特种设备的运营使用单位，应当对特种设备的使用安全负责，设置特种设备安全管理机构或者配备专职的特种设备安全管理人员；其他特种设备使用单位，应当根据情况设置特种设备安全管理机构或者配备专职、兼职的特种设备安全管理人员。

第三十七条　特种设备的使用应当具有规定的安全距离、安全防护措施。

与特种设备安全相关的建筑物、附属设施，应当符合有关法律、行政法规的规定。

第三十八条　特种设备属于共有的，共有人可以委托物业服务单位或者其他管理人管理特种设备，受托人履行本法规定的特种设备使用单位的义务，承担相应责任。共有人未委托的，由共有人或者实际管理人履行管理义务，承担相应责任。

第三十九条　特种设备使用单位应当对其使用的特种设备进行经常性维护保养和定期自行检查，并做出记录。

特种设备使用单位应当对其使用的特种设备的安全附件、安全保护装置进行定期校验、检修，并做出记录。

第四十条　特种设备使用单位应当按照安全技术规范的要求，在检验合格有效期届满前一个月向特种设备检验机构提出定期检验要求。

特种设备检验机构接到定期检验要求后，应当按照安全技术规范的要求及时进行安全性能检验。特种设备使用单位应当将定期检验标志置于该特种设备的显著位置。

未经定期检验或者检验不合格的特种设备，不得继续使用。

第四十一条 特种设备安全管理人员应当对特种设备使用状况进行经常性检查，发现问题应当立即处理；情况紧急时，可以决定停止使用特种设备并及时报告本单位有关负责人。

特种设备作业人员在作业过程中发现事故隐患或者其他不安全因素，应当立即向特种设备安全管理人员和单位有关负责人报告；特种设备运行不正常时，特种设备作业人员应当按照操作规程采取有效措施保证安全。

第四十二条 特种设备出现故障或者发生异常情况，特种设备使用单位应当对其进行全面检查，消除事故隐患，方可继续使用。

第四十三条 客运索道、大型游乐设施在每日投入使用前，其运营使用单位应当进行试运行和例行安全检查，并对安全附件和安全保护装置进行检查确认。

电梯、客运索道、大型游乐设施的运营使用单位应当将电梯、客运索道、大型游乐设施的安全使用说明、安全注意事项和警示标志置于易于为乘客注意的显著位置。

公众乘坐或者操作电梯、客运索道、大型游乐设施，应当遵守安全使用说明和安全注意事项的要求，服从有关作人员的管理和指挥；遇有运行不正常时，应当按照安全指引，有序撤离。

第四十四条 锅炉使用单位应当按照安全技术规范的要求进行锅炉水（介）质处理，并接受特种设备检验机构的定期检验。

从事锅炉清洗，应当按照安全技术规范的要求进行，并接受特种设备检验机构的监督检验。

第四十五条 电梯的维护保养应当由电梯制造单位或者依照本法取得许可的安装、改造、修理单位进行。

电梯的维护保养单位应当在维护保养中严格执行安全技术规范的要求，保证其维护保养的电梯的安全性能，并负责落实现场安全防护措施，保证施工安全。

电梯的维护保养单位应当对其维护保养的电梯的安全性能负责：接到故障通知后，应当立即赶赴现场，并采取必要的应急救援措施。

第四十六条 电梯投入使用后，电梯制造单位应当对其制造的电梯的安全运行情况进行跟踪调查和了解，对电梯的维护保养单位或者使用单位在维护保养和安全运行方面存在的问题，提出改进建议，并提供必要的技术帮助；发现电梯存在严重事故隐患时，应当及时告知电梯使用单位，并向负责特种设备安全监督管理的部门报告。电梯制造单位对调查和了解的情况，应当做出记录。

第四十七条 特种设备进行改造、修理，按照规定需要变更使用登记的，应当办理变更登记，方可继续使用。

第四十八条 特种设备存在严重事故隐患，无改造、修理价值，或者达到安全技术规范规定的其他报废条件的，特种设备使用单位应当依法履行报废义务，采取必要措施消除该特种设备的使用功能，并向原登记的负责特种设备安全监督管理的部门办理使用登记证书注销手续。

前款规定报废条件以外的特种设备，达到设计使用年限可以继续使用的，应当按照安全技术规范的要求通过检验或者安全评估，并办理使用登记证书变更，方可继续使用。允许继续使用的，应当采取加强检验、检测和维护保养等措施，确保使用安全。

第四十九条　移动式压力容器、气瓶充装单位，应当具备下列条件，并经负责特种设备安全监督管理的部门许可，方可从事充装活动；

（一）有与充装和管理相适应的管理人员和技术人员；

（二）有与充装和管理相适应的充装设备、检测手段、场地厂房、器具、安全设施；

（三）有健全的充装管理制度、责任制度、处理措施。

充装单位应当建立充装前后的检查、记录制度，禁止对不符合安全技术规范要求的移动式压力容器和气瓶进行充装。

气瓶充装单位应当向气体使用者提供符合安全技术规范要求的气瓶，对气体使用者进行气瓶安全使用指导，并按照安全技术规范的要求办理气瓶使用登记，及时申报定期检验。

第三章　检验、检测

第五十条　从事本法规定的监督检验、定期检验的特种设备检验机构，以及为特种设备生产、经营、使用提供检测服务的特种设备检测机构，应当具备下列条件，并经负责特种设备安全监督管理的部门核准，方可从事检验、检测工作：

（一）有与检验、检测工作相适应的检验、检测人员；

（二）有与检验、检测工作相适应的检验、检测仪器和设备；

（三）有健全的检验、检测管理制度和责任制度。

第五十一条　特种设备检验、检测机构的检验、检测人员应当经考核，取得检验、检测人员资格，方可从事检验、检测工作。

特种设备检验、检测机构的检验、检测人员不得同时在两个以上检验、检测机构中执业；变更执业机构的，应当依法办理变更手续。

第五十二条　特种设备检验、检测工作应当遵守法律、行政法规的规定，并按照安全技术规范的要求进行。

特种设备检验、检测机构及其检验、检测人员应当依法为特种设备生产、经营、使用单位提供安全、可靠、便捷、诚信的检验、检测服务。

第五十三条　特种设备检验、检测机构及其检验、检测人员应当客观、公正、及时地出具检验、检测报告，并对检验、检测结果和鉴定结论负责。

特种设备检验、检测机构及其检验、检测人员在检验、检测中发现特种设备存在严重事故隐患时，应当及时告知相关单位，并立即向负责特种设备安全监督管理的部门报告。

负责特种设备安全监督管理的部门应当组织对特种设备检验、检测机构的检验、检测结果和鉴定结论进行监督抽查，但应当防止重复抽查。监督抽查结果应当向社会公布。

第五十四条 特种设备生产、经营、使用单位应当按照安全技术规范的要求向特种设备检验、检测机构及其检验、检测人员提供特种设备相关资料和必要的检验、检测条件，并对资料的真实性负责。

第五十五条 特种设备检验、检测机构及其检验、检测人员对检验、检测过程中知悉的商业秘密，负有保密义务。

特种设备检验、检测机构及其检验、检测人员不得从事有关特种设备的生产、经营活动，不得推荐或者监制、监销特种设备。

第五十六条 特种设备检验机构及其检验人员利用检验工作故意刁难特种设备生产、经营、使用单位的，特种设备生产、经营、使用单位有权向负责特种设备安全监督管理的部门投诉，接到投诉的部门应当及时进行调查处理。

第四章 监督管理

第五十七条 负责特种设备安全监督管理的部门依照本法规定，对特种设备生产、经营、使用单位和检验、检测机构实施监督检查。

负责特种设备安全监督管理的部门应当对学校、幼儿园以及医院、车站、客运码头、商场、体育场馆、展览馆、公园等公众聚集场所的特种设备，实施重点安全监督检查。

第五十八条 负责特种设备安全监督管理的部门实施本法规定的许可工作，应当依照本法和其他有关法律、行政法规规定的条件和程序以及安全技术规范的要求进行审查；不符合规定的，不得许可。

第五十九条 负责特种设备安全监督管理的部门在办理本法规定的许可时，其受理、审查、许可的程序必须公开，并应当自受理申请之日起三十日内，做出许可或者不予许可的决定；不予许可的，应当书面向申请人说明理由。

第六十条 负责特种设备安全监督管理的部门对依法办理使用登记的特种设备应当建立完整的监督管理档案和信息查询系统；对达到报废条件的特种设备，应当及时督促特种设备使用单位依法履行报废义务。

第六十一条 负责特种设备安全监督管理的部门在依法履行监督检查职责时，可以行使下列职权：

（一）进入现场进行检查，向特种设备生产、经营、使用单位和检验、检测机构的主要负责人和其他有关人员调查、了解有关情况；

（二）根据举报或者取得的涉嫌违法证据，查阅、复制特种设备生产、经营、使用单位和检验、检测机构的有关合同、发票、账簿以及其他有关资料；

（三）对有证据表明不符合安全技术规范要求或者存在严重事故隐患的特种设备实施查封、扣押；

（四）对流入市场的达到报废条件或者已经报废的特种设备实施查封、扣押；

（五）对违反本法规定的行为做出行政处罚决定。

第六十二条 负责特种设备安全监督管理的部门在依法履行职责过程中，发现违反本法规定和安全技术规范要求的行为或者特种设备存在事故隐患时，应当以书面形式发出特种设备安全监察指令，责令有关单位及时采取措施予以改正或者消除事故隐患。紧急情况下要求有关单位采取紧急处置措施的，应当随后补发特种设备安全监察指令。

第六十三条　负责特种设备安全监督管理的部门在依法履行职责过程中，发现重大违法行为或者特种设备存在严重事故隐患时，应当责令有关单位立即停止违法行为、采取措施消除事故隐患，并及时向上级负责特种设备安全监督管理的部门报告。接到报告的负责特种设备安全监督管理的部门应当采取必要措施，及时予以处理。

对违法行为、严重事故隐患的处理需要当地人民政府和有关部门的支持、配合时，负责特种设备安全监督管理的部门应当报告当地人民政府，并通知其他有关部门。当地人民政府和其他有关部门应当采取必要措施，及时予以处理。

第六十四条　地方各级人民政府负责特种设备安全监督管理的部门不得要求已经依照本法规定在其他地方取得许可的特种设备生产单位重复取得许可，不得要求对已经依照本法规定在其他地方检验合格的特种设备重复进行检验。

第六十五条　负责特种设备安全监督管理的部门的安全监察人员应当熟悉相关法律、法规，具有相应的专业知识和工作经验，取得特种设备安全行政执法证件。

特种设备安全监察人员应当忠于职守、坚持原则、秉公执法。

负责特种设备安全监督管理的部门实施安全监督检查时，应当有两名以上特种设备安全监察人员参加，并出示有效的特种设备安全行政执法证件。

第六十六条　负责特种设备安全监督管理的部门对特种设备生产、经营、使用单位和检验、检测机构实施监督检查，应校当对每次监督检查的内容、发现的问题及处理情况做出记录，并由参加监督检查的特种设备安全监察人员和被检查单位的有关负责人签字后归档。被检查单位的有关负责人拒绝签字的，特种设备安全监察人员应当将情况记录在案。

第六十七条　负责特种设备安全监督管理的部门及其工作人员不得推荐或者监制、监销特种设备；对履行职责过程中知悉的商业秘密负有保密义务。

第六十八条　国务院负责特种设备安全监督管理的部门和省、自治区、直辖市人民政府负责特种设备安全监督管理的部门应当定期向社会公布特种设备安全总体状况。

第五章　事故应急救援与调查处理

第六十九条　国务院负责特种设备安全监督管理的部门应当依法组织制订特种设备重特大事故应急预案，报国务院批准后纳入国家突发事件应急预案体系。

县级以上地方各级人民政府及其负责特种设备安全监督管理的部门应当依法组织制订本行政区域内特种设备事故应急预案，建立或者纳入相应的应急处置与救援体系。

特种设备使用单位应当制订特种设备事故应急专项预案，并定期进行应急演练。

第七十条　特种设备发生事故后，事故发生单位应当按照应急预案采取措施，组织抢救，防止事故扩大，减少人员伤亡和财产损失，保护事故现场和有关证据，并及时向事故发生地县级以上人民政府负责特种设备安全监督管理的部门和有关部门报告。

县级以上人民政府负责特种设备安全监督管理的部门接到事故报告，应当尽快核实情况，立即向本级人民政府报告，并按照规定逐级上报。必要时，负责特种设备安全监督管理的部门可以越级上报事故情况。对特别重大事故、重大事故，国务院负责特种设备安全监督管理的部门应当立即报告国务院并通报国务院安全生产监督管理部门等有关部门。

与事故相关的单位和人员不得迟报、谎报或者瞒报事故情况，不得隐匿、毁灭有关证据或者故意破坏事故现场。

第七十一条 事故发生地人民政府接到事故报告，应当依法启动应急预案，采取应急处置措施，组织应急救援。

第七十二条 特种设备发生特别重大事故，由国务院或者国务院授权有关部门组织事故调查组进行调查。

发生重大事故，由国务院负责特种设备安全监督管理的部门会同有关部门组织事故调查组进行调查。

发生较大事故，由省、自治区、直辖市人民政府负责特种设备安全监督管理的部门会同有关部门组织事故调查组进行调查。

发生一般事故，由设区的市级人民政府负责特种设备安全监督管理的部门会同有关部门组织事故调查组进行调查。

事故调查组应当依法、独立、公正开展调查，提出事故调查报告。

第七十三条 组织事故调查的部门应当将事故调查报告报本级人民政府，并报上一级人民政府负责特种设备安全监督管理的部门备案。有关部门和单位应当依照法律、行政法规的规定，追究事故责任单位和人员的责任。

事故责任单位应当依法落实整改措施，预防同类事故发生。事故造成损害的，事故责任单位应当依法承担赔偿责任。

第六章　法律责任

第七十四条 违反本法规定，未经许可从事特种设备生产活动的，责令停止生产，没收违法制造的特种设备，处十万元以上五十万元以下罚款；有违法所得的，没收违法所得；已经实施安装、改造、修理的，责令恢复原状或者责令限期由取得许可的单位重新安装、改造、修理。

第七十五条 违反本法规定，特种设备的设计文件未经鉴定，擅自用于制造的，责令改正，没收违法制造的特种设备，处五万元以上五十万元以下罚款。

第七十六条 违反本法规定，未进行型式试验的，责令限期改正；逾期未改正的，处三万元以上三十万元以下罚款。

第七十七条 违反本法规定，特种设备出厂时，未按照安全技术规范的要求随附相关技术资料和文件的，责令限期改正；逾期未改正的，责令停止制造、销售，处二万元以上二十万元以下罚款；有违法所得的，没收违法所得。

第七十八条　违反本法规定，特种设备安装、改造、修理的施工单位在施工前未书面告知负责特种设备安全监督管理的部门即行施工的，或者在验收后三十日内未将相关技术资料和文件移交特种设备使用单位的，责令限期改正；逾期未改正的，处一万元以上十万元以下罚款。

第七十九条　违反本法规定，特种设备的制造、安装、改造、重大修理以及锅炉清洗过程，未经监督检验的，责令限期改正；逾期未改正的，处五万元以上二十万元以下罚款；有违法所得的，没收违法所得；情节严重的，吊销生产许可证。

第八十条　违反本法规定，电梯制造单位有下列情形之一的，责令限期改正；逾期未改正的，处一万元以上十万元以下罚款：

（一）未按照安全技术规范的要求对电梯进行校验、调试的；

（二）对电梯的安全运行情况进行跟踪调查和了解时，发现存在严重事故隐患，未及时告知电梯使用单位并向负责特种设备安全监督管理的部门报告的。

第八十一条　违反本法规定，特种设备生产单位有下列行为之一的，责令限期改正：逾期未改正的，责令停止生产，处五万元以上五十万元以下罚款：情节严重的，吊销生产许可证：

（一）不再具备生产条件、生产许可证已经过期或者超出许可范围生产的；

（二）明知特种设备存在同一性缺陷，未立即停止生产并召回的。

违反本法规定，特种设备生产单位生产、销售、交付国家明令淘汰的特种设备的，责令停止生产、销售，没收违法生产、销售、交付的特种设备，处三万元以上三十万元以下罚款：有违法所得的，没收违法所得。

特种设备生产单位涂改、倒卖、出租、出借生产许可证的，责令停止生产，处五万元以上五十万元以下罚款：情节严重的，吊销生产许可证。

第八十二条　违反本法规定，特种设备经营单位有下列行为之一的，责令停止经营，没收违法经营的特种设备，处三万元以上三十万元以下罚款；有违法所得的，没收违法所得：

（一）销售、出租未取得许可生产，未经检验或者检验不合格的特种设备的；

（二）销售、出租国家明令淘汰、已经报废的特种设备，或者未按照安全技术规范的要求进行维护保养的特种设备的。

违反本法规定，特种设备销售单位未建立检查验收和销售记录制度，或者进口特种设备未履行提前告知义务的，责令改正，处一万元以上十万元以下罚款。

特种设备生产单位销售、交付未经检验或者检验不合格的特种设备的，依照本条第一款规定处罚；情节严重的，吊销生产许可证。

第八十三条　违反本法规定，特种设备使用单位有下列行为之一的，责令限期改正；逾期未改正的，责令停止使用有关特种设备，处一万元以上十万元以下罚款：

（一）使用特种设备未按照规定办理使用登记的；

（二）未建立特种设备安全技术档案或者安全技术档案不符合规定要求，或者未依法设置使用登记标志、定期检验标志的；

（三）未对其使用的特种设备进行经常性维护保养和定期自行检查，或者未对其使用的特种设备的安全附件、安全保护装置进行定期校验、检修，并做出记录的；

（四）未按照安全技术规范的要求及时申报并接受检验的；

（五）未按照安全技术规范的要求进行锅炉水（介）质处理的；

（六）未制订特种设备事故应急专项预案的。

第八十四条 违反本法规定，特种设备使用单位有下列行为之一的，责令停止使用有关特种设备，处三万元以上三十万元以下罚款：

（一）使用未取得许可生产，未经检验或者检验不合格的特种设备，或者国家明令淘汰、已经报废的特种设备的；

（二）特种设备出现故障或者发生异常情况，未对其进行全面检查、消除事故隐患，继续使用的；

（三）特种设备存在严重事故隐患，无改造、修理价值，或者达到安全技术规范规定的其他报废条件，未依法履行报废义务，并办理使用登记证书注销手续的。

第八十五条 违反本法规定，移动式压力容器、气瓶充装单位有下列行为之一的，责令改正，处二万元以上二十万元以下罚款；情节严重的，吊销充装许可证：

（一）未按照规定实施充装前后的检查、记录制度的；

（二）对不符合安全技术规范要求的移动式压力容器和气瓶进行充装的。

违反本法规定，未经许可，擅自从事移动式压力容器或者气瓶充满活动的，予以取缔，没收违法充装的气瓶，处十万元以上五十万元以下罚款；有违法所得的，没收违法所得。

第八十六条 违反本法规定，特种设备生产、经营、使用单位有下列情形之一的，责令限期改正；逾期未改正的，责令停止使用有关特种设备或者停产停业整顿，处一万元以上五万元以下罚款：

（一）未配备具有相应资格的特种设备安全管理人员、检测人员和作业人员的；

（二）使用未取得相应资格的人员从事特种设备安全管理、检测和作业的；

（三）未对特种设备安全管理人员、检测人员和作业人员进行安全教育和技能培训的。

第八十七条 违反本法规定，电梯、客运索道、大型游乐设施的运营使用单位有下列情形之一的，责令限期改正；逾期未改正的，责令停止使用有关特种设备或者停产停业整顿，处二万元以上十万元以下罚款：

（一）未设置特种设备安全管理机构或者配备专职的特种设备安全管理人员的；

（二）客运索道、大型游乐设施每日投入使用前，未进行试运行和例行安全检查，未对安全附件和安全保护装置进行检查确认的；

（三）未将电梯、客运索道、大型游乐设施的安全使用说明、安全注意事项和警示标志置于易于为乘客注意的显著位置的。

第八十八条 违反本法规定，未经许可，擅自从事电梯维护保养的，责令停止违法行为，处一万元以上十万元以下罚款；有违法所得的，没收违法所得。

电梯的维护保养单位未按照本法规定以及安全技术规范的要求，进行电梯维护保养的，依照前款规定处罚。

第八十九条 发生特种设备事故，有下列情形之一的，对单位处五万元以上二十万元以下罚款；对主要负责人处一万元以上五万元以下罚款；主要负责人属于国家工作人员的，并依法给予处分：

（一）发生特种设备事故时，不立即组织抢救或者在事故调查处理期间擅离职守或者逃匿的；

（二）对特种设备事故迟报、谎报或者瞒报的。

第九十条 发生事故，对负有责任的单位除要求其依法承担相应的赔偿等责任外，依照下列规定处以罚款：

（一）发生一般事故，处十万元以上二十万元以下罚款；

（二）发生较大事故，处二十万元以上五十万元以下罚款；

（三）发生重大事故，处五十万元以上二百万元以下罚款。

第九十一条 对事故发生负有责任的单位的主要负责人未依法履行职责或者负有领导责任的，依照下列规定处以罚款；属于国家工作人员的，并依法给予处分：

（一）发生一般事故，处上一年年收入百分之三十的罚款；

（二）发生较大事故，处上一年年收入百分之四十的罚款；

（三）发生重大事故，处上一年年收入百分之六十的罚款。

第九十二条 违反本法规定，特种设备安全管理人员、检测人员和作业人员不履行岗位职责，违反操作规程和有关安全规章制度，造成事故的，吊销相关人员的资格。

第九十三条 违反本法规定，特种设备检验、检测机构及其检验、检测人员有下列行为之一的，责令改正，对机构处五万元以上二十万元以下罚款，对直接负责的主管人员和其他直接责任人员处五千元以上五万元以下罚款；情节严重的，吊销机构资质和有关人员的资格：

（一）未经核准或者超出核准范围、使用未取得相应资格的人员从事检验、检测的；

（二）未按照安全技术规范的要求进行检验、检测的；

（三）出具虚假的检验、检测结果和鉴定结论或者检验、检测结果和鉴定结论严重失实的；

（四）发现特种设备存在严重事故隐患，未及时告知相关单位，并立即向负责特种设备安全监督管理的部门报告的；

（五）泄露检验、检测过程中知悉的商业秘密的；

（六）从事有关特种设备的生产、经营活动的；

（七）推荐或者监制、监销特种设备的；

（八）利用检验工作故意刁难相关单位的。

违反本法规定，特种设备检验、检测机构的检验、检测人员同时在两个以上检验、检测机构中执业的，处五千元以上五万元以下罚款；情节严重的，吊销其资格。

第九十四条 违反本法规定，负责特种设备安全监督管理的部门及其工作人员有下列行为之一的，由上级机关责令改正；对直接负责的主管人员和其他直接责任人员，依法给予处分：

（一）未依照法律、行政法规规定的条件、程序实施许可的；

（二）发现未经许可擅自从事特种设备的生产、使用或者检验、检测活动不予取缔或者不依法予以处理的；

（三）发现特种设备生产单位不再具备本法规定的条件而不吊销其许可证，或者发现特种设备生产、经营、使用违法行为不予查处的；

（四）发现特种设备检验、检测机构不再具备本法规定的条件而不撤销其核准，或者对其出具虚假的检验、检测结果和鉴定结论或者检验、检测结果和鉴定结论严重失实的行为不予查处的；

（五）发现违反本法规定和安全技术规范要求的行为或者特种设备存在事故隐患，不立即处理的；

（六）发现重大违法行为或者特种设备存在严重事故隐患，未及时向上级负责特种设备安全监督管理的部门报告，或者接到报告的负责特种设备安全监督管理的部门不立即处理的；

（七）要求已经依照本法规定在其他地方取得许可的特种设备生产单位重复取得许可，或者要求对已经依照本法规定在其他地方检验合格的特种设备重复进行检验的；

（八）推荐或者监制、监销特种设备的；

（九）泄露履行职责过程中知悉的商业秘密的；

（十）接到特种设备事故报告未立即向本级人民政府报告，并按照规定上报的；

（十一）迟报、漏报、谎报或者瞒报事故的；

（十二）妨碍事故救援或者事故调查处理的；

（十三）其他滥用职权、玩忽职守、徇私舞弊的行为。

第九十五条 违反本法规定，特种设备生产、经营、使用单位或者检验、检测机构拒不接受负责特种设备安全监督管理的部门依法实施的监督检查的，责令限期改正；逾期未改正的，责令停产停业整顿，处二万元以上二十万元以下罚款。

特种设备生产、经营、使用单位擅自动用、调换、转移、损毁被查封、扣押的特种设备或者其主要部件的，责令改正，处五万元以上二十万元以下罚款；情节严重的，吊销生产许可证，注销特种设备使用登记证书。

第九十六条 违反本法规定，被依法吊销许可证的，自吊销许可证之日起三年内，负责特种设备安全监督管理的部门不予受理其新的许可申请。

第九十七条　违反本法规定，造成人身、财产损害的，依法承担民事责任。

违反本法规定，应当承担民事赔偿责任和缴纳罚款、罚金，其财产不足以同时支付时，先承担民事赔偿责任。

第九十八条　违反本法规定，构成违反治安管理行为的，依法给予治安管理处罚；构成犯罪的，依法追究刑事责任。

第七章　附　　则

第九十九条　特种设备行政许可、检验的收费，依照法律、行政法规的规定执行。

第一百条　军事装备、核设施、航空航天器使用的特种设备安全的监督管理不适用本法。

铁路机车、海上设施和船舶、矿山井下使用的特种设备以及民用机场专用设备安全的监督管理，房屋建筑工地、市政工程工地用起重机械和场（厂）内专用机动车辆的安装、使用的监督管理，由有关部门依照本法和其他有关法律的规定实施。

第一百零一条　本法自2014年1月1日起施行。

参 考 文 献

[1] 中国机械工程学会设备与维修工程分会. 设备管理与维修路线图 [M]. 北京：中国科学技术出版社，2016.

[2] 杨申仲，等. 现代设备管理 [M]. 北京：机械工业出版社，2012.

[3] 杨申仲，岳云飞，王小林. 工业锅炉管理与维护问答 [M]. 2 版. 北京：机械工业出版社，2018.

[4] 杨申仲，岳云飞，吴循真. 压力容器管理与维护问答 [M]. 2 版. 北京：机械工业出版社，2018.

[5] 国家市场监督管理总局. 特种设备安全监督局关于 2019 年全国特种设备安全状况情况的通告（2020 年第 7 号）[J]. 中国特种设备安全，2020（3）：1－4.

[6] 夏尚，童良怀，吕俊超. 压力管道检验规则——工业管道（TSG D7005—2018）解析与探讨 [J]. 中国特种设备安全，2018（8）：9－11.

[7] 杨申仲，岳云飞，吴循真. 企业节能减排管理 [M]. 2 版. 北京：机械工业出版社，2017.

[8] 冯俊杰. 场（厂）内机动车辆现场检验危险源分析 [J]. 中国特种设备安全，2018（2）：63－64.

[9] 质检总局特种设备局. 质检总局特种设备局关于 2017 年度特种设备行政许可监督抽查和行政处罚情况的通报 [R]. 2018（1）：2－4.